Ciencias físicas

Ciencias físicas

F. BUECHE

Universidad de Dayton

EDITORIAL REVERTÉ, S. A.

Barcelona - Bogotá - Buenos Aires - Caracas - México - Rio de Janeiro

Título de la obra original:
Physical Science

Edición original en lengua inglesa publicada por:
Worth Publishers, Inc., New York, U. S. A.

Versión española por:
Dr. D. J. Aguilar Peris
Catedrático de Termología de la Facultad de Ciencias Físicas
de la Universidad Complutense de Madrid (España)

y el

Dr. D. J. de la Rubia Pacheco
Catedrático de Mecánica Estadística de la Facultad de Ciencias
de la Universidad de Sevilla (España)

Propiedad de:
EDITORIAL REVERTÉ, S. A.
Loreto, 13-15, Local B
08029 Barcelona (España)
Tel: (34) 93 419 33 36
Fax: (34) 93 419 51 89
e-mail: reverte@reverte.com
www.reverte.com

Reimpresión: Noviembre de 2004

Impreso en España - Printed in Spain

ISBN: 84-291-4144-8

Depósito legal: SE-5318-2004 en España

Impresión: Publidisa

Al profesor

El profesor de un curso de ciencias para estudiantes que no han de seguir estudiando esta disciplina se enfrenta con un problema formidable y con una magnífica oportunidad. Tiene un auditorio obligado cuyas aptitudes hacia las ciencias varían desde un interés grande pasando por una cierta indiferencia e incluso desconfianza hasta sentir temor por la misma. Su primera tarea consiste en persuadir a este auditorio de que la ciencia representa una curiosidad muy normal en el hombre respecto al mundo físico.

El modo más eficaz para conseguir esta persuasión consiste en hacer que surja una curiosidad semejante en todo alumno. Afortunadamente para el profesor, cada uno de nosotros nace con una avidez para explorar y aprender todo lo que podamos sobre nuestro medio ambiente. Por consiguiente, el problema consiste en hacer revivir este interés original y en mostrar los diversos e ingeniosos modos con que la ciencia explica los diversos aspectos del mundo físico. Si tenemos éxito en resolver este problema, podemos ayudar a nuestros alumnos a que obtengan el regalo de un interés informado y objetivo sobre su medio ambiente.

Al escribir este texto se ha intentado demostrar que las ciencias físicas no son simplemente una colección o reunión de hechos que hay que recordar de memoria. Aunque estos hechos son necesarios, la memorización de fórmulas aparentemente sin significado no es lo que debería ser la ciencia. En lugar de ello, deseamos mostrar al alumno que la ciencia es un modo de conseguir que adquiera significado y coherencia el conocimiento que en gran parte ya posee. Además, ampliando sus horizontes, aplicando la comprensión de la naturaleza que ya tiene, podemos ayudar al alumno a que adquiera una nueva perspectiva sobre el mundo que le rodea.

Las leyes de la naturaleza no necesitan permanecer en forma misteriosa para aquellos que no poseen inclinaciones matemáticas. No se necesita ninguna fórmula para explicar las bases físicas de un paseo o de una puesta de sol o de cualesquiera de otros millares de ejemplos de las leyes naturales que encontramos en nuestra vida diaria. En mi opinión, el alumno que pueda explicar por qué los parachoques de los coches deben tener elementos que absorban los choques, pero que no pueda enunciar la primera y segunda leyes de Newton, ha de ser alabado por su comprensión de la física, aunque pueda tener un pobre recuerdo de los enunciados de la teoría. Estos alumnos puede que nunca en su vida estén en una posición en la que necesiten recitar una definición o emplear una fórmula. Sin embargo, tendrán todavía que enfrentarse todos los días con problemas prácticos que están regidos por las leyes físicas. Se les habrá hecho un buen favor si tienen éxito en conseguir un fundamento suficiente para la interpretación cualitativa del mundo físico que les rodea.

Aunque este texto se proyectó fundamentalmente para un curso de un semestre, tiene un contenido superior al que pueda tratarse en este tiempo. El profesor deberá dar los capítulos 3 al 6 y parte del 7 y el 8, puesto que los últimos capítulos dependen de ellos. Sin embargo, puede fácilmente suprimir uno o varios de los demás capítulos, si lo cree necesario. El texto también puede servir para un curso de dos semestres. En este caso, algunos temas deberán quizás ser suplementados. Se sugieren algunos títulos en la referencia al final de cada capítulo y en el manual del profesor. Los textos servirán también para un curso de física breve (en la cuarta parte o dos cuartas partes de un semestre) si se omiten los últimos cuatro capítulos y quizá los dos primeros también.

Como las clases a estos niveles varían ampliamente, son opcionales algunas de las secciones del libro. Éstas se señalan mediante una línea vertical en el lado izquierdo de la columna. Si el profesor cree que los alumnos se han de preocupar incluso por operaciones algebraicas sencillas, entonces conviene sugerir desde el principio que pueden prescindir de las secciones opcionales. Si se hace esto, no deben asignarse los problemas numéricos al final de cada capítulo. Sin embargo, seguirá existiendo un amplio trabajo de final de capítulo en la Lista de comprobaciones y en las Cuestiones.

Si el profesor decide que sus alumnos deben hacer los problemas, se encontrarán al final del libro las soluciones de los que están numerados con un número impar y las respuestas a todos los problemas. Las soluciones de los problemas con números pares están en el Manual del profesor. Además, en el Apéndice I se da una revisión rápida de algunas fórmulas matemáticas.

En mis propias clases, los mismos alumnos apreciaron mi interés por la Lista de comprobaciones y por las Cuestiones. Se dieron cuenta de que el material de la lista de comprobación es una verdadera necesidad. Pero el test crucial de su comprensión surge en las Cuestiones. Hemos empleado bastante tiempo de la clase considerando estas cuestiones y otras semejantes, debido a que creo que interesan a los alumnos y les proporcionan oportunidades de reforzar su comprensión y la confianza en sí mismos. Puesto que mis pruebas consisten en la mayor parte de los casos en cuestiones de ensayo como las que se plantean al final de los capítulos, los alumnos pronto empiezan a preguntarse a sí mismos cuestiones semejantes.

En mi experiencia, los alumnos de un curso como éste son entusiastas de las demostraciones sencillas y que tengan gran significado. En el Manual del profesor se incluyen muchas otras posibilidades de este tipo de demostraciones. También se encontrarán allí varias ayudas adicionales para enseñanza.

A este texto han contribuido muchas personas y debo mostrar gratitud a todas ellas. En particular, fueron de gran valor los comentarios de los alumnos y de las personas a las que consulté las pruebas iniciales del texto. Tuve que confiar en la experiencia mecanográfica de la Srta. Patricia Wright y del Sr. Anibal Taboas, que tuvieron éxito al enfrentarse con el manuscrito que les entregué. Además, los siguientes revisores hicieron muchas sugerencias de gran valor por lo que les estoy muy agradecido.

JAY MARTIN ANDERSON, Bryn Mawr College
JAMES ARDINI, Diablo Valley College
WILLIAM BARNES, Mount San Antonio College
ALEXANDER CALANDRA, Washington University
JAMES P. COFFMAN, Edinboro State College
ERNEST COLEMAN, University of Minnesota
EUGENE COMMINS, University of California, Berkeley
RUSSELL COVERDALE, Purdue University
MARIA LUISA B. CRAWFORD, Bryn Mawr College
G. T. CREWS, Oregon State University
FRANCIS E. DART, University of Oregon
DELBERT W. DEVINS, Indiana University
VERNON J. EHLERS, Calvin College
NATHAN FEIFER, San Francisco State College
D. S. GORSLINE, University of Southern California
HENRY O. HOOPER, Wayne State University
DOROTHEA KATZ, New York City Community College
JAMES KUDRNA, California State College, Dominguez
D. R. LE GALLAIS, College of San Mateo
ROBERT MANLOVE, City College of San Francisco
CHARLES A. ROBERTS, California State College, Long Beach
R. J. RUCH, Kent State University
RANIER SACHS, University of California, Berkeley
RUTH L. SIME, Sacramento City College
HERSCHEL SNODGRASS, San Diego State College
WILLIAM STARBIRD, East Los Angeles College
A. A. STRASSENBURG, S.U.N.Y., Stony Brook
EDWARD WHEATFILL, Long Beach City College
G. M. WISSINK, Mankato State College
EDWARD ZGANJAR, Louisiana State University

Finalmente, debo ampliar mi gratitud a la dirección de Worth Publishers por su ayuda constante y las sugerencias que recibí durante la preparación del manuscrito.

F. BUECHE
Dayton, Ohio

Al alumno

En cierto sentido, el lector es un científico. Si esto parece un poco presuntuoso considérese la definición normal del científico: Un científico es aquel que busca activamente descubrir y comprender las leyes de la naturaleza. El lector ha estado haciendo esto desde que era un niño. Existen muchas leyes de la naturaleza que primero se aprendieron por experiencia personal. Es cierto que un número incontable de otras personas realizaron los mismos descubrimientos que el lector hizo. Sin embargo, el lector descubrió leyes de la naturaleza y continúa descubriéndolas. En esto consiste la ciencia.

Desgraciadamente, el conocimiento humano ha llegado a ser tan grande que la mayoría de nosotros nunca ha tenido la experiencia del entusiasmo y excitación de un descubrimiento realmente original. No era así en la época de Isaac Newton. En aquella época, incluso un político tan ocupado como Benjamín Franklin pudo hacer descubrimientos científicos de gran valor mientras se entretenía con las ciencias como pasatiempo. Entonces había tantas cosas de las que no se sabía nada sobre su naturaleza, que los descubrimientos originales no fueron difíciles de presentarse. Pero no debemos dejar que la complejidad de la investigación de hoy oscurezca la universalidad de las ciencias. Estamos seguros de que los detalles de la investigación moderna son con frecuencia demasiado complejos para que los comprendan los no científicos. Afortunadamente, una vez que el propio especialista ha comprendido finalmente los detalles de su trabajo puede establecer normalmente la ley básica que ha descubierto de un modo que incluso el profano puede comprender y apreciar. Ciertamente el químico-físico Nobel P. J. W. Debye dijo una vez sobre la teoría física, que "si alguien no puede describir lo que el hombre común pueda comprender, entonces debe convencerse de que no lo entiende".

Lo que estoy intentando decir es que la ciencia es para todos. Todos nos alegramos del confort que ha introducido en nuestra vida. Todos estamos sometidos a las leyes de la naturaleza que los científicos han descubierto y descrito para nosotros; todos pueden alegrarse por la belleza de sus teorías y de sus mecanismos. Quizás es la propia universalidad de la ciencia lo que predispone a alguna gente a desconfiar de ella. Hay que admitir que hay alguien que odia las ciencias (puede que el lector sea alguno de ellos). Pero ¿es realmente la ciencia lo que se odia o las consecuencias peligrosas y destructivas de los descubrimientos científicos? ¿Es la polución del aire, por ejemplo, un fallo de la ciencia o de la inconsciencia del hombre? La ciencia es difícil y atemorizadora solamente si no se comprende. Las leyes de la naturaleza que ahora conocemos son hermosas en su más amplio concepto; todos nosotros podemos comprenderlas.

Puede preguntarse ¿qué hay que decir sobre tantas matemáticas? Mi respuesta es, ¿qué matemáticas? Cierto, cuando se recorren las páginas de este libro se encontrarán algunas ecuaciones y algún cálculo aritmético. Sin embargo, las leyes básicas de la naturaleza descritas en este texto pueden comprenderse razonablemente bien sin acudir a las matemáticas. Puesto que las matemáticas preocupan a algunos de los lectores, el material se ha organizado de modo que puedan saltarse la mayoría de los detalles matemáticos. Estos párrafos opcionales se señalan con una línea vertical impresa a la izquierda de las columnas en cuestión.

Sin embargo, no conviene que esto se entienda mal. El lector está ciertamente preparado para comprender los cálculos aritméticos sencillos de estas secciones opcionales. Si el profesor llega a la conclusión de que estas secciones originarán problemas, o que el tiempo es demasiado limitado, se permitirá omitirlo. No obstante, esto no deberá ser necesario excepto en caso de algún "choque traumático" por la exposición de una parte sólo del tercer grado. En cualquier caso, se deberán dominar las ideas básicas, estén o no establecidas en un lenguaje matemático. La razón por la cual los científicos prefieren el enunciado matemático de una ley natural se debe a que la mayoría de las leyes puede establecerse de modo más conciso y preciso en términos matemáticos.

Lo que se le pide al lector, pues, es que intente suspender sus prejuicios y conceptos previos especialmente si son contrarios a las ciencias. Si el propio lector se da a sí mismo una oportunidad, estoy seguro de que encontrará muchas satisfacciones en las ciencias que aprenderá en este texto.

Índice analítico

Capítulo 1

HISTORIA INICIAL DEL UNIVERSO 1
La bola de fuego primitiva 1
Formación de las galaxias 3
Evolución de las galaxias 4
Formación de las estrellas 8
Novas, supernovas y quasares 10
Estrellas de neutrones y pulsares 12
Origen del sistema solar 13
Otros sistemas solares 14
Bibliografía 14
Resumen 14
Lista de comprobaciones 15
Cuestiones 16

Capítulo 2

ASTRONOMÍA Y EL SISTEMA SOLAR 19
Las estrellas remotas 19
Constelaciones y estaciones 20
La Luna 23
Fases de la Luna; eclipses 26
Estrellas errantes; planetas 29
Asteroides, meteoros y cometas 36
Leyes de Kepler y ciencia cuantitativa 38
Bibliografía 40
Resumen 41
Lista de comprobaciones 41
Cuestiones 42

Capítulo 3

FUERZAS Y MOVIMIENTO 45
La ciencia frente a la superstición 45
Celeridad, velocidad y aceleración 46
Cuerpos en caída libre 50
Primera y tercera leyes del movimiento de Newton 51
Segunda ley del movimiento de Newton 54
Masa y peso 55
Sistema métrico 57
Aceleración negativa-deceleración 58
Cantidad de movimiento y su ley de conservación 60
Más acerca de los vectores 63
Bibliografía 64
Resumen 65
Lista de comprobaciones 66
Cuestiones 66
Problemas 67

Capítulo 4

TRABAJO, ENERGÍA Y MOVIMIENTO ORBITAL 69
Definición de trabajo dada por los científicos 69
Trabajo y energía cinética 70
Energía potencial gravitatoria 73
Conservación de la energía 75
Velocidad límite 76
Potencia 77
Energía en sistemas vibrantes 78
Ley de gravitación de Newton 81
Naves espaciales e ingravidez 83
Bibliografía 86
Resumen 86
Lista de comprobaciones 87
Cuestiones 87
Problemas 88

Capítulo 5

ENERGÍA TÉRMICA Y MOVIMIENTO MOLECULAR 91

Descubrimiento de Rumford 91
Temperatura y su medida 92
Presión de los gases y temperatura absoluta 93
Interpretación molecular de la presión del gas 96
Teoría cinética 98
Atmósfera terrestre 101
Energía térmica de los líquidos y sólidos 102

Evaporación y ebullición 103
Sólidos cristalinos 105
Bibliografía 107
Resumen 107
Lista de comprobaciones 108
Cuestiones 109
Problemas 110

Capítulo 6

CARGAS Y CORRIENTES ELÉCTRICAS 113
El cuanto de carga 113
Ley de la fuerza de Coulomb 115
Conductores y aislantes 115
Cargas inducidas 116
El campo eléctrico 117
Corriente eléctrica. El amperio 120
Pilas y fuentes de fuerza electromotriz 120
Diferencia de potencial eléctrico-tensión o voltaje 122
Ley de Ohm 125
Potencia eléctrica 127
Circuitos de iluminación doméstica 128
La seguridad y la electricidad 130
Bibliografía 131
Lista de comprobaciones 132
Cuestiones 133
Problemas 134

Capítulo 7

ELECTROMAGNETISMO 137
Imanes 137
Fuentes de campos magnéticos 139
Interpretación atómica de los imanes 141
Fuerzas ejercidas sobre las corrientes en el seno de campos magnéticos 142
Fuerzas magnéticas sobre cargas móviles 145
Fuerzas electromotrices inducidas 147
El generador eléctrico 149
Transformador 151
Medición de masas atómicas 152
Bibliografía 153
Resumen 154
Lista de comprobaciones 155
Problemas 157

Capítulo 8

ONDAS 159
Ondas en una cuerda 159
Reflexión de ondas en una cuerda 161
Ondas estacionarias 162
Resonancia de ondas 163
Vibración de sistemas complejos 166
Ondas de compresión: ondas sonoras 169
Resonancia de las ondas sonoras 170
Interferencia de las ondas sonoras 172
Efecto Doppler 173
Polución debida al ruido 176
Bibliografía 177
Resumen 177
Lista de comprobaciones 178
Cuestiones 179
Problemas 180

Capítulo 9

ONDAS ELECTROMAGNÉTICAS 183
Descubrimiento de Maxwell 183
Ondas de radio 184
Onda magnética 186
Detección de ondas de radio 186
Espectro electromagnético 188
Reflexión de la luz 190
Refracción de la luz 192
El prisma y el color 193
Interferencias en rendijas 195
Difracción debida a una abertura 200
Bibliografía 202
Resumen 203
Lista de comprobaciones 204
Cuestiones 205
Problemas 206

Capítulo 10

LOS VEINTICINCO AÑOS DORADOS 209
Movimiento 209
Einstein y la relatividad 210
Existe una velocidad límite 214
Conversión mutua masa-energía 214
Dilatación del tiempo y la paradoja de los gemelos 215
Descubrimiento de Planck 216
Efecto fotoeléctrico 219
El átomo nuclear 221
El átomo de hidrógeno 223
Modelo de Bohr para el átomo de hidrógeno 226
Ondas de de Broglie 228
Experimentos de interferencias con partículas 230
Principio de incertidumbre de Heisenberg 231
Bibliografía 234
Resumen 234
Lista de comprobaciones 235
Cuestiones 236

Problemas 237

Capítulo 11

EL NÚCLEO ATÓMICO 239
Medición de masas nucleares 239
Isótopos y estructura nuclear 240
Energía de enlace del núcleo 243
Defecto de masa y energía de enlace 245
La reacción de fusión 246
La reacción de fisión 247
Radiactividad 251
Efecto túnel 252
Bombardeo nuclear 253
Partículas 256
Empleo de la radiactividad 258
Bibliografía 260
Resumen 260
Lista de comprobaciones 260
Cuestiones 261
Problemas 262

Capítulo 12

ÁTOMOS Y LA TABLA PERIÓDICA 265
El átomo de hidrógeno 265
Niveles de energía atómicos 266
Emisión y absorción de la luz 268
Atomo de helio y spin electrónico 269
El litio y el principio de exclusión 271
Sistema periódico de los elementos 273
Espectros de los átomos complejos 278
El láser 278
Bibliografía 280
Resumen 280
Lista de comprobaciones 281
Cuestiones 282
Problemas 283

Capítulo 13

LA QUÍMICA DE LAS SUSTANCIAS INORGÁNICAS 285
La molécula de hidrógeno 285
Enlace covalente 287
Enlace iónico 288
La fuerza de enlace en los sólidos y líquidos 291
Tipos de sólidos cristalinos 292
Disoluciones iónicas en agua 297
Ácidos 298
Bases e hidróxidos 299
Minerales en el agua 300
Resumen de nombres y símbolos químicos 302
Bibliografía 303
Resumen 304
Lista de comprobaciones 305
Cuestiones 305
Problemas 306

Capítulo 14

LAS MOLÉCULAS DE LOS SERES VIVOS: QUÍMICA ORGÁNICA 309
Moléculas formadas por cadenas de hidrocarburos 309
Nomenclatura 311
Alcoholes 312
Ácidos orgánicos y ésteres 313
El benceno y otros compuestos derivados 314
Aminas y amidas 316
Polímeros 316
Proteínas 318
Acidos nucleicos 319
Mutaciones debidas a daños sufridos por las células 321
Fotosíntesis y la energía de la vida 322
Bibliografía 323
Resumen 323
Lista de comprobaciones 324
Cuestiones 325

Capítulo 15

LA ATMÓSFERA TERRESTRE Y LA METEOROLOGÍA 327
Historia primitiva de la Tierra 327
Capas atmosféricas 328
La exosfera 330
La termosfera 330
Mesosfera y estratosfera 331
La troposfera 331
La ionosfera 331
Movimiento del aire a gran escala 332
Capa límite entre el aire y la Tierra 334
El tiempo y la troposfera 335
Movimientos de aire localizados 338
Circulación ciclónica 338
Huracanes (o Ciclones tropicales) 341
El tornado 342
Cambios estacionales en el tiempo 342
Influencia de los océanos sobre el clima 343
Predicción del tiempo 345
Contaminación de la atmósfera 346
Bibliografía 348
Resumen 350

Lista de comprobaciones 351
Cuestiones 351

Capítulo 16

LA TIERRA 355
Materiales de la superficie terrestre 355
Ondas sísmicas y estructura de la Tierra 362
Isostasia 364
Los continentes 365
Las cuencas oceánicas 369
Desplazamientos continentales 371
Erosión 374
Determinación de la época geológica 379
Desarrollo de la vida sobre la Tierra 379
El hombre 383
Bibliografía 385
Resumen 386
Lista de comprobaciones 387
Cuestiones 388

APÉNDICES

Apéndice I: Matemáticas 393
Apéndice II: Escalas de temperaturas 397
Apéndice III: Leyes y fórmulas 399
Apéndice IV: Tabla de los elementos 402
Apéndice V: Soluciones de los problemas impares 405
Apéndice VI: Soluciones de los problemas 413
Glosario 415
Índice alfabético 423

Ciencias físicas

Capítulo 1

Historia inicial del universo

El lector y yo somos una parte diminuta de un vasto experimento: el nacimiento, vida y muerte del Universo. Es un experimento único por muchos conceptos; su objetivo está quizá más allá de cualquier comprensión; su progreso está casi siempre fuera del control del hombre; empezó hace miles de millones de años atrás y su curso futuro todavía no se comprende. Aunque los seres humanos no idearon ni iniciaron este experimento, desde los tiempos más antiguos hemos tenido curiosidad sobre su desarrollo. Buscando satisfacer esta curiosidad, hemos resultado involucrados en las ciencias, juego cuyo objetivo es aprender cómo se comporta el Universo y todo lo que hay dentro de él.

Nunca sabremos con certidumbre cómo empezó la creación. Lo mejor que podemos hacer es examinar el Universo como lo vemos hoy e inferir lo que debe haber sucedido en el pasado lejano. Pero debemos tener una precaución previa; como en todas las ciencias, estamos haciendo deducciones a partir de un conocimiento limitado. Al ir aumentando el conocimiento disponible en el futuro, nos reservaremos el derecho de modificar nuestras deducciones. En esto, incluso más que en la mayoría de las áreas de las ciencias, debemos mantener una mente abierta. Una vez dichas estas palabras de precaución, veamos lo que podemos conjeturar acerca del origen de nuestro Universo.

La bola de fuego primitiva

A lo largo de siglos ha quedado claro que el Universo está en expansión. Aunque nuestro propio sistema solar, compuesto del Sol, la Tierra y los planetas no es mayor ahora que lo era hace miles de millones de años atrás, la distancia entre las estrellas más alejadas del Universo está aumentando constantemente. Deducimos esto a partir del color de la luz enviada hacia la Tierra por los átomos contenidos en esas estrellas. La luz procedente de estas estrellas alejándose presenta un desplazamiento de color; los colores azules y verdes se han cambiado a amarillos y rojos. Este desplazamiento de los colores hacia el extremo rojo del espectro, *desplazamiento hacia el rojo,* puede utilizarse para medir las velocidades a que las estrellas se alejan de la Tierra. Estas velocidades de alejamiento son cercanas a la velocidad más grande posible, la de la luz, en el caso de las estrellas más alejadas.

Puesto que el Universo parece estar expansionándose hay la tentación de extrapolar hacia atrás en el tiempo y deducir que el Universo era al principio una bola en explosión. Esta teoría se denomina el *big-bang* de la creación. Sin embargo, son posibles otras alternativas y la hipótesis de la bola en explosión ha sido sometida a una discusión considerable hasta hace varios años. Incluso ahora, los científicos no tienen mucho ánimo en apoyarla. Pero las pruebas crecientes obtenidas a partir de medidas de la radiación que alcanza la Tierra procedente del espacio, hace que las otras teorías sean menos probables aún.

A partir de las pruebas experimentales que tenemos disponibles hoy, llegamos a la conclusión de que hace unos diez mil millones de años atrás el Universo era compacto en forma de una bola que tenía un diámetro quizá diez veces mayor que el del Sol. Debemos preguntarnos cómo podrían estar comprimidas en un volumen tan pequeño los millones de estrellas que existen, cada una de ellas comparables en tamaño al Sol, junto con todo el resto del Universo. Seguramente, los átomos y las moléculas como los conocemos hoy, no pueden estar comprimidos tan densamente. Sin embargo, los átomos están compuestos de partículas mucho menores —electrones, protones y neutrones— y estas diminutas partículas pueden comprimirse en un volumen igual a una millonésima o una milmillonésima del tamaño del átomo. El propio átomo es fundamentalmente espacio vacío. Es de presumir, que todos los átomos se vieron sometidos a un colapso dando un material extremadamente compacto en el origen del Universo.

Este universo tan elevadamente comprimido debería haber sido increíblemente caliente; su temperatura exacta se desconoce, pero al menos debía ser de varios miles de millones de grados. A estas temperaturas tan altas, no pueden existir los átomos y moléculas e incluso las partículas básicas como el electrón, el protón y el neutrón tienen una vida muy breve. Aunque no podemos todavía obtener una temperatura controlada tan elevada en el laboratorio, sabemos que las partículas básicas literalmente se hacen pedazos entre sí cuando chocan con las velocidades y energías tan elevadas características en las temperaturas de miles de millones de grados. Así sucedió en la bola de fuego original, cuando incontables fragmentos moviéndose a velocidades tremendas hicieron que la bola de fuego explotase. Esta explosión representó el principio de la era de nuestro Universo.

Gran parte del comportamiento de nuestro Universo desde la explosión inicial puede explicarse en términos de la fuerza gravitatoria. Esta es la fuerza que origina que los objetos caigan hacia la Tierra, y la fuerza que mantiene a los planetas en sus órbitas alrededor del Sol. La primera comprensión clara de esta fuerza y de cómo produce los efectos que atribuimos a la gravedad, la proporcionó Isaac Newton hace dos siglos. Este científico demostró que todos los objetos del Universo se atraen entre sí con una fuerza gravitatoria y que el valor o intensidad de esta fuerza es proporcional a la masa de los objetos que intervienen en el fenómeno. Por ejemplo, la atracción de la Tierra con su gran masa sobre una bola de tenis es suficientemente grande para hacer que la bola caiga hacia el suelo. Pero una piedra colocada sobre una mesa cerca de la pelota ejerce una fuerza atractiva tan pequeña sobre ésta que no produce ningún movimiento perceptible. La fuerza atractiva ejercida por la piedra sobre la pelota es mucho menor que la atracción de la Tierra sobre la pelota, debido a que la piedra es de masa muchísimo menor que la Tierra. Evidentemente, la bola de fuego de gran masa del Universo ejerció unas fuerzas atractivas gravitatorias tremendas sobre las partículas de alta velocidad que intentaban escapar de su superficie.

A pesar de las fuerzas gravitatorias inmensas que mantenían a las partículas reunidas en la bola de fuego inicial, el Universo se expandió por el espacio. La situación es semejante al lanzamiento de un cohete desde la Tierra. La explosión controlada de los motores del cohete supera a la fuerza gravitatoria de la Tierra y lanza el cohete lejos de ésta. Si tiene suficiente energía, un cohete de alta velocidad puede ser lanzado hacia el espacio escapando de modo permanente de la atracción terrestre. Para escapar de la atracción gravitatoria terrestre, el cohete debe ser lanzado desde la Tierra con una velocidad por lo menos de 40 000 km/h (kilómetros por hora), o finalmente quedará detenido volviendo a caer sobre ésta. Esta velocidad mínima que un objeto debe tener para quedar liberado de la atracción terrestre se denomina *velocidad de escape.*

La velocidad de escape para aquellas partículas que intentaban abandonar la bola de fuego primitiva era mucho mayor que 40 000 km/h, debido a que la masa de esta bola de fuego era muchísimo más grande que la de la Tierra. Cuando la bola de fuego explotó en el instante cero, las partículas de la misma se dispararon hacia el espacio. Cada partícula que escapaba era semejante a un cohete lanzado desde la Tierra. Si las partículas tuvieron energía y velocidad suficientes, superaron a la velocidad de escape y se marcharon alejándose de la bola de fuego para siempre. Si sus energías fueron demasiado bajas, se pararon finalmente, invertieron el sentido del movimiento y volvieron a caer para formar de nuevo la bola de fuego original.

No sabemos todavía si las partículas del Universo llegarán a escapar. La bola de fuego original se ha expansionado ocupando una región tremendamente grande; pero todas las partículas que lo forman están todavía atrayéndose entre sí, intentando reunirse de nuevo en una bola compacta. Para saber si las partículas tienen energía suficiente para escapar de otras, necesitamos conocer la masa total del Universo y, por lo tanto, la energía de sus partículas. Podemos ahora hacer una estimación de cada una de estas magnitudes, pero estas estimaciones son todavía demasiado imprecisas para permitirnos decidir sobre la cuestión.

Si las partículas del Universo no tienen energía suficiente para poder escapar, entonces, finalmente, éste terminará algún día su expansión. Del mismo modo que los cohetes caen de nuevo hacia la Tierra, las partículas que componen el Universo empezarán a caer hacia su centro acelerándose y adquiriendo unas energías tremendas durante la caída. Los choques de elevadísima energía que se producirán cuando el universo se reúna hacia su centro original generará una cantidad de calor tan grande que todos los átomos y moléculas se descompondrán. En el instante final, la bola de fuego primitiva se formará de nuevo.
Quizás es ésta la historia de nuestro Universo. Puede que incluso haya habido una serie de pulsaciones o fenómenos periódicos una y otra vez en el pasado lejano, existiendo durante un instante como una bola de fuego, explotando luego, expansionándose durante miles de millones de años, contrayéndose a lo largo de un período igual de tiempo y luego volviendo a formar la bola de fuego. Ciertamente, y ésta es la descripción adecuada de nuestro Universo, nunca podremos aprender su historia más allá de nuestra propia era de la bola de fuego. Todas las trazas o restos de la historia previa deben de haberse consumido en el horno increíble de cada bola de fuego.

Formación de las galaxias

Hemos descrito el universo en su infancia como una bola de gas en explosión compuesto de partículas elementales y de otras formas de radiación de elevada energía. Al irse expansionando el gas denso a partir de su origen, la temperatura de la bola de fuego debió descender rápidamente. Después de sólo algunas horas, la temperatura bajó lo suficiente para que las partículas del gas no tuviesen ya energía suficiente para mantener sus núcleos atómicos separados. Sin embargo, la disminución de temperatura fue tan rápida que escasamente hubo tiempo de formar ningún núcleo grande.
La formación de los núcleos atómicos, que son las porciones centrales de los átomos, exige la reunión de protones y neutrones. En el caso del átomo más pequeño, el átomo de hidrógeno, el núcleo se compone de un simple protón, partícula elemental con una carga positiva del mismo valor que la del electrón con carga negativa. (Los electrones rodean el núcleo como si fuesen sus satélites y forman la capa externa de los átomos.) El segundo átomo en tamaño, el helio, tiene un núcleo que está formado por dos protones y dos neutrones. (Un neutrón tiene aproximadamente la misma masa que el protón, pero no tiene carga. Tanto el neutrón como el protón tienen masas del orden de 1840 veces mayores que la del electrón.) El litio, el átomo siguiente en tamaño, tiene tres protones y tres neutrones en su núcleo. Los átomos más grandes que existen en la naturaleza tienen muchos neutrones y protones en sus núcleos. Por ejemplo, el núcleo de oro contiene 79 protones y 118 neutrones empaquetados compactamente.
Para reunir los protones en forma compacta hay que obligarles a acercarse los unos a los otros. Pero es probable que el lector ya conozca que «las cargas del mismo signo se repelen», y como todos los protones son positivos deberán repelerse entre sí. El hecho de que lleguen a «pegarse» y formar un núcleo indica que una fuerza atractiva mucho más intensa debe vencer la repulsión existente entre las cargas del mismo signo y enlazar los protones y neutrones juntos en los núcleos atómicos. Esta *fuerza de atracción nuclear* tiene un alcance corto; no se aprecia a no ser que las partículas estén extremadamente próximas entre sí. Por consiguiente, dos protones deben chocar uno sobre el otro con una energía muy elevada con objeto de vencer la fuerza de repulsión entre sus cargas del mismo signo; sólo entonces pueden llegar lo suficientemente cerca para que la fuerza de atracción nuclear los retenga unidos.
Sólo durante un tiempo corto tuvieron los protones en el polvo gaseoso de la expansión de la bola de fuego, energías lo suficientemente elevadas como para permitir su fusión. Cuando la temperatura de la nube del polvo en expansión disminuyó, las energías de los protones descendieron demasiado para que pudiesen fundirse después debido a los choques. La caída de temperatura parece haber sido demasiado rápida para permitir la formación de muchos núcleos mayores que el núcleo de helio. De hecho, la nube en esta etapa todavía se componía principalmente de protones, neutrones, núcleos de helio y electrones aislados, junto con una radiación de elevada energía como la que constituye los rayos X. Los núcleos de los átomos mayores que el helio estuvieron casi totalmente ausentes del universo que se enfriaba rápidamente hasta descender por debajo de la temperatura necesaria para su formación.
Después de 100 000 años, la temperatura de la nube

en expansión había disminuido varios miles de millones de grados hasta valer aproximadamente 3000 °C (próxima a la temperatura del alambre incandescente de una lámpara ordinaria).

A estas temperaturas bajas, los protones pueden capturar electrones para formar átomos de hidrógeno. (Puede resultar útil representar el electrón y el protón del átomo de hidrógeno con un comportamiento análogo a la Tierra y el Sol en el sistema solar. Del mismo modo que la Tierra rodea en su movimiento de traslación al Sol, puede pensarse que el electrón está circulando alrededor del protón. Sin embargo, la Tierra se mantiene en su órbita alrededor del Sol por la fuerza de atracción gravitatoria de este astro, mientras que el electrón negativo se mantiene en su órbita alrededor del núcleo positivo de un solo protón por la atración entre cargas de signos diferentes).

Lo mismo que sucede con cualquier nube, este tipo de nube de polvo en expansión no era uniforme. En algunos lugares el polvo era más denso que en otros. Estas regiones de densidad más elevada ejercían unas fuerzas de atracción gravitatoria superiores a la media sobre el polvo que la rodeaba en sus proximidades. Como resultado, el polvo empezó a reunirse en forma más compacta en diversas regiones de la nube en expansión. Una de estas regiones contenía el polvo que posteriormente resultó ser nuestro sistema solar; pero nuestro agregado de polvo era mucho mayor que el necesario para formar dicho sistema. Constituía la región del universo que ahora denominamos la Vía Láctea.

La Vía Láctea, entonces sólo una nube de hidrógeno y de otras partículas diminutas, ahora se extiende a lo largo de una distancia de alrededor de 1.500.000.000.000.000.000 kilómetros. (Con frecuencia escribimos este número en abreviatura como 15×10^{17} km para indicar que debemos escribir 15 con 17 ceros detrás de este número.) Para apreciar el tamaño de la Vía Láctea consideraremos que nada puede moverse más rápido que la luz y que un pulso luminoso exigiría alrededor de 100 000 años para ir desde un extremo de la Vía Láctea al otro. Sin embargo, la Vía Láctea es sólo una porción pequeña del universo todavía en expansión. Como las distancias en el universo son tan enormes, el kilómetro es casi inútil como medida de longitud. Una unidad más interesante de longitud es el *año-luz,* la distancia que un pulso luminoso recorrerá en un año (a 300 000 km/seg, velocidad de la luz). Así pues, la distancia de extremo a extremo de la Vía Láctea es aproximadamente 100 000, o sea 10^5, años luz.

Durante el tiempo que las fuerzas gravitatorias estuvieron actuando para reunir las partículas de polvo en la Vía Láctea se formaron agregados de polvo por todas partes del universo. Estas regiones, como la Vía Láctea, se denominan *galaxias.* Examinando el espacio con los telescopios más potentes disponibles podemos ver aproximadamente 10^9 galaxias más (recuérdese que 10^9 es 1 000 000 000) y que seguramente existen ciertamente otras todavía más alejadas en el espacio. Estas galaxias muestran desplazamientos o corrimientos hacia el rojo, lo cual nos dice que las más distantes están alejándose de nosotros a velocidades próximas a la de la luz. (Veremos posteriormente cómo puede estimarse la edad del universo —alrededor de diez mil millones, o sea 10^{10} años— utilizando las velocidades de retroceso de las galaxias.)

Probablemente sólo se necesitaron 100 000 años para que el universo en expansión adquiriese la forma de galaxias diferenciadas. Desde entonces, las galaxias han cambiado desde las nubes de polvo originales a regiones grandes llenas de estrellas, planetas, asteroides y todas las formas de las partículas, incluyendo alguna pequeña fracción de la masa total en forma de átomos y moléculas libres. Examinaremos ahora la marcha de los sucesos dentro de una galaxia típica durante los miles de millones de años de su desarrollo.

Evolución de las galaxias

En las figuras 1.2 a 1.5 se muestran varias galaxias tal y como se ven a través de un telescopio. Los puntos brillantes que se ven en la fotografía indican las posiciones de estrellas semejantes a nuestro sol. En nuestra galaxia se ha estimado que hay un total de 100 000 millones de estrellas, una de las cuales es el Sol. Creemos que la Vía Láctea tiene un aspecto semejante al de la galaxia indicada en la figura 1.6, estando situado nuestro sol en la posición indicada. Sin embargo, no podemos estar seguros, debido a que estamos sumergidos en la galaxia y la región central más densa oculta partes de la galaxia a nuestra vista. Desde otros ángulos, nuestra galaxia recuerda a aquellas indicadas en las figuras 1.2 y 1.3.

A partir de las fotografías podemos ver que nuestra galaxia es semejante a un disco en forma de espiral.

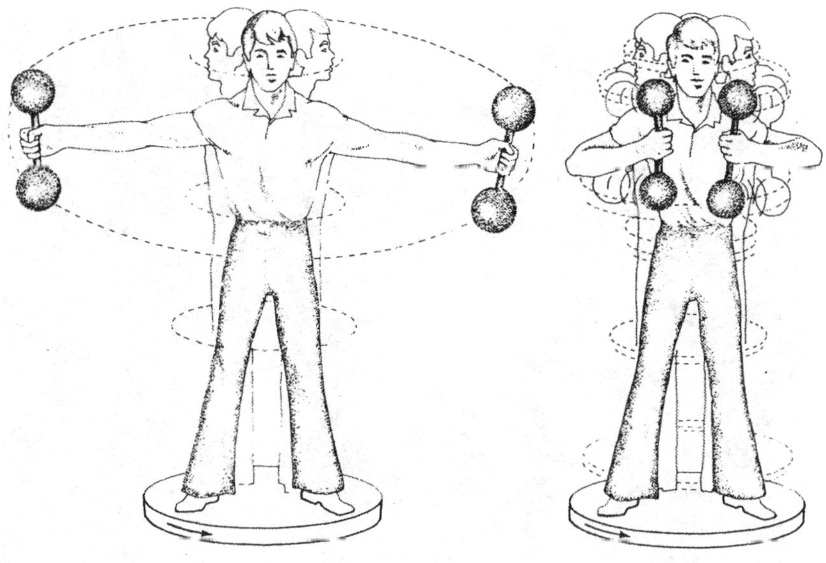

FIG. 1.1 — Al acercar la masa de un objeto en rotación al eje de rotación, su velocidad angular aumenta. Obsérvese cómo ha aumentado la velocidad de rotación del muchacho en (b) debido a que ha acercado las dos masas grandes a su eje.

Esta forma es típica de muchas galaxias y tiene interés conocer su origen. Muchas de las formas espirales que estamos acostumbrados a ver en los flúidos y en las nubes de polvo son resultados de la rotación. El agua formando remolinos sobre el sumidero por donde sale de un depósito y la tromba de agua o torbellino producida por un huracán son dos ejemplos típicos. Creemos que las formas espirales de algunas galaxias son resultados de su rotación. Nuestra propia galaxia da una vuelta completa en 200 millones de años aproximadamente (2×10^8). Aunque esta velocidad de rotación parece despreciablemente pequeña, la galaxia es tan grande que el Sol, que está a unos dos tercios del borde, está rodeando el centro de la galaxia con una velocidad de aproximadamente 13 500 km/h. La causa de esta rotación tiene interés, en especial porque se presentan los mismos fenómenos cuando los planetas se mueven alrededor del Sol. Podemos aprender algo sobre este efecto del modo siguiente.

Veamos lo que le ocurre a un objeto en rotación cuando se hace variar su forma. La figura 1.1(*a*) muestra a un muchacho situado sobre una plataforma que puede hacerse girar. Las pesas grandes situadas en sus manos aumentan la masa de su propio cuerpo. Un empuje desde el exterior hace que empiece su rotación lentamente con los pesos en los brazos extendidos como se ve en la parte (*a*). Obsérvese que los pesos están bastante alejados del eje o centro de rotación. Si el muchacho acerca ahora los pesos a su cuerpo como se indica en la figura (*b*), empezará inmediatamente a girar más rápidamente. Cuando de nuevo extienda sus brazos, volverá a girar más lentamente pasando a su velocidad inicial. La importante *ley de conservación del momento cinético* ilustrada por este experimento puede enunciarse aproximadamente de la forma siguiente:

> *Un sistema de rotación libre girará más rápidamente si acerca la masa del sistema al eje de rotación.*

Este hecho tiene gran importancia en el caso de la nube galáctica. Recordemos que cuando las galaxias se movieron alejándose del centro de la bola de fuego original, cada galaxia se fue convirtiendo cada vez en una región de densidad superior a la media. Las fuerzas gravitatorias empujaban el hidrógeno y otras partículas próximas hacia el centro de esta región de mayor densidad y como resultado, el material de que se componía la galaxia empezó a contraerse. En muchos casos, el material de esta amplia región del espacio podía haber tenido una ligera rotación, porque era poco probable que existiese un flujo hacia fuera perfectamente uniforme del gas que formaba el Universo. Así en sus etapas iniciales la galaxia era una nube en expansión muy rápida pero girando ligeramente, y entonces empezó a contraerse.

Cuando la nube galáctica pasó a constituir un volu-

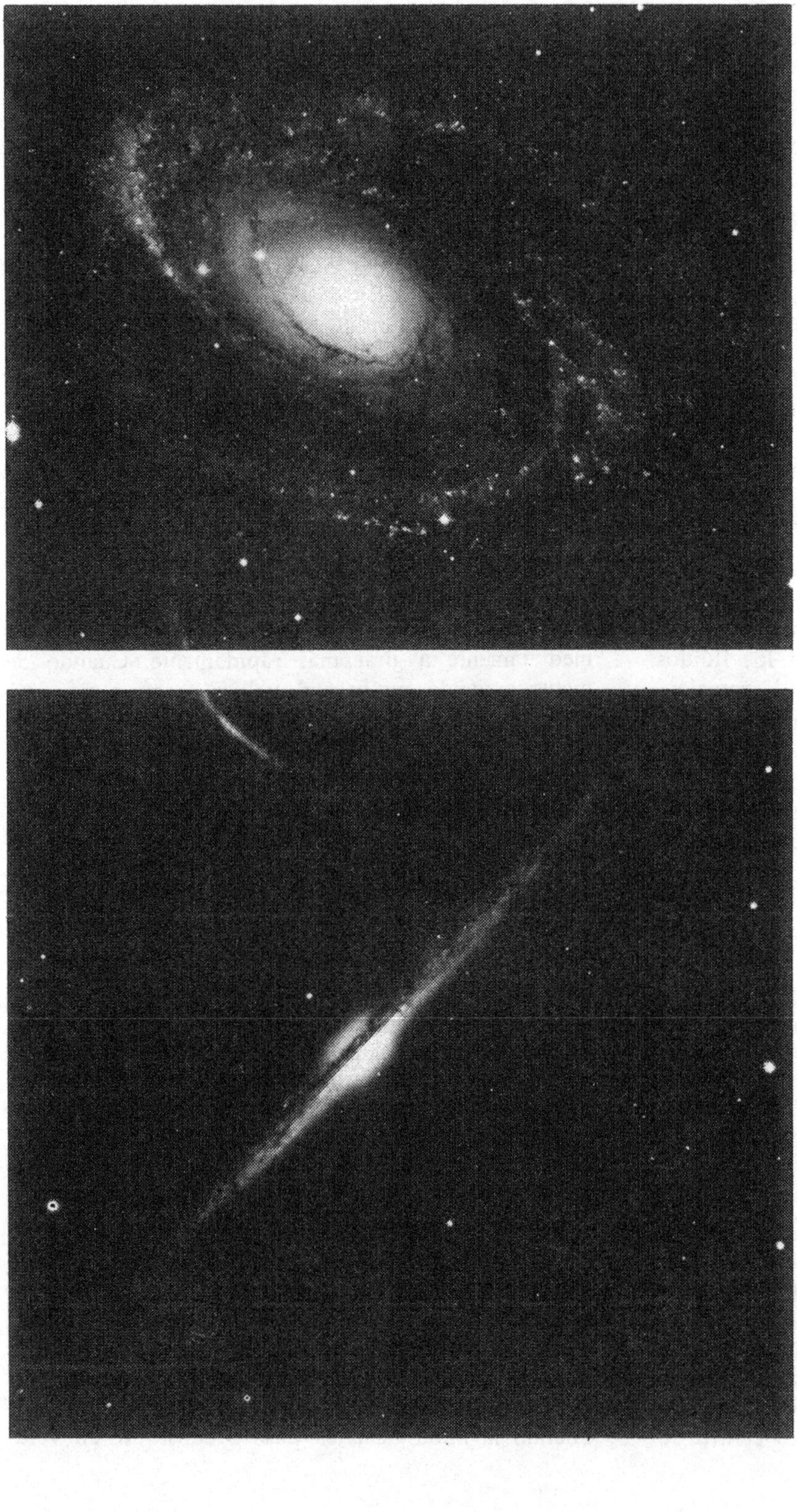

FIG. 1.2. — Galaxias espirales típicas (a) NGC 3031 (M81), galaxia espiral en la Osa Mayor; (b) NGC 4565 vista lateralmente. Ambas fotografías se han tomado con el telescopio de 200 pulgadas. *(Observatorios de Mount Wilson y Palomar.)*

(*a*)

(*b*)

FIG. 1.3. — Galaxia de Andrómeda, Messier 31. *(Observatorios de Mount Wilson y Palomar.)*

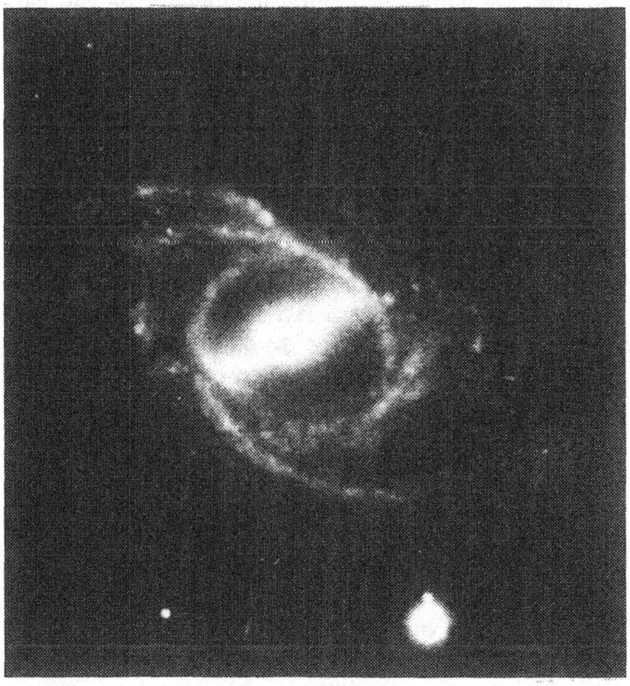

FIG. 1.4. — Galaxia espiral con barra central NGC 2523. *(Observatorios de Mount Wilson y Palomar.)*

FIG. 1.5. — Galaxia elíptica gigante en Virgo, NGC 4486 (M87), fotografiada con el telescopio de 200 pulgadas. *(Observatorios de Mount Wilson y Palomar.)*

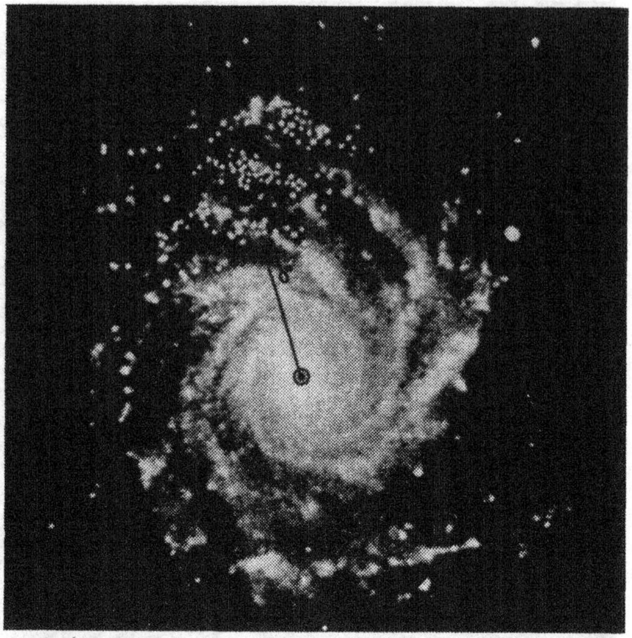

FIG. 1.6. — La galaxia espiral que se ve aquí (NGC 1232) tiene una forma semejante a nuestra propia galaxia, la Vía Láctea. Para mostrar esta semejanza se ha superpuesto a la galaxia una parte de la Vía Láctea; aparece en forma de estrellas brillantes en los brazos superiores de la espiral de la figura. Nuestro sol (y el sistema solar) está a mitad de camino aproximadamente desde el centro de la galaxia. Su posición está indicada por la posición de 0°, que es una representación convencional de los astrónomos. Obsérvese que los brazos espirales de la Vía Láctea se ajustan bien sobre los brazos espirales de la NGC 1232. *(Fotografía preparada por el Prof. Wilhelm Becker, Universidad de Basilea, Suiza.)*

men más pequeño, la ley de conservación del momento cinético nos dice que la velocidad de rotación de la nube debía haber aumentado. En muchos casos, la velocidad de rotación original fue suficientemente grande para que la galaxia alcanzase velocidades de rotación comparables con la de nuestra propia galaxia. Si se recuerda lo que le ocurre al muchacho al final de una línea de muchachos unidos entre sí que juegan «al látigo», es fácil comprender lo que ocurrió a las partes exteriores de la nube en contracción. Obligados a moverse más rápidamente cada vez alrededor de la trayectoria en espiral hacia dentro, como las partes exteriores de la nube, empezaron a alargarse y la nube se aplastó en una espiral en forma de disco. Creemos que esto explica la forma de las galaxias indicadas en las figuras 1.2 a 1.4.

Indudablemente otras galaxias tuvieron en el principio un momento de rotación muy pequeño. Por lo tanto, no adquirieron velocidades de rotación grandes al irse contrayendo la galaxia bajo la acción de las fuerzas gravitatorias y así no adquirieron la forma espiral. La galaxia elíptica indicada en la figura 1.5 es un ejemplo de este caso, pero incluso esta galaxia está en rotación. Como resultado, sus partes más exteriores, de modo semejante a las galaxias espirales, están sometidas a fuerzas de tipo látigo. Estas fuerzas se hicieron cada vez mayores cuando aumentaron las velocidades de rotación de las galaxias durante la contracción inducida gravitacionalmente de las galaxias. Finalmente, la velocidad de rotación de cada galaxia resultó suficientemente grande para que los efectos de látigo equilibrasen al empuje hacia el centro gravitatorio galáctico. En este instante, todas las galaxias se estabilizaron en su tamaño actual.

Así pues, durante los miles de millones de años después de su formación, el Universo, en forma de nube en expansión, fue transformándose en un universo cada vez más granular, en la que cada gránulo era una galaxia. El Universo está todavía expansionándose, pero ahora se compone de galaxias de tamaño estable, disparadas en el espacio desde el punto origen primitivo.

Formación de las estrellas

Dentro de cada galaxia variaba la densidad de la nube gaseosa. Las regiones de densidad elevada atraían el gas que las rodeaba formado por neutrones, protones, electrones y átomos de hidrógeno debido a las fuerzas gravitatorias. Cuando las partículas fueron cayendo hacia esos centros, adquirieron velocidades elevadas. Como la masa total del gas que intervenía era comparable a la masa de nuestro pro-

pio Sol (alrededor de 3×10^5 veces mayor que la Tierra) las fuerzas gravitatorias eran extremadamente grandes; las energías de las partículas que caían hacia el centro iban aumentando y hacían que la temperatura del gas formado por dicho agregado de partículas subiese de un modo inconcebible.
En el momento en que cada centro hubiese capturado las partículas que le rodeaban, el agregado habría llegado a convertirse en una bola de fuego flameante tan densa y caliente como nuestro propio Sol. (Sin embargo, nuestro Sol no se formó en esta etapa del universo como veremos posteriormente.) Aunque entonces cada galaxia contenía millones de soles flameantes, las masas de estos objetos calientes hasta el rojo blanco (que podemos denominar estrellas de hidrógeno), estaba compuesta casi completamente de protones, neutrones y electrones. Los elementos como el hierro y el carbono faltaban todavía en el Universo.
Cuando el material gaseoso de estas estrellas continuó contrayéndose bajo la fuerza gravitatoria, su temperatura continuó elevándose y finalmente alcanzó cerca de los veinte millones de grados centígrados. A esta temperatura los protones tenían energía suficiente para fusionarse a continuación del choque. Al fusionarse, se liberaban grandes cantidades de energía (éste es el proceso utilizado en la bomba de hidrógeno para liberar la energía explosiva que hoy día nos preocupa que pueda destruir a toda la humanidad). En el interior de una estrella de hidrógeno como ésta, los núcleos de hidrógeno y los protones se estaban fusionando formando núcleos de helio. La estrella de hidrógeno era una bomba de hidrógeno a gran escala, y su explosión en el espacio estaba impedida por las fuerzas de atracción gravitatoria.
Las grandes cantidades de energía producidas en la fusión nuclear hicieron que la temperatura de la estrella ascendiese aún más. Sin embargo, puesto que un gas se expansiona cuando se calienta, la tendencia a la expansión equilibraba el efecto de contracción de las fuerzas gravitatorias. En este instante, la estrella resultó una entidad estable. Según la estrella iba radiando calor al espacio, se formaba más calor en su núcleo debido a que los protones se fusionaban formando núcleos de helio. * Una estrella de hidrógeno puede existir en estas condiciones durante miles de millones de años y puesto que el empleo de los protones de su núcleo es muy lento, muchas estrellas del Universo parecen estar todavía en esta etapa de desarrollo.
Hemos dicho que las estrellas están formadas de gas compuesto principalmente de protones, neutrones y electrones. La temperatura es tan elevada que todos los átomos han sido destruidos y en consecuencia las partículas dentro del gas pueden estar presentes en una forma más densa que la de una nube de átomos de gas hidrógeno. La densidad de la materia en el centro de una estrella es centenares de veces mayor que las de los metales más pesados.
Finalmente, como resultado de la reacción de fusión, los protones del núcleo de una estrella disminuyen en número hasta un punto en el que empieza a apagarse la reacción de fusión de protones. En este instante, la estrella empieza a contraerse de nuevo bajo las fuerzas gravitatorias y la temperatura del núcleo empieza elevarse. El núcleo ahora tiene una gran cantidad de núcleos de helio dentro de él puesto que son productos de la reacción de fusión del hidrógeno. (Recuérdese que el núcleo de helio está compuesto de dos protones y dos neutrones.) Estos núcleos de helio son capaces también de una reacción de fusión. Sin embargo, como cada núcleo de helio contiene dos cargas positivas debido a la presencia de los protones, se necesitan temperaturas más elevadas para proporcionar la energía necesaria para obligar a que estas cargas mayores se agrupen. Cuando el núcleo de la estrella alcanza alrededor de 120 millones de grados centígrados, puede empezar a funcionar una reacción de fusión en la que interviene el helio acumulado en el núcleo de la estrella. Esta reacción se denomina *proceso triple alfa,* debido a que tres núcleos de helio (también denominados partículas alfa), se fusionan formando un núcleo de átomo de carbono. A través de esta reacción, los núcleos de helio del centro de la estrella proporcionan la energía térmica necesaria para mantener viva la estrella.
Mientras se producen estos procesos dentro del núcleo de la estrella, también se producen cambios en su exterior. Gran parte del gas hidrógeno que permanece en la estrella se ha difundido hacia la parte exterior y ha empezado a enfriarse, pasando del rojo blanco al rojo oscuro en el proceso. Además, el gas se difunde alejándose del espacio desde el núcleo de la estrella. Mirada desde cierta distancia la estrella ahora recuerda una bola roja y gigante y por ello se deno-

* Se dice a veces que «el hidrógeno se quema para formar helio» en la reacción de fusión. Aunque es cierto que la reacción recuerda a la combustión en el sentido de que se emite calor en el proceso, «quemar» con el sentido que los químicos dan a la palabra es una combinación de átomos para formar una molécula, no la fusión de núcleos.

mina *estrella gigante roja*. Casi todas las nubes de estrellas que se ven en el firmamento contienen por lo menos una gigante roja.

Durante la etapa *gigante roja,* la temperatura del centro de la estrella aumenta lentamente al ir prosiguiendo la reacción de fusión. Finalmente, la temperatura resulta ser tan alta que los núcleos de carbono formados en el proceso triple alfa empiezan a sufrir otra reacción. Mediante la adición paso a paso de partículas alfa (es decir, de núcleos de helio) pueden formarse los núcleos de otros elementos. En el momento actual creemos que la mayoría de los núcleos de los átomos diferentes del hidrógeno y del helio se forman y se formaron en el interior de las estrellas en éstas y otras etapas posteriores de su desarrollo. Las proporciones de cada tipo de núcleo dependerán grandemente de la estabilidad del núcleo y del número de procesos que conducen a su producción. Parece haber un acuerdo sustancial entre las abundancias observadas de los elementos y las que se pueden calcular a partir del conocimiento actual de las reacciones nucleares. Sin embargo, en el universo global, la mayor parte del material sigue siendo todavía hidrógeno y helio.

Finalmente, el combustible nuclear del núcleo de la gigante roja se agota. Aunque existen grandes cantidades de hidrógeno y de helio en la parte exterior de la estrella, la temperatura allí es demasiado baja para que se produzca la fusión. Cuando la reacción de fusión nuclear empieza a agotarse, la estrella empieza a contraerse de nuevo bajo la fuerza de atracción gravitatoria. Durante este período, la estrella expulsa con frecuencia masa hacia el espacio y con frecuencia pierde una fracción considerable de su propia masa a lo largo de los siglos posteriores. La estrella en contracción se calienta otra vez más cuando la fuerza gravitatoria actúa sobre la masa residual y se transforma en una estrella mucho más pequeña y más caliente denominada *enana blanca.*

Puesto que el combustible nuclear dentro de la enana blanca ha sido consumido durante sus etapas iniciales, las reacciones de fusión nuclear no pueden proporcionar más calor a la estrella. Se cree que estas estrellas se enfrían lentamente y desaparecen de nuestra vista a no ser que empiecen a entrar en juego otros procesos. Algunas de estas posibilidades se estudian en la sección siguiente.

Novas, supernovas y quasares

De vez en cuando, los astrónomos ven una estrella cuyo brillo se multiplica repentinamente por un factor de miles. Los primeros astrónomos, incapaces de detectar la tenue estrella original, pensaron que estaban viendo el nacimiento de una estrella y denominaron a este suceso una *nova,* que significa nueva. Aunque una nova adquiere su brillo total en un día o incluso menos, necesita años para volver a su brillo normal. En la figura 1.7 se indica una nova típica.

El modo exacto de cómo nace una nova está todavía en discusión, pero la siguiente posibilidad parece la más probable. La teoría predice que una enana blanca no es estable a no ser que su masa sea menor que 1,2 veces la masa de nuestro propio Sol. Por lo tanto, si cualquier mecanismo adiciona masa a una estrella de éstas, dicha estrella deberá explotar para expulsar el exceso de masa. Parece ser que todas las novas se producen en las denominadas *estrellas binarias,* dos estrellas que están muy próximas. Al aproximarse a la etapa de enana blanca, las estrellas con frecuencia expulsan masa hacia el espacio que las rodea. Si una de las estrellas binarias adiciona masa de su estrella compañera, puede exceder su masa estable y expulsar violentamente sus capas más externas con objeto de volver a adquirir estabilidad. Sabemos que el brillo máximo de una nova se produce cuando la estrella arroja repentinamente su capa exterior y sabemos que una estrella determinada puede hacer esto varias veces. Sin embargo, está abierto a discusión todavía el que estas teorías de las estrellas binarias expliquen correctamente el principio de una nova.

Con mucha menos frecuencia se produce una explosión estelar mucho más violenta, denominada *supernova.* A diferencia de la nova, cuyo brillo aumenta por un factor de sólo unos millares, una supernova se produce cuando el brillo de una estrella asciende repentinamente en un factor de decenas de millones. Estos sucesos altamente visibles se producen sólo una vez cada varios cientos de años en una galaxia normal. Con frecuencia, hacen brillar a la galaxia entera hasta que después de unos meses, empiezan a apagarse. En nuestra propia galaxia se han observado en los 2000 años pasados 14 supernovas y seguramente habrán existido otras, ocultas por el núcleo de la galaxia. Famosas supernovas se observaron en los años 1054, 1572 y 1604 y son todavía visibles las trazas de estas supernovas.

FIG. 1.7. — En 1934, la estrella indicada por la flecha a la izquierda, de repente aumentó su brillo varios millares de veces más. Formó la nova Herculis que se ve a la derecha. *(Observatorio de Yerkes.)*

Por ejemplo, la nebulosa del Cangrejo indicada en la figura 1.8 es el remanente de la supernova de 1054. Puede utilizarse para comprobar nuestras ideas relativas al desplazamiento hacia el rojo, puesto que la velocidad de expansión de la nebulosa (nube de polvo interestelar) puede calcularse a partir del desplazamiento hacia el rojo de la luz que procede de la misma. Si admitimos que la nebulosa ha estado expansionándose a esta velocidad a lo largo de los siglos, se calcula que debió haber explotado en 1054. En este caso, por lo menos, nuestra interpretación del corrimiento hacia el rojo parece correcta.

Además de emitir luz, las supernovas y los restos que quedan de ellas son fuentes intensas de ondas de radio y de rayos X. Las técnicas de radar desarrolladas durante la segunda Guerra Mundial hicieron posible construir inmensos radiotelescopios que pueden recorrer el firmamento buscando fuentes emisoras de ondas de radio y de radar. Mediante su empleo ha sido posible localizar otras muchas fuentes intensas de energía radiante en el Universo. Aunque los datos que ha proporcionado este instrumento adicional han aumentado mucho nuestra comprensión de los fenómenos relacionados con las supernovas, todavía no tenemos certeza de su causa. Los radioas-

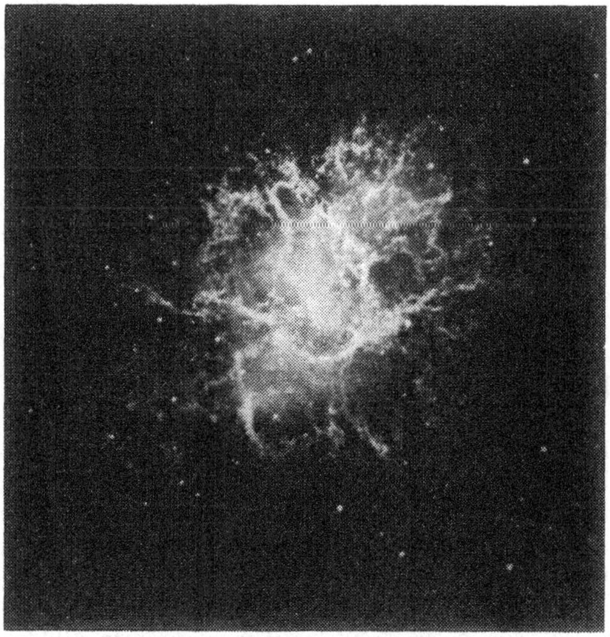

FIG. 1.8. — La nebulosa del Cangrejo es el remanente de la explosión supernova observada en nuestra galaxia en 1054 (D.C.). *(Observatorios Mount Wilson y Palomar.)*

trónomos han descubierto también fuentes diminutas pero extremadamente poderosas de ondas de radio. Estas misteriosas fuentes de radio-ondas se denominan fuentes de radio *quasi estelares* o *quasares.* Poco después de su descubrimiento, se vio que estaban asociadas con las galaxias más tenues, galaxias que muestran unos desplazamientos hacia el rojo extraordinariamente grandes. Si creemos que los desplazamientos hacia el rojo intenso son resultados de velocidades de alejamiento cercanas a la velocidad de la luz, nos enfrentamos con un problema serio. Todo lo que observamos en el firmamento que haya tenido esta velocidad de alejamiento tan grande a partir de la bola de fuego primitiva, debería haber continuado con casi la misma velocidad durante los diez mil millones de años que ha estado existiendo el Universo. En consecuencia, los quasares deben estar a miles de millones de años luz alejados de la Tierra. Pero para enviar tanta energía como se observa desde la Tierra, deben estar enviando una radiación mucho más intensa que cualquier otra galaxia conocida.

Después del descubrimiento de los quasares se utilizaron los telescopios ordinarios para buscar objetos semejantes. Se encontraron muchos sistemas que recuerdan a los quasares en cuanto a su desplazamiento hacia el rojo y luminosidad pero que no emiten ondas de radio intensas. Aunque los astrónomos todavía no son capaces de explicar cómo una fuente tan alejada puede enviarnos las energías tan tremendas necesarias para dar origen a la radiación que alcanza la Tierra, no se ha encontrado todavía ningún modo satisfactorio de coordinar los desplazamientos observados hacia el rojo con una fuente que esté más cercana a nuestro planeta.

Estrellas de neutrones y pulsares

En 1968, se enfrentaron los astrónomos con otro problema cuando sus telescopios de radar descubrieron fuentes de radio-ondas pulsantes. Se conocen ahora muchas de estas fuentes, denominadas *pulsares;* cada una de ellas envía pulsos de ondas de radio a intervalos regulares, la mayoría aproximadamente a un pulso cada pocos segundos. Un pulsar bien estudiado que se ha encontrado en la nebulosa del Cangrejo, tiene un período de 0,033 segundos y el período está creciendo lentamente.

El descubrimiento de las pulsares inició una avalancha de especulaciones acerca de su origen. Las teorías iban desde enanas blancas pulsantes hasta intentos de comunicación por seres inteligentes situados en otros sistemas solares. Desgraciadamente para los que buscan acontecimientos reales, esta última posibilidad parece ser errónea. Sin embargo, existen todavía explicaciones suficientemente exóticas en consideración para mantener elevado el interés. Una teoría que está ganando apoyo a partir de los datos experimentales que estamos adquiriendo acude al concepto de una *estrella de neutrones.*

Se recordará que un neutrón es muy parecido a un protón excepto en que carece de carga neta. Si el interior de una estrella estuviese compuesto de neutrones en lugar de estar compuesto de una mezcla de neutrones, protones y electrones, en la etapa de enana blanca la estrella estaría mucho más comprimida de lo que ocurre en una enana blanca normal. Los cálculos indican que una estrella de neutrones teniendo una masa doble de la masa de nuestro Sol, tendría solamente alrededor de 150 kilómetros de diámetro. (El diámetro de la Tierra es alrededor de 13 000 km, mientras que el diámetro de nuestro Sol es alrededor de 130 000 km.) La temperatura en la superficie de esta estrella tan densa sería alrededor de diez millones de grados centígrados y su interior sería aún más caliente. A pesar de su masa tan grande y de su elevada temperatura, estas estrellas serían probablemente casi invisibles incluso mediante nuestros mejores telescopios. Su esfera sería tan pequeña que aparecerían como pequeños parpadeos de luz en el firmamento. Además, la mayor parte de sus radiaciones estaría en la forma de rayos X en lugar de en forma luminosa. Las estrellas de neutrones tales como éstas deben ser difíciles de detectar; hasta ahora sólo han sido identificadas en primera intención algunas estrellas posibles de neutrones.

Si existen, es concebible que un sistema de estrellas de neutrones binarias (es decir, dos estrellas de neutrones muy próximas) pudiesen dar origen al fenómeno del pulsar. Si dos de estas estrellas estuviesen girando como una unidad alrededor de un eje común, deberían envíar pulsos de radiación a una frecuencia comparable con la de rotación del sistema de las dos estrellas. O, mediante algún mecanismo que todavía no se ha dilucidado, una simple estrella de neutrones en rotación puede ser el foco de estos pulsos. Es todavía problemático si alguna de estas teorías está en lo cierto.

Origen del sistema solar

Incluso al estudiar nuestro propio sistema solar no podemos abandonar el reino de la especulación y hablar con certidumbre. Aunque se han adquirido muchos conocimientos nuevos a partir de la exploración de la Luna y de los planetas, existen grandes lagunas en nuestra comprensión del sistema solar. Presentaremos la idea corriente sobre el origen del sistema solar con el entendimiento de que se deberán modificar estas ideas cuando los nuevos medios proporcionen los correspondientes descubrimientos.

El sistema solar está compuesto del Sol y nueve planetas junto con cuerpos menores capturados en el campo gravitatorio del Sol. Creemos que éste se formó por la agregación gravitatoria de polvo estelar, junto con hidrógeno y helio procedente de la primera bola de fuego. Como los planetas, lo mismo que el Sol, contienen algunos elementos que tienen núcleos grandes que podemos pensar que se fabricaron en el interior de las estrellas parece que esta porción del material del sistema solar debe ser el polvo expulsado hacia el espacio por estrellas más antiguas. Creemos que el sistema solar se desarrolló a partir de este polvo entre hace cinco y diez mil millones de años atrás.

Como en la formación de estrellas y de galaxias, las regiones locales de elevada densidad en el gas y en la nube de polvo actuaron como centros hacia los cuales se vieron atraídas las partículas por las fuerzas gravitatorias. Deducimos a partir de la rotación del sistema solar presente que la nube que se comprimía estaba en ligera rotación. La ley de conservación del momento cinético nos dice que la velocidad de rotación aumentó cuando las partículas se iban acercando hacia el centro de la nube. Como nuestra galaxia espiral, nuestro sistema solar embrionario fue aplastado formando un disco espiral plano de gas y de polvo. Con el tiempo, partes pequeñas de la espiral se rompieron y continuaron circulando alrededor de la región central sin caer sobre ella. Sin embargo, el 99,86 % de la masa total cayó en el centro adquiriendo una energía extremadamente elevada en su caída. Cuando esta masa chocó en el punto central se formó una estrella caliente: el Sol.

Nuestro Sol contenía ya un pequeño porcentaje de elementos más pesados, pero por lo demás era idéntico a las estrellas de hidrógeno discutidas anteriormente. En el presente, el calor del Sol es proporcionado fundamentalmente por la reacción de fusión de protones y parece que lleva en esta etapa de desarrollo por lo menos cinco mil millones de años.* Se estima que pasarán otros cinco mil millones de años antes de que el Sol sufra cambios de mayor cuantía.

Meintras se estaba formando el Sol, todo vestigio de gas y de polvo disgregado de la espiral de polvo en rotación se agrupó en su propio centro, mientras seguían continuando su rotación en una circunferencia cercana al Sol. Como los propios agrupamientos de partículas y de polvo estaban en rotación, las esferas comparativamente diminutas a las que quedaron reducidos, continúan rotando sobre sus propios ejes. Éste es el origen de la rotación de la Tierra sobre su propio eje y el de los demás planetas.

A diferencia del Sol, el material de estos restos próximos que formaron los planetas no se calentaron lo suficiente como para iniciar la reacción de fusión de protones. Como las masas de los planetas fueron pequeñas, las fuerzas gravitatorias que empujan a la nube de granos de polvo a reunirse entre sí fueron demasiado pequeñas para proporcionar las energías necesarias y las temperaturas precisas. De hecho, las fuerzas gravitatorias de la mayoría de los planetas fueron demasiado pequeñas para atraer a los átomos muy ligeros de hidrógeno y de helio hacia el planeta. La Tierra, por ejemplo, tiene pocos átomos de hidrógeno o de helio libre. Por otra parte, el planeta mayor, Júpiter, fue capaz de capturar grandes cantidades de hidrógeno y de helio. Si Júpiter hubiese sido de una masa mucho mayor, los núcleos de hidrógeno dentro de él deberían haber empezado a fusionarse y entonces también podría haberse transformado en un sol. Hemos señalado que existen muchas estrellas en forma de pares; nuestro Sol casi tuvo un gemelo. (Si esto hubiese sucedido, nuestro sistema solar se habría comportado del mismo modo que ahora. La masa y velocidad de cada cuerpo y no el número de soles determina su curso.)

La formación de la Luna es incierta todavía. Las rocas traídas desde la Luna en las primeras expediciones indican que debe tener una historia muy semejante a la de la Tierra, contrariamente a las teorías

* La edad del sistema solar se ha estimado utilizando un método en el que interviene el examen de los productos de desintegración radiactiva (ver capítulos 11 y 16).

anteriores. Este hecho limita el número de teorías aceptables sobre su origen pero todavía no ha sido demostrado que alguna sea totalmente correcta.
La Tierra debe existir como tal durante por lo menos cinco mil millones de años más a no ser que ocurra alguna catástrofe imprevista. Finalmente, sin embargo, el Sol entrará en la etapa de gigante roja y se expansionará hacia la Tierra quizás incluso alcanzándola. Los océanos se vaporizarán y toda la vida sobre la Tierra desaparecerá. Al final, ésta será solamente un gran bloque de ceniza cuando el Sol se contraiga constituyendo una enana blanca.

Otros sistemas solares

Vemos que el Universo contiene miles de millones de estrellas semejantes a nuestro Sol. Si estuviésemos examinando nuestro propio sol desde la estrella más próxima, no seríamos capaces de ver los planetas ni siquiera con los mejores telescopios de que se dispone. Aunque brillan debido a la luz reflejada desde el Sol, son demasiado diminutos y no luminosos para verse desde distancias grandes. Se deduce de esto que no podemos afirmar la existencia de otros sistemas solares por observación visual directa. Más aún, la estrella más próxima, Alfa Centauro, está 4,3 años luz alejada de nosotros y así es totalmente improbable que podamos visitarla, incluso aunque este sistema solar estuviese más cerca de nosotros, en un futuro imprevisto.
A pesar de estas dificultades, parece probable que existan otros sistemas solares semejantes al nuestro. Puesto que han ocurrido en millones de lugares del Universo procesos semejantes al del nacimiento de nuestro Sol y los planetas del sistema solar, es lógico razonar que nuestro propio sistema solar haya sido duplicado en algún punto más del espacio. El que existan o no seres inteligentes (tal como cremos nosotros que somos) sobre los planetas de estos sistemas solares es una cuestión más complicada. En primer lugar no sabemos todavía suficiente sobre la creación de la vida. Sabemos que las moléculas de proteínas necesarias para la vida pueden formarse mediante descargas eléctricas repetidas en la atmósfera como las que creemos que existían en la Tierra en los tiempos iniciales. Sin embargo, esto está muy alejado de la creación de una célula viva y no sabemos todavía lo complicado que puede ser este proceso. Parece tan intrincado, que la existencia de incluso la forma más sencilla de vida en cualquier parte del Universo es incierta. Pero no debemos dejar que nuestro orgullo oscurezca nuestra visión. Tendemos a pensar que somos los seres más avanzados del Universo. Pero ¿podemos examinarnos nosotros mismos y pensar que en algún otro lugar puede haber algún ser superior a nosotros?

BIBLIOGRAFÍA

1. ABELL, G.: *Exploration of the Universe*, 2.ª edición, Holt, New York, 1969. Un texto que se lee fácilmente sobre astronomía para aquellos que tienen un fundamento pequeño de ciencias y matemáticas. Es muy detallado y contiene muchas fotografías muy atractivas. Fácil de leer rápidamente.

2. BIRNEY, D. S.: *Modern Astronomy*. Allyn and Bacon, Boston, 1969. Muy parecido al de la referencia 1, pero considerablemente más breve. Puede ser leído con facilidad por el no científico. Carece esencialmente de matemáticas.

3. HOYLE, F.: *Galaxies, Nuclei and Quasars*, Harper & Row, New York, 1965. Escrito para el profano por un astrónomo renombrado. Está un poco anticuado en esta era de crecimientos rápidos de conocimientos.

4. OVENDEN, M. W.: *Life in the Universe* (rústica). Anchor Science, Doubleday, Garden City, N. Y., 1962. Escrito para el profano. Es mejor esperar hasta que se haya leído el capítulo 14 de este texto si no se tienen conocimientos de Química, pero es comprensible incluso ahora.

5. JASTROW, R.: *Red Giants and White Dwarfs* (rústica), Signet Books, New York, 1967. Contiene una descripción fácilmente legible del material comprendido en el título lo mismo que un estudio sobre los planetas.

RESUMEN

La teoría del big-bang indica que el Universo estaba comprimido en una bola de fuego extremadamente caliente y densa hace unos diez mil millones de años atrás. Esta bola de fuego primitiva se expansionó bajo las fuerzas explosivas generadas dentro de ella debido a su elevada temperatura. Después de cien mil años, la temperatura de la bola de fuego habría disminuido desde sus miles de millones de grados originales a unos 10 000 °C. Sólo entonces fue la temperatura suficientemente baja para que se pudiesen formar los átomos.
La nube todavía en expansión de gases y polvos calientes empezó a condensarse en ciertas regiones. Los

materiales de estas regiones, impulsados por fuerzas gravitatorias atractivas, se reunieron en lo que llegaron a constituir las estrellas embrionarias. Cuando el material que caía sobre ellas se agregó en cuerpos masivos, los impactos de la masa en colisión elevaron la temperatura de cada agregado a decenas de millones de grados. A esta temperatura se inició la reacción de fusión de protones dentro del núcleo del cuerpo y se transformó en una estrella muy parecida a nuestro propio Sol. Por lo menos se han formado en el universo en expansión un trillón de estas estrellas.

Examinando el Universo, vemos gigantescas nubes de estrellas denominadas galaxias. Nuestra propia galaxia, la Vía Láctea, tiene quizás cien mil millones de estrellas, una de las cuales es nuestro Sol. La galaxia Vía Láctea tiene un diámetro de aproximadamente 10^{18} km. En función de una unidad de longitud igual a la distancia que recorre la luz en un año, denominada año luz, el diámetro de la galaxia es del orden de 10^5 años luz.

De acuerdo con la ley de conservación del momento cinético, la velocidad de rotación de un objeto aumenta cuando el objeto se contrae. Debido a esto, la nube de polvo en espiral al ir concentrándose hacia el objeto central, que se transformó en una estrella, empezó a girar muy rápidamente alrededor del lugar en que estaba la estrella. En el caso de nuestro Sol, esta rotación fue tan rápida que partes de esta nube se vieron desplazadas, rompiéndose y dejando fragmentos de nube rodeando al Sol. Cada fragmento fue a su vez comprimido formando un objeto sólido debido a las fuerzas de atracción gravitatorias entre sus diversas partes y estos fragmentos se transformaron en los planetas.

La reacción de fusión de los protones dentro de las estrellas es la fuente principal de calor dentro de muchas de ellas, incluyendo nuestro Sol. Al ir pasando el tiempo, se va agotando el suministro de protones y la estrella sufre una transformación. En etapas sucesivas, cada una de ellas de miles de millones de años de duración, se expansiona en una gigante roja y luego se contrae para formar una enana blanca. Bajo ciertas condiciones resulta un objeto extremadamente caliente y denso denominado una estrella de neutrones. Durante este proceso, algunas estrellas sufren explosiones violentas dando origen a una nova o una supernova.

Nuestro Universo está todavía en expansión. Puede continuar así indefinidamente. Sin embargo, su expansión se ve frenada por las fuerzas gravitatorias. Si estas fuerzas son lo suficientemente intensas, el Universo finalmente acabará su expansión. Pero entonces las fuerzas gravitatorias seguirán tirando de él intentando formar de nuevo la bola de fuego original. En este caso, el Universo será pulsante; se transformará en la bola de fuego, se expansionará y se contraerá para volver a crear la bola de fuego primitiva una y otra vez.

LISTA DE COMPROBACIONES

1. ¿Qué se entiende por la bola de fuego primitiva y qué pruebas existen de ella?
2. ¿Qué es el desplazamiento hacia el rojo y cuál es su importancia? Definir un año luz.
3. Describir esquemáticamente la teoría del «big bang».
4. ¿Qué factores influyen sobre el hecho de que nuestro Universo sea pulsante o no y por qué?
5. ¿Por qué se produce sólo a temperaturas elevadas la reacción de fusión de protones?
6. ¿Qué significa el simbolismo 2×10^7? ¿Qué significa 10^4?, ¿5×10^3?, ¿1×10^3?
7. ¿Qué es una galaxia y cómo se originó?
8. ¿Cuál es la causa de que algunas galaxias adquieran una forma espiral?
9. Enunciar la ley de conservación del momento cinético según se ha utilizado en este capítulo y dar un ejemplo para ilustrarla.
10. ¿En dónde aproximadamente está situado nuestro sistema solar en la galaxia Vía Láctea?
11. ¿Cómo se formó una estrella de hidrógeno y cómo se transformó en una gigante roja?
12. ¿Dónde y cuándo se formaron probablemente los elementos de núcleos pesados?
13. ¿Qué es una enana blanca? Narrar su historia.
14. ¿Qué es una nova y en qué difiere de una supernova?
15. ¿Qué es un quasar? ¿Un pulsar?
16. ¿Cómo se originó la nebulosa del Cangrejo?
17. ¿Qué es una estrella de neutrones?
18. Describir brevemente la historia de la formación del Sol y de los planetas.
19. Dar una razón probable para el hecho de que los planetas giren en la misma dirección y casi en el mismo plano que el Sol.
20. Estudiar la posibilidad de la existencia de otros

sistemas solares y de otros planetas no habitados.

CUESTIONES

1. ¿Qué pruebas se tienen de que el Universo está en expansión?
2. Supongamos que un pequeño insecto está situado sobre una banda de goma rota mantenida sin estirar pero en posición recta. Cuando se estira la banda de goma, el insecto observa que las piezas de polvo situada sobre la banda se alejan de él tanto hacia la izquierda como hacia la derecha. ¿Significa esto que está sentado en el centro de la banda de goma? Razonando a partir de esto, ¿indica el hecho de que el Universo está alejándose de nosotros en todas direcciones que estamos situados en su centro? (Admitir que como nosotros, el insecto es incapaz de ver lo suficientemente lejos para observar el borde de su universo, en su caso los extremos de la banda de goma.)
3. La Tierra rodea al Sol en su movimiento de traslación una vez cada año y está mantenida en su órbita por la fuerza de atracción gravitatoria que el Sol ejerce sobre ella. Si la fuerza de atracción del Sol aumentase repentinamente de modo que hiciese que la Tierra girase mucho más próxima al Sol, ¿qué nos diría la ley de conservación del momento cinético respecto al tiempo necesario para recorrer una órbita alrededor del Sol?
4. Dar varios ejemplos de casos en los que un objeto en movimiento rápido es causa de generación de calor cuando se detiene rápidamente. ¿Qué relación tiene esto con el asunto estudiado en este capítulo?
5. Como veremos en el capítulo 10 la temperatura media del Universo ha disminuido hasta ser ahora muy fría: —270 °C. ¿Qué consecuencia tendrá esto para un planeta alejado de cualquier sol? ¿Qué consecuencia tendrá en el caso de astronautas durante viajes futuros en el espacio lejano?
6. Un método para hallar la distancia a las estrellas más próximas es el *método de la paralaje,* ilustrado en la figura 1.9. Se muestra la Tierra en dos posiciones en su órbita anual alrededor del Sol. Con objeto de ver a una estrella alejada con seis meses de diferencia, un telescopio deberá dirigirse según ángulos diferentes respecto al plano de la órbita como se indica en la figura. Esta diferencia de ángulo nos dice la distancia a la estrella. ¿Cómo? Inténtese dibujar a escala un diagrama de éstos para la estrella más próxima, Alfa de Centauro, que se considera está aproximadamente a cuatro años luz de nosotros. (La distancia de la Tierra al Sol es aproximadamente 0,00000016 años luz.) ¿Por qué es impracticable este método para estrellas muy alejadas?

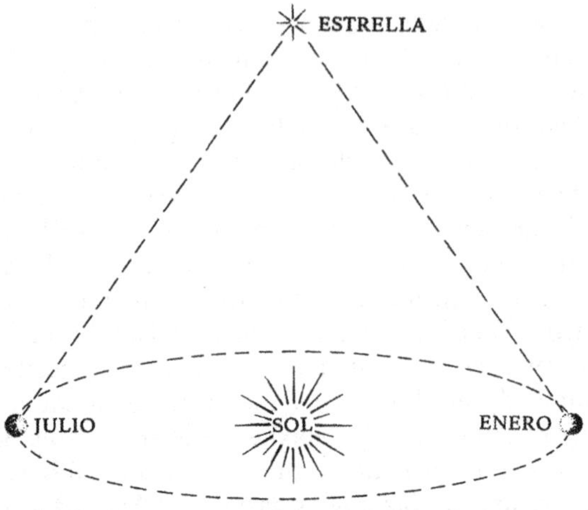

FIG. 1.9. — El método de la paralaje hace uso del hecho de que un telescopio debe dirigirse en direcciones ligeramente diferentes para ver una estrella determinada en épocas distintas del año.

7. Supóngase que la estrella más próxima, alejada cuatro años luz de nosotros explotase esta noche. ¿Cuándo nos daríamos cuenta en la Tierra de este hecho?
8. Se especula sobre la existencia de «agujeros negros» en el Universo que son estrellas de una masa extraordinariamente elevada y muy densas. Como veremos en el capítulo 10, Einstein demostró que un haz de luz sufre fuerzas gravitatorias como si fuese un haz de partículas. En función del descubrimiento de Einstein sobre la luz, explicar por qué no podríamos ver estas estrellas de gran masa aunque estuviesen al rojo blanco. ¿Por qué es apropiado el nombre de «agujero negro»?

Capítulo 2

Astronomía y el sistema solar

Cuando miramos hacia un cielo sin nubes vemos al Sol, a la Luna y a las estrellas y a veces otros objetos distantes que recorren su trayectoria a través del firmamento. El hombre hasta ahora ha estudiado estas trayectorias y ha podido predecir los principales sucesos astronómicos desde los principios de la historia conocida. Unas pruebas notables de esto son visibles aún en Stonehenge, en donde los antiguos britanos constituyeron una estructura de piedra gigantesca que les ayudase a predecir eclipses y sucesos semejantes, aunque todavía no habían desarrollado un lenguaje escrito. En este capítulo estudiaremos algunas de sus observaciones y las interpretaremos en función del conocimiento actual del Universo. Consideraremos entonces la estructura y carácter de nuestro sistema solar según nos revelan las pruebas o los sondeos espaciales actuales.

Las estrellas remotas

Hemos visto que la Tierra está inmersa en una vasta nube de estrellas que rellena el Universo. Aunque muchas de estas estrellas están alejándose de la Tierra, están ya tan lejos que su movimiento es casi imperceptible a lo largo de los años. Sus posiciones relativas y las separaciones entre ellas en el espacio han cambiado sólo ligeramente a lo largo de los últimos siglos. Sin embargo, al ver estas estrellas desde la Tierra las vemos moverse a grandes distancias a través del firmamento en algunas horas. Este movimiento aparente se debe a la rotación de la Tierra.

FIG. 2.1. — Esta estructura formada con rocas en Stonehenge fue utilizada por los antiguos britanos en sus esfuerzos, coronados por el éxito, de predecir eclipses y otros sucesos astronómicos semejantes. *(Cortesía de la British Tourist Authority.)*

Si la astronomía fuese simplemente el registro de los movimientos estelares en el firmamento, el astrónomo más afortunado sería el que estuviese situado bien en el Polo Sur o en el Polo Norte de la Tierra. Como se ve en la figura 2.2, un astrónomo polar estaría situado en el eje de rotación de la Tierra y así sus observaciones serían relativamente sencillas de interpretar. En la figura se ve cómo la Estrella Polar está en el eje (prolongado) alrededor del cual gira la Tierra.

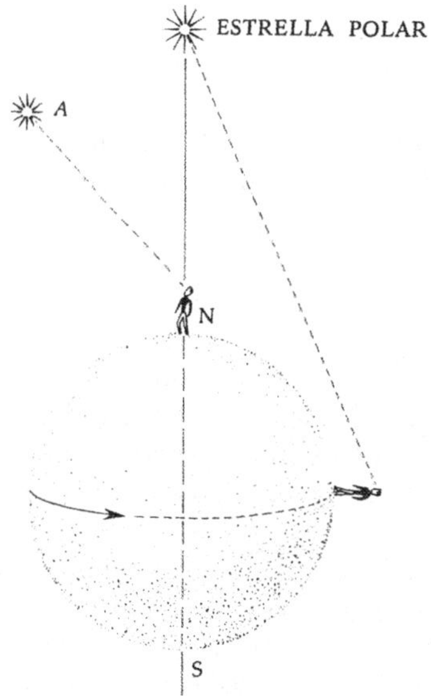

FIG. 2.2. — Desde el Polo Norte, la Estrella Polar parece estar fija, mientras que otra estrella fuera del eje terrestre parece describir una circunferencia alrededor de dicho eje.

Así pues, un hombre que permaneciese en nuestro Polo Norte encontraría a la Estrella Polar directamente sobre su cabeza, puesto que tanto la estrella como él están situados en el mismo eje. Sin embargo, la estrella que ve enfrente de él en el punto A, estaría detrás doce horas más tarde cuando la rotación de la Tierra le hubiese hecho dar media vuelta. De aquí que todas las estrellas excepto la Polar parecen para el observador que describen trayectorias circulares alrededor de la citada Estrella Polar. La figura 2.3 es una fotografía en la que se ve cómo las estrellas se mueven a través del firmamento cuando se ven desde el Polo Norte. Un hombre que mirase desde la Tierra hacia el firmamento en el Polo Sur, también observaría que las estrellas parecen moverse en circunferencias como en la figura 2.3. Sin embargo, puesto que él está examinando el Universo en sentido opuesto, no vería a la Estrella Polar. Ninguna de las estrellas que ve entonces, serían vistas por un hombre situado en el Polo Norte y viceversa, puesto que la mitad del Universo está oculto del otro por la superficie de la Tierra.

Una persona que examinase las estrellas desde las proximidades del Ecuador vería una trayectoria muy diferente para las estrellas en el firmamento. Refiriéndonos de nuevo a la figura 2.2 y teniendo en cuenta que la Estrella Polar está mucho más alejada de lo que se indica en ella, dicho observador vería la estrella Polar cercana al horizonte y directamente hacia el norte. El lector podrá demostrar a partir de este diagrama que todos los observadores en el hemisferio Norte de la Tierra verán la estrella Polar en regiones hacia el norte del firmamento, pero formando ángulos diferentes sobre el horizonte. Los observadores situados en el Polo Norte y en el Ecuador representan los dos casos límites, uno viendo a la estrella Polar directamente sobre sí y el otro viéndola en el horizonte.

El observador situado en el Ecuador, a diferencia del astrónomo polar, tiene la oportunidad de examinar el firmamento en todas las direcciones según la Tierra va girando los 360° cada 24 horas. Una estrella dirigida directamente sobre sí a las 9 de la tarde se habrá trasladado al horizonte occidental a las 3 de la madrugada, un cuarto de día más tarde. Para esta persona las estrellas aparecen en el horizonte por el este, recorren unas trayectorias rectilíneas a través del firmamento y finalmente desaparecen por el oeste del horizonte. Las trayectorias de las estrellas se indican en la figura 2.4 según son vistas por un observador ecuatorial.

Como es lógico, a partir de las trayectorias estelares observadas en estos casos límites, todos aquellos que estén situados en cualquier punto de la Tierra ven las estrellas siguiendo tipos de trayectorias intermedias. Aparecerán sobre el horizonte hacia el este y desaparecerán hacia el oeste, pero sus trayectorias serán curvas en lugar de rectas. El lector puede que esté interesado en razonar el movimiento de las estrellas según las vería una persona en su propio país. Al hacer esto, servirá de ayuda una versión más real de la figura 2.2.

Constelaciones y estaciones

En el análisis previo ignorábamos el hecho de que la luz del Sol hace imposible ver las estrellas durante el día. Como resultado, un observador situado en el ecuador terrestre ve solamente aquellas estrellas que son visibles durante la noche. Por ejemplo, la figura 2.5 muestra que la mitad de la Tierra está en la oscuridad. Solamente aquellas personas que están en el lado oscuro del *terminador,* línea divisoria entre la parte oscura y la iluminada de la Tierra, pueden observar las estrellas con facilidad. Como resultado, pueden verse solamente las estrellas situadas en la región restringida del firmamento comprendida dentro de la zona de oscuridad.

Puesto que la Tierra completa una trayectoria casi circular alrededor del Sol una vez al año, la región del firmamento visible por la noche varía en el curso del año. Estas diversas regiones del firmamento y las *constelaciones* o agrupamiento de estrellas que se ven en ellas, recibieron nombre hace muchos siglos. Géminis está encima de nosotros a la media noche en enero, mientras que Sagitario está situado encima en julio. Desgraciadamente, la constelación de Géminis no coincide con la región del firmamento en enero que los astrónomos definieron como Géminis hace unos 2000 años atrás. Como veremos más tarde, este desplazamiento es el resultado del hecho de que nuestro calendario fue proyectado con objeto de mantenerse en fase con las estaciones. (Aquellos que estén interesados en astrología deberán observar que los lectores de los horóscopos normalmente se equivocan por no tener en cuenta este factor.) Los esquemas de las estrellas entonces se van desplazando hacia el oeste

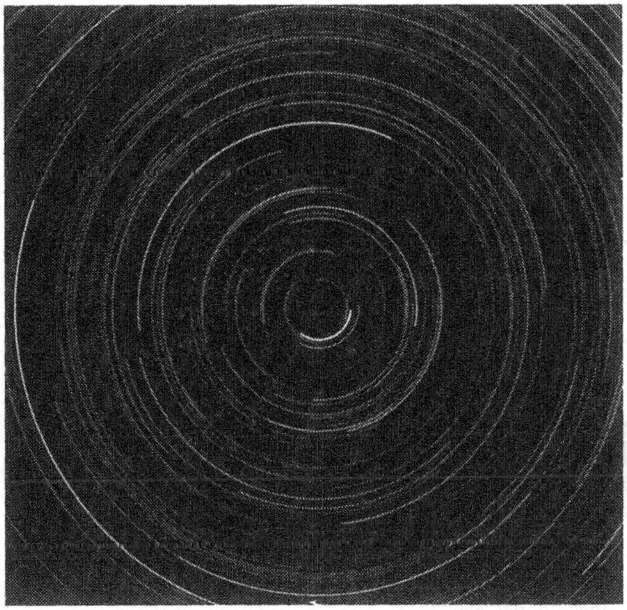

FIG. 2.3. — Trayectorias de las estrellas vistas desde el Polo. ¿Puede apreciarse aproximadamente el tiempo de exposición de la fotografía? *(Fotografía del Observatorio de Lick.)*

FIG. 2.4. — Trayectorias de las estrellas en el ecuador. *(Fotografías del Observatorio Lick.)*

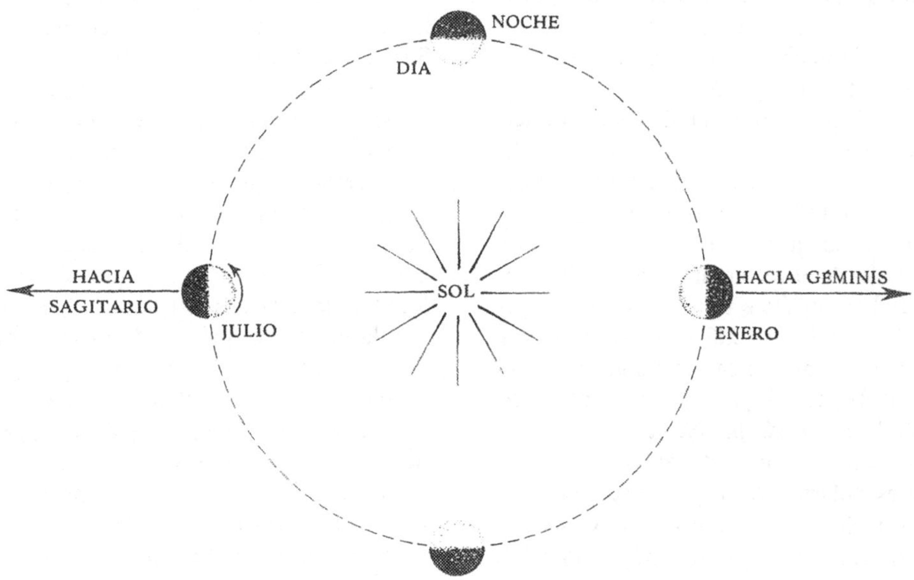

FIG. 2.5. — Una persona situada sobre la Tierra ve diferentes partes del Universo en el firmamento nocturno en épocas distintas del año.

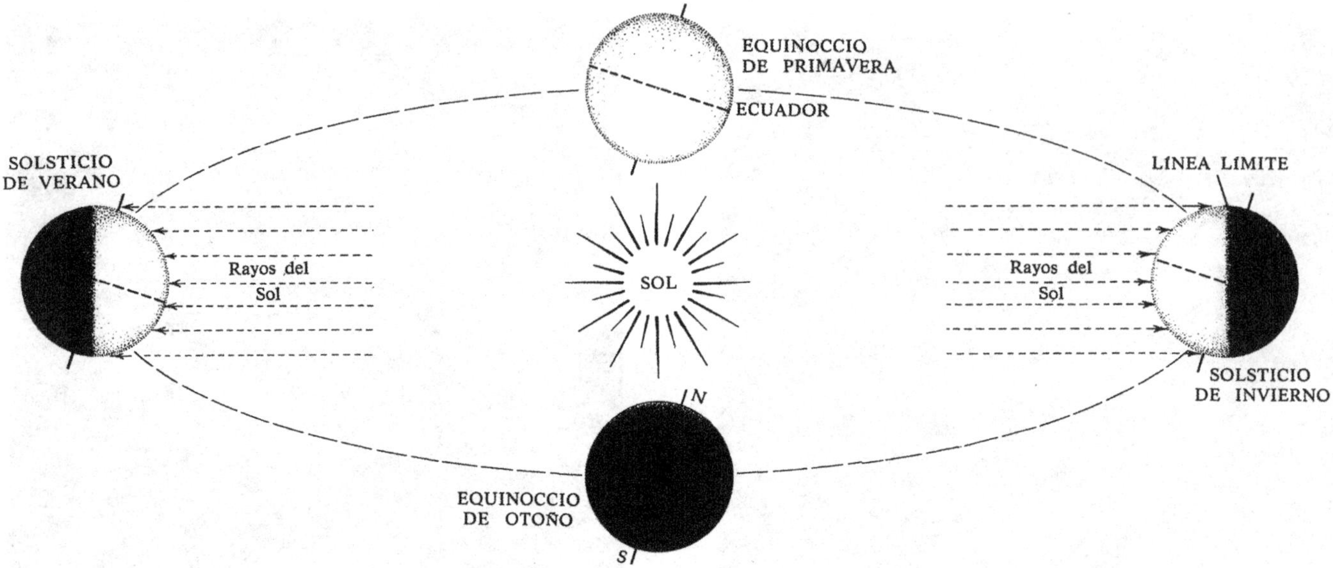

FIG. 2.6. — Debido a la inclinación del eje de la Tierra respecto al plano de la eclíptica, los rayos del Sol caen de lleno principalmente sobre el hemisferio norte en julio y sobre el hemisferio sur en enero.

en la noche debido al movimiento anual de la Tierra alrededor del Sol. Una constelación que esté encima de nosotros en la media noche de julio estará próxima al oeste en el horizonte en septiembre.

El movimiento de la Tierra alrededor del Sol también proporciona las variaciones de las estaciones. Puesto que la órbita de la Tierra es casi una circunferencia alrededor del Sol, variando la distancia Tierra-Sol desde 151 000 000 km en julio a 147 000 000 km en enero, como resultado de este movimiento de la Tierra alrededor del Sol se produce un cambio de temperatura muy pequeño. La figura 2.6 muestra el factor adicional que es responsable de las estaciones: el eje de rotación de la Tierra no es perpendicular al plano de su órbita, llamado *plano de la eclíptica.*

Cuando la Tierra realiza su circuito anual alrededor del Sol, las regiones polares Norte y Sur sufren unas transformaciones estacionales muy grandes. Como se ve en la figura 2.6, cuando la Tierra está en la posición del solsticio de invierno de su órbita (aproximadamente el 22 de diciembre) el Polo Norte está en una oscuridad perpetua, mientras que el Polo Sur está en un día continuo. A pesar de la rotación diaria de la Tierra sobre su eje, el Polo Norte está oculto al Sol y el Polo Sur está continuamente expuesto a la luz del Sol (y así en diciembre, la región del Polo Sur es realmente «la tierra del sol de medianoche». La figura nos muestra también que en diciembre todo el hemisferio sur está orientado más hacia el Sol que el hemisferio norte. Como resultado, en esta época el hemisferio norte empieza a experimentar el frío del invierno, mientras que el verano ha alcanzado al hemisferio sur; el hemisferio norte tiene los días más cortos del año, mientras que el hemisterio sur tiene los días más largos del año.

Por la época en que la Tierra alcanza el lado opuesto de su órbita, alrededor del 21 de junio, la situación se ha invertido. El Polo Norte es entonces «del sol de medianoche» y el verano ha llegado al hemisferio norte. (La gente a veces se maravilla de por qué en el hemisferio norte no se experimenten los días de más calor alrededor del 21 de junio, puesto que los días son entonces más largos y los rayos del sol están incidiendo sobre la superficie con más intensidad. La diferencia de tiempo entre esta época y el período mucho más caluroso de julio es el resultado del efecto acumulativo de muchos días largos y llenos de sol que van acumulando calor en esta porción de la Tierra incluso después del 21 de junio.) En las épocas de los equinoccios de primavera y de otoño, 21 de marzo y 21 de septiembre, todas las partes de la Tierra tienen días de 12 horas y noches de 12 horas. ¿Qué se piensa que estará ocurriendo en los polos Norte y Sur en estos instantes?

Antes de terminar con esta sección, señalaremos que en la figura 2.6 se ilustra una ley fundamental de la naturaleza. Obsérvese que el eje de rotación de la Tierra permanece con una orientación fija respecto a las estrellas lejanas, incluso teniendo en cuenta que la Tierra se mueve alrededor del Sol. Esto no es un fenómeno aislado; todos los objetos que giran sobre sí mismos retienen la orientación de sus ejes respecto a las estrellas a no ser que se aplique al objeto una fuerza tendiendo a desviarlos. Un giróscopo presenta este mismo comportamiento. El enunciado siguiente, normalmente considerado como una parte de la ley de conservación del momento cinético, resume este comportamiento:

> *En ausencia de pares de fuerza aplicados externamente, el eje de un objeto que gira sobre sí mismo mantiene siempre su orientación respecto a las estrellas lejanas.*

Esta ley plantea unas cuestiones científicas profundas. Implica que el objeto que está girando sobre sí mismo se comunica de alguna manera con el resto del Universo o no habría oposición a los cambios de su orientación. Si es así, ¿significa esto que un cambio en el que interviniese cualquier objeto del Universo debería afectar al que está girando? Si el Universo externo empezase a girar, ¿debería este objeto móvil girar también para conservar su misma orientación relativa? Estas cuestiones, temas de muchas conjeturas, volverán a surgir de nuevo al estudiar la teoría de la relatividad de Einstein.

Cuando la Tierra se mueve alrededor del Sol, existe un pequeño par de fuerzas que realmente intenta reorientar el eje de rotación de la Tierra. Esto es consecuencia del hecho de que la Tierra está un poco más abultada en el ecuador y por lo tanto la fuerza de atracción gravitatoria del Sol intenta atraer esta zona más abultada. Como puede verse a partir de la figura 2.6, cuando la Tierra está en la posición del solsticio de invierno, la fuerza de atracción del Sol sobre la parte ecuatorial intenta hacer girar a aquélla de modo que su eje de rotación resulte perpendicular al plano de la eclíptica. Aunque pequeña, esta fuerza ha producido unos cambios observables a lo largo de miles de años. Unos de estos cambios es el desplazamiento aparente de las constelaciones durante los pasados 2000 años, efecto que ya se mencionó anteriormente.

La Luna

Incluso antes de que el hombre alunizase por primera vez sobre la Luna, el examen telescópico reveló cuál era la masa de ésta (aproximadamente el 1 por ciento de la Tierra) y su diámetro (3460 km, aproximadamente la cuarta parte del diámetro de ésta). También sabemos que su distancia a la Tierra varía desde 356 000 km en su punto más próximo (denominado *perigeo*) a 405 000 km, en su punto más alejado (*apogeo*). Estas últimas distancias pueden determinarse con una exactitud del orden de metros midiendo el tiempo que tarda un pulso de luz procedente de un laser en recorrer el viaje de ida y vuelta hacia la Luna.

Aunque la órbita de la Luna alrededor de la Tierra es elíptica y no circular, los radios extremos dados anteriormente son tan parecidos que podemos aproximar la órbita por una circunferencia como se ve en la figura 2.7. La figura muestra también la posición de un punto particular situado en la superficie de la Luna cuando ésta rodea a la Tierra en su movimiento de traslación. Este punto siempre se enfrenta a la Tierra debido a que la Luna emplea 27,3 días en rodearla, siendo éste exactamente el tiempo necesario para que gire una vez sobre su eje. Pero el tiempo que transcurre desde la salida del Sol en la Luna hasta la próxima salida del Sol es de 29,5 días terrestres. Este valor ligeramente más grande tiene una cuenta que la Luna gira una vez sobre su eje debido a que se está moviendo con la Tierra alrededor del Sol en el mismo tiempo.

Sabemos que la masa de la Luna es pequeña, aproximadamente el 1 por ciento de la masa de la Tierra. Como la atracción gravitatoria de la Luna (o la Tierra) sobre los objetos que están situados en su superficie es proporcional a la masa de la Luna (o la Tierra), es de esperar que un objeto situado sobre la Luna pese alrededor del 1 por ciento de lo que pesaría si estuviese situado sobre la Tierra. Pero los radios de la Tierra y de la Luna no son iguales y la fuerza gravitatoria disminuye rápidamente cuando

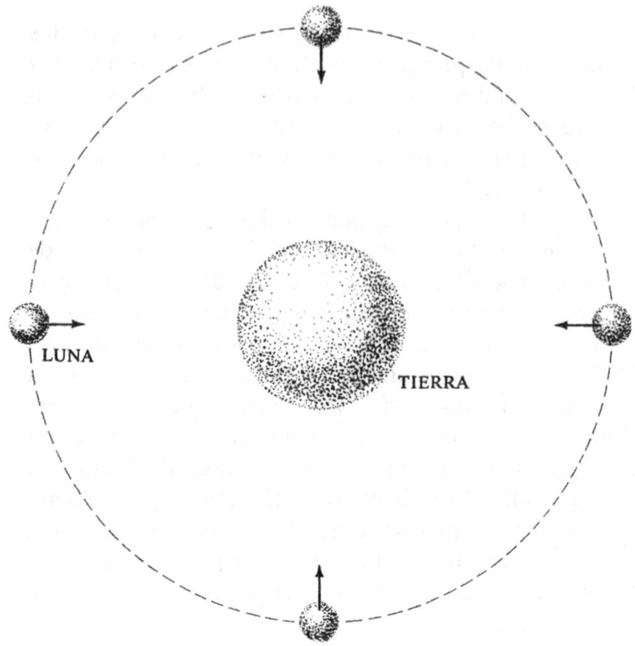

FIG. 2.7. — La Luna gira una vez sobre su propio eje cada vez que da una vuelta en su órbita alrededor de la Tierra. En consecuencia, frente a la Tierra presenta siempre la misma cara. El período de ambas rotaciones es 27,3 días. Dibujado a escala, el diámetro de la órbita sería seis veces mayor que el indicado aquí.

aumenta la distancia al centro de una masa esférica. La distancia más corta respecto al centro de la Luna contrarresta la influencia menor de su masa y hace que el peso de un objeto en la Luna sea aproximadamente un sexto del valor que tiene en la Tierra. Un hombre que apenas pudiese levantar un trozo de tubería de 5 m de largo sobre la Tierra, podría levantar 30 m (seis veces más) de la misma tubería en la Luna. Puesto que la Luna tira de él con una fuerza que es sólo un sexto de la que ejerce la Tierra, podría saltar una altura seis veces mayor en la Luna que en la Tierra. De hecho, la fuerza gravitatoria de la Luna es tan débil que no puede ni retener siquiera las moléculas de aire. Como resultado, la Luna no tiene aire ni ninguna otra atmósfera.

Debido a la falta de una capa protectora de atmósfera, y que tiene días y noches aproximadamente de una duración igual a 15 días de los de la Tierra, la superficie de la Luna sufre fluctuaciones de temperatura muy grandes. Las temperaturas en la Luna se elevan ligeramente sobre la temperatura del agua en ebullición cuando el Sol está totalmente visto, razón por la cual los exploradores de la Luna llevan unidades de refrigeración sobre sus espaldas. Durante la noche lunar, la temperatura disminuye aproximadamente hasta —100 °C, puesto que no existe ninguna atmósfera o manto de nubes que retenga el calor de la Luna. Nuestros astronautas han descubierto gran cantidad de cosas acerca de la constitución física de la Luna. Han recogido suficientes rocas y piedras lunares para que estemos bastante ciertos de que la Tierra y la Luna se formaron aproximadamente en la misma época. La edad de las rocas más antiguas, tanto de la Luna como de la Tierra, es alrededor de 4000 millones de años. Además, la composición química de las rocas de la Luna es semejante a la de las rocas encontradas en la Tierra. Puesto que ésta es aproximadamente el doble de densa que aquélla, también deben ser diferentes los núcleos centrales de ambos cuerpos. Las fuerzas gravitatorias mayores de la Tierra deben producir unas presiones internas más altas y un núcleo más denso para ésta. Sabemos que una gran parte del núcleo de la Tierra está fundido; si esto ocurre o no en la Luna es una cuestión todavía sin aclarar.

Quizá las diferencias más chocantes entre la Luna y la Tierra son consecuencia de la falta de atmósfera en la Luna. Debido a que la superficie de la Luna está situada en un vacío intenso, está ausente totalmente la erosión debida al agua y al viento. Independientemente de los efectos de los meteoros y polvo interestelar que chocan sobre la Luna, la superficie de nuestro satélite no ha sido perturbada durante miles de millones de años. Quizás en los inicios de su

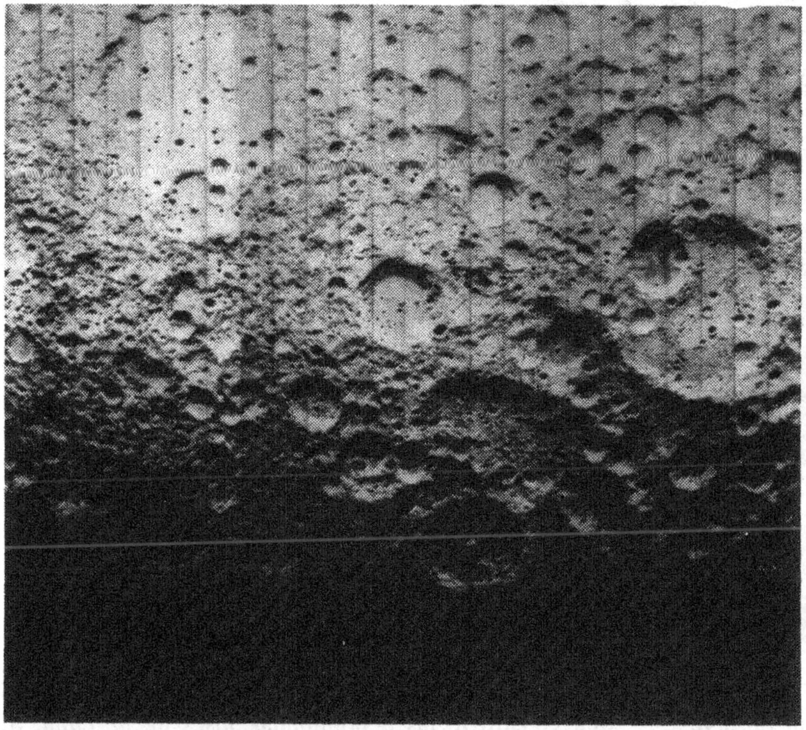

(*a*)

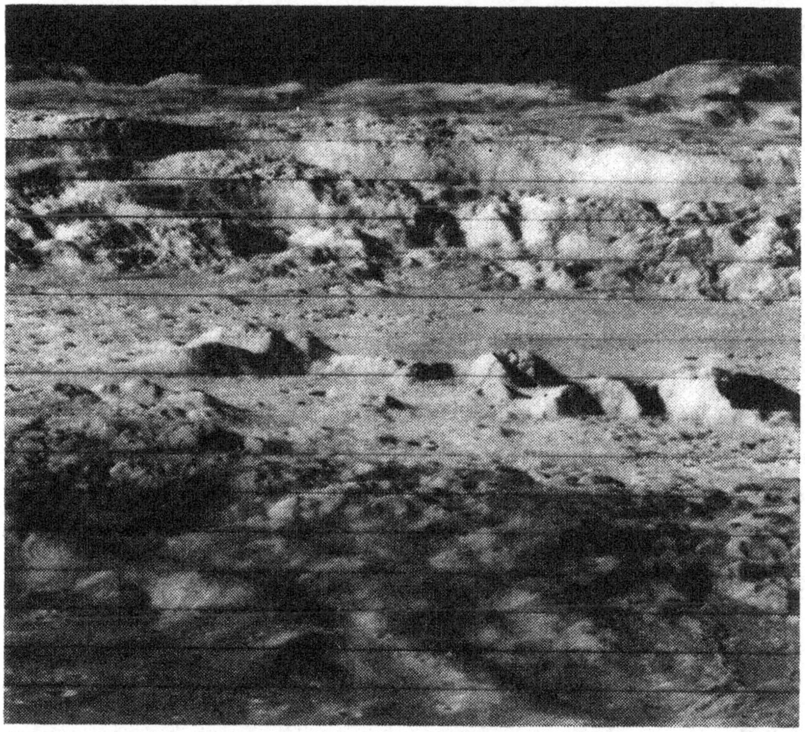

(*b*)

FIG. 2.8.— Vista (a) de la parte oculta de la superficie lunar fotografiada por un satélite orbital de la Luna no tripulado.*(Cortesía de la NASA.)* Suelo del cráter lunar Copérnico (b) fotografiado desde otro satélite semejante a una altura de 45 km. *(Cortesía de la NASA.)*

FIG. 2.9. — Fotografía aérea del cráter formado por el meteorito Barringer. Está situado en Winslow, Arizona, y tiene 1280 m de diámetro y 180 m de profundidad. *(Cortesía del Observatorio de Yerkes.)*

historia, la Luna tuvo una actividad volcánica, pero ahora no se ve ningún volcán activo. Se han observado, sin embargo, montañas tan altas como las mayores de la Tierra. Se piensa que los grandes cráteres que pueden verse en la figura 2.8 son las señales producidas por los grandes meteoritos que han sufrido impactos sobre la Luna. Marcas semejantes deben haber existido sobre la Tierra, pero pronto han sido erosionadas. En la Tierra cerca de Winslow, Arizona (fig. 2.9), se encuentra uno de estos cráteres, que debe presumirse que se formó en un pasado más reciente; tiene aproximadamente 1,5 km de diámetro. Siempre existe una débil posibilidad de que un meteorito tan grande como el que produjo el cráter de Arizona pueda chocar sobre una parte poblada de la Tierra.

Puesto que la Luna es básicamente una esfera de rocas y cascotes situados en un vacío sin agua no es sorprendente que no se haya encontrado ninguna traza de vida sobre ella. Su superficie es como un museo gigante de lo que la Tierra habría sido sin los efectos perturbadores del viento, de la lluvia y de los seres vivos.

Fases de la Luna; eclipses

Una de las características de la Luna más fácil de observar es su forma variable al progresar los días, lo que constituye las denominadas *fases de la Luna.* Si hubiésemos de creer las antiguas leyendas, las diversas fases podían tener relación con cosas tan diversas como fábulas, los hombre-lobos, los lunáticos o el anuncio de una buena cosecha. Aunque es altamente improbable que las fases de la Luna influyan sobre la mayoría de las cosas que se les atribuyen, el origen de las fases tiene interés.

Como sucede con todos los objetos que no son estrellas, sólo puede verse la Luna debido a la luz reflejada por ella. La luz procedente del Sol incide en la Luna y se refleja hacia la Tierra. En la figura 2.10 vemos que sólo la mitad de la Luna está iluminada en un instante cualquiera. Dependiendo de la situación de la Luna respecto a la Tierra a lo largo del mes, veremos diversas porciones de esta mitad iluminada según se ve en la parte inferior de la figura. Examínense por lo menos algunas de estas figuras de modo que quede claro la razón de que aparezcan de esta forma. Podemos ver otras características importantes en la figura 2.10. Si la Luna, la Tierra y el Sol estuvieran todos en el plano del papel, entonces cuando la Luna estuviese en la posición 1, estaría en la parte de la sombra arrojada por la Tierra. La Luna estaría oscura; esto es un *eclipse* de Luna. O bien, cuando la Luna estuviese en la posición 5 arrojaría su sombra

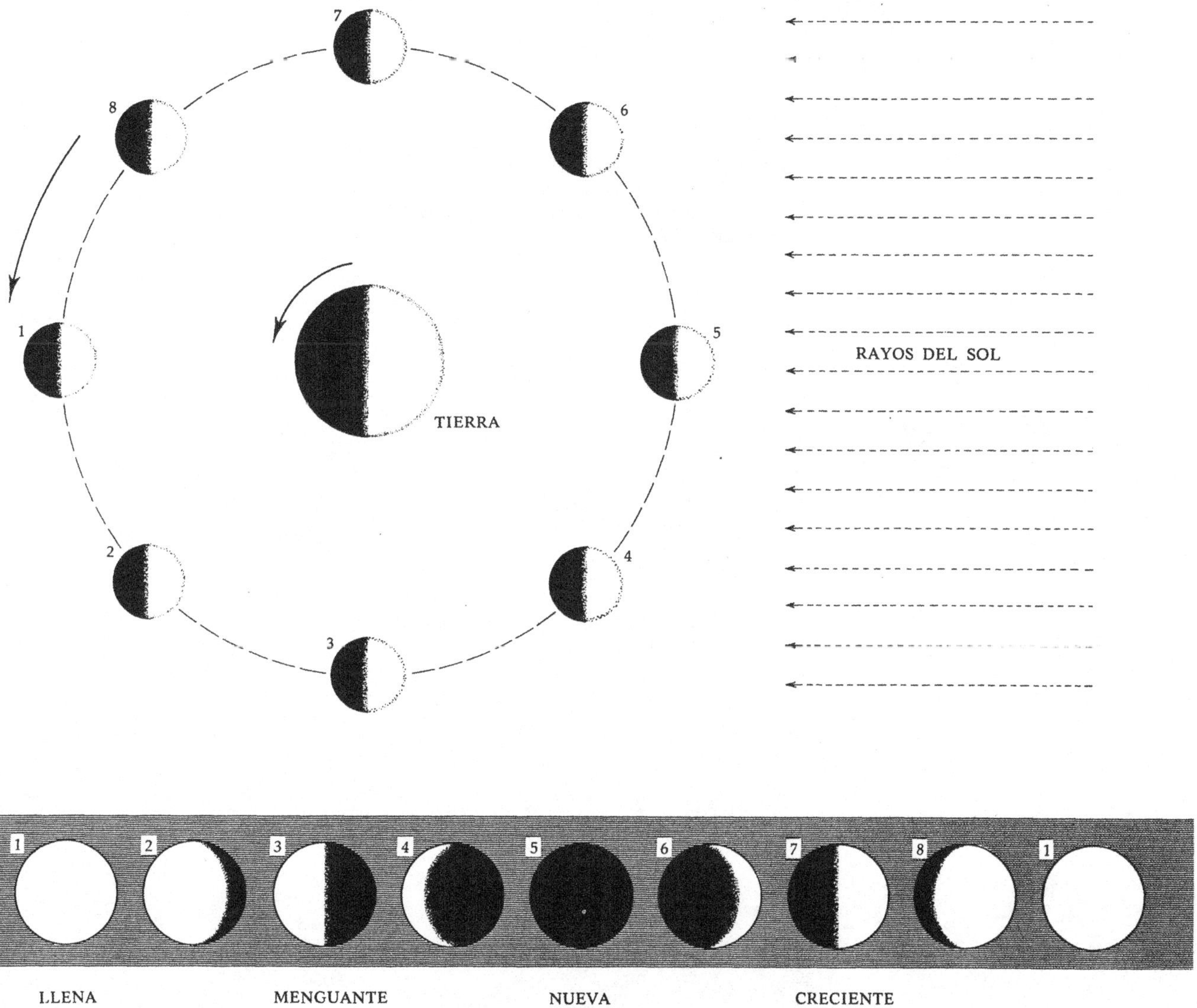

FIG. 2.10. — Fases de la Luna. Durante el período mensual de la órbita de la Luna sólo puede verse desde la Tierra cierta parte de su superficie iluminada.

sobre la Tierra. Las personas que estuviesen en la región en sombras no podrían ver el Sol; esto es un eclipse de Sol. Si el Sol, la Luna y la Tierra estuviesen en el mismo plano tendríamos un eclipse de cada tipo una vez al mes al ir girando la Luna alrededor de la Tierra.

En la realidad, el Sol no está en el mismo plano que la órbita de la Luna como se ve en la figura 2.11. Al pasar el tiempo, la orientación de la órbita de la Luna respecto al Sol varía y su trayectoría orbital cruza la línea entre la Tierra y el Sol. Sin embargo, la probabilidad de que la Luna cruce el punto de su órbita

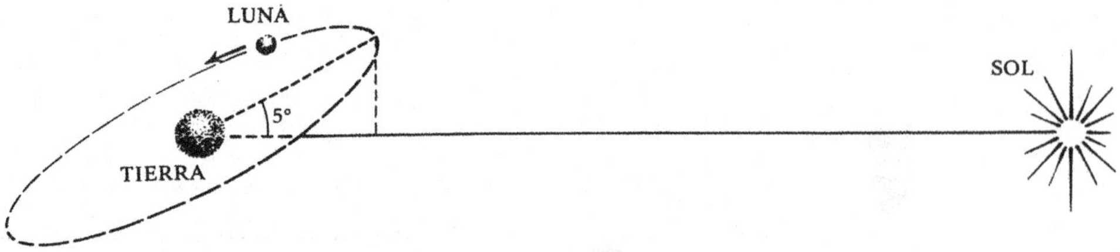

Fig. 2.11. — La recta que une la Tierra con el Sol no está en el plano de la órbita de la Luna. Si fuese así, habría un eclipse de Sol cada mes. *(Dibujo no a escala.)*

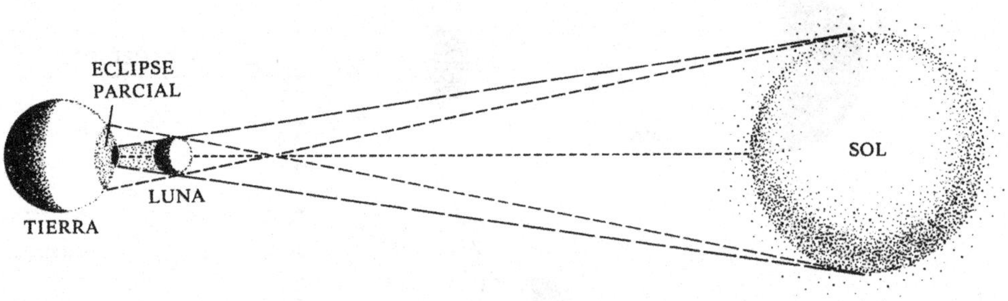

Fig. 2.12. — Eclipse de Sol (no a escala).

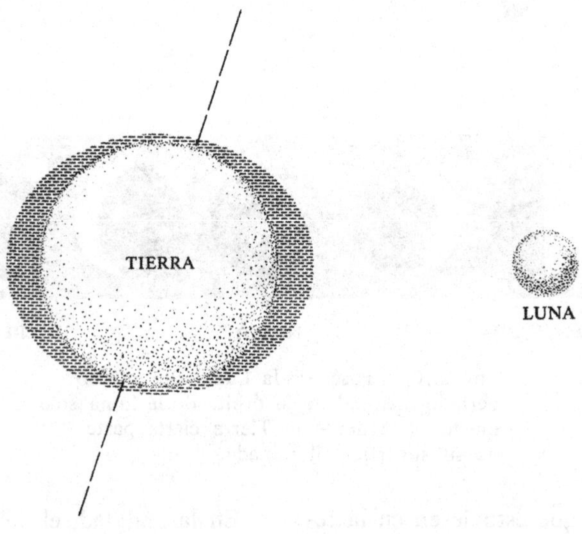

Fig. 2.13. — Las mareas se elevan simultáneamente en lados opuestos de la Tierra debido a las fuerzas gravitatorias de la Luna.

que coincide con la línea Tierra-Sol es pequeña. Cuando sucede así, se produce un eclipse de Sol como se ve en la figura 2.12.

Durante este eclipse, una pequeña parte de la Tierra se ve oculta del Sol. La sombra de la Luna va barriendo la superficie de la Tierra, cuando la Tierra y la Luna siguen sus movimientos. La sombra que produce el eclipse total nunca es mayor de 268 km de ancho y no tarda más de 7,5 minutos en pasar sobre un punto determinado de la Tierra. Naturalmente, las personas que están próximas a la región del eclipse total ven al Sol parcialmente oscurecido según puede verse en la misma figura. La banda a través de la Tierra en la que puede verse un eclipse parcial puede llegar a ser de 3000 km de anchura. Además de producir eclipses, la Luna es responsable de las mareas de los océanos. Como es probable que sepa el lector, el nivel de los océanos se eleva y desciende dos veces cada día, dando con frecuencia una diferencia de nivel de varios metros sobre la señal de la marea baja. En la bahía de Fundy, en el sudeste del Canadá, el intervalo de altura de las mareas a veces excede los 15 m. La figura 2.13 muestra el esquema de las mareas (se han eliminado las masas de tierra que componen los continentes terrestres para simplificar esta figura.) Obsérvese que la atracción gravitatoria de la Luna retira el agua de los lados de la Tierra hacia la región más próxima a la Luna. El agua fluye también hacia el lado de la Tierra que está más alejado de la Luna. Por ello las mareas altas se producen simultáneamente en lados opuestos de la Tierra.* Es fácil de comprender la marea alta en la parte más próxima a la Luna, puesto que las fuerzas gravitatorias de la Luna están tirando en esa dirección. Debemos hacer un examen más detenido del fenómeno con objeto de comprender por qué también es alta la marea en el lado opuesto a la Luna.

El fenómeno de las mareas depende de dos hechos: (1) la fuerza gravitatoria de la Luna varía de un lugar a otro sobre la Tierra, puesto que la fuerza gravitatoria disminuye con la distancia y (2) la Tierra no es un cuerpo rígido.

Si la Tierra fuese perfectamente rígida y no girase sobre su eje, todos sus puntos se moverían siguiendo la misma trayectoria que el centro de la Tierra sigue alrededor del Sol. Sin embargo, incluso en este caso tan simplificado, la Luna influiría ligeramente sobre esta trayectoria. Cuando la Luna estuviese situada entre el Sol y la Tierra, su atracción gravitatoria sobre ésta debería tirar de ella por entero, de tal manera que se acercase un poco más al Sol de lo que es normal. Cuando estuviese en el lado de la Tierra opuesto al Sol, debería tirar de la Tierra entera alejándola ligeramente del Sol. Pero como la Tierra no es perfectamente rígida (sus mares son fluidos) no todas sus partes responden del mismo modo a la atracción de la Luna. El centro de la Tierra sigue una trayectoria alrededor del Sol determinado por las fuerzas combinadas ejercidas sobre todas las partes de la Tierra por la Luna y el Sol. Esto no es cierto respecto a las otras partes más exteriores de la Tierra.

Consideremos el efecto que tiene la Luna sobre la Tierra cuando intenta separarla de su trayectoria alrededor del Sol. Debido a que la Tierra no es perfectamente rígida, el lado de ésta que se acerca más a la Luna se ve atraído por ella más intensamente que el lado opuesto, y esta porción de la Tierra se ve atraída a una posición más próxima a la de la Luna. Esta parte más próxima de la Tierra se deforma un poco, como se ve en la figura 2.13 y los océanos, siendo más fluidos que los continentes, muestran la deformación con más claridad.

Simultáneamente, el lado de la Tierra opuesto a la Luna se ve empujado hacia ésta, pero con una fuerza menor que la media debido a su mayor distancia entre estos puntos y la propia Luna; su trayectoria se ve menos desviada por la acción del satélite. De aquí que el lado opuesto a la Luna se deforme un poco alejándose de ésta según está indicado. Como resultado, las porciones más fluidas de la Tierra se ensanchan o engruesan tanto en el lado más próximo a la Luna como en el más alejado. Durante la rotación diaria de la Tierra, estos ensanchamientos de los mares se mueven alrededor de la Tierra produciendo la elevación de las mareas en las regiones en donde se presentan.

Estrellas errantes: planetas

Hemos visto que los movimientos de las estrellas y de la Luna a través de los cielos se explican con bastante sencillez si no nos preocupamos de los detalles sobre

* La altura y momento exacto de las mareas dependen del flujo del agua alrededor de las barreras de la costa. En la Bahía de Fundy, el flujo de las mareas se ve encajonado en un pequeño canal y esto origina las mareas extraordinariamente grandes observadas.

TABLA 2.1. *Datos sobre los planetas*

Planeta	Distancia al Sol (km)	(respecto a la Tierra)	Diámetro (km)	(respecto a la Tierra)	Masa (m/m_t)	Densidad (agua = 1)	Período de rotación (días)	Período de revolución (días)	Temperatura (°C)	Gravedad (g/g_t)
Mercurio	$0,58 \times 10^8$	0,39	5 101	0,40	0,055	5,6	59	0,24	315,56	0,40
Venus	$1,09 \times 10^8$	0,73	12 470	0,98	0,81	5,2	243	0,62	482,22	0,90
Tierra	$1,50 \times 10^8$	1,00	12 727	1,00	1,0	5,5	1,00	1,00	22,22	1,00
Marte	$2,28 \times 10^8$	1,53	6 870	0,54	0,11	4,0	1,02	1,88	− 2,78	0,40
Júpiter	$7,72 \times 10^8$	5,2	143 201	11,3	314	1,3	0,41	11,9	−140	2,40
Saturno	$14,32 \times 10^8$	9,6	119 066	9,4	94	0,7	0,43	29,5	−145,56	1,20
Urano	$28,64 \times 10^8$	19,2	53 097	4,2	14	1,4	0,47	84	−212,22	1,00
Neptuno	$45,05 \times 10^8$	30	49 879	3,9	17	1,3	0,60	165	−212,22	1,00
Plutón	$59,53 \times 10^8$	40	~ 6 436	~0,5	<0,2	?	6,6	248	?	?

efectos pequeños tales como el movimiento lento de las constelaciones a lo largo de los siglos. En la época de Newton (1642-1727), la astronomía ya era suficientemente precisa como para observar estas complicaciones. Además, los astrónomos habían descubierto que algunas estrellas parecían moverse de modo errante por los cielos de un modo bastante complicado. Sabemos ahora que éstas no son estrellas; son los planetas que brillan debido a la luz reflejada del Sol.

Sin embargo, desgraciadamente los científicos, entre los que incluimos a los astrónomos, se ven influidos en sus juicios por nociones y prejuicios preconcebidos. No es sorprendente que el hombre, siendo un ser egoísta tuviese dificultad en desprenderse de la idea de que la Tierra era el centro del Universo. Durante muchos siglos los astrónomos habían interpretado el movimiento de las estrellas en función de un universo que giraba alrededor de la Tierra. Si se intenta interpretar los movimientos de las estrellas indicadas en la figura 2.3 y 2.4 en función de este concepto, se verá que es muy fácil de hacer. Pero los movimientos de los planetas son casi imposibles de describir en función de un universo centrado en la Tierra.

Los científicos primitivos fueron tan reacios a renunciar al concepto de un universo centrado en la Tierra que idearon esquemas extraordinariamente complicados para el movimiento de los planetas en sus órbitas supuestas alrededor de la Tierra. Aunque algunos pocos apoyaban la teoría de que los planetas giraban alrededor del Sol, la mayor parte de las personas la rechazaban. A lo largo de varios siglos, las pruebas evidentes de un sistema solar centrado en el Sol obligaron a su aceptación. Desgraciadamente no podemos perder tiempo aquí para contar la intrigante historia de este largo forcejeo; puede ser conveniente que se lean algunas de las referencias citadas al final de este capítulo.

Aceptamos ahora el hecho de que las estrellas errantes observadas por los antiguos son realmente los planetas * que giran en sus órbitas alrededor del Sol, brillando como estrellas en el cielo nocturno debido a la luz que se refleja en ellos procedente de aquél. Incluyendo la Tierra, existen nueve planetas que giran alrededor del Sol en órbitas elípticas. La mayoría de las órbitas son casi circulares y los planos de las órbitas coinciden prácticamente. La órbita del planeta Plutón es la menos circular y su plano está inclinado en una proporción mayor que los demás; el ángulo que forma su plano orbital y el de la Tierra es 17°. Todos los planetas giran en el mismo sentido alrededor del Sol, lo cual no es sorprendente si recor-

* La palabra *planeta* es una adaptación de la palabra griega que significa *errante*.

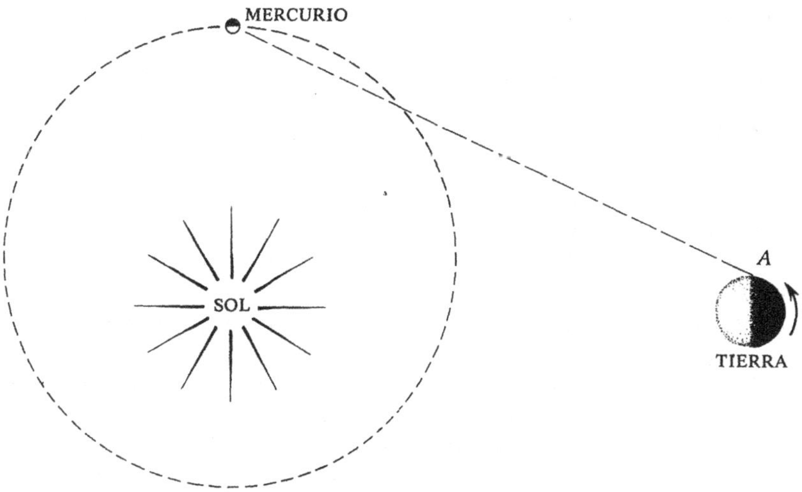

FIG. 214. — Incluso en el caso óptimo, indicado aquí, Mercurio es visible solamente en la parte que es de noche en la Tierra cerca de *A*. Se verá cerca del horizonte hacia el este, poco tiempo antes del amanecer. ¿Dónde estará Mercurio cuando se vea al anochecer?

damos nuestras ideas sobre la formación del sistema solar. La tabla 2.1 resume las características de los planetas; estudiaremos cada planeta sucesivamente.

Mercurio

Mercurio es el planeta más próximo al Sol, estando a una distancia inferior a la mitad de la que está la Tierra. Debido a esta proximidad, la temperatura media de la parte iluminada de Mercurio es elevada, aproximadamente 300 °C. Con esta temperatura tan alta, suficiente para fundir el plomo, no hay que esperar que exista ninguna forma de vida. Además, la fuerza gravitatoria en Mercurio es solamente 0,4 de la que existe en la Tierra, y así toda el agua y las sustancias gaseosas hace tiempo que han sido despedidas por ebullición desde su superficie. Igual que la Luna, Mercurio no tiene atmósfera y, por lo tanto, también se enfría rápidamente durante sus noches que tienen una duración de casi un mes. Se estima que su temperatura desciende a —250 °C por la noche.

Aunque Mercurio es muy brillante, como está tan próximo al Sol es difícil de ver. Como se indica en la figura 2.14 la órbita de Mercurio es tan próxima al Sol que cuando es visible desde la Tierra también puede verse el Sol, o bien está próximo al amanecer o al anochecer. La luz procedente del Sol es tan fuerte que a simple vista hay dificultad en detectar la luz más débil procedente del planeta. Sin embargo, los telescopios más poderosos nos permiten ver a Mercurio durante la luz del día.

Venus

Como Mercurio, Venus rodea al Sol con un radio menor que el de la órbita terrestre. Debido a que Venus sigue una órbita mayor que Mercurio, puede verse con mayor facilidad. Es particularmente brillante como el *Lucero de la tarde* visto en la parte oeste del firmamento. Incluso entonces, Venus es sólo visible al principio de la tarde o un poco después del amanecer dependiendo de la parte de su órbita en que se encuentre.

Venus es semejante a la Tierra en tamaño y densidad, pero aquí termina toda otra semejanza. Gira lentamente sobre su eje siendo su día de una duración aproximada a medio año. Venus tiene una atmósfera densa y gruesa y está rodeada continuamente por una cubierta de nubes. Hasta que las sondas espaciales de los Estados Unidos «Mariner» y rusa «Venera» penetraron en la atmósfera venusiana en los años 1960 no teníamos ninguna descripción clara del planeta que había debajo de su atmósfera ni de su composición química. Las sondas espaciales han mostrado que la atmósfera es fundamentalmente (del 90 al 95 %) dióxido de carbono. Aunque los datos no son de una confianza absoluta, la atmósfera de Venus parece tener menos del 1 % de oxígeno, alrededor del 1 % de vapor de agua y entre 0 a 7 % de nitrógeno. La revelación más interesante de las sondas espaciales consistió en que las temperaturas superficiales de Venus son altas, tanto en la parte iluminada como en la oscura del planeta; probablemente están comprendidas en un margen próximo a 500 °C. Aunque la capa nubosa tenga una temperatura mucho más baja en su superficie exterior (aproximadamente —20 °C), tiene un grosor de más de 20 km. Evidentemente esta *manta* nubosa tan gruesa atrapa los rayos del Sol y conserva el calor dentro impidiendo su radiación hacia el exterior. Como resultado, la superficie de Venus es casi seguramente un desierto cálido e inhabitable y parece imposible que pueda existir allí la vida. Pero nuestro conocimiento de este vecino, el más próximo a la Tierra, es todavía escaso y se aprenderá más sobre el mismo cuando las futuras sondas espaciales proporcionen datos adicionales.

Marte

La vida es más probable que exista en Marte que en cualquier otro planeta (aparte de la Tierra) de nuestro sistema solar. Nuestros telescopios más grandes nos han permitido ver la superficie de Marte y las sondas espaciales la han fotografiado ampliamente. Aunque se tardaría varios meses en alcanzar Marte en un nave espacial de las actuales, seguramente el hombre llegará a alcanzar este planeta antes del final del siglo.

Marte está más alejado del Sol que la Tierra y, por lo tanto, es considerablemente más frío que la Tierra; su temperatura media es aproximadamente —40 °C y varía desde unos 30 °C en los puntos más cálidos a —100 °C en los más fríos. Debido a que la atmósfera de Marte es muy delgada (sólo el 1 % del espesor de la atmósfera terrestre), las temperaturas fluctúan ampliamente quizás cayendo más de 50 ° cuando se pone el Sol. En correspondiencia con esta atmósfera delgada, la cubierta de nubes es mínima.

La composición química de la atmósfera es por lo menos del 80 % de dióxido de carbono y si existe alguna cantidad de oxígeno solamente se encuentra en forma de trazas. Debido a que las plantas en la Tierra consumen dióxido de carbono y liberan oxígeno, los científicos creen que no existen sobre Marte plantas del tipo terrestre. Más aún, solamente se encuentra trazas de agua en la atmósfera y, así pues, deben estar ausentes los ríos y lagos. No existe ninguna prueba que indique si existió agua alguna vez en cierta cantidad en Marte.

Las fotografías de Marte tomadas por las cámaras montadas en las sondas espaciales como las indicadas en la figura 2.15 muestran que la superficie tiene un aspecto muy semejante al de la Luna por muchos conceptos. Obsérvese la existencia de regiones polares blancas en la esfera rojiza restante. Se piensa que estos casquetes son nieve de dióxido de carbono, un material que nos es familiar y que conocemos como hielo seco. En las temperaturas extremadamente bajas de las regiones polares, el dióxido de carbono de la atmósfera se congela del mismo modo que el vapor de agua forma nieve en la Tierra. Se cree que esta nieve de hielo seco se apila hasta alturas comprendidas entre 6 y 15 m por los débiles vientos de la tenue atmósfera marciana.

Como puede verse en la figura 2.15, Marte tiene cráteres semejantes a los de la Luna. Sin embargo, Marte tiene también regiones en donde la erosión o algún otro mecanismo ha suavizado la superficie. Sabemos ahora que los «canales» y otras estructuras imaginarias que algunos astrónomos antiguos pretendían haber visto no existen. Además, la vida como la conocemos en la Tierra está ausente de Marte y parece poco probable la existencia de cualquier otro tipo de vida.

Orbitan alrededor del planeta dos lunas muy pequeñas; sus diámetros son demasiado pequeños para medirlos directamente, pero deben tener aproximadamente de 8 a 30 km. Debido a su asociación con Marte, dios de la guerra, se denominan Fobos (miedo) y Deimos (pánico). Es interesante señalar que en 1726, Jonathan Swift escribió en los *Viajes de Gulliver* que los astrónomos laputianos habían descubierto dos satélites que giraban alrededor de Marte. El descubrimiento real de las lunas marcianas se hizo ciento cincuenta años más tarde, en 1877.

Júpiter

Como se estudió en el capítulo 1, Júpiter casi se convirtió en un segundo sol del sistema solar. Se recordará que la reacción de fusión del hidrógeno se inició en el núcleo solar como resultado de las elevadas temperaturas generales por el material del Sol que se concentraba debido a las intensísimas fuerzas gravitatorias. Júpiter, el mayor de todos los planetas, tiene una masa 318 veces mayor que la Tierra y es del orden de 1/1000 más pequeño que el Sol. Los científicos han especulado sobre si esta masa es suficientemente grande para proporcionar las fuerzas gravitatorias necesarias para hacer que se inicie la reacción de fusión. Las fuerzas gravitatorias de Júpiter son tan grandes que su estructura es bastante diferente a la de los otros planetas que hemos estudiado.

A diferencia de la Tierra, Júpiter está fundamentalmente compuesto de hidrógeno y helio; se ha estima-

(a)

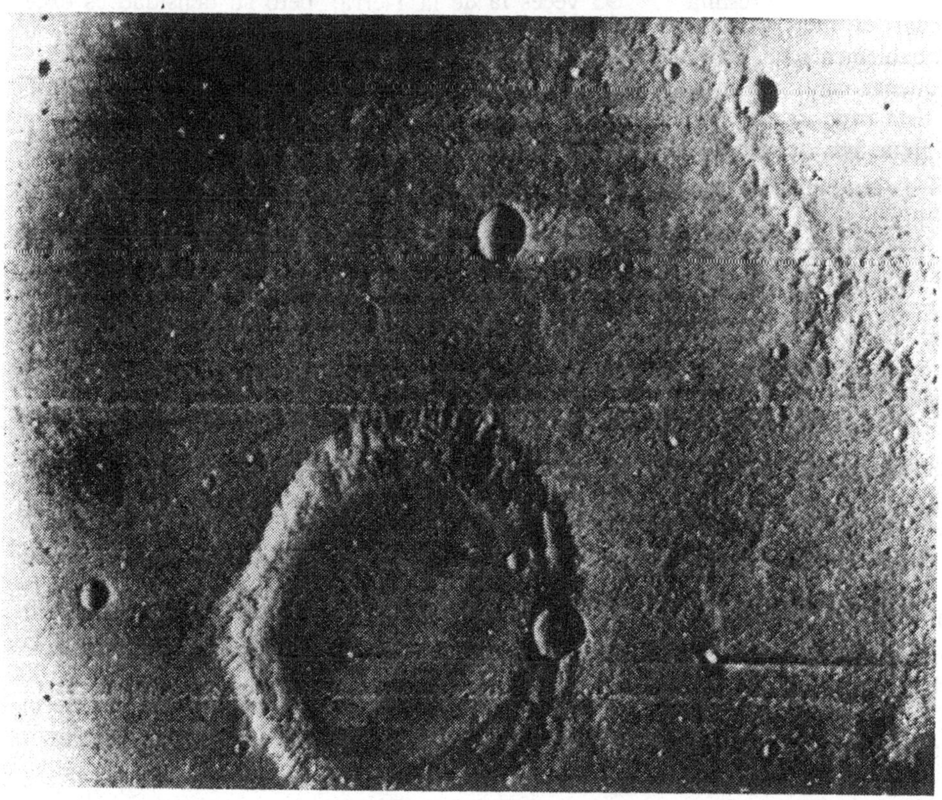

(b)

FIG. 2.15. — Fotografías de Marte tomadas por la sonda espacial Mariner 6 en 1969. Con objeto de poder hacer comparaciones se indica que el área vista en *(b)* tiene unos 100 km de largo por 75 de ancho. *(Cortesía del Jet Propulsion Laboratory.)*

do que en un 80 % de hidrógeno y en un 10 % de helio. Debido a su gran fuerza de gravitación (alrededor de 2,4 veces mayor que la Tierra) y bajas temperaturas (estimadas del orden de —140 °C), Júpiter ha retenido estas moléculas ligeras. Los datos preliminares indican que Júpiter tiene los elementos en una proporción semejante a la del Sol, lo cual confirma adicionalmente nuestra hipótesis de que el sistema solar se formó de una sola nube gigante. Si todo el hidrógeno y el helio hubieran escapado de Júpiter, hubiese quedado un objeto sólido con una composición química un poco parecida a la de la Tierra.

En este momento, aunque no lo sabemos con seguridad, se piensa que Júpiter tiene una atmósfera de algunos centenares de kilómetros de espesor, compuesta principalmente de hidrógeno y de helio en la que está presente también un 1 por ciento de metano y de amoníaco. La atmósfera está llena de nubes, pero es difícil aclarar la composición de la capa de éstas. A temperaturas tan bajas, el amoníaco cristalizado puede ser la causa principal de la luz reflejada desde esta capa. A 200 o 300 kilómetros por debajo de la capa de nubes, la presión de gravitación resulta suficientemente grande para licuar el hidrógeno y así la superficie de Júpiter es probablemente un océano de hidrógeno líquido con pequeñas cantidades de otros elementos disueltos en él. Esta capa de líquido debe tener algunos cientos de kilómetros de grueso. A profundidades todavía mayores, las presiones son suficientemente altas para solidificar este material. Desgraciadamente no sabemos todavía lo suficiente sobre el comportamiento del hidrógeno y del helio a presiones elevadas para predecir con certidumbre la naturaleza del núcleo de Júpiter.

La presencia de metano y de amoníaco en Júpiter hace surgir la posibilidad de existencia de vida allí. Una teoría dada para explicar la evolución de la vida sobre la Tierra propone que las descargas eléctricas de la atmósfera terrestre produjeron la reacción del metano y del amoníaco formando moléculas de proteína. Si esto es cierto, puede existir en Júpiter una situación semejante. El examen telescópico no ha proporcionado ninguna prueba de estos productos de reacción; deberemos esperar las sondas espaciales enviadas a Júpiter para aclarar dicho punto.

Debido al tamaño tan grande de Júpiter, se ve brillante en el cielo nocturno. Rodeándole, existen por lo menos doce lunas, cuatro de las cuales son suficientemente grandes para que Galileo las viese con su primitivo telescopio. Tienen aproximadamente el tamaño de la luna terrestre. Las ocho lunas restantes son mucho más pequeñas, estando sus diámetros comprendidos entre 25 y 250 km. Los satélites más pequeños son difíciles de ver incluso con los mejores telescopios, pero los cuatro mayores pueden verse con un buen par de prismáticos.

La superficie de Júpiter ha sido tema de especulación durante siglos. La gran mancha roja de la figura 2.16 cambia ligeramente de tamaño, color y forma, y ha tenido un tamaño de hasta 48 000 km de diámetro. Además, nubes alternativamente claras y oscuras rodean el planeta paralelamente a su ecuador. Estas características, igual que otras muchas, constituyen temas de grandes especulaciones. Cuando las sondas espaciales futuras entren en la atmósfera de Júpiter, es de esperar que se encuentre su causa real.

Saturno

Único entre los planetas, Saturno se distingue por sus tres anillos, como se ve en la figura 2.17. El planeta tiene un tamaño sólo inferior a Júpiter y su masa es 95 veces la de la Tierra; pero su densidad es excepcionalmente baja, siendo sólo el 70 % de la del agua. Como Júpiter, la fuerza gravitatoria de Saturno y su baja temperatura (alrededor de —180 °C), consecuencia de su distancia al Sol, retienen al hidrógeno y al helio en su atmósfera. A —180 °C, el amoníaco ha cristalizado y se ha depositado en la atmósfera. Por lo demás su atmósfera es semejante a la de Júpiter.

Los astrónomos creen que el interior de Saturno es semejante al de Júpiter. Bajo una gruesa capa de hidrógeno y helio gaseoso existe un vasto océano de hidrógeno líquido que cubre todo el planeta. Centenares de kilómetros más abajo ha solidificado debido a las grandes presiones gravitatorias del planeta. Aunque la densidad del planeta globalmente es baja, se cree que el núcleo central, sometido a una compresión elevada, puede ser 16 veces más denso que el agua.

Los anillos de Saturno fueron vistos por primera vez por Galileo, pero su telescopio era demasiado rudimentario para poder ver su forma exacta. Su forma correcta fue descrita por primera vez en 1655. Los anillos, que tienen una anchura del orden de 16 000 km, están compuestos de partículas diminutas no mayores que la grava. No sabemos la composición química exacta de los anillos; pero sí sabemos que éstos, a pesar de su anchura, tienen un espesor probablemen-

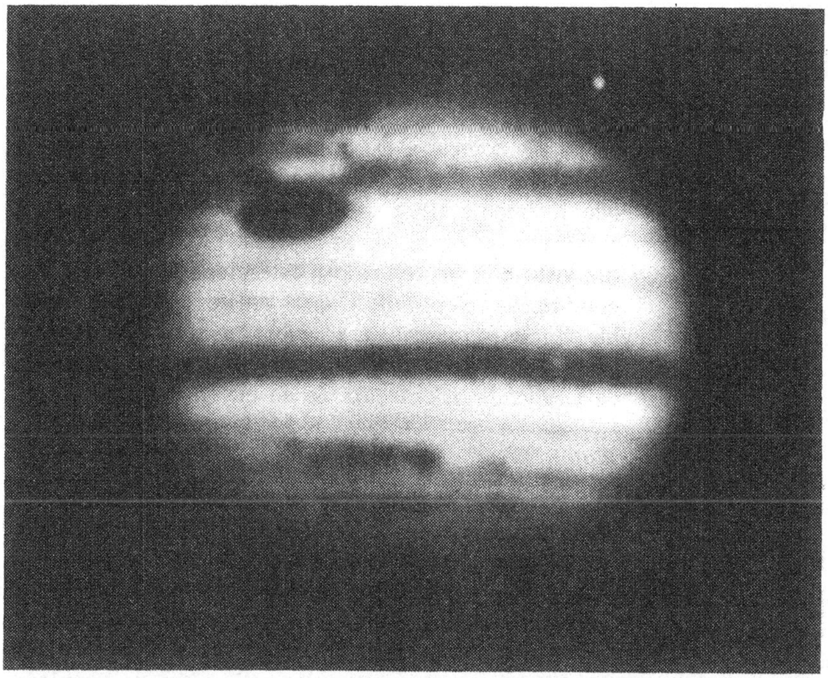

FIG. 2.16. — Júpiter visto desde la Tierra con el telescopio de 200 pulgadas. La Gran Mancha Roja está en la parte superior izquierda. *(Observatorios Mount Wilson y Palomar.)*

FIG. 2.17. — Saturno y sus anillos visto con el telescopio de 200 pulgadas; el anillo más interior es sólo visible cuando está delante del planeta. *(Observatorios Mount Wilson y Palomar.)*

te inferior a unos metros. En vista de la probable formación de los planetas no sería sorprendente encontrar que los anillos proceden de las nubes de condensación durante el nacimiento del planeta. El planeta gira rápidamente (ver tabla 2.1), y los anillos también giran alrededor del planeta en el mismo sentido.

El lector puede maravillarse de por qué estos anillos no se condensaron para formar lunas. Un teorema demostrado matemáticamente en 1850 por E. Roche nos dice la razón: Si una luna tiene la misma composición que su planeta y si están atraídos sólo por fuerzas gravitatorias, la luna no puede estar más próxima que 2,44 veces el radio del planeta. Este número se denomina *límite de Roche*. Cualquier luna más próxima al planeta sufriría fuerzas gravitatorias tan grandes que la luna se descompondría. Así pues, los anillos de Saturno representan lunas en embrión que han sido rotas y esparcidas en forma de anillos alrededor del planeta.

Por lo menos diez lunas rodean a Saturno y todas están fuera del límite de Roche como era de esperar. La última de estas lunas se descubrió recientemente en 1966. Está próxima a la periferia exterior del anillo más grande y la teoría de Roche demuestra que es la causa del intervalo vacío entre los dos anillos exteriores. (Sin embargo, la luna *no* está hecha del material condensado del anillo; la teoría no es tan simple.) Titán, la luna más grande de Saturno, es mayor que nuestra propia luna. Debido a su gran distancia al Sol, su temperatura es suficientemente baja para que retenga una atmósfera. Sin embargo, parece improbable que pueda existir allí la vida.

Urano

Urano está tan alejado de la Tierra que no es más brillante que muchas de las estrellas del firmamento. En consecuencia, no se conoció como planeta hasta 1781. En el telescopio aparece verdoso, seguramente debido a que su atmósfera contiene cantidades considerable de gas metano que refleja la luz de esta región del espectro. Urano tiene una masa 14 veces mayor que la Tierra. Sus grandes fuerzas gravitacionales y su temperatura baja (aproximadamente —170° C) le permiten retener una cantidad considerable de hidrógeno en su atmósfera. Creemos que su estructura es muy semejante a la de Júpiter y Saturno. El planeta tiene por lo menos cinco lunas. Su eje de rotación está casi en el plano de su órbita y en este aspecto es un planeta peculiar (ver cuestión 7).

Neptuno

Después del descubrimiento de Urano se vio que su órbita no coincidía exactamente con la que se predecía. Con objeto de que Urano tuviese la trayectoria que realmente tiene debería estar ejerciendo fuerzas atractivas sobre él algún planeta próximo; en 1845 fue visto con un telescopio este planeta y se le dio el nombre de Neptuno. Como puede verse en la tabla 2.1 es semejante a Urano; creemos que tiene la misma estructura general. Sin embargo, a diferencia de Urano, la orientación de su eje es normal.

Plutón

La existencia de Plutón, como la de Neptuno, fue predicha primeramente al descubrir ciertas irregularidades en la órbita de Urano. Fue descubierto en 1930. Sabemos pocas cosas acerca de Plutón debido a que está muy alejado de nosotros y del Sol. Plutón tiene la órbita más elíptica de todos los planetas y tiene también el mayor ángulo de inclinación de su plano respecto a la órbita de la Tierra. En la actualidad se cree que Plutón tiene una densidad doble que la de la Tierra y aproximadamente la mitad de su diámetro. Su temperatura debe ser muy baja, probablemente cercana a los —200 °C.

Asteroides, meteoros y cometas

Además de los planetas, están atrapados en el campo gravitatorio del sistema solar otros objetos pequeños denominados *asteroides*. El más grande de estos asteroides (o planetoides), Ceres, fue descubierto en 1801; su diámetro es de unos 750 km. Alrededor de una docena de asteroides tienen diámetros mayores de 150 km; quizá varios centenares tienen diámetros del orden de 30 km. Se estima que hay 44 000 asteroides, de los cuales unos 1600 han sido descubiertos y bautizados.

Se cree que la composición de un asteroide típico es semejante a la de las rocas de la corteza terrestre. Se ha sugerido que un asteroide podría servir como un valioso emplazamiento para un laboratorio espacial. Como la masa de un asteroide es pequeña, las fuerzas gravitatorias no influirían seriamente sobre el aterrizaje y lanzamiento de las naves, pero sería suficientemente grande para que ninguna persona se desprendiese del mismo. Una persona podría saltar casi 1000 metros de altura y caer lentamente sobre el asteroide en algunos minutos.

El asteroide debería ser lo suficientemente grande y estable como para servir de alojamiento a un laboratorio espacioso. Los astrónomos han registrado las trayectorias de muchos asteroides; normalmente se mueven en órbitas elípticas muy excéntricas alrededor del Sol. Algunos de ellos están comparativamente próximos a la Tierra. Por ejemplo, Eros pasó en 1931 a una distancia de 22 millones de kilómetros de la Tierra; periódicamente, los asteroides Icarus y Geografos llegan a acercarse a menos de 6 y 9 millones respectivamente de la Tierra.

Además, y dispersas por todo el sistema solar, existen corrientes de partículas pequeñas denominadas *meteoros;* la mayoría de ellos son mucho menores que una judía, y sobre la atmósfera terrestre chocan diariamente decenas de millones de ellos. Cuando entran en la atmósfera terrestre se ponen al rojo blanco y sus trazas de vapor incandescente son las estrellas fugaces vistas con frecuencia en los cielos sin luna y oscuros. La mayor parte de ellos se vaporizan por completo antes de alcanzar el suelo, pero algunos sobreviven y chocan contra la superficie de la Tierra. Los agregados fríos remanentes de aspecto rocoso se denominan *meteoritos.* Algunos meteoritos han sido muy grandes.En Groenlandia se encontró un meteorito de 36 toneladas que posteriormente se trasladó al Museo Americano de Historia Natural de la Ciudad de Nueva York. Otro meteorito aterrizó en Arizona hace menos de 5 000 años atrás y dejó el cráter indicado en la figura 2.9.

En este siglo han chocado en Siberia dos grandes meteoritos. El impacto del primero en 1908 fue registrado por los sismógrafos hasta en la Europa Central; mató unos 1500 renos y dejó inconsciente a un hombre que estaba alejado 75 km del lugar del impacto. Se estima que su masa debería ser del orden 10^5 toneladas. El segundo meteorito chocó cerca de Vladivostok en 1947. Aunque explotó antes de chocar sobre el suelo se recuperaron alrededor de 5 toneladas de fragmentos del meteorito en el área de unos 3 km^2 que devastó con su impacto. Si cualquiera de ellos hubiese incidido sobre un área poblada, se habría producido una gran tragedia.

Se cree que los meteoros pueden ser materiales dejados detrás de la cola de los *cometas.* Lo típico es que un cometa tenga tres partes. El núcleo (o cabeza) es un agregado de partículas duras que van desde partículas de polvo a rocas de 1 m de diámetro. Algunas de las partículas pueden estar embebidas en un hiclo formado por metano, agua y amoníaco. El diámetro del núcleo normalmente está comprendido entre 15 y 150 km. Rodeando al núcleo existe una nube de gas y de polvo denominada la *coma.* La coma puede tener del orden de 100 millares de kilómetros de diámetro. Finalmente existe una cola de gas y de polvo que se alarga en millones de kilómetros a lo largo de la trayectoria del cometa.

Algunos cometas vuelven a seguir sus trayectorias elípticas por el sistema solar; otros entran en este sistema, pasan por él y lo abandonan sin verse de nuevo nunca más. Un cometa resulta más visible cuando se acerca al Sol y cuando empieza a retroceder. Al estar más cerca del Sol, el calor de éste y la radiación de alta energía vaporizan partes de las partículas del cometa y entonces, junto con el gas restante, estas partículas empiezan a brillar. Además, el cometa refleja la luz del Sol. En la figura 2.18 se ve una serie de fotografías que muestran el paso de un cometa típico y de su cola.

Todos los años, cuando la Tierra se mueve a través del espacio en su órbita centrada en el Sol, va recorriendo las «trazas» compuestas de meteoros que dejaron atrás los cometas pasados. Como resultado podemos predecir bastante bien qué parte del año mostrará una actividad metcórica intensa. Los restos del cometa de Halley se ven cerca del 4 de mayo y del 20 de octubre cada año. La lluvia de meteoros más grandes, la lluvia de Perseidas, suele presentarse en los tres días que están situados alrededor del 11 de agosto.

Se puede aprender algo sobre la historia de los cometas y de los meteoros a partir de los meteoritos encontrados en la Tierra. Utilizando una técnica denominada *registro radiactivo* (descrita en el capítulo 11) se ve que los meteoritos parecen tener una antigüedad de 4,5 miles de millones de años, la misma edad que hemos dado para la Tierra y el Sol.

A partir de esto se sospecha que estos materiales se formaron en el mismo fenómeno de condensación que provocó el sistema solar.

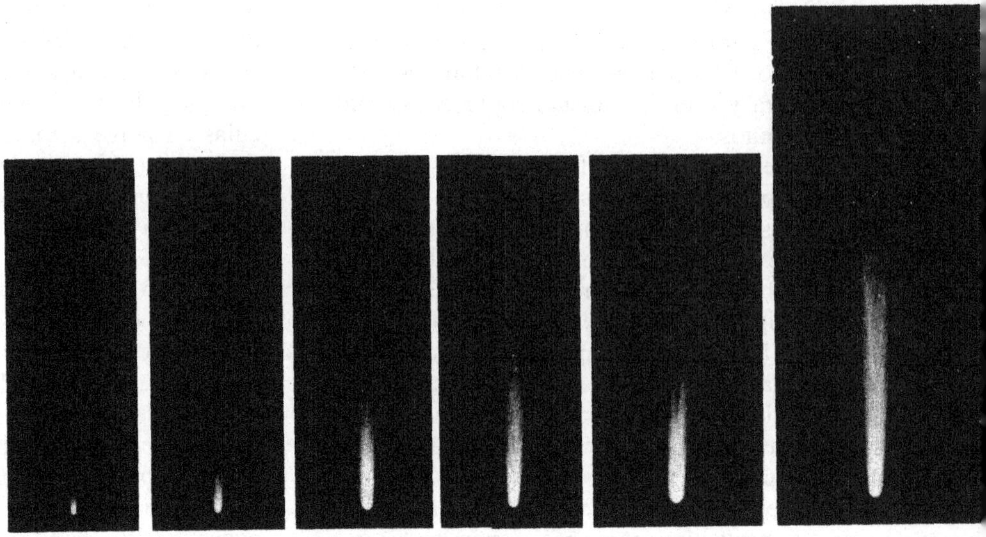
26 abril 27 abril 30 abril 2 mayo 3 mayo 4 mayo

Leyes de Kepler y ciencia cuantitativa

Bastantes siglos antes del telescopio, los astrónomos habían registrado y predicho en mapas las trayectorias de los planetas y de las estrellas a través del firmamento. Sus métodos se basaron con frecuencia en simples observaciones, sin una comprensión fundamental de lo que observaban. En algunos esquemas, como el de Ptolomeo (alrededor de 140 d.C.), que describían el sistema solar como centrado en la Tierra, resultaron estar fundamentados en premisas falsas. Finalmente, cuando Copérnico propuso el sistema solar centrado en el Sol (al principio del siglo XVI), los astrónomos empezaron a comprender las reglas que fundamentaban sus observaciones.

Pero incluso entonces, las razones para la existencia de estas reglas no estaban claras. ¿Por qué se mueven los planetas en órbitas elípticas? ¿Por qué poseen las masas, velocidades y distancias respecto al Sol que se observan? Nadie tenía respuesta a estas cuestiones. Poco después de Copérnico se formuló una serie fundamental y muy famosa de reglas (pero que todavía no recibieron explicación). Johannes Kepler (1571-1630) estudió los datos de movimientos planetarios que había acumulado su protector, Tycho Brahe, y resumió sus observaciones en tres enunciados conocidos como leyes de Kepler:

Ley de las órbitas elípticas:

Todos los planetas se mueven en órbitas elípticas alrededor del Sol. El Sol está en un foco de la elipse.

Ley de las áreas iguales:

Los radios que unen el Sol con los planetas barren áreas iguales en tiempos iguales (ver fig. 2.19).

Ley armónica:

El cuadrado del tiempo empleado en dar una vuelta completa a la órbita (es decir, el cuadrado del período del movimiento) es directamente proporcional al cubo del radio medio de la órbita.

La figura 2.18 muestra una órbita elíptica con el Sol situado en un foco. La segunda ley dice que si las áreas $A_1 = A_2 = A_3$, los tiempos empleados para que el planeta se mueva desde A hasta A', desde B hasta B' y desde C hasta C' son idénticos. En otras palabras, cuanto más próximo esté el planeta respecto al Sol, con más rapidez se mueve. La tercera ley establece que cuanto más cercano esté un planeta al Sol, menos tiempo tardará en dar una vuelta completa alrededor del mismo. Estas observaciones, exactas en sus predicciones, sugieren la existencia de la conservación del momento cinético, pero Kepler no podía dar nin-

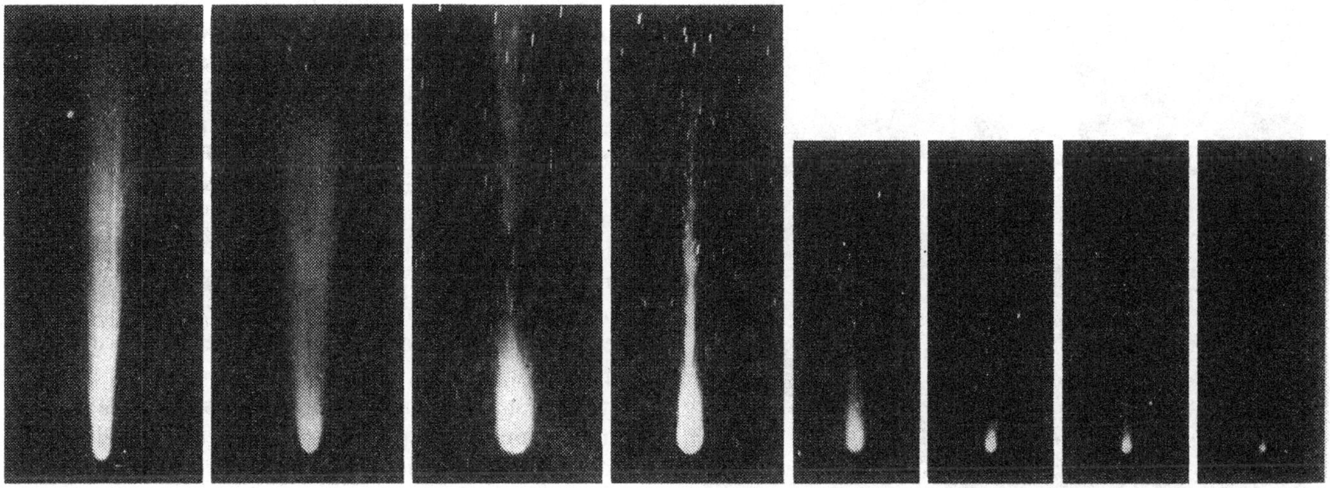

guna razón fundamental de su validez.

La ciencia sigue frecuentemente este mismo esquema: descubrimiento, observación cuidadosa y luego sistematización de las observaciones mediante reglas tales como las leyes de Kepler. Pero si el esquema se detuviera aquí, pronto tendríamos millones de reglas no conectadas y sin relacionar que aprender y aplicar. La sociedad tecnológica actual sería imposible si los científicos no hubiesen proseguido más allá de las leyes de Kepler y de otras observaciones sistematizadas.

Pero para seguir adelante, el hombre ha de recurrir a abstracciones, a las matemáticas, a leyes más claras. Galileo y Newton están entre los primeros en darse cuenta de este hecho. Galileo demostró que el movimiento de los objetos a lo largo de trayectorias rectilíneas depende de cuatro magnitudes: velocidad del movimiento, tiempo durante el cual persiste el movimiento, distancia recorrida por el objeto y la aceleración, que es una medida de cómo varía la velocidad del movimiento.

Newton demostró cómo influían las fuerzas sobre el movimiento de los objetos. Enseñó el modo exacto en que se comportan las fuerzas gravitatorias y empleó estos dos elementos de conocimiento para explicar las leyes de Kepler.

Las ciencias modernas pretenden explicar el significado de todas las leyes procedente de observaciones tal como las de Kepler. A lo largo de todos estos

FIG. 2.18. — Fotografía mostrando la historia del cometa Halley desde el 26 de abril al 11 de junio de 1910. El mismo cometa volverá a estar a la vista de la Tierra en 1986. *(Observatorios Mount Wilson y Palomar.)*

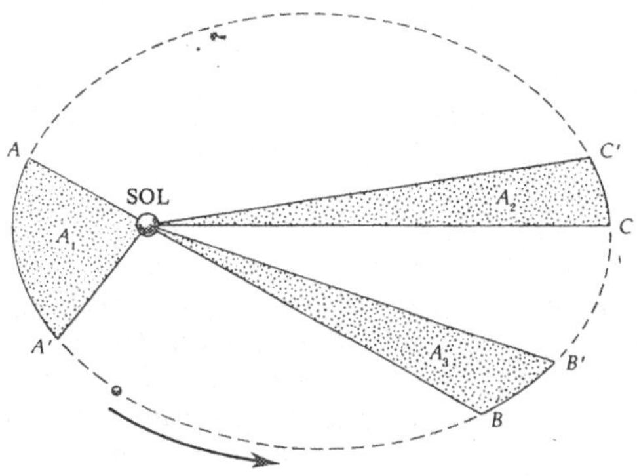

FIG. 2.19. — La ley de Kepler de las áreas iguales nos dice que si las áreas $A_1 = A_2 = A_3$, entonces los tiempos que emplea el planeta en recorrer los arcos *AA'*, *BB'* y *CC'* son iguales.

THE BETTMANN ARCHIVE

JOHANNES KEPLER (1571-1630)

Kepler nació en Alemania 28 años después de que Copérnico hubiese asentado la idea de un universo centrado en la Tierra. Siendo joven estaba convencido de que los planetas rodeaban al Sol describiendo circunferencias como Copérnico afirmaba. Aunque su vida fue la de un astrólogo de corte, Kepler trabajó también como ayudante de un astrónomo renombrado, Tycho Brahe. Impulsado por una convicción mística de que el universo reflejaba el orden perfecto de la mente de Dios, Kepler trabajó durante años para demostrar sus creencias en términos matemáticos. Pero las observaciones de Brahe eran tan exactas que Kepler, a pesar de su genio matemático, no pudo adaptar las órbitas de los planetas con las circunferencias perfectas que se consideraban como signos del orden divino. En un atrevido salto de valor e imaginación, Kepler aceptó los datos científicos más allá de los límites impuestos por la tradición y las creencias. Su valor fue premiado cuando descubrió las leyes naturales que llevan su nombre, pero la ciencia tiene con él una deuda de gratitud por sobreponer los hechos a las supersticiones. Ésta es la esencia del método científico; le costó a Kepler grandes disgustos seguir esta línea, los cuales pudieron haber contribuido a su mala salud y a una vida familiar con dificultades. Hicieron también de él uno de los grandes investigadores de su época.

años ha resultado posible explicar casi todos los hechos observados en el mundo físico en función de un número comparativamente pequeño de leyes físicas. Como resultado, no hemos de aprender millones de hechos físicos aparentemente sin relacionar. En lugar de ello, los relacionamos mediante estas pocas leyes básicas. En consecuencia, cuando leemos que se ha hecho un nuevo descubrimiento científico, podemos ajustarlo dentro de nuestra comprensión del mundo físico y resulta ser una parte coherente del total, del mismo modo que una pieza de un puzzle se ajusta en el cuadro una vez que se encuentra su lugar adecuado.

En el capítulo 3 empezaremos por estudiar estas leyes fundamentales, desplazando nuestro interés desde una descripción de los sucesos a la comprensión de la razón por la cual se producen. Como se verá, cuando se haya aprendido el significado y las relaciones internas de las leyes de la naturaleza, éstas se ajustan entre sí formando un cuadro hermoso de nuestro mundo físico.

BIBLIOGRAFÍA

1. ABELL, G.: *Exploration of the Universe,* 2.ª ed., Holt, New York, 1969. (Véase descripción en capítulo 1.)

2. BIRNEY, D. SCOTT: *Modern Astronomy,* Allyn and Bacon, Boston, 1969. (Véase descripción en capítulo 1.)

3. HOLTON, G., y ROLLER, D.: *Foundations of Modern Physical Science,* capítulos 6-12, Addison-Wesley, Cambridge, Mass., 1959. Un texto de ciencias físicas que contiene una gran cantidad de material histórico presentado de un modo preferentemente no matemático.

4. MARSDEN, B.: «The Great Comet of 1965», *Sky and Telescope,* vol. 30, n.º 60, p. 332. Una descripción interesante y fácilmente legible de la aparición y comportamiento de un cometa reciente.

5. OHRING, G.: *Weather on the Planets* (rústica), Anchor Science, Doubleday, Garden City, N. Y., 1966. Es un estudio sencillo de la naturaleza del clima y atmósferas de los planetas. Está a un nivel muy parecido al de este capítulo, pero con más detalles.

6. En el *National Geographic Magazine* (agosto, 1970), existe una serie de fotografías en color muy hermosas que se refieren al sistema solar.

RESUMEN

Para todos los fines prácticos, las estrellas lejanas pueden considerarse como fijas en el firmamento. Cuando la Tierra gira alrededor de su eje, la Estrella Polar permanece directamente sobre la cabeza de cualquier observador que esté en el Polo Norte, mientras que las otras estrellas parecen seguir trayectorias circulares alrededor de la misma. Para otro observador situado en el Ecuador las estrellas aparecen en el este y desaparecen por el horizonte en el oeste al ir moviéndose la Tierra sobre su eje.

Como vemos las estrellas sólo por la noche, la porción del Universo que observamos depende de la posición de la Tierra respecto al Sol. Como la Tierra se mueve alrededor del Sol dando una vuelta cada año, podemos así observar todas las partes del firmamento. Las diversas partes del firmamento contienen grupos de estrellas denominados constelaciones. A lo largo del curso de un año, las constelaciones vistas por la noche cambian según las diversas partes del Universo que están expuestas a la visión durante las horas de oscuridad. A lo largo de los siglos las posiciones de las constelaciones en el firmamento nocturno han cambiado debido a que nuestro calendario está basado en las estaciones.

Debido a que el eje de rotación de la Tierra no es perpendicular al plano de la órbita terrestre (plano de la eclíptica), un punto determinado de la Tierra está expuesto de modo diferente a los rayos del Sol en diversas épocas del año. Como resultado, cuando en el hemisferio norte se está en el verano, es invierno en el hemisferio sur, y viceversa. Como el eje de la Tierra permanece con una orientación fija respecto a las estrellas al irse moviendo la Tierra alrededor del Sol, la exposición a los rayos de éste varía durante el año, explicando así las estaciones.

La Luna recorre una trayectoria casi circular alrededor de la Tierra; se completa la circunferencia cada 27,3 días. Como la Luna da una vuelta sobre su eje en este tiempo exactamente, siempre está enfrente de la Tierra la misma cara de la Luna. Debido a su masa pequeña, el peso de un objeto situado en la Luna es sólo un sexto aproximadamente de su peso cuando está situado sobre la Tierra. Como consecuencia de esta pequeña atracción gravitatoria, han escapado todas las moléculas gaseosas y la Luna carece de atmósfera. Por lo tanto, sufre los efectos de la exposición total a los rayos del Sol durante el día y llega a enfriarse hasta cerca de —100 °C por la noche. Por lo que sabemos, la Luna tiene aproximadamente la misma composición que la Tierra y debe ser de la misma edad aproximadamente. Cuando la Luna está alineada entre la Tierra y el Sol, arroja la sombra sobre la Tiera. La porción de la Tierra que está en sombra experimenta un eclipse total del Sol. De modo semejante se produce un eclipse de la Luna cuando está dentro de la sombra que arroja la Tierra. Las fases de la Luna se deben a que el lado de la Luna opuesto al Sol está en sombra y vemos sólo la parte de la Luna que está iluminada por los rayos solares. La Luna es también responsable de las mareas que se observan en la Tierra.

Como la Luna, los planetas brillan debido a los rayos del Sol que inciden sobre los mismos cuando van girando alrededor de éste. Los nueve planetas en orden de sus distancias crecientes respecto al Sol, son: Mercurio, Venus, Tierra, Marte, Júpiter, Saturno, Urano, Neptuno y Plutón. Como Mercurio y Venus están tan próximos al Sol, tienen temperaturas muy elevadas y la vida tal como la conocemos en la Tierra no puede existir allí. Marte tiene una variación de temperatura más parecida a la de la Tierra, pero la densidad de su atmósfera es sólo el 1 % de la correspondiente a la atmósfera terrestre. La mayor parte de la misma es aparentemente dióxido de carbono. No parecen existir nada más que trazas de agua en la misma.

Júpiter y Saturno tienen una masa tan elevada que sus inmensas fuerzas gravitatorias retienen tanto al gas hidrógeno como al helio. Las partes más exteriores de ambos están compuestas de un mar profundo y frío de hidrógeno y helio líquido. Saturno es un caso especial debido a los anillos que lo rodean. Los restantes planetas son fríos y difíciles de ver debido a que están a una distancia muy grande del Sol.

Los cometas, asteroides y otros pequeños objetos también giran alrededor del Sol o entran en el sistema solar y escapan de nuevo hacia el espacio libre. Residuos procedentes de las colas de los cometas, entran con frecuencia en la atmósfera terrestre y dan origen a los meteoros luminosos que inciden sobre la Tierra.

Las tres leyes de Kepler permitieron dar por primera vez medidas cuantitativas correspondientes al movimiento de los planetas de un modo coherente. Newton, posteriormente, les dio una base física.

LISTA DE COMPROBACIONES

1. ¿Qué tipos de trayectorias tienen las estrellas

cuando se observan desde los polos? ¿Desde el Ecuador? ¿Por qué?

2. ¿Por qué la Estrella Polar se mueve sólo ligeramente en el firmamento?
3. ¿Cómo se comportan las constelaciones en el firmamento de una hora a otra? ¿De un mes a otro?
4. ¿Por qué en el verano hace calor y en el invierno frío?
5. Explicar por qué las estaciones están invertidas en los dos hemisferios.
6. ¿Qué se entiende por cada uno de los siguientes términos: plano de la eclíptica; solsticios de invierno y verano; equinoccios de primavera y otoño?
7. ¿Cuál es la causa de las fases de la Luna? ¿Del eclipse de Luna? ¿Del eclipse de Sol?
8. Describir las características de la Luna.
9. Relacionar los planetas en el orden de su distancia creciente respecto al Sol. En orden de su masa decreciente.
10. Describir las características generales de cada uno de los planetas.
11. ¿Cuál es el teorema de Roche y cómo se aplica a los anillos de Saturno?
12. ¿Qué son asteroides? ¿Meteoros? ¿Meteoritos?
13. ¿Qué son los cometas y cómo se relacionan con los meteoros?
14. ¿Cuáles son las tres leyes de Kepler?

CUESTIONES

1. Una configuración de estrellas particulares se ve directamente encima de nosotros en junio en el Ecuador. ¿Dónde la verá la misma persona en agosto?
2. Mientras está de pie sobre la Tierra mirando hacia el este a medianoche, una persona levanta el brazo izquierdo hacia arriba y señala una estrella que está a uno de sus lados formando un ángulo intermedio entre la vertical y la horizontal. Describir el movimiento de esta estrella a través del firmamento nocturno si se está (*a*) en el Ecuador, (*b*) en el Polo Sur, (*c*) en los Estados Unidos.
3. Describir cómo aparecerá Mercurio visto desde la Tierra cuando pase entre el Sol y nuestro planeta. ¿Tienen Mercurio y Venus fases como la Luna? ¿Las tiene Marte?
4. Intentar describir lo siguiente según se vería desde la Luna: la Tierra; puesta del Sol en la Luna; el firmamento nocturno; el firmamento durante el día.
5. Supóngase que se abre una botella de una bebida gaseada en la Luna, ¿qué pasaría?
6. Si el eje de la Tierra fuese perpendicular al plano de la eclíptica (es decir, si el plano del Ecuador estuviese en el plano de la eclíptica), ¿qué ocurriría con las estaciones de la Tierra?
7. El eje del planeta Urano está casi en el plano de la eclíptica. Describir cuál sería el clima de la Tierra si su eje estuviese orientado de modo semejante.
8. Supóngase que el planeta Marte tuviese una masa 1 000 veces mayor que la que tiene, pero que estuviese a la misma distancia del Sol. Describir las propiedades que tendría entonces dicho planeta.
9. Los cráteres de la Luna y de Marte demuestran que con frecuencia los meteoritos han chocado contra estos cuerpos. Comparar lo que vería un observador en cualesquiera de estos lugares cuando un meteorito chocase sobre dicho planeta, con lo que vería un observador en la Tierra en un caso semejante.
10. Supóngase que el planeta Tierra cambiase repentinamente de su órbita pasando a una semejante a la del Mercurio, ¿qué influencia tendría esto sobre la Tierra? ¿Qué ocurriría si su órbita resultase semejante a la de Júpiter?
11. ¿Por qué no se ve nunca Venus muy elevado respecto al horizonte?
12. Los planetas nunca se ven muy hacia el norte o muy hacia el sur en el firmamento; están siempre cercanos a una línea que va del este hacia el oeste. ¿Por qué sucede así?
13. ¿Qué determina que Venus se presente como lucero vespertino o lucero matutino? Utilizando un diagrama mostrar los dos casos diferentes.
14. El cometa Halley viaja alrededor del Sol describiendo una elipse muy excéntrica, estando el Sol en el foco muy próximo a uno de sus extremos. ¿Qué puede decirse sobre la velocidad del cometa cuando se mueve a lo largo de la órbita?
15. Las gentes que han tocado los meteoritos poco después de haber incidido en el suelo dicen que están fríos. Sin embargo, estaban incandescentes cuando entraron en la atmósfera. ¿Cómo puede

explicarse? ¿Cómo está relacionado esto con el modo de penetrar en la atmósfera una nave espacial procedente de la Luna?

Capítulo 3

Fuerzas y movimiento

En casi todo lo que hacemos y vemos intervienen fuerzas y los movimientos que éstas originan. Bien sea un suceso tan majestuoso como la salida del Sol o tan prosaico como el verter leche de una botella, las leyes físicas del movimiento pueden explicar estos sucesos. En este capítulo nos familiarizaremos con estas leyes que fueron descubiertas por primera vez por Galileo y Newton. Veremos que describen, con maravillosa brevedad y sencillez, una gran parte de los fenómenos físicos con los que nos encontramos en nuestra vida diaria.

La ciencia frente a la superstición

Mucha gente cree que si se le corta a una serpiente de cascabel la cabeza, la cola continuará haciendo su ruido característico hasta la puesta del sol. Esto es cierto si se mata al animal bastante cerca del atardecer. Sin embargo, es el deterioro del sistema nervioso de la serpiente lo que hace detenerse el sonido y no la llegada de la puesta del sol. En este ejemplo, la gente ha observado correctamente un fenómeno (el final del sonido de la serpiente sin cabeza), pero lo achaca a una causa errónea (puesta del sol). Desgraciadamente, en la naturaleza se presentan muy pocos sucesos básicos para los cuales podamos encontrar fácilmente la causa. Casi siempre, todos los sucesos están precedidos y acompañados de varias causas posibles; la experiencia enseña qué causas están relacionadas con determinados sucesos. Nuestra habilidad para determinar las relaciones causa-efecto es una medida de nuestro progreso en la transición desde la seudociencia y superstición a la ciencia. Esta transición ha hecho progresar lentamente la historia de la humanidad que está lejos de ser completa.

La ciencia, tal como la conocemos hoy, empezó a desarrollarse alrededor del año 1600. Antes de este tiempo se habían observado muchos fenómenos físicos, pero pocos se habían descrito o comprendido de modo preciso. Por ejemplo, los hombres primitivos sabían que un objeto cae hacia la Tierra cuando se deja en libertad. Pero hasta cerca del año 1600 nadie pudo medir con precisión *cómo* cae un objeto.

El filósofo griego Aristóteles (384-322 a. C.) había establecido lo que consideraba que era la ley de los cuerpos en caída libre. Afirmaba que los objetos más ligeros siempre caen más lentamente que los más pesados y apoyaba esta suposición con una prueba filosófica ingeniosa que se admitió sin variaciones durante los siguientes 1900 años. Después de todo parece ser una ley razonable; las plumas caen más lentamente que una piedra. Una hoja cae menos rápidamente que una nuez procedente del mismo árbol. Pero estos ejemplos no prueban la ley general que Aristóteles pensaba que había demostrado. Es importante que comprendamos la falacia que en este razonamiento intervenía, puesto que es la diferencia principal entre la ciencia y la seudociencia. Es el mismo error que ha conducido a muchas gentes de buena voluntad a aceptar todo tipo de curanderos y supersticiones curiosas.

Cuando se realiza un experimento para comprobar una teoría sobre la naturaleza, el experimento debe ser controlado; es decir, debemos comparar dos (o más) casos que son idénticos excepto en aquel factor que pretendemos comprobar. En el caso de la influencia del peso sobre el objeto que cae, debemos comparar dos objetos que sean idénticos excepto en sus pesos. Evidentemente no es posible ningún ensayo real cuando comparamos la caída de una pluma y de una piedra. Estos objetos son tan diferentes que si no caen a la misma velocidad no podremos posiblemente decir, a partir de este experimento aislado, que la diferencia de pesos es la causa del fenómeno observado. De hecho, sabemos ahora que el rozamiento de la pluma con el aire origina que caiga más lentamente que la piedra. Cuando ambos se dejan caer en ausencia del aire, caen a la misma velocidad. Galileo Galilei (1564-1642) fue el primero que apreció totalmente el fallo existente en el experimento de la piedra y de la pluma. Sus experimentos le condujeron a la ley que realmente gobierna el comportamiento de los cuerpos en caída libre. Pero antes que analicemos la ley física que descubrió, necesitamos aprender el significado de los términos celeridad, velocidad y aceleración.

Celeridad, velocidad y aceleración

Muchas palabras que utilizamos diariamente tienen un significado ligeramente diferente en las ciencias. Con frecuencia, esta diferencia es simplemente cuestión de precisión en la definición. Tal es el caso con *celeridad, velocidad* y *aceleración*. Todos tenemos una idea clara de lo que significan estas palabras en el sentido cualitativo, pero el científico las hace más precisas dándoles un significado cuantitativo. Por ejemplo, en ciencia definimos la celeridad del modo siguiente:

Si un objeto recorre una distancia e en un tiempo t, su celeridad media $\bar{v}$ es la distancia recorrida dividida por tiempo empleado. En símbolos,

$$\bar{v} = \frac{e}{t} \qquad (3.1)$$

Con frecuencia se habrá utilizado esta relación determinante para responder a preguntas tales como «¿con qué rapidez debe marchar un coche si ha de recorrer 120 km en 2 horas?». En este caso, la distancia e recorrida es 120 km y el tiempo t empleado 2 horas, de modo que

$$\bar{v} = \frac{e}{t}$$

THE BETTMANN ARCHIVE

GALILEO GALILEI (1564-1642)

La reputación de Galileo como padre de la ciencia experimental es bien merecida porque sus métodos de investigación fueron tan revolucionarios como sus descubrimientos. Combinando el razonamiento inductivo con observaciones precisas y demostraciones matemáticas estableció los fundamentos básicos del método científico. Galileo desarrolló su método mientras estaba desarrollando sus leyes de caída de los cuerpos cuando era un joven profesor de Matemáticas en Pisa, Italia, trasladándose después a Padua, donde llegó a ser un notable astrónomo. Para poder hacer observaciones precisas, desarrolló modelos más potentes y perfeccionados del recientemente inventado telescopio. Sus descubrimientos astronómicos le hicieron un defensor acérrimo del sistema centrado en el Sol, y esto disgustó a las autoridades locales que defendían el punto de vista del sistema centrado en la Tierra. Ni sus influyentes amigos ni su fama le pudieron proteger de la Inquisición; se le prohibió seguir hablando de dicha herejía. Despuês de quince años de trabajo silencioso publicó desafiadoramente sus observaciones y conclusiones que contradecían la opinión de la Iglesia. Como resultado se le procesó y encarceló, hasta que Galileo, entonces ya anciano y quebrantado física y moralmente, se retractó de sus afirmaciones.

da

$$\bar{v} = \frac{120\ \text{km}}{2\ \text{h}} = 60\frac{\text{km}}{\text{h}}$$

Leemos este resultado como 60 km por hora o 60 km/h. Obsérvese cómo las unidades, kilómetros y horas se mantienen a la derecha junto con los números.

Como otro ejemplo, ¿qué recorrido hará un coche que va a 70 km/h durante un tiempo de media hora? En este caso deseamos conocer e, siendo $\bar{v} = 70$ km/h y $t = 1/2$ h. Para hallarlo obsérvese que si multiplicamos ambos miembros de la ecuación

$$\bar{v} = \frac{e}{t}$$

por t, tenemos

$$e = \bar{v}t$$

y así

$$e = \left(70\frac{\text{km}}{\text{h}}\right)\left(\frac{1}{2}\ \text{h}\right)$$

o sea,

$$e = 35\ \text{km}$$

De nuevo mantenemos las unidades junto con los números y suprimimos la «h» del numerador eliminándola con la «h» del denominador.
En otro ejemplo más, supongamos que el borde de un glaciar se mueve sobre la Tierra a razón de 4 cm/día; ¿qué distancia habrá recorrido en cinco años? Deseamos encontrar la distancia recorrida e en un tiempo $t = 5{,}00$ años; sabemos que la celeridad media $\bar{v} = 4{,}00$ cm/día. Sustituyamos ambos valores en la fórmula:

$$\text{Distancia} = \text{celeridad media/tiempo}$$
$$e = \bar{v}t$$

Sin embargo, estamos utilizando dos unidades diferentes de tiempo; v viene dada en centímetros por día y t en años. Si sustituimos estos valores encontramos:

$$e = \left(2{,}00\frac{\text{cm}}{\text{día}}\right)(5{,}00\ \text{años}) = 10\frac{\text{cm-año}}{\text{día}}$$

Pero nadie mide distancias en centímetros-año por día y así, aunque esta respuesta es formalmente correcta, no resulta útil. La dificultad surge debido a que hemos utilizado en el mismo problema como unidades de tiempo tanto los años como los días. Para evitar tener una respuesta en unidades no corrientes, no se deben mezclar las unidades.
En el caso presente, puesto que un año = 365 días, sustituiremos 5 años por 1825 días. Entonces

$$e = \left(2{,}00\frac{\text{cm}}{\text{día}}\right)(1825\ \text{días}) = 7300\ \text{cm}$$

Este es un resultado más interesante, puesto que todo el mundo sabe a qué equivale una distancia dada en centímetros.
Con frecuencia no estamos interesados en la celeridad media $\bar{v}$, sino en la *celeridad instantánea* v, celeridad que un objeto tiene en un instante particular. Por ejemplo, un policía de patrulla de carretera no se verá impresionado en absoluto cuando se le diga que si se ha estado conduciendo durante dos horas y recorrido 60 km, la celeridad media resultante era de 30 km/hora. Está más interesado en su observación de que la celeridad instantánea del coche era de 60 km/h cuando estaba pasando por una zona escolar de celeridad máxima 30 km/h. La diferencia entre celeridad instantánea y media es clara. La que se ha de utilizar es normalmente evidente a partir del contexto.
Los profanos utilizan las palabras *velocidad* y *celeridad* de modo intercambiable. Un científico distingue entre ellas diciendo que la *velocidad instantánea* es igual en magnitud (es decir, valor numérico) a la celeridad instantánea, pero que la velocidad tiene una dirección asociada también. Por ejemplo, si decimos que un coche se está moviendo a 50 km/h, estamos indicando la celeridad del coche. Sin embargo, si decimos que el coche se está moviendo *hacia el este* a 50 km/h estamos indicando la velocidad del coche, puesto que hemos especificado tanto el valor como la dirección del movimiento del coche. Las magnitudes tales como la velocidad que llevan implícitas sus direcciones se denominan *vectores,* mientras que aquellas que no necesitan precisar la dirección tales como la celeridad se denominan *escalares.*

Esto puede parecer un detalle técnico mínimo en este momento, pero con frecuencia suele tener una importancia real. Por ejemplo, obsérvese en la figura 3.1 que aunque la Tierra se mueve alrededor del Sol con una celeridad casi constante, su velocidad está variando sin cesar. La velocidad de la Tierra hoy tiene el mismo valor, pero un sentido opuesto a la que tenía seis meses atrás. Newton demostró que una fuerza ejercida sobre un objeto cambia necesariamente la dirección del movimiento (por lo tanto, la velocidad), aunque no se produzca ningún cambio en su celeridad. Un ejemplo familiar es una pelota de tenis que rebota sobre una pared a la misma celeridad con la que incidió sobre la misma. La celeridad de la pelota no varía, pero el impacto invierte su velocidad. *La velocidad, que es un vector, tiene dirección y sentido, mientras que la celeridad, que es un escalar, no posee estas características.*

Cuando un coche está aumentando su velocidad, decimos que está *acelerando.* En ciencia hacemos la distinción adicional de que la aceleración es un *vector,* es decir, tiene dirección. Cuando decimos que un coche que va hacia el este está aumentando su celeridad en 2 km/h en cada segundo, estamos indicando cuál es su aceleración. Una aceleración de 2 km/h cada segundo significa que la celeridad del coche está aumentando en 2 km/h cada segundo. Si el coche marchara a 30 km/h en un instante determinado, un segundo más tarde iría a 32 km/h. De modo más preciso definimos la aceleración del modo siguiente:

> *La aceleración de un objeto es igual a la cantidad en que varía su velocidad en la unidad de tiempo (normalmente el segundo). La dirección de la aceleración es la misma que la dirección del cambio de la velocidad.*

Si nos referimos al movimiento en un solo sentido, pierde su importancia la diferencia entre velocidad y celeridad. Entonces, la ecuación determinante correspondiente a la aceleración

$$\text{Aceleración} = \frac{\text{variación de velocidad}}{\text{tiempo empleado en este cambio}}$$

resulta ser

$$a = \frac{v - v_0}{t} \qquad (3.2)$$

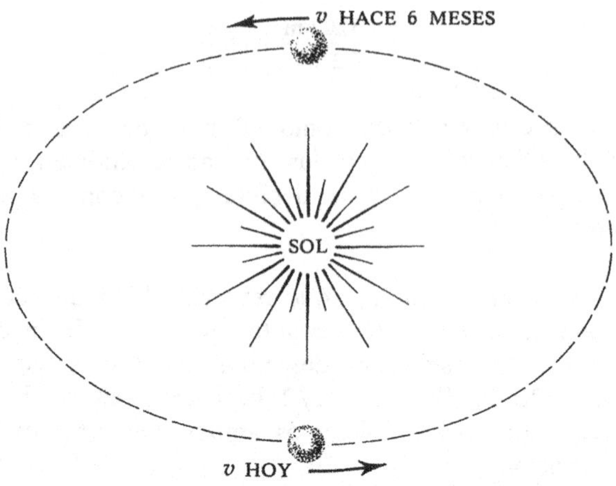

FIG. 3.1. — La celeridad de la Tierra hoy es casi la misma que tenía hace seis meses. Sin embargo, su velocidad es diferente, puesto que se ha invertido su sentido.

Al escribir esta expresión, v_0 (léase «v subcero») es la celeridad inicial, celeridad que el objeto poseía en el instante primero, mientras que v es la celeridad que el objeto tenía t segundos más tarde, o sea la celeridad final. * Es frecuente escribir $v - v_0$, la variación de velocidad en forma de Δv (léase «delta de v»), que es un modo abreviado de escribir «variación de v».

Como ejemplo, supongamos que un conductor impaciente situado ante un semáforo acelera desde el reposo hasta una celeridad de 40 km/h en un tiempo de 10 segundos después de que la luz cambia a verde. Para calcular su aceleración obsérvese que $v_0 = 0$ (puesto que estaba inicialmente en reposo), que $v = 40$ km/h y que el tiempo empleado $t = 10$ seg. Olvidando de momento que estamos mezclando unidades de tiempo, podemos sustituir todo esto en la ecuación 3.2 para encontrar la aceleración.

$$a = \frac{(40 - 0)\ \text{km/h}}{10\ \text{s}} = 4\ \text{km/h/s}$$

que se lee cuatro kilómetros por hora por segundo. Esta afirmación nos dice que el coche aumentó su ve-

* Con frecuencia emplearemos esta ecuación correspondiente a a de una forma ligeramente distinta. Si multiplicamos ambos miembros de la ecuación por t y pasamos $-v_0$ al otro miembro, se tendrá $v = v_0 + at$.

leridad a una ritmo de 4 km/h cada segundo. Los datos siguientes muestran cómo aumentaba la celeridad del coche con el tiempo después de que cambió la luz del semáforo:

Tiempo (seg)	→ 0	1	2	3	4	5	etc.
Celeridad (km/h)	→ 0	4	8	12	16	20	

Evidentemente, el coche aumentó su velocidad o se aceleró 4 km/h cada segundo; por lo tanto $a = 4$ km/h/s. Estos datos tabulados se muestran gráficamente en la figura 3.2. Se deberá examinar el gráfico hasta estar seguro de que se comprende que la aceleración es 4 km/h/s.

Si hubiésemos seguido nuestra regla y hubiésemos variado las unidades para tener unidades coherentes, no deberíamos haber utilizado horas y segundos en el mismo problema. Cuando se cambian las unidades de celeridad es conveniente saber que un coche que se mueve a 60 km/h recorre 16,6 m/seg. Mediante una proporción

$$\frac{40 \text{ km/h}}{60 \text{ km/h}} = \frac{v}{16{,}6 \text{ m/s}}$$

si se eliminan km/h y se multiplican en cruz se obtiene

$$40 \times (16{,}6 \text{ m/s}) = 60\,v$$

lo cual da

$$v = 11{,}1 \text{ m/s}$$

Utilizando este número en la ecuación (3.2) se obtiene

$$a = \frac{(11{,}1 - 0) \text{ m/s}}{10 \text{ s}} = 1{,}1 \text{ m/s/s}$$

Esto significa naturalmente que el coche aumentó su velocidad a razón de 1,1 m/s cada segundo. Con frecuencia se escribe este resultado como 1,1 m/s^2. Aunque la respuesta anterior, 4 km/h/s parezca diferente a 1,1 m/s^2, ambas dan la misma información sobre la aceleración del coche, aunque se expresen en unidades diferentes. Una regla graduada proporciona un ejemplo semejante; podemos decir que un objeto tiene la longitud de 1 m, 3 dm o que es de longitud 130 cm.

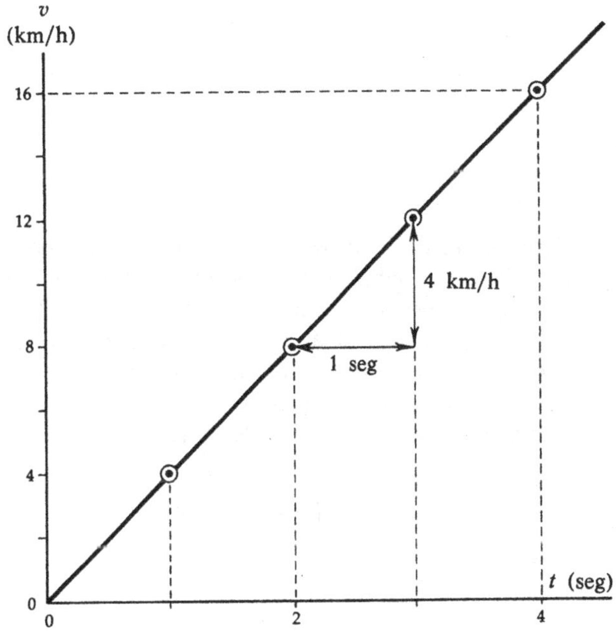

FIG. 3.2. — ¿Cuál es la aceleración del movimiento descrito en este gráfico?

Podemos obtener otra ecuación interesante a partir de la ecuación (3.1 ($e = vt$). Si un objeto tiene una aceleración constante, está aumentando su velocidad constantemente y la celeridad media $\bar{v}$ es simplemente la media de la celeridad inicial v_0 y de la celeridad final v; es decir,

$$\bar{v} = \frac{v_0 + v}{2}$$

Cuando se sustituye en $e = vt$, esto nos da

$$e = (\tfrac{1}{2}v_0 + \tfrac{1}{2}v)t$$

o sea,

$$e = \tfrac{1}{2}v_0t + \tfrac{1}{2}vt$$

Pero sabemos a partir de la ecuación 3.2 que

$$v = v_0 + at$$

y así encontramos

$$e = \tfrac{1}{2}v_0t + \tfrac{1}{2}(v_0 + at)t$$

o sea,

$$e = \tfrac{1}{2}v_0t + \tfrac{1}{2}v_0t + \tfrac{1}{2}at^2$$

o bien,

$$e = v_0t + \tfrac{1}{2}at^2 \qquad (3.3)$$

Para ver la utilidad de esta ecuación calculemos a qué distancia habrá llegado en los primeros 10 seg un coche después de que cambie la luz del semáforo si se acelera a 2 m/s^2. Puesto que el coche partía del reposo, su celeridad inicial v_0 era nula. Luego, puesto que $a = 2$ m/s^2 y $t = 10$ segundos, tenemos a partir de la ecuación (3.3)

$$e = 0 + \frac{1}{2}\left(2\,\frac{\text{m}}{\text{s}^2}\right)(10\ \text{s})^2$$

o sea,

$$e = 100\ \text{m}.$$

Esta es la distancia a partir del semáforo que el coche habrá recorrido al final de los 10 segundos.

Cuerpos en caída libre

Uno de los ejemplos más sencillos pero más importantes de movimiento acelerado es la caída libre de un objeto bajo la acción de la gravedad. La figura 3.3 muestra este caso. A partir de esta fotografía tomada con una luz estroboscópica que lanza destellos a intervalos de tiempo fijos, es posible calcular la aceleración de la bola que cae. Encontraremos que su celeridad crece según va cayendo en la misma cantidad en cada uno de los intervalos iguales de tiempo.
Como ejemplo consideremos los datos siguientes para un objeto en caída libre:

t (s)	→ 0	0,1	0,2	0,3	0,4	0,5	0,6
v (m/ s)	→ 0	0,98	1,96	2,94	3,92	4,90	5,88

Es evidente que en cada intervalo de tiempo de 0,10 segundos el objeto que cae aumenta su velocidad en 0,98 m/seg. Por lo tanto, su aceleración es [a partir de la ecuación (3.2)]

$$a = \frac{\Delta v}{t} = \frac{0{,}98\ \text{m/s}}{0{,}10\ \text{s}}$$

$$= 9{,}80\ \text{m/s}^2$$

en donde Δv es la variación de velocidad.

FIG. 3.3. — La luz estroboscópica permite obtener fotografías de la pelota a intervalos iguales de tiempo. *(Cortesía de Fundamental Photographs.)*

Galileo demostró por primera vez que todos los cuerpos en caída libre aumentan su velocidad con esta misma aceleración 9,80 m/s^2.
Denominó a este valor *aceleración debida a la gravedad* y se suele representar por el símbolo *g*. Podemos enunciar el descubrimiento de Galileo del modo siguiente:

> *En ausencia de fuerzas excepto la gravedad, todo objeto se acelera hacia la Tierra con una aceleración $g = 9{,}80\ m/s^2$.*

Una pluma al caer no se mueve con esta aceleración debido a que existe otra fuerza apreciable, rozamiento del aire, que impide que caiga tan rápidamente como debería suceder. Como la pluma es tan ligera, incluso una fuerza perturbadora pequeña influye en su movimiento. Medidas cuidadosas demuestran que *g*, aceleración debida a la gravedad, varía ligeramente de un lugar a otro de la Tierra, como muestran los datos experimentales de la tabla 3.1. Veremos posteriormente que *g* debe disminuir cuando nos alejamos del centro del núcleo de la Tierra, con tal de que permanezcan invariables todos los demás factores. En la Luna, la aceleración de un cuerpo que cae libremente es mucho menor que en la Tierra; *g* vale solamente unos 1,5 m/s^2. Este resultado es una consecuencia de que un objeto pesa menos en la Luna que en la Tierra; veremos la razón de esto en el capítulo 4.

TABLA 3.1. *Aceleración debida a la gravedad, g*

LUGAR	Elevación (metros sobre el nivel del mar)	g (m/seg^2)
Beaufort, N.C.	1	9,797
Nueva Orleans	2	9,793
Galveston	3	9,793
Seattle	57	9,807
S. Francisco	110	9,800
S. Luis	150	9,800
Cleveland	200	9,802
Denver	1600	9,796
Pikes Peak	4300	9,790

A veces deseamos saber el espacio que un objeto recorrerá en su caída durante un cierto intervalo de tiempo. Por ejemplo, supóngase que dejamos caer una piedra desde un puente y determinamos que tarda 3 segundos en chocar con el agua que hay debajo. A partir de este experimento podemos decir la altura que el punto tiene por encima del agua. Obsérvese que $a = 9{,}80\ m/seg^2$, puesto que la piedra está cayendo libremente.
Cuando se deja libre, su celeridad es $v_0 = 0$ y sabemos que tardó un tiempo de 3 seg en recorrer la distancia *e*. Por lo tanto, utilizando la ecuación (3.3)

$$e = v_0 t + \tfrac{1}{2}at^2$$

encontramos:

$$e = 0 + \frac{1}{2}\left(9{,}8\frac{\mathrm{m}}{\mathrm{seg}^2}\right)(3\ \mathrm{s})^2$$

o sea,

$$e = 44{,}1\ \mathrm{m}.$$

Como vemos en este ejemplo, un objeto recorre una distancia grande cuando cae en un tiempo tan corto como tres segundos. Galileo tuvo dificultades en medir la velocidad de caída de los objetos, puesto que los relojes de su tiempo no podían medir estos intervalos tan cortos de modo exacto. De acuerdo con la leyenda, realizó uno de sus experimentos dejando caer una esfera desde la parte superior de la torre inclinada de Pisa. Realmente, en la mayoría de sus experimentos sólo hizo rodar bolas por planos inclinados. Aumentando el ángulo de inclinación pudo deducir, a partir de las observaciones medidas con los diversos ángulos de inclinación, cuál debería ser la aceleración de un cuerpo en caída libre. Es un tributo a su capacidad científica que hubiese sido capaz de descubrir las propiedades de los cuerpos en caída libre por este método indirecto.

Primera y tercera leyes del movimiento de Newton

Hasta ahora hemos analizado ciertos tipos de movimiento y algunas de sus características. Ahora consideraremos las causas del movimiento. Incluso en el tiempo de Galileo se sabía que se debe ejercer una fuerza sobre un objeto si éste ha de aumentar o disminuir

CULVER PICTURES

ISAAC NEWTON (1642-1727)

Antes de cumplir los treinta años, Newton había inventado los métodos matemáticos del cálculo diferencial, demostrado que la luz blanca contiene todos los colores del arco iris y descubierto la ley de la gravitación. Su vida fue más bien solitaria. Su madre murió al nacer él y fue criado por su padre, propietario de una pequeña finca cerca de la ciudad de Grantham, Inglaterra. En 1661 fue admitido en Cambridge, donde trabajó durante los ocho años siguientes, excepto durante un año que regresó a su casa para huir de una epidemia. Durante aquellos años hizo sus principales descubrimientos, aunque no publicó ninguno en aquella época. Sin embargo, su genio fue reconocido y en 1669 se le nombró Profesor de la Cátedra Lucasion de Matemáticas en Cambridge, puesto que mantuvo hasta 1695. Sus principales trabajos científicos se completaron antes de 1692, fecha en que sufrió una afección nerviosa. Después de recuperarse, determinó llevar una vida más pública y pronto llegó a ser Director de la moneda en Londres. Fue elegido presidente de la Royal Society en 1703, puesto que ocupó hasta su muerte.

su velocidad. Pero Isaac Newton (1642-1727) fue el primero en describir la relación existente entre la fuerza y el movimiento mediante un enunciado cuantitativo. Su descubrimiento se resume en sus tres leyes del movimiento.

Primera ley de Newton

La primera ley de Newton del movimiento se subdivide en dos partes y puede enunciarse del modo siguiente:

> (1) *Un cuerpo en reposo permanecerá en reposo y* (2) *un cuerpo en movimiento seguirá en movimiento en la misma dirección y sentido a no ser que se aplique una fuerza no equilibrada que produzca un cambio de su estado de reposo o de movimiento.*

La primera parte de esta ley parece razonable y está de acuerdo con nuestra experiencia diaria. Sabemos que los cuerpos en reposo no inician su movimiento hasta que alguna fuerza externa les hace moverse. La segunda parte de esta ley es más sutil. Enunciada de otro modo, la ley dice que un cuerpo móvil continuará moviéndose en línea recta siempre, a no ser que se le aplique alguna fuerza exterior. La experiencia común parece contradecir esta afirmación; sabemos que nada continúa moviéndose indefinidamente sin producirse ninguna variación. Una pelota que rueda por el suelo pronto se detiene; un objeto metálico que se desliza a lo largo de una mesa lisa finalmente se frena y detiene. El lector podrá poner otros muchos ejemplos.

Sin embargo, ninguno de los ejemplos citados es una comprobación válida de la ley de Newton. En cada uno de estos cuerpos está actuando una fuerza intentando detener su movimiento horizontal. Esta fuerza es la de rozamiento. Sabemos que cuantas más precauciones tomemos para eliminar esta fuerza, más tardará el objeto móvil en llegar al reposo. Newton generalizó mentalmente esta observación al caso en que *no existiese ningún rozamiento* y llegó a la conclusión de que si este caso fuese posible, *el objeto móvil nunca se detendría.* Aunque nunca se ha obtenido un ejemplo de movimiento perfecto e invariable, toda nuestra experencia nos conduce a creer que la conjetura de Newton es válida. Para comprobar la comprensión del lector sobre la primera ley, puede ser conveniente analizar el caso indicado en la figura 3.4.

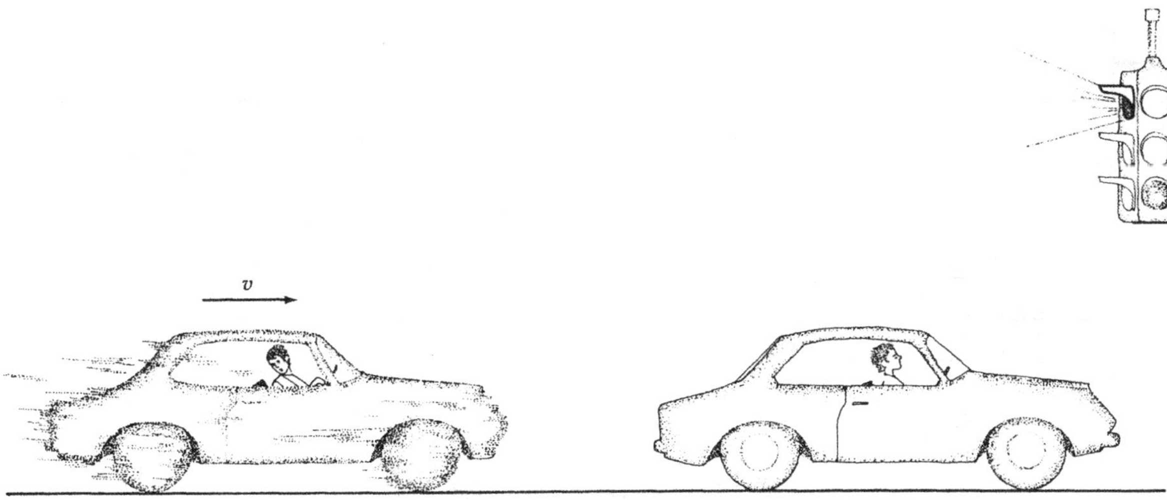

Fig. 3.4. — Razonando a partir de la primera ley de Newton, ¿qué ocurrirá cuando choquen los coches? ¿Qué conductor deberá llevar un cinturón de seguridad? ¿Y cuál un apoyo para la cabeza?

Muestra los efectos de la *inercia,* tendencia de un cuerpo en reposo a permanecer en reposo y de un cuerpo en movimiento a permanecer en movimiento. Pospondremos la segunda ley de Newton hasta más tarde; su tercera ley se expresa del modo siguiente:

Tercera ley de Newton

> *Siempre que una fuerza se ejerce sobre un objeto (fuerza de* acción) *existe una fuerza igual pero de sentido contrario ejercida sobre algún otro objeto (fuerza de* reacción).

Esta ley se conoce con frecuencia con el nombre de *ley de la acción-reacción,* puesto que dice en efecto que *la fuerza de acción es igual y opuesta a la fuerza de reacción.*

Obsérvese que en este caso siempre intervienen dos objetos; la fuerza de acción tira o empuja a uno de ellos, mientras que la fuerza de reacción se ejerce sobre el otro. Newton en sus *Principia,* amplió la ley:

> *Todo lo que estire o comprima a otro objeto se ve estirado o comprimido por este otro. Si una persona aprieta una piedra con sus dedos, los dedos también se ven presionados por la piedra. Si un caballo tira de una piedra atada a una cuerda, el caballo (si se puede decir esto) será igualmente estirado en sentido contrario hacia la piedra: por lo que se refiere a la cuerda sometida a tensión por su mismo comportamiento de aflojar o estirar, tirará del caballo hacia la piedra, lo mismo que tira de la piedra hacia el caballo e impedirá el progreso de uno en tanto consigue que avance la otra.*

Para comprender con más claridad esta ley consideremos algunos ejemplos más. Cuando un coche choca con un árbol, ejerce una cierta fuerza sobre el mismo. Pero al mismo tiempo el árbol ejerce una fuerza de reacción igual y opuesta sobre el coche. Cuando se da un golpe sobre una mesa con la mano para recalcar un punto en la discusión, no solamente la mano ejerce una fuerza grande sobre la mesa, sino que la mesa ejerce una fuerza igual y opuesta sobre la mano (y ésta es la que hace daño en la mano si se golpea la mesa con suficiente fuerza). *Siempre que se ejerce una fuerza sobre un objeto, se ejerce una reacción igual y opuesta sobre algún otro objeto.* Se deberá utilizar esta ley siempre que se desee comparar dos fuerzas que se pueda demostrar constituyen un par de acción-reacción.

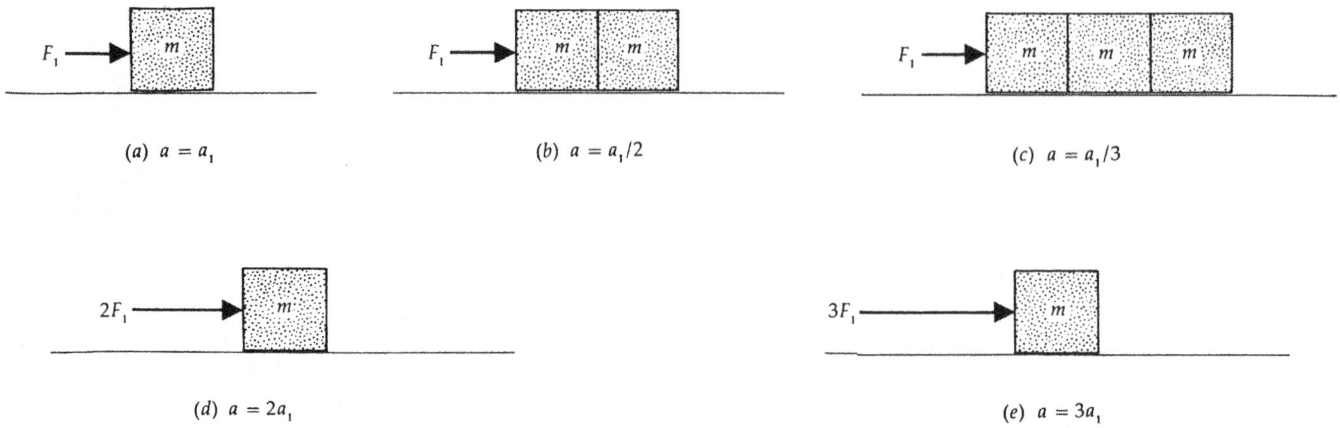

FIG. 3.5. — Los experimentos indicados señalan que a $\sim$ F/m. El rozamiento entre la superficie y los bloques debe ser despreciable para que se obtengan los resultados previstos.

Segunda ley del movimiento de Newton

Sabemos que se necesita una fuerza grande para poner un objeto de gran masa en movimiento, mientras que se requiere una fuerza más pequeña para poner en marcha o detener un objeto de masa menor. En un sentido más técnico atribuimos una mayor inercia a un cuerpo de gran masa. Con este término entendemos que un objeto de gran masa es difícil de poner en movimiento e igualmente difícil de detener si ya se está moviendo. La segunda ley de Newton dio valor cuantitativo a estas observaciones cualitativas.

Newton demostró que la aceleración dada a un objeto por una fuerza es inversamente proporcional a la masa del objeto. Por ejemplo, en la figura 3.5 *a* vemos un bloque de masa m que está siendo acelerado por la fuerza F_1. Llamemos a su aceleración a_1. Ahora bien, si se duplica la masa, como en *b*, la misma fuerza F_1 dará al bloque una aceleración igual a la mitad de la anterior, $a_1/2$. Análogamente, como en (*c*) una masa tres veces mayor recibe una aceleración solamente un tercio de la primitiva. Por consiguiente, podemos llegar a la conclusión de que en el caso de una fuerza constante aplicada, la aceleración a es proporcional a $1/m$.

Si se modifica el experimento de modo que se aumenta la fuerza como en las partes (*d*) y (*e*), se encuentra que la aceleración del bloque aumenta en proporción a la fuerza aplicada. Matemáticamente esto se expresa como $a \sim F$. Ambos resultados, que pueden resumirse en la relación

$$a \sim \frac{F}{m}$$

están de acuerdo con nuestras impresiones cualitativas de que la aceleración deberá aumentar cuando la fuerza aumenta y disminuir cuando la masa aumenta. Podemos escribir esta proporción como una ecuación con tal de que utilicemos una constante de proporcionalidad adecuada c. Entonces se tiene

$$\frac{F}{m} = ca \quad \text{o bien} \quad F = cma$$

Para encontrar el valor numérico de la constante de proporcionalidad necesitamos únicamente medir el valor de la fuerza F que se necesita para dar a una cierta masa m una aceleración a. Si sustituimos estos valores medidos correspondientes a F, m y a, podemos obtener un valor numérico de c que nos servirá de ahora en adelante. Pero en este caso tenemos una dificultad. Sabemos cómo medir a en metros por segundo y la fuerza F en kilogramos. Sin embargo, todavía no nos hemos decidido por una unidad en la que medir la masa del objeto m. Esto es afortunadamente, porque podemos hacerlo del modo que nosotros prefiramos. Midamos m en una unidad tal que la constante de proporcionalidad c sea simplemente la unidad, $c = 1$. Entonces podemos escribir:

$$F = ma \tag{3.4}$$

Se sobrentiende que hay todavía que ver las unidades con que deberá medirse m.

La ecuación (3.4) es un enunciado matemático de la segunda ley de Newton. Resume los enunciados que ya hemos dado previamente, a saber:

1. Cuando se acelera una masa dada, la aceleración es proporcional a la fuerza aplicada.
2. La fuerza que se necesita para proporcionar una aceleración dada es proporcional a la masa del objeto que ha de ser acelerado.

Obsérvese también que la aceleración tiene la misma dirección y sentido que la fuerza no equilibrada que produce la aceleración. Sin embargo, con objeto de pasar más adelante debemos plantear la cuestión relativa a las unidades de masa m.

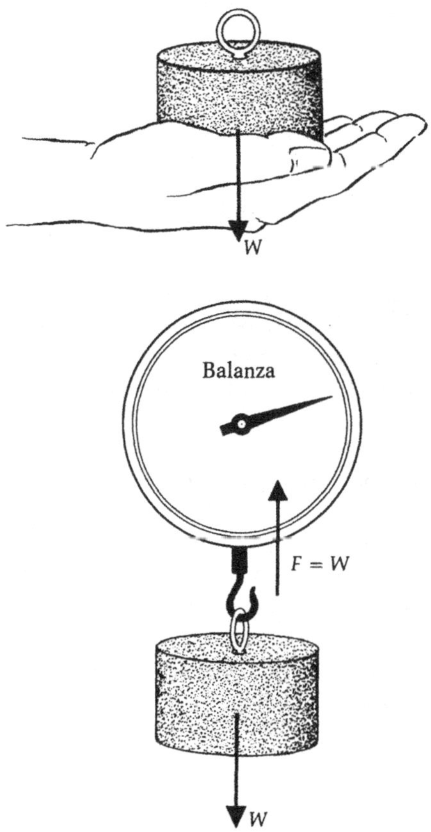

FIG. 3.6. — La fuerza gravitatoria W se denomina peso del objeto.

Masa y peso

La *masa* de un objeto es una medida de su inercia. Si un objeto tiene una masa grande es difícil ponerlo en movimiento y es difícil detenerlo. Aunque tendamos a considerar que los objetos de gran masa son pesados, *masa y peso son conceptos enteramente diferentes*. Definimos el peso del modo siguiente:

> *El peso de un objeto es la fuerza de la gravitación que tira de él.*

Evidentemente, *el peso es una fuerza.*

Cuando se pesa un objeto, se está realmente midiendo la fuerza con la cual la Tierra atrae el objeto. Por ejemplo, en la figura 3.6 vemos un objeto que está sostenido en la mano de una persona. Si la mano no estuviese soportando dicho objeto, éste se aceleraría hacia la Tierra con la aceleración debida a la gravedad g. La fuerza de atracción gravitatoria de la Tierra actuando sobre el objeto le daría esta aceleración de caída libre. La fuerza de atracción gravitatoria tirando del objeto hacia el centro de la Tierra es el peso W del mismo. En la figura, el peso del objeto está equilibrado por el empuje hacia arriba (o fuerza) ejercida sobre él por la mano de la persona. Puesto que las fuerzas verticales que actúan sobre el objeto se equilibran entre sí, el objeto permanece inmóvil. Análogamente, cuando se está de pie sobre una báscula, la plataforma de la báscula empuja hacia arriba a la persona con una fuerza suficientemente grande para equilibrar la fuerza de la gravedad de la Tierra que tira hacia abajo sobre dicha persona. La báscula indica la fuerza que debe ejercer la misma para sostener el objeto sobre su plataforma y así muestra el peso del objeto.

Ahora que hemos comprendido que el peso de un objeto es la fuerza de la gravedad que tira de él, veamos cómo se relaciona el peso de un objeto con su masa. Consideremos un cuerpo en caída libre; como sabemos sufrirá una aceleración hacia abajo igual a g, aceleración debida a la gravedad. Esta aceleración está producida por la acción de la gravedad, que es el peso del objeto W. Si aplicamos la segunda ley de Newton a este caso,

$$F = ma$$

se transforma

$$W = mg \quad (3.5)$$

Esta ecuación nos dice la *relación existente entre el peso y la masa.* Siempre que se necesite conocer la masa de un objeto, es necesario medir sólo el peso del objeto y la aceleración en caída libre que se obtiene como resultado de su propio peso. Entonces la masa viene dada simplemente por W/g.

Revisemos el significado de la masa de modo que no haya ningún mal entendimiento. La masa es aquella propiedad intrínseca de un objeto que hace que tenga inercia. Si el objeto tiene una masa muy grande tiene una inercia grande y en consecuencia es difícil de detener cuando se mueve y difícil de poner en movimiento cuando está en reposo. Los ejemplos siguientes ayudarán a consolidar la comprensión del alumno sobre las leyes de Newton.

EJEMPLO 3.1

¿Qué nos dicen las tres leyes de Newton sobre un libro que está en reposo sobre una mesa?

Método: Como el libro no se mueve, la primera ley de Newton nos dice que no existe ninguna fuerza no equilibrada actuando sobre él. Aunque la Tierra tire de él con la fuerza de la gravedad, o peso W, la mesa debe empujar hacia arriba para sostener el libro. Esta fuerza ascendente sobre el libro debe ser del mismo valor que W si las fuerzas han de equilibrarse, como es el caso. La segunda ley refuerza la primera ley en un caso como éste, puesto que con $a = 0$, $F = ma$ nos dice que F debe ser cero. Pero esto ya lo sabemos de la primera ley debido a que el empuje hacia arriba de la mesa equilibra al empuje hacia abajo debido a la gravedad.

La ley de la acción-reacción exige la intervención de dos cuerpos, como recordaremos. En este caso, la fuerza de acción del libro empujando a la parte superior de la mesa es igual a la fuerza de reacción de la mesa que empuja hacia arriba sobre el libro. *

* Podemos invertir las etiquetas de la acción y de la reacción. No existe diferencia, sea cual sea la fuerza que denominemos acción.

EJEMPLO 3.2

¿Cuál es el valor de la fuerza necesaria para dar a un coche que pesa 1200 kg una aceleración de 0,5 m/s²?

Método: Para hallar la fuerza F necesaria para acelerar el coche haremos uso de $F = ma$. Como el peso del coche es 1200 kg y puesto que $g = 9{,}80$ m/s², resulta que

$$F = ma$$

se convierte en

$$F = \frac{1200 \text{ kg}}{9{,}8 \text{ m/s}^2} \quad (0{,}5 \text{ m/s}^2)$$

Hemos utilizado la ecuación (3.5) sustituyendo m por W/g. Eliminando las unidades «m/s²» del numerador y denominador de la expresión y después de hacer el cálculo aritmético, se encuentra

$$F = 61{,}2 \text{ kg}.$$

EJEMPLO 3.3

Admitiendo que el coche del ejemplo anterior partiese del reposo, ¿con qué rapidez se movería y dónde estaría 7 segundos después de arrancar?

Método: Puesto que su aceleración era de 0,5 m/s² y su velocidad inicial era cero, encontramos a partir de $v = v_0 + at$, que es la ecuación (3.2) vuelta a escribir, que

$$v = 0 + (0{,}5 \text{ m/s}^2)\ (7 \text{ s}) = 3{,}5 \text{ m/s}.$$

Para hallar a qué distancia estará al cabo de 7 seg, podemos utilizar $e = v_0t + \frac{1}{2}at^2$ (ecuación 3.3) para dar

$$e = 0 + \tfrac{1}{2}\,(0{,}5 \text{ m/s}^2)\ (7 \text{ s})^2 = 1{,}25 \text{ m}.$$

O bien podría haberse observado igualmente bien que su velocidad media $v = (v_0 + v)/2$, de modo que

$$v = \tfrac{1}{2}\,(0 + 3{,}5 \text{ m/s}) = 1{,}75 \text{ m/s}.$$

Entonces, $e = vt$ nos daría

$$e = (1{,}75\ \text{m/s})\ (7\ \text{s}) = 12{,}25\ \text{m}.$$

Sistema métrico

Sólo en los EE. UU. y algún otro país se emplea un sistema de unidades que utiliza el pie y la libra y que se denomina sistema británico. La mayor parte de los demás países utilizan las unidades del sistema métrico, que incluso está ya adoptado en Inglaterra. El sistema métrico es más sencillo de utilizar, puesto que se basa en múltiplos de 10 en lugar de los factores de conversión dispares que se encuentran entre pies, pulgadas, etc., del sistema británico. Es probable que los Estados Unidos se conviertan al sistema métrico en los próximos años con objeto de mantenerse en línea con el resto de las medidas mundiales. Ya se utiliza el sistema métrico en los Estados Unidos cuando se habla de las unidades eléctricas comunes, el voltio y el amperio, puesto que se basan sobre unidades métricas.

La unidad básica de longitud del sistema métrico es el metro. Las unidades de longitud métricas se basan en múltiplos de 10. Estas unidades son:

1 kilómetro (km) = 1000 m
1 centímetro (cm) = 0,01 m
1 milímetro (mm) = 0,001 m
1 micrómetro (o micra) = 0,000 001 m

En el sistema métrico ciertos prefijos indican siempre múltiplos definidos. Como hemos visto en las unidades de longitud, «kilo» indica factor de 1000 y así kilómetro significa 1000 m. Los prefijos métricos son:

giga-	1000 millones (1 000 000 000)
mega-	un millón (1 000 000)
kilo-	mil (1000)
deci-	una décima (0,10)
centi-	una centésima (0,01)
mili-	una milésima (0,001)
micro-	una millonésima (0,000 001)
nano-	una mil millonésima (0,000 000 001)
pico-	una billonésima (0,000 000 000 001)

Veremos que estos prefijos se aplican a muchos tipos de unidades diferentes. El sistema métrico (o, para ser más preciso, el sistema mks o metro-kilogramo-segundo) resalta las unidades de masa en lugar de las unidades de fuerza. Un bloque de metal especial que se guarda cerca de París posee por definición una masa exactamente igual a un kilógramo. Todas las demás masas se determinan por comparación con ésta. Como punto de referencia este texto tiene una masa de 1,2 kg aproximadamente. En muchos países la carne, patatas, azúcar, etc., se venden por kilogramos (o gramos, siendo 1 kg = 1000 g).

Recuérdese que el kilogramo es una unidad de masa, no una unidad de fuerza. Por lo tanto, cuando se utiliza la segunda ley de Newton, m se mide en kilogramos. Como resultado, las unidades adecuadas son

$$F = m \cdot a$$
$$\text{Unidad} \rightarrow\ ?\quad \text{kg}\quad \text{m/s}^2$$

La unidad de fuerza, representada aquí por una interrogación se denomina apropiadamente el *newton*.

Para comprender el significado de la unidad de fuerza, examinemos el caso de un cuerpo en caída libre. En tal caso, $F = ma$ se transforma en $W = mg$. Ya sabemos que $g = 9{,}8\ \text{m/s}^2$ sobre la Tierra. El peso W de una *masa* de 1 kg viene dada directamente por $W = mg$:

$$W = (1\ \text{kg})\ (9{,}8\ \text{m/s}^2) = 9{,}8\ \text{newtons}$$

Es decir, sobre la Tierra una masa de 1 kg pesa 9,8 newtons. Puesto que una masa de un kilogramo pesa un kilogramo fuerza, vemos que 1 kg fuerza = 9,8 newtons, o sea,

$$1\ \text{newton} = 1/9{,}8\ \text{kg fuerza}$$

Revisemos los puntos más notables del sistema métrico. Su unidad básica de longitud es el metro. Otras unidades de longitud comunes son el kilómetro y el centímetro. Las masas se miden en kilogramos. La unidad métrica de fuerza es el newton y sobre la Tierra 1 kg de masa pesa 9,8 newtons. La aceleración debida a la gravedad g es $9{,}8\ \text{m/s}^2$ sobre la Tierra. Algunos ejemplos ilustrarán el empleo del sistema métrico.

EJEMPLO 3.4

Si desea comprar 5 libras aproximadamente de azúcar en Francia, ¿cuántos kilogramos se deberán pedir?

Método: Recuérdese que 1 kg de masa pesa alrede-

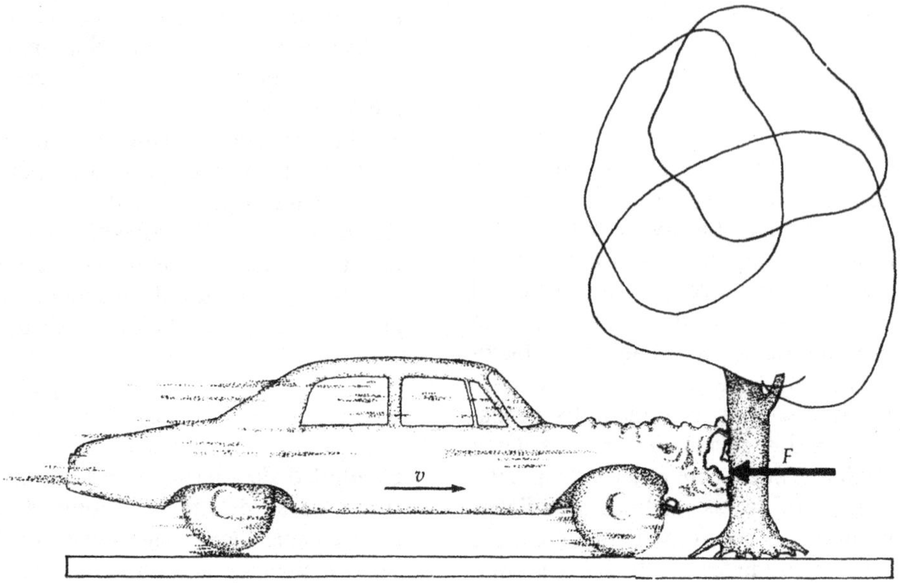

FIG. 3.7. — A un coche puede dársele una aceleración negativa; es decir puede ser decelerado.

dor de 2,2 libras, por lo tanto es sencillo ver que 2 kg pesan 4,4 libras aproximadamente. Por lo tanto, se deberá pedir 2 kg de azúcar.

EJEMPLO 3.5

La velocidad límite sobre una carretera que lleva hacia Ankara, Turquía, es de 40 km/h. ¿A qué velocidad, en millas por hora, se deberá conducir en esta carretera?
Método: Recordando que 1 km equivale aproximadamente a 0,6 millas (una milla = 1608 m) vemos que una distancia de 40 kilómetros es equivalente a 25 millas aproximadamente. De aquí que la velocidad límite sea aproximadamente 24 mi/h.

EJEMPLO 3.6

¿Qué valor de la fuerza se necesita para dar a un coche de 1500 kg una aceleración de 3 m/s^2?
Método: Para hallar la fuerza, necesitamos sólo sustituir en $F = ma$. Pero al hacer esto, debemos recordar que la *masa* del coche es 1500 kg. (Es frecuente que la gente exprese el *peso* en un cierto número de gramos o de kilogramos. A pesar de hablar de este modo, están hablando de la masa del objeto y no de su peso.)
Entonces

$$\begin{aligned} F &= (1500 \text{ kg})(3 \text{ m/s}^2) \\ &= 4500 \text{ newtons}. \end{aligned}$$

Obsérvese que la unidad newton es una abreviatura para las unidades de kilogramos m/s^2. Puesto que 1 newton = 0,225 lb, la fuerza anterior es aproximadamente 1000 lb.

Aceleración negativa: desaceleración

En nuestro estudio de la relación existente entre fuerza y aceleración hemos admitido que la fuerza se utiliza para aumentar la velocidad del objeto. Pero ciertas fuerzas con frecuencia actúan haciendo disminuir la velocidad del objeto. Por ejemplo, en la figura 3.7 un coche de 1200 kg se detiene al chocar contra un árbol. Supóngase que el coche tuviese una velocidad de 15 m/s^2 en el instante anterior al choque y que llega al reposo en un tiempo de 0,10 seg. A partir de la ecuación 3.2, la aceleración del coche durante el proceso es

$$a = \frac{v - v_0}{t}$$

$$= \frac{0 - 15 \text{ m/s}}{0{,}10 \text{ s}}$$

$$= -150 \text{ m/s}^2$$

Obsérvese que la aceleración es negativa debido a que la magnitud $v - v_0$ es negativa. Si el objeto se está frenando, tiene una aceleración negativa que denominamos *desaceleración*.
Además, si utilizamos $F = ma$ para hallar el valor de la fuerza que el árbol ejerce sobre el coche encontramos

$$F = \frac{1200 \text{ kg}}{32 \text{ m/s}^2}(-150 \text{ m/s}^2)$$

$$= -18367 \text{ N}$$

El signo negativo nos dice que la fuerza es una fuerza de frenado y se dibuja como tal en la figura 3.7. Obsérvese el valor tan elevado de dicha fuerza; no es sorprendente que un coche se vea destruido en un accidente de este tipo.

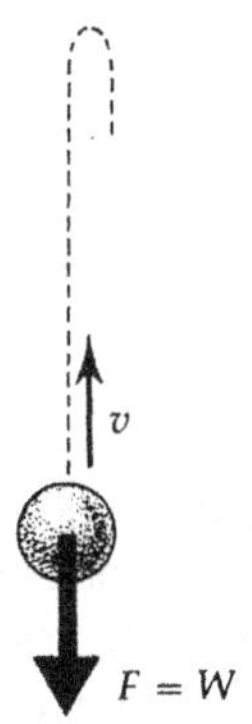

FIG. 3.8. — La pelota moviéndose hacia arriba se ve desacelerada por la fuerza gravitatoria *W*. Su desaceleración tiene el mismo valor que *g*.

La figura 3.8 aclara otro ejemplo de desaceleración, un objeto que se tira hacia arriba desde la superficie de la tierra. Aquí la velocidad del objeto está siendo disminuida por la fuerza de la gravedad, el peso, que tira hacia abajo del objeto. Obsérvese que esta acción de frenado (o desaceleración) del objeto está producida por la fuerza de la gravedad, *mg*, que está intentando detener su ascenso. Esta fuerza dará al cuerpo una desaceleración que puede calcularse a partir de $F = ma$. Tenemos

$$F = ma$$

que resulta ser

$$mg = ma$$

y después de eliminar m de ambos miembros de la ecuación tenemos $a = g$. En otras palabras, la desaceleración de un cuerpo que asciende es igual en valor a la aceleración del mismo cuerpo en caída libre. Como estamos de acuerdo con denominar desaceleración a las aceleraciones negativas, podemos afirmar, por lo tanto, que la aceleración de un cuerpo en caída libre es g, mientras que un cuerpo que sube libremente tiene la aceleración $-g$. El ejemplo siguiente muestra cómo hacer uso de este hecho.

EJEMPLO 3.7

El objeto de la figura 3.8 se dispara hacia arriba con una velocidad inicial de 30 m/seg., ¿cuánto tardará antes de detenerse? ¿A qué altura llegará?
Método: La fuerza de la gravedad hace que el objeto se vaya desacelerando y así su aceleración es $-g$, o sea $-9{,}8$ m/s^2. Pero $v_0 = 30$ m/s y estamos interesados en el punto en donde el objeto se detiene de modo que la velocidad final es $v = 0$. Para hallar cuánto tiempo tarda en subir, podemos utilizar la ecuación (3.2), $v = v_0 + at$, para hallar t. Así pues,

$$t = \frac{v - v_0}{a} = \frac{0 - (30 \text{ m/s})}{-9{,}8 \text{ m/s}^2} = 3{,}1 \text{ s}$$

Luego, para hallar a qué altura llegará, podemos utilizar la relación $e = vt$. En este caso, v es la velocidad media que viene dada por

$$\bar{v} = \tfrac{1}{2}(v + v_0) = 15 \text{ m/s}$$

Luego

$$e = (15 \text{ m/s})(3{,}1 \text{ s}) = 46 \text{ m}$$

El objeto se eleva hasta una altura de 46 m.

Cantidad de movimiento y su ley de conservación

Cuando Newton expresó por primera vez su segunda ley, no la estableció como lo hemos hecho. En lugar de la fuerza y la aceleración relacionó la fuerza con una magnitud que ahora denominamos *cantidad de movimiento.* Para que su método se adapte al nuestro necesitamos sólo escribir $F = ma$ de un modo diferente. Si sustituimos la aceleración a por $(v - v_0)/t$, su valor obtenido de la ecuación 3.2, encontramos

$$F = m\frac{v - v_0}{t}$$

en lugar de $F = ma$.
Multiplicando ambos miembros por t, esta expresión puede escribirse de la forma:

$$mv - mv_0 = Ft \tag{3.6}$$

La magnitud mv se denomina *cantidad de movimiento* de la masa m que se mueve con velocidad v. Como la propia velocidad, se considera que la cantidad de movimiento tiene dirección y sentido (la dirección y sentido del movimiento) y es un vector. Podemos establecer también la ecuación (3.6) del modo siguiente:

> *La variación de la cantidad de movimiento de un objeto, producido por una fuerza F que actúa sobre él durante un tiempo t, es simplemente Ft.*

Todos tenemos experiencia de esta relación de diversas maneras. Es frecuente que hablemos de un objeto que posee una gran cantidad de movimiento. Por ejemplo, un coche que se mueve lentamente tiene una gran cantidad de movimiento debido a que m es grande; una pelota de tenis tiene una gran cantidad de movimiento debido a su gran velocidad v. Naturalmente, un coche en movimiento rápido tiene una cantidad de movimiento extraordinariamente grande debido a que tanto m como v son grandes. En todos estos casos, se necesita una fuerza muy grande para variar rápidamente la cantidad de movimiento. Un coche puede detenerse rápidamente por la fuerza grande que un árbol puede ejercer sobre él. Las fuerzas de rozamiento más pequeñas pueden también detenerlo mientras está circulando sobre una carretera, pero en este caso la fuerza debe de actuar durante un tiempo mucho mayor. Se necesita una fuerza mucho mayor para modificar la cantidad de movimiento de un objeto rápidamente que para hacer esta modificación lentamente.
Se puede relacionar este hecho con los casos siguientes:
1. Es mucho más agradable tirarse dentro de una piscina totalmente llena de agua que a otra «vacía».
2. Cuando se salta de una mesa hasta el suelo, se debe procurar que las piernas cedan al «aterrizar».
3. La mayoría de los amortiguadores de los coches modernos están proyectados para ceder ante un impacto.

Volvamos a otras propiedades de la cantidad de movimiento. Supóngase que tenemos una serie de objetos que ejercen fuerzas entre sí al chocar. Estipularemos que no existe ninguna fuerza no equilibrada que se ejerza sobre estos objetos desde el *exterior.* Denominaremos a este grupo de objetos un *sistema aislado.* Puede consistir en dos bolas que ruedan una hacia otra sobre la mesa de billar o pueden ser las 10^{18} moléculas que están en el interior de una caja cerrada que contiene aire. La ley a la que vamos a llegar será válida en cualquiera de estos casos.
Consideremos lo que ocurre cuando dos de estos objetos cualesquiera chocan como en la figura 3.9. Durante el choque, ejercen fuerzas entre sí. A partir de la acción y de la reacción de Newton sabemos que las dos fuerzas serán iguales y opuestas. Puesto que estas fuerzas son iguales, deberán modificar la cantidad de movimiento de cada objeto en el mismo valor exactamente. Pero los cambios de cantidad de movimiento tienen sentido opuesto, puesto que las fuerzas que las originan son también opuestas. Como resultado, aun cuando un objeto haya *perdido* cantidad de movimiento en un sentido, el otro ha *ganado* una cantidad de movimiento igual en ese mismo sentido. Por lo tanto, la cantidad de movimiento combinada de los dos objetos en dicho sentido permanece sin variar.
No importa lo complicado que sea el sistema siempre que no sufra la acción de fuerzas exteriores no equilibradas: toda fuerza sobre un objeto corresponderá a una fuerza igual, pero opuesta sobre otro objeto. Como resultado, la cantidad de movimiento del sistema completo en cualquier sentido no varía. Esto es una ley fundamental de la naturaleza, la *ley de la conservación de la cantidad de movimiento.* Puede enunciarse del modo siguiente:

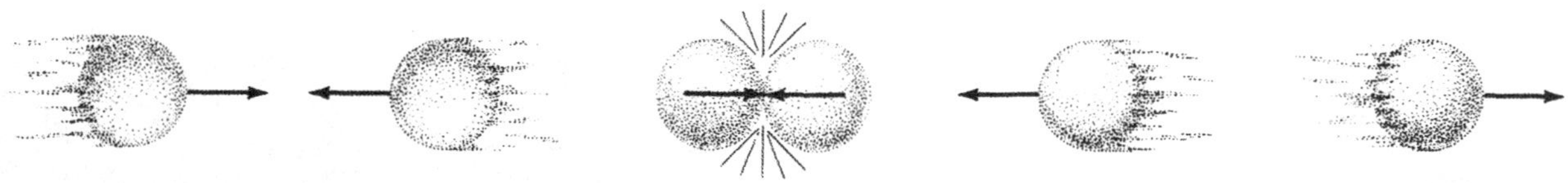

FIG. 3.9. — Puesto que las fuerzas son iguales y opuestas, la variación de la cantidad de movimiento de uno de los objetos es igual y opuesta a la variación de la cantidad de movimiento del otro; la variación total de la cantidad de movimiento es cero.

En ausencia de fuerzas externas no equilibradas, la cantidad de movimiento de un sistema permanecerá constante.

Los ejemplos siguientes mostrarán cómo se aplica esta ley:

EJEMPLO 3.8

La pistola de masa M de la figura 3.10 tiene en su interior un proyectil de masa m pequeña y está en reposo sobre una mesa sin rozamiento. Se dispara la pistola lanzando el proyectil con una velocidad v. ¿Qué le ocurrirá a la pistola?

Método: Antes de que la pistola se dispare, todo está en reposo de modo que la cantidad de movimiento del sistema, pistola y proyectil, es cero. Puesto que no existen fuerzas externas no equilibradas sobre el sistema pistola-proyectil, la cantidad de movimiento deberá seguir siendo cero después de que se haya disparado el proyectil. Pero éste tiene una cantidad de movimiento mv hacia la izquierda y así, para equilibrar su valor y conservar la cantidad de movimiento cero, la pistola debe tener una cantidad de movimiento igual hacia la derecha. Por lo tanto,

cantidad de movimiento de la pistola = —
— cantidad de movimiento del proyectil

y, así pues, la velocidad de la pistola deberá ser

$$V = -\frac{m}{M}v$$

El signo negativo nos dice que la velocidad de la pistola es de sentido opuesto a la del proyectil. Este movimiento hacia atrás de la pistola se denomina su *retroceso* o «culatazo».

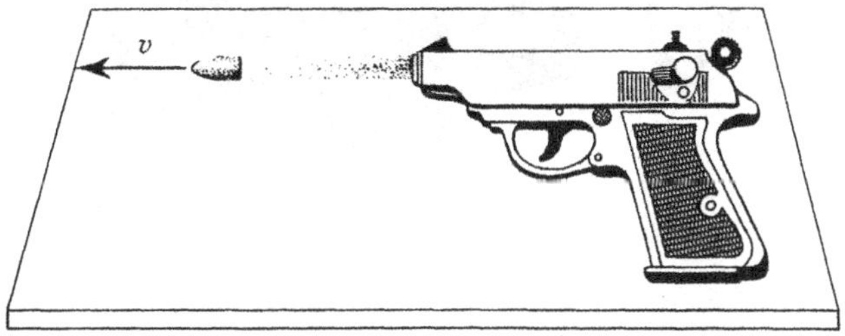

FIG. 3.10. — ¿Qué le ocurre a la pistola cuando dispara un proyectil?

¿Puede encontrarse alguna semejanza entre este caso y el modo en que funciona un avión a reacción o un cohete? Se podrá comprobar si se ha entendido esto respondiendo a la pregunta que se hace en la figura 3.11.

EJEMPLO 3.9

Como se ve en la figura 3.12, un camión de 45 000 kg que se mueve a 30 km/h choca contra un coche de 2000 kg que está en reposo en un cruce. Si el coche y el camión permanecen incrustados después del choque, ¿qué puede decirse sobre la velocidad resultante?

Método: En la mayor parte de los problemas físicos, debemos hacer aproximaciones para calcular cualquier cosa. Sabemos que la situación presente será muy compleja; el rozamiento con el que los vehículos se deslizarán por la carretera será grande. Sin embargo, no frenarán los vehículos apreciablemente hasta que se hayan deslizado alguna distancia, de modo que podemos ignorar la exis-

(*a*)

(*b*)

FIG. 3.11. — Newton propuso el carro impulsado por vapor que se indica en la figura. ¿En qué se parece a un cohete? [*Parte (a) cortesía de Bettman Archive; parte (b) cortesía de NASA.*]

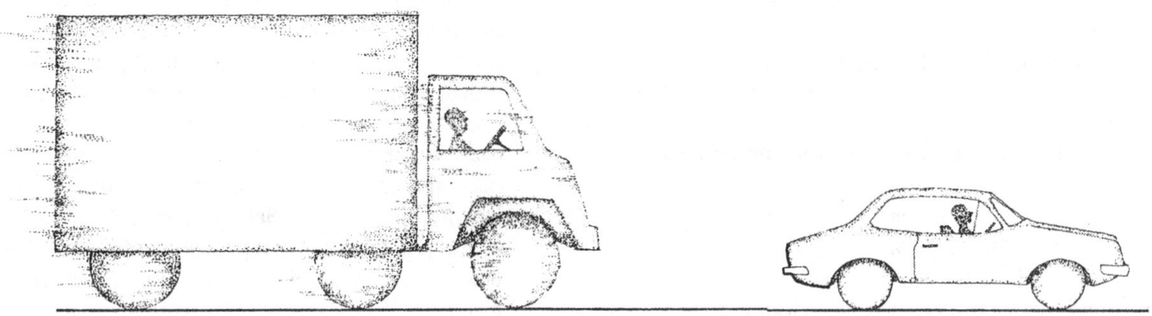

FIG. 3.12. — ¿Qué les ocurrirá a ambos conductores en un accidente como éste?

tencia de dicha fuerza si convenimos en hablar sobre la situación que se presenta exactamente después del choque. Así podemos decir que la ley de la conservación de la cantidad de movimiento se aplica en este momento. Por lo tanto, podemos escribir

Momento antes del choque = momento después del choque

Con letras

$$MV + 0 = (M + m)v$$

En donde M es la masa del camión y m la masa del coche. La cantidad de movimiento del coche es cero antes del choque. Designaremos las velocidades inicial y final con una V y v respectivamente.

Despejando v, velocidad final, obtenemos

$$v = \frac{M}{M + m} V$$

Pero el cociente de las masas será el mismo que el cociente de los pesos, y así

$$\frac{M}{M + m} = \frac{45\,000}{47\,000}$$

de donde se obtiene

$$v = 0{,}96\ V$$

Puesto que la velocidad del camión V era de 30 km/h, encontramos $v = 28{,}8$ km/h. Obsérvese que el camión grande apenas se detuvo en el impacto. A partir de esto, ¿qué se podrá decir sobre los daños que los dos conductores sufrirán en este accidente?

Más acerca de los vectores

Como hemos visto a través de todo este capítulo es conveniente representar las cantidades que tienen dirección mediante flechas. Hemos hecho esto en el caso de las velocidades, aceleraciones, fuerzas y cantidad de movimiento. Todos estos son ejemplos de cantidades vectoriales; tienen dirección, sentido y

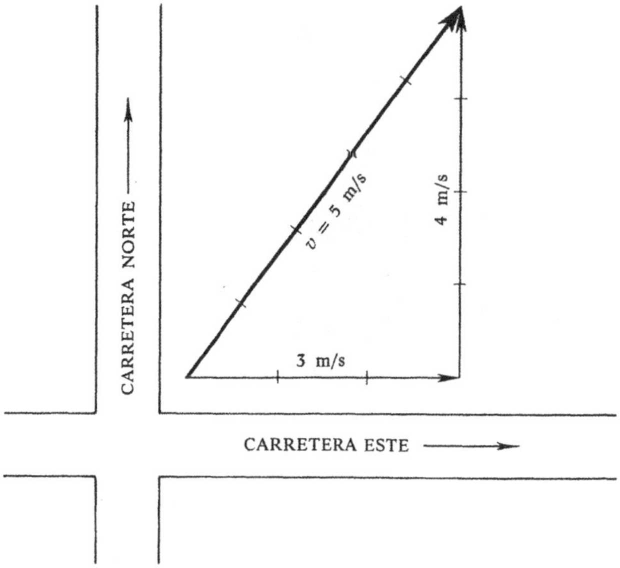

FIG. 3.13. — Un tractor con la velocidad indicada, se está desplazando con velocidades componentes de 3 km/h hacia el este y 4 km/h hacia el norte.

magnitud. Podemos aprovechar incluso aún más la utilidad de los vectores si damos un paso más y hablamos de sus *componentes*.

Supóngase que las carreteras de una cierta población tienen direcciones este-oeste y norte-sur, como se indica en la figura 3.13. Si un tractor corre por un solar vacío en la dirección indicada con la velocidad v, está realmente haciendo dos cosas a la vez: está moviéndose tanto hacia el oeste como hacia el norte. Decimos que la velocidad, un vector, tiene un componente tanto hacia el oeste como hacia el norte. Esto se indica como *vectores componentes* (flechas) en la figura. Utilizando una regla, si se miden las longitudes relativas del vector velocidad (que supondremos que representa la velocidad de 5 m/s) y sus componentes, se verá que el componente hacia el norte es de 4 m/s y el componente hacia el este es de 3 m/s. Se puede apreciar la utilidad de la representación de los componentes observando que nos dice a su vez (a partir de $e = vt$) que se recorrerán 30 m hacia el este en un tiempo de 10 seg si se continúa con esta velocidad. Para comprobar si se ha entendido esto, ¿hasta dónde habría ido hacia el norte un avión en media hora si estuviese volando en esta misma dirección con una velocidad de 900 km/h?

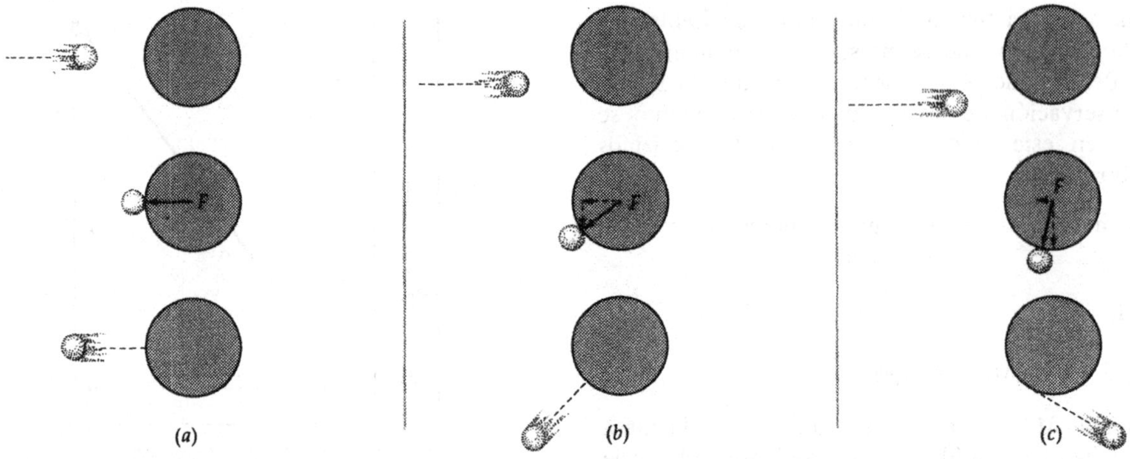

FIG. 3.14. — Considerando los componentes del vector fuerza ejercida sobre la pelota, podemos comprender cómo rebota del modo indicado al chocar contra el poste.

Las fuerzas son también magnitudes vectoriales de gran importancia. Examinemos las diversas maneras en que los componentes de un vector pueden ayudarnos a comprender mejor las fuerzas. Consideremos los tres casos indicados en la figura 3.14 en donde una pelota choca contra un poste rígido de tres modos diferentes. En (*a*) vemos un choque frontal. La fuerza ejercida sobre la pelota por el poste está dirigida hacia atrás. De aquí que el impacto simplemente invierta el sentido del movimiento como era el caso de la figura 3.9. Sin embargo, en (*b*) y (*c*), se tiene un choque lateral; la pelota choca contra el poste formando un ángulo y así la fuerza de reacción del poste sobre la pelota hace dos cosas a la vez en cada caso. La componente de la fuerza hacia la izquierda intenta detener e invertir el movimiento de la pelota, mientras que el componente hacia abajo desvía la pelota hacia abajo. Obsérvese que en la parte (*c*), la componente de la fuerza hacia la izquierda es tan pequeño que el movimiento horizontal de la pelota es simplemente frenado un poco en lugar de ser invertido. Así pues, vemos que los movimientos de el pelota pueden interpretarse mediante un examen de los componentes de la fuerza horizontal y vertical ejercida sobre la misma por el poste. Casos como los indicados anteriormente pueden comprenderse mejor considerando los componentes de la fuerza en lugar de intentar comprender todo en función de la fuerza global.

BIBLIOGRAFÍA

1. MAGIE, W. F.: *Source Book in Physics*, Harvard University Press, Cambridge, Mass., 1963. Este texto contiene extractos de los escritos no matemáticos de Galileo, Newton y otros. Se podrán comprender muchos de estos escritos que, a su vez, representaban los límites de la ciencia en su época.

2. COHEN, I. B.: *The Birth of a New Physics* (rústica), Anchor Science, Doubleday, Garden City, N.Y., 1960. Una historia fácilmente legible de los descubrimientos de Galileo y sus contemporáneos. Escrito por un historiador notable de las ciencias.

3. HOLTON, G., y ROLLER, H. D.: *Foundations of Modern Physical Science*, Addison-Wesley, Cambridge, Mass., 1958. Contiene muchas relaciones históricas notables. Amplía el estudio matemático de los temas vistos en este capítulo.

4. GALILEO: *Dialogues Concerning Two New Sciences* (rústica), McGraw-Hill, New York, 1963. Presentación original de Galileo de sus descubrimientos escritos para los profanos de su época.

5. NEWTON: *Principia* (rústica), University of California

Press, Berkeley, 1962. El famoso libro de Newton en el que presenta su descubrimiento de las leyes del movimiento.

RESUMEN

La ciencia es el estudio de las leyes de la naturaleza. Estas leyes fueron descubiertas y comprobadas con ayuda de teorías y experimentos. Para obtener un ensayo válido de una teoría, el experimento diseñado para esta comprobación debe estar controlado. Esto se hace, si es posible, llevando a cabo dos experimentos que sean idénticos excepto por la característica que se ha de ensayar. La diferencia del resultado de los dos experimentos puede entonces atribuirse a la característica que estaba variando. Galileo fue el primero en demostrar por un experimento controlado de este tipo que la variación del peso de un objeto no hace variar la velocidad con que el objeto cae.

La velocidad media de un objeto es simplemente la distancia recorrida dividida por el tiempo empleado. Se mide siempre con una unidad de distancia dividida por una unidad de tiempo, kilómetros por hora o metros por segundo, por ejemplo. La forma de la ecuación es $\bar{v} = e/t$.

La velocidad instantánea es, como su nombre sugiere, el valor de $\bar{v}$ cuando e y t son tan cortos que se está seguro de que es la velocidad del objeto en el instante a que nos referimos.

La velocidad instantánea es semejante a la celeridad instantánea excepto en que la velocidad tiene una dirección asociada con ella. Numéricamente, la celeridad y la velocidad instantáneas son idénticas. Sin embargo, la velocidad de un objeto varía cuando varía la dirección del movimiento, aunque puede que no cambie su celeridad.

Las magnitudes que tienen dirección se denominan vectores, mientras que las que no la tienen se denominan escalares. La velocidad es un vector, mientras que la celeridad es un escalar.

Cuando la velocidad de un objeto está aumentando, se está acelerando. Cuando está disminuyendo, está desacelerándose, es decir, su aceleración es negativa. Numéricamente, la aceleración es igual a la variación de velocidad dividida por el tiempo empleado en el cambio. Sus unidades son una unidad de velocidad dividida por una unidad de tiempo, tal como metros por segundo. Esto es equivalente a m/s^2.

En forma de ecuación $a = (v - v_0)/t$, siendo v la velocidad final y v_0 la velocidad inicial durante el intervalo de tiempo t.

Sobre la Tierra, un objeto en caída libre tiene una aceleración de 9,8 m/s cada segundo. Esta aceleración se denomina aceleración de la gravedad g. En consecuencia, un objeto que cae libremente bajo la acción de la gravedad acelera 9,8 m/s cada segundo. gundo.

La primera ley de Newton dice que todo objeto tiene inercia. Afirma que en ausencia de fuerzas no equilibradas (1) un objeto en reposo permanecerá en reposo y (2) un objeto en movimiento permanecerá en movimiento en la misma trayectoria rectilínea con una velocidad invariable.

La tercera ley de Newton afirma que para cada acción de la fuerza ejercida sobre un cuerpo, debe existir una reacción igual y opuesta sobre algún otro cuerpo.

La segunda de las leyes de Newton del movimiento relaciona la aceleración a de un objeto a la fuerza no equilibrada F que la produce. Esta relación se expresa como $F = ma$. La magnitud m es la masa del objeto y es una medida de su inercia. Como una fuerza igual al peso de un objeto W le da a este objeto una aceleración g, $F = ma$ nos dice que $W = mg$, que proporciona una relación entre masa y peso. Aunque W, el peso o empuje de la gravedad sobre un objeto varía cuando el objeto se mueve desde la Tierra hasta la Luna, la masa m del objeto es la misma en todos los lugares. La masa, medida de la inercia, es una propiedad del objeto aislado, mientras que W el peso del objeto está determinado por el objeto junto con los otros objetos en su proximidad. En el sistema británico se mide F en libras y a en pies por segundo. por segundo. El sistema métrico expresa F en newtons (N), m en kilogrmos (kg), y a en metros por segundo (m/s^2).

Otra propiedad del objeto móvil es su cantidad de movimiento, expresada por mv. Si una fuerza no equilibrada F actúa durante un tiempo t sobre un objeto, la cantidad de movimiento del objeto variará en una cantidad Ft. La cantidad de movimiento es un vector y su dirección y sentido es el mismo que la dirección y sentido de la velocidad. La ley de la conservación de la cantidad de movimiento nos dice que en ausencia de fuerzas no equilibradas exteriores sobre un sistema aislado, la cantidad de movimiento de dicho sistema permanece invariable. Esta ley se aplica muy útilmente a los fenómenos tales como los retrocesos y choques.

LISTA DE COMPROBACIONES

1. ¿Qué es un experimento controlado y por qué la carencia de un control conduce con frecuencia a una seudociencia?
2. ¿Cuál es la definición de celeridad? ¿De la velocidad? ¿En qué difieren?
3. ¿En qué difiere una cantidad vectorial de otra escalar?
4. Enunciar las siguientes ecuaciones verbalmente: $e = vt$; $\bar{v} = \frac{1}{2}(v + v_0)$.
5. ¿Qué se entiende por aceleración y cuál es su ecuación de definición?
6. ¿Qué cantidad utiliza el símbolo g para su designación? ¿Qué descubrió Galileo sobre ella?
7. Enunciar las tres leyes de Newton del movimiento.
8. ¿Qué se entiende por inercia y cómo interviene en las leyes de Newton?
9. ¿Cuál es la ley de la acción-reacción?
10. ¿Cómo se relaciona la masa con el peso? ¿Por qué son diferentes? ¿Cuál es la definición de cada una de ellas?
11. ¿Cuáles son las unidades métricas de longitud? Relacionar los prefijos métricos y su significado. ¿Cuál es la unidad métrica de masa?
12. ¿Qué magnitud tiene como unidad el newton?
13. ¿Cuál es el significado de la aceleración negativa?
14. Definir la cantidad de movimiento.
15. ¿Cuál es la ley de conservación de la cantidad de movimiento? Citar algunos ejemplos de su empleo.

CUESTIONES

1. Relacionar algunas supersticiones seudocientíficas e intentar señalar cómo pudieron haberse originado.
2. Algunas personas afirman que las personas de color negro son, en virtud de su herencia, mejores atletas que las personas blancas. Otros insisten en que los blancos son intrínsecamente más inteligentes que los negros. Discutir las dificultades asociadas con un ensayo científico de cualquiera de estas teorías.
3. Muchas personas atribuyen los esquemas meteorológicos poco corrientes que se tuvieron en los últimos años 1950 y principios de los 1960 a la influencia de las pruebas con bombas nucleares, ¿puede probarse esto?
4. Algunas personas aseguran que las mujeres que utilizan píldoras para el control de natalidad es más probable que mueran debido a un trombo o coágulo de sangre que las que no lo utilizan. Analizar las dificultades que surgen cuando se quiera obtener un ensayo concluyente acerca de este punto. ¿Cómo podría causar un gran daño inadvertidamente un informe conteniendo datos experimentales relativos a este tema?
5. Un juego casi legendario consiste en tirar fuertemente de un mantel que está bajo los platos sobre una mesa. ¿Cuál de las leyes de Newton es fundamental para que este juego se realice con éxito?
6. Es posible clavar un clavo en un pequeño taco sobre la cabeza del que hace el experimento con tal de que se utilice como soporte un bloque pesado de metal entre el taco de madera y la cabeza. Explicar la razón por la cual el bloque de metal sirve de «cojín».
7. Cuando los padres todavía «zurraban» a sus hijos, era frecuente que un padre dijese a su hijo: «Esto me hace a mí tanto daño como a ti». ¿Existe alguna base científica para dicha afirmación?
8. Dar cinco ejemplos de la parte correspondiente a «permanecer en reposo» de la primera ley de Newton. ¿Cuántos ejemplos pueden darse de la parte correspondiente a «permanecer en movimiento»?
9. Sobre un muchacho actúan tres fuerzas exteriores cuando él se desliza por encima de un suelo recientemente encerado. ¿Cuáles son estas tres fuerzas y en qué dirección actúa cada una sobre dicho muchacho?
10. Describir la fuerza ejercida por el suelo contra los zapatos cuando se empieza a andar. ¿Es posible empezar a andar en un suelo perfectamente liso sin rozamiento? ¿Será posible mantener el paseo?
11. De acuerdo con la tercera ley de Newton, para cada fuerza con la que una persona empuja sobre un objeto, el objeto empuja en sentido con-

trario sobre la persona con una fuerza igual. ¿Cómo es posible para la persona acelerar el objeto en vista de que estas fuerzas son iguales y opuestas?

12. (*a*) Un automóvil moviéndose con gran velocidad choca de frente contra un muro. Discutir el tipo de daños que sufriría la persona en el asiento próximo al conductor y explicar en qué puntos son consecuencia de las leyes de Newton. ¿Por qué son importantes en este caso los cinturones de seguridad de los coches?
(*b*) Un coche parado sufre un golpe por detrás debido a otro coche. Explicar qué tipos de daños sufrirá el conductor del coche originalmente en reposo y cómo son consecuencia de las leyes de Newton. ¿Por qué son importantes en casos como éste los soportes para la cabeza?
(*c*) Explicar por qué el conductor de un camión grande está en mucho menor peligro que el conductor de un coche Volkswagen pequeño en accidentes como los relacionados en (*a*) y (*b*).
(*d*) Explicar por qué el daño sufrido por el auto en la parte (*a*) será menor si rompe y atraviesa la pared recorriendo aproximadamente un metro más allá del punto de impacto antes de detenerse.
13. Supóngase que una bola de mármol de 25 g y una esfera de gelatina del mismo peso se dejan caer desde la misma altura sobre la cabeza de un hombre calvo. ¿Cuál le hará más daño?
14. Si se dejase caer una masa de 1 kg desde una altura de 1 m sobre la mano de un hombre cuando ésta estuviese apoyada sobre una mesa, le causaría un daño grave. Sin embargo, la persona no sufriría ningún daño en absoluto si recogiese el peso que cae con una mano sin apoyar. ¿Por qué esta diferencia?
15. ¿Por qué sufre retroceso una pistola? ¿Cómo se impulsa una nave-cohete espacial en el espacio exterior en donde no existe aire?
16. Describir lo que ocurriría a un hombre que está de pie sobre hielo resbaladizo si intenta recoger una pelota que se mueve con rapidez.
17. ¿Qué tiene más inercia, un cubo lleno de agua o un cubo lleno de plumas? ¿Qué podemos decir acerca de sus masas comparativas? ¿Sobre sus pesos? ¿Cuál caerá con más rapidez cuando se deje en libertad?
18. Supóngase que se tiene un periquito oculto en una jaula totalmente tapada que está suspendida de una balanza muy sensible que mide su peso. Si se tiene alguna dificultad en la audición, ¿cómo se podría decir cuándo el periquito vuela de un sitio a otro?

PROBLEMAS

1. La distancia por el aire entre dos ciudades es de 2700 km. ¿A qué celeridad media deberá volar un avión con objeto de tardar 4 h en el viaje?
2. ¿Con qué rapidez se deberá correr para realizar una carrera de 100 m en 9 s?
3. Una bola parte del reposo y rueda por un plano inclinado; su velocidad descendente es de 100 cm/s, después de estar rodando durante tres segundos. (*a*) ¿Cuál es su aceleración? (*b*) ¿Cuánto habrá recorrido en los 3 seg? (*c*) ¿Con qué rapidez estará marchando dos segundos después de quedar libre?
4. Un coche moviéndose con una celeridad de 24 m/s empieza a detenerse y lo hace en un tiempo de 6 seg. (*a*) ¿Cuál era su celeridad media durante el proceso de detención? (*b*) ¿Qué longitud recorrió antes de detenerse? (*c*) ¿Cuánto valía su desaceleración?
5. Una maceta cae desde una ventana de un edificio elevado. (*a*) ¿Con qué rapidez estará cayendo 2,5 seg después de su caída? (*b*) ¿Qué camino habrá recorrido en su caída durante los 2,5 segundos?
6. Con objeto de tener una velocidad de 15 m/s antes de incidir sobre el suelo, ¿de qué altura deberá dejarse caer un objeto? ¿Qué tiempo deberá estar cayendo para alcanzar esta velocidad?
7. Se lanza hacia arriba una bola en el aire y alcanza una altura de 20 m, ¿con qué velocidad se lanzó hacia arriba?
8. Un coche de 1600 kg moviéndose a una celeridad de 12 m/s ha de detenerse en 5 seg. Hallar su desaceleración y la fuerza de detención necesaria.
9. Un proyectil de 10 g (0,010 kg) se acelera desde el reposo hasta una velocidad de 400 m/s en un tiempo de 0,002 seg. ¿Qué valor tendrá la fuerza utilizada para acelerar el proyectil?
10. Un muchacho que pesa 30 kg corre a una velocidad de 3 m/s, se desliza sobre hielo y se se detiene en una distancia de 10 m. (*a*) ¿Cuál

era su velocidad media de deslizamiento? (*b*) ¿Cuándo tiempo tardó en detenerse? (*c*) ¿Cuál era su desaceleración? (*d*) ¿Qué valor tenía la fuerza de rozamiento entre él y el hielo.

11. Un proyectil de 10 g moviéndose a una celeridad de 400 m/s incide contra un árbol y se incrusta 2,0 cm en la madera antes de detenerse. (*a*) Hallar su celeridad media durante el proceso de detención, (*b*) el tiempo empleado en detenerse, (*c*) la desaceleración del proyectil, (*d*) la fuerza ejercida sobre el árbol por el proyectil.
12. Hacer una estimación razonada del valor que tendría la fuerza que un árbol ejercería sobre el lector si corriese contra él a una velocidad de 6 m/s. Admitir que el choque se produce con el pecho y que el lector se detiene instantáneamente.
13. Se mueven dos pelotas de igual masa con celeridades iguales y opuestas de 3 m/s incidiendo frontalmente la una contra la otra. Un trocito de pegamento situado sobre una de ellas hace que las dos se queden pegadas. ¿Con qué rapidez se moverán juntas después del choque?
14. En el problema anterior, si una de las pelotas rebota hacia atrás con una celeridad de 1,2 m/s, ¿cuál es la celeridad que tendrá la otra después del choque? (En este caso no existe el pegamento.)

Capítulo 4

Trabajo, energía y movimiento orbital

Con el descubrimiento de las leyes de Newton resultaron unificados y fácilmente comprensibles muchos fenómenos de la naturaleza que aparentemente no estaban relacionados. Básicamente, éste es el objetivo de la ciencia: descubrir los principios y las leyes unificadoras con las que pueda describirse el Universo del modo más conciso posible. Hemos visto tres de estos principios en el capítulo anterior: la ecuación sencilla $F = ma$, el concepto de cantidad de movimiento y su ley de conservación.

En este capítulo presentaremos otro concepto unificador, la magnitud que denominamos energía, la cual obedece también a una ley de conservación.

Definición de trabajo dada por los científicos

La palabra trabajo tiene significados muy diferentes en nuestra sociedad. Vamos a trabajar por la mañana, trabajamos en nuestro estudio, una máquina trabaja; cada uno de estos empleos implica alguna cosa diferente. La definición científica del trabajo está relacionada con el concepto del trabajo realizado al elevar un objeto. Supóngase que se desea levantar el objeto de peso W que se muestra en la figura 4.1 a lo largo de una altura h según está indicado. Para levantarlo, se debe tirar hacia arriba con una fuerza suficientemente grande para vencer el empuje hacia abajo debido a la gravedad sobre el objeto mencionado. Si se le levanta suavemente, su aceleración será aproximadamente igual a cero. Como resultado, la fuerza hacia arriba F que se ejerce sobre el objeto será esencialmente igual al empuje de la gravedad hacia abajo sobre el mismo W. Aproximaremos casos como éste indicando que $F = W$.

Es evidente que el trabajo que se hace al elevar el objeto depende (1) del peso que dicho objeto tiene y (2) de la altura que se eleva. Por lo tanto, definiremos el trabajo realizado al elevar un peso W a través de una altura h como el producto de W y h; es decir,

$$\text{Trabajo realizado} = Wh$$

Si se levanta hacia arriba un objeto de 2 kg a lo largo de una distancia de 3 m, nuestra definición nos dice que el trabajo realizado es

$$\text{Trabajo} = Wh = (2\ \text{kg})\ (3\ \text{m}) = 6\ \text{m} \times \text{kg}$$

Como vemos, la unidad de trabajo en el sistema métrico es el metro-kilogramo. Si el objeto hubiese pesado 8 kg en lugar de 2, se habría realizado cuatro veces más trabajo, puesto que la carga habría sido cuatro veces más pesada. Nuestra definición de trabajo coincide con este concepto, puesto que en este caso,

$$\text{Trabajo} = (8\ \text{kg})\ (3\ \text{m}) = 24\ \text{m} \times \text{kg}$$

que es cuatro veces mayor que antes. Análogamente, si se hubiese elevado el peso sólo un tercio de altura, la intuición lo mismo que la definición, nos dice que se habría realizado solamente un trabajo un tercio del anterior. Generalizaremos la definición de trabajo a todos aquellos casos generales diferentes de la elevación simple de un objeto.

La definición científica para el trabajo realizado por una fuerza aplicada es la siguiente.

Cuando una fuerza F mueve un objeto a lo largo de una distancia e en la dirección de la

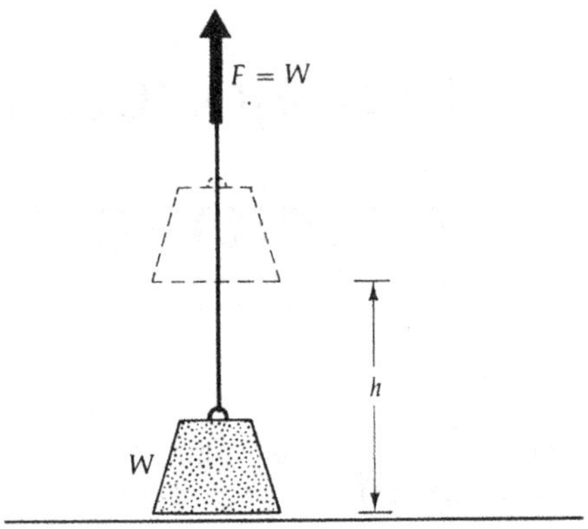

FIG. 4.1.—¿Cuánto trabajo se realiza al elevar el peso W a la altura h?

fuerza, *el trabajo realizado es Fe. En forma de ecuación,*

$$\text{Trabajo realizado} = Fe \qquad (4.1)$$

Obsérvese la estipulación importante realizada sobre *e; es la distancia recorrida en la dirección de la fuerza.* Para aclarar esto, refirámonos a la figura 4.2. En la figura 4.2*a* una persona está elevando un cubo lleno de agua; el trabajo que hace es el peso del cubo multiplicado por la distancia que lo eleva. En la figura 4.2*b* todavía está ejerciendo una fuerza sobre el cubo, pero ahora lo mantiene inmóvil. No lo está moviendo hacia arriba, de modo que la distancia recorrida en la dirección de la fuerza es cero y no se está realizando ningún trabajo. En la figura 4.2*c* todavía mantiene el cubo a la misma distancia del suelo, pero empieza a andar. Está ejerciendo una fuerza hacia arriba sobre el cubo con objeto de mantenerlo en su posición, pero se está moviendo en una dirección horizontal. Aunque el cubo se está moviendo hacia la derecha recorriendo una distancia *d,* se necesita sólo una fuerza *lateral* muy pequeña para hacer esto. Como resultado, se está haciendo sólo una cantidad de trabajo despreciable para mover horizontalmente el cubo.

Como puede verse, la definición científica del trabajo no siempre se ajusta a la que haría un profano. Por ejemplo, en la figura 4.3 vemos a un hombre fuerte de circo sosteniendo a seis personas. Aunque él pronto se cansará, no está haciendo ningún trabajo de acuerdo con la definición científica. Debe ejercer una gran fuerza para compensar la gravedad, pero como esta fuerza no origina movimiento, resulta que e y por lo tanto Fe será cero. No está haciendo ningún trabajo debido a que no existe movimiento en la dirección de la fuerza.

Como ya hemos señalado, la unidad de trabajo en el sistema métrico es el metro-kilogramo, unidad combinada que se obtiene a partir de la fórmula *trabajo* $= Fe$. Esta unidad tiene el nombre de newton por metro, puesto que F se mide en newtons y e en metros. La unidad newton-metro se presenta con mucha frecuencia y se denomina «joule». En resumen, cuando se utiliza el sistema mks, poniendo F en newtons y e en metros la unidad de trabajo es el joule.

EJEMPLO 4.1

¿Cuánto trabajo se realiza para elevar a un hombre de 60 kg hacia arriba a lo largo de una distancia de 2 m?

Método: El peso de un hombre de 60 kg es (masa) (g), o sea, 60 (9,8) newton, y se necesita una fuerza igual a este valor para elevarlo. Por lo tanto,

$$\text{Trabajo realizado} = Fe = [60\,(9{,}8)\text{ newton}]\,(2\text{ m}) = \\ = 1\,180\text{ joule}$$

Trabajo y energía cinética

Se puede realizar un trabajo de otros modos diferentes al de elevar un objeto. Por ejemplo, la fuerza horizontal F de la figura 4.4 está acelerando el carrito a lo largo de una superficie horizontal. La fuerza está haciendo trabajo, puesto que desplaza el carrito una distancia e en la dirección de la fuerza. Si no consideramos la fuerza de rozamiento, el resultado del trabajo realizado por F es aumentar la velocidad del carrito. Se puede intuir que existe alguna relación definida entre el trabajo realizado Fe y la variación de la velocidad del coche desde v_0 a v. Tal relación puede encontrarse del modo siguiente.

Como deseamos relacionar el trabajo realizado Fe con v y v_0, debemos expresar de algún modo tanto F como e en función de estas magnitudes. Para hacer esto, obsérvese en la figura 4.4 que la fuerza no equilibrada que actúa sobre el coche es F. Como resultado, el coche se acelerará de conformidad con la segunda ley de Newton y así podemos escribir:

$$F = ma$$

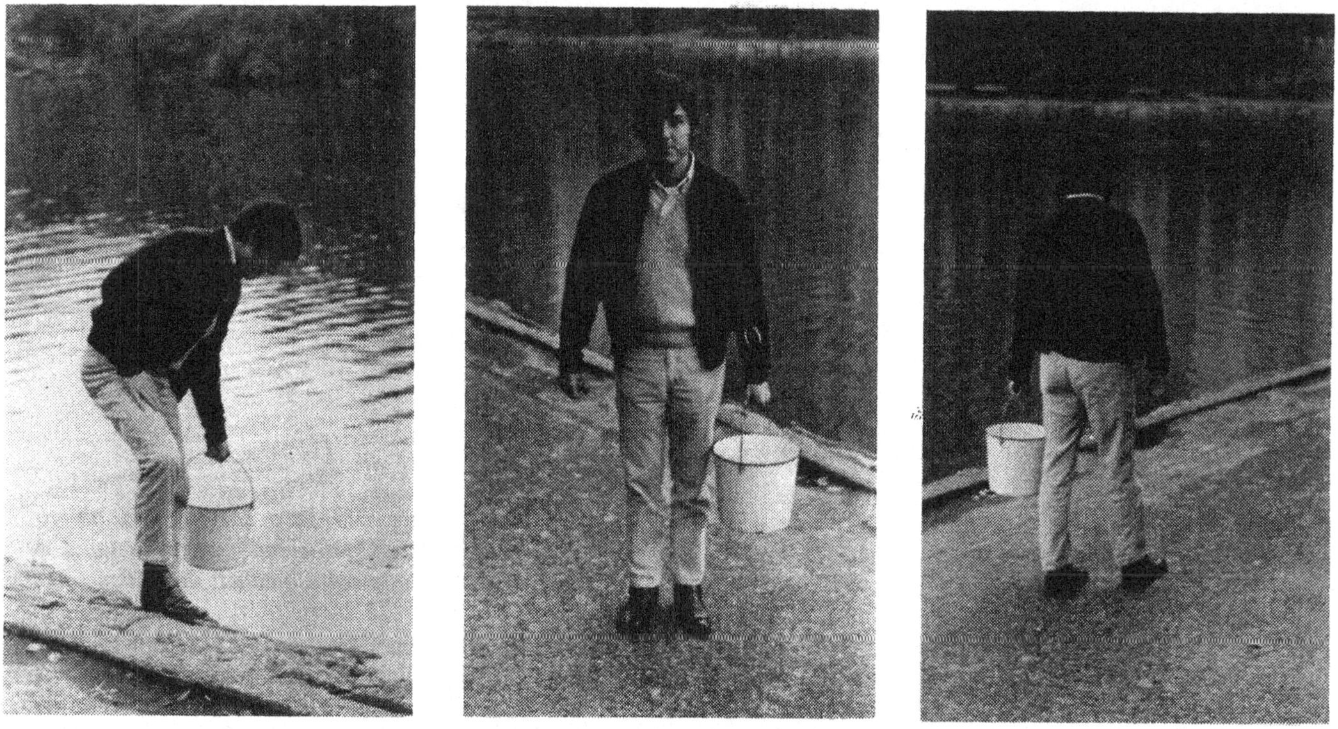

(*a*) (*b*) (*c*)

FIG. 4.2. — ¿Cuánto trabajo realiza la fuerza *F* en cada uno de estos casos?

FIG. 4.3. — El hombre fuerte del circo no está haciendo ningún trabajo de acuerdo con la definición física del trabajo. Existe una explicación que hace compatible la definición física del trabajo con el cansancio que siente una persona al sostener un peso y es la siguiente: Un músculo se contrae por la acción de unas fibras musculares (no todas las del músculo) que alternan su función con las no contraídas. Existen, por lo tanto, unas fuerzas que actúan en la dirección del camino que recorren y son las que producen el cansancio debido al trabajo físico que desarrollan.

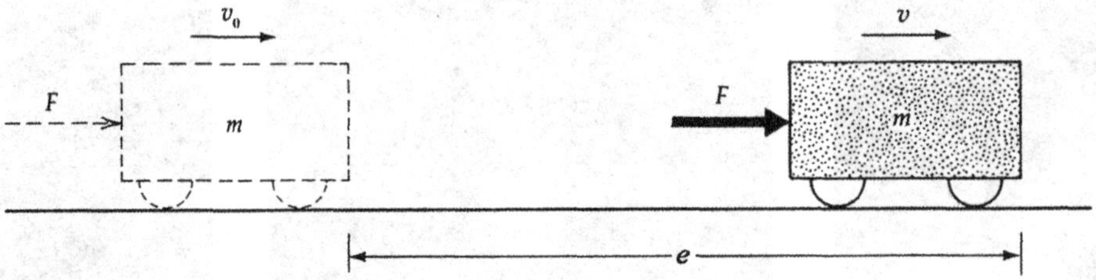

FIG. 4.4. — Mientras se está haciendo el trabajo Fe la fuerza acelera el carrito de v_o a v.

Sabemos a partir de la ecuación (3.2) que $a = (v - v_0)/t$ y, por lo tanto,

$$F = m\frac{v - v_0}{t}$$

en donde t es el tiempo empleado por el carrito para recorrer la distancia e. Por lo tanto, podemos escribir el trabajo realizado por F del modo siguiente:

$$\text{Trabajo realizado} = Fe = m\frac{v - v_0}{t}e$$

Ahora bien, sabemos que $e = \bar{v}t$ siendo $\bar{v} = ½ (v + v_0)$. Después de sustituir e por este valor en la ecuación del trabajo, encontramos:

$$\text{Trabajo realizado} = m\left(\frac{v - v_0}{t}\right)\left(\frac{(v + v_0)t}{2}\right)$$

Afortunadamente, t se elimina y la ecuación se simplifica grandemente.

Cuando se hace el cálculo, encontramos que el trabajo realizado por la fuerza F hace que la velocidad del coche varíe de v_0 a v de acuerdo con la ecuación

$$\text{Trabajo realizado durante la aceleración} = \tfrac{1}{2}mv^2 - \tfrac{1}{2}mv_0^2 \qquad (4.2)$$

La magnitud $½mv^2$ es de gran importancia y se denomina *energía cinética.* En función de la energía cinética, podemos volver a establecer la ecuación (4.2) con las palabras siguientes:

El trabajo necesario para acelerar un objeto de masa m de la velocidad v_0 a v es igual a la variación de energía cinética del mismo.

Esta relación es también cierta si el objeto está siendo desacelerado en lugar de acelerado. En cualquier caso, el trabajo realizado es igual a la variación de energía cinética.

Como ejemplo del empleo del concepto de energía cinética, supóngase que un coche de 1600 kg moviéndose a 20 m/s frena recorriendo una distancia de 100 m antes de que llegue a detenerse. ¿Qué valor deberá tener la fuerza de rozamiento sobre la rueda del coche para que se detenga al recorrer esta distancia? Evidentemente, el coche pierde toda su energía cinética debido al trabajo realizado por la fuerza de rozamiento de freno entre la rueda y el pavimento. Por lo tanto, podemos escribir:

Trabajo realizado por la fuerza de rozamiento = pérdida de energía cinética.

Si llamamos F a la fuerza de rozamiento y a la distancia que el coche desliza e, esta ecuación puede escribirse simbólicamente del modo siguiente:

$$\text{Trabajo realizado} = \text{variación de energía cinética}$$
$$Fe = \tfrac{1}{2}mv^2 - \tfrac{1}{2}mv_0^2$$

siendo m la masa del coche, W/g. La velocidad final $v = 0$, mientras que la velocidad inicial es $v_0 = 20$ m/s. Si sustituimos por estos valores y $e = 100$ m en la ecuación encontramos que $F = -7200$ N (¿qué significa el signo menos?). Esta es la fuerza de rozamiento máxima que se podrá obtener en este caso (es decir, alrededor de un tercio del peso); y así un coche moviéndose a 20 m/s no puede detenerse en menos de unos 100 m a no ser que choque contra alguna cosa.

Energía potencial gravitatoria

La palabra *energía* procede de la palabra griega correspondiente a trabajo, y decimos que un objeto tiene energía si creemos que es capaz de realizar trabajo. La palabra *cinética* se deriva del verbo griego «moverse», de modo que la energía cinética es la energía resultante del movimiento. Así pues, podemos definir la *energía cinética* como la capacidad de un sistema para hacer trabajo en virtud del movimiento del mismo.

Un ejemplo sencillo de la capacidad de un objeto para realizar trabajo en virtud de su movimiento se indica en la figura 4.5. El objeto moviéndose hacia arriba puede *elevarse a sí mismo* una distancia h. Al hacer esto realiza un trabajo igual a Wh (o mgh, puesto que $W = mg$). Si se desea, se puede pensar sobre este tema de un modo diferente. La fuerza de la gravedad W realiza trabajo sobre el objeto móvil y hace variar su energía cinética. Puesto que sabemos que el trabajo realizado es igual a la variación de energía cinética podemos escribir en el acto para el caso indicado en la figura 4.5 que

$$\Delta E_c = \text{trabajo realizado}$$

siendo ΔE_c su variación de energía cinética. Pero la energía cinética original del objeto es $\frac{1}{2}mv_0^2$ y pierde toda su energía cinética en el instante en que alcanza la parte superior de su trayectoria debido a que allí se detiene durante un instante. De aquí que su energía cinética varíe de $\frac{1}{2}mv_0^2$ a cero, siendo su cambio total exactamente $\frac{1}{2}mv_0^2$. Puesto que el trabajo realizado al elevar el objeto es mgh, encontramos que

$$\Delta E_c = \text{trabajo realizado}$$

se convierte en

$$\tfrac{1}{2}mv_0^2 = mgh$$

De paso se puede observar que esta ecuación nos da

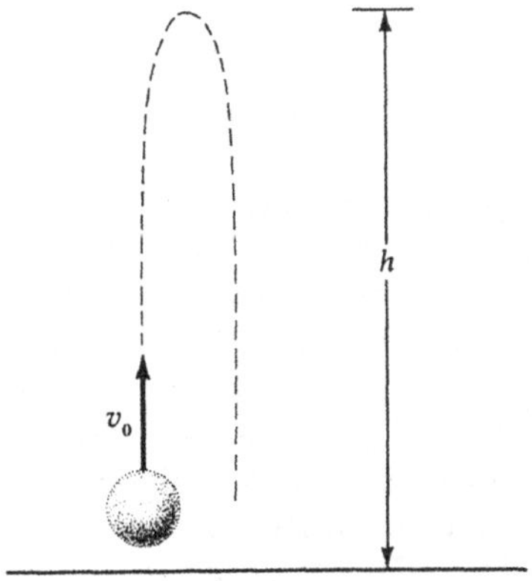

FIG. 4.5. — El objeto móvil puede elevarse a sí mismo una altura h en virtud de su energía cinética.

un medio sencillo para hallar la altura que alcanzaría un objeto arrojado hacia arriba. Despejando h vemos que m se elimina, y así se tiene

$$h = \frac{v_0^2}{2g}$$

Esto nos dice que la altura que alcanzará un objeto lanzado hacia arriba depende sólo de la velocidad con que se lanzó y de la aceleración debida a la gravedad; carece de importancia la masa del objeto. Naturalmente, se supone que las fuerzas de rozamiento son despreciables.

Como sabemos, una vez que el objeto de la figura 4.5 alcanza la parte superior de su trayectoria, se detiene y luego empieza a caer libremente. Como se detuvo un instante en la parte superior, su energía cinética allí era nula. Sin embargo, como la tierra tira hacia abajo del objeto con una fuerza W (o mg), el objeto se acelera y adquiere cierta energía cinética. En el instante en que el objeto ha caído la distancia h, y un momento antes de que alcance el suelo, la fuerza mg que ha actuado a través de una distancia h ha realizado trabajo por un valor mgh. En el mismo instante, la energía cinética del objeto ha variado desde su valor inicial de cero a $\frac{1}{2}mv^2$, siendo v su velocidad en el instante inmediatamente antes de incidir sobre el suelo. Podemos, por lo tanto, escribir:

$$\text{Trabajo realizado} = \Delta E_c$$

y esto nos da

$$mgh = \tfrac{1}{2}mv^2$$

Obsérvese que esta ecuación es exactamente la misma que teníamos a partir del movimiento hacia arriba del objeto. Por consiguiente, llegamos a la conclusión de que en ausencia de rozamiento, *un objeto lanzado hacia arriba caerá con la misma velocidad que tenía cuando se lanzó.* Más aún, puesto que la masa del objeto se elimina en esta ecuación, como ocurría en el caso de movimiento ascendente, vemos que *todos los objetos caen del mismo modo.* Esto es exactamente lo que Galileo descubrió acerca de los objetos en caída libre.

Se observará que el ejemplo previo implica que un objeto que puede caer tiene la capacidad de realizar trabajo. Por ejemplo, en la figura 4.6*a*, el peso puede caer adquiriendo energía cinética en su caída. Después de descender la altura *h*, ha adquirido una energía cinética

$$\tfrac{1}{2}mv^2 = mgh$$

Como el objeto móvil es capaz de realizar trabajo en cantidad $\frac{1}{2}mv^2$, llegamos a la conclusión de que antes de la caída, el objeto ya tenía dicha capacidad para realizar trabajo en la misma cantidad *mgh* o *Wh*.

La figura 4.6*b* muestra otro ejemplo de capacidad de un objeto para realizar trabajo en virtud de su capacidad para caer. Si damos al peso superior un ligero empuje hacia abajo, el objeto superior caerá a una velocidad lenta y constante y al hacer esto levantará el otro peso y así realizará un trabajo igual a *Wh* o *mgh.* Estos ejemplos muestran que un objeto de masa *m* situado a una altura *h* tiene la capacidad de realizar una cantidad *mgh* de trabajo. Por lo tanto, el objeto posee energía, que es la capacidad para realizar trabajo. A este tipo de energía podemos denominarla *energía potencial gravitatoria,* puesto que la capacidad de caer bajo la gravedad es básica para esta forma de energía. Resumiendo:

> *Un objeto de peso W = mg situado a una altura h tiene una energía potencial gravitatoria de Wh, o bien de mgh.*

Hemos estudiado dos tipos de energía: cinética y potencial gravitatoria. En capítulos posteriores consideraremos otras diversas formas de energía. Todas ellas tienen una propiedad en común: *puesto que la energía es la capacidad de realizar trabajo, esta capacidad nunca se pierde a no ser que se realice trabajo* o se transforme en otra clase de energía. Esto nos conduce a una ley de conservación para la energía.

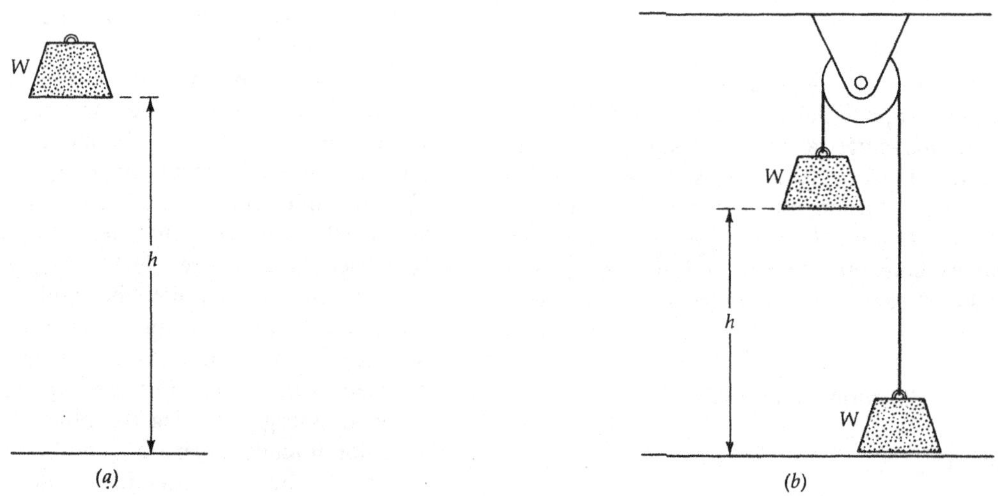

FIG. 4.6. — Un objeto de masa *m* tiene la capacidad de realizar una cantidad de trabajo *mgh* al descender una altura *h*.

Conservación de la energía

Hemos visto que puede perderse energía cinética de dos maneras: produciendo una cantidad equivalente de trabajo contra una fuerza F o produciendo una cantidad equivalente de energía potencial. Esta última alternativa era simplemente el trabajo realizado contra la fuerza gravitatoria y así podría incluirse con la primera. Sin embargo, el trabajo realizado contra la fuerza gravitatoria es tan importante que separamos este efecto y nos referimos a él como una energía potencial gravitatoria. También hemos visto que la energía potencial gravitatoria puede perderse de dos maneras: puede transformarse en una cantidad equivalente de energía cinética y puede utilizarse para hacer una cantidad igual de trabajo. Finalmente, cuando una fuerza realiza trabajo puede (1) aumentar la energía cinética de un objeto, (2) aumentar la energía potencial de un objeto, o (3) realizar trabajo contra la fuerza de rozamiento. El trabajo total realizado por una fuerza es siempre igual a la suma de los aumentos de las energías cinética y potencial junto con el trabajo realizado contra el rozamiento.

Estos hechos diferentes pueden resumirse en una ley fundamental de la naturaleza, *ley de la conservación de la energía*. En este instante, sólo enunciaremos una parte de la ley; en el resto de la ley intervienen otras formas de energías.

> *La energía total de un objeto (cinética más potencial) es constante siempre que no actúe sobre el objeto ninguna fuerza no equilibrada, excepto la gravedad.*

Como señalábamos anteriormente, la fuerza gravitatoria es especial, puesto que hacemos uso de la energía potencial gravitatoria para expresar sus efectos.

Aunque estuviesen actuando sobre el objeto el rozamiento y otras fuerzas, todavía podríamos afirmar algo de valor. Si alguien está empujando sobre el objeto de modo que haga aumentar su velocidad, entonces el trabajo realizado por el agente que empuja producirá un aumento igual de la energía del objeto. Las fuerzas de detención por otra parte harán que el objeto pierda energía en cantidad igual al trabajo realizado por ellas. El enunciado siguiente resume estas observaciones y realmente comprende a la ley restringida dada anteriormente:

> *La energía inicial de un objeto más el trabajo realizado por las fuerzas aceleradoras menos el trabajo realizado por las fuerzas de frenado o resistentes es igual a la energía final del objeto.*

Este enunciado se conoce a veces como el *teorema del trabajo y la energía.* Mediante algunos ejemplos ilustraremos ahora su empleo.

EJEMPLO 4.2

Un automóvil que pesa 1500 kg choca frontalmente con un árbol a una celeridad de 15 m/s (54 km/h). Se detiene después de que el motor y radiador se han introducido dentro del coche 1 m. Calcular la fuerza que el árbol ejerció contra el coche.

Método: El coche tenía originalmente una energía cinética $\frac{1}{2}mv^2$. Perdió toda esta energía debido a que el árbol ejerció contra el coche una fuerza de detención F a lo largo de una distancia de un metro hasta que quedó en reposo. De aquí que el trabajo realizado por la fuerza de detención del árbol sea F (1 m). No era una fuerza aceleradora y por ello el teorema del trabajo y la energía dice:

$$\text{EC original} - \text{trabajo por la fuerza de detención} = 0$$

o bien,

$$\tfrac{1}{2}mv^2 - F(1\ \text{m}) = 0$$

El segundo miembro de la ecuación es cero porque el coche se detuvo y, por lo tanto, su energía final es nula. Podemos despejar en esta ecuación F recordando que $v = 15$ m/s y $m = W/g = (1500\ \text{kg})/9{,}8\ \text{m/s}^2)$; el resultado eses

$$F = 33\,750\ \text{kg} = 330\,750\ \text{N}$$

Incluso con esta velocidad relativamente pequeña una fuerza tan grande como ésta ha de producir un daño muy elevado.

EJEMPLO 4.3

Una cápsula espacial de 10 000 kg entra en la atmósfera terrestre a una altura de 100 km aproximadamente con una velocidad de 5000 m/s. Va-

rios minutos más tarde, cae lentamente en el océano, colgada de su paracaídas. Estimar el valor de la energía que se perdió debido a las fuerzas de rozamiento durante su descenso.
Método: La cápsula tenía una energía cinética despreciable cuando cayó en el océano. Por lo tanto, debe haber perdido toda su energía cinética y potencial inicial realizando un trabajo contra la fuerza de rozamiento cuando penetraba en la atmósfera. Como resultado, el teorema del trabajo y la energía nos dice:

$$E_c \text{ inicial} + E_p \text{ inicial} - \text{trabajo rozamiento} = 0$$

lo cual equivale a

$$\tfrac{1}{2}mv_0^2 + mgh - \text{trabajo de rozamiento} = 0$$

El trabajo realizado por rozamiento es

$$\text{Trabajo de rozamiento} = \tfrac{1}{2}mv_0^2 + mgh$$

Puesto que $m = 10\,000$ kg, $v_0 = 5000$ m/s, $g = 9{,}8$ m/s^2 y $h = 100\,000$ metros, tenemos

$$\text{Trabajo de rozamiento} = 13{,}5 \times 10^{10} \text{ joule}$$

Recuérdese que $13{,}5 \times 10^{10}$ significa que hay que multiplicar el 13,5 por 10 000 millones, es decir, un uno con diez ceros detrás. Esta gran pérdida de energía debida al trabajo de rozamiento da como consecuencia una producción muy grande de calor, haciendo que la superfice de la cápsula en la entrada se ponga al rojo blanco. ¿Por qué las personas que están en la cápsula no se queman a una temperatura tan extraordinariamente alta?

EJEMPLO 4.4

El coche indicado en la figura 4.7 se mueve con una celeridad de 30 m/s (108 km/h) cuando el motor se detiene. Admitiendo que el coche se mueve sin rozamiento, ¿a qué velocidad estará marchando cuando llegue a la cima de la colina?
Método: Como hemos admitido la ausencia de todas las fuerzas excepto la gravedad, la energía total del coche permanecerá invariable. Sin embargo, parte de la energía cinética se transformará en energía potencial. El teorema del trabajo y la energía nos dice:

$$E_c \text{ inicial} + E_p \text{ inicial} = E_c \text{ final} + E_p \text{ final}$$

O simbólicamente:

$$\tfrac{1}{2}mv_0^2 + 0 = \tfrac{1}{2}mv^2 + mgh$$

Cada término de esta ecuación contiene la masa del coche m y, por lo tanto, después de dividir todos los términos por m y multiplicar por 2, se tiene después de ordenar

$$v^2 = v_0^2 - 2gh$$

Sustituyendo $v_0 = 30$ m/s, $g = 9{,}8$ m/s^2 y $h = 20$ metros se tiene el resultado siguiente:

$$v = \sqrt{508} \text{ m/s}$$

Puesto que $22 \times 22 = 484$ y $23 \times 23 = 529$, la raíz cuadrada de 508 debe tener un valor intermedio entre 22 y 23. El resultado exacto es $v = 22{,}7$ m/s.

Velocidad límite

Hemos visto que cuando se pierde alguna forma de energía, debe realizarse trabajo o bien debe aparecer otra forma de energía. A partir de este principio hemos encontrado la velocidad con que un objeto se mueve después de caer una distancia h. El objeto pierde energía potencial mgh y, si se pueden ignorar las fuerzas de rozamiento, adquiere una cantidad igual de energía cinética $\tfrac{1}{2}mv^2$. ¿Con qué rapidez estará moviéndose un objeto después de haber recorrido en su caída 3 m?
Igualando la energía potencial perdida, mgh, a la energía cinética ganada a $\tfrac{1}{2}mv^2$, se tiene

$$\not{m}gh = \tfrac{1}{2}\not{m}v^2$$

o bien

$$v = \sqrt{2gh}$$

En nuestro caso $g = 9{,}8$ m/s^2 y $h = 3$ m; así pues, resulta ser $v = 7{,}55$ m/seg. Esta es la velocidad que tendría antes de chocar contra el suelo. Podemos calcular ahora el tiempo que habrá tardado en llegar al suelo observando que $\bar{v} = \tfrac{1}{2}(v + v_0) = 3{,}75$ m/s

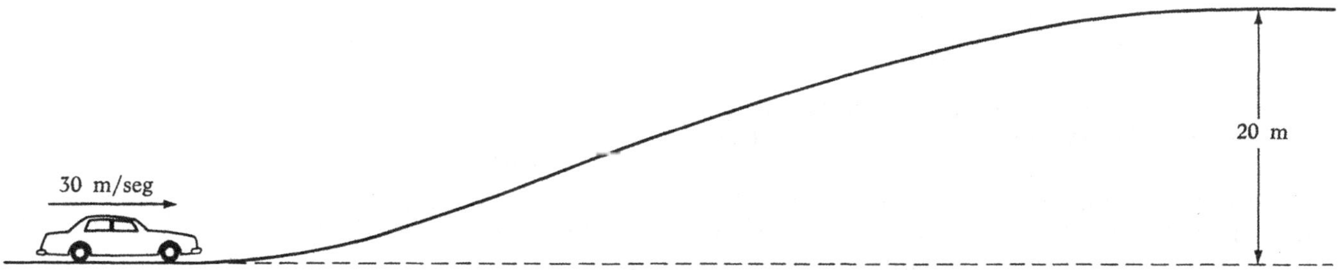

FIG. 4.7. — Si el coche se mueve con el motor parado, ¿con qué velocidad marchará cuando llegue a la cima de la colina?

y haciendo uso de $e = vt$, siendo $e = h = 3$ m. El tiempo es sólo de 4/5 segundos.

Si se deja caer un trocito de papel de una altura de unos 3 m, se observarán dos hechos curiosos. En primer lugar, la caída del papel emplea bastante más tiempo de 4/5 seg en su caída; segundo, el papel parece caer a una velocidad casi constante una vez que ha recorrido una pequeña distancia. Evidentemente este objeto no cae del modo que hemos predicho.

La clave que necesitamos para interpretar este comportamiento la podemos obtener a partir de la observación de que el trocito de papel cae con velocidad constante después de los primeros momentos; no se acelera más. La segunda ley de Newton nos dice que puesto que $a = 0$, no existe ninguna fuerza no equilibrada actuando sobre el objeto en caída libre. Ciertamente la Tierra tira de él con una fuerza igual a su peso W. Puesto que el papel no sufre aceleración, la fuerza gravitatoria debe estar equilibrada por otra igual dirigida hacia arriba. Esta fuerza equilibrada es el rozamiento del aire a través del cual está cayendo el papel.

Todos los objetos que caen a través del aire sufren la acción de una fuerza de rozamiento debida al aire y esta fuerza tiene un sentido opuesto al del movimiento del objeto. Cuanto más rápido cae el objeto mayor es esta fuerza de fricción retandatriz. Al principio, cuando el objeto está cayendo lentamente, la fuerza de rozamiento dirigida hacia arriba es muy pequeña. Cuando la velocidad del objeto aumenta, la fuerza de rozamiento también aumenta. Para una velocidad, denominada *velocidad límite,* la fuerza de rozamiento resulta ser tan grande como la correspondiente al peso del objeto. Cuando se alcanza esta velocidad, la fuerza gravitatoria está equilibrada por la de rozamiento y el objeto que cae no sigue acelerándose. El objeto cae entonces con una velocidad constante, su velocidad límite

Un trocito de papel o una pluma tienen un peso muy ligero, pero ofrecen una superficie grande para la acción del rozamiento del aire. Como resultado, estos objetos alcanzan pronto sus velocidades límites. Otros objetos mucho más pesados presentan el mismo comportamiento si caen durante una longitud bastante grande de modo que se pueda alcanzar su velocidad límite. Las velocidades finales típicas son del orden de 7,5 m/seg para una gotita de agua y alrededor de 60 m/seg para un hombre. Puede calcularse aproximadamente la longitud a lo largo de la cual debería caer un hombre para alcanzar esta velocidad final; recuérdese que g, la aceleración debido a la gravedad, es de 9,8 m/s^2.

Potencia

Los sistemas mecánicos tales como las máquinas, los motores, etc., utilizan diversas formas de la energía para realizar trabajo. La *velocidad* o el ritmo con el que se hace el trabajo suele ser tan importante como el trabajo total realizado. Por ejemplo, un hombre con una pala a mano y una máquina con pala mecánica, realizan la misma cantidad de trabajo al cargar una tonelada de grava sobre un camión. Sin embargo, la máquina habrá realizado el trabajo mucho más rápidamente. La magnitud científica que mide la velocidad a la que se está haciendo el trabajo se denomina *potencia.* Se define del modo siguiente:

$$\text{Potencia} = \frac{\text{trabajo realizado}}{\text{tiempo empleado}}$$

Las unidades de potencia se obtienen directamente a partir de la definición. En el sistema métrico el trabajo se mide en joules (pág. 70); por tanto, la potencia se mide en joules por segundo. A esta unidad se le llama *watt* (W). Hay otra unidad que se usa con mucha frecuencia, resultante de medir el trabajo en m-kg, que se denomina *caballo de vapor* (CV), que es la potencia desarrollada para elevar 75 kg 1 metro en 1 segundo (75 kg-m/s). Como 75 × 9,8 = 735 newtons y el newton por metro es el joule, resulta que 1 CV = 735 W. Aclaremos estos puntos mediante algunos ejemplos.

EJEMPLO 4.5

Un motor eleva un ascensor de 900 kg de peso a una altura de 20 m en un tiempo de 30 seg. Estimar la potencia producida por el motor.

Método: En un tiempo de 30 seg el motor levanta 900 kg a una altura de 20 metros. Por lo tanto, el trabajo que realiza es

$$\text{Trabajo realizado} = Wh = 18\,000 \text{ m-kg}$$

De aquí que la potencia sea

$$\text{Potencia} = \frac{18\,0000 \text{ m-kg}}{30 \text{ s}} = 600 \text{ m-kg/s}$$

Como un CV es igual a 75 m-kg/s = 735 W, el motor produce una potencia de 600/75 = 8 CV, o bien 8 × 735 = 5880 W. En la práctica, el motor deberá tener una potencia superior a este valor, puesto que se necesita un trabajo adicional para acelerar el ascensor hacia arriba y vencer el rozamiento.

EJEMPLO 4.6

¿Qué potencia mínima se necesitaría para acelerar un coche de 1600 kg desde el reposo hasta 12 m/s (43,2 km/h) en un tiempo de 5 segundos?

Método: Si admitimos que el coche se mueve sobre una horizontal y despreciamos las fuerzas de rozamiento, el trabajo realizado será igual al aumento de energía cinética del coche. Por lo tanto,

$$\begin{aligned}\text{Trabajo} &= \Delta E_c \\ &= \frac{1}{2}\left(\frac{1600}{9{,}8}\right)(12)^2 \text{ m/kg} \\ &= 11\,750 \text{ m-kg}\end{aligned}$$

la potencia es, en este caso,

$$\text{Potencia} = \frac{11\,750}{5} = 2350 \quad \text{m-kg/s} = 31 \text{ CV}$$

¿Parece esto razonable para las potencias normales de los coches? ¿Dónde radica el error?

Energía en sistemas vibrantes

A diferencia de los sistemas que hemos estudiado aquí, algunos sistemas mecánicos vibran en un sentido y otro. Ejemplos típicos son los péndulos que vibran, y el movimiento adelante y atrás de una masa situada en el extremo de un muelle. El sistema de los muelles se presenta con gran frecuencia en la naturaleza; incluso los átomos dentro de las moléculas puede considerarse que están retenidos entre sí por enlace de tipo elástico. A pesar de su diversidad, todos los dispositivos vibratorios tienen ciertas características comunes que estudiaremos ahora.

El péndulo oscilante indicado en la figura 4.8 se mueve hacia adelante y hacia atrás entre dos posiciones límites en los dos extremos de su oscilación. Como puede verse, el péndulo se mueve con más rapidez cuando pasa por su posición central. Cuando está en el extremo de su oscilación, permanece en reposo durante un breve instante. Evidentemente la lenteja del péndulo pierde energía potencial gravitatoria cuando oscila dirigiéndose hacia la posición central. Esta energía potencial perdida se transforma en energía cinética, como debe suceder según el teorema del trabajo y la energía. Evidentemente, un péndulo oscilante tiene un intercambio continuo de energía cinética y potencial.

La masa situada en el extremo del muelle indicado en la figura 4.9 también oscilará hacia adelante y hacia atrás entre los dos límites a cada lado de la posición central del muelle sin deformar. Cuando la masa está a la izquierda de la posición central, el muelle está comprimido; cuando está a la derecha el muelle está alargado. Como el péndulo, el sistema masa-muelle oscila en un sentido y otro teniendo una

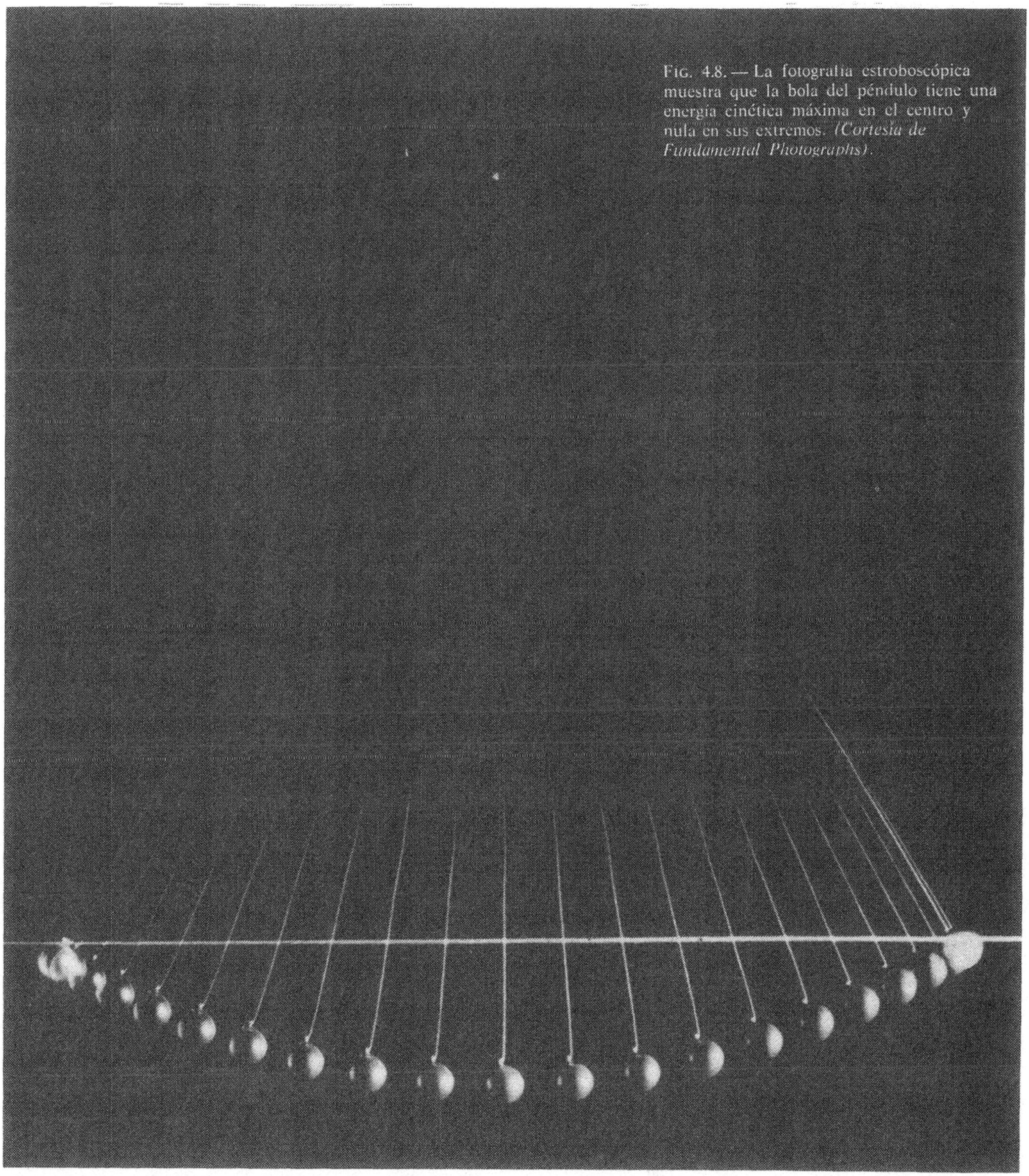

FIG. 4.8. — La fotografía estroboscópica muestra que la bola del péndulo tiene una energía cinética máxima en el centro y nula en sus extremos. *(Cortesía de Fundamental Photographs).*

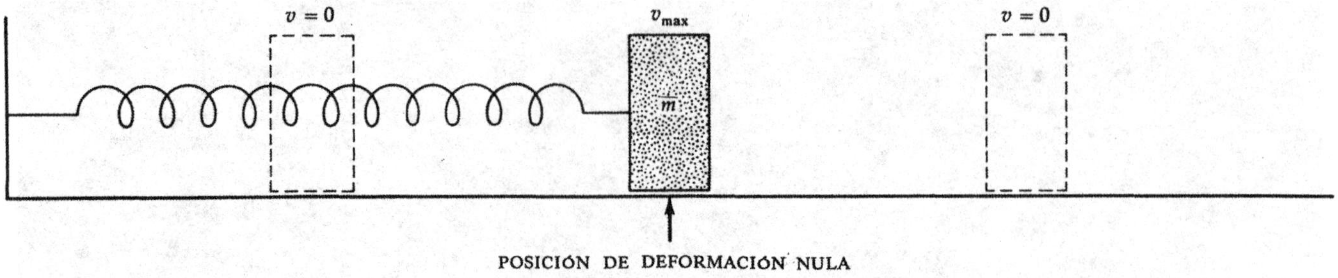

FIG. 4.9. — Cuando la masa oscila adelante y atrás, la energía se transforma una y otra vez de potencial a cinética y viceversa.
Posición de deformación nula

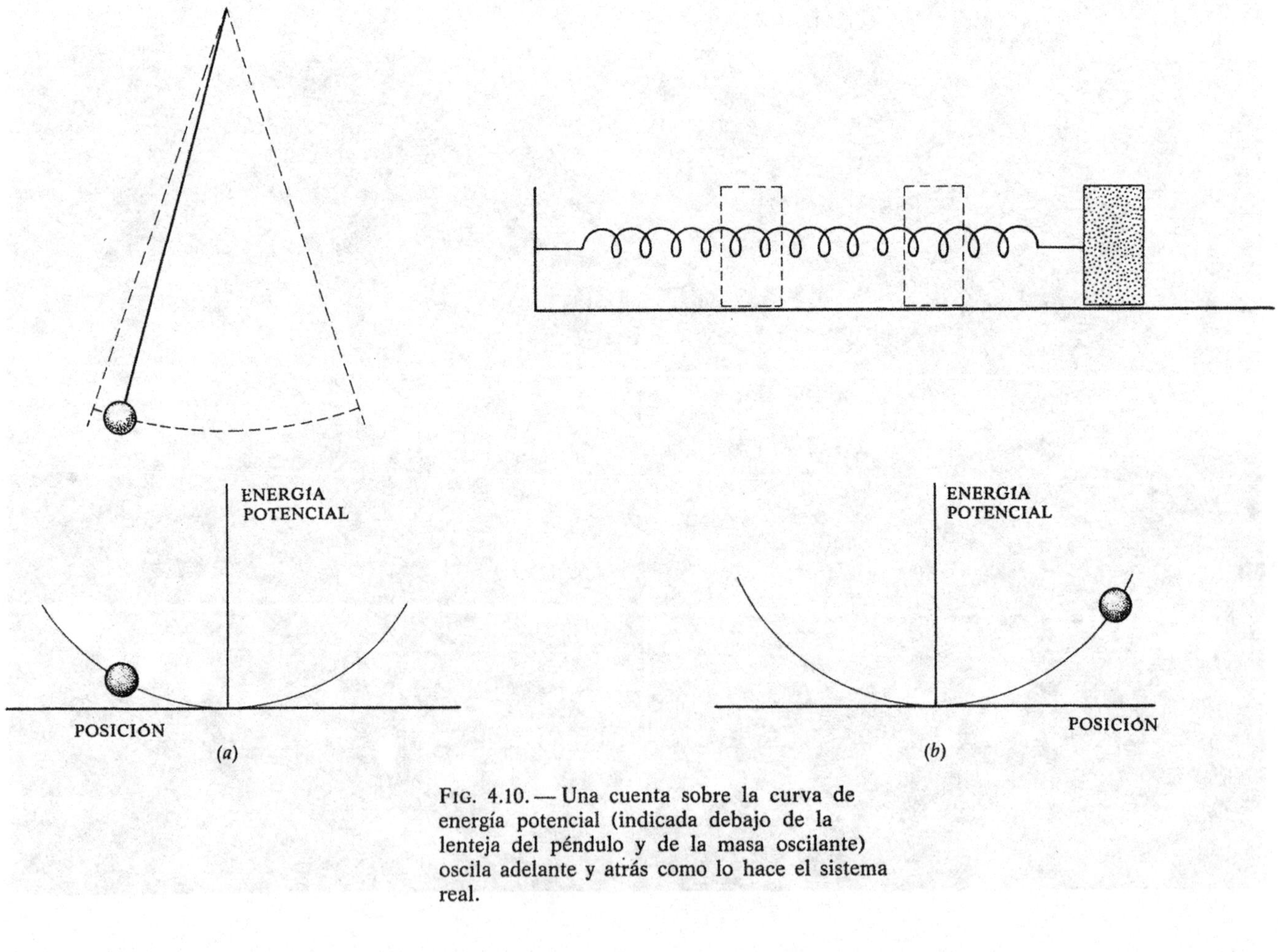

FIG. 4.10. — Una cuenta sobre la curva de energía potencial (indicada debajo de la lenteja del péndulo y de la masa oscilante) oscila adelante y atrás como lo hace el sistema real.

energía cinética máxima cuando la masa pasa por la posición central. En los dos extremos de su trayectoria, la masa ha perdido toda su energía cinética. La energía del sistema se ha almacenado entonces en el muelle y se convertirá de nuevo en energía cinética cuando el muelle acelere la masa. Podemos denominar esta nueva forma de energía almacenada *energía potencial del muelle.*

El sistema vibrante masa-muelle tiene mucho en común con el péndulo oscilante. Ambos efectúan un intercambio constante de energía cinética y potencial. Sin embargo, a diferencia del péndulo, que almacena energía en su forma potencial gravitatoria, el muelle la almacena en forma de una compresión y expansión alternadas.

Con frecuencia resulta conveniente dibujar un diagrama que muestre la energía potencial de la masa en el extremo de la posición de un péndulo o la energía almacenada en un muelle. La figura 4.10*a* da un diagrama de éstos para el péndulo situado encima de la misma. Como la energía potencial de la masa es proporcional a la altura a que está situada ésta, el diagrama de energía potencial recuerda la trayectoria del péndulo. De modo semejante se indica en la figura 4.10*b*, el diagrama de energía potencial correspondiente al sistema muelle. Cuando el muelle está comprimido o extendido la energía potencial es grande. En la posición central el muelle no deformado no tiene ninguna energía almacenada en él.

Si sustituimos mentalmente la curva de la figura 4.10 por un alambre con una cuenta o lenteja enhebrada en él, la cuenta oscilará hacia atrás y hacia adelante de un modo semejante a como lo hace el sistema real. Por ejemplo, supóngase que la cuenta se coloca en un extremo del alambre curvado. En este punto su energía es completamente potencial, del mismo modo que sucede en el péndulo. Cuando la cuenta se desliza hacia abajo por el alambre, la energía potencial se transforma en cinética. Después de pasar por el punto central, la cuenta se desliza de nuevo hacia arriba por el alambre hasta que toda su energía es de nuevo potencial. Luego se repite otra vez el proceso.

El concepto de una cuenta deslizándose sobre la curva de energía potencial nos dice cómo se comportará el sistema real. Este dispositivo conceptual será útil en capítulos posteriores.

Ley de gravitación de Newton

Hemos estudiado el movimiento lineal y el movimiento vibratorio. Otro tipo importante de movimiento lo presentan las naves espaciales que describen órbitas alrededor de la Tierra y los planetas que circulan alrededor del Sol. El primero en explicar satisfactoriamente las trayectorias orbitales de los planetas fue Newton.

De acuerdo con la primera ley de Newton, en ausencia de una fuerza no equilibrada, un objeto se moverá siempre en una línea recta. Se necesita una fuerza como la indicada en la figura 4.11 para curvar la trayectoria de un objeto hasta que llegue a ser una circunferencia. La fuerza de la figura es una *fuerza radial,* es decir, una fuerza dirigida hacia el centro del círculo. Además, la fuerza es siempre perpendicular al movimiento del objeto y, por lo tanto, la fuerza no produce trabajo. Ni aumenta la velocidad ni la disminuye; *simplemente varía la dirección de la velocidad.* Este es un caso en el que una fuerza produce una variación de la velocidad sin cambiar su celeridad. Sin embargo, nuestra definición de aceleración se refiere a cualquier cambio de velocidad, sea éste

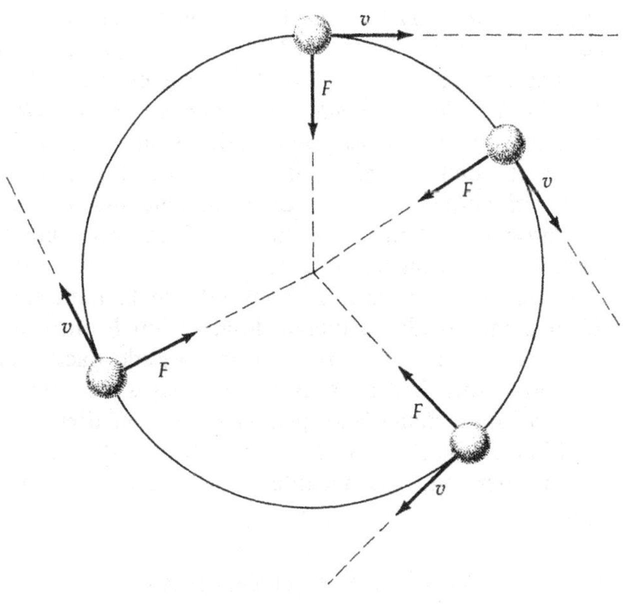

FIG. 4.11. — Se necesita una fuerza radial para curvar la trayectoria pasándola de la línea recta a la circunferencia.

un cambio de dirección o de valor y, así, la fuerza radial produce una aceleración aunque no altere la celeridad.

Newton analizó los movimientos aproximadamente circulares de los planetas alrededor del Sol en un esfuerzo para encontrar la naturaleza de las fuerzas gravitatorias. (Para hacer esto, tuvo que inventar una nueva rama de la matemática, que denominamos cálculo). La idea básica es razonablemente sencilla: el Sol debe ejercer una fuerza atractiva sobre cada uno de sus planetas para obligarles a describir órbitas circulares. Puesto que la Luna da vueltas alrededor de la Tierra en una trayectoria circular, la Luna debe estar atraída de modo semejante por la Tierra. Además, la ley de la acción y de la reacción nos dice que la Tierra debe ser atraída por la Luna con una fuerza igual y opuesta a la anterior.

A partir de estas consideraciones, Newton pudo demostrar que la atracción gravitatoria de un objeto de masa m_1 respecto a otro objeto de masa m_2 viene dada por la ecuación

$$F = G\frac{m_1 m_2}{r^2} \qquad (4.3)$$

siendo G una constante de la naturaleza. La situación se indica en la figura 4.12. Obsérvese que r es la distancia entre los centros de las masas esféricas. Esta ley, la *ley de la gravitación universal de Newton*, muestra que la fuerza gravitatoria es una fuerza inversa al cuadrado de la distancia; es decir, varía proporcionalmente a $1/r^2$. En otras palabras, la fuerza gravitatoria entre dos cuerpos disminuye cuando aumenta la distancia entre ellos.

Con objeto de calcular la constante de la naturaleza G, debemos medir la fuerza de atracción F entre dos masas conocidas m_1 y m_2. Newton no pudo hacer esto debido a que la fuerza entre dos masas de tamaño ordinario es demasiado pequeña para medirse con facilidad. En 1798, Henry Cavendish pudo realizar por primera vez esta medida tan delicada y encontró que

$$G = 3{,}4 \times 10^{-8} \quad \text{(sistema británico)}$$

o bien $$G = 6{,}67 \times 10^{-11} \quad \text{(sistema mks)}$$

(El símbolo $\times 10^{-11}$ significa que hay que *dividir* por diez once veces. Por ejemplo, 5×10^{-2} es simplemente 0,05). Podemos apreciar la dificultad de una medida de este tipo calculando F a partir de la ecuación (4.3) para dos esferas idénticas de 2 kg separadas 0,5 m. La fuerza resulta ser $6{,}67 \times 10^{-11}$ newtons, que es una fuerza extraordinariamente pequeña.

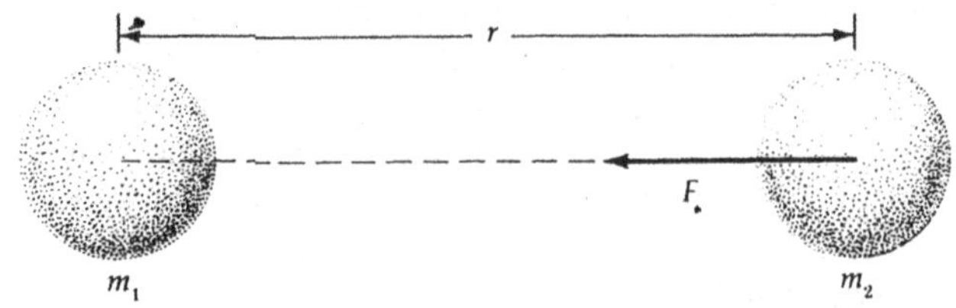

FIG. 4.12. — La masa m_1 atrae a la masa m_2 con la fuerza F dada por la ley de Newton de la gravitación.

Sin embargo, cuando una de las masas es tran grande como la Tierra, la fuerza dada por la ecuación 4.3 resulta de tamaño apreciable. Por ejemplo, si m_1 es la masa de la Tierra y m_2 la masa del cuerpo de una persona, siendo r igual al radio de la Tierra (puesto que r es la distancia desde el centro de la persona al centro de la Tierra), entonces la fuerza es su peso. Como sabemos, el peso de un objeto sobre la Tierra es la fuerza de la gravedad que tira del objeto hacia la Tierra. En este caso, el peso es la fuerza con que la Tierra atrae a la persona mencionada.

De acuerdo con la ecuación (4.3), la fuerza de atracción gravitatoria varía en razón inversa a r^2. De aquí que cuanto más alejado esté un objeto del centro de la Tierra, ésta lo atraerá con menos fuerza. Esto da como resultado una disminución de la aceleración debido a la gravedad cuando un objeto asciende a alturas superiores. La tabla 3.1 (página 51) muestra que g generalmente disminuye cuando un objeto se eleva desde el nivel del mar hasta la cima de una montaña.

Aunque la variación en peso de un objeto sea pequeña de un lugar a otro de la superficie terrestre, el gráfico de la figura 4.13 demuestra que el peso de un objeto disminuye sustancialmente cuando se aleja aún más de la Tierra. Cuando un objeto está en la Luna, la atracción de la Tierra sobre él ha disminuido en un factor de 1/270 aproximadamente. Si el objeto pesa

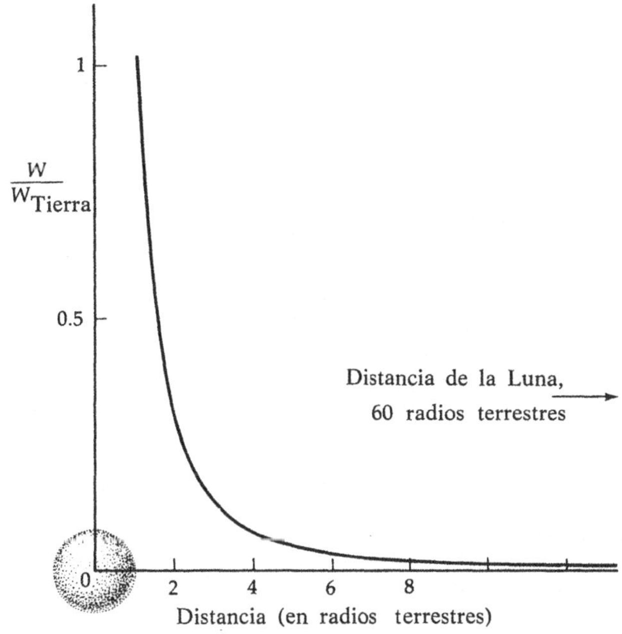

FIG. 4.13. — La fuerza de atracción de la Tierra W sobre un objeto disminuye al aumentar la distancia al centro de la Tierra.

W_t en la Tierra, la fuerza de atracción de la Tierra sobre él será solamente $W_t/270$ cuando el objeto esté situado en la Luna. Sin embargo, cuando el objeto esté en nuestro satélite, la Luna lo atraerá con una fuerza $W_t/6$ y así normalmente se puede ignorar la fuerza mucho más pequeña ejercida por la Tierra.

Aunque la fuerza de atracción gravitatoria disminuye con la distancia de separación, la fuerza de la gravedad nunca resulta ser cero. Cuando r resulta extraordinariamente grande, la fuerza todavía existe, aunque su valor se hará extraordinariamente pequeño. Esta es la razón por la cual cada parte del Universo continúa atrayendo a todas las demás partes sin importar lo distantes que puedan estar. Sin embargo, para la mayoría de los objetivos, las fuerzas ejercidas por los objetos distantes aislados del Universo son despreciablemente pequeñas. Excepto en lo que se refiere a las mareas, la fuerza gravitatoria de la Luna sobre la Tierra no tiene ningún efecto notable. No obstante, cuando una nave espacial se acerca a la Luna o a un planeta, los efectos gravitatorios de estos cuerpos predominarán sobre los demás.

Naves espaciales e ingravidez

Cuando una nave espacial rodea la Tierra, está cayendo libremente en el espacio. Para entender esta afirmación, consideremos el movimiento de una bola lanzada horizontalmente sobre la Tierra. Como vemos a partir de la figura 4.14 la fuerza gravitatoria tira de la bola hacia abajo, hacia el centro de la Tierra, y así la bola se acelera hacia abajo 9,8 m/s cada segundo si está en el aire. Evidentemente, la bola lanzada está cayendo libremente.

Sin embargo, al mismo tiempo, la bola se está moviendo paralelamente a la Tierra. Si ignoramos la influencia del rozamiento del aire, no está actuando ninguna fuerza sobre la bola de modo que haga variar su velocidad horizontal. En consecuencia, la bola se mueve paralelamente a la Tierra como se indica en la figura 4.14. El movimiento de la bola es el efecto combinado de su movimiento a velocidad constante paralelo a la superficie de la Tierra y su movimiento de caída hacia el centro de la Tierra.

Si la bola se pudiese lanzar con suficiente fuerza, la curvatura de la Tierra haría posible que la bola no llegase a chocar sobre ella como se indica en la figura 4.15. Si una bola se pudiese lanzar con una velocidad aproximada a 27 000 km/h, la curvatura de su trayectoria se ajustaría exactamente a la curvatura de la Tierra y así rodearía a ésta describiendo una circunferencia. Evidentemente, para colocar un objeto en órbita alrededor de la Tierra debemos lanzarlo paralelamente a la superficie de la Tierra con la velocidad correcta. Esto es lo que ocurre cuando se pone en órbita una nave espacial. Se dispara en línea vertical hasta que supera la atmósfera terrestre y luego se modifica su trayectoria de modo que pueda moverse paralelamente a la superficie de la Tierra a la celeridad adecuada. A partir de aquí continúa rodeando la Tierra a esta velocidad.

Incluso en estas altitudes tan elevadas, existen, sin embargo, algunas moléculas de aire. Como resultado, la nave va disminuyendo su velocidad durante varios años acercándose cada vez más a la Tierra. Finalmente alcanza una altura tan baja que el rozamiento del aire aumenta y por último la nave se quema. Naturalmente podemos llevar la nave de nuevo con seguridad a tierra frenándola repentinamente mediante el funcionamiento de sus cohetes en el sentido contrario. En este caso, pasa a través de la atmósfera con bastante rapidez, de tal modo que sólo permite que se

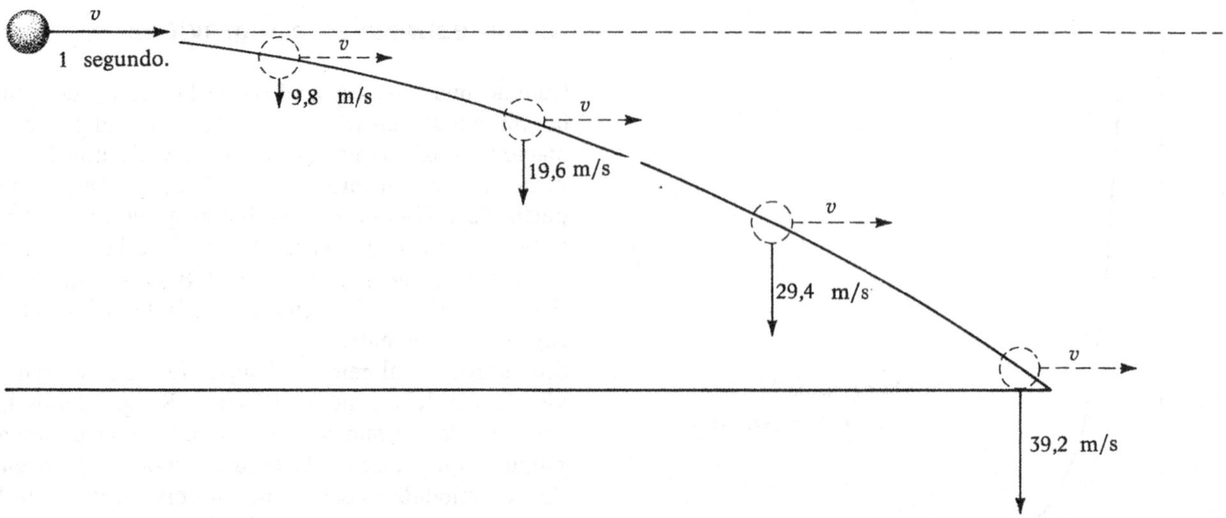

FIG. 4.14. — La bola sigue la trayectoria de trazo lleno. Se dan sus velocidades horizontal y vertical a intervalos de 1 segundo.

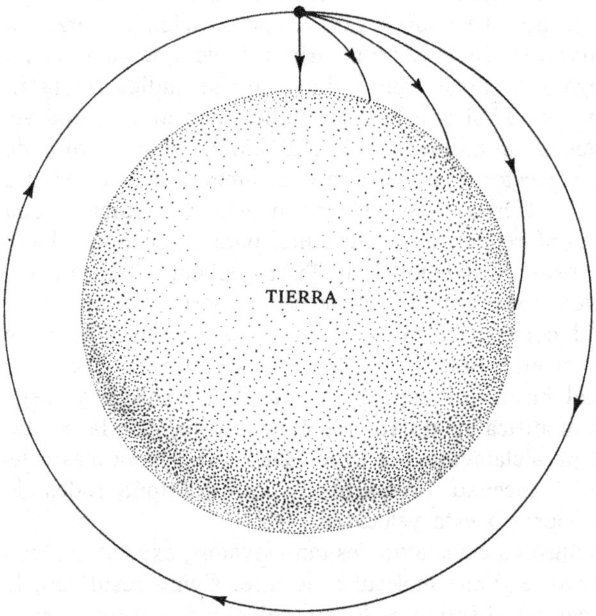

(*a*)

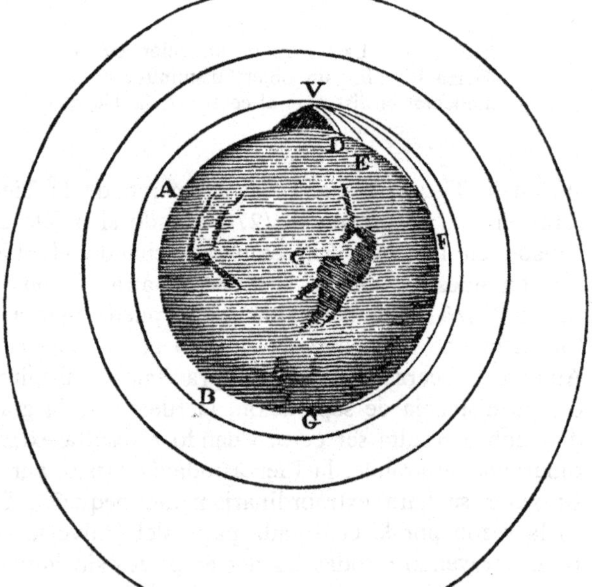

(*b*)

FIG. 4.15. — Si se dispara un objeto con suficiente rapidez paralelamente a la superficie de la Tierra, quedará en órbita alrededor de la misma. [La parte (b) está tomada directamente del libro *Principia* de *Newton.*]

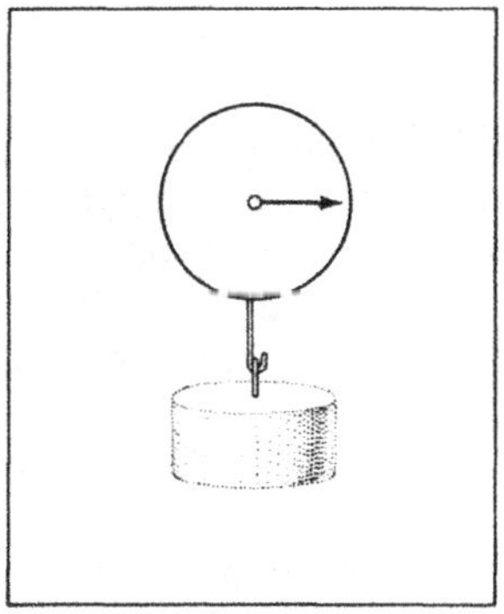

$a = 0$
La balanza marca W
(*a*)

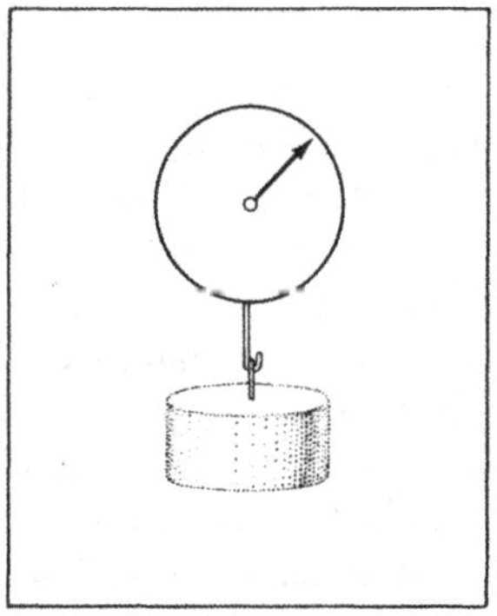

a hacia abajo
La balanza marca $< W$
(*b*)

FIG. 4.16. — El peso aparente del objeto depende de la aceleración del ascensor.

destruya por el calor la capa protectora exterior.

Del mismo modo que una cierta velocidad y masa determinan la órbita de la nave espacial alrededor de la Tierra, así la velocidad y masa de un planeta determinan su órbita alrededor del Sol y la distancia a que se encuentra de éste.

Sin ninguna duda se habrá oído decir que los objetos situados en una nave espacial en órbita parecen carecer de peso. Evidentemente están muy cercanos a la Tierra y así están sometidos todavía a una gran fuerza de la gravedad. Por lo tanto, si definimos el peso como la fuerza de la gravedad, los objetos en la nave espacial tienen peso. Sin embargo, vistos por un hombre situado en la propia nave parece que han perdido su peso. Esto es una propiedad de todos los objetos en caída libre.

Normalmente juzgamos el peso de un objeto midiendo la fuerza que se necesita para mantenerlo en un lugar fijo. Sin embargo, esta fuerza, la fuerza de soporte que lo mantiene no es siempre igual al peso del objeto. Por ejemplo, supóngase que cuelga un peso de un ascensor como se indica en la figura 4.16. Cuando el ascensor está en reposo o moviéndose con una celeridad constante, la aceleración del objeto es nula y la segunda ley de Newton nos dice que no actúa ninguna fuerza no equilibrada sobre el objeto. De aquí que cuando $a = 0$, la fuerza ascendente debida a su soporte debe ser igual a la fuerza descendente originada por la gravedad W. Este es el caso de la figura 4.16*a* en donde la balanza actúa como soporte. Puesto que la escala de la balanza nos da la fuerza necesaria para sostener el objeto, esta lectura será el peso W.

Sin embargo, si el ascensor y el objeto contenido dentro de él se aceleran hacia abajo, $F = ma$ nos dice que una fuerza no equilibrada dirigida hacia abajo debe ser la causante de esta aceleración. Sobre el objeto actúan sólo dos fuerzas, el empuje hacia abajo de la gravedad W y la fuerza de soporte ejercida por la balanza. Como el objeto se está acelerando hacia abajo, W debe ser mayor que la fuerza de sostén. De aquí que en la figura 4.16*b* la lectura de la balanza será menor que W. El objeto parecerá tener un peso aparente menor que W.

Si no existiese ninguna fuerza de soporte en absoluto actuando sobre el objeto, éste caería con una aceleración g bajo su propio peso, como es natural. Supóngase ahora que el cable que sostiene al ascensor se ha roto y éste cae libremente. Su aceleración, la misma que posee todo lo contenido dentro de él, será la aceleración correspondiente a la caída libre g. La balanza deberá marcar cero en estas circunstancias; el peso aparente del objeto sería cero.

Un objeto puede parecer sin peso cuando él y su entorno están en caída libre. En particular, una nave espacial en órbita alrededor de la Tierra está en caída libre hacia el centro de la misma. Como resultado, todo lo que está contenido dentro de la nave espacial parece carecer de peso, del mismo modo que ocurre con el contenido de un ascensor en caída libre. El contenido dentro de dicha nave no exige ningún soporte y flota todo él en el interior de la cabina. Debido a que la nave está cayendo libremente, los astronautas dentro de la misma están sometidos a la misma sensación que se puede haber observado en un arranque rápido hacia abajo en un ascensor o durante el recorrido de una montaña rusa cuando el vagón empieza a descender desde una de las partes más elevadas. Cuando la nave espacial se está dirigiendo hacia la Luna o volviendo hacia la Tierra, está también en caída libre. En estas condiciones, los objetos dentro de la nave parecen también sin peso. Sin embargo, cuando los motores cohete de la nave se disparan, la nave se acelera hacia adelante. Durante este tiempo, los objetos que flotaban en la nave caerán hacia la parte posterior de la nave. ¿Puede explicarse la razón?

BIBLIOGRAFÍA

1. NEWTON: *Principia* (rústica), University of California Press, Berkeley, 1962. Contiene los estudios originales de Newton del movimiento planetario.

2. ANDRADE, E. N.: *Isaac Newton* (rústica), Anchor Science, Doubleday, Garden City, N.Y., 1954. Una descripción comprensible de la vida y descubrimientos de Newton.

3. GAMOW, G.: *Gravity* (rústica), Anchor Science, Doubleday, Garden City, N.Y., 1962. Un físico famoso, notable por su capacidad en popularizar la física, analiza nuestra comprensión de la gravedad a través de los trabajos de Galileo, Newton y Einstein.

4. HOLTON, G., y ROLLER, D.: *Foundations of Modern Physical Science,* capítulos 11 a 18, Addison-Wesley, Cambridge, Mass., 1958. Los capítulos 9 a 18 contienen un material referente a este capítulo para el alumno que desee estudiar estos temas más a fondo.

5. WENT, F. W.: «The Size of Man», *American Scientist,* vol. 56, no. 400, 1968. Un análisis interesante de cómo el tamaño ha influido sobre la evolución de la Tierra.

RESUMEN

Cuando una fuerza F actúa sobre un objeto a lo largo de una distancia e en la dirección de la fuerza, ésta realiza una cantidad de trabajo $W = Fe$. En el sistema mks de unidades, F debe expresarse en newtons, s en metros y W resulta así expresado en joules. Un objeto móvil tiene capacidad para hacer trabajo y, por tanto, tiene una energía cinética. Una masa m disminuyendo su velocidad desde la velocidad v_0 a la velocidad v puede hacer una cantidad de trabajo igual a $\frac{1}{2}mv_0^2 - \frac{1}{2}mv^2$. La energía cinética de un objeto móvil es $\frac{1}{2}mv^2$. Con objeto de acelerar una masa m desde una celeridad v_0 a una celeridad v, la fuerza aceleradora debe realizar una cantidad de trabajo

$$\tfrac{1}{2}mv^2 - \tfrac{1}{2}mv_0^2$$

Un objeto de masa m que se ha levantado hasta una altura h exige realizar una cantidad de trabajo mgh para esta elevación. Cuando cae de nuevo, tiene la capacidad de realizar esta misma cantidad de trabajo. Por lo tanto, decimos que el objeto tiene una energía potencial gravitatoria igual a mgh,

La ley de la conservación de la energía mecánica establece que la suma de las energías cinética y potencial de un objeto es una constante en tanto que no actúe sobre él ninguna fuerza no equilibrada, excepto la gravedad. La influencia de las fuerzas puede combinarse con esta ley para dar el teorema del trabajo y la energía: la energía inicial de un objeto, más el trabajo realizado por las fuerzas aceleradoras, menos el trabajo realizado por las fuerzas de frenado es igual a la energía final del objeto.

Los objetos que caen a través del aire se ven retardados en su movimiento por la fuerza de rozamiento del aire. Como esta fuerza aumenta con la velocidad puede resultar suficientemente grande para equilibrar el empuje de la gravedad sobre el objeto. De aquí que un cuerpo que cae a través del aire alcanzará finalmente una celeridad suficientemente grande, de modo que no exista ninguna fuerza no equilibrada actuando sobre él. Entonces el objeto cesa de acelerarse y continúa su caída con una celeridad constante denominada celeridad o velocidad límite del objeto.

Se define la potencia como el trabajo realizado por unidad de tiempo, es decir, potencia = trabajo realizado/tiempo empleado. Sus unidades son el joule por segundo, que recibe el nombre de watt y el caballo de vapor. Cualquier sistema que vibra sufre un intercambio continuo de energía entre sus formas cinética y potencial. Ejemplos típicos son el péndulo y una masa vibrante situada sobre un muelle.

La ley de gravitación de Newton establece que los objetos se atraen entre sí de acuerdo con una ley proporcional a la inversa del cuadrado de la distancia. Él utilizó esta ley para explicar el movimiento de los planetas alrededor del Sol y el peso de los cuerpos. También demostró que un objeto como la Luna o un satélite rodeando a la Tierra están realmente en caída libre hacia el centro de la Tierra en todo instante. Como una nave espacial circulando alrededor de la Tierra es un cuerpo en caída libre, todo lo que está dentro de ella está también en caída libre. De aquí que los objetos del interior de la nave no requieran ningún soporte y parecen estar carentes de peso. Un caso semejante se presenta en una nave espacial viajando a través del espacio.

LISTA DE COMPROBACIONES

1. ¿Cuál es la definición científica de trabajo?
2. ¿Qué restricción hay que señalar sobre *e* en la fórmula *trabajo* = *Fe*?
3. ¿Cuáles son las unidades métricas del trabajo, energía y potencia?
4. ¿Qué se entiende por energía cinética?
5. ¿Qué se entiende por energía potencial gravitatoria?
6. Enunciar la ley de conservación de la energía según se ha dado en este capítulo.
7. Enunciar el teorema del trabajo y la energía.
8. ¿Por qué los objetos que caen llegan a adquirir una velocidad límite si están cayendo durante tiempo suficiente por el aire?
9. Definir la potencia y dar las unidades con que se mide.
10. Estudiar lo que le ocurre a la energía del sistema cuando una masa vibra en el extremo de un muelle.
11. ¿Cuál es la analogía de una cuenta deslizándose por un alambre?
12. ¿Qué clase de fuerza se necesita para hacer que un objeto se mueva en una trayectoria circular?
13. Enunciar la ley de Newton de la gravitación universal.
14. ¿Qué es una fuerza cuya ley sigue la razón inversa al cuadrado de las distancias?
15. ¿Por qué pesa un objeto menos en la Luna que en la Tierra?
16. ¿En qué es semejante una nave espacial en su trayectoria alrededor de la Tierra a una piedra lanzada con la mano?
17. ¿Qué se entiende por carente de peso y a qué se debe este fenómeno?

CUESTIONES

1. Cuando un objeto pierde energía cinética, la energía puede (*a*) transformarse en energía potencial (*b*), realizar trabajo sobre otro objeto y (*c*) realizar trabajo contra la fuerza de rozamiento. Dar un ejemplo de cada caso.
2. Dar un ejemplo para cada uno de los modos siguientes mediante los cuales puede perderse la energía potencial: (*a*) pérdida por realización de trabajo contra el rozamiento; (*b*) transformación en energía cinética; (*c*) pérdida por realización de un trabajo útil.
3. Un bloque de madera está sobre una mesa plana pero con rozamiento. Si se dispara un proyectil horizontalmente contra el bloque, ¿qué le ocurre a la energía cinética del proyectil?
4. (*a*) Es posible empujar un objeto sin hacer trabajo sobre él. Dar un ejemplo para demostrarlo. (*b*) Es posible mover un objeto de un lugar a otro sin realizar ningún trabajo apreciable sobre él. Explicar cómo.
5. Los objetos situados en la Luna pesan sólo un sexto de lo que pesan en la Tierra. Explicar por qué *g* vale allí aproximadamente 1,5 m/s^2.
6. ¿Qué datos se necesitarían para poder estimar la potencia producida por un muchacho que trepa por una cuerda?
7. Se ha propuesto la utilización de las mareas altas de la bahía de Fundy como fuente de energía. Describir un sistema que pudiera utilizarse para aprovechar esta energía.
8. Razonando a partir del intercambio de la energía cinética y potencial, explicar por qué la velocidad de un satélite en una órbita no circular alrededor de la Tierra varía de modo continuo. ¿Es esta una velocidad mayor cuando está en su apogeo (punto más lejano de la Tiera) o en su perigeo (punto más cercano)?
9. Un péndulo tiene una bola hueca en su extremo. Se desplaza ligeramente hacia un lado y se le deja que oscile. En intentos sucesivos, se altera el experimento colocando un poco de agua en la esfera, llenando la esfera hasta la mitad con agua y finalmente llenando completamente la esfera con agua. ¿En qué caso se amortiguará más rápidamente la oscilación? ¿Más lentamente?
10. Consideremos sólo como ejercicio el siguiente caso imposible. Dos hombres permanecen de pie

en los extremos opuestos de un vagón de ferrocarril y juegan a lanzarse una pelota. Si el coche carece de peso y si no existe ningún rozamiento en las ruedas, describir el movimiento del coche cuando se juega del modo indicado.

11. Una persona situada sobre una báscula en un ascensor observa que la báscula marca un valor superior a su peso real. Admitiendo que la báscula sea exacta, ¿está el ascensor acelerándose hacia arriba, yendo hacia arriba con velocidad constante, yendo hacia abajo con velocidad constante o acelerándose hacia abajo? Justificar la respuesta.
12. Dibujar un diagrama que muestre una nave espacial rodeando la Tierra. Demostrar en el diagrama lo que ocurre si los motores del cohete se encienden para aumentar la velocidad de la nave en su órbita. Repetir para el caso en que los motores se utilizan para disminuir la velocidad de la nave. ¿Cuándo se realiza cada una de estas dos operaciones en la travesía de una nave hacia la Luna y a su vuelta?
13. Un científico ha señalado que el hombre no puede ser mucho más alto de lo que es y sobrevivir sobre la Tierra. Por ejemplo, si tuviese 15 m de alto y se cayese podría con certeza romperse un hueso. ¿Qué implicaciones tendría esto para la vida en un planeta con mucha más masa y que tuviese aproximadamente la misma temperatura y atmósfera que el nuestro? (Véase referencia 5 en la Bibliografía).
14. ¿Qué datos se necesitarán para determinar la masa del Sol? Admitir que se conoce la distancia Tierra-Sol, pero que todos los demás datos deben obtenerse mediante medidas en la Tierra.
15. Un amigo nos cuenta que en una montaña rusa se bajaba por una cuesta tan pronunciada y a una rapidez tal que no podía mantenerse por sí mismo sentado en su asiento. Explicar por qué sentía este efecto. ¿Era correcta su afirmación?
16. Es posible colocar en órbita un satélite encima de la Tierra de tal modo que permanezca sobre un punto fijo de la Tierra en todo instante. ¿En qué dirección debería dispararse el satélite? Explicarlo.
17. Un cometa que se mueve dentro de nuestro sistema solar puede hacer una de estas tres cosas si consideramos solamente su existencia y la del Sol: (*a*) puede chocar contra el Sol; (*b*) puede quedar en una órbita cerrada alrededor del Sol; (*c*) puede dejar el sistema solar y probablemente no volver nunca. Cualitativamente, ¿qué debe ser diferente en los tres casos para explicar estos distintos comportamientos?

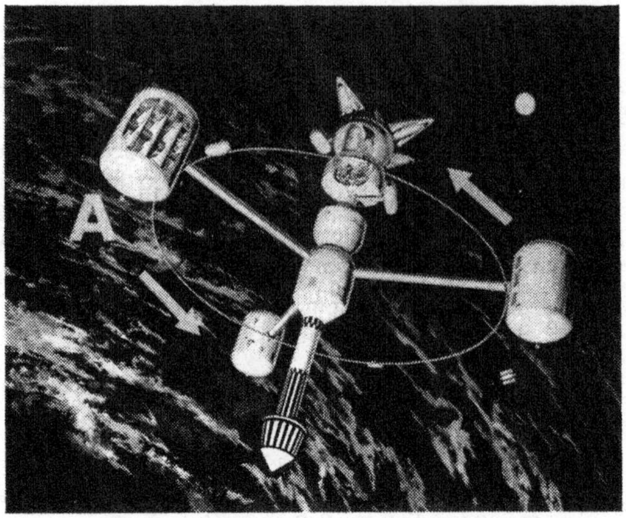

FIG. 4.17. — Estación espacial giratoria. *(Cortesía de Grumman Aerospace Corp.)*

18. En la figura 4.17 se indica un proyecto de estación espacial. Los astronautas deberían vivir y trabajar en las tres cápsulas de los bordes del anillo. Para simular la gravedad, la estación debería girar en el sentido indicado. (*a*) ¿Cómo podría ponerse en rotación? (*b*) ¿Por qué esta rotación eliminaría la carencia de peso? (*c*) ¿Qué dirección debería ser la que un hombre describiría «hacia abajo» para una persona situada en el punto *A* de la estación?

PROBLEMAS

1. ¿Cuánto trabajo se debe realizar para llevar a un muchacho de 40 kg de un extremo a otro de un campo de fútbol? ¿Para subir cargados con él una escalera de 5 m?
2. Un litro de agua tiene una masa de 1 kg. ¿Cuánto trabajo deberá realizar una bomba para llenar un tanque de 10 000 litros con agua del río si el tanque está a 20 m por encima de su superficie?
3. ¿Cuánto trabajo se realiza al acelerar un coche de 1200 kg desde el reposo hasta una celeridad

de 15 m/s con tal de que puedan despreciarse las fuerzas del rozamiento?

4. Un coche de 1500 kg yendo a una velocidad de 20 m/s acciona sus frenos y se detiene. ¿Cuánto trabajo se realiza contra la fuerza de rozamiento durante el proceso de frenado?
5. ¿Cuánto trabajo se debe hacer para elevar nuestro propio cuerpo por una escalera si la distancia vertical desde la parte superior a la inferior es de 15 m? Estimar el tiempo más corto que se tardaría en ascender una serie de escalones como éstos y calcular luego la capacidad de producción de potencia del cuerpo humano.
6. La fuerza de rozamiento entre un coche de 1600 kg con las ruedas patinando y una carretera horizontal es de unos 500 kg. Si el coche está marchando a una velocidad de 20 m/s (alrededor de 72 km/h), ¿qué distancia recorrerá patinando antes de detenerse? (Utilizar el método de la energía).
7. Si el coche del problema 6 parte del reposo y la fuerza total máxima en las ruedas traseras (de tracción) es de 250 kg, ¿cuál es la distancia más corta posible en la que podrá alcanzar una celeridad de 20 m/s?
8. Las cataratas del Victoria, en el río Zambeze de África, tienen una altura de 107 m y caen aproximadamente unos 100 000 kg de agua cada segundo. Si toda esta agua se pudiese utilizar para accionar unas turbinas, ¿cuánto trabajo se podría realizar en 1 segundo?; ¿qué potencia podría producir la cascada?
9. Utilizando consideraciones energéticas, determinar la altura a la que podría llegar una piedra si se lanzase hacia arriba directamente con una celeridad de 15 m/s.
10. Cuando un péndulo de 15 m de largo se desplaza lateralmente formando un ángulo de 8° con la vertical, la bola situada en su extremo se eleva 15 cm por encima de su posición inferior. Si se deja en libertad entonces el péndulo, ¿con qué rapidez se estará moviendo la bola del péndulo cuando alcance su posición más baja?
11. Un coche de 1200 kg aparcado encima de una colina empieza a deslizarse hacia abajo. Si la colina tiene una longitud de 100 m y una altura de 6 m, ¿cuál es la mayor velocidad posible que puede alcanzar el coche cuando llegue a la parte baja de la colina?
12. Si el coche del problema 11 cuando llega a la parte inferior se está moviendo realmente con una velocidad de 3 m/s, ¿cuánto trabajo se habrá realizado contra los frenos y otras fuerzas de rozamiento durante su descenso? ¿Cuál será el valor de la fuerza del rozamiento medio?
13. ¿Cuál es el valor aproximado de la fuerza de gravitación atractiva entre dos personas cuando están separadas 10 m?
14. Un objeto de 10 kg deberá pesar ligeramente más sobre una balanza de muelle a media noche que a medio día debido a la variación de la posición relativa de la Tierra respecto al Sol. Estimar esta variación del peso aparente, utilizando el hecho de que el Sol tiene una masa aproximadamente 3×10^5 veces mayor que la de la Tierra y que la distancia Tierra-Sol es aproximadamente 20 000 veces mayor que el radio de la Tierra.
15. Una persona media consume alimentos suficientes cada día de modo que la energía alimenticia que obtiene a partir de los mismos es aproximadamente 2000 kilocalorías (normalmente los médicos de nutrición simplemente dicen 2000 calorías). Esto equivale a $8{,}37 \times 10^6$ julios aproximadamente. ¿Cuánto trabajo se hace, en términos aproximados, cada día? ¿Dónde va a parar la mayor parte del resto de la energía?
16. Los periódicos anunciaron hace algún tiempo que un muchacho de unos 10 kg de peso cayó desde una ventana situada a unos 20 m por encima del suelo y un hombre situado debajo cogió al muchacho en sus brazos. Estimar la fuerza del hombre para hacer esto. ¿Por qué si alguien recoge un objeto pesado de esta forma, no debe permanecer de pie rígidamente?
17. Escribir los números siguientes en forma decimal: 2×10^3; 2×10^{-3}; $1{,}6 \times 10^{-2}$; 500×10^{-2}.

Capítulo 5

Energía térmica y movimiento molecular

Hemos analizado los movimientos bien definidos de uno o dos objetos que pueden observarse con facilidad. Pero si deseamos comprender los movimientos de los miles de millones de moléculas de aire contenidas en una botella o de las moléculas contenidas en una gotita de líquido, debemos idear técnicas totalmente nuevas. En lugar de medir la velocidad y posición de cada partícula por separado, debemos buscar magnitudes que midan propiedades medias: magnitudes como la temperatura, presión y viscosidad. Veremos que la energía térmica es la energía cinética molecular y que la temperatura es una de sus medidas. Una vez que hayamos comprendido el significado del calor, podemos analizar fenómenos tales como la ebullición, solidificación y evaporación.

Descubrimiento de Rumford

Todo el mundo sabe que el calor fluye desde los puntos más calientes a los más fríos, que es necesario para fundir o hervir una sustancia y que se desprende calor en una combustión. Ciertamente, los efectos producidos por el calor son tan ampliamente conocidos que no es necesario que los analicemos en un texto. En lugar de ello, mostraremos por qué el calor produce todos estos efectos. Al hacer esto, veremos de nuevo cómo la ciencia progresa desde la observación a la comprensión con ayuda de algunas leyes fundamentales de la naturaleza.

Durante un período largo antes de 1800, la gente creía comúnmente que el calor era un fluido denominado *calórico* que contenían todos los cuerpos. Se suponía que los objetos calientes contenían más cantidad de este fluido que los fríos y que cuando un objeto caliente se colocaba en contacto con otro frío, el calórico fluía desde el objeto caliente al frío, enfriándose el primero y calentándose el segundo. Un sistema llegaba a tener una temperatura uniforme cuando cada parte del sistema contenía la misma cantidad de calórico. No fue sino hasta 1800 aproximadamente cuando fue rechazado este concepto por los experimentos del conde Rumford.

Rumford se sentía intrigado por el hecho de que los metales se calientan cuando en ellos se taladra un agujero. Observó que cuando un tubó de cañón se taladraba, se generaba calor suficiente como para hervir agua. Después de ciertas investigaciones encontró que incluso si el taladro era tan romo que simplemente frotaba contra el metal sin hacer un agujero, se producía calor en tanto que la acción de frotamiento se continuase. Llegó a la conclusión de que «cualquier cosa que... puede proporcionarse sin limitación no puede posiblemente ser una sustancia material (tal como se suponía que era el calórico) y me parece a mí extremadamente difícil, si no totalmente imposible, formarse una idea clara de cualquier cosa capaz de ser excitada y comunicada del modo en que el calor se excita y comunica en estos experimentos excepto que sea en forma de MOVIMIENTO». *

Desde el descubrimiento de Rumford de que la energía térmica es simplemente energía cinética molecular, otros han ampliado su idea y ha sido demostrada la existencia de moléculas y átomos, un hecho no aclarado hasta finales del siglo XIX. No intentaremos dar ningún resumen histórico acerca de nuestra adquisición de este conocimiento. Basta decir que el progreso fue con frecuencia excesivamente lento y que originó desacuerdos apasionados entre los cien-

* W. Magie, *Source Book in Physics,* Harvard University Press, Cambridge, Mass., 1962, p. 151.

HISTORICAL PICTURES SERVICE

CONDE RUMFORD (BENJAMIN THOMPSON)
(1753-1814)

Nacido en Concord, New Hampshire (llamada entonces Rumford), Thompson era joven cuando empezó la Revolución Americana. Después de servir brevemente en el ejército americano, se sintió insatisfecho y desertó a Inglaterra. Durante cierto tiempo fue protegido por un noble inglés, de modo que pudo llevar a cabo sus investigaciones científicas. Algunos años después marchó al reino de Baviera (ahora parte sur de Alemania), donde llegó a ser Ministro de la Guerra y recibió el título por el que se le conoce principalmente. Sus obligaciones le dieron acceso a la fábrica de armas de aquel país y le permitieron utilizar el equipo y maquinaria pesada para realizar experimentos sobre la naturaleza y propiedades del calor. Actualmente la investigación militar conduce a aplicaciones pacíficas (energía nuclear, radar, aviones a reacción comerciales y los satélites de comunicaciones son ejemplos recientes) y es interesante señalar que también sucedió así en la época de Rumford.

tíficos de su época. En lugar de un método histórico desarrollaremos entonces el concepto molecular del calor de una manera más lógica. Nuestra primera etapa será aprender la relación existente entre la temperatura y el movimiento molecular dentro de los gases.

Temperatura y su medida

Existen muchas formas de termómetros, pero desgraciadamente la mayoría de ellos no concuerdan entre sí. Aunque la mayor parte de las variaciones hay que achacarlas a diferencias ligeras de construcción, existe una razón fundamental por la que incluso un termómetro de mercurio construido con gran precisión no siempre concordará exactamente con un termómetro que utilice alcohol en su tubo. Esta diferencia se debe al modo en que se han definido las escalas de temperatura. En esencia, hemos convenido sobre dos temperaturas universales y luego se han definido todas las demás en relación con estas dos.

Durante muchos años, se acordó que los puntos de fusión y de ebullición del agua serían los puntos de calibración para las escalas de temperatura. Como se indica en la figura 5.1 se colocan dos marcas sobre una columna de un termómetro para mostrar el nivel al que se eleva la columna del termómetro cuando se coloca en hielo con agua y en agua hirviendo. Estos son los puntos fijos de la escala. En los Estados Unidos y algunos otros países de habla inglesa, estos dos puntos se marcan sobre una *escala* denominada de *Fahrenheit.* En esta escala al hielo fundente se le asigna una temperatura de 32 °F y al agua hirviendo al nivel del mar se le asigna el valor 212 °F. Existen 180 grados Fahrenheit entre estas dos temperaturas y el tubo termométrico se marca con 180 divisiones entre las marcas correspondientes a 32° y 212°. Divisiones de igual tamaño se continúan por encima y por debajo de estas temperaturas.

Sin embargo, la mayor parte de la gente no utiliza el termómetro Fahrenheit; utiliza la *escala centígrada* (o *Celsius*). En esta escala, el punto de ebullición del agua es 100 °C y el punto de fusión del hielo es 0 °C. Como resultado, la región que se había dividido en 180° o partes en el termómetro Fahrenheit se divide en 100° en la escala centígrada. De aquí que un grado centígrado sea nueve quintos mayor que un grado Fahrenheit. El método para la conversión entre estas dos escalas se da en el Apéndice 2. Desgraciadamente, cuando dos líquidos diferentes se utilizan en los termómetros, las lecturas no concuerdan cuando se leen la mayoría de las demás temperaturas, diferentes de las dos que han servido para calibrarlo. La mayoría de los líquidos no se dilatan con la temperatura * del mismo modo exactamente o incluso en proporción exacta con la temperatura. Por ejemplo, supóngase un termómetro con alcohol colocado en un baño a 0 °C y en otro a 100 °C y calibrado por tanto en estos puntos. Si ahora se le compara con un termómetro de mercurio calibrado análogamente, al colocar ambos en un baño en el que se lea 50 °C sobre el termómetro de mercurio, el alcohol no se elevará exactamente hasta la altura de la calibración de 50° en el termómetro de alcohol. Aunque este ligero desacuerdo no es importante para la mayoría de las aplicaciones, impulsó a los científicos a buscar un modo más preciso y fundamental de medir temperaturas. Como resultado se desarrolló el termómetro de gas.

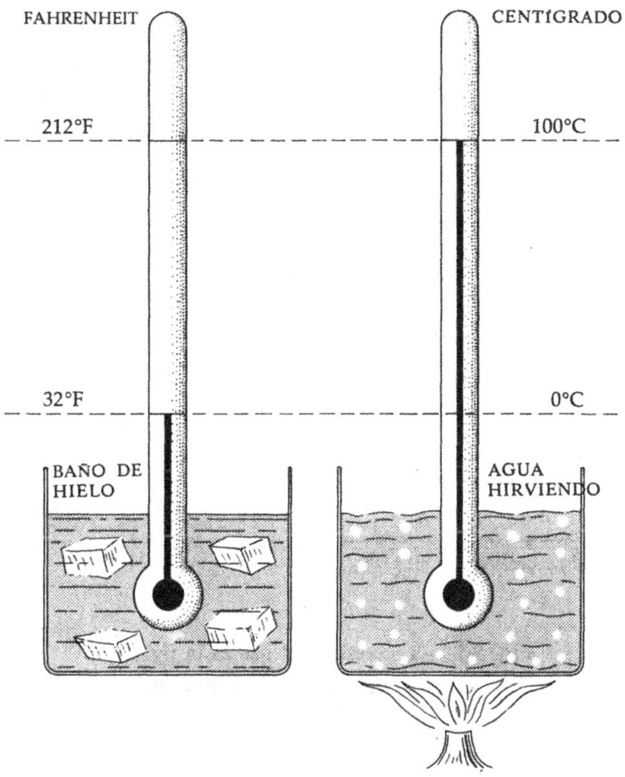

FIG. 5.1. — Una manera posible de calibrar un termómetro.

Presión de los gases y temperatura absoluta

El termómetro de gases funciona debido a que la presión de un gas encerrado en un recinto aumenta cuando su temperatura se eleva. La figura 5.2 muestra un esquema de un termómetro de gas. El bulbo del termómetro es un recipiente lleno de gas adaptado a un dispositivo para leer la presión del gas. (Analizaremos luego cómo se miden las presiones cuando describamos el funcionamiento del barómetro.) Se mantiene constante el volumen del gas mediante un proyecto adecuado del aparato de medida de presiones.

Si calibramos el termómetro de gases midiendo la presión del gas a la temperatura del hielo fundente y a la temperatura del agua hirviendo, podemos dibujar los dos puntos del gráfico indicados en la figura 5.3. A partir de este gráfico podemos definir cualquier otra temperatura del termómetro. Por ejemplo, si se encuentra que la presión es P_1 como se ve en el gráfico, entonces la temperatura será T_1. Lo mismo que en el caso del termómetro de mercurio, hemos dividido simplemente el intervalo entre 0 y 100 °C en 100 partes equidistantes. Las temperaturas exte-

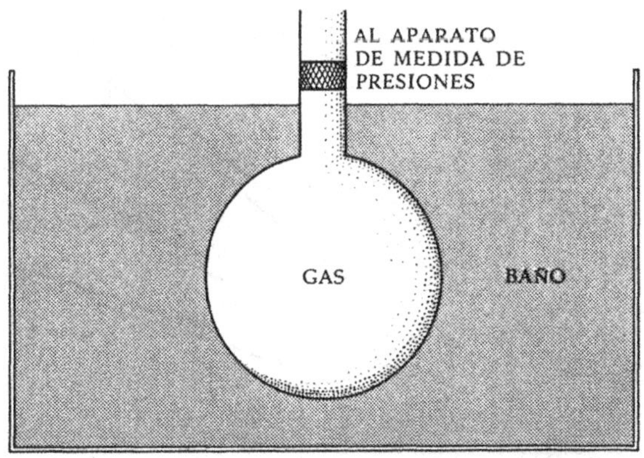

FIG. 5.2. — La temperatura del gas se mide observando la presión del gas.

* La razón por la cual se dilatan los líquidos al aumentar la temperatura se estudiará más adelante.

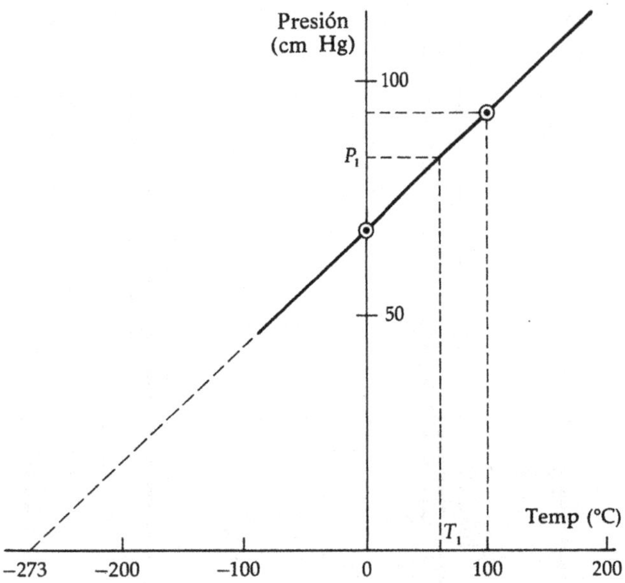

FIG. 5.3. — La presión del gas en la figura 5.2 varía linealmente con la temperatura.

riores a este intervalo se obtienen ampliando la escala.

Como hemos visto, debido al modo con que se calibran los termómetros, todos concuerdan a 0 °C y a 100 °C, pero no a temperaturas intermedias. La ventaja del termómetro de gas es que *todos los termómetros de gas concuerdan entre sí* con tal de que la presión del gas no sea demasiado alta y que el gas no esté próximo a su condensación. Cuando se utilizan tres gases diferentes o tres cantidades distintas de gas en el termómetro de la figura 5.2, los gráficos de calibración tienen el aspecto indicado en la figura 5.4. Obsérvese que la presión del gas parece que debería ser cero si el gas pudiese enfriarse a —273 °C. Esta temperatura se denomina *cero absoluto*. En la práctica, todos los gases condensan en forma líquida antes de que puedan enfriarse hasta este extremo.

Una escala de temperatura que tenga el cero de su graduación en el cero absoluto, parece ser más fundamental que ninguna de las otras escalas centígrada o Fahrenheit vistas anteriormente. Esto resulta ser cierto. La escala que utiliza el cero absoluto como

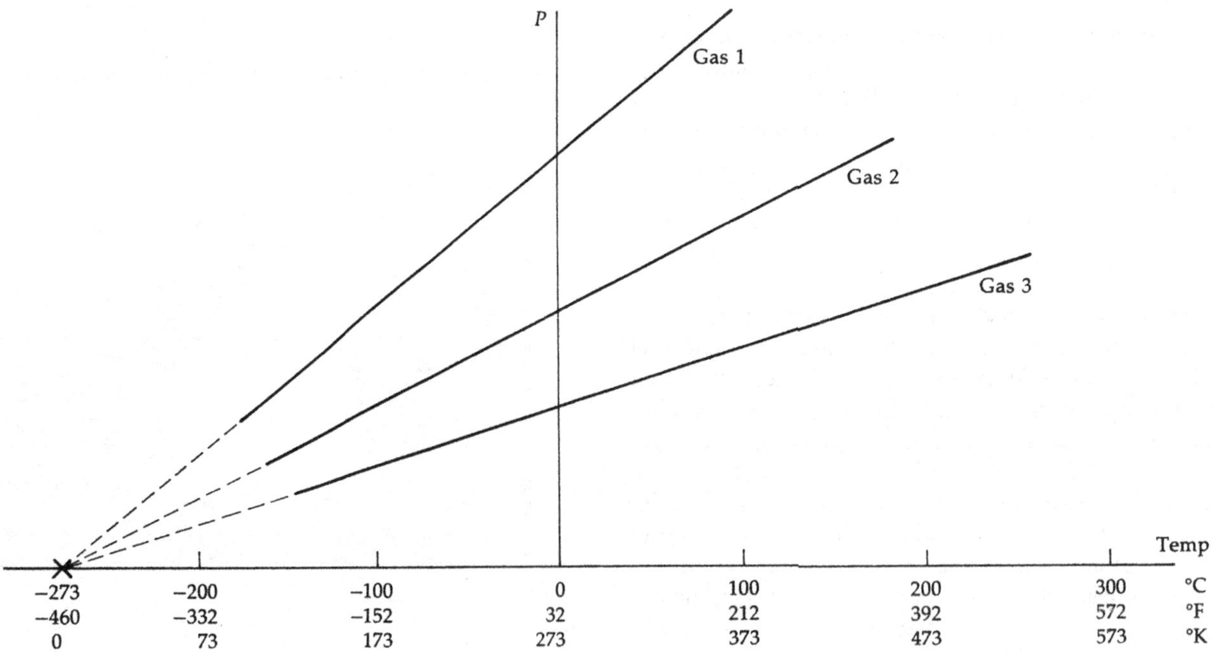

FIG. 5.4. — La presión del gas parece tender a cero a — 273 °C.

uno de sus puntos de calibración * se denomina escala de temperaturas *absolutas* o *Kelvin* (medidas en grados Kelvin o °K). Sus grados son del mismo tamaño que los utilizados en la escala centígrada y así resulta que están desplazados simplemente 273 grados respecto a aquella escala. Puede verse en la figura 5.4 junto con las escalas centígrada y Fahrenheit. En función de la escala de temperaturas Kelvin, el gráfico de la figura 5.4 para la relación existente entre la presión P y la temperatura T para un gas, puede expresarse en forma de una ecuación. Puesto que P es función lineal de T y puesto que ambas magnitudes valen cero al mismo tiempo (si utilizamos grados Kelvin), tenemos

$$P = (\text{const})T$$

Obsérvese que esta ecuación es cierta sólo si T se mide en grados Kelvin debido a que sólo en esta escala es $P = 0$ cuando $T = 0$. La constante puede calcularse midiendo P a una temperatura conocida. Los experimentos demuestran que la constante depende del número de moléculas N existentes en el volumen del recipiente V y que

$$PV = NkT \qquad (5.1)$$

siendo $k = 1{,}38 \times 10^{-23}$ joule/°K. Esta importante constante de la naturaleza se denomina *constante de Boltzmann*. La ecuación (5.1) es una forma de la *ley de los gases ideales*. Al utilizarla, T debe estar en grados Kelvin.

En la sección siguiente nuestro estudio de la ley de los gases, ecuación (5.1), nos permitirá una mejor comprensión del calor y la temperatura. Además, esta relación tiene una gran importancia práctica, puesto que nos dice cómo se comporta un gas. Por ejemplo, presión del gas encerrado en un recipiente, cuando se varía su temperatura desde T_1 a T_2. Si P_1 es su presión a la temperatura T_1 y P_2 su presión a la temperatura T_2, podemos escribir la ecuación (5.1) dos veces, una para cada temperatura:

$$P_1V = NkT_1$$
$$P_2V = NkT_2$$

Como el recipiente está cerrado, el número de moléculas N en el volumen fijo V no varía. Debido a que dos magnitudes iguales siguen siendo iguales después de dividirlas por otras magnitudes a su vez iguales, podemos dividir una ecuación por la otra dando

$$\frac{P_1\not{V}}{P_2\not{V}} = \frac{\not{N}\not{k}T_1}{\not{N}\not{k}T_2}$$

o sea,

$$\frac{P_1}{P_2} = \frac{T_1}{T_2}$$

que nos dice que la presión varía proporcionalmente a la temperatura, Kelvin en este caso. A continuación se dan otros ejemplos de la ley de los gases.

EJEMPLO 5.1

¿Qué le ocurre a la presión del aire de una rueda cuando la temperatura de la misma se eleva de 0 a 100 °C?

Método: Si admitimos que el volumen de la rueda permanece constante, la relación obtenida anteriormente puede aplicarse: $T_1 = 0 + 273 = 273$ °K y $T_2 = 100 + 273 = 373$ °K. Luego después de multiplicar en cruz,

$$P_2T_1 = P_1T_2$$

y así

$$P_2 = \tfrac{373}{273}P_1 = 1{,}37P_1$$

La presión de la rueda asciende casi un 40 %. En vista de esto, ¿puede darse alguna razón por la cual una rueda revienta cuando se calienta demasiado? (La resistencia de la goma disminuye a temperaturas elevadas y esto es también un factor de importancia.)

EJEMPLO 5.2

Si hacemos disminuir el volumen de gas de un cilindro a 0,10 de su volumen original empujando un pistón dentro del mismo, ¿en cuánto varía la

* El otro punto de calibración es la única a la cual pueden coexistir el agua, el hielo y el vapor de agua. Esta complicación no debe preocuparnos ahora. Sin embargo, debemos mencionar que la escala Celsius de temperatura utiliza estos puntos de calibración. Por lo que a nosotros se refiere, las escalas centígrada y Celsius son idénticas.

presión del gas con tal que la temperatura permanezca constante y no escape gas?
Método: Utilizando de nuevo $PV = NkT$, la presión y volumen P_1 y V_1 iniciales varían a P_2 y 0,10 V_1 después de la compresión. De aquí que,

$$P_1V_1 = NkT \quad \text{y} \quad P_2(0{,}10V_1) = NkT$$

Dividiendo una ecuación por la otra se obtiene

$$\frac{P_1\cancel{V_1}}{P_2(0.10\cancel{V_1})} = \frac{\cancel{N}\cancel{k}T}{\cancel{N}\cancel{k}T}$$

Después de multiplicar en cruz, $P_2 = 10P_1$. La presión del gas resulta 10 veces mayor.

Interpretación molecular de la presión del gas

Un gas se compone de muchas moléculas diminutas moviéndose a gran velocidad en direcciones al azar. Sabemos, a partir de la experiencia, que todas las moléculas están en movimiento. Por ejemplo, si se abre una botella de perfume en una habitación, las moléculas del perfume pronto alcanzan todos los puntos de la habitación como podemos afirmar a partir del olor de su esencia. Como las moléculas del perfume no se depositan en el suelo, deben tener mucha mayor energía cinética que la necesaria para levantarlas desde el suelo hasta el techo. Podemos deducir algo sobre el tamaño de las moléculas del gas a partir de la observación de que llenan una habitación desde el suelo hasta el techo. Sabemos que las partículas de humo y de polvo del aire acaban formando una capa sobre las superficies en las cuales se han depositado. Cuanto más pequeñas son las partículas, menor es esta tendencia, pero incluso las partículas más pequeñas del aire se verán finalmente depositadas. Como las propias moléculas no se depositan en el suelo, deben ser menores que las partículas de polvo más pequeñas.
A partir de estas observaciones y de resultados experimentales más científicos, podemos describir las moléculas de un gas como unas entidades semejantes a bolas extraordinariamente diminutas que se mueven con gran rapidez. Si tenemos un recipiente lleno con muchas moléculas de gas, podemos fácilmente ver por qué el gas ejerce una presión sobre las paredes del mismo. Como se ve en la figura 5.5, las moléculas chocarán contra las paredes del recipiente y así ejercerán una fuerza sobre ellas. Como la presión se define como la *fuerza sobre la pared dividida por el área de la misma* (es decir, *presión = fuerza/área*), la fuerza sobre la pared da origen a una presión equivalente sobre la misma.

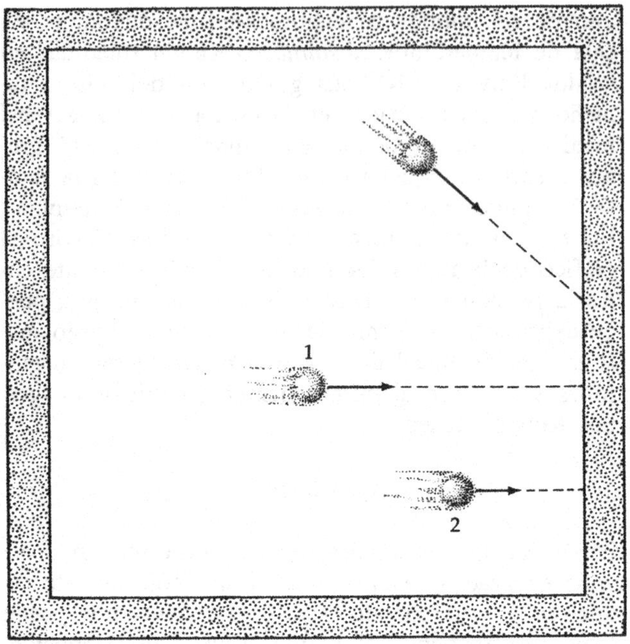

FIG. 5.5. — Cuando las moléculas del gas chocan contra las paredes del recipiente ejercen una fuerza sobre ellas.

Un dedal lleno de aire tiene alrededor de 10^{18} (un trillón) de moléculas de aire, moviéndose todas ellas a una velocidad aproximadamente de 500 m/s. Por lo tanto, para ser más reales, en la figura 5.5 deberían verse millares de millones de moléculas chocando sobre las paredes del recipiente cada segundo. Esto explica por qué no detectamos los impactos individuales de las moléculas contra la pared. La presión es el efecto acumulativo de miles de millones de pequeños impactos. Evidentemente, la presión ejercida sobre la pared por el gas será proporcional a tres cantidades:

1. El número de moléculas que chocan contra la pared en la unidad de tiempo.
2. La celeridad media de las moléculas v.
3. La masa de una molécula m.

Es de esperar que la presión se duplique si el número de moléculas contenidas en el recipiente se hace el doble, puesto que habría un número doble de impactos y, por lo tanto, el doble de la fuerza en cualquier instante dado. Sin embargo, si se duplicase el volumen V, el número de moléculas próximas a la pared se vería reducido a la mitad y así ocurriría también con el número de impactos sobre la pared. De aquí que el número de impactos sobre la pared es proporcional al número de moléculas por unidad de volumen, N/V, y no sólo a N.

Además, el número de impactos cada segundo depende de la rapidez con que se mueven las moléculas. Por ejemplo, si la velocidad media de las moléculas de la figura 5,5 fuese pequeña, quizás sólo la molécula marcada con el punto 2 llegaría a golpear en la pared en un tiempo de un segundo. La molécula 1 podría ir demasiado lenta para alcanzar la pared. Pero si la velocidad molecular fuese alta, tanto la molécula 1 como la 2 chocarían sobre la pared en un segundo. Por lo tanto, el número de moléculas incidiendo sobre la pared cada segundo es proporcional a la celeridad molecular media v lo mismo que a N/V. La magnitud 1 relacionada anteriormente será por consiguiente proporcional a Nv/V.

Como la presión del gas P es proporcional a las tres magnitudes relacionadas anteriormente, a saber Nv/V, v y m, podemos escribir:

$$P = (\text{const})\frac{Nv}{V}vm$$

Después de multiplicar la ecuación por el volumen del recipiente V, tenemos

$$PV = (\text{const})Nmv^2$$

Textos más avanzados demuestran (ver referencia 1, pág. 107) que la constante de esta ecuación es simplemente ⅓. Por lo tanto,

$$PV = \tfrac{1}{3}Nmv^2 \qquad (5.2)$$

Esto nos dice cómo está relacionada la presión de un gas con el comportamiento de las moléculas dentro del recipiente. Así pues, la presión de un gas aumenta en proporción al número de moléculas por unidad de volumen, N/V, a la masa de una molécula m y al cuadrado de su velocidad v^2.

Puede haberse observado ya que la ecuación (5.2) es muy semejante a la ley de los gases, ecuación (5.1). La ley de los gases procede directamente de la observación experimental y de nuestra definición de la temperatura, mientras que la ecuación (5.2) procede de nuestras deducciones de lo que debe ser un gas. Así pues, la ecuación (5.1) es una relación *experimental* basada directamente en la observación, y la ecuación (5.2) es una relación *teórica* basada en consideraciones teóricas del comportamiento de un gas compuesto de moléculas en forma de bolitas. Comparémoslas:

$$PV = NkT \qquad (5.1)$$

$$PV = \tfrac{1}{3}Nmv^2 \qquad (5.2)$$

Como dos cosas iguales a otra tercera son iguales entre sí, podemos igualar los segundos miembros de estas ecuaciones. Entonces tenemos

$$NkT = \tfrac{1}{3}Nmv^2$$

que puede ordenarse de nuevo para dar

$$T = \frac{1}{3k}(mv^2) \times 2 \times \tfrac{1}{2}$$

$$T = \tfrac{2}{3}k(\tfrac{1}{2}mv^2) \qquad (5.3)$$

Hemos multiplicado la ecuación por (2) × (½), que es la unidad, de modo que podamos introducir el factor ½, para obtener $\frac{1}{2}mv^2$, energía cinética de la molécula. Además k es la constante de Boltzmann, simplemente un número. De aquí podemos concluir:

> *La temperatura Kelvin (o absoluta) es una medida directa de la energía cinética molecular.*

Vemos a partir de este resultado que la temperatura tiene un significado molecular fundamental. Cuando un gas está caliente, las moléculas del gas tienen energías cinéticas mayores, de modo que sus velocidades son altas. Cuando un gas está frío, las moléculas del gas se mueven lentamente; tienen una energía cinética pequeña. Cuando dos recipientes de gas tienen la misma temperatura, las energías cinéticas medias de las moléculas son las mismas en ambos recipientes. Aunque los gases sean químicamente diferentes, nitrógeno y oxígeno, las energías cinéticas medias * son idénticas. A T °K la energía cinética media $\frac{1}{2}mv^2$ es igual a 3 $kT/2$ para una molécula de gas independientemente de la composición química de la molécula.

Ahora podemos ver la importancia de $T = 0$ °K o cero absoluto. Cuanto $T = 0$ °K, la energía cinética molecular debe ser cero, de acuerdo con la ecuación (5.3). Por lo tanto, todo el movimiento molecular deberá cesar en el cero absoluto. Por esta razón, la presión de un gas disminuye hacia cero cuando T tiende al cero absoluto. Sin embargo, antes de que se alcance esta temperatura, las moléculas de un gas tendrán una energía demasiado pequeña para elevarse por sí mismas a la parte superior de su recipiente. Así pues, bastante antes de que se alcance el cero absoluto, todos los gases se condensan en líquidos. Como veremos en el capítulo 10, una ley de la naturaleza descubierta a mitad de la decena de los 1920 nos dice que el movimiento molecular debe estar presente incluso en el cero absoluto. A pesar de esta complicación, a temperaturas extraordinariamente bajas, podemos decir para todas las temperaturas que nos interesan que *la temperatura es una medida de la energía cinética molecular.*

EJEMPLO 5.3

Hallar la velocidad media de las moléculas de nitrógeno en el aire a 27 °C. La masa de una molécula de nitrógeno es $28 \times 1{,}67 \times 10^{-27}$ kg. (Recordar que 10^{-27} significa que hay que dividir por 10 veintisiete veces.)

Método: Nuestro análisis previo demuestra que

$$\tfrac{1}{2}mv^2 = \tfrac{3}{2}kT$$

en donde $T = 27 + 273 = 300$ °K y $k = 1{,}38 \times 10^{-23}$ joule/°K. Entonces tenemos

$$\tfrac{1}{2}(45 \times 10^{-27}\ \text{kg})v^2 = \tfrac{3}{2}(1{,}38 \times 10^{-23}\ \text{joule/°K})(300\text{°K})$$

Haciendo el cálculo, se encuentra $v \cong 540$ m/s.

* Estrictamente hablando, estas energías son las correspondientes al movimiento de traslación o movimiento rectilíneo de la partícula.

Teoría cinética

Hasta aquí nos hemos ocupado sólo de la celeridad media de las moléculas del gas. Si se hace una representación mental de las moléculas chocando entre sí cuando se mueven a través del espacio, podemos ver, no obstante, que es poco real pensar que mantendrán sus celeridades originales. En lugar de ello es de esperar que entre ellas se tenga un margen amplio de celeridades. Mucho antes de que fuese técnicamente factible medir la celeridad de las moléculas se había predicho el modo exacto en que varían las celeridades. Esta predicción se indica en forma gráfica en la figura 5.6.

Vemos a partir de la figura 5.6 que un gas tiene un margen muy amplio de celeridades moleculares. Para un gas de mercurio a 460 °K (187 °C), la mayoría de las moléculas tienen unas celeridades próximas a 200 m/s. Algunas moléculas tienen celeridades cerca de cero y están casi en reposo. (En un ejemplo típico, una molécula de éstas sufriría un impacto y se pondría en movimiento por otra molécula en una fracción de segundo.) Otras moléculas están moviéndose mucho más rápidamente que esta celeridad de 200 m/s. La curva parece tender a cero a celerida-

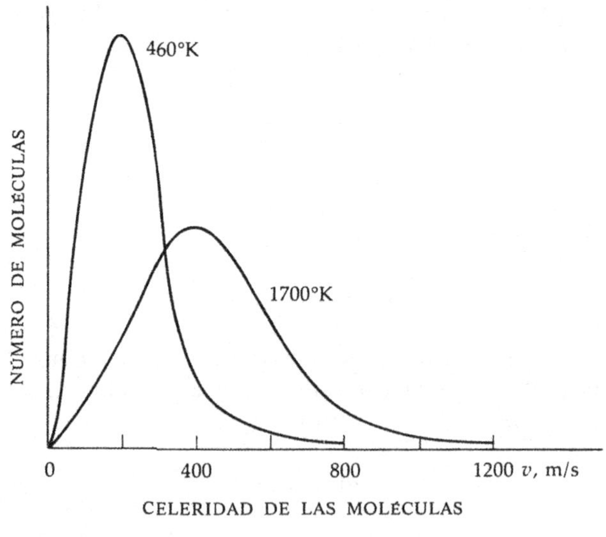

FIG. 5.6. — Aunque estas curvas correspondientes a la distribución de celeridades de un gas compuesto por átomos de mercurio parecen valer cero a velocidades altas, no llegan a tocar el eje horizontal.

JAMES PRESCOTT JOULE (1818-1889)

Joule heredó una próspera cervecería en Manchester, Inglaterra; se dedicó a la ciencia por vocación. Llevó a cabo muchos experimentos mostrando las relaciones existentes entre los efectos de tipo eléctrico, mecánico y químico. Algunos amigos científicos, reconociendo las dotes del joven cervecero, le instaron a que solicitase una plaza de profesor en St. Andrews, Escocia. Pero uno de los electores de la universidad mantuvo que una ligera deformidad física de Joule le descalificaba y así fue rechazado. Sin alterarse por ello, continuó sus experimentos y en 1847 dio una conferencia describiendo sus trabajos. Debido fundamentalmente a su carácter de aficionado, fueron ignorados sus descubrimientos. Más tarde en ese año se le permitió presentar durante unos minutos uno de sus artículos antes de una sesión científica en Oxford. Cuando parecía que iba a ser ignorado otra vez, un conocido científico prolongó la discusión del artículo y pronto resultó evidente que el artículo tenía un gran mérito. Al final, su trabajo produjo una gran sensación y, casi de la noche a la mañana, Joule resultó un científico de fama. Hoy se le conoce mejor por su determinación del equivalente mecánico de la energía térmica. Además fue uno de los fundadores del principio de conservación de la energía.

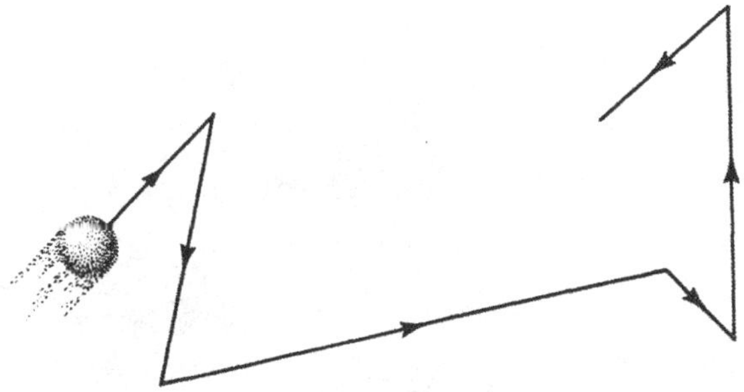

FIG. 5.7 — Una partícula pequeña de humo sigue una trayectoria en zigzag cuando se observa al microscopio; este tipo de movimiento se denomina movimiento browniano.

des grandes, pero no llega a tocar el eje y así algunas partículas es de predecir que tengan celeridades ex- extraordinariamente elevadas. Como sabemos que la temperatura creciente conduce a una energía cinética también creciente, es de esperar la diferencia observada entre las curvas de 460 y 1700 °K indicadas en la figura. Obsérvese que la mayoría de las moléculas a 1700 °K tienen celeridades de 400 m/s aproximadamente.

Podemos hacer otras predicciones para nuestro modelo de un gas. Por ejemplo, supóngase que una partícula de humo es suficientemente grande como para verse en un microscopio (mucho mayor que una molécula de aire) y está flotando en el aire. Algunas moléculas de aire chocarán con ella cada segundo. Bajo el impacto de estas colisones, la partícula de humo se verá impulsada en un sentido y en otro. Su trayectoria se ve en un microscopio como un zig-zag semejante al indicado en la figura 5.7.

Robert Brown, un botánico, fue el primero que observó este tipo de movimiento en 1827; se le denomina *movimiento browniano* en su honor. *

Nuestro modelo de movimiento molecular de los gases se conoce como *teoría cinética de los gases*. Muchos investigadores durante la mitad y final del siglo XIX trabajaron en su desarrollo. Ya en 1851,

* Brown observó realmente este efecto en gotitas de agua que contenían partículas de polen. Las moléculas de agua del líquido actúan como las moléculas del gas. Brown creyó inicialmente que el movimiento de las partículas de polen era una característica de la «vida» incorporada al material genético del polen. Finalmente descartó esta idea cuando observó que incluso la piedra pulverizada mostraba pruebas de esta supuesta «vida».

THE BETTMANN ARCHIVE

LUDWIG BOLTZMANN (1844-1906)

Boltzmann nació en Viena, Austria, y vivió allí hasta que se licenció en su Universidad en 1866. A continuación fue profesor en Graz, Munich, Leipzig y Viena. La descripción molecular de los gases es un monumento al trabajo de toda su vida y gran parte del conocimiento actual del movimiento molecular arranca de sus teorías. Pero a pesar de sus logros, Boltzmann tuvo la desgracia de vivir en una época en que la descripción molecular de la materia estaba siendo duramente atacada. Una escuela popular de pensamiento, dirigida por el gran filósofo-científico Ernst Mach, mantenía que los átomos y moléculas eran artificios imaginarios y que como tales no tenían lugar en una ciencia filosóficamente sana. Boltzmann fue incapaz de dar un apoyo sólido a sus puntos de vista, especialmente debido a que no se disponía de ninguna prueba experimental de la existencia de las moléculas. Empezó a sufrir depresiones cada vez mayores y finalmente se suicidó. No habrían transcurrido tres años de su muerte, cuando los investigadores obtuvieron la primera de una serie de pruebas experimentales directas de sus teorías moleculares.

James Prescott Joule (1818-1889) demostró que la presión del aire podía interpretarse en función de las moléculas del nitrógeno (puesto que el aire es fundamentalmente nitrógeno) moviéndose con velocidades de algunos cientos de metros por segundo. Sin embargo, Ludwig Boltzmann (1844-1906) y el gran físico James Clerk Maxwell (1831-1879) fueron los primeros en formular los movimientos y comportamiento de las moléculas de gas en una teoría matemáticamente precisa.

En aquellos días nadie podía estar seguro de que la teoría cinética era otra cosa más que el producto de la imaginación de Boltzmann. En 1898, criticado por todas partes debido a una teoría basada en la existencia de las moléculas no probada aún, Boltzmann escribió: «Estoy consciente de ser sólo un individuo luchando débilmente contra la corriente de la época». Sus críticos mantenían que una teoría en la que intervenían moléculas hipotéticas invisibles era una pura fantasía. (Tenían un punto de apoyo debido a que en aquella época no había ninguna prueba experimental directa de la existencia de las moléculas, aunque los químicos habían tenido éxitos notables al explicar las reacciones químicas en función de las moléculas.)

No fue sino hasta 1908 que los científicos desarrollaron experimentos que permitieron ensayar las predicciones detalladas de la teoría cinética. (Estos experimentos llegaron demasiado tarde para consolar a Boltzmann, que se suicidó en 1906.) La teoría de Boltzmann predecía exactamente cómo debería cambiar el número de las partículas de los gases con la altura sobre la Tierra, pero no pudo confirmar esta predicción con los experimentos. Sin embargo, la teoría predecía también que si se dispersaban en una columna de líquido unas partículas muy finas, el número de partículas sería menor a alturas crecientes de la columna. En 1908, Jean Perrin confirmó esta predicción midiendo el movimiento browniano de partículas dispersas de esta manera.

Otras medidas confirmaron la descripción molecular de la materia muy poco después. La prueba más elegante de la teoría cinética se dio en 1926, cuando la creación y empleo de aparatos de vacío se había desarrollado de modo suficiente para que Otto Stern midiese las velocidades de las moléculas gaseosas directamente. Stern demostró que la celeridad de las moléculas de un gas concuerdan con gran precisión con las curvas de la teoría cinética indicadas en la figura 5.6.

Atmósfera terrestre

Aunque rara vez pensamos en ello, nuestros cuerpos están sometidos continuamente a la presión de las moléculas del aire que nos rodea. Se puede decir quizá que esta presión es demasiado pequeña para preocuparnos, pero sólo necesitamos realizar el experimento de la figura 5.8 para apreciar que esta presión es en realidad bastante grande. Como se ve allí, cuando el aire se elimina del interior de la vasija o lata metálica, la fuerza no equilibrada del aire en el exterior, hace que la lata se aplaste. La presión del aire es evidentemente grande. Realmente la fuerza del aire actuando sobre nuestro pecho es aproximadamente de 500 kg.

Normalmente no se observa esta elevada presión sobre nuestros cuerpos por la misma razón de que la lata o vasija metálica no se aplastó hasta que eliminó el aire contenido en él. Antes, la presión del aire dentro del recipiente era la misma que en el exterior. De aquí que cada superficie tenía fuerzas iguales y opuestas actuando sobre ella; la fuerza del aire del interior equilibraba la fuerza opuesta ejercida por el aire exterior. Análogamente, la presión del aire en el interior de nuestros pulmones y otras cavidades del cuerpo equilibra la presión del aire procedente del exterior. ¿Qué le ocurre a un globito lleno de gas cuando se deja suelto elevándose a una altura de la atmósfera en la que la presión del aire es reducida? Como se sabe, el aire resulta cada vez más tenue cuando ascendemos por encima del suelo. A una altura de 7 km el aire tiene una densidad de sólo aproximadamente 0,2 de la densidad que tiene en la superficie de la Tierra; a 150 km la densidad es sólo aproximadamente la milmillonésima parte del valor a nivel del mar. Podemos comprender esta variación de densidad si recordamos que una molécula debe trabajar contra la gravedad para levantarse a sí misma por encima de la superficie de la Tierra. Las energías cinéticas de las moléculas de aire se transforman en energías potenciales cuando las moléculas ascienden. Si todas las moléculas del aire tuviesen la misma energía, la atmósfera debería terminar abruptamente a la altura máxima a la que pudiesen ascender con dicha energía. Sin embargo, como vimos en la figura 5.6, las moléculas tienen un margen amplio de energías. Como resultado, algunas son capaces de elevarse a alturas mucho mayores por encima de la Tierra que las otras.

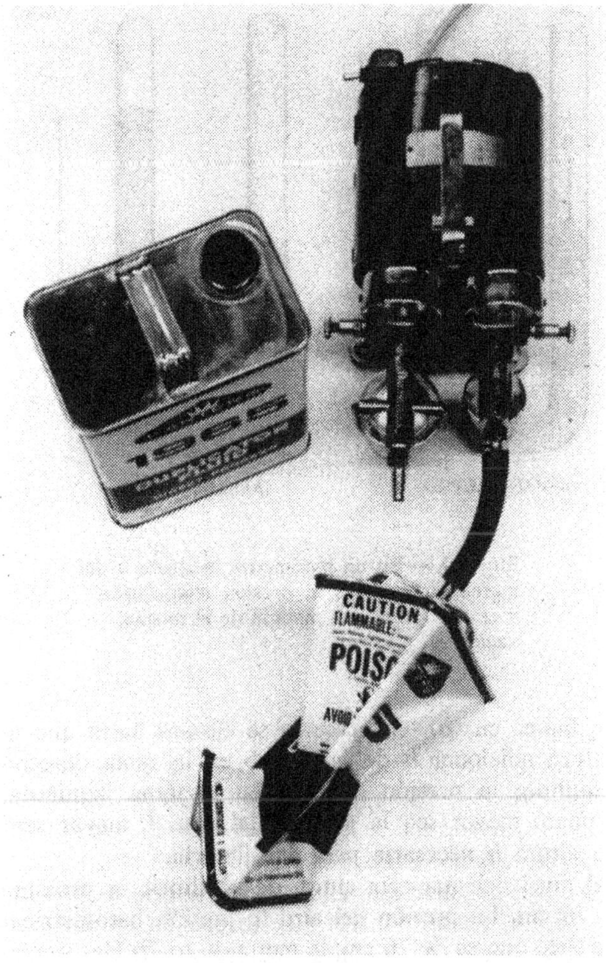

FIG. 5.8. — Cuando se extrae el aire de la lata ésta se aplasta.

Incluso al nivel del mar, la presión del aire varía. Cuando en un informe meteorológico se da la presión barométrica, el meteorólogo nos está diciendo cuál es la presión del aire. Como quizás sepa el lector, cuando las presiones barométricas disminuyen rápidamente presagian tiempo lluvioso. El instrumento utilizado para medir la presión del aire es el *barómetro.* Cuando se coloca en un tubo en forma de U un líquido tal como el mercurio, según se indica en la figura 5.9*a*, el mercurio permanece a alturas iguales en ambas ramas del tubo. La presión del aire en la superficie de una columna de mercurio equilibra la presión sobre la superficie de la otra columna. Sin embargo, si se extrae el aire de una de las ramas, como

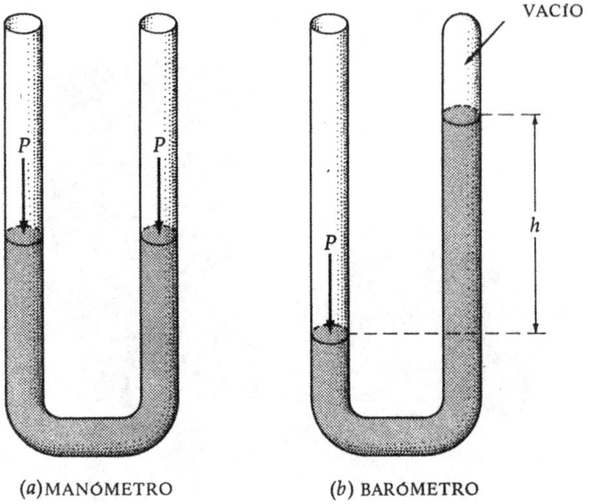

FIG. 5.9. — En un barómetro, la altura h del mercurio equilibra la presión atmosférica y es por tanto, una medida de la misma. vacío

se indica en (b), el mercurio se elevará hasta que la altura adicional h del mercurio en la rama derecha equilibre la presión del aire en la rama izquierda. Cuanto mayor sea la presión del aire P, mayor será la altura h necesaria para equilibrarla.

Al nivel del mar esta altura de equilibrio es próxima a 76 cm. La presión del aire (o presión barométrica) se dice que es de 76 cm de mercurio (o 76 Hg, siendo Hg el símbolo químico del mercurio). La presión atmosférica es menor a alturas mayores, como es natural, puesto que el aire es menos denso. Por ejemplo, en la ciudad de Denver a 1500 m de altura, la presión atmosférica es próxima a 60 cm de mercurio. Esta presión tan baja influye en el cocinado de los alimentos (el agua hierve a una temperatura más baja a una altitud superior) y puede causar enfermedades como la angina de pecho (el aire es menos denso a altitudes elevadas y así llega menos oxígeno a los pulmones en cada aspiración).

EJEMPLO 5.4

Si una molécula de aire de tipo medio a 27 °C pudiese ascender sin chocar contra ninguna otra molécula, ¿a qué altura llegaría? Considerar que la masa de una molécula de aire es $28 \times 1{,}67 \times 10^{-27}$ kilogramos.

Método: Al moverse hacia arriba, la molécula perderá toda su energía cinética térmica (energía debida al calor) $3/2kT$, transformándola en energía potencial. Podemos, pues, escribir

$$E_c \text{ térmica en la parte inferior} = E_p \text{ en la parte superior}$$
$$\tfrac{3}{2}kT = mgh$$

Puesto que $T = 27 + 273 = 300$ °K, vemos que

$$\tfrac{3}{2}(1{,}38 \times 10^{-23} \text{ joule/°K})(300 \text{°K}) = (28 \times 1{,}67 \times 10^{-27} \text{ kg})(9{,}8 \text{ m/s}^2)h$$

Despejando el valor de la altura h a la cual ascenderá la molécula, se tiene $h = 14\,000$ m.

Energía térmica de los líquidos y sólidos

Ahora que comprendemos algo del comportamiento térmico de los gases, volvamos nuestra atención a los líquidos y sólidos. Como en los gases, la temperatura de los líquidos y de los sólidos mide las energías cinéticas de las moléculas. En estos casos, el movimiento de las moléculas no es tan sencillo como el correspondiente en un gas. Incluso así, el hecho de que las moléculas en sustancias calientes tengan unas energías cinéticas más elevadas que las moléculas de las sustancias frías, nos permite comprender gran parte del comportamiento térmico de estas sustancias. Veamos lo que ocurre en una varilla de metal cuando se calienta uno de sus extremos.

Sabemos que el calor se moverá a lo largo de la varilla desde la parte caliente a la fría; finalmente toda la varilla permanecerá a la misma temperatura. Lo que ha ocurrido es esto: las moléculas calientes (es decir, con energía alta) de la llama que está calentando la varilla chocan e imparten energía cinética a las moléculas de la varilla. Estas moléculas * golpean a continuación a las moléculas adyacentes y hacen que pase energía a ellas; las cuales, a su vez, inciden en las moléculas frías, de bajas energías, que le son adyacentes y así sucesivamente. Como resultado, la energía cinética, denominada *energía térmica* o calo-

* En los metales, una gran parte de la energía la transportan a lo largo de la varilla los electrones libres en lugar de las propias moléculas. El proceso es, en cualquier caso, el mismo.

FIG. 5.10. — El líquido de la izquierda tiene una viscosidad mucho mayor que el líquido de la derecha.

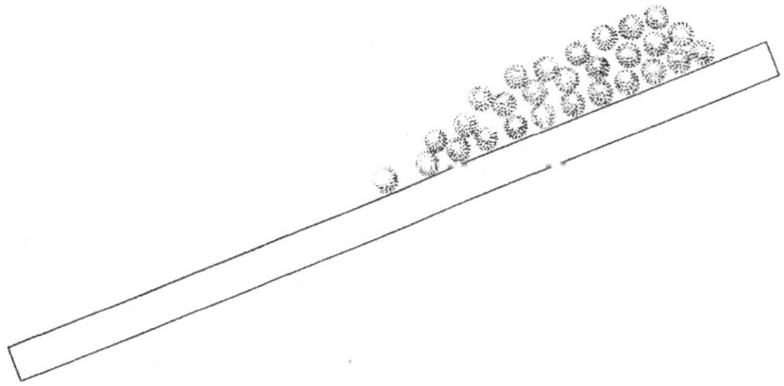

FIG. 5.11. — Las moléculas del líquido fluirán unas sobre las otras más fácilmente cuando sea alta la temperatura del líquido.

rífica en este contexto, se transmite a lo largo de la varilla e incluso el extremo más alejado resulta caliente. Este proceso se denomina *conducción térmica.* Otro fenómeno consiste en el hecho de que los líquidos y los sólidos se dilatan cuando se calientan; este fenómeno se conoce como *dilatación térmica.* Hemos visto que cuando las sustancias están a una temperatura más elevada que el cero absoluto, las moléculas dentro de las mismas están en movimiento. Este movimiento es fundamentalmente una vibración de la molécula cuando rebota adelante y atrás entre las moléculas vecinas y presiona contra ellas. Cuanto mayor es la energía de la molécula, mayor es el espacio que debe reservarse para sí misma contra la intrusión de las moléculas vecinas. Cuando se calienta un líquido o sólido, la energía creciente de las moléculas permite que sus vecinas se alejen algo más. De aquí que los sólidos o líquidos se dilaten cuando se calientan.

Un fenómeno similar está comprendido en lo que se entiende por *viscosidad* del líquido, que es un fenómeno que caracteriza su forma de fluir. Por ejemplo, el líquido indicado a la izquierda de la figura 5.10 fluye con mucha menor facilidad que el de la derecha; decimos que el líquido de la izquierda tiene una *viscosidad elevada,* es muy viscoso, o fluye con gran dificultad. Para comprender este fenómeno refirámonos al modelo idealizado de un líquido que fluye indicado en la figura 5.11. Como veremos en el capítulo 13, las moléculas de un líquido se atraen entre sí. Por esta razón, las moléculas indicadas en la figura no deslizan fácilmente unas sobre otras y así el líquido no fluye instantáneamente descendiendo por el plano inclinado. Sin embargo, las moléculas poseen energía cinética. Periódicamente se empujan unas a otras como resultado de sus movimientos térmicos y así el líquido puede fluir. Evidentemente, cuanto más caliente está el líquido más fluido será. Esta es la razón por la cual los aceites y jarabes, por ejemplo, fluyen con más facilidad cuando están calientes que cuando están fríos. En la mayor parte de las sustancias, *la viscosidad disminuye al aumentar la temperatura,* excepto en los gases, que aumenta.

Evaporación y ebullición

Como se señalaba en la última sección, la mayor parte de las moléculas atraen a otras moléculas como ellas. Las moléculas de nitrógeno se atraen entre sí, lo mismo que hacen las moléculas de agua. Esta atracción mutua origina la *condensación.* Cuando las moléculas de un gas están suficientemente frías, sus energías cinéticas resultan demasiado bajas para permitir que las moléculas escapen de la atracción de las vecinas. Como resultado, las fuerzas de atracción entre diversas moléculas de agua en el aire, por ejemplo, llega a reunirlas formando una gotita. La niebla se forma por este proceso cuando la temperatura disminuye rápidamente en un día húmedo. Todos los vapores (es decir, gases) se condensan en forma de gotitas de líquido si se enfrían suficientemente.

Por tanto, un líquido es una colección de moléculas cuyas energías cinéticas son demasiado pequeñas para permitir que se escapen unas de otras. Pero sabemos que todos los líquidos tienden a evaporarse; por lo tanto, algunas de sus moléculas deben realmente tener energía suficiente para poder separarse de las demás. A partir de la figura 5.6 sabemos que algunas de las moléculas poseen velocidades (y por lo tanto energía) bastante superiores a la velocidad molecular media (y a la energía media). Estas moléculas elevadamente energéticas pueden escapar de la superficie de un líquido y esto origina el fenómeno conocido como *evaporación.*

Como se sabe, la evaporación produce un enfriamiento. Por ejemplo, cuando se evapora el sudor del cuerpo se siente frío. Los refrigeradores funcionan debido a la acción enfriadora de la evaporación. Veamos por qué se produce esta acción enfriadora. Como sólo se evaporan las moléculas más energéticas de una sustancia, las moléculas que quedan detrás son aquellas con energías menores y así disminuye la energía cinética media de la sustancia. Al mismo tiempo, la temperatura disminuye, puesto que la temperatura de un gas o líquido se mide por la energía cinética de sus moléculas. Por consiguiente, el líquido se enfría cuando tiene lugar evaporación.

En resumen, un gas condensado (un líquido) es simplemente una colección de moléculas, cada una de las cuales tienen una energía cinética demasiado pequeña para permitir que se separe de las otras. Las moléculas todavía poseen energía cinética en proporción a la temperatura del líquido. Puesto que no pueden ahora liberarse por sí mismas, vibran adelante y atrás entre sus moléculas próximas; giran y oscilan y se mueven de un lugar a otro dentro del líquido, pero siguiendo trayectorias erráticas y complejas. Sólo algunas de las más energéticas escapan de la superficie cuando en su movimiento llegan a ella.

Es imposible decir exactamente cuánta energía tendrá una molécula particular de un líquido en un instante determinado debido a que los movimientos de las moléculas son demasiado erráticos y complicados para analizarlos de un modo detalladamente específico. Pero podemos establecer cuál es la energía *media* de una molécula a una temperatura dada. También podemos estimar la fracción de moléculas que tienen energías dentro de un cierto margen, pero somos incapaces de decir exactamente qué moléculas poseerán estas energías. Como resultado, podemos predecir que ocurrirán ciertas cosas en un líquido, pero no podemos decir dónde o cuándo ocurrirán.

Por esta razón la ebullición es también imprevisible. Se sabe que un líquido está hirviendo cuando se forman burbujas dentro de él rápidamente y que crecen continuamente. Estas burbujas están llenas con un gas de moléculas de la misma composición que el líquido. Cuando hierve un líquido, cierto número de moléculas con energías elevadas se congregan por azar en la misma región pequeña del líquido. Sus energías son suficientemente grandes, de modo que pueden escapar de las otras formando una diminuta burbuja de gas. Evidentemente el gas del interior de la burbuja debe tener una presión suficientemente grande para mantener la burbuja e impedir que se aplaste bajo la presión del líquido y de la atmósfera que está sobre él. (Por esta razón, la ebullición se verifica menos fácilmente en una olla a presión donde la presión es elevada, que en una cacerola abierta. En consecuencia, los líquidos pueden calentarse hasta una temperatura más elevada en una olla a presión antes de que hiervan y así los alimentos se ablandan más rápidamente. Un huevo situado en una cazuela abierta se cocerá más rápidamente al nivel del mar que en Denver, que está a una altura considerable en las montañas. ¿Puede explicarse por qué?)

No sólo la presión interior de la burbuja debe ser suficientemente elevada para evitar que la burbuja se aplaste, sino que además la burbuja debe crecer. Dentro de la burbuja deben evaporarse más moléculas y estar allí de modo que choquen con la superficie de la burbuja y vuelvan hacia el líquido. Así la presión de las moléculas que se están evaporando (la *presión de vapor* del líquido) debe superar a la presión de la atmósfera y del entorno, que a su vez determina la presión dentro de la burbuja. Evidentemente, *la ebullición se produce sólo si la presión de vapor del líquido (la presión de las moléculas que se están evaporando) supera a la presión de la atmósfera situada sobre el líquido.* Puesto que la presión de vapor aumenta con la temperatura, la temperatura de ebullición de un líquido aumentará cuando la presión exterior sobre el líquido crezca.

Si el lector es aficionado a la cocina, estará familiarizado con un fenómeno conocido por los químicos y que se presenta al hervir un líquido. Frecuentemente, al calentar los líquidos se presenta la ebullición con una violencia casi explosiva. En estos casos, la sopa, por ejemplo, empieza a hervir tan rápidamente que la tapa de la olla salta bruscamente. Lo que ha ocurrido es esto. Para que un líquido empiece a hervir, algunas de las moléculas más energéticas deben cooperar para formar una pequeña burbuja; esto es un proceso aleatorio que se produce solamente por azar. En un líquido muy puro o uniforme este proceso no se produce a veces hasta que la temperatura excede ligeramente de la temperatura de ebullición normal. Entonces, cuando se forma una burbuja, crece de modo explosivo —formando otras muchas burbujas en el proceso— y el líquido hierve con extremo vigor hasta que la evaporación hace descender la temperatura a la ebullición normal del líquido. Esto es un ejemplo espectacular de un líquido *sobrecalentado*, es decir, calentado por encima de su temperatura de ebullición. Por consiguiente, la ebullición tiene lugar cuando las energías moleculares son tan elevadas que el líquido literalmente estalla.

Cuando un líquido se enfría por debajo de su punto de ebullición, sus moléculas pierden energía y su movimiento se hace más lento. La viscosidad del líquido aumenta, puesto que las moléculas ya no son capaces de separarse de sus vecinas. Algunos materiales que son marcadamente viscosos cerca de la temperatura ambiente son las melazas, el asfalto y las grasas. Ciertos materiales como los vidrios de ventanas son ya tan viscosos a la temperatura ambiente que tienen aspecto de sólido. Si se examinan las ventanas de edificios viejos pueden encontrarse algunos de los paneles que han adelgazado en la parte superior y engrosado en la inferior; el vidrio ha ido fluyendo lentamente a través de los siglos. Muchos plásticos transparentes (lucita, plexiglás, poliestireno) son también líquidos vítreos.

Sólidos cristalinos

Antes de que se enfríen lo suficiente para que aparezca el estado vítreo, muchos líquidos *cristalizan*. Mientras que las moléculas de los líquidos se mueven al azar, los átomos dentro de un cristal están dispuestos en un esquema preciso y ordenado. A temperaturas bajas, las fuerzas entre las moléculas individuales pueden retener las moléculas en posiciones definidas relativas las unas a las otras. Por ejemplo, en un cristal de sal común ($NaCl$ es su fórmula química), los átomos de sodio (Na) y de cloro (Cl) están dispuestos en el esquema (o red) indicado en la figura 5.12*a*. Las bolas blancas representan los átomos de cloro y las negras representan los átomos de sodio. (¿Podría ser de otro modo?) Realmente, los átomos están empaquetados muy compactamente a diferencia de las bolas de la figura.

La red del cloruro sódico se denomina *red cúbica*; es decir, los átomos están dispuestos en cubos por todo el cristal. Naturalmente la figura muestra solamente una parte pequeña del cristal. Un cristalito normal de sal común tendrá quizás un trillón de cubos pequeños, mientras que el indicado tiene solamente 27 cubos dentro de él. Es interesante recordar que en los sólidos y en los líquidos los átomos están separados a una distancia de 1 ó 2 Å (ångströms). Un *ångström* es una unidad de longitud igual a 0,000 000 01 (o 10^{-8}) centímetros; lo utilizaremos cuando hablemos de los átomos debido a que los átomos tienen diámetros de 1 Å aproximadamente.

Existen otras muchas formas cristalinas además de la estructura cúbica sencilla del cloruro sódico. Por ejemplo, el metal sodio se presenta en cristales cúbicos de este mismo tipo (en el que todo son átomos de sodio), pero con un átomo adicional situado en el centro de cada cubo. Esta red se denomina cúbica centrada en el cuerpo. También se ven en la figura 5.12 otras formas cristalinas.

Debido a esta distribución ordenada de los átomos en un cristal, el propio cristal frecuentemente toma unas formas hermosas pero a veces muy complicadas. En la figura 5.13 se dan dos ejemplos. A veces la forma de los cristales es semejante a la forma del agrupamiento atómico dentro del cristal. Pero como puede verse a partir del cristal del hielo, esto no es siempre lo que sucede. Aun dentro de un cristal, los átomos sufren movimientos térmicos. Sin embargo, están constreñidos a vibrar hacia adelante y hacia atrás alrededor de su posición media en la red. La distancia a través de la cual pueden vibrar es sólo una fracción de la distancia normal entre átomos y la frecuencia con la que vibran es extremadamente alta, del orden de 10^{13} vibraciones completas cada segundo.

Si se eleva la temperatura de un cristal suficientemente, las vibraciones atómicas resultan tan energéticas que el cristal se desmorona. El material funde, es decir, se transforma en un líquido. Como ya se sabe,

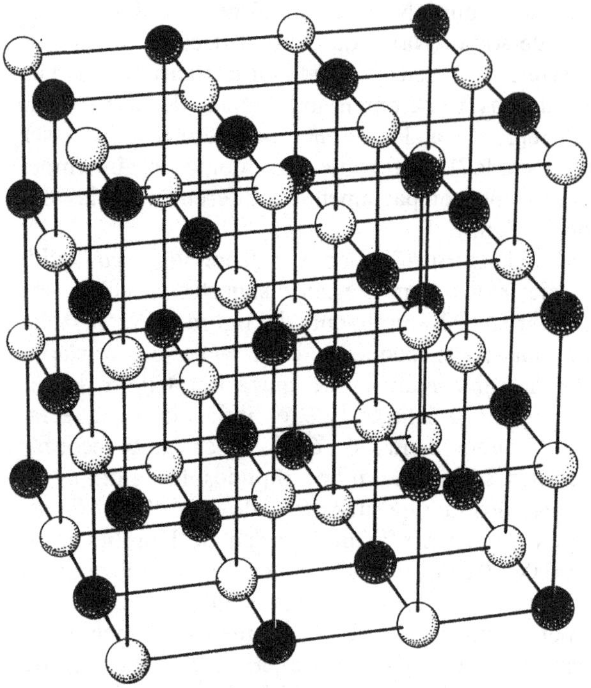

(*a*) CLORURO SÓDICO

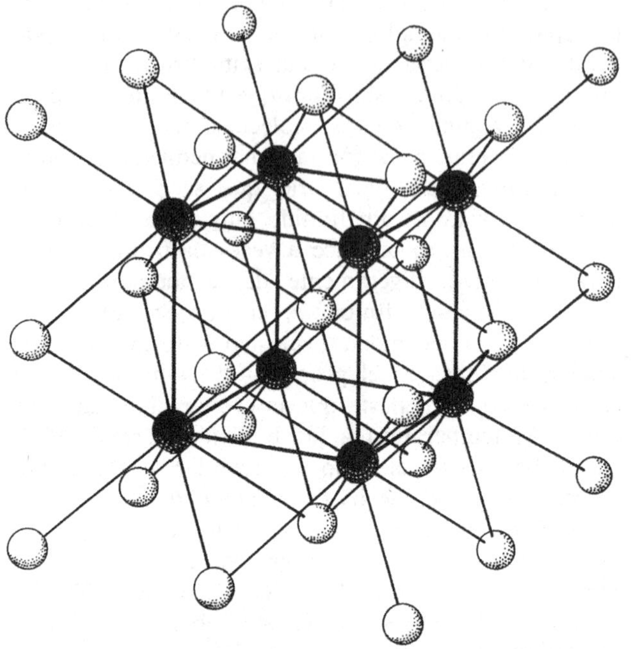

(*b*) CLORURO DE CESIO

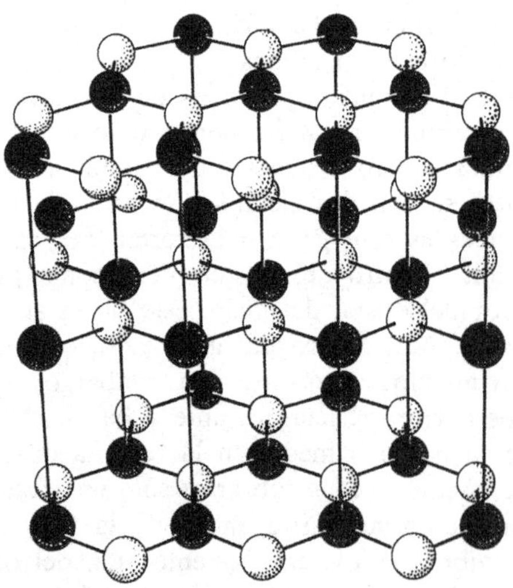

(*c*) GRAFITO

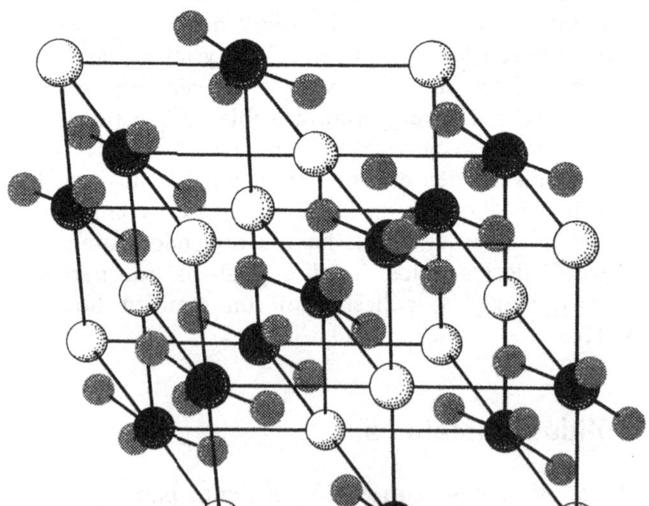

(*d*) CALCITA

FIG. 5.12.— Redes cristalinas típicas.

(*a*) (*b*)

FIG. 5.13. — Cristal de calcita (a) y cristal de hielo (b); cada cristal contiene más de 10^{18} átomos. [*Parte (b), cortesía de W. A. Bentley, NOAA.*]

esto sucede a una temperatura de 0 °C en el caso de la fusión del hielo a agua. El cristal debe fundir completamente antes de que se eleve su temperatura por encima de la tempeatura de fusión. Esta es la razón por la cual una mezcla de hielo y agua agitada permanece a la temperatura de 0 °C hasta que se funde todo el hielo.

En este capítulo hemos examinado el comportamiento molecular de los gases, líquidos y sólidos respecto a la energía térmica. Aunque hemos invocado la presencia de fuerzas entre las moléculas, hemos dicho bastante poco sobre su naturaleza. Las fuerzas entre los átomos y moléculas son bastante más intensas que la fuerza de gravitación; son esencialmente de naturaleza eléctrica. Empezaremos nuestro estudio de la electricidad en el capítulo siguiente; entonces podremos apreciar mejor las interacciones de las moléculas y átomos.

BIBLIOGRAFÍA

1. BUECHE, F.: *Principles of Physics,* 2.ª ed., McGraw-Hill, New York, 1972. Los capítulos 10 a 12 estudian con más detalles el material considerado en este capítulo.

2. MAGIE, W. F.: *Source Book in Physics,* Harvard University Press, Cambridge, Mass., 1962. Contiene los escritos no matemáticos de Brown, Rumford, etc.

3. BROWN, S. C.: *Count Rumford* (rústica), Anchor Science, Doubleday, Garden City, N.Y., 1962. Descripción fácilmente legible de la vida y obra del iniciador en el campo del calor.

4. HOLTON, G., y ROLLER, D. H.: *Foundations of Modern Physical Science,* Addison-Wesley, Cambridge, Mass., 1958. Los capítulos 19 a 21 y 25 contienen un estudio semihistórico del tema de este capítulo a un nivel ligeramente más elevado.

5. MACDONALD, D. K. C.: *Near Zero* (rústica), Anchor Science, Doubleday, Garden City, N.Y., 1962. La historia fascinante de los fenómenos peculiares que ocurren cuando la materia se enfría hasta casi el cero absoluto.

RESUMEN

La energía térmica es energía cinética molecular. Cuando se calienta un objeto o un gas, las moléculas dentro de él aumentan su energía cinética. Cuando se enfría, sus moléculas pierden energía cinética. La temperatura de un objeto o gas es una medida de la energía cinética de sus moléculas.

Existen tres escalas corrientes de temperatura. La escala Fahrenheit tiene el punto de congelación y de ebullición normales del agua a 32 °F y 212 °F, respectivamente. En la escala centígrada o Celsius, estos puntos son 0 °C y 100 °C. Aunque la escala absoluta o Kelvin tiene los grados del mismo tamaño que la escala Celsius, los números de la escala están desplazados 273 grados, de modo que los dos puntos anteriores son 273 °K y 373 °K.

Cuando se calienta un gas encerrado en un recinto, su presión es proporcional a su temperatura Kelvin (o absoluta). Si existen N moléculas de gas en un volumen V a una temperatura de T °K, la presión P del gas viene dada por la ley de los gases $PV = NkT$, siendo k una constante de la naturaleza denominada constante de Boltzmann. Esto indica que en el cero absoluto, en que $T = 0$ °K (ó —273 °C), la presión de un gas tiende a cero. Sin embargo, todos los gases condensan antes de que se alcance esta temperatura.

La ley de los gases puede deducirse a partir de un modelo que describe la presión como el resultado de moléculas semejantes a pequeñas bolitas chocando con las paredes del recipiente. A partir de este modelo vemos que la temperatura absoluta es una medida de la energía cinética de las moléculas. Con más precisión, $T = \frac{2}{3}k(\frac{1}{2}mv^2)$. Esta expresión predice que todo el movimiento molecular debe cesar en el cero absoluto. Los gases muestran una amplia variación de sus velocidades moleculares. En todo instante, algunas moléculas están en reposo, mientras que otras tienen velocidades extremadamente elevadas. La velocidad media de las moléculas de nitrógeno en el aire a temperatura ambiente es de 500 m/seg, aproximadamente.

Partículas muy pequeñas, pero suficientemente grandes como para ser vistas al microscopio sufren un movimiento en zig-zag cuando se suspenden en un gas o en un líquido. Este hecho se denomina *movimiento browniano* y es el resultado de los choques no equilibrados de las moléculas que rodean a la partícula sobre ésta.

Cuando se conduce calor a través de un sólido, como una varilla, la energía térmica (energía cinética molecular) va pasando a través de la varilla por choques de las moléculas más calientes con aquellas que tienen menor energía.

Puesto que se necesita energía para que una partícula se eleve sobre la superficie de la Tierra, sólo las moléculas más energéticas podrán alcanzar alturas elevadas. Como resultado, el aire es mucho menos denso a altitudes elevadas que a niveles más bajos. A unos 150 km por encima de la Tierra, el aire tiene una densidad de sólo una milmillonésima parte de la que posee en la superficie terrestre. Podemos medir la presión de la atmósfera con el empleo de un barómetro.

La viscosidad de un líquido es grande cuando las moléculas dentro del mismo se mueven entre sí con gran dificultad. Puesto que el movimiento molecular es mayor a temperaturas más altas, la viscosidad del líquido disminuye cuando se calienta el líquido.

La ebullición se produce dentro de un líquido cuando la presión debido a las moléculas que escapan de la superficie líquida es igual a la presión de la atmósfera situada sobre el líquido. En estas condiciones, pueden crecer burbujas de vapor dentro del líquido. A temperaturas más bajas puede presentarse también la evaporación cuando las moléculas más energéticas escapan de la superficie líquida. Puesto que ellas se llevan más energía que la que posee la molécula media, la evaporación lleva aneja un enfriamiento.

Dentro de los líquidos y de los vidrios, las moléculas no se distribuyen en esquemas precisos. Sin embargo, en los sólidos cristalinos las moléculas se presentan en una red definida que se repite a través de todo el cristal. Debe añadirse energía térmica a un cristal con objeto de romper los átomos y liberarlos de la red y obtener así la fusión de un sólido cristalino.

LISTA DE COMPROBACIONES

1. ¿Cómo niegan los experimentos de Rumford el concepto del «calórico»?
2. ¿Cuál es la diferencia fundamental entre una sustancia caliente y la misma sustancia fría?
3. ¿Por qué no puede conseguirse que concuerden perfectamente los termómetros basados en la dilatación de los líquidos?
4. ¿Cuáles son los números que definen el punto de congelación del agua en las escalas centígrada, Fahrenheit y Kelvin?
5. ¿Cómo se comporta la presión de un gas en función de la temperatura?
6. Describir un experimento mediante el cual pueda definirse el cero absoluto.
7. ¿Cuál es la ley de los gases ideales y qué conclusiones resultan en el caso de un gráfico de P en función de T cuando se mantiene constante V?
8. Al aumentar la temperatura de un gas, permaneciendo V constante, ¿qué le ocurre a P? Si se

hace disminuir V manteniendo a T constante, ¿qué le ocurre a P?

9. En función de las moléculas, ¿cuál es el mecanismo físico mediante el cual un gas ejerce una presión?
10. ¿Qué magnitud mide T y cuál es la relación entre las dos magnitudes?
11. ¿Con qué rapidez se mueve una molécula media en el aire a la temperatura ambiente? ¿Por qué no se mueve una molécula de perfume a través de la habitación con esta rapidez?
12. Dibujar un gráfico que muestre cómo varían las velocidades de las moléculas de un gas. ¿Cómo varía el gráfico al hacerse cambiar la temperatura?
13. En un recipiente de gas, ¿cuál es la celeridad de la molécula más lenta? ¿Qué puede decirse sobre la celeridad de la más rápida?
14. ¿Qué es el movimiento browniano?
15. ¿Por qué es razonable que la atmósfera deba ser cada vez más tenue cuando vayamos ascendiendo a capas cada vez más altas?
16. ¿Qué es un barómetro de mercurio y cómo funciona? ¿Qué valor tiene ordinariamente la presión atmosférica en el punto donde el lector está?
17. Cuando se calienta un sólido o líquido, ¿qué sucede dentro de la sustancia?
18. ¿Cuál es el proceso molecular que interviene en el proceso de conducción térmica? ¿En la dilatación térmica?
19. ¿Qué se entiende por viscosidad? ¿Cómo y por qué varía con la temperatura?
20. Explicar utilizando conceptos moleculares qué sucede durante la evaporación. ¿Por qué conduce este proceso a un enfriamiento?
21. ¿Qué determina si un líquido hierve o no a una temperatura dada? ¿Por qué varía la temperatura de ebullición con la presión atmosférica? ¿Qué se entiende por presión de vapor?
22. ¿Qué es el sobrecalentamiento y por qué se presenta?
23. ¿Cómo están relacionados los plásticos vítreos y los mismos vidrios con los líquidos?
24. ¿Cuál es la diferencia esencial entre un líquido, un vidrio y una sustancia cristalina?
25. ¿Qué ocurre cuando se funde una sustancia cristalina? ¿Carecen de movimiento los átomos en un cristal?

CUESTIONES

1. En función de la teoría cinética y de su modelo molecular, explicar la causa de los hechos siguientes: (*a*) La presión aumenta con T; (*b*) la presión aumenta cuantas más moléculas se añaden a un volumen determinado; (*c*) la temperatura aumenta cuando se comprime repentinamente un gas.
2. En un motor diesel, el gasoil vaporizado no se enciende por una chispa procedente de una bujía. En lugar de ello, el vapor se enciende cuando el pistón comprime repentinamente el vapor dentro del cilindro. Explicarlo.
3. Explicar por qué un viento a 60 km/h en una montaña elevada ejerce una fuerza bastante menor que un viento semejante al nivel del mar.
4. Explicar cómo se lleva a cabo el proceso de respiración. ¿Sería suficiente simplemente abrir la boca mucho para que el aire pueda entrar y salir?
5. La ley de Dalton de las presiones parciales establece que «la presión de una mezcla de gases es igual a la suma de las presiones de los gases individuales». Justificar la ley.
6. Puesto que las moléculas gaseosas poseen energía cinética, deberán poder empujar los objetos y, por lo tanto, realizar trabajo. Dar algunos ejemplos de los casos en que esto ocurre.
7. Cuanto más alto asciende uno por encima de la Tierra, mayor es la fracción de gas hidrógeno que hay presente en comparación con la del nitrógeno. Explicar por qué la composición de la atmósfera debe variar de este modo.
8. ¿Por qué funciona una aeronave a reacción con más rendimiento a 10 000 m que a 2000 si la velocidad del viento es la misma en los dos niveles?
9. Está siendo inspeccionado un depósito vacío que se utiliza para guardar gasolina. Puesto que no se oye ningún ruido cuando se agita, el depósito está vacío. Pero cuando se arroja en su interior una cerilla encendida intentando examinar su interior, el depósito explota. Explicar qué es lo que ha ocurrido probablemente.
10. Considérense dos líquidos A y B que tienen viscosidades diferentes cuando están a la misma temperatura. El líquido A es mucho más viscoso que el líquido B. (*a*) Siendo iguales todas las demás propiedades, ¿cuál de los líquidos tiene una fuer-

za atractiva mayor entre sus moléculas? (*b*) Siendo iguales todas las demás propiedades, ¿en qué líquido son las moléculas mayores? (*c*) ¿Por qué un aumento de temperatura hace que disminuya la viscosidad de *A*? (*d*) ¿Qué líquido hervirá a una temperatura inferior y por qué? (*e*) ¿Qué líquido se evaporará más aprisa y por qué?

11. Las moléculas de la piel y de la carne dentro de la región de una quemadura resulta que están rotas en fragmentos. Explicar por qué el tocar un objeto muy caliente puede producir este resultado. ¿Por qué una quemadura por rozadura (obtenida cuando el brazo se desliza sobre el suelo de un gimnasio) es semejante a una quemadura realizada por una chimenea? ¿Cómo está relacionado esto con el hecho de que las patatas tarden más tiempo en cocerse en Denver que al nivel del mar?
12. Un modo de evitar que el líquido hierva salpicando cuando se calienta es colocar algún trocito de material poroso dentro de él. ¿Por qué ayudará esto a la ebullición? (*Indicación*: los poros están al principio llenos de aire y el trocito de material poroso no puede ser utilizado a no ser que esté seco.)
13. El agua hierve a 100 °C, y el benceno, una molécula con una masa casi 4 veces mayor que la del agua, hierve a 80 °C. ¿A qué conclusión se puede llegar acerca de las fuerzas entre los dos tipos de moléculas en sus líquidos puros?
14. Un matraz está parcialmente lleno con agua a 60 °C. Cuando se adapta una bomba de vacío al matraz y se elimina el aire, el agua empieza a hervir. ¿Por qué?
15. El dióxido de carbono sólido, hielo seco, no funde cuando se deja sobre una mesa al aire libre. En lugar de ello, el hielo seco simplemente desaparece lentamente. ¿Qué es lo que ocurre?
16. Un mecánico amigo mantiene lo siguiente. Suele calentar un extremo de una varilla metálica hasta el rojo oscuro con objeto de templarla. Cuando introduce la varilla al rojo en aceite para enfriarla rápidamente, afirma que el calor asciende por la varilla desde el extremo introducido en el aceite y entonces el extremo superior resulta mucho más caliente que el inferior. ¿Es correcto esto?
17. Cuando se calienta un trozo de metal, se dilata. ¿Aumenta también su peso?
18. Aunque las moléculas de acetona tiene una masa unas tres veces mayor que las del alcohol etílico, el alcohol tiene una viscosidad tres veces mayor que la acetona. ¿Qué conclusión puede obtenerse de esta propiedad?
19. ¿Qué sería más difícil calentar de 0 °C a la temperatura ambiente: una botella llena de agua o una botella llena de hielo y agua?
20. Se dispara un proyectil dentro de un trozo de madera. Después de un examen, se encuentra que el proyectil se ha fundido parcialmente durante el impacto. Explicar cómo ha podido suceder esto.

PROBLEMAS

1. ¿Cuáles son las temperaturas siguientes en la escala centígrada (*a*) 72 °F (temperatura ambiente), (*b*) 95 °F, (*c*) 10 °F, (*d*) —13 °F.
2. Transformar los valores siguientes a la temperatura Fahrenheit: (*a*) 30 °C, (*b*) 90 °C, (*c*) —40 °C.
3. Si se varía la temperatura de un gas en un recipiente hermético de 0 a 100 °C, ¿en qué factor aumentará la presión del gas?
4. Un recipiente de aire se cierra a 27 °C y se enfría, ¿a qué temperatura se verá reducida la presión del gas dentro del recipiente a un valor igual a tres cuartos del original?
5. La presión dentro de un depósito metálico de 1 litro lleno de gas oxígeno es de 200 newtons/cm^2. ¿Qué volumen deberá ocupar este gas si se expansiona hasta que su presión adquiera el valor de la presión atmosférica, aproximadamente, de 10 newtons/cm^2?
6. En el aire a presión atmosférica, 76 cm de mercurio, una molécula de nitrógeno se mueve alrededor de 10^{-6} cm antes de chocar contra otra molécula. (Decimos que su *recorrido libre medio* es 10 cm^{-6}.) ¿Qué valor deberá tener la presión si el recorrido libre medio ha de ser un centímetro?
7. La velocidad más alta de cualquier objeto material es la velocidad de la luz, 3×10^8 m/s. ¿Qué temperatura deberá tener un gas para que la velocidad media predicha por la teoría cinética tuviese este valor? Utilizar como masa molecular $m = 20 \times 10^{-27}$ kg.
8. El gas helio es el que se condensa con más dificultad de todos los gases. Se licua a —269 °C. ¿Cuál es la velocidad media de la molécula de

helio en un gas a esta temperatura? ($m = 4 \times 1{,}67 \times 10^{-27}$ kg.)

9. La unidad de energía comúnmente utilizada cuando estudiamos el calor es la «caloría», siendo 1 cal = 4,2 joules. Los técnicos en alimentación, al catalogar las energías de los alimentos, utilizan la caloría, pero su caloría es realmente una kilocaloría. Normalmente adquirimos unas 2000 calorías diariamente de los alimentos que tomamos. Demostrar que este valor es equivalente a $8{,}4 \times 10^6$ joules de energía. ¿Cuántas veces podría ascender una mujer de 50 kg a lo alto de una escalera de 3 m de alto antes de que consumiese dicha energía? Admitir que no se pierde energía de ningún otro modo (una hipótesis bastante poco real).
10. La unidad de energía térmica, la caloría, se define como la cantidad de energía que se necesita añadir o eliminar de un gramo de agua para hacer variar su temperatura en 1 °C. Además se necesitan 80 cal de energía térmica para hacer pasar un gramo de hielo a 0 °C a 1 gramo de agua a 0 °C, Supóngase que se añade 1,0 g de hielo a 0 °C a un vaso de agua (200 g) a 20 °C, ¿cuál será la temperatura del vaso de agua después de haberse fundido el hielo?

Capítulo 6

Cargas y corrientes eléctricas

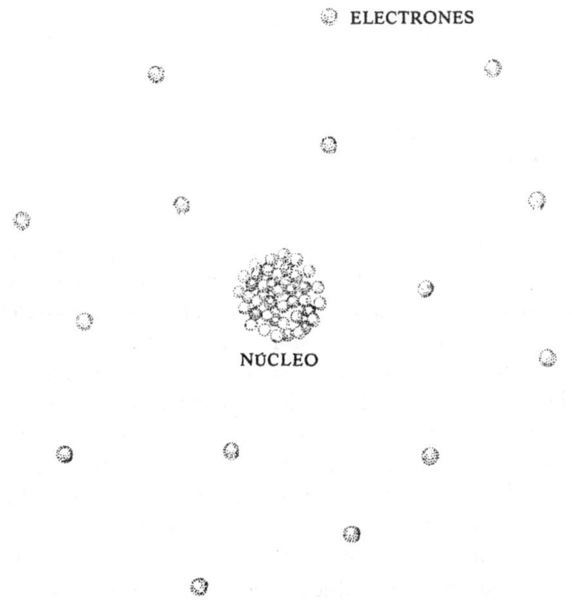

FIG. 6.1. — El núcleo contiene protones y neutrones; los electrones están mucho más alejados del núcleo de lo que se indica en esta figura.

En los capítulos anteriores hemos considerado solamente una fuerza fundamental, la gravitatoria. La responsable de la estructura de los átomos y moléculas es una fuerza mucho más intensa de naturaleza eléctrica. En este capítulo consideraremos la fuerza eléctrica en sus empleos prácticos. Posteriormente veremos cómo esta fuerza mantiene reunidos a los átomos, moléculas y sólidos.

El cuanto de carga

Los átomos están compuestos de tres tipos de partículas: el electrón, el protón y el neutrón. Aunque estudiaremos la estructura atómica con detalle en el capítulo 12, simplificaremos nuestro estudio de la electricidad si aprendemos los hechos característicos sobre la estructura atómica, como se ve en la figura 6.1. Un átomo está compuesto de un núcleo central de forma esférica compuesto de protones y neutrones. Rodeando al núcleo están unas partículas diminutas e iguales denominadas electrones que giran a su alrededor. Están retenidas por el núcleo debido a fuerzas eléctricas, del mismo modo que los planetas están retenidos por el Sol por fuerzas gravitatorias.

Mucho antes de que se hubiese establecido la existencia del electrón, protón y neutrón se conocían dos tipos de electricidad o de *carga eléctrica.* Uno de estos tipos, *carga negativa,* puede obtenerse sobre una varilla de goma dura (o ebonita) frotando dicha varilla vigorosamente con un trozo de cuero. El otro tipo de carga eléctrica, designada como *positiva,* puede obtenerse sobre una varilla de vidrio frotándola vigorosamente con un paño de seda. Es sencillo demostrar que estos dos experimentos elementales dan como resultado tipos diferentes de cargas. Es probable que el lector haya realizado el experimento por sí mismo en un centro de enseñanza. Sin embargo, lo revisaremos aquí debido a su importancia fundamental en todos los fenómenos eléctricos.

Supóngase que se cuelgan dos bolitas pequeñas y de poco peso de unos hilos como se ve en la figura 6.2*a*. Como es natural cuelgan verticalmente. Pero si parte de la carga eléctrica positiva de una varilla de vidrio cargada se coloca sobre cada una de las esferitas, ambas se repelerán entre sí como se ve en 6.2*b*. Cuando

FIG. 6.2. — Cargas de la misma naturaleza se repelen y las de distinta naturaleza se atraen.

las dos bolas están cargadas negativamente por haber estado en contacto con la varilla de ebonita cargada, también se repelerán entre sí, como en (*b*). Sin embargo, si las bolas inicialmente no cargadas se cargan separadamente una con carga positiva procedente de la varilla de vidrio y la otra con carga negativa procedente de la varilla de ebonita, entonces las dos bolas se atraerán entre sí como en (*c*). Podemos obtener a partir de este experimento la conclusión de que existe una diferencia entre las cargas situadas sobre el vidrio y sobre la ebonita; además el experimento muestra lo siguiente:

> *Cargas del mismo signo se repelen entre sí, mientras que cargas de signo contrario se atraen sí.*

Otros muchos objetos producen una carga cuando se frotan. Si se frota vigorosamente una pluma de material plástico contra los vestidos, la pluma quedará cargada. O bien, como seguramente se habrá observado, en tiempo seco el cuerpo puede resultar cargado si se pisan ciertos tipos de alfombras o se roza contra los asientos de un automóvil. Es posible que se conozcan otros muchos ejemplos, pero independientemente de la forma de generar la carga, ésta siempre corresponde a una de las dos cargas descritas anteriormente. Se concluye a partir de esto que solamente existen dos tipos de carga. A una de éstas la denominaremos positiva y a la otra la designaremos como negativa.

Sabemos ahora que estas cargas pueden explicarse en virtud de las partículas contenidas en el átomo: el electrón lleva una carga negativa y el protón una carga positiva. Como su nombre indica, el neutrón es neutro; no lleva ninguna carga neta en absoluto. La unidad de carga es el *coulomb* (abreviadamente C). La carga del electrón es $-1{,}602 \times 10^{-19}$ C; la carga del protón es idéntica excepto en el signo, $+1{,}602 \times 10^{-19}$ C. * *Nunca se ha encontrado ninguna carga menor.* Además, todas las cargas encontradas en la naturaleza son múltiplos enteros de $1{,}602 \times 10^{-19}$ C. En otras palabras, los objetos cargados siempre poseen 1, 2, 3, 4, etc., veces la carga situada sobre el electrón o sobre el protón; no existen cargas de tamaño intermedio.

A partir de esto vemos que la carga se tiene en elementos pequeños (denominados *cuantos de carga*), cuyo tamaño es $1{,}602 \times 10^{-19}$ C. Se designa el cuanto de carga por el símbolo e, siendo la carga del protón $+e$ y la del electrón $-e$. Se puede ya adivinar que los objetos cargados siempre adquieren cargas en virtud de un exceso de protones o de electrones. Realmente éste suele ser el caso normal. Sin embargo, existen otras partículas diminutas semejantes al electrón y al protón que llevan cargas de $\pm e$, aunque no contienen protones o electrones. Estas otras partículas no son importantes en la electricidad práctica y así las discutiremos más tarde. Investiguemos ahora

* Recuérdese que 10^{-19} indica que ha de dividirse el número por 10 diecinueve veces.

la naturaleza de las fuerzas que se ejercen las cargas entre sí.

Ley de la fuerza de Coulomb

Aunque en muchos casos es suficiente saber simplemente que las cargas del mismo signo se repelen y las de signo contrario se atraen, la dependencia exacta de la fuerza respecto al valor de la carga q y a la distancia de separación r tiene también mucho interés. Agustín Coulomb (1736-1806) descubrió por primera vez esta dependencia, que se denomina ley de Coulomb en su honor. Vio que si la bola situada a la izquierda de la figura 6.3 lleva una carga positiva de valor q_1 C, repelerá a la bola situada a la derecha, que lleva una carga del mismo signo de valor q_2 con una fuerza de F newtons. Además la ley de Newton de la acción y la reacción nos dice que una fuerza igual y opuesta empujará a q_1 hacia la izquierda. Si la distancia entre los centros de las bolas es r metros, la ley de Coulomb para F es

$$F = 9 \times 10^9 \frac{q_1 q_2}{r^2} \text{ newtons} \tag{6.1}$$

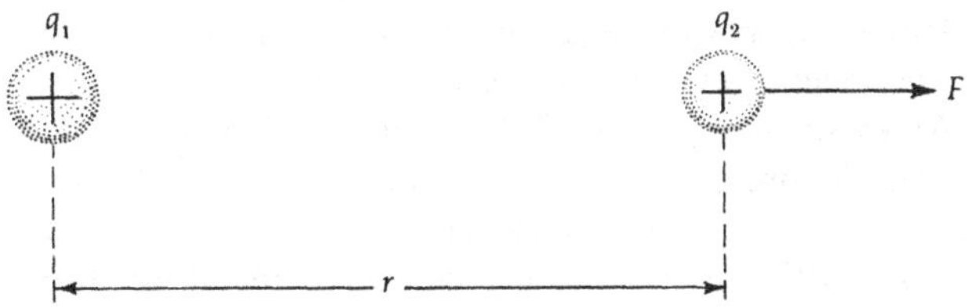

FIG. 6.3. — La fuerza F de repulsión ejercida por q_1 sobre q_2 viene dada por la ley de Coulomb.

Vemos que la ley de las fuerzas eléctricas es una ley de las inversas de los cuadrados de las distancias. Igual que la fuerza gravitatoria, la fuerza eléctrica disminuye inversamente con el cuadrado de la distancia de separación. Sin embargo, la fuerza eléctrica es mucho más intensa que la gravitatoria, como podemos ver a partir del siguiente ejemplo.

EJEMPLO 6.1

Comparar la fuerza gravitatoria entre dos protones respecto a la repulsión eléctrica entre ellas. La masa de un protón es $1{,}67 \times 10^{-27}$ kg.

Método: La ley de Newton de la gravitación nos dice que la fuerza atractiva gravitatoria que actúa sobre una partícula de masa m debido a otra partícula idéntica distante D es [ver ecuación (4.3)]

$$F_G = 6{,}7 \times 10^{-11} \frac{mm}{D^2}$$

La fuerza eléctrica de Coulomb para ambas partículas cada una con carga q es

$$F_e = 9 \times 10^9 \frac{qq}{D^2}$$

Dividiendo la primera ecuación por la segunda se tiene

$$\frac{F_G}{F_e} = \frac{6{,}7 \times 10^{-11}}{9 \times 10^9} \frac{mm}{qq}$$

Pero $m = 1{,}67 \times 10^{-27}$ kg y $q = +e = 1{,}6 \times 10^{-19}$ C, y por tanto el cociente de ambas fuerzas es

$$\frac{F_G}{F_e} = 8 \times 10^{-37}$$

Este número casi inconcebiblemente pequeño indica que lo más corriente es que la fuerza gravitatoria entre partículas cargadas sea totalmente despreciable en comparación con la fuerza eléctrica.

Conductores y aislantes

De acuerdo con la ley de Coulomb, cuando se acerca una carga a otra, cada una de ellas sufre una fuerza debido a la presencia de la otra. Por lo tanto, una carga próxima a un átomo ejercerá una fuerza sobre las cargas dentro del átomo. Como dentro del átomo existen tantos protones positivos como electrones negativos, las fuerzas en sentido opuesto sobre los protones y sobre los electrones se anularán. El átomo por sí mismo no sufre ninguna fuerza debido a su carácter neutro eléctrico.

Cuando los átomos están empaquetados formando un sólido o un líquido, son posibles dos tipos de comportamiento eléctrico dependiente de los átomos particulares que intervienen. En ciertos sólidos y líquidos, denominados *aislantes,* los átomos permanecen siendo entidades diferentes. Cada uno de ellos retiene firmemente a los electrones asociados con él. Como resultado, los electrones no están libres para moverse alejándose del átomo al que están adheridos. Como es natural los protones se mantienen estrechamente en el núcleo y no pueden escapar del átomo. Como las cargas en un aislante están ligadas en su lugar es imposible que las cargas se muevan dentro del sólido o del líquido. Ejemplos típicos de aislantes son la madera, los plásticos, el vidrio y el papel.

Las sustancias en las cuales puede moverse la carga a su través se denominan *conductores*; los metales (cobre, hierro, aluminio, etc.) son los más familiares de este grupo. En estas sustancias, algunos de los electrones más exteriores de cada átomo pueden quedar libres de su átomo padre cuando se empaquetan juntos formando un sólido o un líquido. Como resultado, el metal tiene un gran número de electrones libres y estas cargas negativas pueden moverse de un lugar a otro bajo fuerzas, incluso muy pequeñas.

Existen materiales de un tercer grupo intermedio denominados *semiconductores*. Se utilizan ampliamente en los aparatos electrónicos de estado sólido, particularmente en transistores y están adquiriendo una importancia cada vez mayor en la tecnología científica.

Cargas inducidas

En esta sección veremos cómo se comportan las cargas eléctricas en diversas situaciones. Como primer ejemplo, consideremos de nuevo la varilla de ebonita. Es un aislador, y sin embargo, cuando la varilla se frota con cuero, adquiere una carga negativa. ¿Cómo sucede esto?

Aparentemente algunos electrones de los átomos del cuero se mueven trasladándose a la varilla de ebonita durante el frotamiento: la varilla adquiere electrones extra y resulta *cargada negativamente.* Como la varilla es un aislante, estas cargas negativas en exceso permanecen en la parte de la varilla que estuvo en contacto con el cuero; no pueden trasladarse de un sitio a otro.

Cuando una varilla de vidrio se frota con seda, los electrones son separados de la superficie del vidrio y así los electrones restantes del vidrio no están ya equilibrados con las cargas positivas de los protones. La varilla de vidrio está *cargada positivamente,* puesto que tiene más protones que electrones.

Supóngase que la varilla de ebonita negativa indicada en la figura 6.4 se acerca a un objeto metálico neutro. Puesto que los electrones libres dentro del metal pueden moverse bajo fuerzas muy ligeras, algunos de ellos se moverán hacia el lado más alejado del objeto metálico debido a que se ven repelidos por la carga negativa situada sobre la varilla. Pero entonces existen más protones en la parte izquierda del objeto y, así pues, esta región tiene una cantidad igual de carga positiva. De este modo, la varilla negativa separa algunas de las cargas anteriormente equilibradas dentro del metal. Decimos que la varilla *induce* una carga positiva sobre la parte izquierda del objeto y una carga negativa sobre su lado opuesto. Las cargas que han sido separadas por este procedimiento se denominan *cargas inducidas.* Antes de seguir adelante, puede ser conveniente comprobar la propia comprensión de estos fenómenos explicando lo que ocurrirá en un caso análogo con una varilla de vidrio cargada positivamente.

Supongamos ahora que se toca la superficie metálica con la varilla de ebonita de la figura 6.4 y se separa luego. Como las cargas negativas sobre la varilla están intensamente atraídas por las cargas positivas próximas del metal, algunas de ellas saltarán de la varilla al metal cuando se toquen los dos. El metal entonces tiene electrones extra y queda cargado negativamente. (Antes de tocar la varilla, el metal tenía un número igual de protones y de electrones aunque estuviesen algunos de ellos separados entre sí.) Cuando se separa la varilla de ebonita, las cargas del metal no sufren ninguna otra fuerza exterior. Entonces están libres para redistribuirse sobre el objeto metálico como se ve en la figura 6.5. Bajo la fuerza de sus repulsiones mutuas, el exceso de carga negativa tiende a moverse a los extremos más alejados del objeto. (Los protones situados en el centro también tienden a repelerse entre sí, pero las fuerzas nucleares intensas vencen dicha tendencia.)

La figura 6.6 muestra otro caso de inducción de cargas. Las dos láminas metálicas indicadas en (*a*) reciben cargas opuestas con cantidades iguales de un exceso de carga positiva y negativa. La carga positiva en exceso sobre la lámina izquierda se mueve acercándose a la cara más próxima a la lámina negativa. Del mismo modo, la lámina izquierda induce a la carga negativa situada sobre la otra lámina a moverse

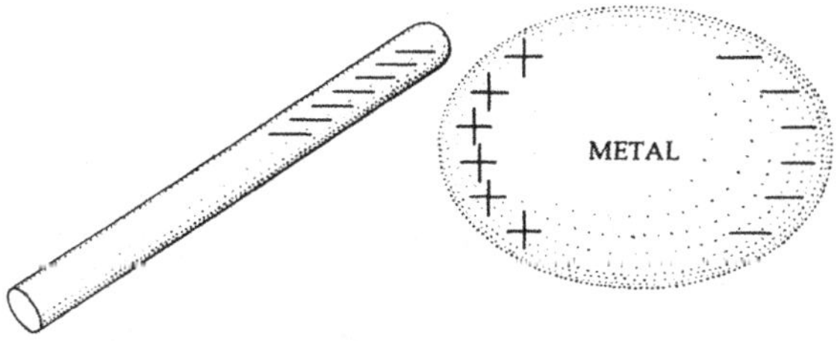

FIG. 6.4. — La varilla de ebonita cargada da origen a la separación de cargas dentro del metal.

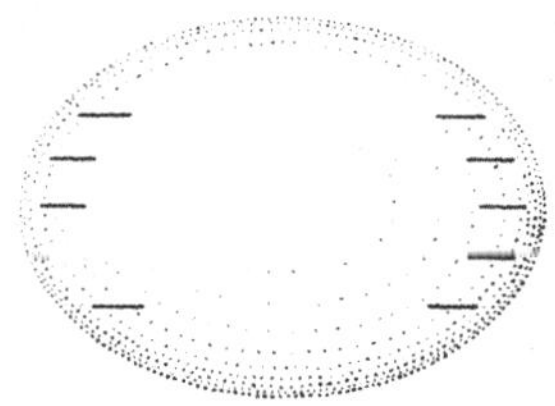

FIG. 6.5. — ¿Por qué se localiza el exceso de cargas negativas cerca de los extremos del objeto metálico?

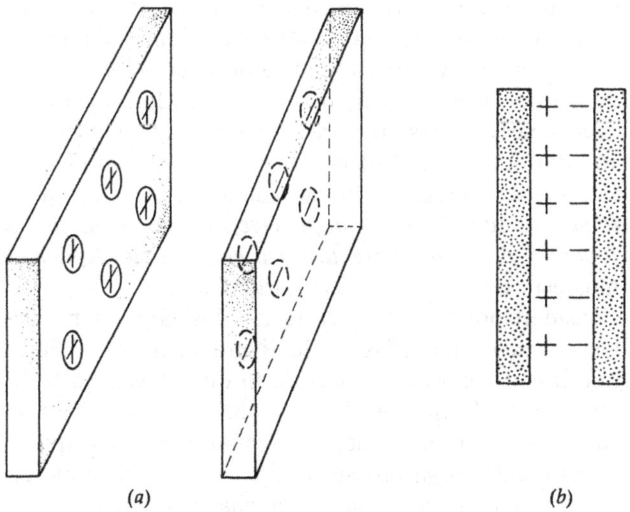

FIG. 6.6. — Cada una de las placas de metal con cargas opuestas induce a que las cargas de la otra placa se desplacen hacia las superficies internas.

hacia la superficie interior. Debido a la inducción mutua, el exceso de carga se retiene en las superficies internas de ambas láminas paralelas. Con frecuencia nos referiremos a un caso semejante. Por conveniencia, las láminas suelen dibujarse normalmente con una vista frontal como se ve en la parte (*b*) de la figura. Obsérvese que ambas láminas se atraerán entre sí debido a sus cargas opuestas.

El campo eléctrico

Cuando un hombre empuja un coche o tira de una cuerda sujeta a un poste, las fuerzas que intervienen en este fenómeno se describen y se comprenden fácilmente. Las fuerzas como éstas, se ejercen mediante objetos materiales actuando uno directamente sobre otro. Sin embargo, las dos fuerzas fundamentales que acabamos de encontrar hasta aquí, la gravitatoria y la eléctrica no son de este tipo. El Sol atrae a la Tierra sin existir ninguna conexión visible entre ambos cuerpos; una bolita cargada positivamente atrae a otra con carga negativa sin que se toquen. Estos son ejemplos de *fuerzas a distancia.* Representaremos estas fuerzas en función de los *campos.*

Quizás el lector haya oído hablar ya del *campo gravitatorio terrestre.* De hecho, cuando lea este párrafo, el lector está inmerso en el campo gravitatorio de la Tierra. La dirección del campo es hacia abajo, puesto que decimos que la dirección de un campo es la misma que la dirección de la fuerza que representa. Con

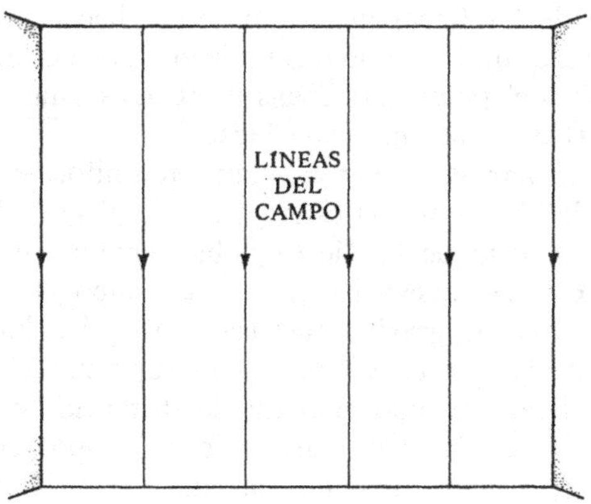

FIG. 6.7. — Campo gravitatorio dentro de una habitación.

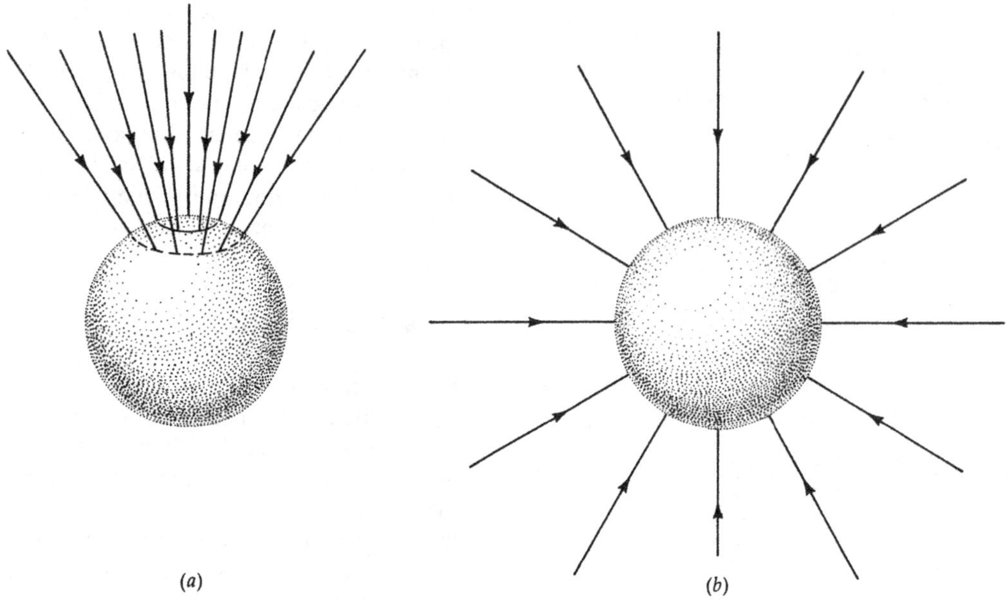

FIG. 6.8. — Aunque el campo terrestre deba dibujarse en tres dimensiones como en *(a)*, con frecuencia se utiliza otra representación más conveniente como en *(b)*.

frecuencia, dibujaremos gráficos de los campos gravitatorios utilizando líneas que señalan la dirección de la fuerza espaciadas más o menos según la fuerza sea más o menos intensa. La figura 6.7 muestra una descripción del campo apropiada en el caso de una habitación. Podemos de un vistazo apreciar que las fuerzas gravitatorias en la habitación son hacia abajo (las flechas de las líneas del campo están hacia abajo) y la fuerza es uniforme no dependiendo, por tanto, de la situación del punto (las líneas de fuerzas están en todas partes igualmente espaciadas).

El campo terrestre no es exactamente uniforme, puesto que la Tierra es una esfera y no un plano. El campo gravitatorio de la Tierra globalmente se ve la figura 6.8. De nuevo las líneas de campo nos dicen que las fuerzas gravitatorias están dirigidas hacia el centro de la Tierra. Además, la mayor separación entre las líneas cuando aumenta la distancia desde el centro de la Tierra nos dice que el campo terrestre (es decir, la fuerza gravitatoria) disminuye de intensidad según nos vamos alejando de la Tierra. En resumen, el sentido de las fuerzas está indicado por flechas sobre las líneas del campo; el valor relativo de la fuerza está representado por la densidad relativa (mayor o menor separación) de las líneas de campo. También podemos utilizar los campos para describir las fuerzas eléctricas. La fuerza eléctrica de Coulomb es también una fuerza a distancia. Sin embargo, a diferencia de la fuerza gravitatoria, en la que solamente interviene un tipo de masas, * en la fuerza eléctrica aparecen dos tipos de cargas, positiva y negativa. Por lo tanto, debemos especificar el sentido del campo de fuerzas eléctricas aún más. Es costumbre *tomar el sentido del campo eléctrico como el de la fuerza que actúa sobre una carga positiva.* Aplicaremos este criterio a un caso particular.

Consideremos la región entre las dos láminas paralelas cargadas indicadas en la figura 6.9*a*. Admitamos que las placas son mayores de lo que se ven en la figura de modo que pueden despreciarse los efectos de sus bordes. Si colocamos una carga positiva pequeña denominada *carga testigo* o *de prueba* en el punto *A*, sufrirá una fuerza hacia la derecha, puesto que es repelida por la carga positiva situada a la izquierda y

* Existe otro tipo de masa, la *antimateria.* Sin embargo, es aniquilada por la materia ordinaria y no existe en forma estable en nuestra galaxia. La mencionaremos de nuevo en el capítulo 11.

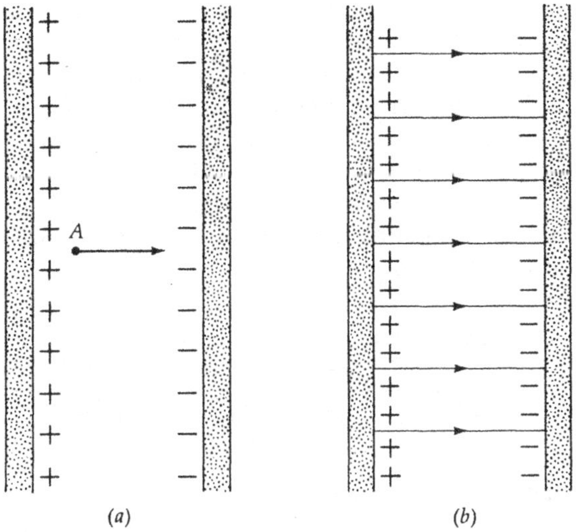

FIG. 6.9. — Las líneas de campo eléctrico se originan en las cargas positivas y terminan en las cargas negativas.

atraída por la carga negativa situada a la derecha. Por consiguiente, el campo eléctrico en *A* está orientado hacia la derecha, según se indica. Un razonamiento semejante nos dice que el campo eléctrico en cualquier punto entre las láminas está orientado hacia la derecha. De aquí que el campo eléctrico pueda dibujarse como se ve en la figura 6.9*b*; es uniforme en toda la región interior.

Podemos definir una magnitud *E*, *intensidad del campo eléctrico*. Es la fuerza que experimentará una carga testigo de un coulomb si estuviese colocada en el campo. Por ejemplo, la intensidad de campo en el punto *A* de la figura 6.9*a* es igual a la fuerza que sufriría una carga testigo de un coulomb si se colocase en *A*. Las unidades de *E* son las de fuerza por unidad de carga, a saber newtons por coulombs.

Como segundo ejemplo de un diagrama de campos eléctricos, consideremos el campo alrededor de la esfera cargada positivamente indicada en la figura 6.10*a*. Para hallar la dirección del campo en *A*, sólo necesitamos preguntar qué dirección tiene la fuerza que actúa sobre una carga testigo positiva si se colocase en *A*. Como las cargas del mismo signo se repelen, la fuerza y por lo tanto el campo en la región próxima de una carga positiva, deberá estar dirigida radialmente hacia afuera. En otras partes de la figura 6.10 se indican los campos correspondientes a otras combinaciones de cargas. Se deberá poder justificar la dirección del campo indicada en el punto *A* en todos los casos. Obsérvese también que las líneas de fuerza siempre se originan en las cargas positivas y terminan en las cargas negativas. ¿Por qué sucede así?

Del mismo modo que las líneas de campo gravitatorio, las líneas de campo eléctrico nos dicen que allí donde están más próximas la fuerza es más intensa. Así pues, podemos ver en la figura 6.10 que el cam-

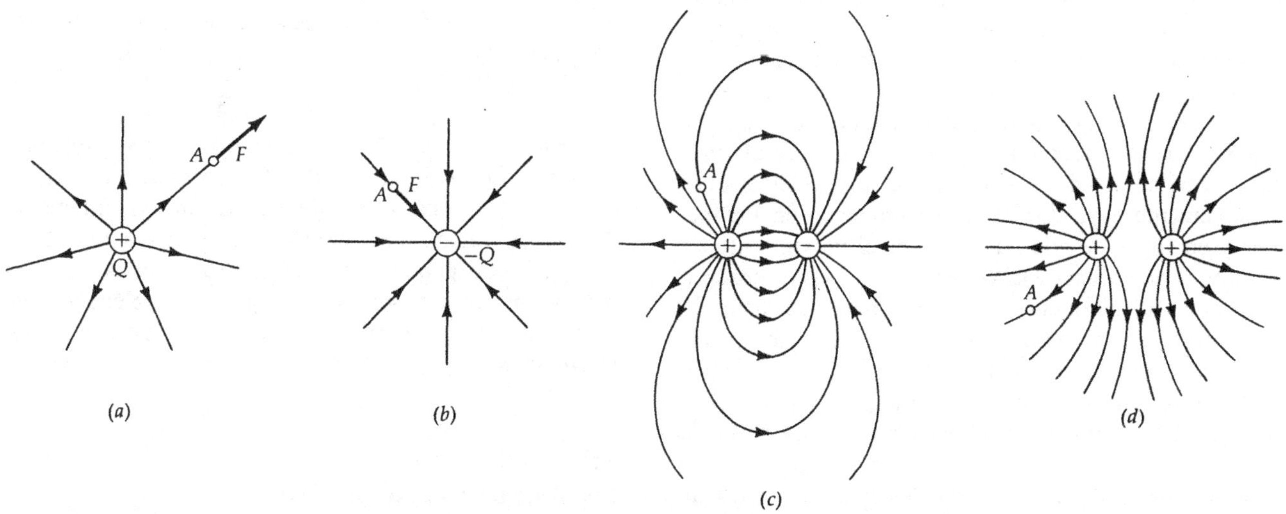

FIG. 6.10. — Como en la figura 6.9, las líneas de fuerza se originan en las cargas positivas y terminan en las cargas negativas.

po (y la fuerza) es más intenso próximo a las cargas que originan el campo. Esto es un resultado lógico.

Corriente eléctrica. El ampere

Volvamos ahora nuestra atención a las corrientes y tensiones o voltajes. Como ya se sabe los metales tienen números muy grandes de electrones libres. Por ejemplo, un trozo de alambre de cobre de 1 m de longitud tiene aproximadamente 10^{20} electrones libres. Este número es tan grande que podemos semejar los electrones libres de un alambre metálico a las moléculas de agua que llenan una tubería de agua. Al utilizar esta analogía consideraremos los alambres metálicos como las «tuberías» a través de las cuales fluye un «fluido» compuesto por cargas eléctricas. Sin embargo, existe desgraciadamente cierta complicación. Sólo algunos experimentos bastantes difíciles pueden mostrar si las cargas que se mueven dentro de un metal son positivas o negativas. No se pudo considerar ninguno de estos experimentos en los días iniciales de la electricidad y de aquí que los primeros investigadores sólo pudieron adivinar cuáles eran las cargas que se movían: las cargas positivas o las negativas. Con una probabilidad del 50 por ciento de acertar escogieron la errónea y admitieron que los metales tenían cargas positivas móviles. Al pasar el tiempo quedó claro que esta hipótesis era errónea, pero el campo de la electricidad ya estaba desarrollado ampliamente. Había sido normalmente aceptado el concepto de movimiento de cargas positivas en los metales e, incluso hoy, casi todo el mundo utiliza una terminología basada en esta descripción mental del flujo de cargas. Por esta razón también nosotros prescindiremos normalmente del hecho de que son los electrones negativamente cargados los que se mueven en los metales y en lugar de ello admitiremos el movimiento de las cargas positivas. Debe perdonarse esta inexactitud; estamos simplemente poniéndonos de acuerdo con el resto del mundo, puesto que es imposible decir sin técnicas especiales cuál es la carga que se mueve.
Podemos definir el flujo de cargas (o corriente eléctrica) en un conductor comparándolo con el flujo de agua (o corriente) dentro de una tubería. Si pasan por un punto dado de una tubería dos litros de flujo de agua cada segundo (que están cayendo de un grifo, por ejemplo), se dice que la corriente de agua es de 2 l/s. En el caso eléctrico, tenemos una tubería llena de cargas positivas en lugar de moléculas de agua. Como se ve en la figura 6.11, estas cargas fluyen a través del conductor del mismo modo que el agua fluye por la tubería. Si cada segundo fluye una carga total de 5 C a través de la sección recta de la tubería en A, el flujo de carga eléctrica, o sea, la corriente, es simplemente de 5 C/s.
Para que esta definición de corriente eléctrica sea más concisa, podemos escribir:

$$\text{Corriente eléctrica} = \frac{\text{carga que pasa por un punto del conductor}}{\text{tiempo empleado en segundos}}$$

Si denominamos I a la corriente y q a la carga que pasa a través de la sección recta A de la figura 6.11 durante un tiempo t, la definición se convierte en

$$I = \frac{q}{t} \qquad (6.2)$$

Como la unidad de carga q es el coulomb, la unidad de corriente eléctrica será el coulomb por segundo. Las corrientes eléctricas son tan importantes que designaremos un coulomb por segundo como un *ampere* (A). Resumiendo, si por un alambre está circulando una corriente de 10 A, entonces fluyen a través de la sección recta por segundo 10 C de carga.
Una corriente de 10 A representa un flujo de un número tremendo de electrones. El número de electrones necesario para constituir una carga de 10 C es $10 : 1{,}6 \times 10^{-19}$, puesto que la carga de cada electrón es $1{,}6 \times 10^{-19}$ C. Por lo tanto, deben pasar 6×10^{19} electrones a través de la sección recta cada segundo para que la corriente sea de 10 A. Como ese número es 6 con 19 ceros detrás de él, existen evidentemente demasiados electrones moviéndose a través del alambre para que podamos ver el efecto de cada electrón individual. Del mismo modo que las moléculas que fluyen por una tubería, las partículas fluyen en gran abundancia.

Pilas y fuentes de fuerza electromotriz

Como las cargas no son perfectamente libres para moverse, necesitan una fuente de energía que las em-

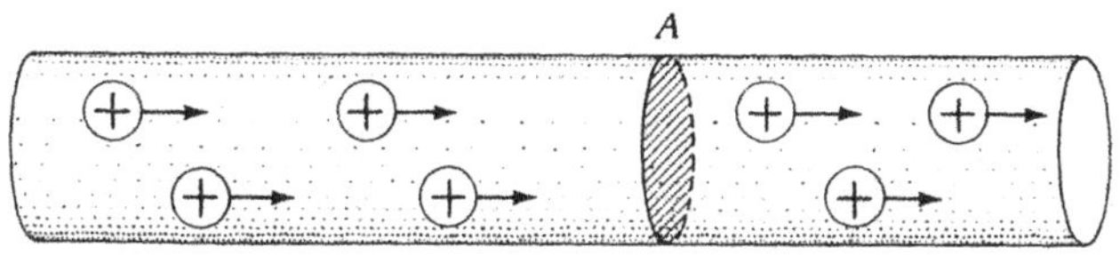

FIG. 6.11. — Se define la corriente en amperes en el conductor como la cantidad de carga positiva en coulombs que fluye a través de una sección recta como *A* en un segundo.

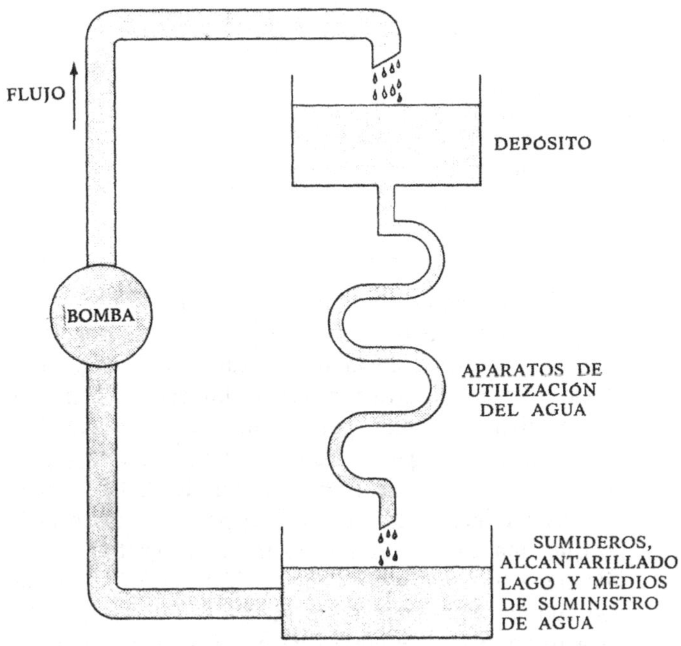

FIG. 6.12. — Diagrama esquemático de un sistema de agua. La parte del circuito a partir del sumidero está muy simplificada.

puje a través del conductor. Del mismo modo, el agua, debido a su viscosidad, necesita una fuente de energía para moverla a través de la tubería. En la figura 6.12 se muestra un sistema simplificado de circulación de agua; el agua tiene energía potencial gravitatoria cuando está en el depósito. Esta energía se pierde cuando el agua fluye hacia abajo (a través de muchos trayectos diferentes y no el simple indicado, dependiendo de la manera en que los consumidores utilizan el agua).

Finalmente el agua fluye a través de un sumidero, y termina en un lago, un río o en el mar. Independientemente del hecho de que el agua ya no está limpia, deja de ser útil de un modo más fundamental: ha perdido su energía potencial.

Para hacer que el agua sea de nuevo útil debe elevarse hasta el depósito (después de su purificación, como es natural). El agente elevador bien sea una bomba, como se indica en la figura, o el proceso de evaporación en el que se utiliza la energía del Sol, ofrece de nuevo al agua energía potencial. El proceso completo se repite una y otra vez.

Compárese el sistema del agua con la figura 6.13*a*, que muestra la trayectoria del flujo de las cargas eléctricas. En este caso, una pila o batería o alguna otra fuente de energía (todas ellas reciben el nombre de *fuentes de fuerza electromotriz* o *fem*) elevan la carga positiva a un nivel de *energía potencial eléctrico alto.* Es costumbre representar el lado de mayor energía de una pila mediante un signo +, como se ve en la figura 6.13*b*. Además, obsérvese cuál es el símbolo de la batería, —▬—, en donde la línea más delgada y más larga representa el + o la parte de mayor energía de la batería.

Como la bomba de la figura 6.12, la pila eleva la carga positiva (pasando a través de ella) desde el punto *A* al punto *B*. La carga positiva en *B* tiene una cantidad mayor de energía potencial eléctrica. Normalmente los circuitos se hacen con hilos, cables o alambres suficientemente buenos conductores para que la carga pierda sólo una cantidad despreciable de energía cuando se mueve a lo largo del alambre desde *B* a *C* y a *D*. Como la carga tiene la misma energía en todos estos puntos, decimos que los puntos *B*, *C* y *D* están todos al mismo *nivel eléctrico* o al mismo *potencial eléctrico.*

Las cargas encuentran una resistencia considerable para fluir en la sección del circuito comprendida entre *D* y *E*. De aquí que digamos que esta sección tiene una cierta *resistencia.* Esta sección puede ser el filamento al rojo blanco que está en el interior de una lámpara de luz incandescente. Evidentemente, la lámpara utiliza la energía eléctrica para producir luz y calor. La energía procede de la energía potencial perdida por las cargas positivas cuando van desde *D* hasta *E* a través de la resistencia. En el instante en que las cargas llegan a *E* han perdido toda su ener-

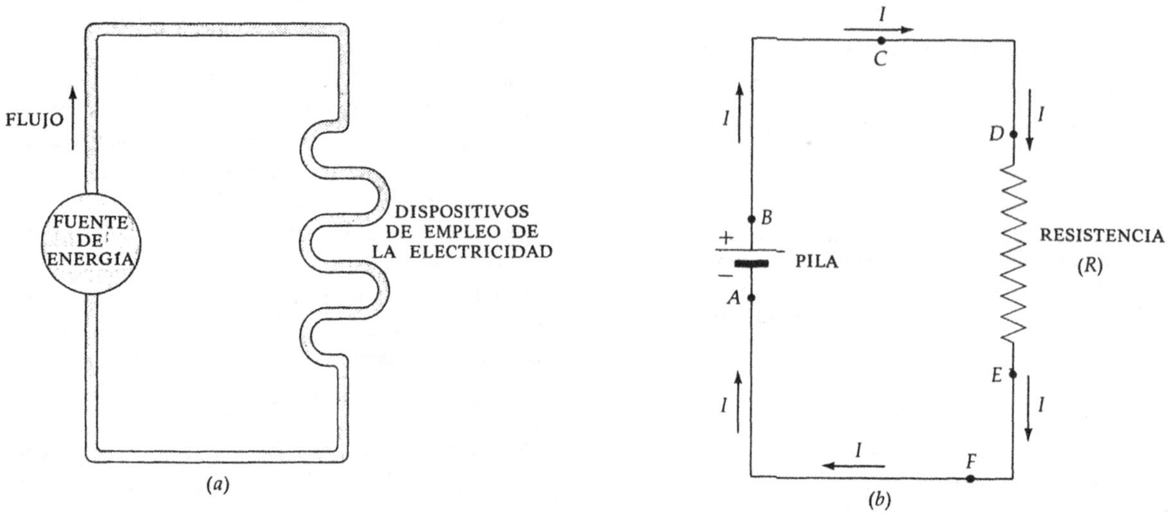

FIG. 6.13.— En el diagrama de la derecha se admite que la caída total de nivel eléctrico se produce en la región pequeña denominada *resistencia.*

gía potencial eléctrica. Como *E, F* y *A* están todos en el mismo nivel eléctrico bajo, la energía potencial de las cargas permanece igual a cero hasta que las cargas alcanzan a la pila en *A*. La pila cede ahora de nuevo más energía elevándolas al nivel eléctrico alto de *B* y el proceso se repite sucesivamente.

En resumen, la pila (o cualquier otra fuente de fem) suministra energía a la carga. La carga lleva la energía a la posición de circuito entre *D* y *E*. Allí la energía se utiliza para iluminar una lámpara, hacer mover un motor, hacer funcionar una radio o para algún otro propósito semejante. Una vez perdida su energía, la carga vuelve desde *E* hasta la pila donde vuelve a recibir más energía.

Diferencia de potencial eléctrico-tensión o voltaje

El término «tensión» o «voltaje» de una pila es familiar; normalmente nos referimos a una batería de coche de 12 volts o una pila de linterna de 1,5 volts. Es nuestro procedimiento de medir la energía que tiene una carga. Veamos exactamente lo que significa la tensión o voltaje.

Supóngase que conectamos dos láminas metálicas a una pila por medio de unos alambres metálicos como se ve en la figura 6.14. La placa o lámina conectada a la parte positiva de la pila adquiere una carga positiva, mientras la otra placa o lámina resulta con carga negativa. Podemos pensar que la placa positiva está en la parte superior de una colina eléctrica y que la negativa está en la parte inferior de dicha colina. Esto está relacionado con nuestro pensamiento previo de que una carga positiva en la parte positiva de la pila tiene una energía potencial eléctrica más elevada que cuando está en la parte negativa.

Para hacer más aceptable este punto consideremos lo que ocurre si colocamos una carga positiva entre las dos placas como se indica en la figura 6.14*b*. La carga positiva se ve empujada hacia la carga negativa por la repulsión de las cargas situadas sobre la placa positiva y se ve atraída por las cargas situadas en la placa negativa. Si se dejara libre, la carga positiva caería cuesta abajo a partir de la placa positiva hacia la placa negativa. Debe quedar claro a partir de esto que la carga positiva realmente tiene energía potencial cuando está al nivel del lado positivo de la pila. Por lo tanto describiremos el lado positivo (o terminal) de una pila como la parte correspondiente a la cima de una colina eléctrica.

Sin embargo, supóngase que sustituimos la carga po-

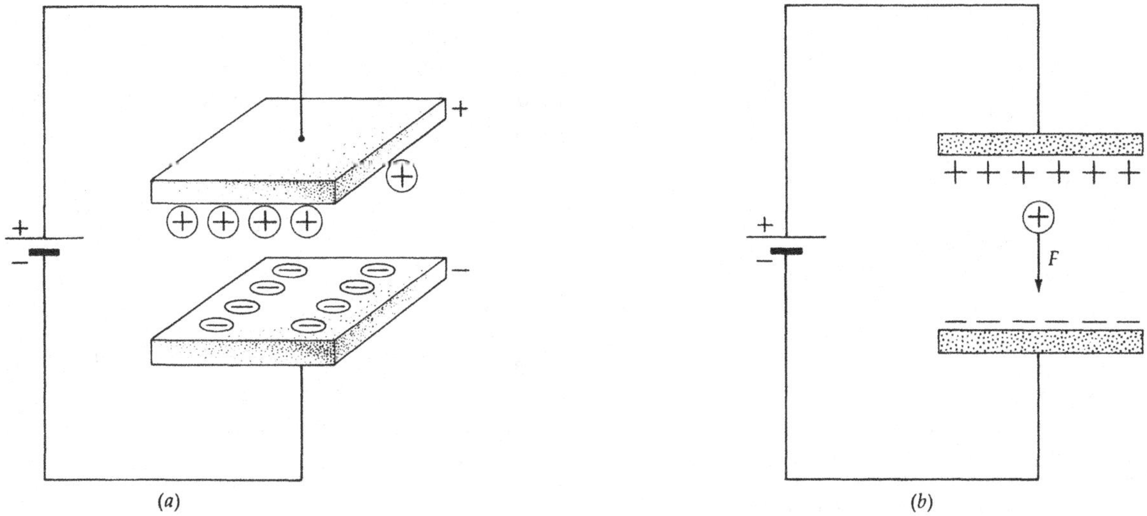

FIG. 6.14. — Entre ambas placas existe una diferencia de potencial; la placa superior es la parte de potencial elevado.

sitiva entre las placas de la figura 6.14*b* por otra negativa. Si se deja en libertad, esta carga negativa caerá dirigiéndose hacia la placa positiva. Por lo tanto, vemos que lo que era cuesta arriba para una carga positiva es cuesta abajo para una carga negativa, y viceversa. Como hemos convenido en que las cargas positivas se mueven produciendo corrientes, también debemos estar de acuerdo en utilizar los términos «hacia arriba» y «hacia abajo» refiriéndonos a las cargas positivas. En otras palabras, el terminal positivo de una pila o de otra fuente de fem se denominará *parte alta* de la pila. La corriente, siendo flujo de cargas positivas, circulará siempre desde el punto de energía potencial elevada hacia los puntos de energía potencial más baja.

Todavía necesitamos una medida cuantitativa de la altura de la colina eléctrica que proporciona una pila o fuente de fem. Es normal expresar esta altura eléctrica en función del trabajo realizado al transportar una carga positiva de un coulomb (+1 C) desde la parte inferior a la de mayor altura de la pila, es decir, desde el terminal negativo de la pila hasta el positivo. La altura de la colina eléctrica desde el terminal negativo al positivo es la misma que la altura de la colina eléctrica desde la placa negativa a la positiva de la figura 6.14. Evidentemente, debe realizarse trabajo para llevar una carga positiva desde la placa negativa a la positiva, puesto que las cargas situadas sobre las placas ejercen una fuerza hacia abajo sobre la carga positiva. Especificaremos la altura de esta colina eléctrica, que se denomina *diferencia de potencial* entre las dos placas, del modo siguiente:

> *La diferencia de potencial entre dos puntos (o placas) es el trabajo realizado para transportar una carga de* +1 C *desde uno de los puntos al otro. La unidad de diferencia de potencial es el volt.*

Por ejemplo, si decimos que la pila de la figura 6.14 es una pila de 6 volts, queremos decir que el trabajo realizado para llevar una carga de + 1 C desde el terminal menos al más de la batería o pila es de 6 volts. Obsérvese que el volt, siendo una unidad de trabajo por unidad de carga, es igual a la unidad de trabajo dividida por la unidad de carga. De aquí que el volt equivalga al joule por coulomb.

Consideremos algunos empleos numéricos del concepto de diferencia de potencial eléctrica. Supóngase que unimos una batería de 12 volts a dos placas metálicas dentro de un tubo en el que se ha hecho el

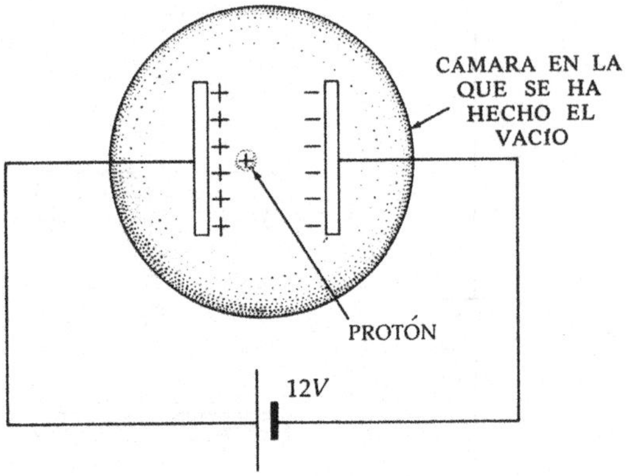

FIG. 6.15. — El protón «caerá cuesta abajo» desde la placa positiva a la negativa. Al hacer esto adquirirá una energía cinética qV siendo q la carga del protón y V la tensión de la pila.

vacío * como se indica en la figura 6.15. Si se deja libre un protón en reposo ($q = 1{,}6 \times 10^{-19}$ C y $m = 1{,}67 \times 10^{-27}$ kg) en la placa positiva dentro del tubo, se moverá hacia la derecha acercándose a la placa negativa. ¿Cuánta energía adquiere cuando cae cuesta abajo hacia la placa situada a la derecha?

Para hallar qué cantidad de energía cinética adquiere el protón necesitamos saber cuánto trabajo se necesita para elevarlo desde la placa negativa hacia la positiva. Devuelve este trabajo en forma de energía cinética cuando «cae» desde la placa positiva hacia la negativa. Pero sabemos, a partir de la definición de diferencia de potencial, que para transportar una carga de $+1$ C desde una placa a la otra se exige un trabajo igual a V, siendo V la diferencia de potencial entre las placas (12 volts en este caso). Para llevar una carga de $+3$ C se requiriría una cantidad de trabajo $3V$, puesto que la carga que ha de ser transportada es ahora tres veces mayor que antes. Análogamente, para llevar una carga q se necesitaría una cantidad de trabajo igual a qV. Por lo tanto:

El trabajo realizado para transportar una carga q a través de una diferencia de potencial V es qV. Cuando una carga q se mueve a través de una diferencia de potencial V, adquiere una energía qV.

* Solemos considerar el movimiento de cargas en el vacío mejor que en el aire; de ese modo pueden evitarse las colisiones con las moléculas de aire.

Es ahora un asunto sencillo hallar la energía cinética y la velocidad del protón en el momento de chocar contra la placa negativa. Sabemos que en su caída desde la placa positiva el protón adquiere una energía qV que estará en forma de energía cinética. Por lo tanto,

$$\tfrac{1}{2}mv^2 = qV$$

o bien

$$\tfrac{1}{2}(1{,}67 \times 10^{-27}\ \text{kg})v^2 = (1{,}6 \times 10^{-19}\ \text{coul})(12\ \text{volts})$$

que, una vez despejada v, da

$$v \cong 4{,}8 \times 10^4\ \text{m/s}$$

Esta velocidad, 48 000 m/seg, o sea, unos 17 000 km/hora es elevada en comparación con las velocidades que nos encontramos normalmente, pero todavía baja comparada con la velocidad de la luz (3×10^8 m por segundo).

Como otro ejemplo, consideremos lo que ocurre dentro de un tubo de TV. La figura 6.16 es un diagrama esquemático de dicho tubo. Básicamente contiene una fuente de electrones, una diferencia de potencial para acelerarlos y una pantalla fluorescente que da lugar a un punto luminoso allí donde los electrones inciden. Todo ello está contenido dentro de un tubo de vidrio en el que se ha hecho el vacío.

La fuente de electrones, o cátodo, está construida de un material que emite (es decir, expulsa) electrones si se calienta al rojo oscuro. * (No se indica el elemento calefactor correspondiente al cátodo para no complicar más el diagrama.) Cerca del cátodo se coloca una placa metálica con un pequeño agujero en ella. En el diagrama puede verse que el cátodo y la placa están conectados a las partes *menos* y *más* de una fuente de tensión. Obsérvese que la placa es positiva debido a que está conectada a la parte positiva de la pila. La diferencia de potencial V de la pila está aplicada entre el cátodo y la placa.

Cuando un electrón (es una partícula cargada negativamente) es emitido por el cátodo, se acelera hacia la placa cargada positivamente. Cuando se mueve del cátodo a la placa, recorre una diferencia de potencial V y adquiere una energía cinética igual a qV.

* Podemos imaginarnos este proceso como la evaporación de electrones del material muy caliente del cátodo.

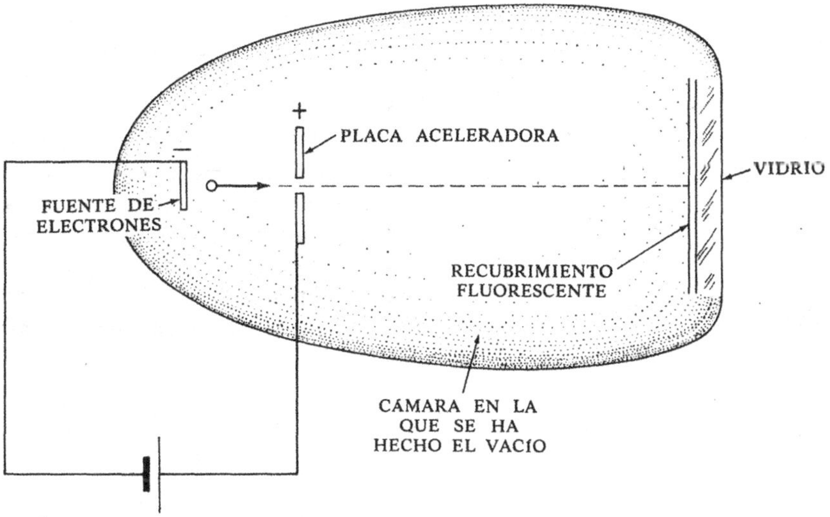

FIG. 6.16. — Diagrama muy simplificado de un tubo de TV.

(Recuérdese que lo que es cuesta arriba para una carga positiva es cuesta abajo para una carga negativa.) En consecuencia, el electrón tiene una velocidad elevada cuando alcanza la placa. Algunos de los electrones disparados atraviesan el agujero de la placa y continúan a velocidad elevada a lo largo del tubo hasta que inciden sobre el material fluorescente en el extremo opuesto. Por razones que veremos en capítulos posteriores la colisión de los electrones de energía elevada sobre el recubrimiento fluorescente, hace que éste emita la luz que vemos en el tubo de TV. En un tubo real, el haz de electrones se ve desviado hacia un lado y otro, hacia arriba y hacia abajo de modo que va trazando las figuras que se ven en la televisión sobre la pantalla fluorescente en una pequeña fracción de segundo.

Para hallar las velocidades de los electrones cuando pasan a través del agujerito de la placa, igualemos qV a $\frac{1}{2}mv^2$, puesto que los electrones adquieren su energía cinética moviéndose a través de la diferencia de potencial V. En un tubo real, V vale aproximadamente 10 000 volts y para un electrón $q = -1{,}6 \times 10^{-19}$ C y $m = 9 \times 10^{-31}$ kg, de modo que

$$qV = \tfrac{1}{2}mv^2$$

se transforma en

$$(1{,}6 \times 10^{-19}\ \text{coul})(10\,000\ \text{volts}) = \tfrac{1}{2}(9 \times 10^{-31}\ \text{kg})v^2$$

lo cual nos da

$$v \cong 60 \times 10^6\ \text{m/s} = 6 \times 10^7\ \text{m/s}$$

La velocidad de la luz es 30×10^7 m/s, es decir, un electrón en el tubo de TV se mueve con una velocidad que es aproximadamente un quinto de la luz. En casos como éstos las velocidades calculadas no son demasiado correctas. Puede que ya sepa el lector que los objetos no pueden moverse con mayor rapidez que la velocidad de la luz. Cuando un objeto se mueve con una velocidad próxima a la de la luz, la masa del objeto empieza a aumentar. Veremos la razón de esto cuando estudiemos la teoría de Einstein de la relatividad en el capítulo 10.

Ley de Ohm

Ahora que hemos comprendido lo que es corriente, tensión y el objetivo de una fuente de fem, podemos estudiar la relación fundamental de toda la electricidad práctica. Si volvemos nuestra atención al cir-

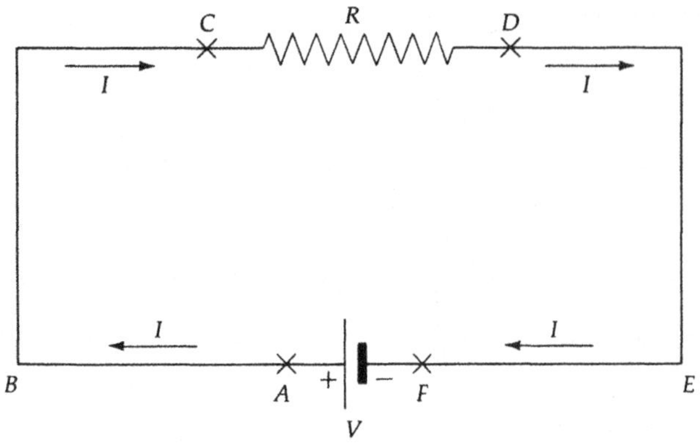

FIG. 6.17. — La ley de Ohm nos dice que $V = IR$.

cuito indicado en la figura 6.17, observaremos que la batería o pila de voltaje V proporciona energía al circuito. Como la corriente siempre fluye saliendo del terminal positivo de una pila simple, la corriente debe circular en el sentido horario como está indicado. Como hemos convenido en despreciar la pequeña resistencia al flujo producida por los cables o alambres de conexión, la única resistencia que se opone al flujo se presenta en la parte del circuito comprendida entre C y D, es decir, dentro de la resistencia R.

Como no se pierde energía en la parte del circuito ABC, estos tres puntos deben estar a la misma altura del potencial eléctrico que el terminal positivo de la pila (o sea, en la cima de la colina eléctrica). Análogamente, la parte del circuito DEF está al mismo nivel de energía potencial que el terminal más bajo (negativo) de la pila. Evidentemente, la carga procedente de la pila en A fluye hacia abajo a través de la resistencia desde C a D y luego se ve elevada desde F a A hasta la cima de la colina por la pila. La carga pierde energía cuando cae cuesta abajo a través de la resistencia y gana energía cuando la pila la eleva desde F a A.

Intentemos formular la ecuación que relaciona la corriente I con la resistencia R que se opone al flujo y con la diferencia de potencial (o altura de la colina eléctrica) V. Ciertamente, cuanto mayor sea la resistencia del flujo menor será la corriente que fluye. Podemos prever que si la resistencia se hiciese diez veces mayor, la corriente sería la décima parte. Ciertamente, los experimentos demuestran que esto es exactamente lo que ocurre. Para hacer una hipótesis conveniente sobre la influencia de V sobre I, recordaremos que en el caso de una pila «agotada» $V = 0$ y no fluye corriente; es decir $I = 0$. Evidentemente, cuanto mayor sea la tensión de la pila, mayor será la corriente que fluye. Debemos, por tanto, suponer que I aumentará en proporción con V. Esto también se ve confirmado por la experiencia.

Los experimentos para determinar la relación entre I, V y R fueron llevados a cabo en primer lugar por George Simon Ohm (1789-1854). Resumió sus hallazgos en lo que se conoce ahora como *ley de Ohm*, a saber,

$$I = \frac{V}{R} \quad \text{o} \quad V = IR \tag{6.3}$$

Obsérvese que si se triplica V, entonces I también se triplica. Pero si R se ve aumentado por un factor de 5, entonces I disminuye en este mismo factor. Por lo tanto, la ley de Ohm confirma nuestra hipótesis que considera la relación existente entre I, V y R.

La ley de Ohm también forma la base de nuestra definición de la unidad de resistencia eléctrica R. Despejando R en la ecuación (6.3), encontramos

$$R = \frac{V}{I}$$

y por tanto su unidad es el volt por ampere. Por conveniencia, se denomina a esta unidad *ohm*. Por ejemplo, si un elemento de resistencia se conecta desde la parte superior a la inferior de una colina eléctrica de altura 20 volts (V), y fluye una corriente de 5 A (I) su resistencia es

$$R = \frac{V}{I} = \frac{20 \text{ volts}}{5 \text{ amps}} = 4 \text{ ohms}$$

Como otro ejemplo del empleo de la ley de Ohm consideremos el circuito indicado en la figura 6.18. Obsérvese los dos aparatos de medida en el circuito; para todos los efectos prácticos no perturban el circuito. El amperímetro, A, situado de modo que toda la corriente debe fluir a través de él, mide la corriente en amperes. El voltímetro V está conectado a la parte superior e inferior de la colina eléctrica. Lee la altura de dicha colina eléctrica, es decir, la diferencia de potencial entre sus dos extremos. Utilizaremos estos dos aparatos de medida para medir la resistencia

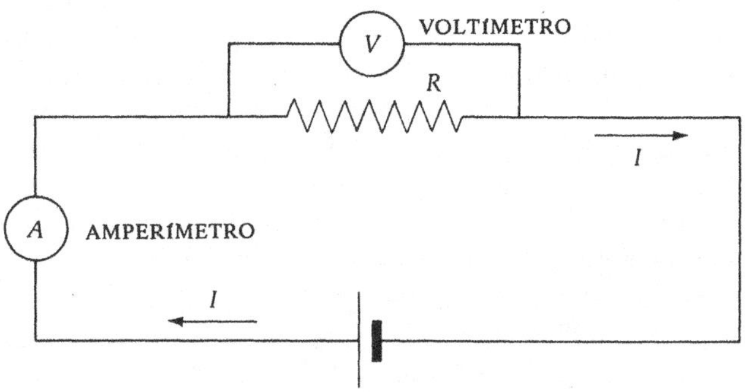

FIG. 6.18. — ¿Cómo pueden utilizarse las lecturas del amperímetro y del voltímetro para hallar R, resistencia de la lámpara?

de la bombilla indicada como R en el circuito. Las lecturas de los aparatos de medida son los siguientes:

Amperímetro: Corriente = 0,0078 A.
Voltímetro: Diferencia de potencial a través de R = 1,56 V.

La ley de Ohm nos dice que si la caída de potencial a través de una resistencia es V y si la corriente que circula por dicha resistencia es I, entonces

$$V = IR \qquad \text{o} \qquad R = \frac{V}{I}$$

En el caso presente,

$$R = \frac{1{,}56 \text{ volts}}{0{,}0078 \text{ amp}}$$

o sea,

$$R = 200 \text{ ohms}$$

Realmente, la diferencia de potencial admitida aquí es demasiado pequeña para hacer que se ilumine una bombilla ordinaria. Como vimos anteriormente, se pierde energía cuando la carga cae cuesta abajo a través de la resistencia, es decir, cuando la corriente fluye a través de la resistencia. Esta energía se pierde en forma de calor y es esta energía térmica la que origina que una lámpara ordinaria brille al rojo blanco.
En la mayoría de los países, las bombillas están proyectadas para funcionar a una diferencia de potencial de 127 ó 220 voltios, bastante más de lo que se dispone en este circuito de la figura. Realmente, ni I ni V por separado determinan la temperatura que adquirirá la lámpara. La magnitud importante es la potencia, VI.

Potencia eléctrica

Cuando una cantidad de carga q «cae cuesta abajo» a través de una diferencia de potencial V durante un tiempo t, pierde una energía eléctrica igual qV. Por lo tanto, la energía que se pierde cada segundo o pérdida de potencia, será igual a qV dividida por t. En forma de ecuación

$$\text{Potencia} = V\frac{q}{t}$$

Pero en la ecuación (6.2) definimos q/t como la corriente I. El resultado es que podemos volver a escribir la definición de potencia en forma de

$$\text{Potencia} = VI \tag{6.4}$$

Si I está expresado en amperes y V en volts, la unidad de potencia se denomina watt. Es la misma unidad utilizada al describir la potencia mecánica: un watt es igual a un joule por segundo. En resumen:

> *La potencia perdida cuando una corriente I fluye cuesta abajo a través de una diferencia de potencial V es simplemente VI. Se mide en watts.*

Como ejemplo consideremos la pérdida de potencia de una lámpara de linterna. Cuando está al rojo blanco, la lámpara de la linterna tendrá una resistencia de quizás 2 ohms, y utilizará dos pilas de 1,5 volts como fuente de tensión. El circuito de la lámpara se indica en la figura 6.19.
Cuando se cierra un interruptor para iluminar la lámpara, fluye una corriente I en el sentido horario en el circuito. Puesto que las dos pilas se ayudan entre sí (ambas hacen que la corriente fluya en el sentido indicado) actúan como una sola pila de 3,0 volts. Como resultado, la caída de tensión a través de la resistencia (la lámpara) es 3,0 volts. Como la resis-

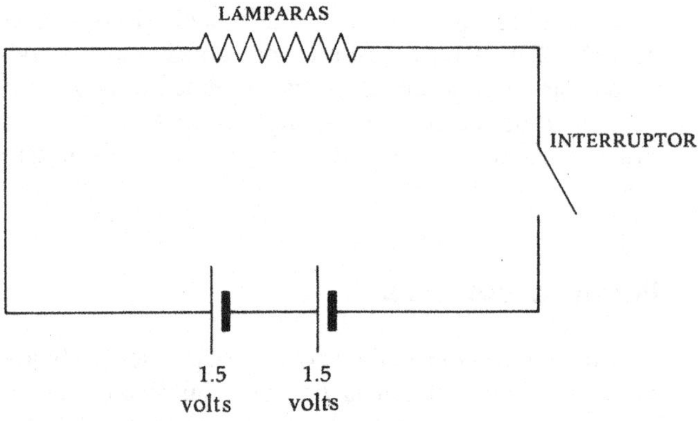

FIG. 6.19. — Las dos pilas de linterna están en serie y son equivalentes a una sola pila de 3,0 volts.

tencia de la lámpara es de 2 ohms, hallamos a partir de $V = IR$ que la corriente es

$$I = \frac{V}{R} = \frac{3{,}0 \text{ volts}}{2 \text{ ohms}} = 1{,}5 \text{ A}$$

Como es natural la lamparita brillando está utilizando la energía eléctrica y convirtiéndola en energía térmica y luminosa. La potencia eléctrica (es decir, energía por segundo) perdida en la lámpara es

$$\begin{aligned}\text{Potencia} &= VI \\ &= (3{,}0 \text{ volts})\ (1{,}5 \text{ amperes} \\ &= 4{,}5 \text{ watts}\end{aligned}$$

Decimos que dicha lamparita tiene 4,5 watts de potencia. Obsérvese que está proyectada para funcionar sólo con una cierta tensión o diferencia de potencial. Si las dos pilas estuviesen ya gastadas de modo que sus tensiones fueran inferiores a 1,5 volts la corriente sería menor y la lámpara no brillaría intensamente; es probable que el lector haya visto este efecto. Si se utilizasen tres pilas en lugar de dos con esta lámpara, la corriente sería mucho mayor. El filamento del interior de la lámpara se pondría tan caliente que podría fundirse y la lámpara dejaría de lucir.

Circuitos de iluminación doméstica

Cuando se compra una lámpara se necesita saber si es de tipo incandescente o fluorescente y qué potencia consumirá. Las lámparas de incandescencia típicas tienen potencias de 20, 40, 60, 75, 90, 100 watts, etcétera. Cuanto mayor sea la potencia de la lámpara, más energía utiliza y emite por lo tanto más luz; una lámpara de 100 watts emitirá más luz que otra de 40. En los Estados Unidos las lámparas están proyectadas normalmente para funcionar con una fuente de tensión de 120 volts. En Europa lo normal es que funcionen a 127 o 220 volts. Una lámpara de 60 watts tendrá grabada sobre ella «60 W - 120 V» en Estados Unidos y «60 W - 127 W» en Europa.

Para proporcionar la energía eléctrica, las compañías suministradoras normalmente llevan dos conductores a cada casa. La diferencia de potencial entre ellos es aproximadamente 120 volts. Uno de los conductores está conectado a tierra y decimos que está a un nivel eléctrico cero. El segundo conductor que llega al edificio tiene un potencial aproximadamente 120 V más alto que el primero. (Realmente esta tensión es alterna, pero para el objetivo actual la consideraremos como una tensión *continua* y fija.) Ambos conductores entran en la caja de acometida de cada edificio; a partir de ella salen diversos pares de conductores a las diversas secciones del edificio.

La figura 6.20 muestra una serie de estos conductores. Obsérvese que los conductores de la parte superior e inferior tienen entre sí una diferencia de potencial de 120 voltios. La corriente fluye desde el conductor superior al inferior a través del dispositivo o aparato eléctrico que se utilice cuando esté cerrado su interruptor.

El circuito indicado en la figura 6.20 se denomina un circuito paralelo: cada aparato eléctrico es paralelo a los demás. La lámpara de 60 W puede representar una lámpara de mesa conectada a un enchufe eléctrico. Las dos clavijas de metal conectan la lámpara a la fuente de alimentación de 120 V. Una de las clavijas conecta un extremo de la resistencia de la lámpara al cable superior y la otra conecta el otro extremo al cable inferior. Si este enchufe en particular está controlado por un interruptor, no puede fluir ninguna corriente desde el alambre superior al inferior a través de la lámpara mientras esté abierto el interruptor. En un montaje paralelo, el circuito de la lámpara no se ve afectado por la apertura o cierre de los demás interruptores correspondientes a los circuitos de la radio y de la plancha, etc. La corriente que circula por la lámpara depende sólo de la propia

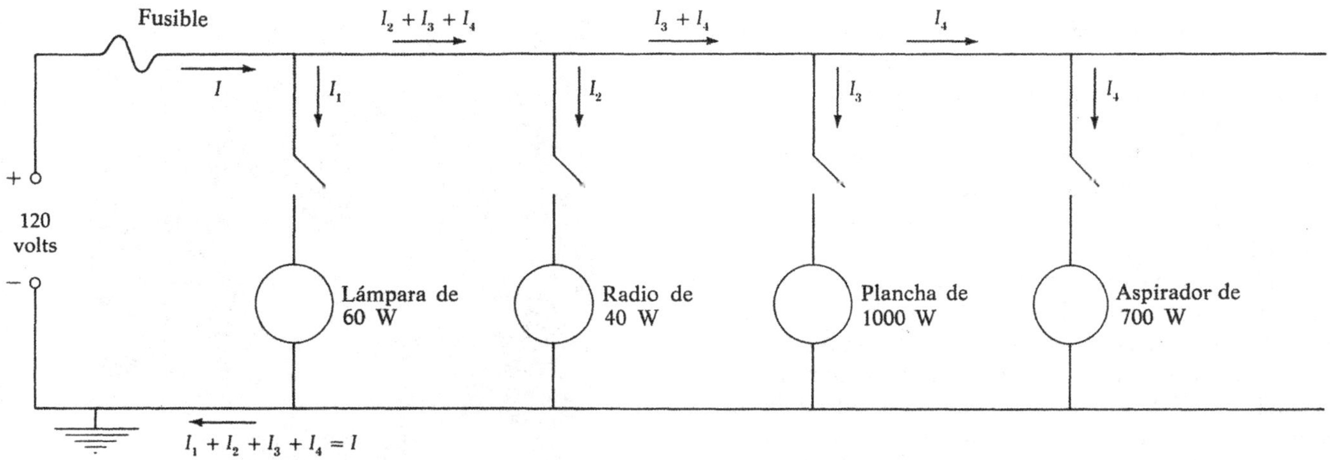

FIG. 6.20. — Diagrama esquemático de un circuito casero. El símbolo ⏚ representa el cable conectado a tierra.

lámpara y de la diferencia de potencial entre el conductor superior e inferior.

Supóngase ahora que se cierran todos los interruptores de la figura 6.20. Podemos hallar la corriente que circula a través de cada aparato porque la potencia en watts es simplemente VI. Por lo tanto, las corrientes son:

Lámpara de 60 W	$I_1 = \frac{\text{Potencia}}{V} = \frac{60}{120}$	=	0,50 A
Radio de 40 W	$I_2 =$	=	0,33 A
Plancha de 1000 W	$I_3 =$	=	8,33 A
Aspirador de 700 W	$I_4 =$	=	5,83 A
Corriente total	$= I_1 + I_2 + I_3 + I_4$	=	14,99 A

Toda corriente que fluye desde el conductor superior al inferior de la figura 6.20 procede del extremo izquierdo del conductor superior. Como resultado, a través del fusible circulan aproximadamente 15 A. De esta cantidad, se separan 0,5 A y fluyen a través de la lámpara, mientras que el resto, 14,5 A, continúa por el mismo cable. En la penúltima sección del alambre superior, fluye una corriente $I_4 = 5{,}83$ A a través del aspirador, volviendo a la fuente de alimentación por medio del conductor inferior. No circula ninguna corriente en el extremo derecho de los conductores superior e inferior debido a que no tiene ningún sitio por donde pasar.

Cuando circula demasiada corriente por un conductor, éste se calienta. Dependiendo del tipo de casa, los conductores en las casas pueden transportar con seguridad hasta 15 o en algunos casos 30 A. Como los conductores excesivamente calientes pueden provocar un incendio, todo circuito casero contiene un fusible o un interruptor de circuito para limitar la cantidad de corriente que puede circular.

Un fusible es simplemente un trocito de conductor (en una clavija que puede ponerse y quitarse con facilidad) que funde si la corriente resulta demasiado grande. Cuando funde, el conductor se rompe y se detiene la circulación de corriente. En las casas más modernas, el fusible está sustituido por un disyuntor, interruptor automático que se abre cuando la corriente resulta demasiado grande. Cuando la línea de una casa resulta sobrecargada, el fusible o el disyuntor interrumpe la línea completa y todos los dispositivos montados en ella. Cuando se elimina la causa de la sobrecarga, no hay ningún riesgo en sustituir el fusible o reponer el disyuntor.

La línea del circuito de la figura 6.20 está ya cargada fuertemente. La mayoría de las casas tienen varias de estas líneas conduciendo desde la caja de entrada a diversas partes de la casa con un fusible separado para cada línea. Así, un fusible fundido o un interruptor de circuito abierto puede cortar la electricidad en una parte de la casa sin afectar a las demás.

Ciertas aplicaciones eléctricas tales como acondicionadores de aire grandes y secadores de ropa exigen grandes cantidades de potencia. Por ejemplo, un horno eléctrico puede exigir hasta 2400 W. Si estuviese operando a 120 V, debería circular por él una corriente de 20 A. Sin embargo, si estuviese funcionando a 220 V, sólo se necesitarían 10,9 A, puesto que la potencia es VI. Puesto que la corriente excesiva recalienta los conductores, se reduce la corriente utilizando una tensión más elevada. Así, pues, cuando las aplicaciones exigen grandes corrientes, normalmente se toman de una línea que da una diferencia de potencial de 220 V; la compañía suministradora de energía proporciona entonces un tercer conductor a cada una de las casas que necesiten dicha tensión. Muchos países del mundo utilizan 220 en lugar de 120 como su tensión común para los domicilios privados. ¿Puede el lector pensar en alguna desventaja de utilizar 220 volts?

FIG. 6.21. — ¿Qué valor puede tener la tensión de esta fuente de potencial sin que produzca ningún daño a la persona de la fotografía?

La seguridad y la electricidad

Como utilizamos aparatos eléctricos diariamente debemos comprender los elementos de la seguridad eléctrica. La electricidad puede matar a una persona de dos maneras: puede hacer que dejen de funcionar los músculos del corazón y los pulmones (u otros órganos vitales) o puede producir quemaduras fatales. Incluso una pequeña corriente eléctrica puede alterar seriamente las funciones celulares en aquella parte del cuerpo a través de la cual circula. Cuando la corriente eléctrica es de 0,001 A o mayor, una persona cualquiera puede sentir la sensación de un choque. Con corrientes 10 veces mayores como 0,01 A, las personas son incapaces de soltar el conductor eléctrico cogido con sus manos debido a que la corriente hace que los músculos de su mano se contraigan violentamente. Corrientes mayores de 0,02 A a través del torso paralizan los músculos respiratorios y detienen la respiración. A no ser que se inicie rápidamente una respiración artificial, la víctima morirá por asfixia. Como es natural, la víctima debe separarse de la fuente de tensión antes de que pueda tocarse con seguridad; en otro caso el que auxilie al afectado también tendrá un grave peligro. Una corriente de aproximadamente 0,1 A pasando a través de la región del corazón producirá un choque en los músculos del corazón provocando contracciones rápidas erráticas (fibrilación ventricular) de modo que el corazón no puede seguir funcionando. Finalmente, cuando pasan corrientes de 1 A o mayores a través de los tejidos del cuerpo se producen serias quemaduras.

La magnitud importante que hay que controlar para evitar los daños señalados es la *corriente eléctrica*. La tensión importa solamente porque es la que origina la circulación de corriente. Aunque nuestro cuerpo pueda estar cargado a un potencial de millares de voltios más que el metal de un coche por el simple rozamiento con el asiento del coche, se sentirá sólo un choque sin peligro cuando se toque la manivela de la puerta. El cuerpo no puede retener mucha carga por sí mismo, y así la corriente que fluye a través de la mano a la manecilla de la puerta se interrumpe rápidamente [recuérdese a partir de la ecuación (6.2) que $t = q/I$], y el efecto sobre las células del cuerpo es despreciable.

Consideremos ahora el caso indicado en la figura 6.21 donde un joven está sujetando los conductores procedentes de los dos terminales de una pila. Una corriente fluirá a través de su cuerpo entrando por su mano derecha y saliendo por su izquierda. Para hallar el valor de la corriente utilizaremos la ley de Ohm

$$I = \frac{V}{R}$$

siendo V la tensión de la pila y R la resistencia del cuerpo humano de mano a mano. R depende grandemente de la humedad de las manos de la persona y de otros factores semejantes; sin embargo, normalmente está comprendida entre 20 000 y 50 000 ohms. Si utilizamos el valor más bajo para resaltar el peligro y admitimos que la pila tiene 12 volts, tenemos

$$I = \frac{V}{R} = \frac{12}{20\,000} = 0{,}0006 \text{ A}$$

El joven en este caso probablemente ni sentirá el choque.

Sin embargo, si una persona tocase dos conductores en un circuito de iluminación de una casa de 120 voltios la corriente que pasa a través de él sería

$$I = \frac{V}{R} = \frac{120}{20\,000} = 0{,}006 \text{ A}$$

Esta corriente es suficientemente alta de modo que la persona ciertamente experimentaría un calambre grave y posiblemente tendría un peligro serio.

En algunas circunstancias los circuitos domésticos de 120 voltios pueden producir con casi absoluta certeza la muerte. Uno de los dos conductores del circuito está siempre conectado a tierra, de modo que esté al mismo potencial que las tuberías de agua de la casa. Supóngase que una persona se está bañando en la bañera; su cuerpo está conectado a tierra a través del agua y de la tubería. Si con su mano tocase accidentalmente el conductor de potencial elevado del circuito de la casa (tocando un conductor no aislado de una radio o de un calentador, por ejemplo), la corriente fluiría a través de su cuerpo hasta tierra. Debido a que el contacto que su cuerpo hace con el suelo es grande y eficiente, la *resistencia* de su circuito corporal es baja. En consecuencia la corriente que fluiría a través del cuerpo sería tan grande que perecería electrocutado.

Casos semejantes se producen en todas partes. Por ejemplo, si accidentalmente se toca un conductor no aislado mientras se está de pie sobre el suelo con los pies húmedos, se tiene un peligro mucho mayor que si está sobre una superficie seca y aislante. El circuito eléctrico a través del cuerpo hasta el suelo tiene una resistencia mucho más elevada si los pies están secos. Análogamente, si se recibe un choque eléctrico tocando un alambre o conexión desnuda o un dispositivo que tiene un fallo, el choque es mayor si la otra mano está tocando el grifo de la pila o está introducida dentro del agua de lavar.

Como puede verse en estos ejemplos, el peligro procedente de un choque eléctrico puede eliminarse evitando que pase la corriente a través del cuerpo. Cuando la tensión es mayor de 150 voltios, ha de evitarse tocar cualquier parte metálica no aislada del circuito. Si debe tocarse un conductor de tensión elevada (por ejemplo, en caso de una avería en la línea cuando no se puede disponer de ayuda inmediatamente) utilícese algún paño seco u otro elemento de material aislante para moverlo. Cuando se tenga dudas sobre la seguridad, evítese todo contacto o acercarse a los metales o a tierra húmeda. Por encima de todo, no debe dejarse que el cuerpo forme una conexión entre los objetos que tengan potenciales eléctricos muy diferentes.

BIBLIOGRAFÍA

1. DART, F. E.: *Electricity and Electromagnetic Fields* (rústica), Merrill, Columbus, Ohio, 1966. Un estudio más avanzado que el dado aquí, pero que será fácilmente comprendido por el lector.

2. MORE, A. D.: «Electrostatics» (rústica), Anchor Science, Doubleday, Garden City, N.Y., 1968. Un estudio no matemático del comportamiento de las cargas y los objetos cargados.

3. ANDERSON, D. L.: *Discovery of the Electron* (rústica), Momentum, Van Nostrand, Princeton, N.J., 1964. La historia de cómo se descubrió la existencia del electrón. Se utilizan algunas matemáticas, pero pueden saltarse estas partes si se desea.

4. FINK, D. G., y LUTYENS, D. M.: *Physics of Television* (rústica), Anchor Science, Doubleday, Garden City, N.Y., 1960. Un estudio completamente no matemático de la TV que nos dice cómo funciona la TV en color o en blanco y negro. Escrita con claridad y fácil de comprender.

5. MAGIE, W. F.: *Source Book in Physics,* Harvard University Press, Cambridge, Mass., 1965. Contiene extractos de los escritos de Ohm.

RESUMEN

Todas las cargas que se encuentran en la naturaleza tienen valores que son múltiplos enteros del cuanto de carga, $e = 1{,}6 \times 10^{-19}$ C. Existen dos tipos de carga, más y menos. La carga del electrón es $-e$ y la carga del protón es $+e$.

Cargas del mismo signo se repelen entre sí y cargas de signos diferentes se atraen. De acuerdo con la ley de Coulomb, la fuerza que sobre la carga q_1 produce una carga q_2 separada a una distancia r de ella es $F = 9 \times 10^9 \ q_1q_2/r^2$. La fuerza está en newtons. Igual que en el caso de las fuerzas gravitatorias, las fuerzas eléctricas son también inversamente proporcionales al cuadrado de la distancia.

En los materiales denominados conductores, los electrones están libres para moverse de un sitio a otro. Entre estos podemos citar los metales que pueden utilizarse para conductores (cables o alambres) por los cuales circulan las cargas. Una segunda clase de materiales, denominados aislantes, no tienen cargas libres y no conducen la electricidad. También existe un tipo intermedio formado por los semiconductores.

Cuando un objeto cargado se acerca a un metal, las cargas dentro del metal se distribuyen bajo la acción de fuerza de la carga próxima. Como resultado aparecen sobre ciertas partes del metal cargas no equilibradas, denominadas cargas inducidas.

Si una carga testigo o de prueba sufre una fuerza eléctrica en un cierto lugar, decimos que existe en ese punto un campo eléctrico. Definimos la intensidad de campo eléctrico E en un punto del espacio como la fuerza que sufre una carga de prueba de $+1$ C situada en dicho punto. Las unidades de E son newton por coulomb. Es costumbre representar el campo dibujando las líneas de campo; estas líneas están más próximas donde el campo es más intenso.

Definimos la corriente eléctrica I en un conductor como la carga que fluye a través de una sección recta dada del conductor cada segundo. En símbolos, $I = q/t$, siendo q la carga que circula en el tiempo t. La unidad de corriente I se denomina ampere.

Para que pueda fluir o circular una corriente, se necesita una diferencia de potencial V. Si la diferencia de potencial entre dos puntos es V volts, entonces se necesita un trabajo en cantidad igual a qV joules para transportar q C desde un punto al otro. Además, si una carga q se mueve libremente a través de una diferencia de potencial V, adquiere una cantidad qV de energía cinética en el proceso. Las fuentes de energía eléctrica tales como las pilas, están caracterizadas por la diferencia de potencial que pueden suministrar entre sus dos terminales o bornas. Este valor se denomina fem de la pila.

Cuando a través de una resistencia de R ohms existe una diferencia de potencial de V volts, fluye a través de la resistencia de una corriente de I amperes. La relación viene dada por la ley de Ohm, $V = IR$.

Los dispositivos que utilizan la electricidad consumen energía eléctrica a un cierto ritmo. El ritmo o velocidad de pérdida o producción de energía, lo mismo que en el caso de los sitemas mecánicos se denomina potencia. La potencia perdida cuando circula cuesta abajo una corriente I a través de una diferencia de potencial V es VI watts.

Una persona sufre un choque eléctrico cuando circula por su cuerpo una corriente mayor de 0,001 amperes aproximadamente. El caso más peligroso se presenta cuando la corriente circula a través de la parte del cuerpo que incluye los pulmones y el corazón. Incluso una corriente pequeña puede alterar el funcionamiento de estos órganos vitales y producir la muerte.

LISTA DE COMPROBACIONES

1. ¿Qué valor tiene el cuanto de carga y cuál es su importancia?
2. ¿Cuántos tipos de cargas existen y qué clases de fuerzas ejercen entre sí?
3. ¿Cuál fue el experimento de definición original correspondiente a la carga positiva? ¿De la carga negativa? ¿Cómo puede decirse el tipo de carga que existe sobre un objeto cargado?
4. ¿Cuál es la unidad utilizada para medir las cargas?
5. Dar la ley matemática que exprese la fuerza ejercida por una carga sobre otra.
6. Comparar las intensidades de las fuerzas eléctricas y gravitatorias.
7. A escala molecular, ¿cuál es la diferencia entre un conductor y un aislante? Dar ejemplos de cada clase.
8. ¿Cómo puede inducirse una carga de modo que aparezca en diversas partes de los metales? ¿Qué son cargas inducidas?
9. Cuando se coloca una carga sobre una varilla metálica, ¿dónde se localizan las cargas?
10. ¿Qué es un campo gravitatorio? ¿Cuál es su dirección en esta habitación? Dibujar el campo gravitatoria de la Tierra.
11. ¿Qué es un campo eléctrico? Dibujar el campo cerca de las cargas puntuales más y menos.
12. ¿Qué nos dice la dirección de las líneas de campo eléctrico? ¿Qué significado tiene la proximi-

FIG. 6.22. — La muchacha está tocando un generador van der Graaf; ver Cuestión 1.

dad relativa de las líneas?
13. ¿Qué queremos significar por «fuerzas a distancia»?
14. ¿Cuál es la definición de *E*, intensidad del campo eléctrico?
15. ¿Cuántos electrones existen aproximadamente en un conductor de 20 cm?
16. Definir la corriente eléctrica. ¿Con qué unidad se mide? ¿En qué se parece al flujo de agua a través de una tubería?
17. ¿Por qué se considera el sentido de la corriente como el sentido del movimiento de las cargas positivas?
18. ¿Cuál es la relación matemática entre *I*, *q* y *t*? Definir cada magnitud.
19. Definir una fuente de fem y establecer cuál es su función para producir corrientes.
20. ¿Qué ocurre cuando circula una corriente a través de un elemento de resistencia?
21. Dar el significado de la diferencia de potencial eléctrica. ¿En qué unidades se mide? ¿Cómo está relacionada con el trabajo?
22. ¿Qué aspecto tiene el campo eléctrico entre dos placas metálicas paralelas y con carga opuesta?
23. Cuando una carga *q* se mueve a través de una diferencia de potencial *V*, ¿cuánta energía potencial pierde? Si esto sucede en el vacío, ¿qué le ocurre a la energía?
24. ¿Cómo se origina la figura iluminada sobre una pantalla de TV?
25. ¿Qué es la ley de Ohm y a qué se aplica? ¿Cómo se utiliza para definir la unidad de resistencia?
26. ¿Cuál es la definición de potencia eléctrica? ¿Cuál es su unidad? ¿Cuál es su relación con *V* e *I*?
27. ¿Cómo funciona un circuito de iluminación de un edificio? ¿Cuál es el objetivo de un fusible o de un disyuntor en dicho circuito?

CUESTIONES

1. La muchacha que toca la bola metálica del generador de van der Graaff de la figura 6.22 tiene su cuerpo entero cargado. ¿Por qué sus cabellos se enderezan? (La diferencia de potencial entre la esfera del generador de van der Graaff y el suelo es de unos 10^5 volts. El modo de obtener un voltaje tan elevado se estudiará en el capítulo 11.)
2. El lector puede haber notado que a veces saltan chispas de un trozo de paño a otro cuando una persona se está desnudando en invierno (esto se ve mejor en la oscuridad completa). ¿Cuál es el origen de las chispas? ¿En qué se parecen estas chispas a las que se ven a veces cuando nos peinamos?
3. ¿Cómo podemos estar seguros de que la Tierra completa no tiene una carga positiva muy grande sobre ella?
4. Cuando se acerca una varilla cargada (o lápiz de plástico) a una bola metálica (o incluso a un trocito de papel húmedo), la varilla atrae el objeto aunque éste no posea ninguna carga neta. ¿Por qué?
5. Se produce un rayo cuando salta una carga desde (o hacia) una nube muy cargada. Supóngase que una nube con una carga positiva elevada se mueve lentamente, paralela a la superficie húmeda de la tierra. ¿Qué influencia tendrá sobre la superficie terrestre? ¿Sobre un árbol sobre el que pase? ¿Sobre una persona que está de pie en la mitad de un lago poco profundo? ¿Sobre un pararrayos?
6. Con referencia a la cuestión 5, relacionar algunas de las cosas mejores y peores que se pueden hacer en el caso de una tormenta con gran aparato eléctrico.
7. Los discos de gramófono a veces adquieren una

carga electrostática, haciendo difícil la eliminación del polvo que se deposita en ellos. ¿Por qué se agrava la situación si se intenta limpiar el disco con un paño seco? (Antes de contestar a esto, frótese un lápiz de plástico seco vigorosamente contra un paño de lana o de algún material semejante y luego acérquese a un trocito de papel.)

8. Dibujar un sistema eléctrico típico de una casa con una lámpara de mesa, un tostador de pan y un aparato de TV funcionando en ella. (Se puede presentar cada uno de ellos como una resistencia, pero hay que ponerles la etiqueta correspondiente.) Mostrar la posición del interruptor en cada uno de ellos admitiendo que la lámpara está conectada a un enchufe de la pared y que está controlada por dos interruptores, uno en la pared y otro situado sobre la lámpara. Mostrar también el fusible en el circuito y decir cuál es su objetivo.
9. Supóngase en la figura 6.9*a* que se dispara un electrón hacia la derecha desde el punto *A*. Describir su movimiento subsiguiente.
10. Supóngase que el techo de una habitación se carga negativamente y el suelo positivamente. ¿Qué aspecto tendría el diagrama del campo eléctrico correspondiente a la habitación? ¿Cómo podría detectarse la existencia del campo?
11. Durante una tormenta, un cable de alta tensión se cae y toca a un hombre, que queda inconsciente del choque. (*a*) Discutir algunos medios seguros de liberarle del conductor. (*b*) ¿Cuál será la primera ayuda que haya que suministrarle?
12. Un pájaro puede permanecer sobre un alambre de alta tensión sin sufrir ningún daño. ¿Por qué es este caso semejante al correspondiente a una manguera de jardín abierta situada sobre el suelo horizontal cuando el agua pasa por su interior?
13. Uno de los dos conductores paralelos en un sistema de iluminación doméstico está al mismo nivel eléctrico que la tierra (con tal de que el electricista haga las conexiones adecuadamente). Si se toca este conductor normalmente no se sufriría ningún choque. El otro conductor está a un nivel eléctrico 120 V más elevado que el de tierra. ¿Por qué se apreciará un choque si se toca este conductor?
14. En la cuestión 13, la intensidad del choque dependerá de lo que se está haciendo en dicho momento. Si se llevan unos zapatos secos y con suela de goma y no se está tocando ninguna otra cosa sino el suelo seco, el choque será ligero. Sin embargo, si los pies están húmedos y se está sobre un suelo húmedo hecho de un cemento o si se está cogiendo una tubería de agua o se está dentro de la bañera en dicho momento, se recibirá un daño serio. Explicar las razones de esta diferencia.
15. Una persona puede sufrir una quemadura grave en un brazo por una línea de alta tensión y seguir viva todavía, mientras que otra persona puede ser muerta por un choque que no deja ningún daño visible en el cuerpo. Explicar esto en función de la sensibilidad de las diversas partes del cuerpo al choque eléctrico.
16. Las luces de los arbolitos de Navidad pueden seguir iluminadas aunque una de las lámparas que están conectadas en paralelo se deteriore. Dibujar un diagrama del circuito desde el enchufe de la pared hasta las luces.
17. Las luces de los árboles de Navidad se apagan todas cuando están conectadas en serie y una de ellas se funde. Dibujar un diagrama del circuito desde el enchufe de la pared hasta las luces.
18. Supóngase que un niño está jugando con el cordón de una lámpara y próximo a un enchufe de la pared. ¿Está en peligro? ¿Qué ocurrirá si corta el cordón de la lámpara con unas tijeras?
19. Disponer en orden creciente de consumo de potencia los siguientes elementos: lámpara de lectura, radio de transistores, secador de pelo, secador de ropa, refrigerador, estufa eléctrica. ¿Por qué alguno de ellos debe conectarse a 220 V en lugar de a 120 V?
20. ¿Es peligroso utilizar una radio de transistores a pilas mientras se está dentro de una bañera o de una piscina? ¿Qué hay que decir cuando la radio está conectada a una línea de 120 V? ¿Y cuando se trata de un secador de pelo?

PROBLEMAS

1. Dos bolas idénticas están separadas por una distancia de 2 m. Cada una de ellas tiene una masa de 10 mg (es decir, un peso de $0{,}010 \times 9{,}8$ newtons). Si la fuerza de repulsión sobre una de las bolas ha de ser igual a su peso, ¿cuál será el

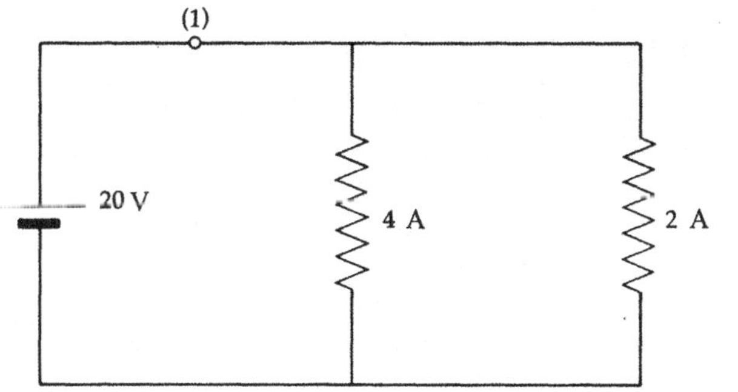

FIG. 6.23

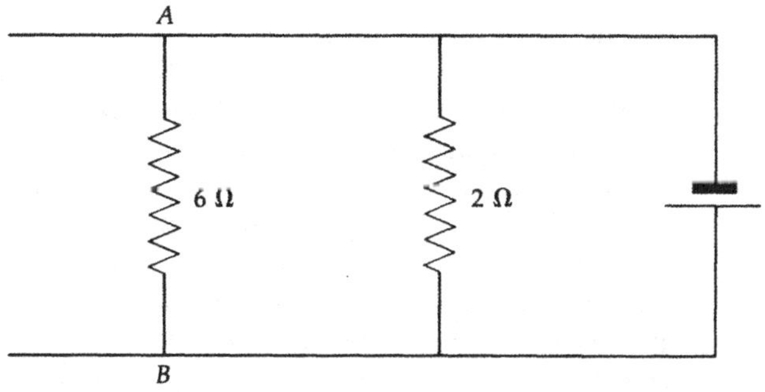

FIG. 6.24

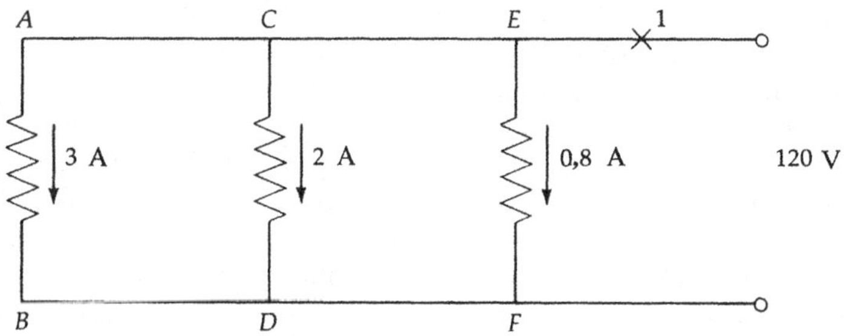

FIG. 6.25

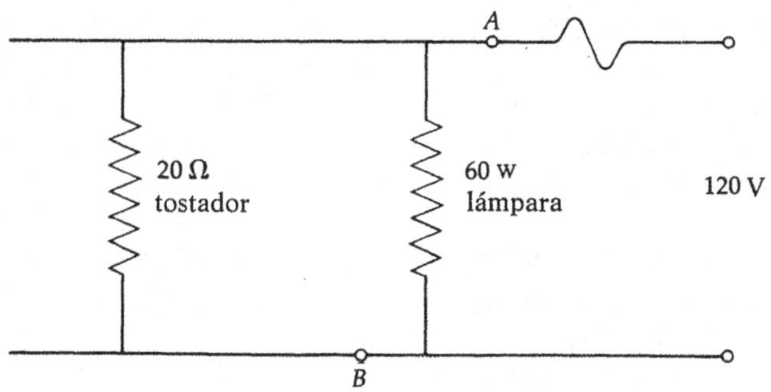

FIG. 6.26

valor de la carga en exceso que debe poseer cada una de las bolas?

2. Dos bolas idénticas de masa 10 g, llevan cargas iguales, pero de signo opuesto, de ½ C cada una. ¿A qué distancia deberán colocarse si la fuerza de atracción de una sobre la otra es igual a la fuerza de atracción gravitatoria para una de ellas?
3. Una moneda tiene alrededor de 10^{23} electrones que pueden moverse en su interior con una libertad relativa. Supóngase que se ha eliminado el 1 % de los electrones libres correspondientes a dos monedas situadas a una distancia de 2 m entre sí. Entonces cada una de ellas tendrá una carga neta de $0{,}01 \times 10^{23} \times 1{,}6 \times 10^{-19}$, o sea 160 C. Hallar la fuerza aproximada que ejercerá una moneda sobre la otra en newtons. ¿A qué conclusión se llega?
4. ¿A través de qué diferencia de potencial deberá acelerarse un electrón para conseguir que tenga una velocidad de 3×10^7 m/s, o sea, 0,10 de la velocidad de la luz? ($m = 9{,}1 \times 10^{-31}$ kg, $q = -e$).
5. Una partícula alfa es simplemente un núcleo de helio que tiene $q = +2 \times 1{,}6 \times 10^{-19}$ C y $m = 4 \times 1{,}67 \times 10^{-27}$ kg. ¿A través de qué diferencia de potencial deberá moverse para acelerarse hasta conseguir una velocidad de 2×10^7 m/s? ¿A través de qué diferencia de potencial deberá moverse una partícula alfa con una velocidad de 2×10^7 m/s con objeto de que quede en reposo?
6. En una posición particular en el espacio una carga de -2 μC (es decir, -2×10^{-6} C) sufre una fuerza de 3 newtons hacia la izquierda, ¿cuál es el valor y dirección del campo eléctrico en dicho punto?
7. ¿Cuánto trabajo hay que realizar para llevar una carga de 2 μC (es decir, 2×10^{-6} C) de un terminal de una fuente de alimentación de 500 V al otro?
8. En el circuito indicado en la figura 6.23, hallar (*a*) la corriente que fluye a través del conductor en el punto 1; (*b*) la resistencia del dispositivo a través del cual circulan 4 A; (*c*) la potencia que ha de utilizarse por el dispositivo de 2 A.
9. En el circuito indicado en la figura 6.24, supóngase que la corriente que pasa a través de la resistencia de 6 ohms es de 3 A. (*a*) ¿Fluye la corriente desde *B* hacia *A* o desde *A* hacia *B*? (*b*) La corriente que circula a través de la resistencia, ¿es de 1 A o de 9 A? (*c*) ¿Cuánta corriente fluye por la batería o pila? (*d*) ¿Cuál es la tensión de la pila?
10. ¿Cuánta corriente circula por una lámpara señalada como de 60 W, 120 V, cuando se ilumina de modo adecuado?
11. Una lámpara encendida de 60 W, 120 V tiene una corriente a su través de ½ A. ¿Cuánta carga pasa por ella en cada segundo? ¿Cuántos electrones circulan por ella en cada segundo?
12. (*a*) En el caso del circuito indicado en la figura 6.25, ¿cuál es la resistencia del dispositivo aplicado entre *A* y *B*? (*b*) Existe una lámpara en *EF*. ¿Cuál es la potencia consumida en watts? (*c*) ¿Cuánta corriente está circulando a través del conductor en el punto 1? (*d*) ¿Cuál es el objetivo de un fusible en un circuito como el que se indica? Indicar en el diagrama dónde debería colocarse el fusible en el circuito.
13. Consideremos el sistema de iluminación de 120 V indicado en la figura 6.26. (*a*) Cuando se cierra el interruptor para una lámpara de 60 V, ¿cuánta corriente circula por ella? (*b*) Cuando se enciente el tostador de pan, ¿cuánta corriente fluye a su través? (*c*) Llamando a la corriente que circula por la lámpara I_b y a la que circula por el tostador I_t, ¿cuánta corriente fluye por el conductor en el punto *A*? ¿En el punto *B*?
14. ¿Cuánta corriente deberá circular por un motor de 1/8 CV cuando está conectado a un circuito de 120 V (1 CV = 735 watts).
15. Estimar la potencia eléctrica (en watts) que una ciudad de 100 000 personas consume por la noche (cuando se admite que toda la industria y almacenes y tiendas están cerrados). Si la ciudad obtiene su potencia a 120 V, ¿cuánta corriente debe fluir hacia la ciudad? En la práctica, la potencia se envía a las ciudades con líneas de alta tensión con una tensión de transporte de 200 000 V. ¿Cuánta corriente se necesita a esta tensión?

Capítulo 7 Electromagnetismo

El magnetismo ha jugado un papel importantísimo en el desarrollo de la civilización, porque cuando el hombre se dio cuenta de que una aguja construida de material magnético siempre señalaba hacia el norte, pudo señalar su ruta con toda exactitud en los largos viajes a través de los mares. El magnetismo es hoy básico en muy diferentes aspectos de la tecnología, como la transmisión de señales de TV, la generación de potencia eléctrica, el funcionamiento de los teléfonos y millares de otras aplicaciones. En este capítulo revisaremos y ampliaremos nuestro conocimiento de los imanes de modo que podamos comprender mejor cómo se utiliza en nuestro mundo el magnetismo. (En la sección siguiente puede ser de ayuda una pequeña brújula y un imán).

Imanes

El lector probablemente sabe que cada imán tiene un polo norte y un polo sur y que el polo norte de un imán atrae al polo sur de tal modo que, como suele decirse, «polos de diferentes nombres se atraen». La afirmación de que dos polos norte se repelen entre sí, lo mismo que hacen dos polos sur, conduce a la afirmación de que «polos del mismo nombre se repelen».

También sabemos que los imanes atraen a trocitos de hierro inicialmente no imantados. Por ejemplo, en la figura 7.1, los clavos cuelgan unos de otros debido a que el polo norte del imán induce un polo sur en el clavo, el cual luego se ve atraído hacia el polo norte del imán. El clavo, actuando ahora como un imán, induce en otro clavo una imantación y así sucesivamente. Aunque los clavos normalmente no retienen su magnetismo inducido una vez que se separan del imán inductor (decimos que están hechos de hierro «dulce»), algunas aleaciones de hierro con otros metales retienen tenazmente su magnetismo (están hechos de hierro «duro») y se utilizan como imanes permanentes.

Sin embargo, la mayoría de los materiales no tienen propiedades magnéticas evidentes. El hierro, el acero, el níquel y sus aleaciones son las únicas sustancias magnéticas que se pueden encontrar comúnmente. El papel, la madera, el cobre, el aluminio y otros muchos no se ven influidos por un imán estacionario en sus proximidades. (Posteriormente veremos en este capítulo, sin embargo, que todos los metales pueden verse influidos por un imán *móvil* en sus proximidades).

Uno de los primeros empleos que se piensa al estudiar los imanes es la *brújula*. La aguja de la brújula es simplemnte un imán en forma de barra; se puede construir una colgando un imán en forma de barra como se indica en la figura 7.2. Este experimento define el polo norte de un imán como el polo que está señalando hacia el norte. Naturalmente, dada una brújula, el polo norte de cualquier otro imán puede localizarse fácilmente. Como polos de nombres distintos se atraen, el polo sur de la brújula señalará hacia el polo norte del imán.

El objetivo principal de una brújula es mostrar las direcciones sobre la superficie de la Tierra. Normalmente decimos que la aguja de la brújula se alinea con el *campo magnético* de la Tierra. A diferencia del campo gravitatorio que influye sobre las masas, o el campo eléctrico que ejerce fuerzas sobre las cargas eléctricas, el campo magnético ejerce fuerzas sobre los polos magnéticos. * Estudiemos ahora los cam-

* Veremos posteriormente que el campo magnético ejerce también fuerzas sobre las cargas eléctricas en movimiento y que ello está relacionado con el campo eléctrico.

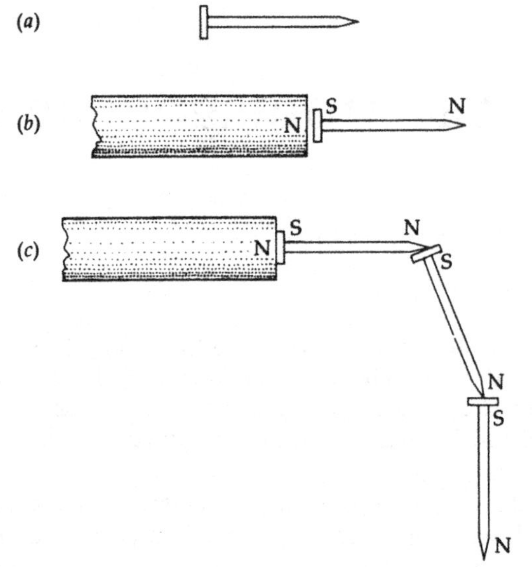

FIG. 7.1. — Los imanes hacen que los objetos de hierro se transformen en imanes por inducción.

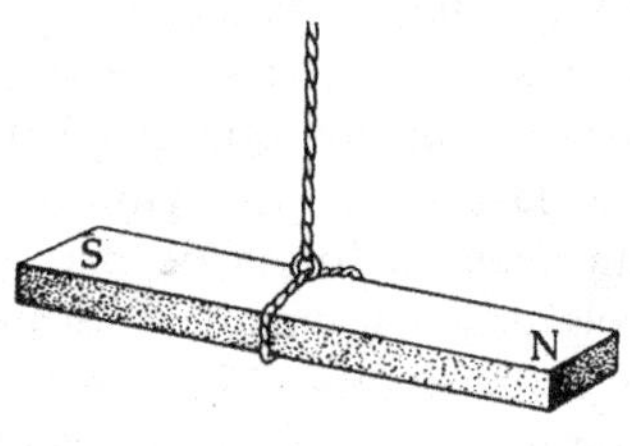

FIG. 7.2. — Se define el polo norte de un imán como el polo que se orienta hacia el norte cuando se cuelga el imán del modo indicado.

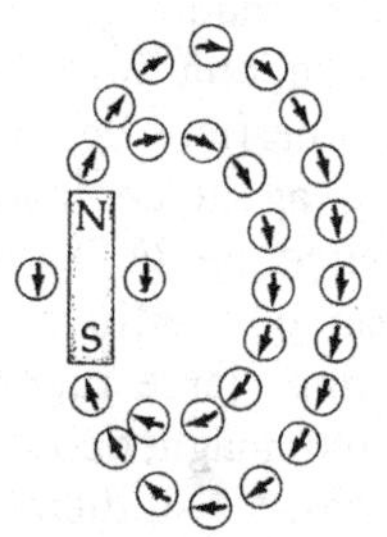

FIG. 7.3. — Una aguja magnética señala en la dirección del campo magnético.

pos magnéticos producidos por diversos objetos. Supóngase que se coloca una brújula cerca del polo norte de un imán en forma de barra como se ve en la figura 7.3. Como la aguja de la brújula es un imán en forma de barra muy pequeña montado de modo que pueda girar, el polo norte de la aguja (su extremo en donde está la flecha) se ve repelido por el polo norte del imán en forma de barra. De aquí que se alínea señalando en el sentido de alejarse del polo norte del imán, como se ve en la figura. Definimos la dirección y sentido del campo magnético en la posición de la aguja de la brújula como la dirección y sentido en que está señalando la aguja de la brújula. Si representamos los campos magnéticos por líneas de campo como en la figura 7.4*a,* las líneas de campo deberán incluir flechas para mostrar el sentido que señala la aguja de la brújula cuando se coloque sobre una línea de campo. Como la aguja de la brújula señala alejándose del polo norte de un imán en forma de barra, las líneas de campo *salen* del polo norte y se *alejan* de él.

Análogamente, veremos que la aguja de la brújula debe señalar *hacia* el polo sur del imán en forma de barra como se indica en la figura 7.3. Debido a que la punta de la aguja de la brújula, polo norte, se ve atraída por el polo sur del imán en forma de barra, las líneas de campo deben señalar hacia el polo sur como se indica en la figura 7.4*a.* Evidentemente las otras agujas de las brújulas de la figura 7.4 señalarán del modo indicado y así las líneas de campo deben dibujarse como se ve en la figura 7.4*a.* Razonamientos semejantes pueden utilizarse para dibujar las líneas de campo de la figura 7.4*b* y *c.* Recuérdese que *las líneas de campo siempre salen de los polos norte y entran en los polos sur.*

Como sabemos, una aguja de brújula señala hacia el norte de la superficie de la Tierra. Esto significa que las líneas de campo de la Tierra están dirigidas desde el Antártico hacia el Ártico. En la figura 7.5 se muestra un dibujo en donde se ve el campo terrestre. Obsérvese que el campo es semejante al de un imán en forma de barra. Pero, como vemos, este imán no coincide con el eje de rotación de la Tierra. En lugar de ello el eje del imán corta a la superficie de la Tierra en las proximidades de la península del Labrador. A lo largo de un período de millares de años, el imán interno de la Tierra va desplazando ligeramente su dirección. Esto nos ayuda a señalar la historia de la Tierra como se verá en el capítulo 16. Puede sorprender a primera vista que el polo Ártico del imán, que está cerca del polo norte geográfico de la Tierra,

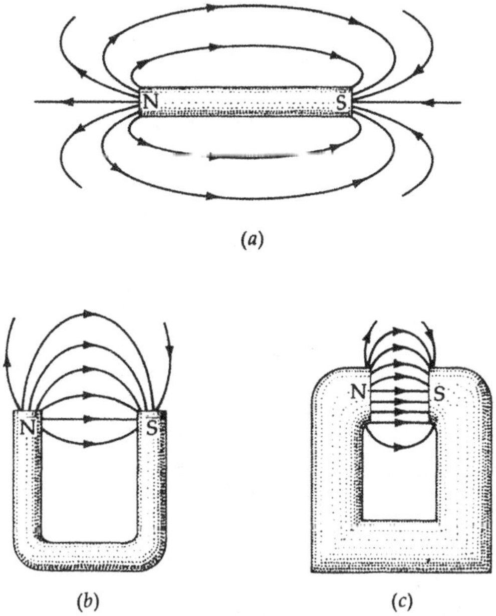

FIG. 7.4. — Utilizando el hecho de que una aguja magnética se alinea a lo largo de las líneas de campo, demostrar que las líneas dibujadas son razonables.

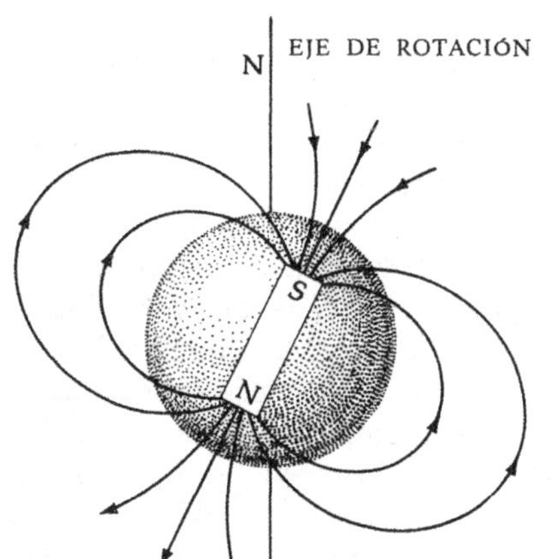

FIG. 7.5. — Los polos magnéticos de la Tierra no coinciden con los polos definidos por su eje de rotación. Además el polo próximo al polo norte terrestre es realmente un polo sur.

sea un *polo magnético sur.* Esto es cierto evidentemente ya que el polo en Labrador atrae al polo norte de una brújula y sabemos que la punta de la brújula está atraída por un polo magnético sur. Aunque las causas del campo magnético terrestre no están bien comprendidas aún, veremos en la sección siguiente que todos los campos magnéticos parecen ser el resultado de un movimiento de cargas eléctricas.

Fuentes de campos magnéticos

La primera clave respecto al origen de los campos magnéticos fue descubierta en 1820 por Hans Christian Oersted. Éste vio que la aguja de una brújula se desviaba al conectar un interruptor de modo que circulase una corriente por un circuito próximo. Prosiguiendo con estas observaciones, más adelante demostró que siempre existe un campo magnético cerca de un conductor a través del cual está circulando una corriente. Mediante el empleo de una brújula, pudo dibujarse el campo magnético. Se vio que el campo magnético rodea un conductor rectilíneo a través del cual está circulando una corriente. Este campo se indica en la figura 7.6.

Como puede adivinarse, la intensidad del campo magnético (que representaremos con el símbolo B) es directamente proporcional a la corriente que circula por el conductor. Además, B disminuye cuando la distancia desde el conductor aumenta; B es proporcional a $1/r$, siendo r la distancia al eje del conductor. En las unidades que comúnmente se asignan a B, la relación exacta es

$$B = \frac{2 \times 10^{-7}\, I}{r} \tag{7.1}$$

(Recuérdese que 10^{-7} significa dividir por 10 siete veces.) Cuando I se mide en amperes y r en metros, la unidad de B es el *tesla.* Otra unidad, denominada *gauss,* se utiliza a veces; 10 000 gauss = 1 tesla.

Para obtener alguna idea sobre las intensidades relativas de los campos magnéticos, diremos que el campo terrestre vale aproximadamente 1 gauss (10^{-4} tesla). El campo magnético a una distancia de 10 cm (0,10 m) de un conductor por el cual circula una corriente de 5 A es, según la ecuación (7.1),

$$B = \frac{(2 \times 10^{-7})(5 \text{ amp})}{0{,}10 \text{ m}} = 100 \times 10^{-7} \text{ tesla}$$

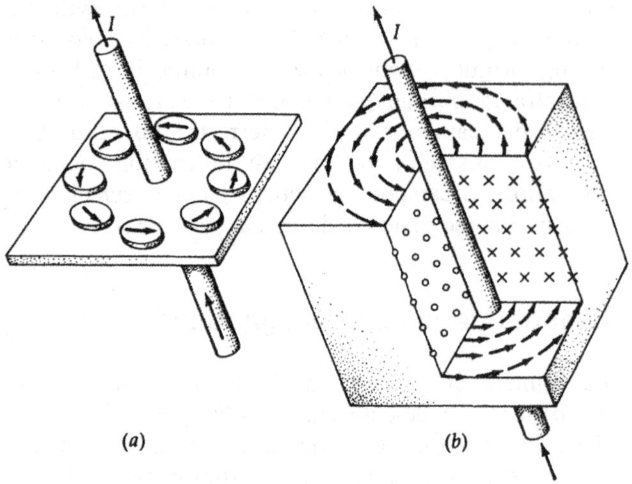

FIG. 7.6. — Obsérvese que las líneas de campo magnético producidas por una corriente no terminan en ningún punto; se cierran sobre sí mismas.

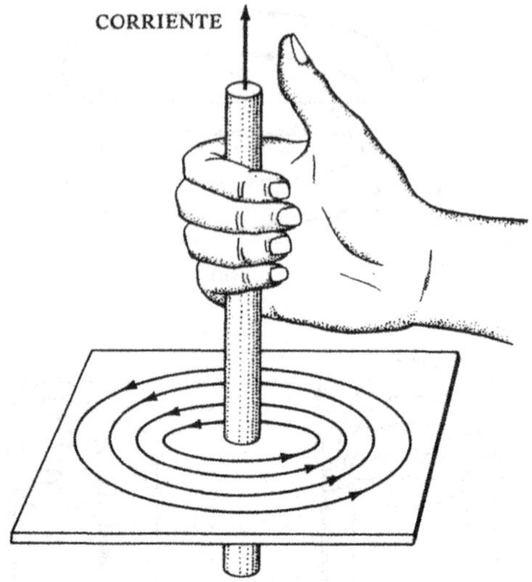

FIG. 7.7. — Regla de la mano derecha para recordar el sentido de un campo magnético producido por la corriente que circula por un conductor rectilíneo.

o sea $0{,}10 \times 10^{-4}$ tesla o 0,10 gauss. Sólo vale aproximadamente una décima parte del campo terrestre. Sin embargo, veremos que el campo puede aumentarse grandemente arrollando el conductor en forma de una bobina sobre una barra de hierro.

Existe una regla sencilla para recordar la forma en que los campos magnéticos rodean a un conductor, y es la ilustrada en la figura 7.7. Se denomina *regla de la mano derecha.* Si se coge el alambre con la mano derecha de modo que el dedo pulgar señale en el sentido de circulación de la corriente, los dedos de la mano rodean el conductor en el mismo sentido que el campo magnético. Obsérvese que las líneas del campo magnético no tienen ni principio ni fin; siempre son circunferencias terminando sobre sí mismas. Es decir, son bastante diferentes de las líneas del campo eléctrico que se inician en cargas positivas y terminan en cargas negativas. Aunque las líneas del campo magnético parecen interrumpirse y originarse en los polos de los imanes, realmente no sucede así: las líneas del campo magnético simplemente se cierran a través del imán saliendo por el otro extremo.

Cuando se dobla un conductor en forma de anillo o espira circular, el campo magnético debido a la corriente en el conductor sigue todavía rodeándole. Sin embargo, está deformado como se indica en la figura 7.8. Utilizando la regla de la mano derecha se podrá demostrar que las direcciones del campo son por lo menos cualitativamente correctas. Obsérvese que el campo en la parte (*b*) de la figura es mucho más parecido al que se debería esperar a partir de un imán en forma de barra corta y aplastada como se ve en la parte (*c*). La región que está situada encima de la espira en (*b*) tiene un aspecto semejante al correspondiente al polo norte, mientras que la región inferior recuerda al polo sur. Esta semejanza es aún más notable en la configuración siguiente.

Consideremos la bobina de alambre indicada en la figura 7.9*a*. Cada espira de dicha bobina genera un campo magnético y su efecto combinado es el que se ve en la citada figura. Es más típico que el arrollamiento sea más compacto (denominado *solenoide*) como se indica en corte en la figura 7.9*b*. En este caso el campo magnético es uniforme en el interior del solenoide. De hecho ésta es una de las mejores maneras de obtener un campo magnético uniforme.

La intensidad del campo en el interior del solenoide viene dada por una fórmula muy sencilla:

$$B \text{ en el interior de un solenoide} = 4\pi \times 10^{-7} \frac{NI}{L} \qquad (7.2)$$

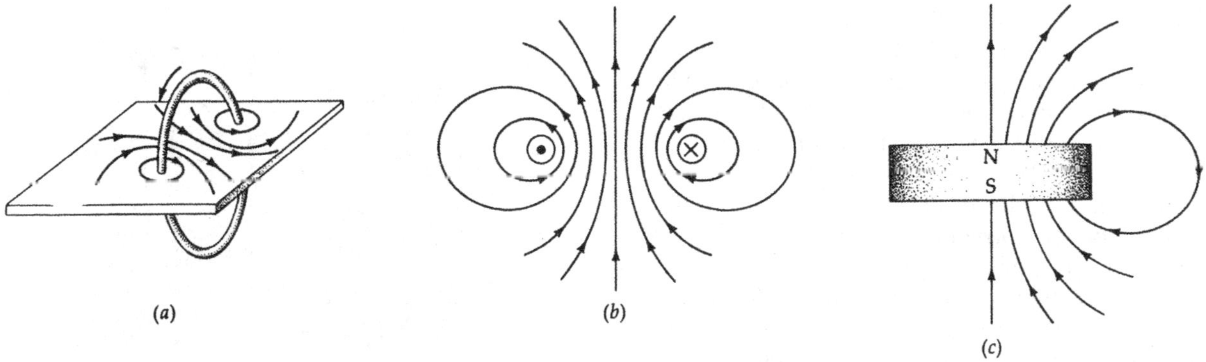

FIG. 7.8. — En (a) y (b) se ven dos aspectos del campo magnético próximo a una espira por la que circula una corriente. En (b) la corriente va hacia el papel por la zona señalada con un aspa y viene hacia el lector por la zona señalada con un punto. En (c) vemos que un imán en forma de barra corta tiene un campo semejante al de una espira.

siendo N el número total de espiras en la longitud L del solenoide. Evidentemente, B es mucho mayor que en el caso de un solo hilo, como puede verse comparando las ecuaciones (7.2) y (7.1).

El campo en el interior de un solenoide puede intensificarse por un factor de casi mil arrollando el solenoide sobre una varilla o núcleo de hierro. En la sección siguiente veremos qué es lo que le ocurre al hierro en este caso.

Interpretación atómica de los imanes

Las propiedades magnéticas del hierro y de sustancias semejantes que muestran grandes efectos magnéticos fueron explicadas por primera vez de modo correcto por André Marie Ampère en 1820. Basaba su explicación en la semejanza existente entre el campo de un solenoide, indicado en la figura 7.9 y el campo de un imán en forma de barra. El extremo de la derecha del solenoide de la figura 7.9 actúa como el polo norte de un imán, puesto que las líneas de campo salen de ese extremo. El opuesto se comporta como un polo sur porque las líneas de campo entran en él. Aunque normalmente dibujamos las líneas de campo como si terminasen en los polos de un imán en forma de barra, realmente pasan a través del imán como las líneas en el interior de un solenoide.

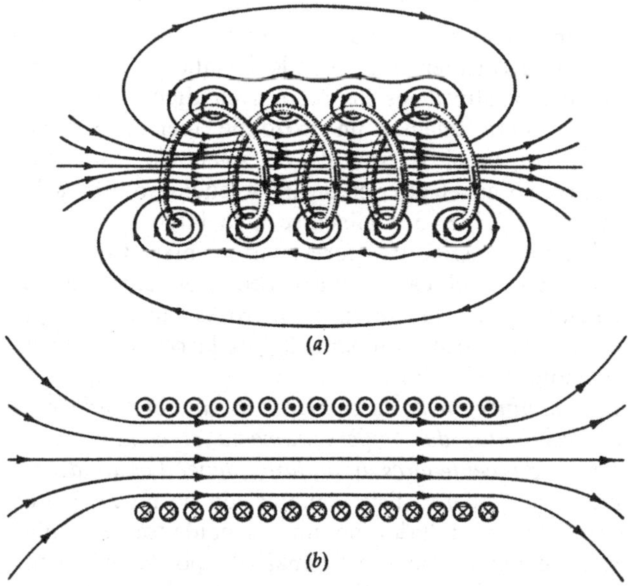

FIG. 7.9. — El campo magnético de un solenoide se parece mucho al campo de un imán en forma de barra.

Ampère sugirió el modelo de un imán en forma de barra indicado en la figura 7.10. A diferencia de muchos de sus contemporáneos, Ampère creía que todos los sólidos estaban compuestos de partículas pequeñas, que ahora conocemos con el nombre de átomos. Sugirió que los átomos tenían cargas circulando a su alrededor. Como resultado, un átomo se parece a una espira diminuta de corriente. En un imán en forma de barra, todos los átomos se alinean como se indica en el corte de la figura 7.10 (hemos dibujado los átomos como si fuesen rectangulares en su corte y muy aumentados con objeto de facilitar el estudio).

Vemos que las corrientes debidas a los átomos adyacentes se anulan entre sí en el interior de un imán (es decir, están unas junto a otras con sentidos opuestos). Sin embargo, los átomos en la superficie no tienen ningún vecino que equilibre sus corrientes y así se forma una corriente que fluye alrededor de la superficie del imán como está indicado. Esto es equivalente a una espira conductora por la que circulara una corriente alrededor del imán y así éste poseerá un campo exactamente semejante al de un solenoide. De acuerdo con la descripción de Ampère, los átomos en el interior de un imán en forma de barra actúan de un modo semejante a diminutas espiras de corriente. Evidentemente, cuando imantamos una barra de hierro, alineamos los átomos en dicho metal. De hecho, para imantar un trozo de hierro, podemos colocarlo en el interior de un solenoide. El campo magnético en el interior de un solenoide obliga a los átomos del hierro a alinearse a lo largo del eje del solenoide y así se transforma en un imán. Con pocas excepciones, el campo magnético producido por las corrientes de Ampère en el hierro es mucho más intenso que el campo producido por la corriente en un solenoide.

La combinación de la corriente de un solenoide y de las corrientes de Ampère aumenta el campo en un factor de centenares o millares dependiendo de los casos particulares. Esta combinación de un núcleo de hierro en el interior de un solenoide se denomina *electroimán.* En un electroimán el tipo de hierro utilizado es tal que los átomos se desordenan espontáneamente cuando se reduce a cero la corriente del solenoide (y por lo tanto el campo del solenoide). Como resultado, un electroimán puede imantarse o no. En contraste, el hierro de los imanes permanentes está modificado de tal modo que los átomos permanecen siempre alineados.

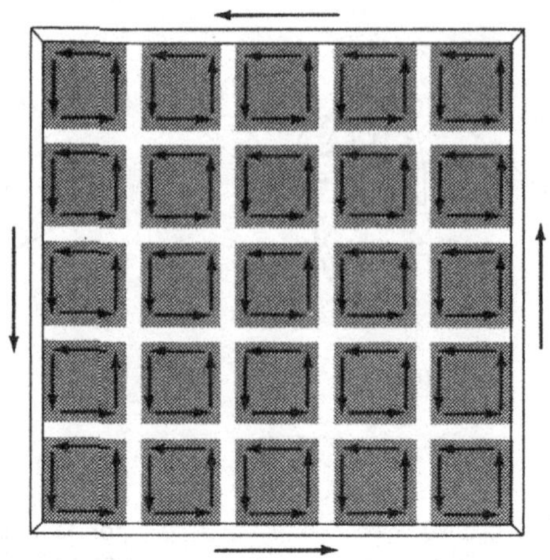

FIG. 7.10. — Las corrientes de Ampère dentro de los átomos orientados se contrarrestan mutuamente en la parte interior del imán, pero dan origen a una corriente semejante a la de un solenoide alrededor de la parte exterior del solenoide.

Fuerzas ejercidas sobre las corrientes en el seno de campos magnéticos

Desde un punto de vista práctico, los campos magnéticos son importantes debido a que ejercen fuerzas sobre las corrientes que circulan por el interior de los conductores. Esta característica forma la base del funcionamiento de los motores eléctricos y otros aparatos semejantes. Los fenómenos físicos que intervienen en este caso se indican en el experimento ilustrado en la figura 7.11. En esta figura, existe un conductor por el que circula una corriente I que pasa por delante del polo sur de un imán. El campo fluye entrando por el polo sur. Si realizamos este experimento, veremos que el alambre sufre una fuerza F que es perpendicular tanto a la corriente como a la línea de campo. Aquí también nos puede ayudar una regla de la mano derecha para recordar la dirección y sentido de la fuerza:

> *Si se mantiene la mano derecha abierta con los dedos señalando en la dirección del campo y el pulgar señalando a lo largo del alambre en el sentido del flujo de corriente, la pal-*

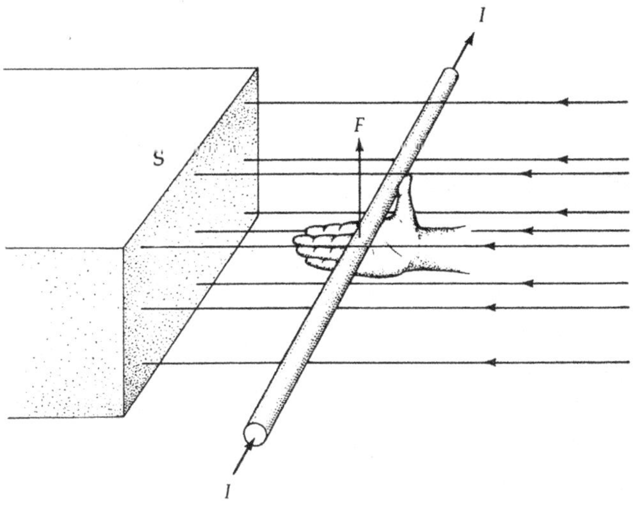

FIG. 7.11. — Cuando los dedos de la mano derecha están dirigidos a lo largo del campo y el pulgar a lo largo de la corriente, la palma de la mano empuja en el sentido de la fuerza.

ma de la mano empujará en el sentido de la fuerza.

Como era de esperar el valor de la fuerza es proporcional a la intensidad de campo magnético B y a la corriente en el conductor I. Sin embargo, la fuerza también depende del ángulo que forman las líneas de campo magnético y la línea de la corriente (el conductor). Si el ángulo es de 90° como se ve en la figura (es decir, las líneas de campo son perpendiculares al conductor) la fuerza sobre el conductor es máxima. Sin embargo, si las líneas de campo son paralelas al conductor, no existe ninguna fuerza sobre éste. Esto se aclara en el dibujo situado a la derecha de la figura 7.12. Nos ocuparemos sólo de aquellos casos en que el campo y el conductor son perpendiculares (fuerza máxima) o paralelos (fuerza nula).

Para ver cómo este efecto hace que un motor eléctrico funcione, nos referiremos a la figura 7.13 que muestra su principio básico. El motor se compone de un campo magnético (proporcionado normalmente por un electroimán) y una bobina montada de modo que pueda girar alrededor de un eje que pasa por su centro. Cuando fluye la corriente I por la bobina, activa el campo magnético del electroimán.

Si se examinan las fuerzas ejercidas sobre la sección vertical de la bobina de la figura 7.13 se verá cómo la bobina gira sobre el eje según se indica. (Inténtese ver esto utilizando la mano como campo magnético y un libro como bobina.) Obsérvese que el efecto de rotación de las fuerzas es máximo en (*b*). ¿Puede mostrarse que las fuerzas en (*a*) no producen rotación en absoluto debido a que el plano de la bobina es perpendicular a las líneas del campo?

En un motor, el eje de la bobina es el eje de rotación del motor y se mueve con la bobina. El eje a su vez hace girar al elemento mecánico que mueve el motor. Vemos que la energía eléctrica, que es la causa del campo magnético y de la fuerza sobre la bobina se transforma en energía mecánica cuando el motor gira y realiza el trabajo. Hemos simplificado el funcionamiento del motor en este análisis de modo que quede clara la simplicidad del mecanismo de intercambio de energías.

En la práctica, la bobina que gira se compone a su vez de varias espiras formando ángulos diversos y la corriente en ella debe invertirse cada media revo-

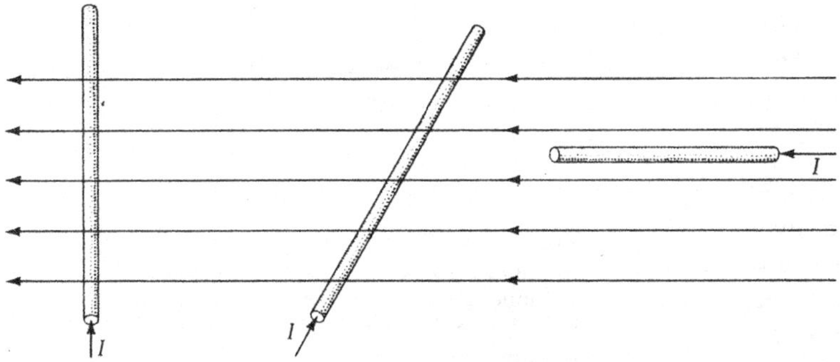

FIG. 7.12. — La fuerza sobre el conductor es mayor en el caso de la izquierda. Es cero para el conductor de la derecha.¿Puede demostrarse que la fuerza sería perpendicular a la página?

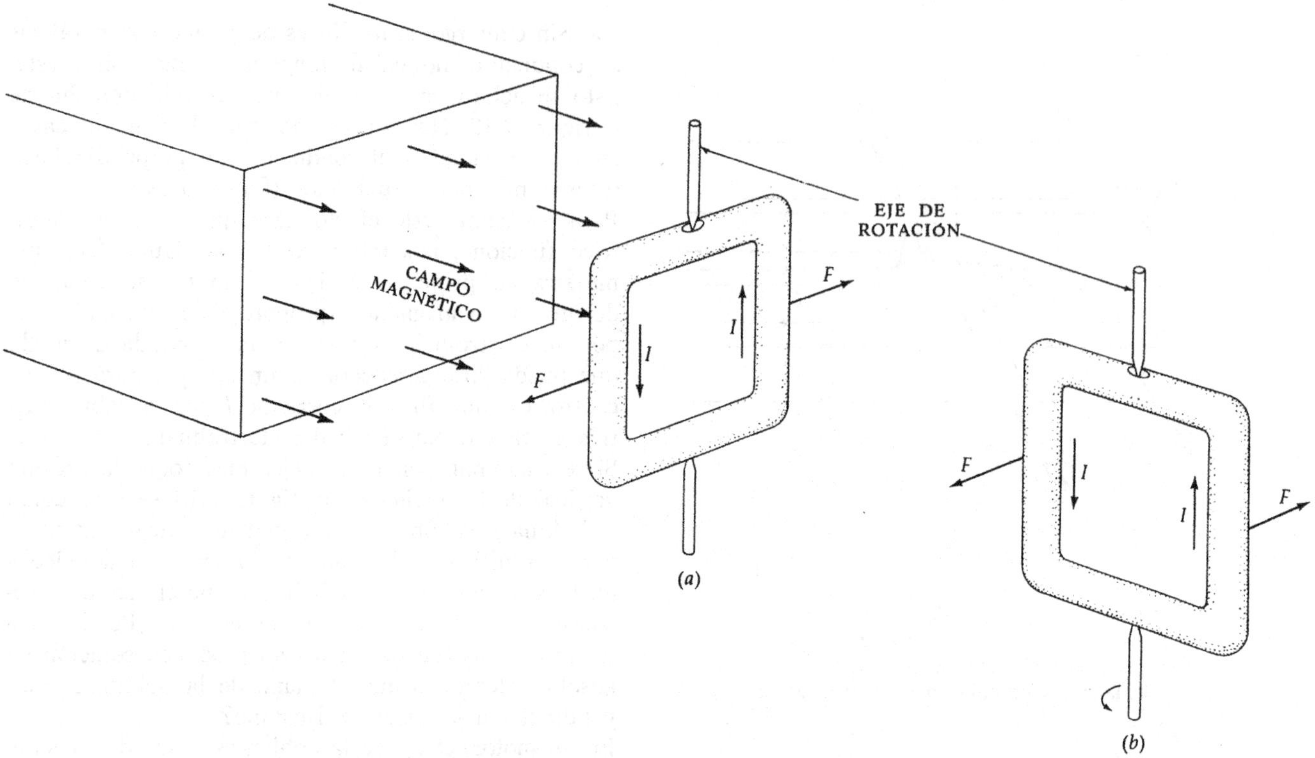

FIG. 7.13. — El campo magnético hace que la bobina gire alrededor del eje.

lución de la bobina. Puede verse la razón de que esto sea así si se observa que después de media vuelta, las dos caras de la bobina han intercambiado sus papeles. Para mantener la misma dirección y sentido de la fuerza de giro sobre la bobina, la corriente debe fluir como se indica en el diagrama. Sin embargo, puesto que se han intercambiado las dos caras, el sentido de la corriente en la bobina debe también invertirse si queremos que el motor siga funcionando.

La fuerza magnética sobre una espira de conductor se utiliza también en el funcionamiento de los aparatos de medida. En la figura 7.14 se indica, por ejemplo, el sistema mecánico y magnético de un amperímetro. Cuando la corriente que hay que medir se envía a través de la bobina, ésta sufre una fuerza que intenta hacerla girar debido a que está en el interior de un campo magnético producido por los dos imanes. Al girar la bobina deforma un muelle y entonces se mueve sólo hasta que la fuerza de giro debida al campo magnético es equilibrada por la fuerza

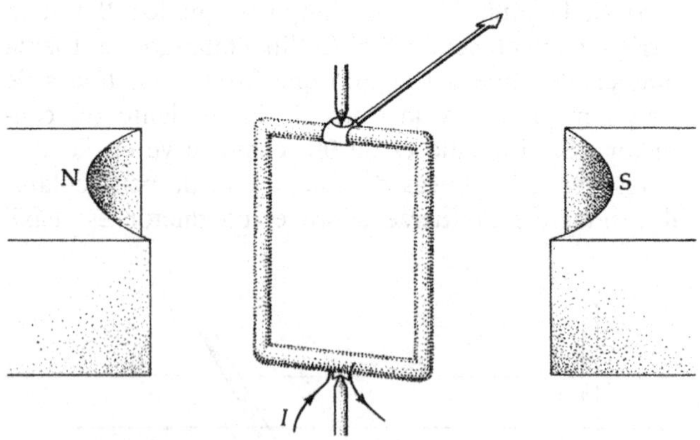

FIG. 7.14. — Cuando la bobina gira, la aguja se mueve sobre una escala calibrada. Un muelle (que no se ve en la figura) sujeto a la bobina proporciona la fuerza restauradora.

restauradora del muelle. El giro de la bobina resulta ser proporcional a la corriente que fluye a través del aparato de medida. Una aguja sujeta originalmente a la bobina se mueve sobre una escala cuando la bobina gira. El fabricante calibra la escala de modo que se lea directamente la corriente que fluye por el amperímetro.

Un voltímetro es un aparato semejante excepto que tiene una resistencia elevada. Cuando se conecta el voltímetro en los extremos de una pila o de otra diferencia de potencial, fluye a su través una pequeña corriente; en un buen voltímetro la corriente debe ser extraordinariamente pequeña. Sin embargo, el aparato de medida se proyecta de modo que incluso esta pequeña corriente haga girar la bobina. El fabricante calibra la escala de modo que se lea la diferencia de potencial entre los puntos en que se ha conectado el voltímetro.

Otros muchos aparatos funcionan sobre el principio citado de que un cable o conductor por el que circula una corriente sufre una fuerza en el interior de un campo magnético. Veremos en la sección siguiente que la fuerza no se restringe a mover cargas en un conductor. También se ejerce sobre cargas que se mueven libremente en el espacio.

Fuerzas magnéticas sobre cargas móviles

Puesto que las corrientes sufren fuerzas cuando se colocan en el interior de un campo magnético, nos vemos tentados a sentar la hipótesis de que las cargas móviles que causan la corriente también sufren una fuerza. Incluso a mitad del siglo XIX había todavía cierta especulación sobre este punto. Sin embargo, esta suposición no pudo comprobarse hasta finales del siglo XIX cuando avanzaron suficientemente las técnicas de vacío. El experimiento no se realiza fácilmente en presencia de aire, puesto que las cargas móviles chocan con las moléculas de aire con demasiada frecuencia. Cuando por fin fue posible disparar partículas cargadas a través de un tubo, en el que se había hecho el vacío, situado en el interior de un campo magnético, se comprobó la existencia de una fuerza sobre la carga móvil, como se ve en la figura 7.15. Consideremos que la carga positiva tiene una velocidad hacia arriba a través del campo magnético. Podemos utilizar la regla de la mano derecha que

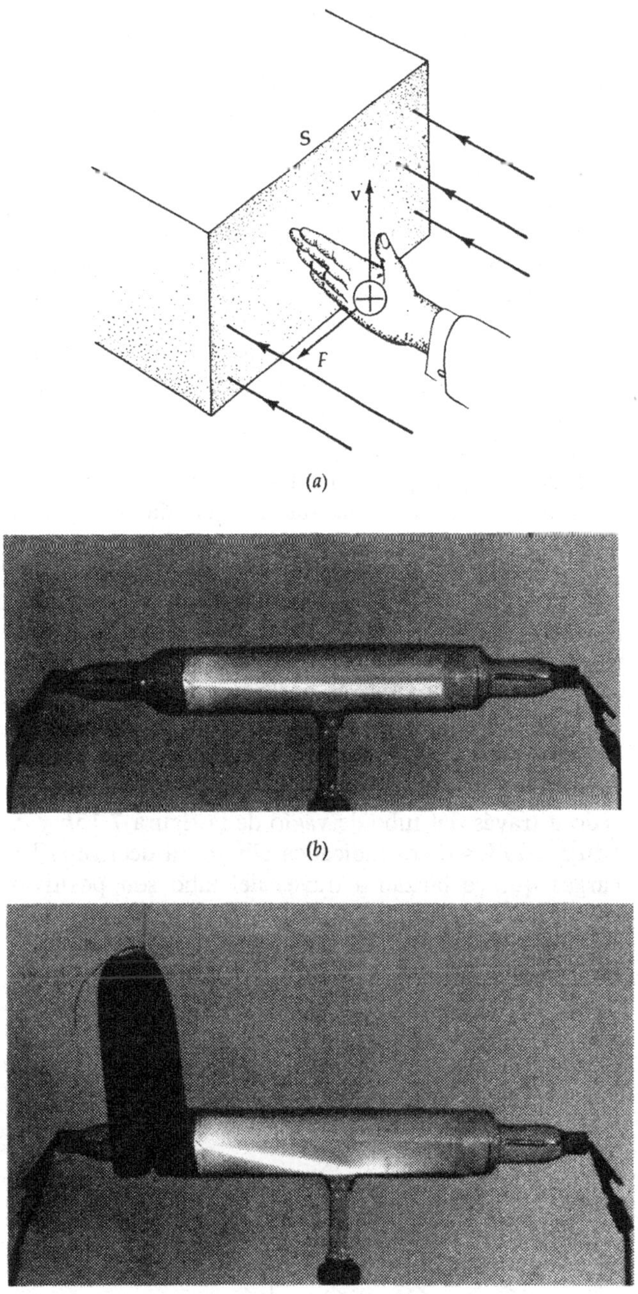

(a) (b) (c)

FIG. 7.15. — Se aplica la regla de la mano derecha a las partículas cargadas que se mueven dentro de un campo magnético. El polo norte está en la parte más próxima al tubo.

usábamos en el caso de las corrientes para hallar la dirección de la fuerza sobre una carga móvil positiva; después de todo, una corriente es simplemente un chorro de cargas positivas. Como vemos en la figura 7.15*a,* la fuerza sobre la carga positiva móvil viene dada por la regla de la mano derecha. El valor de la fuerza es proporcional a la intensidad del campo B y a la velocidad de las partículas. Además, la fuerza varía con el ángulo formado entre la velocidad y el campo de modo semejante a como ocurría con el ángulo entre la corriente en un conductor y las líneas de campo. En otras palabras, si las partículas se mueven a lo largo de una línea de campo la fuerza es cero; si se mueven perpendicularmente a dichas líneas, la fuerza es máxima.

Aunque la regla que acabamos de dar es para la dirección y sentido de la fuerza ejercida sobre una carga positiva, podemos utilizarla también para hallar el sentido de la fuerza sobre cargas negativas. La fuerza sobre una carga negativa tiene un sentido opuesto a la que se ejerce sobre una carga positiva. Por lo tanto, encontraremos el sentido de la fuerza admitiendo que la carga es positiva y luego invirtiendo el sentido de la fuerza si la carga es realmente negativa. Para ensayar nuestro dominio de este punto se pueden examinar las partículas que se han disparado a través del tubo de vacío de la figura 7.15*b* y *c.* Utilizando los datos indicados allí podrá decirse si las cargas que se lanzan a través del tubo son positivas o negativas.

La fuerza magnética sobre una carga móvil no le acelera ni disminuye su velocidad. Del mismo modo que el empuje gravitatorio del Sol sobre la Tierra, la fuerza magnética sobre una partícula influye sólo en la dirección del movimiento de la misma. Para ver la razón, consideremos una carga positiva de masa m moviéndose perpendicularmente a un campo magnético de intensidad B, como se indica en la figura 7.16. El campo magnético está dirigido hacia el papel; las cruces representan las «colas de las flechas» que se alejan de nosotros correspondientes a las líneas de campo. En la parte inferior de la figura a la izquierda, la partícula cargada positivamente se está moviendo horizontalmente hacia la derecha. La regla de la mano derecha nos dice que el campo magnético ejerce una fuerza sobre ella que es perpendicular tanto a las líneas del movimiento como a las líneas de campo; la dirección de la fuerza es, pues, hacia arriba, como se indica en la figura. Obsérvese que *la fuerza es perpendicular al movimiento de la partícula y, por lo tanto, no se realiza ningún trabajo sobre ella.* Simplemente desvía la partícula hacia arriba.

Como se mencionó anteriormente, este caso es semejante al de la Tierra que gira alrededor del Sol o al de un satélite rodeando la Tierra. En todos estos casos existe una fuerza que tira del objeto separándolo de la trayectoria rectilínea. En el caso de la partícula de la figura 7.16 la fuerza está siempre dirigida hacia el centro de la circunferencia (comprobar el sentido de la fuerza en diversos puntos para ver esto). Como resultado, la partícula cargada sigue una trayectoria circular. El radio de la trayectoria resulta ser proporcional a la cantidad de movimiento de la

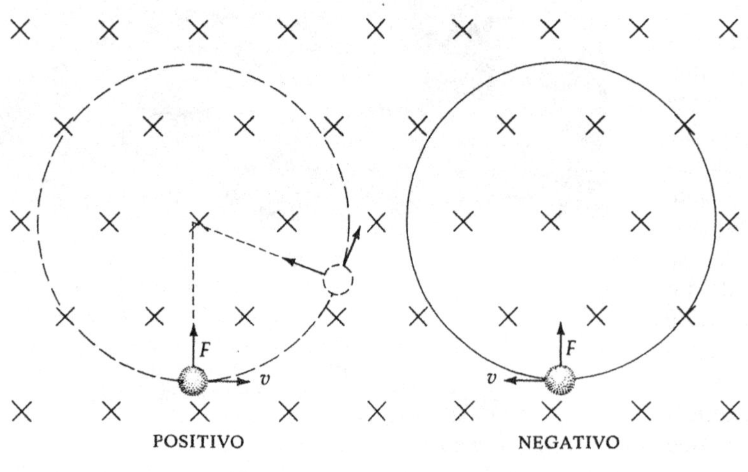

FIG. 7.16. — Una partícula cargada que se mueve perpendicular a un campo magnético describe una trayectoria circular.

partícula, mv, dividida por el producto de la intensidad del campo B por la carga q. Por lo tanto,

$$r = \frac{mv}{Bq} \tag{7.3}$$

Si concemos B, q y v y medimos el radio de la circunferencia r, podemos calcular la masa de la partícula. Este es el método más corriente de determinar la masa de las partículas de tamaño atómico.

Una partícula negativa de la misma masa moviéndose a la misma velocidad seguirá una trayectoria circular del mismo tamaño. Sin embargo, puesto que las fuerzas sobre una carga negativa son de sentido opuesto a las que se ejercen sobre una carga positiva, una carga negativa recorrerá la circunferencia en sentido inverso al indicado por la regla de la mano derecha de la figura. Así pues, a partir de la desviación de una partícula cargada en el interior de un campo magnético podemos determinar tanto la masa de la partícula como el signo de la carga.

EJEMPLO 7.1

Un electrón con $v = 4 \times 10^7$ m/s se dispara perpendicularmente al campo terrestre, que podemos considerar que es de 1 gauss. ¿Cuál es el radio de la circunferencia que recorre? Repetir el ejemplo en el caso de un protón.

Método: Necesitamos sólo sustituir en la ecuación (7.3) teniendo cuidado de utilizar las unidades apropiadas. Puesto que

$$\begin{aligned} B &= 1/10\,000 \text{ tesla} \\ m &= 9{,}1 \times 10^{-31} \text{ kg} \\ q &= 1{,}6 \times 10^{-19} \text{ coul} \\ v &= 4 \times 10^7 \text{ m/s} \end{aligned}$$

la relación $r = mv/Bq$ da

$$r = 2{,}3 \text{ m}$$

En el caso de un protón, m es 1840 veces mayor y así r será mayor precisamente en este factor.

Fuerzas electromotrices inducidas

Además de ejercer fuerzas sobre las cargas móviles y los conductores por los que circulan corrientes, los campos magnéticos producen otro efecto importante. Un campo magnético variable puede inducir la circulación de una corriente por una espira conductora. Michael Faraday (1791-1867) estudió este efecto ampliamente y publicó sus resultados en 1831. Se resumen en la figura 7.17.

En la figura vemos una bobina conductora arrollada sobre una varilla de hierro (puesto que el hierro aumenta grandemente los efectos magnéticos) formando un circuito cerrado con un galvanómetro G (un amperímetro sensible). El circuito no dispone de ninguna pila, de modo que si no se están moviendo ni el imán ni la bobina, no fluye corriente a través del galvanómetro. Este caso se indica en la figura 7.17*a*. Sin embargo, tan pronto como el polo del imán empieza a moverse acercándose a la bobina, empieza a circular una corriente según se indica en (*b*). Si el imán se detiene en su movimiento, como en (*c*), la corriente también se detiene. Cuando se invierte el sentido del movimiento del imán, se invierte también el sentido de flujo de la corriente en la bobina, como se ve en (*d*). Además, si se invierten los polos de un imán como se ve en (*e*), también se invierte el sentido de la corriente.

Faraday interpretó estos experimentos en función de una pila imaginaria situada en el interior de la bobina. Atribuía la corriente inducida en la bobina a una pila hipotética que denominó *fem inducida.* La fem inducida depende evidentemente del modo como están *variando* las líneas de campo magnético que atraviesan la bobina. Denominamos *flujo* al número de estas líneas que pasan por la bobina. Cuando el flujo, o número de líneas que atraviesan la bobina, es constante como en (*a*) y en (*c*), la fem inducida es cero. Pero siempre que el flujo a través de la bobina esté creciendo, como en (*b*) y (*e*), o disminuyendo, como en (*d*), la bobina tiene una fem que produce la circulación de una corriente por ella. Faraday demostró que la fem inducida es directamente proporcional tanto a la velocidad con que está variando el flujo como al número de espiras conductoras de la bobina. Todo ello se resume en la *ley de Faraday*:

> *La fem inducida en una bobina es proporcional tanto* a la velocidad de variación *del flujo que atraviesa la bobina como al número de espiras conductoras con que está construida la bobina.*

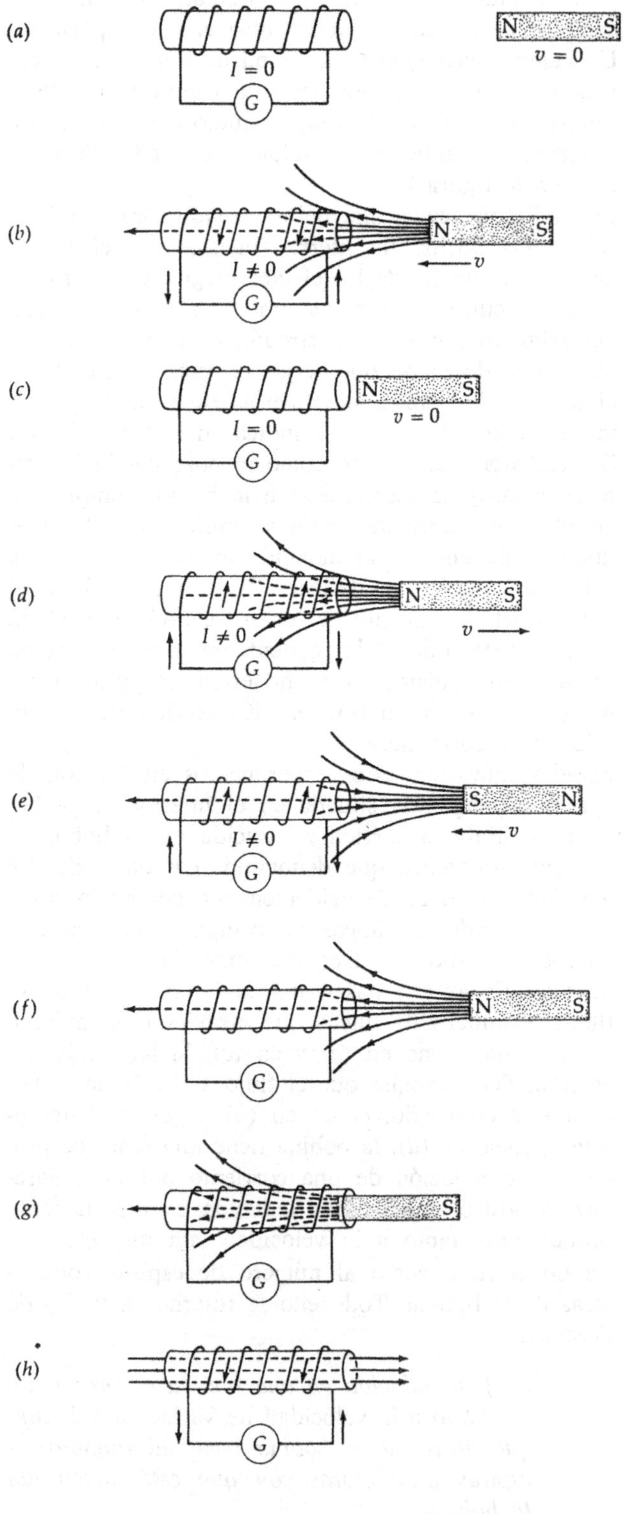

FIG. 7.17. — La corriente se induce en la bobina sólo cuando el número de líneas que la atraviesan está variando. ¿Cómo puede predecirse en qué sentido circulará la corriente? (a) Sin variación. (b) El imán aumenta su flujo en la bobina. (c) Sin cambio. (d) El imán reduce su flujo en la bobina. (e) Si se invierten los polos del imán, se invierte también el sentido de la corriente; comparar (e) con el caso (b) anterior.

Resaltemos de nuevo que existe una *fem inducida sólo cuando está variando el número de líneas de fuerza que atraviesa la bobina.*

Obsérvese que el sentido de la corriente en la bobina y por lo tanto la fem no es la misma en (*b*) que en (*d*). Podemos determinar el sentido de la corriente y de la fem inducida por el modo en que está variando el flujo que atraviesa la bobina. Cuando el imán en (*f*) se está moviendo hacia la posición (*g*), la corriente inducida está en el sentido indicado en (*h*). La propia corriente inducida produce un flujo a través de la bobina hacia la derecha, mientras que el movimiento del imán desde (*f*) a (*g*) hace que exista un flujo en la bobina dirigido hacia la izquierda. Es como si la bobina estuviese intentando contrarrestar el flujo creciente hacia la izquierda induciendo una corriente propia que produzca un flujo hacia la derecha.

Esta es la forma con que siempre responde la bobina. Siempre que está variando el flujo, la bobina induce una fem y una corriente que equilibran o contrarrestan la variación. Se puede analizar este hecho intentando explicar los sentidos de las corrientes inducidas en (*d*) y (*e*). La parte (*e*) puede producir algunos problemas hasta que el lector se dé cuenta de que el imán está produciendo un aumento de flujo dirigido hacia la derecha. El sentido de la fem inducida de Faraday se resume en la *ley de Lenz*:

La fem inducida tiene siempre un sentido tal que intenta contrarrestar la variación del flujo que atraviesa la bobina.

THE ROYAL INSTITUTION

MICHAEL FARADAY (1791-1867)

Faraday, hijo de un herrero inglés, recibió sólo una educación rudimentaria antes de ponerse a trabajar como muchacho para los recados de un encuadernador en 1804. Pronto llegó a ser el aprendiz del encuadernador y esto le dio la oportunidad de leer los libros que pasaban por sus manos. Creció fascinado por la ciencia, llevando a cabo todos los experimentos sencillos que su modesto salario le permitía y asistiendo a todas las conferencias científicas públicas, de entre las cuales las que más le inspiraron fueron las dadas por el gran químico Sir Humphrey Davy. Algunos años después, en 1813, Faraday dio el paso decisivo al escribir a Davy solicitando un empleo en su laboratorio. Davy quedó impresionado por las notas que le entregaba Faraday, y que éste había tomado en las citadas conferencias, y le ofreció a Faraday trabajo como mozo en su laboratorio. A partir de estos modestos comienzos y protegido por Davy, avanzó rápidamente como consecuencia de su evidente perspicacia y habilidad experimental. En 1825 fue nombrado director del laboratorio de The Royal Institution. Toda su vida se dedicó a las investigaciones experimentales, particularmente en la electricidad. Se le reconoce como uno de los mayores científicos experimentales del siglo XIX.

El generador eléctrico

Las fem inducidas son básicas para el funcionamiento de los generadores eléctricos, aparatos con los cuales las compañías eléctricas nos suministran la energía eléctrica. Para generar una tensión, basta simplemente variar el flujo que atraviesa una bobina. Por ejemplo, podríamos iluminar una lamparita con el dispositivo indicado en la figura 7.18. Supóngase que el imán se mueve hacia la izquierda y hacia la derecha acercándose hacia la bobina y luego alejándose de ella. El flujo variable que atraviesa la bobina inducirá una fem en la misma.

Cuando el imán se está acercando a la bobina, la corriente circulará hacia la derecha a través de la lámpara. Cuando el imán se mueve alejándose de la bobina, se invierte la fem y la corriente fluirá entonces hacia la izquierda a través de la bombilla. Si el imán es suficientemente intenso y si la bobina tiene un gran número de espiras y está arrollada sobre un núcleo de hierro, la corriente inducida será suficientemente grande como para iluminar la lámpara. La lámpara así emite energía en forma de luz y calor.

Esta energía procede de la persona o máquina que origina el movimiento hacia la izquierda y hacia la derecha del imán. Para ver esto, refirámonos de nuevo a la figura 7.17*f*, *g* y *h*. Obsérvese en *h* que la corriente inducida en la bobina hace que la bobina actúe como un imán en forma de barra. Cuando el polo norte del imán se acerca más, como en *f*, la bobina actúa como un imán en forma de barra con su polo norte intentando repeler el imán que se aproxima. Obsérvese que cuando el imán retrocede alejándose de la bobina, como en *d*, esta última intenta atraerlo al inducirse en ella un polo sur que atrae al polo norte del imán. Evidentemente, siempre que se mue-

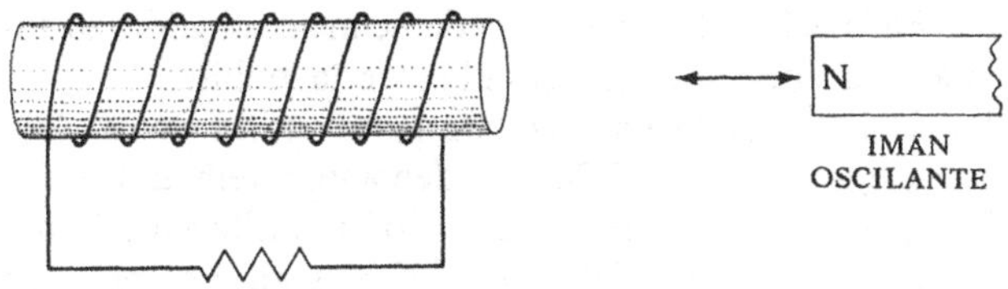

FIG. 7.18. — Cuando el imán oscila de izquierda a derecha, se produce una corriente que circula en uno y otro sentido por la lámpara haciendo que se encienda.

va el imán hacia la izquierda y hacia la derecha debe realizar un trabajo contra estas fuerzas ejercidas por el imán en que se ha transformado la bobina. Este trabajo aparece en forma de energía eléctrica (es decir, una energía de una pila o de una fem inducida) de la bobina.

El generador de la figura 7.18 funcionaría igualmente bien si el imán no se moviese y la bobina oscilase hacia la izquierda y hacia la derecha. El único requisito consiste en que el flujo a través de la bobina debe variar y esto ocurre en cualquier caso. Como la ley de Faraday dice que la fem inducida es proporcional a la *velocidad de variación* del flujo que atraviesa la bobina, la fem inducida será grande cuando el flujo varíe rápidamente. De aquí que la fem inducida aumentará cuando crezca la velocidad de vibración del imán.

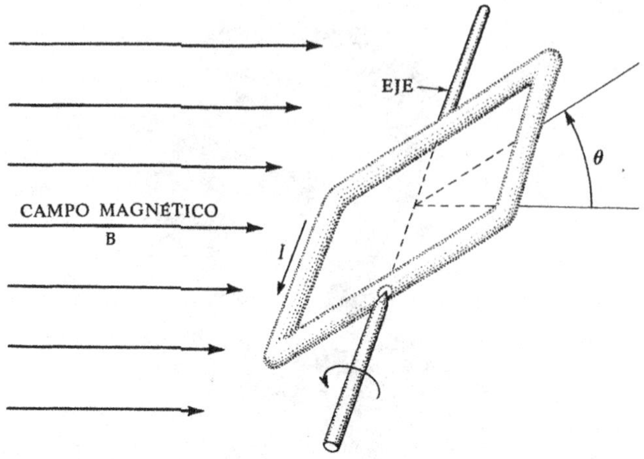

FIG. 7.19. — Cuando la bobina gira alrededor de su eje, el flujo a su través varía y como resultado se genera en ella una fem.

En la figura 7.19 se muestra el funcionamiento básico de un generador comercial eléctrico. Vemos una bobina conductora montada sobre un eje y suspendida en el interior de un campo magnético. Éste lo suministra un imán permanente o un electroimán. Un agente externo (como una turbina hidráulica o una turbina de vapor) está sujeto al eje y hace que gire la bobina. Como vemos en el diagrama, el número de líneas de flujo que atraviesa la bobina varía cuando ésta gira. Cuando el ángulo $\theta = 0$, las líneas de campo pasan tangencialmente por el plano de la bobina y no la atraviesa ninguna; cuando $\theta = 90°$, la atraviesan el número máximo de líneas.

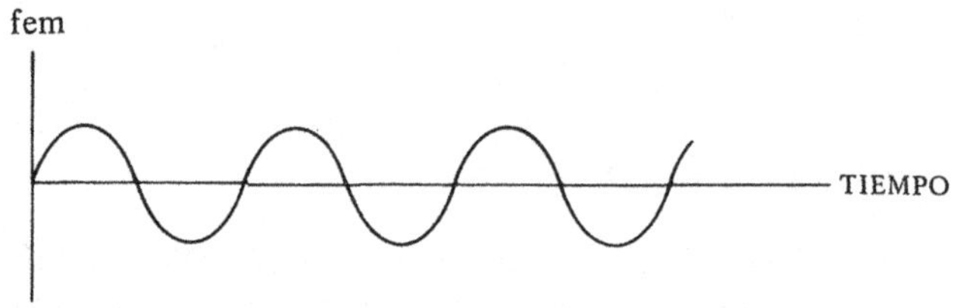

FIG. 7.20. — Un generador de c.a. produce una tensión de la forma indicada.

Al variar el flujo a través de la bobina, se induce en ella una fem. Por ejemplo, si θ está aumentando y la bobina está en la posición indicada, la fem inducida origina una corriente que circula en el sentido indicado en la figura. (¿Puede demostrarse que es el sentido correcto?) Sin embargo, cuando θ se hace mayor que 90°, se invierte el sentido de la corriente inducida. De hecho, después de cada semirrevolución se invierte la corriente que circula por la bobina.

La fem generada en una bobina giratoria como ésta se ve en la figura 7.20. Se denomina fem *alterna* o fem de *c.a.* (*c.a.* quiere decir *c*orriente *a*lterna). Como la mayoría de las centrales generan su potencia de este modo, la tensión que proporcionan a las casas es también de c.a. De hecho, la fem es semejante a una fuente de energía de una pila que está invirtiendo constantemente su polaridad. Normalmente la bobina gira 50 revoluciones cada segundo y así la tensión varía 50 veces o ciclos cada segundo. Esta es la razón por la cual cuando se menciona la energía proporcionada por una compañía eléctrica se dice que es de 50 ciclos/seg (c.a.). Hay que señalar que en los Estados Unidos la frecuencia de la corriente es de 60 ciclos por segundo en lugar de los 50 que se utilizan normalmente en el resto del mundo.

Un generador comercial exige una energía mecánica para hacer girar la bobina. Cuando circula una corriente por una bobina, sabemos que el conductor (o bobina) que lleva una corriente experimenta una fuerza cuando está introducido en un campo magnético. A partir de la figura 7.19 y de la regla de la mano derecha, puede verse que esta fuerza está dirigida de tal modo que intenta detener el movimiento de la bobina. La energía mecánica vence a esta fuerza y hace girar la bobina; como consecuencia, la bobina hace que la energía mecánica se convierta en energía eléctrica. *Así pues, un generador convierte la energía mecánica en energía eléctrica.* La energía mecánica pue de proceder de la energía potencial del agua que cae haciendo girar una turbina, la cual a su vez hace girar la bobina, o a partir de la energía térmica del combustible carbón o de la energía nuclear liberada en un reactor nuclear. En capítulos posteriores analizaremos estas fuentes de energía.

Transformador

Las centrales generadoras de energía eléctrica están proyectadas normalmente para producir electricidad a tensiones muy elevadas. Por ejemplo, es bastante común que una central generadora proporcione energía eléctrica a una tensión de algunos miles de volts. Resulta más económico transportar la energía a estas tensiones elevadas, porque como la potencia es VI al crecer V, puede mantenerse pequeño I. Sin embargo, las tensiones elevadas no se emplean en las casas. Además, muchos de los componentes en el interior de los aparatos electrónicos como los aparatos de radio y de TV exigen unas tensiones bastante diferentes. Por esta razón, es necesario un *transformador* que haga cambiar una tensión de *c.a.* en otra tensión.

El transformador utiliza las fcm inducidas para variar una tensión en otra. Se compone de una *bobina primaria,* que está conectada a una fuente de energía de c.a. y otra *bobina secundaria* en donde se induce una fem. En la figura 7.21 puede verse un esquema de este dispositivo. La fuente de tensión de c.a. del circuito primario hace que la corriente que circula por él alterne constantemente su sentido. De aquí que las líneas de campo indicadas inviertan sus sentidos constantemente. Esto origina un flujo cambiante de modo continuo a través de la bobina secundaria, que de acuerdo con la ley de Faraday, inducirá una fem en dicha bobina secundaria. Puesto que el flujo se invierte de un modo cíclico, la fem inducida en la bobina secundaria también es una fem alterna. El valor de la tensión de c.a. inducida en la bobina secundaria depende del número de espiras conductoras en la bobina secundaria. Como se ve en la figura 7.21, la

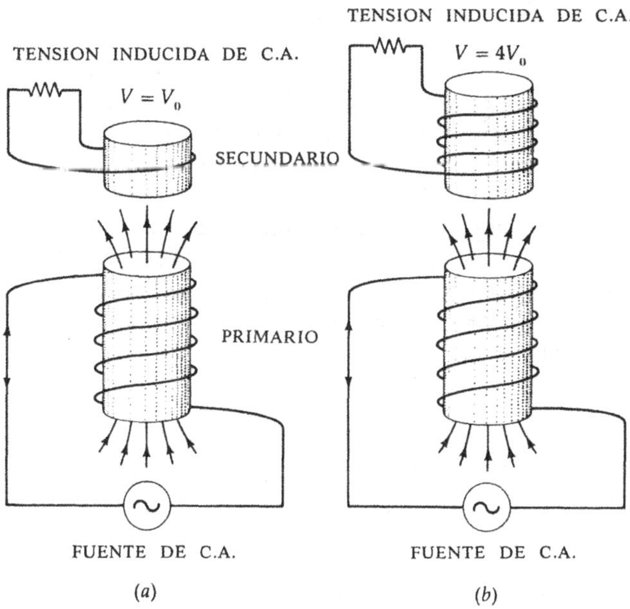

FIG. 7.21. — Como el secundario en (b) tiene cuatro veces más espiras que en (a), la fem inducida en (b) será cuatro veces mayor.

tensión inducida aumenta en un factor de cuatro cuando el número de espiras en la bobina secundaria en (b) se hace cuatro veces mayor que en (a). Esto es justamente lo que predice la ley de Faraday. Así pues, podemos obtener cualquier tensión inducida que deseemos en la bobina secundaria escogiendo el número apropiado de espiras para la misma. Si la tensión de la bobina secundaria es mayor que la primaria, el dispositivo se denomina *transformador elevador.* Ejemplo típico de este tipo es el transformador para los anuncios luminosos de neón que han de conectarse en una tensión de c.a. normal de 120 voltts y de la cual sale una tensión de unos 10 000 voltts para el anuncio luminoso. Los equipos de TV tienen un transformador elevador que proporciona la tensión alta necesaria para acelerar el haz de electrones en el interior del tubo.

Los denominados transformadores *reductores* tienen en la bobina secundaria un número menor de espiras conductoras que en la primaria. Los aparatos de TV y de radio tienen varios de estos transformadores. Reducen la tensión de la línea de 120 voltts a tensiones mucho más bajas utilizadas para los transistores y para los tubos de vacío.

Medidas de masas atómicas

Para concluir este capítulo e introducir conceptos importantes en capítulos posteriores, analizaremos el modo de determinar la masa de los electrones, protones, átomos y moléculas. Cuando estudiábamos el movimiento de las partículas cargadas en el interior de un campo magnético, vimos que si la partícula cargada (carga q y masa m) se mueve con velocidad v perpendicularmente a un campo magnético que tiene una intensidad B, el radio de la circunferencia que describe viene dado por

$$\text{Radio} = \frac{mv}{qB}$$

De aquí que si se conocen v, r y B, puede encontrarse la masa de la partícula.

Podemos obtener un campo magnético conocido B utilizando un solenoide o bien un imán calibrado. Las partículas cargadas pueden acelerarse a través de una diferencia de potencial V para proporcionarles una energía cinética; la pérdida de energía potencial eléctrica Vq será igual a $\frac{1}{2}mv^2$ con tal de que la velocidad de la partícula no sea demasiado elevada. Dependiendo del tipo de partículas, la carga q será

$$q = 1{,}6 \times 10^{-19} \text{ coul} = +e$$

o quizá dos o tres veces este valor. En cualquier caso, se conoce la carga adecuada. Por ejemplo, en el caso de un electrón $q = -e$, mientras que en el caso de un ion de sodio (es decir, un átomo cargado) $q = +e$. Por lo tanto, se conocerán q, B y v y así puede calcularse m a partir del radio de la trayectoria circular seguida por la partícula.

Esquemáticamente se indica en la figura 7.22 un dispositivo para medir el radio r. La partícula se mueve a través de una cámara de vacío para evitar colisiones con las moléculas de aire. Un ion (es decir, un átomo cargado) u otra partícula cargada escapa a través de un pequeño orificio que existe en la fuente emisora de partículas. Como existe una diferencia de potencial V entre la fuente y la placa aceleradora, la partícula cargada adquiere una energía cinética igual a la pérdida de energía potencial, Vq. (El lector podrá decir si q es positivo o negativo en la figura 7.22 a partir de la polaridad de la pila.)
La partícula a alta velocidad pasa a través de una rendija que existe en la placa aceleradora y sigue moviéndose hacia la placa siguiente. Después de pasar a través de un pequeño orificio en esta segunda placa la partícula entra en la región del campo magnético. Como vimos anteriormente, el campo hace que la par-

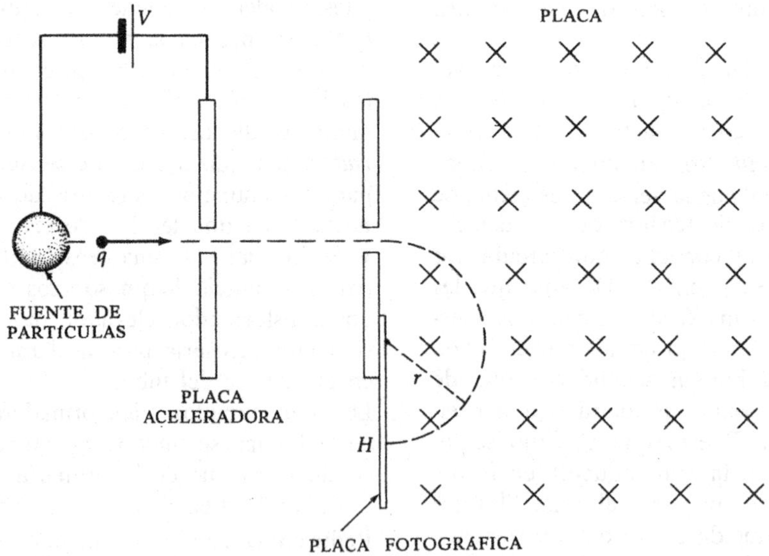

FIG. 7.22. — Espectrógrafo de masas.

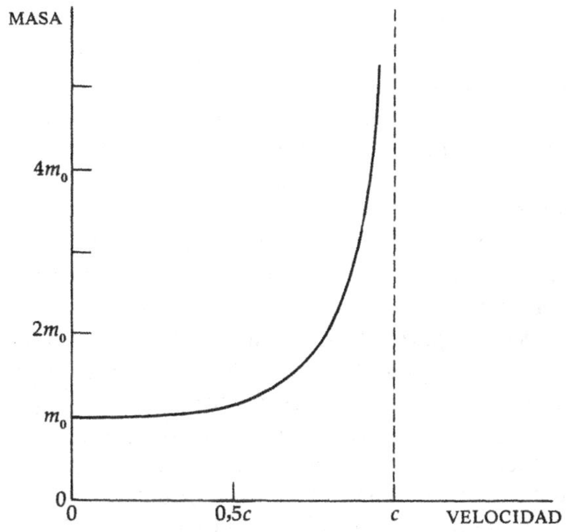

FIG. 7.23. — Cuando la velocidad de la partícula se acerca a la de la luz *c*, su masa se hace cada vez mayor que la masa en reposo m_0.

tícula siga la trayectoria circular indicada. ¿Es correcto este sentido de la desviación para el tipo de carga q? Después de completar una semicircunferencia, la partícula incide sobre una placa fotográfica. Un chorro de estas partículas señalará una marca en la placa en el punto en donde incidan. Midiendo la situación de este punto sobre la placa podemos determinar el radio de la circunferencia r. Conociendo r, v, q y B podemos calcular la masa de la partícula. Este dispositivo denominado *espectrógrafo de masas* da unos valores extremadamente precisos de las masas de los iones y átomos. Esto será importante para nosotros cuando estudiemos la estructura de los núcleos atómicos. Para hallar la masa de los electrones utilizamos un aparato modificado, puesto que la masa del electrón es sólo aproximadamente 1/1840 del valor más pequeño de las masas atómicas.

La medida de la masa del electrón presenta un problema. Si seguimos el procedimiento que acabamos de describir, obtenemos valores diferentes para la masa del electrón, a no ser que se mantenga muy pequeña la diferencia de potencial V. De hecho, cuando medimos las velocidades de los electrones encontramos que para valores grandes del potencial V las velocidades medidas no concuerdan con las que se calculan a partir de $Vq = \frac{1}{2}mv^2$.

Incluso cuando medimos la velocidad de los electrones directamente y utilizamos la velocidad media del electrón para calcular su masa a partir del radio de la circunferencia que describen, nos encontramos con un resultado peculiar. Un gráfico de resultados experimentales para la masa del electrón en función de su velocidad media se indica en la figura 7.23. Obsérvese que a todas las velocidades bajas ordinarias la masa del electrón es constante. Su valor es $m = 9{,}1 \times 10^{-31}$ kg. Sin embargo, en cuanto la velocidad de los electrones empieza a acercarse a la de la luz, $c = 3 \times 10^8$ m/s, la masa medida del electrón aumenta. (Se utiliza universalmente el símbolo c para la velocidad de la luz). De hecho, parece que el electrón tendría una masa infinita si pudiese moverse con una velocidad tan alta como la de la luz. Si se acelera el electrón con una diferencia de potencial de un millón de volts, la masa del electrón aumenta en tres veces el valor encontrado a velocidades bajas.

Este chocante comportamiento, aumento de la masa de la partícula a velocidades altas, se observa también en el caso de los protones y de los átomos. Es más difícil demostrar experimentalmente esto para estas partículas de mayor masa, puesto que hemos de acelerarlas a través de tensiones más elevadas para hacer que sus velocidades se acerquen a la de la luz. Sin embargo, experimentos detallados con todo tipo de partículas pequeñas demuestran que en todos los casos sus masas a velocidades pequeñas (denominadas *masas en reposo*, m_0) son menores que sus masas a velocidades muy altas. El gráfico de la figura 7.23 resulta cierto para cualquier partícula. En cuanto la velocidad de la partícula se aproxima a la de la luz, la masa de la partícula tiende a infinito. Einstein predijo esto, incluso antes de que hubiesen podido hacerse las medidas reales. Estudiaremos la predicción de Einstein y su teoría de la relatividad en el capítulo 10.

BIBLIOGRAFIA

1. BUECHE, F.: *Principles of Physics*, 2.ª ed., McGraw-Hill, New York, 1972. Ver el capítulo 19 para un tratamiento más detallado y cuantitativo de los temas de este capítulo.

2. MAGIE, W. F.: *Source Book in Physics*, Harvard, University Press, Cambridge, Mass., 1965. Contiene extractos de los escritos de Faraday y otros investigadores en magnetismo. En particular, ver las páginas 387-480.

3. DART, F.: *Electricity and Electromagnetic Fields* (rústica),

Merrill, Columbus, Ohio, 1966. Contiene un estudio más detallado de los fenómenos discutidos en este capítulo.

4. BITTER, F.: *Magnets* (rústica), Anchor Science, Doubleday, Garden City, N.Y., 1959. Un estudio fácilmente legible de los imanes, escrito por uno de los científicos de primera fila en este campo.

5. HESSE, M.: *Forces and Fields* (rústica), Littlefield, Adams, Totowa, N.J., 1965. Un estudio histórico del concepto de campo cuando se aplica a la gravitación, a la electricidad y al magnetismo. El desarrollo de este poderoso concepto se describe desde los tiempos iniciales hasta las teorías actuales de la estructura nuclear.

6. MACDONALD, D.: *Faraday, Maxwell and Kelvin* (rústica), Anchor Science. Doubleday, Garden City, N.Y., 1964. Una presentación interesante e histórica de las vidas y trabajos de estos tres hombres famosos.

RESUMEN

Todo imán tiene dos polos, un polo norte y otro polo sur. Cuando se suspende como una aguja de una brújula, el polo norte de un imán en forma de barra señala hacia el norte. Si se acercan dos imanes próximos, los polos de distinto nombre se atraen y los de mismo nombre se repelen.

Cuando la aguja de una brújula, o sea un imán en forma de barra delgada se coloca en un campo magnético, se orienta por sí mismo, de modo que el polo norte de la aguja señala en la dirección del campo. Podemos representar los campos magnéticos dibujando líneas del mismo modo que hicimos en los campos eléctricos. Estas líneas, denominadas líneas de flujo, salen del polo norte de un imán y entran por el polo sur. Representamos la intensidad de un campo magnético por el símbolo B; su unidad es el tesla (10 000 gauss).

Los campos magnéticos pueden producirse por corrientes que circulan en un conductor. En el caso de una corriente que circula por un conductor rectilíneo largo, las líneas de campo rodean el conductor. El sentido en que el campo rodea el conductor viene dado por la regla de la mano derecha. En el interior de un solenoide dado, el campo de un solenoide es parecido al campo de un imán en forma de barra del mismo tamaño.

Ampère atribuía el gran efecto magnético del hierro a corrientes en forma de espiras atómicas que circulaban dentro del hierro. Cuando se imanta una barra de hierro, estas espiras de corrientes se alinean de modo que sus campos magnéticos individuales se suman. El resultado es un campo magnético intenso.

Cuando se coloca un conductor por el que circula una corriente en un campo magnético, el conductor experimenta una fuerza. La dirección y sentido de la fuerza viene dada por una modificación de la regla de la mano derecha. Estas fuerzas hacen que la bobina que hay en todos los motores gire. Son también fundamentales para el funcionamiento de los amperímetros y voltímetros.

Cuando una partícula cargada móvil entra en una región en la que existe un campo magnético, la partícula sufrirá una fuerza desviadora a no ser que se mueva paralelamente a las líneas del campo. Si su movimiento es perpendicular a dichas líneas, la partícula recorrerá una trayectoria circular con tal de que el campo sea uniforme. La fuerza de la partícula es siempre perpendicular a la dirección del movimiento y por tanto no se produce trabajo. Midiendo el radio de la circunferencia podemos determinar la cantidad de movimiento de la partícula.

Si se varía el campo magnético en la proximidad de una bobina de alambre conductor de modo que el número de las líneas de flujo que atraviesa una bobina varíe, se inducirá una fem dentro de la bobina mientras el flujo es variable. De acuerdo con la ley de Faraday, el valor de la fem es proporcional a la velocidad del flujo y al número de espiras en la bobina. Un generador eléctrico hace girar una bobina dentro de un campo magnético y, por lo tanto, genera una fem o diferencia de potencial. La diferencia de potencial así generada es una tensión alterna.

En un transformador, una bobina primaria por la que circula una corriente(c.a.)hace variar el flujo que atraviesa una bobina secundaria. El valor de la fem inducida en la bobina secundaria puede variarse escogiendo relaciones diferentes entre los números de espiras en la bobina primaria y en la secundaria. Un transformador puede hacer variar los 120 volts de c.a. ordinarios de tensión alterna a tensiones que van desde una fracción de volt a muchos millares de volts.

La masa de una partícula inmóvil m_0, recibe el nombre de *masa en reposo*. Sin embargo, a velocidades elevadas su masa es mayor que m_0 y la masa resulta muy grande cuando la velocidad de la partícula se aproxima a la de la luz, $c = 3 \times 10^8$ m/s. Parece que la masa de la partícula resultaría infinita si la velocidad se hiciese igual a c.

LISTA DE COMPROBACIONES

1. ¿Cómo puede determinarse qué polo de un imán es el polo sur? ¿Cómo están relacionados entre sí los imanes y las agujas magnéticas de una brújula?
2. ¿Qué puede decirse sobre las fuerzas que los polos de los imanes ejercen entre sí?
3. ¿Qué materiales se ven influenciados profundamente por los imanes?
4. Explicar cómo un imán atrae a un clavo y cómo este clavo puede atraer a otro.
5. ¿Qué se entiende por campo magnético? ¿Cómo puede determinarse la dirección del campo magnético?
6. Dibujar esquemáticamente el campo magnético de un imán en forma de barra y de un imán en herradura. Esquematizar el campo magnético terrestre teniendo cuidado de mostrar la dirección adecuada a las líneas de campo.
7. Dibujar un diagrama que muestre el campo magnético próximo a un conductor rectilíneo por el que circula una corriente. ¿Cuál es la relación que existe entre la intensidad del campo, la distancia r e I?
8. ¿En qué unidades se mide B? ¿Qué es un gauss? ¿Qué valor tiene aproximadamente el campo terrestre? ¿Qué valor aproximado tiene B si está a unos 10 cm de un conductor por el que circula una corriente de 5 A?
9. Ilustrar el empleo de la regla de la mano derecha para determinar la dirección y sentido del campo B próximo a una corriente.
10. Dibujar esquemáticamente el campo magnético de una espira por la que circula una corriente. 1) Bobina plana, 2) solenoide.
11. ¿Cómo explicó Ampère el campo magnético de un imán en forma de barra?
12. ¿Por qué el campo magnético debido a un solenoide aumenta un centenar de veces cuando se coloca una varilla de hierro dulce en su centro? ¿Producirá una varilla de aluminio un efecto semejante?
13. ¿Qué es un electroimán? Relacionar algunos dispositivos que contiene un electroimán.
14. Un conductor portador de una corriente sufre una fuerza en el interior de un campo magnético. ¿Qué influencia tienen los siguientes elementos sobre la fuerza: corriente, intensidad del campo, orientación del conductor? ¿Cuál es la regla de la mano derecha en esta situación?
15. Dibujar esquemáticamente una bobina conductora en un campo magnético y explicar la causa por la cual el. campo magnético la hace girar. ¿Cómo utiliza un motor este efecto?
16. Explicar cómo se utilizan los efectos estudiados en 15 en los voltímetros y amperímetros.
17. ¿Por qué se mueve una partícula cargada en una trayectoria circular cuando se desplaza perpendicularmente a un campo magnético? ¿Qué ocurre si la partícula se dispara paralelamente a las líneas de campo?
18. ¿Hace variar el campo magnético la energía de una partícula lanzada en su interior? Explicarlo.
19. En 17, el radio de la circunferencia depende de tres cantidades: Cantidad de movimiento, B y q. ¿Cuál es la dependencia en cada caso?
20. ¿Qué se entiende por una fem inducida y cuándo se observa?
21. Explicar la interrelación existente entre fem inducida, flujo y variación.
22. ¿Cuál es la ley de Faraday para las fem inducidas? Dar varios ejemplos de la misma.
23. ¿Qué es la ley de Lenz? Utilizarla en algunos casos.
24. Explicar cómo un generador eléctrico utiliza la fem inducida. ¿Por qué la tensión producida es del tipo c.a.?
25. Demostrar el mecanismo dentro de un generador que hace necesario realizar trabajo para su funcionamiento cuando una corriente se extrae del mismo.
26. ¿Qué es un transformador? Explicar su principio de funcionamiento y decir para qué se utiliza.
27. ¿Cómo se utiliza un campo magnético para medir masas atómicas en el espectrógrafo de masas?
28. ¿Qué le ocurre a la masa de un objeto cuando se ha acelerado a velocidades próximas a las de la luz?

CUESTIONES

1. ¿Cuál es el significado del siguiente enunciado: «El Polo Norte de la Tierra es un polo sur, mientras que el Polo Sur de la Tierra es un polo norte»?
2. Supóngase que el techo de la clase fuese un polo

sur muy grande de un imán y que el suelo fuese un polo norte. ¿Qué aspecto tendría el campo magnético dentro de la habitación? ¿Cómo podría afirmarse que existe?

3. Estudiar la dirección, el sentido y el valor de la fuerza que sufriría un conductor por el que circula una corriente cuando se orientase de modo diferente en la habitación de la cuestión 2. Repetir todo ello para una bobina por la que circula una corriente y para un solenoide.
4. Dos conductores rectilíneos largos y paralelos por los que circulan corrientes en el mismo sentido se atraen entre sí. Explicar la razón. ¿Qué ocurre si las corrientes tienen sentidos contrarios? (Ninguno de los conductores está cargado.) (*Indicación*: Uno de los conductores hace que se presente un campo magnético en la posición del otro conductor.)
5. El campo magnético terrestre es casi paralelo al terrestre en el Ecuador. Hallar la dirección de la fuerza que se ejercería sobre un conductor eléctrico por el que circula una corriente (*a*) hacia el este, o (*b*) hacia el norte en el Ecuador.
6. Se dispara un protón dentro de una región donde existe un campo magnético uniforme. Describir el movimiento del protón si su velocidad es (*a*) paralela al campo; (*b*) perpendicular al campo; (*c*) formando un ángulo de 45° con la línea del campo; (*d*) cero. Repetir todo ello para un electrón.
7. Se conecta una bobina de alambre conductor a un galvanómetro como se indica en la figura 7.24. Describir lo que ocurrirá en el aparato de medida si la bobina (*a*) se introduce en el intervalo existente entre los polos de un imán en forma de herradura; (*b*) se mantiene estacionaria entre ambos polos; (*c*) se hace girar entre los polos; (*d*) repentinamente se extrae de esta región del imán.
8. Una bobina de alambre conductor está sobre una mesa en posición horizontal. Desde la parte superior se hace caer un imán en forma de barra (estando el polo norte hacia abajo) hacia el centro de la espira. ¿Se obtendrá una corriente por la fem inducida con un flujo en sentido horario o en sentido antihorario?
9. Supóngase que en el caso de la cuestión 8 el imán se suspende de modo que el polo norte esté hacia abajo de un muelle de modo que oscile hacia arriba y hacia abajo encima de la mesa sobre la que está apoyada la bobina y a lo largo de su eje. Describir la corriente que circulará en la bobina.
10. Suponer que en lugar de la bobina de alambre conductor de la cuestión 9, está situada sobre la mesa una placa de cobre circular. Se encuentra que si el imán es muy intenso y oscila rápidamente, la placa de cobre se calienta. Este resultado es denominado *corrientes de Foucault* que circulan en el interior de la placa: Describir cómo se originan estas corrientes. (*Indica-*

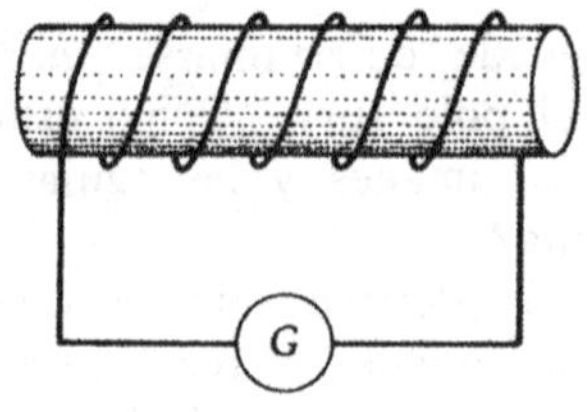

FIG. 7.24

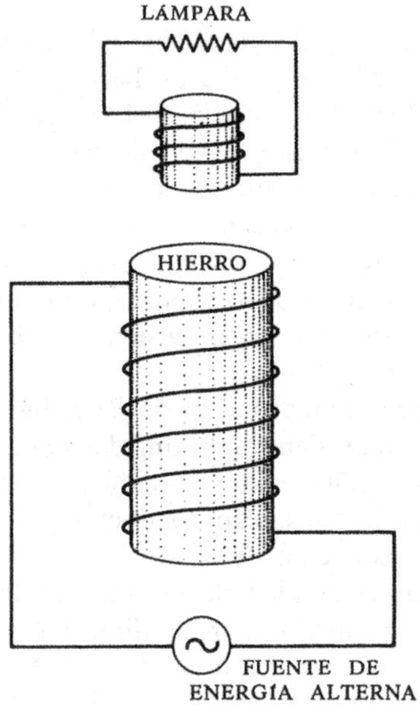

FIG. 7.25

ción: Admitir que la placa se compone de espiras concéntricas de conductor de cobre.)

11. Dos espiras circulares de tamaño diferente están sobre una mesa con sus centros coincidentes. Una corriente fluye en el sentido de las agujas del reloj en la espira exterior y en sentido contrario en la espira interior. Describir la fuerza que se ejercerá en la espira interior debido a la corriente en la espira exterior.
12. Suponer que la espira interior de la cuestión 11 no tiene ninguna fuente de fem, de modo que no circula corriente por ella. Si la corriente en la espira exterior se interrumpiese repentinamente, ¿qué ocurriría en la espira interna?
13. Consideremos el caso indicado en la figura 7.25. Resulta que la lámpara brilla incluso cuando no existe ninguna pila en su circuito. ¿Por qué se enciende la lámpara? ¿Cómo se llama una combinación de dos bobinas como ésta? ¿Qué ocurrirá si se sustituye la fuente de c.a. por una corriente continua?
14. Si se sustituye la bobina superior de la figura 7.25 por un anillo metálico, el anillo resulta muy caliente si se deja en dicho lugar. ¿Por qué? Si el anillo se sitúa en la parte superior de la bobina inferior cuando se conecta la fuente de energía, el anillo sale lanzado hacia el aire. ¿Por qué? ¿Se producirán estos efectos si el anillo tiene un corte de tal modo que no forma una circunferencia completa?
15. Las compañías suministradoras de energía eléctrica no nos cobran la energía utilizada a no ser que tomemos corriente de sus generadores, aunque la tensión procedente de los mismos se nos proporcione continuamente. Explicar por qué pueden hacer esto, sabiendo el modo como un generador hace variar la energía de una forma a otra.

PROBLEMAS

1. Se colocan dos conductores rectilíneos largos de modo que queden paralelos entre sí sobre una mesa. Están separados una distancia de 10 cm y llevan corrientes iguales de 30 A cada uno. Hallar el valor de B en un punto intermedio entre ellos si (*a*) las corrientes circulan en el mismo sentido, y (*b*) si circulan en sentido diferente.
2. Repetir el problema 1 en el caso de un punto sobre la mesa que diste 20 cm de un conductor y 30 cm del otro.
3. Hallar el campo magnético en el interior de un solenoide hueco que tiene mil espiras arrolladas en una longitud de 40 cm. La corriente en el conductor es 0,5 A. ¿Seguiría siendo correcto el valor de B si la bobina estuviese arrollada sobre una varilla de madera? ¿Sobre una varilla de hierro?
4. Hallar la cantidad de movimiento de una partícula que sigue una trayectoria circular de radio 2 cm cuando se dispara perpendicularmente a un campo de 1000 gauss. Si esta partícula es un protón ($m = 1{,}67 \times 10^{-27}$ kg), ¿con qué rapidez se mueve? ¿Y si es un electrón? ($m_e = 9{,}1 \times 10^{-31}$ kg).
5. Se acelera un protón ($m = 1{,}67 \times 10^{-27}$ kg) a través de una diferencia de potencial de 2000 volts. (*a*) ¿Cuál es su velocidad final? (*b*) ¿Qué radio tendrá la circunferencia que sigue cuando se mueve perpendicularmente a un campo de 2000 gauss?
6. Repetir el problema 5 para el caso de un electrón.

Capítulo 8 Ondas

Todo objeto material actúa como una onda; es decir, tiene propiedades ondulatorias. Este hecho fundamental de la naturaleza fue descubierto a principios de este siglo. Estamos familiarizados con las ondas que se producen en la cuerda de un violín y con las ondas electromagnéticas mediante las cuales se transmiten las señales de radio y de luz. Además, las características ondulatorias resultan de una gran importancia cuando intentamos describir el comportamiento de las partículas atómicas e incluso más pequeñas. Todas las ondas tienen propiedades semejantes que estudiaremos en este capítulo. Posteriormente aplicaremos este conocimiento a las ondas electromagnéticas y al movimiento de los electrones dentro de un átomo.

Ondas en una cuerda

Todos los instrumentos de cuerda —el piano, la guitarra, el violín— generan sonidos mediante la vibración de una cuerda. Estos instrumentos nos proporcionan un modo adecuado para que comprendamos el comportamiento de todas las ondas. Veamos lo que ocurre cuando se produce una perturbación en una cuerda tensa.

En la figura 8.1 un hombre envía una perturbación (o pulso) a lo largo de una cuerda muy larga. Obsérvese cómo lo hace: teniendo sujeto con la mano el extremo de la cuerda, eleva y luego baja rápidamente su mano. La cuerda a su vez hace ascender y luego descender a la parte de la cuerda que está inmediatamente a su derecha. Como resultado, el movimiento propio de la cuerda hace que la parte de la misma a su derecha se mueva y de esta manera el pulso se desplace a lo largo de la cuerda, como está indicado. Evidentemente, puesto que este movimiento ascendente y descendente de la cuerda imparte energía cinética a las distintas partes de la misma según se va moviendo el pulso, *éste transporta energía* desde la mano del hombre *a lo largo de la cuerda.* Designaremos la celeridad del pulso producido en la cuerda por v. La expriencia, lo mismo que la teoría, demuestra que v^2 es proporcional a la tensión a que está sometida la cuerda e inversamente proporcional a la masa de un metro de su longitud.

Podemos enviar muchas formas diferentes de pulsos a lo largo de una cuerda. Sin embargo, un objeto vibrante origina el tipo más fundamental de pulso. Por ejemplo, una varilla vibrante o un diapasón oscilan con un tipo de movimiento que denominamos movimiento *armónico simple* o *movimiento sinusoidal.* El movimiento sinusoidal es también característico de sistemas tan diversos como el péndulo, una masa situada en el extremo de un muelle y la carga sobre una antena de radio, como veremos más adelante. Puesto que el movimiento sinusoidal es fundamental para nuestro estudio de las ondas, debemos considerar de momento algunas de sus características.

Vemos en la figura 8.2 la traza que una masa vibrante en el extremo de un muelle dibuja sobre una hoja móvil de papel. La forma de esta traza se denomina *onda sinusoidal.* Todos los objetos que vibran simplemente, bien sean un péndulo o un átomo, muestran una curva semejante a ésta, cuando se registra su movimiento oscilante.

Llamaremos *período de vibración* al tiempo empleado para que el objeto vibrante se mueva a través de una oscilación completa. Por ejemplo, en la figura 8.2, la porción de la curva entre los puntos A y C es una oscilación y así el tiempo empleado para dibujar esta porción de curva es el *período* de la oscilación. (Representaremos el período por τ, letra griega

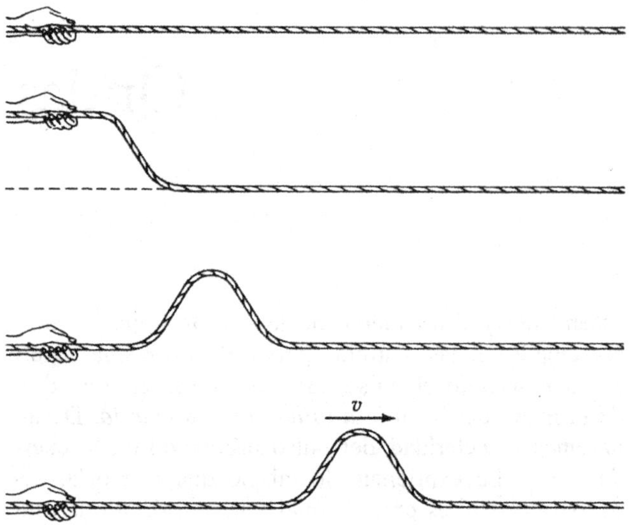

FIG. 8.1. — El pulso iniciado por la mano del hombre en la cuerda tensa se mueve con celeridad v. Obsérvese la diferencia existente entre este pulso y la onda sinusoidal de la figura 8.2.

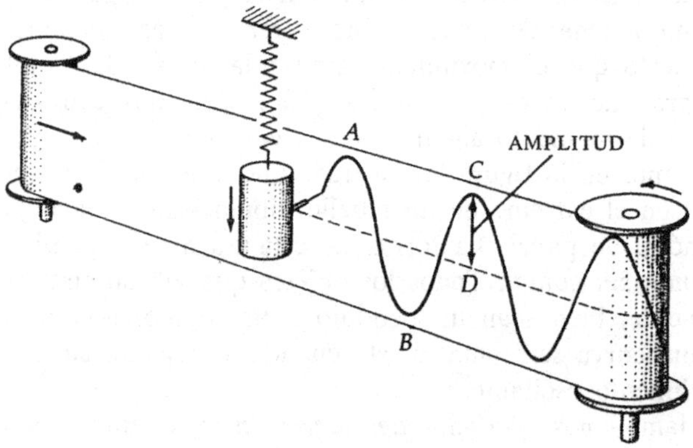

FIG. 8.2. — Cuando la masa vibra arriba y abajo, va dejando un registro de su movimiento sobre el papel que se mueve junto a ella con velocidad constante. La posición de reposo se ha representado por la línea a trazos.

denominada *tau*.) De aquí que cuando hablemos del período de una onda u oscilación nos referiremos al tiempo empleado para que se realice un ciclo completo del movimiento.

Una cantidad relacionada con el período del movimiento es la *frecuencia* de una vibración, que es el número de veces en que el objeto vibrante realiza un ciclo completo del movimiento en la unidad de tiempo. Supongamos que el período de vibración es 1/10 seg. Entonces existirán 10 ciclos de vibración cada segundo (tiempo unidad) y la frecuencia es de 10 ciclos/seg (cps) o 10 vibraciones por segundo (vps) o 10 hertz (Hz). Estos nombres (cps, vps, Hz) utilizados para la unidad de frecuencia son intercambiables y se utilizan todos ampliamente. (En este texto utilizaremos Hz, que es la forma más recomendada.)

Para la frecuencia se utilizan dos símbolos indistintamente, f y ν (letra griega *nu*).

Hemos dicho que cuando el período de una vibración τ es 1/10 seg, la frecuencia f es 10 Hz. Al hacer esto hemos utilizado la relación fundamental

$$\tau = \frac{1}{f} = \frac{1}{\nu} \tag{8.1}$$

que se aplica a todos los sistemas oscilantes. En nuestro ejemplo particular resulta después de invertir la expresión

$$\nu = \frac{1}{\tau} = \frac{1}{\frac{1}{10}\text{ seg}} = 10 \text{ por seg}$$

o 10 Hz.

Otra palabra que utilizaremos es la *amplitud*. La amplitud de la vibración es el desplazamiento máximo del objeto vibrante desde el punto medio de la vibración (o desde su posición de equilibrio). En la figura 8.2 la amplitud de la vibración es la distancia *CD*.

Volvamos a la vibración de una cuerda. En la figura 8.3 un diapasón vibrante envía una perturbación en forma de onda a lo largo de una cuerda que está sujeta al diapasón. Podemos pensar que las *crestas* de las ondas (los puntos superiores indicados) son una serie de pulsos semejantes al de la figura 8.1. Los *valles* de la onda (las partes inferiores) son simplemente pulsos enviados por el diapasón durante la parte inferior de su oscilación. La forma de la cuerda indicada en la figura 8.3 (conocida como forma de

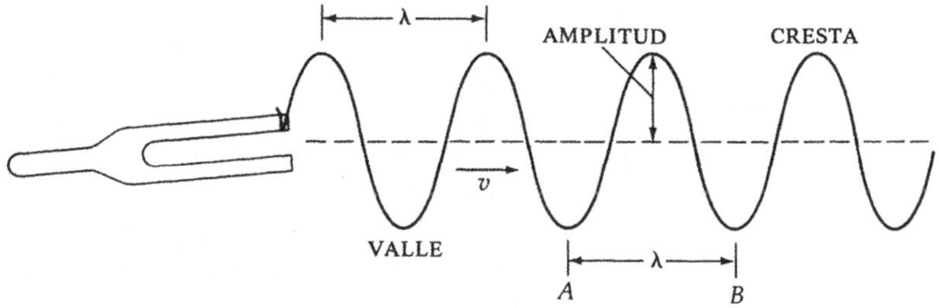

FIG. 8.3. — Cuando vibra el diapasón envía una onda a lo largo de la cuerda (la onda debería tener una amplitud mucho menor que la indicada).

onda sinusoidal) es lo que veríamos en una fotografía de alta velocidad de la cuerda. Se presenta de este modo sólo durante un instante. Cada vez que el diapasón se mueve hacia abajo y hacia arriba envía un pulso a lo largo de la cuerda. Así pues, la onda indicada en la figura es un registro de los pulsos múltiples enviados por el diapasón en sus vibraciones anteriores.

En la onda, definimos su longitud de onda por λ (letra griega *lambda*) como la distancia entre dos puntos correspondientes de la onda, por ejemplo de una cresta a otra o de un valle a otro. Existe una relación sencilla, cierta para todas las ondas, entre λ, ν y v, celeridad de la onda. Obsérvese que para que el valle situado en *A* se mueva hasta la posición del valle situado en *B*, la onda debe recorrer una distancia e=λ (una longitud de onda). Durante este tiempo, el diapasón enviará una vibración adicional y así el tiempo es simplemente $t = \tau$. Puesto que $e = vt$ y v en este caso es igual a la celeridad constante v de la onda, tenemos

$$\lambda = v\tau = \frac{v}{\nu} \qquad (8.2)$$

Esta relación es cierta para todas las ondas, puesto que para su obtención sólo hemos admitido que existe una onda de cierto tipo originado por cierta clase de fuente de vibraciones.

Reflexión de ondas en una cuerda

En la sección anterior hemos admitido que la cuerda era suficientemente larga, de modo que no nos interesaba considerar el choque de los pulsos con el objeto que retiene a la cuerda en su extremo más alejado. Supongamos ahora que la cuerda está sujeta sólidamente a una pared y que se envían varios pulsos igualmente espaciados a lo largo de la cuerda (ver fig. 8.4). La experiencia demuestra que cuando un pulso incide sobre un extremo sólidamente fijo, se refleja el pulso como se indica en la figura 8.4*b*. Obsérvese que el pulso se invierte (de modo que la parte superior pasa a ser la inferior), al mismo tiempo que el sentido de marcha cambia. Evidentemente, la energía transportada por el pulso a lo largo de la cuerda se refleja junto con el citado pulso.

Al pasar el tiempo, el pulso 1 reflejado de la figura 8.4*b*, coincidirá finalmente con el pulso incidente 2. El pulso 1 intentará desplazar la cuerda hacia abajo, mientras el pulso 2 intentará desplazarla hacia arriba. Con buena aproximación, se aplica a este caso el *principio de superposición: la cuerda se desplazará de acuerdo con la suma de los dos pulsos.* Al calcular esta suma, los desplazamientos hacia abajo son negativos y tienden a equilibrar los desplazamientos positivos hacia arriba.

Para ver esto más claramente consideraremos la onda de la figura 8.5*a*. Es una onda sinusoidal sin su parte negativa. En *a*, no se ha reflejado todavía ninguno de los pulsos. En el instante en que se ha tomado la fotografía de la cuerda indicada en *b*, los pulsos 1 y 2 se han reflejado (e invertido). En este instante, el pulso 1 está exactamente entre 3 y 4, mientras que el pulso 2 está entre 3 y la pared. Como resultado, los pulsos 3 y 4 no se ven perturbados por el 1 y el 2 y

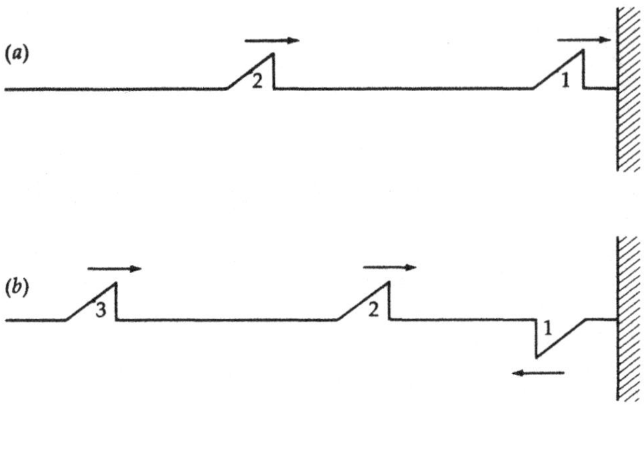

FIG. 8.4. — Una onda reflejada en un extremo fijo se invierte.

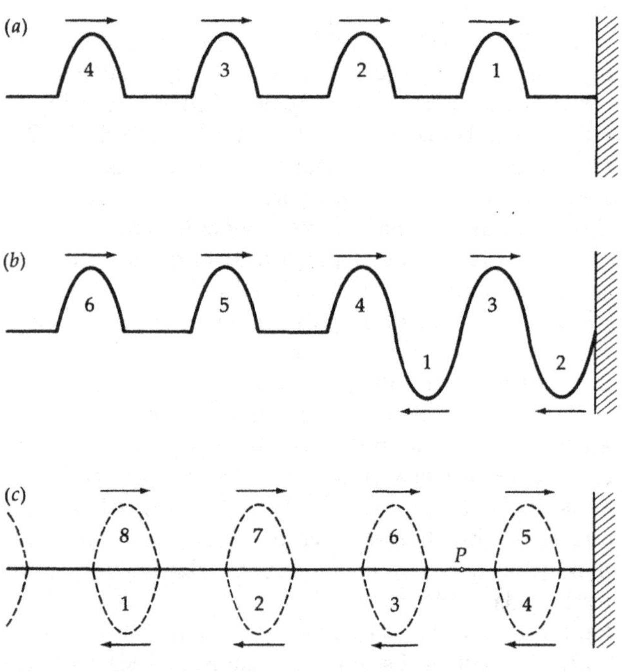

FIG. 8.5. — Los pulsos reflejados interfieren en ciertos momentos con los que llegan.

viceversa.
La situación un poco más tarde se indica en la figura 8.5*c*. Ahora los pulsos se indican por las líneas a trazos. Obsérvese que los pulsos incidentes están precisamente en las mismas posiciones que los pulsos reflejados. Puesto que los pulsos incidentes tiran de la cuerda hacia arriba exactamente lo mismo que lo hacen los pulsos reflejados pero hacia abajo, la influencia de ambos pulsos se equilibra en todo momento; como se ve por la línea horizontal, la cuerda no se desplaza. Decimos que las dos ondas, incidente y reflejada, han sufrido *interferencia* y que en este instante vemos una *interferencia destructiva completa.* Se puede investigar cuál será el comportamiento que tendrá la cuerda en el punto *P* al pasar el tiempo, cuando se estén moviendo de modo continuo las ondas incidentes y reflejadas.

Ondas estacionarias

Si se examina el comportamiento del punto *P* de la figura 8.5*c* se verá que no se mueve en absoluto cuando pasan por él los pulsos incidentes y reflejados. Este es un ejemplo concreto de un caso general que surge cuando se combinan ondas semejantes moviéndose en sentidos opuestos. Examinemos ahora un caso más básico, la interacción de ondas sinusoidales como las indicadas en la figura 8.6*a*. El conocimiento de cómo se comportan estas ondas fundamentales nos permitirá predecir posteriormente el comportamiento de otras ondas más complejas.

En la figura 8.6 vemos una onda sinusoidal incidente (en línea de trazos) viajando hacia la derecha, chocando contra la pared y reflejándose en forma invertida (línea a puntos). En la figura 8.6*a* existe una interferencia destructiva completa y se anulan entre sí las ondas incidentes y las reflejadas. Sin embargo, la onda incidente continúa moviéndose hacia la derecha mientras que la onda reflejada se mueve hacia la izquierda.

Mirando la figura 8.6*b* vemos las ondas un instante después del caso indicado en la figura 8.6*a*. El desplazamiento resultante de la cuerda ya no es cero; ahora tiene la forma de una onda sinusoidal como se indica por la línea de trazo grueso. Se puede confirmar este resultado sumando las ondas reflejada e incidente en diversos puntos de acuerdo con el principio de superposición.

Un poco más tarde, las ondas tienen la forma indicada en (*c*); ahora coinciden las crestas de las ondas in-

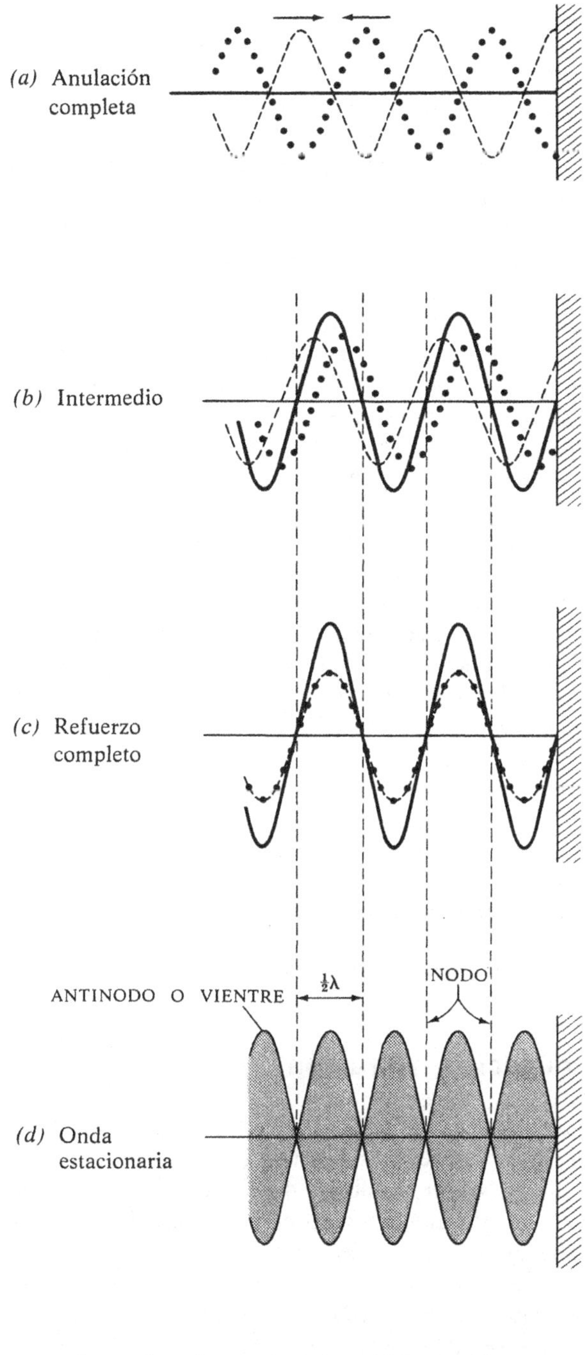

FIG. 8.6. — Las ondas sinusoidales incidentes (a trazos) se mueven hacia la derecha; las ondas reflejadas (a puntos) se mueven hacia la izquierda. Ello hace que la cuerda vibre entre los límites indicados en (d).

cidentes y reflejadas. Como resultado, ambas desplazan a la cuerda en la mayor cantidad posible, puesto que en este momento ambas ondas están tirando de la cuerda en el mismo sentido.

Obsérvese que en las tres figuras permanecen fijos ciertos puntos a lo largo de la cuerda, es decir, no se mueven los puntos que están en las posiciones indicadas por las líneas verticales de trazos. Denominamos estos puntos *nodos.* A mitad de camino entre los nodos la cuerda oscila arriba y abajo entre los límites superior e inferior indicados en la figura 8.6*d.* Si la frecuencia de vibración es superior a 30 Hz, veremos una figura borrosa en lugar de la propia cuerda como se indica en (*d*). Debido a que esta figura confusa representa un esquema fijo al ojo lo denominamos *onda estacionaria.* Como se indica en la figura, los lugares de vibración nula a lo largo de una cuerda son los nodos; los lugares en donde la cuerda vibra más violentamente se denominan *antinodos* o *vientres.* La figura 8.8 muestra varias fotografías de ondas estacionarias.

Una onda estacionaria proporciona un modo conveniente para medir longitudes de ondas. Comparando la figura 8.6*c* con 8.6*d* y recordando que la distancia entre las crestas de una onda es la longitud de onda λ, veremos que la distancia entre los nodos es $\lambda/2$; por lo tanto, si medimos la distancia entre los nodos (o antinodos) de una onda estacionaria, *la longitud de onda de la misma es simplemente el doble de esta distancia.*

Resonancia de ondas

Revisemos brevemente las secciones anteriores. Cuando enviamos una onda a lo largo de una cuerda se refleja en su extremo. Como resultado, en el mismo momento se están moviendo a lo largo de la cuerda dos ondas, la onda que estamos enviando por ella y la que se refleja en el punto de sujeción. La cuerda sufre una vibración que es el efecto combinado de estas dos ondas. Estas dos ondas se anulan siempre entre sí en lugares definidos a lo largo de la cuerda. En estos lugares, denominados nodos, la cuerda permanece estacionaria sin haber vibración en absoluto. Estos puntos nodales están espaciados cada media longitud de onda a lo largo de la cuerda. Los puntos intermedios entre los nodos son posiciones de vibraciones máximas y se denominan antinodos o vientres.

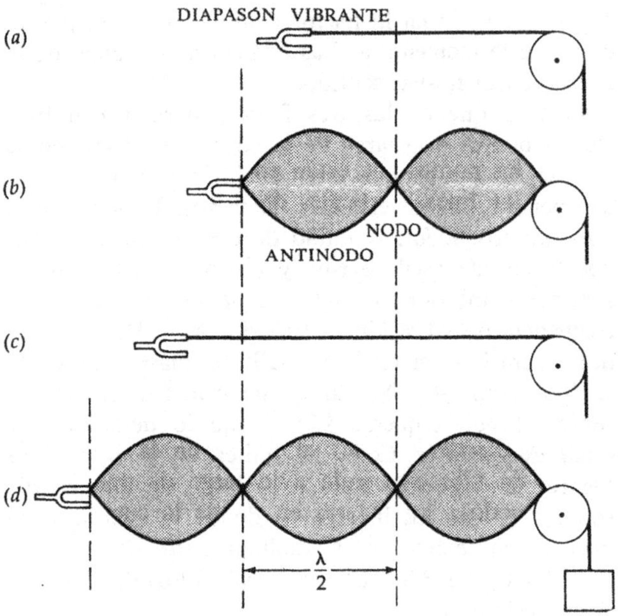

FIG. 8.7. — La cuerda resuena cuando su longitud es un múltiplo de $\lambda/2$.

Cuando la onda reflejada vuelve hacia el extremo de la cuerda de donde fue enviada, se refleja de nuevo. Esta onda, dos veces reflejadas, progresa sobre la cuerda superpuesta a la onda que estábamos enviando por primera vez. Después de un tiempo breve, un gran número de ondas estará moviéndose a lo largo de la cuerda en el mismo instante. Solamente si estas ondas están en fase entre sí, de modo que tiren todas ellas de la cuerda al unísono, vibrará ampliamente la cuerda. Cuando sucede así, la cuerda muestra un esquema definido denominado onda estacionaria. Aclaremos esto con el experimento ilustrado en la figura 8.7.

Vemos en ella un diapasón que está accionado eléctricamente y que vibra con una frecuencia de ν Hz. Mantenemos la tensión de la cuerda constante haciéndola pasar por encima de una polea de gran masa y sujetándola a un peso según se indica. Como resultado, la velocidad v de la onda a lo largo de la cuerda es constante. Sin embargo, si alargamos lentamente la cuerda tirando de ella sobre la polea como está indicado, observaremos un comportamiento interesante.

A casi todas las longitudes, la cuerda vibra ligeramente y se ve desplazada sólo un milímetro aproximadamente, del orden de lo que se mueven los brazos del diapasón. Sin embargo, como se indica en la figura 87*b* y *d*, a ciertas longitudes especiales la cuerda vibra ampliamente. Este es el origen de los esquemas que hemos denominado ondas estacionarias. Cuando sobre una cuerda existe una onda estacionaria decimos que la cuerda está en *resonancia*. Puesto que la distancia entre los nodos, puntos estacionarios, es $\lambda/2$ como se indicó en la sección anterior, resulta que la cuerda resonará cuando su longitud sea $\lambda/2$, $2(\lambda/2)$, $3(\lambda/2)$ y así sucesivamente. Sólo en estas longitudes las ondas reflejadas se refuerzan entre sí. Para que la cuerda resuene, las ondas han de ajustarse perfectamente al sistema resonante. En el caso presente, la cuerda no resonará a no ser que la longitud de la cuerda sea un múltiplo entero de $\lambda/2$. Solamente entonces puede existir una onda estacionaria con un nodo en sus dos extremos.

Utilizando el fenómeno de resonancia podemos medir la velocidad de una onda sobre una cuerda. Por ejemplo, supongamos que el diapasón de la figura 8.7 tiene una frecuencia de $\nu = 120$ Hz y que la distancia media entre nodos es 30 cm. Como la distancia entre nodos es $\lambda/2$, sabemos que $\lambda = 60$ cm. Y sabemos a partir de la ecuación 8.2 que

$$\lambda = \frac{v}{\nu} \qquad \text{o} \qquad v = \lambda\nu$$

Sustituyendo valores encontramos

$$v = (60\ \text{cm})(120\ \text{Hz}) = 7\,200\ \text{cm/s}$$

Resonancia y vibración

El fenómeno de la resonancia no está limitado a las ondas que se mueven sobre una cuerda. Todo aquello que pueda vibrar, también podrá resonar. Por ejemplo, un muchacho montado en un columpio resonará si se le empuja correctamente. Se sabe, como es natural, que existe un modo correcto y otro incorrecto de empujar un columpio. Si se empuja en instantes cualesquiera, una veces se acelerará la oscilación y otras veces se frenará. Como resultado, el columpio vibrará un poco, pero no mucho. Para hacer que el columpio vibre ampliamente (es decir, que el columpio suba alto) se debe empujar una vez en cada osci-

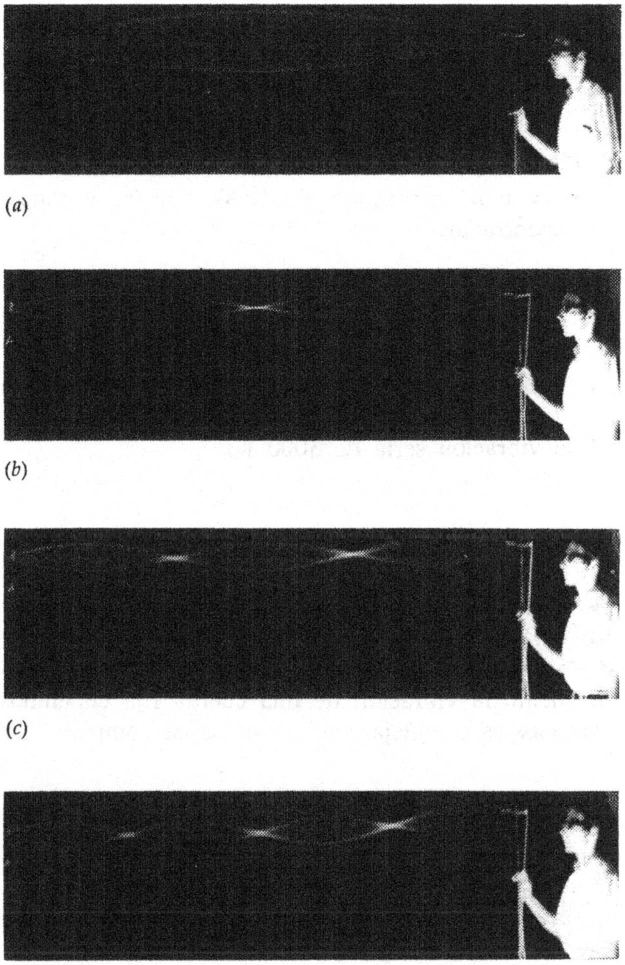

(*a*) (*b*) (*c*) (*d*)

FIG. 8.8. — Si la cuerda tiene 3 metros de longitud, ¿puede demostrarse que las frecuencias del vibrador están en la relación 1:2:3:4 en los cuatro casos?

lación y siempre de modo que aumente el movimiento y nunca que lo detenga.

Dos puntos importantes son: (1) la oscilación tiene una frecuencia natural y (2) siempre se debe empujar justo en el momento en que el columpio empieza a alejarse de nosotros, es decir, se debe empujar en fase con el movimiento natural del columpio. En estas condiciones —empujando en fase y con la frecuencia natural de oscilación— el columpio vibrará fuertemente y entrará en resonancia. Es costumbre denominar a la frecuencia natural de vibración del columpio su *frecuencia de resonancia.*

El lector puede pensar ciertamente en muchos otros casos en donde se presenta la resonancia. Un ejemplo lo constituye la vibración de una masa situada en el extremo de un muelle. O quizás un refrigerador o algún otro dispositivo eléctrico en nuestra casa que es ruidoso debido a que vibra a una frecuencia próxima a la frecuencia de resonancia de alguna cosa que está próxima y por lo tanto origina que este objeto próximo resuene ruidosamente. En todos los casos, sin importar su complicación, se presenta la resonancia cuando alguna fuerza externa añade energía al sistema vibrante y hace que vibre con más intensidad.

En el caso de una cuerda vibrante, existe un número infinito de frecuencias de resonancia para la misma cuerda. Para ver esto, refirámonos a la figura 8.8. La cuerda de longitud L ilustrada en la misma resuena por lo menos de cuatro maneras diferentes. Cada uno de esos modos de vibración tiene su propia resonancia característica. Obsérvese que cada modo de vibración tiene un esquema de resonancia con nodos en los dos extremos de la cuerda; debido a que los extremos están fijos, la cuerda no puede moverse en dichos puntos. Puesto que la distancia entre dos nodos es $\lambda/2$, siendo λ la longitud de la onda sobre la cuerda, la cuerda puede resonar sólo si la longitud $L = \lambda/2$ o $2\lambda/2$ o $3/\lambda 2$, etc. Dicho de modo más breve:

> *Una cuerda de longitud L sujeta por sus dos extremos resonaría para aquellas longitudes de ondas λ tales que $L = n(\lambda/2)$, siendo n un número entero.*

Normalmente estamos más interesados en la frecuencia con que resuena una cuerda, que en su longitud de onda, puesto que la frecuencia es la misma que la del sonido que emite. Para hallar las frecuencias de resonancia ν, sólo necesitamos sustituir en la ecuación 8.2,

$$\nu = \frac{v}{\lambda}$$

siendo v la velocidad de la onda sobre la cuerda. Como en la resonancia $L = n(\lambda/2)$, esto nos dice que

$$\frac{1}{\lambda} = \frac{n}{2L}$$

lo cual da, después de sustituir,

$$\nu = n\frac{v}{2L} \tag{8.3}$$

siendo $n = 1, 2, 3, \ldots.$

Apliquemos la ecuación 8.3. a la figura 8.8. Vemos en (*a*) que la cuerda vibra en un segmento y así $n = 1$. De aquí que en (*a*)

$$\nu = \frac{v}{2L}$$

Pero en el caso (*b*), existen dos segmentos y, por lo tanto, $n = 2$, dando

$$\nu = 2\frac{v}{2L}$$

Esto significa que la cuerda está vibrando el doble de rápida en (*b*), con una frecuencia doble que en (*a*). Razonando de un modo semejante se puede demostrar que las frecuencias de resonancia en (*c*) y (*d*) son tres y cuatro veces mayores que la frecuencia de resonancia indicada en (*a*).

EJEMPLO 8.1

En el caso de una cierta cuerda de 100 cm de longitud, la velocidad de las ondas sobre ella es 2000 cm/s. Hallar la frecuencia de resonancia de la cuerda.

Método: Podríamos simplemente sustituir en la ecuación (8.3) para hallar el valor de ν. Sin embargo, para demostrar que no necesitamos recordar de memoria esta relación, no la utilizaremos aquí. En la resonancia, la cuerda vibrará en n segmentos teniendo cada uno de ellos una longitud de $\lambda/2$. Por lo tanto, podemos escribir:

$$L = n\frac{\lambda}{2}$$

o sea,

$$100 \text{ cm} = n\frac{\lambda}{2}$$

A partir del cual

$$\lambda = \frac{200}{n} \text{ cm}$$

Pero como deseamos encontrar ν, sustituiremos en $\nu = v/\lambda$, utilizando $v = 2000$ cm/s. Entonces encontramos

$$\nu = 10n \text{ Hz}$$

De aquí que la cuerda resonará a frecuencias de 10, 20, 30, 40, 50, ... Hz. Cuando $n = 300$, la cuerda vibraría en 300 segmentos y su frecuencia de vibración sería de 3000 Hz.

Vibración de sistemas complejos

La cuestión que ahora se plantea es la siguiente: «¿Cómo vibran las cuerdas de un violín o de un piano?». Nuestra respuesta debe ser: «Depende». Normalmente la vibración de una cuerda fija en ambos extremos es compleja como vemos si se comparan los

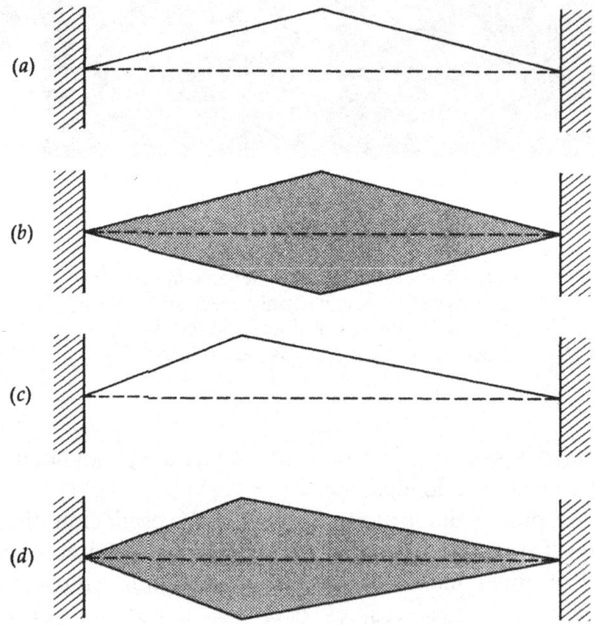

FIG. 8.9. — Una cuerda vibrará de varias maneras según el modo de ser pulsada.

sonidos de un violín tocado por un experto o por un principiante. La cuerda vibrante envía una vibración al aire y así los sonidos que oímos reflejan el tipo de vibración que sufre la cuerda. (El sonido que alcanza al oído de una persona es el resultado de la vibración del aire próximo al oído).

Cuando una cuerda vibra en una de sus frecuencias de resonancia, emite un tono agradable y simple. En la figura 8.8*a, b, c* y *d* pueden verse ejemplos de tonos emitidos. Se designan como *tono fundamental, primer sobretono, segundo sobretono* y *tercer sobretono,* respectivamente. Su frecuencia está en la razón 1:2:3:4 y así el tono es cada vez más alto al pasar de (*a*) a (*d*). Si fuese posible construir una cuerda de violín que vibrase con estos modos exactamente, siempre tendría el mismo sonido sin importar quién estuviese tocándolo. Sin embargo, es difícil hacer que una cuerda vibre de estos modos accionándola con un arco, pulsándola o golpeando sobre ella.

Por ejemplo, consideremos lo que ocurre cuando se pulsa una cuerda en su centro como en la figura 8.9*a*: la cuerda vibra como se indica en la figura 8.9*b*. O bien, si se pulsa a mano o con un arco cerca de un extremo como en (*c*) puede vibrar con una forma parecida a la indicada en (*d*). Evidentemente ninguna de estas formas constituye un caso de resonancia simple para la cuerda. En estos casos, los tonos emitidos por las cuerdas son muy diferentes del emitido cuando está vibrando la cuerda del modo más sencillo. Estas variedades complejas de resonancia permiten a un hábil músico obtener muchos sonidos hermosos diferentes de un instrumento de cuerda.

A pesar de esta complejidad, la vibración de una cuerda puede describirse completamente en función de vibraciones del tipo sencillo indicado en la figura 8.8. Podemos pensar que cualquier cuerda vibrante realiza varias vibraciones simples (como las indicadas en la figura 8.8) al mismo tiempo. Para examinar esto veamos la vibración indicada en las figuras 8.9*a* y *b*.

Cuando se pulsa una cuerda en su centro como se ve en la figura 8.9*a* el resultado es diferente al de las ondas previamente estudiadas. Una onda de esta forma no puede generarse haciendo oscilar de modo constante un extremo de la cuerda hacia arriba y abajo.

Así pues, a diferencia de una onda sinusoidal, no se considera como una forma de resonancia básica. Para generarla en forma de onda estacionaria sobre una cuerda, el extremo debe vibrar hacia adelante y hacia atrás de un modo complicado. Los experimentos demuestran que este modo complejo es equivalente a varias resonancias básicas diferentes producidas simultáneamente en la cuerda. Para ver esto pensemos en que la cuerda vibra simultáneamente con tres ondas de resonancia diferentes, las indicadas en la fig. 8.10*a*. Si consideramos que el tono fundamental, el segundo sobretono y el cuarto sobretono tienen amplitudes en las relaciones de 1 a 0,1 y a 0,04 como está indicado, entonces la suma de estas tres vibraciones es la indicada en la figura 8.10*b*. Obsérvese lo bien que se aproxima a la forma triangular que adquiere la cuerda cuando se pulsa en su centro. Si añadiéramos ondas del cuarto sobretono y otros superiores, la for-

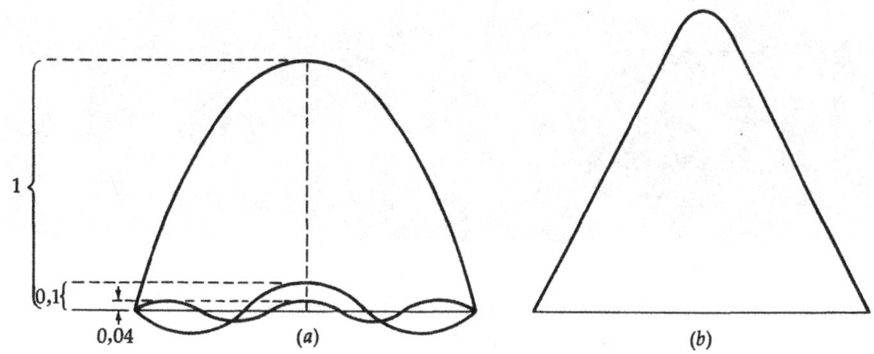

FIG. 8.10. — Si se suman las tres ondas sinusoidales que se ven en *(a)* se obtiene el resultado indicado en *(b)*. Se acerca mucho a la onda indicada en 8.9a.

FIG. 8.11. — Fotografía de ondas en el agua en un estanque tranquilo. Las ondas se van alejando del centro sobre la superficie del agua mientras que las moléculas del agua se mueven (fundamentalmente) hacia arriba y abajo perpendicularmente a la superficie. *(Cortesía de Fundamental Photographs.)*

ma triangular podría obtenerse de modo exacto. En lenguaje matemático decimos: «una onda complicada puede representarse por una serie de Fourier de ondas sinusoidales».

Este ejemplo es típico de un caso general. No importa lo complicada que sea la vibración, la cuerda está vibrando simultáneamente en varias de sus formas de resonancia. Sumando estas formas de resonancia u ondas juntas en sus proporciones adecuadas podemos duplicar la vibración real de la cuerda. A partir de esto llegamos a la conclusión de que la cuerda está vibrando con diversas frecuencias diferentes al mismo tiempo y que el sonido que oímos procedente de una cuerda contiene tonos de todas estas frecuencias. Esta mezcla de numerosas frecuencias diferentes al mismo tiempo da origen a las calidades tonales distintivas de cada instrumento musical.

Pero sabemos que es importante algo más que la vibración sola de la cuerda de un violín; la estructura de madera completa de este instrumento contribuye a sus cualidades tonales. Por ejemplo, un violín Stradivarius difiere de otro barato en la estructura de la madera, no en las cuerdas. Los paneles de madera y los espacios abiertos dentro del violín resuenan a ciertas vibraciones de la cuerda del violín. Como resultado, algunos tonos se ven resaltados aún más por el cuerpo del violín. Veremos por qué es así esto después de exponer brevemente las ondas del sonido.

Ondas de compresión: ondas sonoras

En las secciones anteriores nos preocupamos principalmente de las ondas en cuerdas. Estas ondas se denominan *ondas transversales.* En una onda transversal («trans» significa «a través de»), las partículas de la cuerda se mueven transversal o perpendicularmente a la dirección en que se está moviendo la onda. Se presenta un caso semejante cuando se mueven las olas en el agua a lo largo de la superficie de un estanque quieto; las moléculas de agua se mueven (preferentemente) hacia arriba y hacia abajo, mientras que la ola se mueve a lo largo de la superficie, como se ve en la figura 8.11. Las ondas u olas en el agua, como las ondas de una cuerda, son ondas transversales.

Sin embargo, las ondas sonoras son completamente diferentes en este aspecto. Son lo que denominamos *ondas longitudinales* o *de compresión.* Para aclarar esto veamos en la figura 8.12 un modo de generar un pulso sonoro. Cuando se empuja repentinamente el pistón hacia la derecha, las moléculas del aire se ven comprimidas formando una región de alta presión, lo que denominamos un pulso de moléculas de aire. Este pulso se mueve a lo largo del tubo con velocidad constante. Si se coloca el oído en el extremo del tubo, el pulso chocará contra el tímpano y lo hará vibrar. Así se percibirá el pulso en forma de un sonido. Al aire libre, la celeridad a que un pulso de este tipo se mueve, velocidad del sonido, es aproximadamente 330 m/s.

Obsérvese que el movimiento de las moléculas de aire tiene lugar a lo largo de la dirección en que se mueve el pulso de onda. Ésta es la característica que distingue las ondas longitudinales o de compresión. Podemos considerar estas ondas del mismo modo que hicimos con las transversales sobre una cuerda excepto en un aspecto. La diferencia radica en el modo en que hemos de preparar la onda. En el caso de una onda transversal sobre una cuerda el desplazamiento de la cuerda es perpendicular a la propia cuerda y así un gráfico de su desplazamiento tiene el mismo aspecto exactamente que el que adquiere la cuerda; ambos tienen las formas de las ondas. Pero en la figura 8.12, la línea horizontal de movimiento que estará en la dirección del eje de nuestro gráfico es también la línea sobre la cual se desplazan las mo-

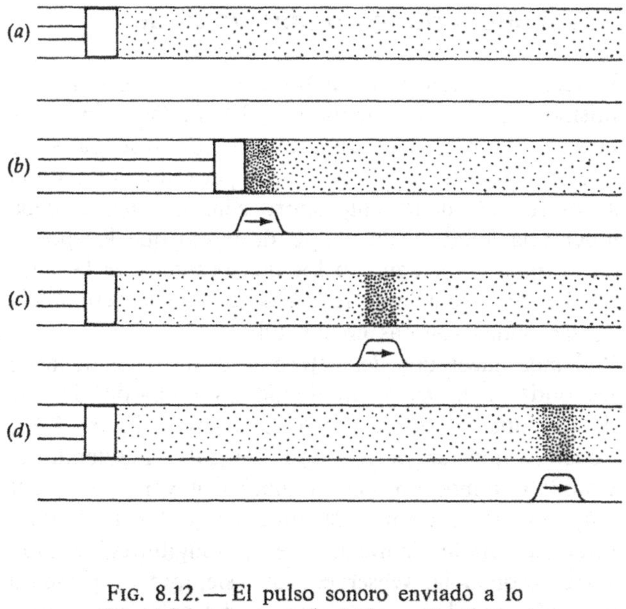

FIG. 8.12.— El pulso sonoro enviado a lo largo del tubo por el pistón es simplemente una región de aire muy comprimido.

léculas. Sin embargo, deseamos representar el desplazamiento verticalmente sobre el gráfico y así los pulsos representados en la figura 8.12 no quieren significar que las propias moléculas se desplazan verticalmente. El punto más elevado del pulso simplemente nos dice cuánto se han desplazado las moléculas, es decir, cuál es el tamaño del segundo pulso en dicha posición.

La figura 8.13 muestra cómo emite los sonidos un altavoz. Como es probable que conozca el lector, el diafragma central flexible del altavoz puede moverse hacia adelante y hacia atrás. Para ello, se envía a través de una bobina sujeta al diafragma una corriente eléctric apropiada; esta bobina por la que circula la corriente experimenta entonces una fuerza debida a que está en el interior del campo magnético creado por un imán permanente montado cerca del centro del altavoz. Como resultado, si se envía una corriente alterna a través de la bobina del altavoz, el diafragma oscilará hacia delante y hacia atrás enviando una serie de pulsos de sonido hacia el aire. Si la perturbación procedente del altavoz alcanza nuestros oídos hará que el diafragma del oído (tímpano) oscile con la misma frecuencia que la oscilación del altavoz. Así pues, oímos un sonido de la misma frecuencia que la de oscilación del diafragma del altavoz.

Resonancia de las ondas sonoras

Podemos obtener resonancias con ondas sonoras del mismo modo que ocurría con las ondas sobre una cuerda. Se recordará que una cuerda resuena si la cuerda tiene la longitud exacta para que una onda se ajuste adecuadamente sobre ella. La cuerda debe tener una longitud de $n\ \lambda/2$ de modo que los nodos de la onda coincidan con los dos extremos de la cuerda. Un caso semejante se presenta para la resonancia de las ondas sonoras en los tubos.

Podemos hacer una demostración de la resonancia de las ondas sonoras manteniendo un diapasón delante de un tubo cilíndrico como se ve en la figura 8.14. Podemos ajustar la longitud del tubo moviendo el pistón. Oiremos un sonido mucho mayor que el del diapasón solo, cuando el tubo tenga las longitudes indicadas en la figura. Con estas longitudes, el tubo sufre resonancia. Obsérvese que siempre se presenta un nodo en el extremo cerrado del tubo y un antinodo en el extremo abierto. Ya podíamos haber supuesto esto, puesto que las moléculas en el extremo cerrado no pueden moverse hacia adelante y hacia atrás, mientras que en la parte abierta pueden moverse con libertad.

Como la distancia entre los nodos es siempre $\lambda/2$, las longitudes de resonancia son las indicadas en la figura. Si conocemos la frecuencias del diapasón, podemos encontrar fácilmente la velocidad del sonido en el tubo a partir de medidas de estas longitudes de resonancia. Por ejemplo, si el pistón debe retirarse una distancia de 20 cm entre resonancias, sabemos que $\lambda/2 = 20$ cm, o sea, $\lambda = 40$ cm. Si la frecuencia del diapasón es 825 Hz, podemos encontrar la velocidad de la onda sonora a partir de la ecuación (8.2):

$$v = \lambda\nu$$

Sustituyendo los valores dados, encontramos

$$v = (0{,}40\ \text{m})(825\ \text{Hz}) = 330\ \text{m/seg}$$

para la velocidad del sonido.

Un tubo de longitud fija, por ejemplo un tubo de órgano, resonará con un gran número de frecuencias. Las frecuencias de resonancia más bajas en el caso de un tubo abierto y otro cerrado se ven en la figura 8.15. Obsérvese que las frecuencias de resonancia del tubo abierto están en las relaciones 1:2:3:4 y que las del tubo cerrado está en las relaciones 1:3:5:7. Además, la vibración fundamental del tubo cerrado tiene una frecuencia mitad de la correspondiente al tubo abierto.

Cavidades más complicadas resonarán también frente a los sonidos. Probablemente el lector habrá hecho que una botella resuene soplando encima de su boca. De todas las complicadas vibraciones del aire que se obtienen en los labios, la botella selecciona únicamente algunas pocas a las que resuena. Solamente se ven de gran modo amplificados aquellos sonidos de esta frecuencia de resonancia.

La mayoría de los instrumentos musicales tienen algún tipo de cavidad para amplificar ciertas frecuencias. En una trompeta, la cavidad es una cierta longitud de tubo; el músico que toca este instrumento puede variar la longitud un poco mediante el empleo de las válvulas. El cuerpo del violín y su cavidad influ-

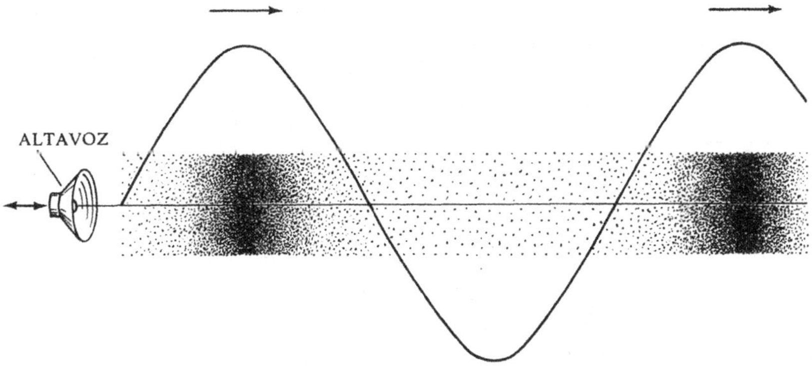

FIG. 8.13. — Cuando vibra hacia adelante y atrás la sección central (diafragma) del altavoz, se envían pulsos al aire. En la práctica los pulsos no están concentrados en un haz alrededor del eje como se ve en la figura.

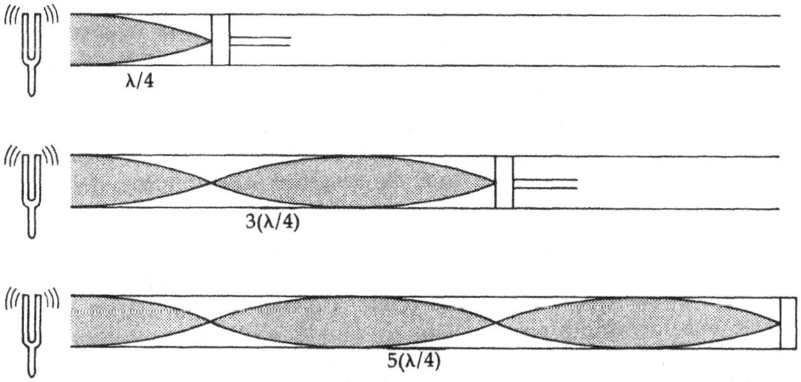

FIG. 8.14. — El tubo resuena con un nodo en su extremo cerrado y un antinodo en el abierto.

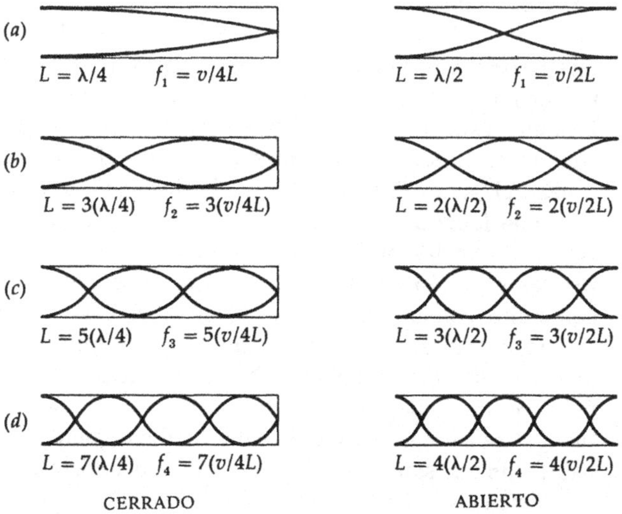

FIG. 8.15. — Obsérvese que estos dos tubos, aunque de igual longitud, no tienen ninguna frecuencia de resonancia en común.

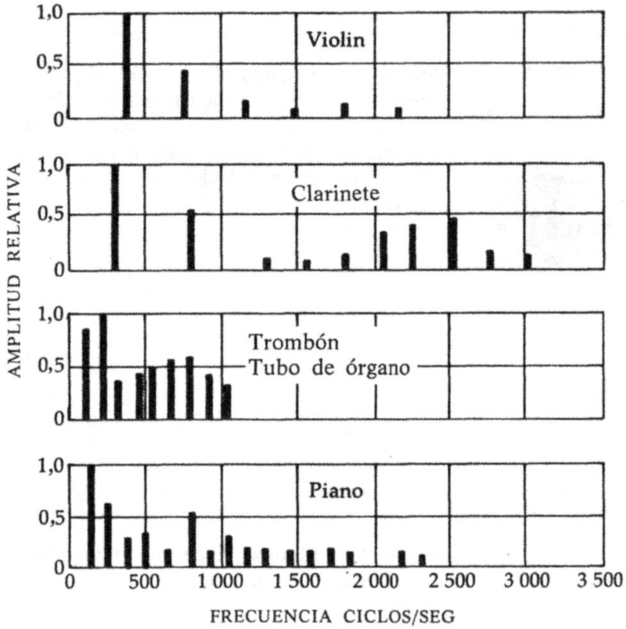

FIG. 8.16. — Frecuencias típicas de sonidos emitidos por una sola nota de determinados instrumentos.

yen en el sonido emitido por un violín cuando resuenan a ciertas frecuencias de vibración. Normalmente, los sonidos emitidos por los instrumentos musicales no son puros, sino que están compuestos de diversas frecuencias. Ejemplos de las frecuencias sonoras emitidas y de sus amplitudes relativas se indican en la figura 8.16. Obsérvese que las frecuencias son las que predecíamos para el tono fundamental y sus sobretonos; por ejemplo, los tonos del violín están en las relaciones 1:2:3:4:5:6. ¿Puede verse a partir de la figura por qué un clarinete tiene un tono mucho más agudo que un tubo de órgano?

Interferencias de las ondas sonoras

Como hemos visto, las ondas pueden interferir entre sí produciendo ondas de gran amplitud en los antinodos y la anulación completa en los nodos. En el capítulo siguiente veremos los efectos de interferencias en las ondas luminosas. Ahora analizaremos las interferencias de las ondas sonoras.

Como las ondas sonoras pueden guiarse por el interior de los tubos, es posible realizar varios experimentos informativos con ellas. Por ejemplo, la figura 8.17 muestra un pequeño altavoz colocado cerca del centro de un tubo hueco en forma de aro. Si el altavoz envía una onda sonora a lo largo del tubo, la onda finalmente volverá al altavoz. Admitimos que el altavoz es lo suficientemente pequeño para que la onda que vuelve pueda pasar por él y unirse a la nueva onda en su camino. Son de interés dos casos límites. Supóngase primero que el tubo tiene la longitud suficiente para que una cresta de la onda alcance al altavoz en el mismo instante en que éste emite una cresta. En este caso, que es el indicado en la figura, la nueva onda procedente del altavoz está en fase con la onda que viene y las dos ondas se suman constructivamente. Cada vez que la onda da una vuelta alrededor del tubo, se ve aumentada por una nueva onda procedente del altavoz. En consecuencia, la onda que circula por el tubo resulta con mucha energía y se tiene un sonido intenso en el mismo. Evidentemente, para que esto ocurra, la longitud del interior del tubo, $2\pi r$, debe ser un número entero de longitudes de onda.

El caso opuesto se presenta si un valle de la onda que se está moviendo alcanza el altavoz en el instante en que está emitiendo una cresta. En este caso el valle se anulará exactamente con la nueva cresta. No se producirá ningún sonido en absoluto en el tubo debido a que las ondas interfieren destructivamente entre sí. Obsérvese que para que ocurra esto, una onda debe estar desplazada en media longitud de onda respecto a la otra.

La figura 8.18 muestra otro caso interesante. Dos altavoces están accionados por la misma fuente de alimentación y así emiten crestas de ondas en el mismo instante exactamente. Consideremos lo que ocurre cuando las ondas procedentes de las dos fuentes alcanzan el punto *P*. Como vemos, la distancia de *P* a *B* es media longitud de onda más corta que la de *P* a *A*. De aquí que las ondas que alcancen *P* desde las dos fuentes no están en fase: una cresta procedente de *A* coincidirá con un valle procedente de *B* y viceversa. Puesto que la cresta de onda que llega de una fuente produce una cresta en el punto *P* en donde la otra produce un valle, las ondas procedentes de las dos fuentes se anularán exactamente en dicho punto. No habrá ningún sonido en *P* debido a esta interferencia completamente destructiva.

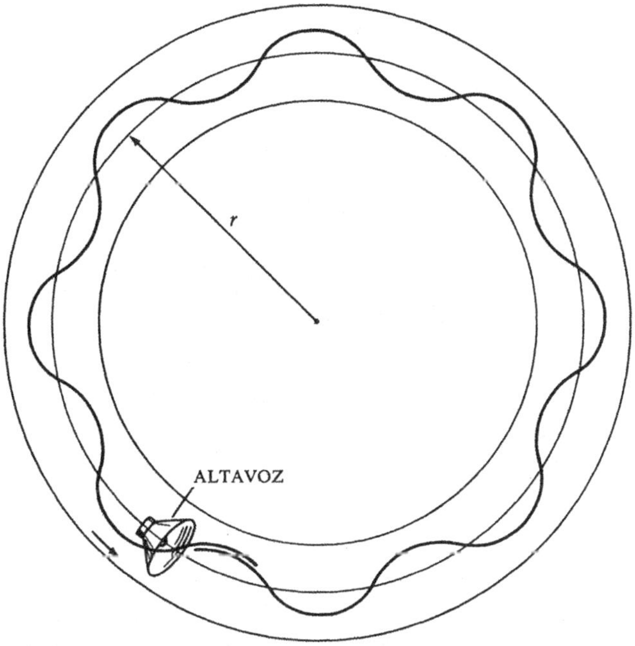

FIG. 8.17. — Si la longitud del tubo, $2\pi r$, es un número entero de longitudes de onda, la onda que llega al altavoz reforzará la emitida por éste en dicho instante y se tendrá como resultado un sonido muy intenso.

Se puede realizar un experimento semejante con un diapasón. Cada brazo del diapasón actúa como una fuente separada de modo semejante a los dos altavoces indicados en la figura 8.18. Si se hace girar el diapasón sobre un eje que pase por su mango mientras se mantiene en el extremo del brazo estirado, se encontrará que varía la intensidad del sonido que el oído escucha. A ciertos ángulos, las ondas procedentes de una de las ramas anularán casi completamente las procedentes de la otra. ¿Puede decirse qué tipo de diapasón mostrará más claramente este efecto, uno de frecuencia elevada u otro de frecuencia baja?

Efecto Doppler

Consideremos lo que ocurre en una onda cuando se está moviendo la fuente que la produce. Una fuente móvil influye tanto en las ondas sonoras como en las ondas electromagnéticas. Este es el fenómeno ondulatorio que nos permite medir las velocidades de retroceso de las galaxias distantes de nosotros en el Universo; explican el desplazamiento hacia el rojo mencionado en el capítulo 1.

En la figura 8.19, vemos una fuente de ondas sonoras emitiendo una onda hacia el observador situado a la izquierda. En (*a*) la fuente de ondas está en reposo respecto al observador. Como resultado, la fuente emite crestas de ondas igualmente en todas las direcciones. Cuando las crestas de ondas llegan al observador, éste oye un sonido que tiene una frecuencia igual al número de crestas de ondas que inciden sobre su oído cada segundo. No importa el punto relativo donde el observador está respecto a la fuente, ya que las crestas se mueven igualmente en todas las direcciones y así la persona oirá sonidos a la misma frecuencia en todos los puntos.

Sin embargo, cuando la fuente sonora se está moviendo como se indica en la figura 8.19*b*, la fuente se está acercando a las propias crestas que están a la derecha y alejándose de las crestas que envía hacia la izquier-

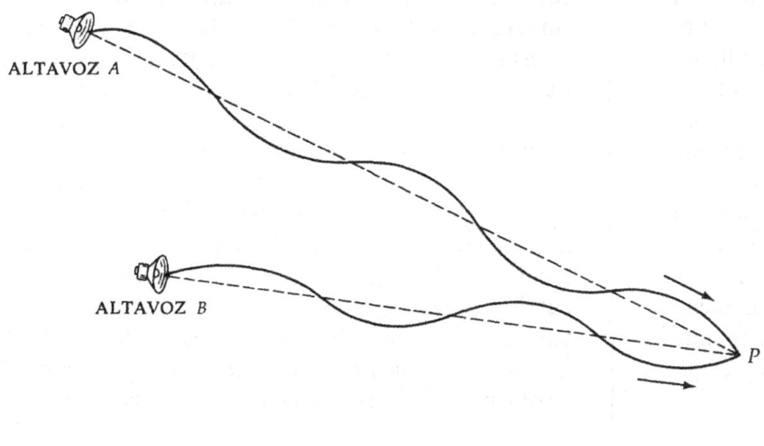

FIG. 8.18. — Si las ondas sonoras son de la forma indicada en la figura, no se oirá ningún sonido en el punto *P*.

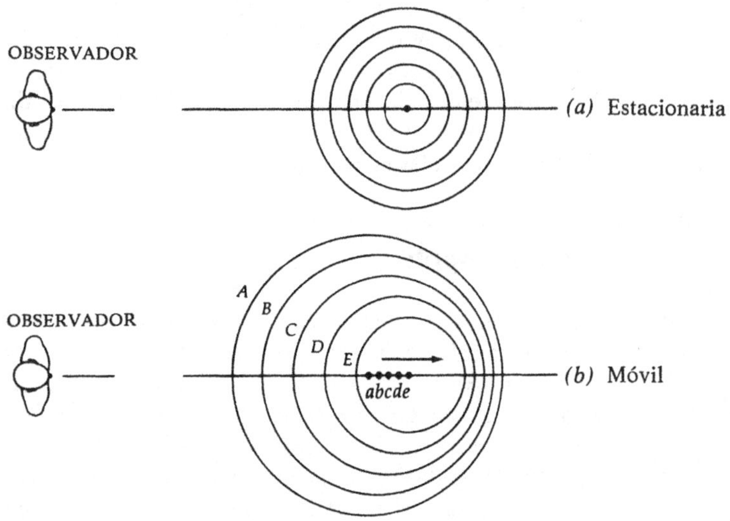

FIG. 8.19. — Cuando la fuente móvil está en los puntos *a*, *b*, etc., emite las ondas indicadas en *A*, *B*, *C*, etc.

da. Si el observador permanece de pie a la izquierda de la fuente como está indicado, las crestas que le llegan están más separadas que si estuviésemos en el caso (*a*). De aquí que él sienta la presencia de una onda de longitud de onda más larga y, por lo tanto, de menor frecuencia que en el caso (*a*); el movimiento de la fuente de onda alejándose del observador hace que aumente la longitud de la onda.

En el caso de las ondas luminosas procedentes de una fuente que se aleja, la luz de la parte azul (es decir, de longitud de onda más corta) del espectro de colores se desplaza hacia la parte roja (es decir, la correspondiente a longitudes de onda largas) y así una fuente de luz que se aleja se dice que da origen a un desplazamiento hacia el rojo.

No obstante, supóngase que el observador está en la otra parte de la fuente indicada en la figura 8.19. Aquí las crestas se están acercando e incidirán sobre el observador con mayor frecuencia. Como resultado, el sonido (u otro tipo de ondas) que escuche el observador tendrá una frecuencia más elevada y una longitud de onda más corta. A partir de esto vemos que el sonido escuchado procedente de una fuente móvil depende de que ésta se acerque o aleje. Cuando se está acercando, la frecuencia del sonido es más elevada que la normal; cuando se está alejando, la frecuencia es más baja que la normal. Este fenómeno que se presenta en todo tipo de ondas se denomina *efecto Doppler* en honor del científico que lo explicó por primera vez en 1842.

Consideremos ahora este fenómeno cuantitativamente. Refiriéndonos a la figura 8.20, vemos de nuevo una fuente de ondas, enviando una onda hacia un observador situado a la izquierda. En la parte (a), la fuente emite crestas de ondas cada τ segundos, siendo τ el período de onda. Durante el tiempo que transcurre entre la emisión de dos crestas de ondas sucesivas por la fuente, una cresta se moverá una distancia $v\tau$ alejándose de la fuente, siendo v la velocidad de la onda. Como la distancia entre crestas es la longitud de onda, encontramos que

$$\lambda = v\tau$$

cuando la fuente de onda es estacionaria. Esto equivale a volver a escribir la ecuación 8.2. Sin embargo, en la figura 8.20*b*, la fuente de ondas se está moviendo hacia la derecha con velocidad u. La onda se esparce ahora más que en (*a*). Como vimos en la figura 8.19, el movimiento de la fuente ha originado que las crestas de la onda se alejen más de lo normal. Para calcular el valor que este efecto tiene, observemos que la segunda cresta se ha movido hacia la derecha una distancia $u\tau$, distancia que la fuente se mueve en el tiempo transcurrido entre las emisiones de dos crestas sucesivas. Por lo tanto, la longitud de onda ya no es $\lambda = v\tau$; es mayor en una cantidad $u\tau$. Designémosla por λ' (léase lambda prima). Tenemos

$$\lambda' = \lambda + u\tau$$

Pero puesto que $\lambda = v\tau$ da $\tau = \lambda/v$, podemos sustituir τ, dando

$$\lambda' = \lambda + \frac{\lambda u}{v}$$

Esta expresión puede simplificarse y resulta

$$\frac{\lambda'}{\lambda} = 1 + \frac{u}{v} \qquad (8.4)$$

En resumen, si la fuente se está alejando con velocidad u, la longitud de onda se alarga en el factor $1+(u/v)$, siendo v la velocidad de la onda. Cuando la fuente es estacionaria, $u = 0$ y el cociente λ'/λ es la unidad; la longitud de onda no varía.

En contraste, si la fuente de onda se acerca hacia el observador, la onda resulta más corta. Puede demostrar el lector que en el caso de una fuente que se aproxima necesitamos solamente sustituir u por $-u$ en la ecuación (8.4).

Podemos observar fácilmente el efecto de una fuente móvil sobre las ondas sonoras. Si permanecemos en el borde de una carretera rectilínea y se aproxima un coche con su bocina o claxon sonando, el tono de la bocina disminuye bruscamente cuando el coche pasa por delante de nosotros. Sabemos que las ondas que nos alcanzan procedentes del coche que se aproxima tienen su longitud de onda más corta y como $\nu = v/\lambda$ el tono (o frecuencia) de la bocina aumenta. Tan pronto como el coche ha pasado resulta una fuente sonora que se aleja y así disminuye inmediatamente el tono de la onda. El ejemplo siguiente dará una indicación sobre cómo puede medirse la velocidad de alejamiento de las galaxias.

EJEMPLO 8.2

El sonido de la bocina de un coche tiene una frecuencia de 1000 Hz cuando el coche está en reposo. ¿Con qué velocidad debe estar alejándose el coche para hacer que la frecuencia disminuya a un valor de 900 Hz?

Método: Pasemos primero estos valores a longitudes de onda, utilizando $\lambda = v/\nu$ y recordando que $v = 330$ m/s.

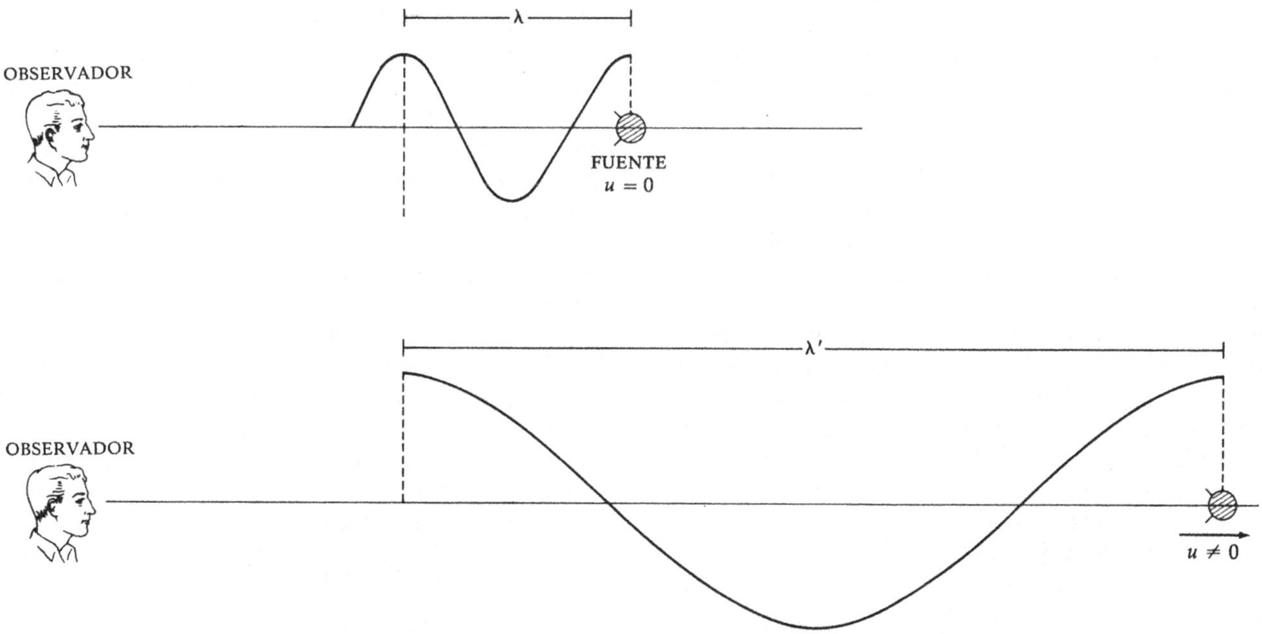

FIG. 8.20. — La onda emitida por una fuente que se aleja es alargada.

Entonces

$$\lambda = 0{,}330 \text{ m} \qquad \text{y} \qquad \lambda' = 0{,}367 \text{ m}$$

Sustituyendo en la ecuación (8.4) se tiene

$$\frac{0{,}367}{0{,}330} = 1 + \frac{u}{330}$$

en donde u se expresa en m/s. Multiplicando la ecuación por 0,33 se tiene

$$0{,}367 = 0{,}330 + \frac{u}{1\,000}$$

a partir de la cual se deduce que $u = 37$ m/s. Esta velocidad es aproximadamente igual a 135 kilómetros hora.

Polución debida al ruido

Antes de dejar este estudio de las ondas sonoras, consideremos algunos de los efectos perjudiciales del ruido, que pueden dividirse en dos clases. Uno de ellos es psicológico y produce irritabilidad, fatiga y otros síntomas semejantes. El otro, producido por un ruido muy elevado es físico y daña directamente nuestro mecanismo del oído. Aunque los efectos psicológicos del ruido tienen gran importancia, son demasiado complicados para que los analicemos aquí. Por lo tanto, restringiremos nuestro estudio a los efectos físicamente dañinos del ruido muy intenso.

Para comprender los efectos físicos del sonido, mencionaremos algunos hechos sobre el mecanismo del oído humano. Es probable que el lector sepa que los pulsos de ondas sonoras incidentes producen una vibración en una membrana semejante a la de un tambor, denominada tímpano, cuando chocan contra él. Esta vibración del tímpano es amplificada mediante una serie de huesecillos delicadamente articulados y de otras estructuras que actúan como palancas. El movimiento de estos dispositivos activa las respuestas nerviosas que envían señales al cerebro; entonces interpretamos estas señales como sonidos. De hecho, el tímpano y los elementos asociados actúan como un aparato de medida que lee las intensidades sonoras y las envían a nuestro cerebro.

El oído es un aparato de medida excepcionalmente fino. A diferencia de la mayoría de los aparatos de medida que dan a lo sumo lecturas sobre un margen de un millar aproximadamente (es decir, 10^3), el oído puede escuchar sonidos con intensidades que difieren en factores tan grandes como 10^{12}. Por ejemplo, un sonido difícilmente audible tiene una intensidad solamente de una billonésima del valor del sonido que empieza a originar sensación dolorosa en nuestro oído. Nuestro oído actúa como un *aparato de medida logarítmico,* es decir, cuando la intensidad del sonido se hace diez veces mayor nuestro oído registra el sonido como si hubiese aumentado en una unidad. Las intensidades sonoras de 1, 10, 100, 1000, . . ., 10^{12} las percibe nuestro oído como si fuesen 1, 2, 3, 4, . . ., 12. Esta es la razón por la cual podemos escuchar un margen tan amplio de sonidos.

Sin embargo, cuando alcanza al oído un sonido demasiado elevado daña la capacidad de nuestro órgano auditivo para escuchar sonidos débiles. El tiempo que tarde el oído en recuperar su capacidad es aproximadamente proporcional a la duración del sonido y a su intensidad (admitiendo que no se haya roto el tímpano ni que se haya producido ningún otro daño permanente). De aquí que una exposición prolongada a sonidos elevados puede dificultar seriamente la capacidad de escucha de una persona durante toda su vida. Puede que el lector conozca a alguien cuya audición haya sido permanentemente dañada por estar trabajando durante años cerca de una maquinaria muy ruidosa. Los estudios recientes demuestran que muchas personas están sufriendo daños continuos en el oído a partir de una exposición constante a música amplificada a un nivel de sonido demasiado alto. Como sucede que el mundo en que vivimos es cada vez más ruidoso, resulta ser un peligro creciente la pérdida de capacidad auditiva.

Merece un estudio específico otra fuente de ruido denominada «boom» o explosión sónica que resulta del paso sobre nuestras cabezas de aviones supersónicos. La explosión es el resultado de un pulso de sonido muy intenso que origina el avión al moverse más rápidamente que el propio sonido. Es una variante notable del efecto Doppler. Si volvemos a referirnos a la figura 8.19*b,* vemos una fuente sonora moviéndose hacia la derecha a velocidad elevada. Supongamos que emite sonidos en todas direcciones; las crestas de las ondas se indican en forma de circunferencias alrededor de la fuente. Como esta fuente está acercándose a las crestas que envía hacia la derecha,

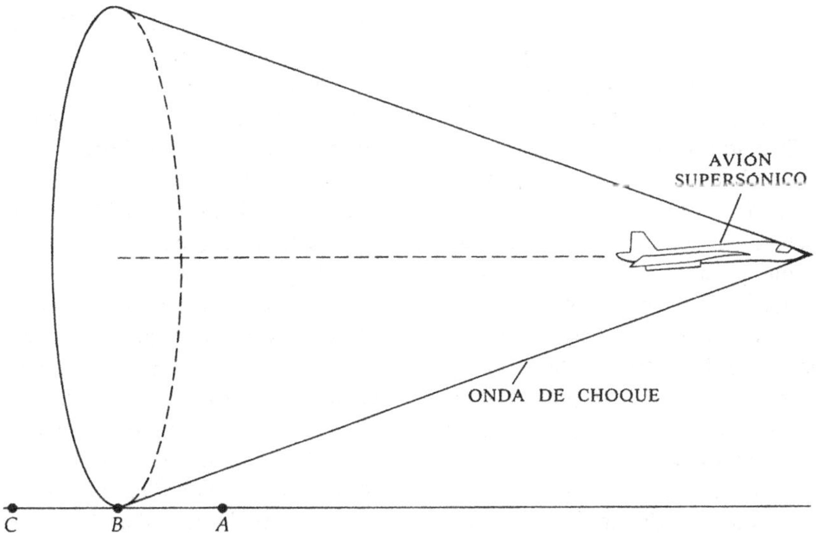

FIG. 8.21.—La explosión sónica que ya ha incidido en el punto *C* está pasando por el punto *B* y acercándose hacia el *A*.

las crestas están mucho más próximas delante de la fuente que detrás de ella. Si la fuente se estuviese moviendo exactamente con la velocidad del sonido, entonces las crestas de ondas no podrían alejarse del propio punto emisor de la fuente. Cada nueva cresta se añadiría a las anteriores y llegarían a construir un pulso sonoro tremendamente grande delante de la fuente móvil. Este pulso grande de energía sonora se denomina *onda de choque.*

Cuando un avión se mueve con más rapidez que el sonido, la onda de choque forma un cono que se abre a partir de la línea del movimiento del avión como se ve en la figura 8.21. Allí donde la onda de choque incide sobre la Tierra, y evidentemente esto ocurrirá a lo largo de toda la trayectoria del avión, se oye un gran pulso sonoro; es semejante al pulso sonoro producido por una explosión. Como el pulso procedente de una explosión, la explosión sónica puede romper las ventanas y producir daños serios en los edificios y en las gentes. Afortunadamente, la velocidad del sonido aumenta cuando disminuye la densidad del aire. De aquí que un avión que vuela a gran altura debe moverse con una velocidad bastante mayor de 330 m/s (alrededor de 1100 km/h) antes de que se forme una onda de choque.

BIBLIOGRAFÍA

1. BENADE, A. H.: *Horns, Strings and Harmony* (rústica), Anchor Science, Doubleday, Garden City, N.Y., 1960. Una descripción interesante y fácilmente legible de la relación existente entre los conceptos del sonido estudiados aquí y la música.

2. VAN BERGERJK, W. A.: *Waves and the Ear* (rústica), Anchor Science, Doubleday, Garden City, N.Y., 1960. Escrito para el profano, este libro describe muchas propiedades de las ondas tratadas en este capítulo y muestra cómo el oído responde ante ellas.

3. KOCH, W. E.: *Sound Waves and Light Waves* (rústica), Anchor Science, Doubleday, Garden City, N.Y., 1965. Por medio de unos experimentos agudamente descritos, este autor demuestra cómo se comportan las ondas en situaciones muy diferentes (sonoras y luminosas). Sin matemáticas.

4. FLETCHER, H.: *Speech and Hearing,* Van Nostrand, Princeton, N.J., 1929 y otras ediciones. Las últimas ediciones de este famoso libro contienen un poco más de matemáticas, pero todo ello proporciona un estudio detallado y autorizado del lenguaje y de la audición.

RESUMEN

Cuando un objeto vibra con movimiento sinusoidal

(o armónico simple) puede enviar una onda sinusoidal a lo largo de una cuerda a la cual está sujeta. El tiempo empleado para que el objeto complete una vibración se denomina período de vibración, τ. Designamos al número de vibraciones completas en un segundo como la frecuencia de la vibración, ν. Está relacionada con el período mediante $\nu = 1/\tau$.

Denominamos frecuencia de la onda sobre la cuerda al número de crestas que pasan por un punto dado de la misma cada segundo. La distancia entre crestas adyacentes (o valles) es la longitud de onda λ de la cuerda. Si la velocidad de onda sobre la cuerda es v entonces $\lambda = v\tau$, siendo $\tau = 1/\nu$. El desplazamiento máximo de la cuerda desde su posición de equilibrio se denomina amplitud de la onda.

Cuando existen simultáneamente varias ondas sobre la misma cuerda, ésta se moverá de un modo determinado por la suma de las ondas; así pues, el sistema cuerda/onda se dice que obedece al principio de superposición.

Una cuerda resonará con la onda que circula por la misma si la longitud de onda de ésta tiene el tamaño preciso. Una cuerda debe tener puntos estacionarios denominados nodos en sus dos extremos. Puesto que la distancia entre nodos adyacentes es $\lambda/2$, la cuerda resonante debe tener una longitud de $\lambda/2$, $2(\lambda/2)$, $3(\lambda/2)$ y así sucesivamente. De aquí que la cuerda resuene sólo a ciertas longitudes de onda definidas y sus frecuencias correspondientes. El esquema de resonancia construido a lo largo de la cuerda se denomina una onda estacionaria. Los puntos de movimiento nulo de la cuerda son los nodos y los puntos de movimiento máximo son los antinodos o vientres.

Todo lo que tenga una frecuencia natural de vibración resonará cuando se vea impulsada con esta frecuencia. Sin embargo, la fuerza impulsora debe estar en fase con el movimiento. Una cuerda vibrante tiene un número infinito de frecuencias de resonancia mientras que un péndulo sólo tiene una. La cuerda puede vibrar en varias de estas formas de resonancia o sobretonos al mismo tiempo. Variando las proporciones de los diversos sobretonos, puede variarse la calidad o timbre del sonido emitido por la cuerda.

Las ondas transversales son semejantes a las ondas sobre las cuerdas; el objeto vibrante (trozo de cuerda) se mueve perpendicularmente a la dirección en que se mueve la onda (a lo largo de la cuerda). Un ejemplo típico de ondas de compresión o longitudinales lo constituyen las ondas sonoras en el aire. En una onda sonora, las moléculas de aire se mueven hacia delante y hacia atrás a lo largo de la dirección en que se está moviendo el sonido.

Las ondas sonoras puede hacerse que resuenen en tubos y otros objetos huecos. Para que se produzca la resonancia en un tubo, la longitud de onda del sonido debe ser del tamaño adecuado para que puedan existir nodos en los extremos cerrados y antinodos en los extremos abiertos.

Dos ondas sonoras idénticas interfieren destructivamente entre sí cuando están desfasadas una semilongitud de onda. En este caso, las crestas de una onda caen sobre los valles de la otra y ambas ondas se anulan completamente entre sí.

Cuando una fuente de ondas se está moviendo respecto a un observador, las ondas que entonces alcanzan a éste se ven deformadas. Si la fuente se está moviendo hacia el observador se advierte una onda de frecuencia más elevada de lo normal. Cuando la fuente se está alejando, las ondas se alargan y su frecuencia se ve disminuida. Este último efecto origina el desplazamiento hacia el rojo. Ambos fenómenos constituyen el efecto Doppler.

El oído puede detectar intensidades sonoras que cubren un margen de alrededor de 10^{12}. El sonido que es demasiado alto daña la capacidad auditiva; la duración de este daño es proporcional aproximadamente tanto a la duración como a la intensidad del ruido intenso, con tal de que no se sufra un daño permanente.

Se produce una explosión sónica cuando un avión viaja por el aire a una velocidad cercana o superior a la del sonido. En este caso, el ruido emitido (u onda sonora) por el avión es incapaz de dispersarse y las ondas sonoras se apilan delante de él. Esta onda combinada intensa se denomina onda de choque. Como la onda de choque procedente de una explosión, la explosión sónica genera una onda de alta energía que puede producir daños considerables.

LISTA DE COMPROBACIONES

1. Cuando se envía un pulso por una cuerda, ¿qué magnitud física se mueve a lo largo de la misma?
2. ¿Qué es un movimiento sinusoidal o armónico simple? ¿Qué es una onda sinusoidal?
3. Dar el significado de cada una de las siguientes palabras: amplitud, cresta, valle, longitud de onda, frecuencia, período.

4. Un objeto vibra con una frecuencia de 10 kHz. ¿A cuántos ciclos por segundo corresponde?
5. ¿Cuál es la relación existente entre el período y la frecuencia?
6. ¿Cuál es la relación existente entre λ, ν y v en el caso de una onda?
7. Explicar el significado del principio de superposición dando un ejemplo de su empleo.
8. Distinguir entre interferencia constructiva y destructiva.
9. ¿Qué es una onda estacionaria? ¿Cómo se origina? En relación con ella, ¿qué son nodos y antinodos? ¿Cómo está relacionada la distancia entre nodos con λ?
10. En función de λ, ¿qué longitud debe tener una cuerda para que resuene? ¿Qué se entiende por resonancia?
11. ¿Por qué una fuerza actúa en fase con la vibración natural de un sistema produce resonancia, mientras que las fuerzas que actúan en otros instantes no la originan?
12. Definir la vibración fundamental; el primer sobretono, y el décimo sobretono.
13. ¿Cómo puede escribirse la vibración compleja de una cuerda en función de vibraciones más sencillas? ¿Qué implica esto para el sonido emitido por una cuerda vibrante?
14. ¿Cuál es la diferencia existente entre una onda transversal y otra longitudinal (o de compresión)? Dar ejemplos de cada una de ellas.
15. Describir el mecanismo mediante el cual un altavoz da origen a la sensación del sonido.
16. Cuando una onda sonora resuena en un tubo, ¿la onda estacionaria debe tener un nodo o un antinodo en el extremo cerrado?, ¿en el extremo abierto?
17. ¿Cómo puede ser que dos fuentes sonoras idénticas no den ningún sonido en un punto cercano concreto? ¿Por qué el sonido percibido fluctúa de intensidad cuando se hace girar lentamente un diapasón?
18. ¿Qué se entiende por efecto Doppler? ¿A qué se debe? Dar un ejemplo del mismo.
19. Estudiar el modo en que el oído responde a los sonidos de intensidad ampliamente diferente. ¿Por qué se denomina detector logarítmico?
20. ¿Qué se entiende por explosión sónica y cómo se origina?

CUESTIONES

1. Cuando dos muchachos sujetan una cuerda de modo que un tercero puede saltar a la comba, ambos muchachos están produciendo tanto una onda estacionaria horizontal como vertical en el mismo instante sobre la cuerda. ¿Cuál es la longitud de la onda producida? ¿La frecuencia? ¿Dónde están los nodos? ¿Los antinodos?
2. Utilizando la ecuación $F = ma$, estudiar cualitativamente por qué la velocidad de una onda sobre una cuerda debe aumentar con la tensión de ésta y disminuir cuando aumenta la masa por unidad de longitud de la cuerda.
3. Es costumbre que al pasar una tropa desfilando por un puente interrumpa el paso rítmico. ¿Por qué se hace esto?
4. Se dice que el gran cantante Caruso era capaz de romper cantando una copa de vidrio fino. Explicar lo que ocurría.
5. En algunos casos cuando no está bien distribuida la carga en una lavadora o secadora centrífuga, la máquina vibra ampliamente para una frecuencia particular de rotación. ¿Qué origina este efecto?
6. Con referencia al puente colgante de la fig. 8.22, ¿cómo se debería modificar la estructura del mismo para evitar su rotura?
7. ¿Por qué los diapasones cortos y gruesos son de alta frecuencia y los largos y finos de baja frecuencia?
8. Muchos aparatos de alta fidelidad tienen dos altavoces montados en el interior de la caja de los mismos. Tienen diferente tamaño y a veces están incluso en compartimentos distintos. Explicar sus funciones.
9. Explicar cómo se origina el sonido procedente de los siguientes objetos: un petardo al explotar; las manos al dar palmadas; una cuchara que cae al suelo; un reloj en funcionamiento.
10. ¿Por qué es imposible oír el sonido de un reloj despertador colocado en una cámara en la que se ha hecho el vacío?
11. Examinar la construcción de un pito acústico y explicar por qué emite un sonido intenso de frecuencia definida. ¿En qué se parece a una trompeta o a una tuba?
12. Se seleccionan las notas emitidas por una flauta o un clarinete abriendo orificos a lo largo del

FIG. 8.22. — El puente de Tacoma Narrows después de construido resultó que tenía las mismas frecuencias de resonancia que el viento que soplaba sobre él. Cuatro meses después de ser construido se derrumbó. *(Cortesía del Prof. F. Q. Farquharson.)*

instrumento. Explicar cómo contribuye esto a la obtención de sonidos variables.

13. Un tubo cilíndrico abierto en un extremo y cerrado en otro resuena a varias frecuencias sonoras. Dibujar el esquema de ondas estacionarias para la cuarta frecuencia de resonancia contando a partir del tono más bajo. Repetirlo en el caso de un tubo abierto en ambos extremos.
14. Analizar cómo se verían perturbadas nuestras vidas si el oído escuchase las intensidades sonoras en proporción directa a su intensidad en lugar de ser en proporción al logaritmo.
15. Supóngase que el oído humano estuviese compuesto de un orificio cilíndrico que atravesase directamente la cabeza de oído a oído con un tímpano cerrando el tubo en su punto central. ¿En qué diferiría este sistema de audición del que tenemos?
16. La mayor parte de la gente no puede oír sonidos con una frecuencia superior a 20 000 Hz. A veces nos encontramos a personas que no pueden escuchar sonidos con frecuencias por encima de 8000 Hz. ¿Qué características de la construcción del oído son probablemente responsables de estas limitaciones?
17. Las vibraciones ultrasónicas son ondas sonoras en el aire o en los líquidos con frecuencias demasiado altas para ser oídas por nosotros. Explicar el modo que las lavadoras ultrasónicas pueden lavar trajes y utensilios sin una circulación a gran escala del agua en su interior.

PROBLEMAS

1. La longitud de una cierta onda es de 0,5 m y su frecuencia 40 Hz, ¿cuál es la velocidad de la onda?
2. La velocidad del sonido en el aire es 330 m/s. ¿Cuál es la longitud de la onda emitida por un diapasón de 660 Hz?
3. Cuando una persona está escuchando un sonido de frecuencia 264 Hz, ¿con qué frecuencia está vibrando su tímpano? ¿Cuánto tiempo empleará el tímpano en vibrar una vez hacia adelante y hacia atrás?
4. Una cuerda de guitarra tiene una frecuencia fundamental de vibración de 198 Hz. ¿A qué otra frecuencia resonará?
5. Si el guitarrista mencionado en el problema anterior dividiese la cuerda por la mitad colocando sus dedos en el punto medio de la cuerda en cuestión, ¿qué frecuencia sonora emitiría la cuerda?
6. La velocidad del sonido en el aire es aproximadamente 330 m/s. Estimar la frecuencia a la que un tubo de ensayo de 15 cm de largo resonará cuando se sople con los labios encima de él.
7. Estimar la frecuencia de resonancia de una botella pequeña de Coca-Cola. Se puede comprobar experimentalmente la respuesta dada compa-

rando el sonido obtenido cuando se sopla por encima de ella con el sonido de un altavoz conectado a un oscilador de frecuencia variable.

8. Dos altavoces uno junto al otro envían sonidos de longitud de onda de 50 cm a lo largo del eje x. Una persona que está escuchando está situada en el eje de modo que oye alternativamente sonidos altos y débiles si se mueve uno de los altavoces hacia ella mientras que el otro permanece fijo. ¿Dónde deberá estar el altavoz móvil cuando se produzca una debilitación de los sonidos?
9. La velocidad del sonido en el gas hidrógeno es de 1270 m/seg, en comparación con 330 m/seg en el aire. Si la frecuencia de resonancia fundamental de un tubo particular es de 200 Hz cuando está lleno de aire, ¿cuál sería su frecuencia de resonancia cuando se llenase de hidrógeno?
10. Dos altavoces idénticos, colocados en $x = 0$ y en $x = 10$ m, envían sonidos uno hacia el otro. Un hombre observa que el sonido es mayor cuando él está en un punto situado a $x = 7{,}5$ m, pero el sonido desaparece prácticamente cuando está situado en $x = 6$ m. ¿Cuál es la longitud de onda del sonido que procede de los altavoces? ¿Con qué frecuencia están vibrando? ($v = 330$ m/seg).
11. Una varilla de acero de 60 cm de largo se deja caer verticalmente sobre un suelo duro y se recoge inmediatamente después. De acuerdo con un experto que asegura tener un oído perfecto, la varilla emite un tono de frecuencia 4000 Hz. Si está en lo cierto, ¿cuál es la velocidad del sonido en el acero?
12. Dos altavoces idénticos uno junto al otro envían vibraciones que son ligeramente diferentes. Un altavoz vibra con una frecuencia de 400 Hz, mientras que el otro vibra con una frecuencia de 400,5 Hz. Resulta que los sonidos combinados son alternativamente elevados y débiles; los sonidos altos se presentan una vez cada 2 seg. Explicar por qué se produce esta variación en la intensidad. (Este fenómeno se denomina *batido* o *pulsación;* existen tantos batidos por segundo como número de ciclos por segundo en que difieren las fuentes. Los músicos utilizan esto como procedimiento muy sensible de afinar sus instrumentos.)

Capítulo 9 Ondas electromagnéticas

Las ondas sobre una cuerda, las ondas sonoras y las ondas en el agua son fáciles de concebir, ya que en ellas interviene el movimiento de la materia. A mediados del siglo XIX, también se apreció que la luz era un fenómeno ondulatorio. Los científicos de aquella época supusieron que la luz, como otras ondas que conocemos, era una perturbación de algún medio material semejante al aire o al agua. Denominaron a este material «éter». El concepto de éter fue descartado cuando la investigación reveló la verdadera naturaleza de la luz. Nuestra descripción actual de lo que la luz es se ha desarrollado a través de los años cuando se descubrió que la luz no es básicamente diferente de las ondas asociadas con la radio, el radar, la radiación infrarroja, la radiación ultravioleta, los rayos X y los rayos gamma. Todas estas formas son variantes de la radiación electromagnética.

Descubrimientos de Maxwell

La conexión entre el electromagnetismo y la luz no fue descubierta hasta 1865. En ese año, el notable físico James Clerk Maxwell (que también ayudó a desarrollar la teoría cinética) estaba intentando formular matemáticamente los hechos experimentales conocidos acerca de los campos eléctricos y magnéticos. Descubrió que todos los datos experimentales relativos a estos campos podrían resumirse en cuatro ecuaciones. Todavía se aceptan hoy estas cuatro ecuaciones como una formulación precisa del campo conjunto de la electricidad y el magnetismo.

Las ecuaciones de Maxwell predecían que los campos eléctricos y magnéticos producen una perturbación semejante a la de las ondas moviéndose a través del espacio. Las ecuaciones predecían que la velocidad de estas ondas era de 3×10^8 m/s, que es la velocidad conocida de las ondas luminosas. Por lo tanto, Maxwell propuso que la luz es realmente esta perturbación ondulatoria causada por campos eléctricos y magnéticos; a estas ondas las denominamos *ondas electromagnéticas.*

En aquella época Maxwell y sus contemporáneos describían las fuerzas eléctricas y magnéticas como resultado de tensiones en el éter que suponían llenaba todo espacio vacío. Las ecuaciones de Maxwell se interpretaron por muchas personas (y probablemente incluso por el propio autor) como la descripción del movimento del éter. Del mismo modo que las ondas sonoras se obtienen como resultado de las vibraciones en el aire, pensaron que las ondas luminosas debían ser el resultado de vibraciones en el éter. Aunque este concepto puede explicar gran parte del comportamiento de las ondas luminosas, hemos descartado el concepto del éter por las razones que veremos en el capítulo 10. Veremos que nuestra comprensión actual de los campos eléctricos y magnéticos explica las radiaciones electromagnéticas adecuadamente sin recurrir a una sustancia hipotética tal como el éter.

A pesar de la convicción de Maxwell de que las ondas luminosas son una forma de radiación electromagnética, nadie tuvo éxito en aquel tiempo en demostrar que las ondas de Maxwell podían producirse por medios eléctricos. No fue hasta 1887 cuando Henry Hertz (1857-1894) produjo por primera vez ondas electromagnéticas en el laboratorio mediante el empleo de chispas que saltaban entre dos esferas pequeñas. Así pudo demostrar que estas ondas podían reflejarse y desviarse de un modo muy parecido a como lo hacen las ondas luminosas. Desde entonces, la identificación de Maxwell de la luz como un fenómeno electromagnético ha sido apoyada por otros

THE BETTMANN ARCHIVE

JAMES CLERK MAXWELL (1831-1879)

Aunque nacido en la opulencia, en Escocia, Maxwell tuvo una infancia bastante espartana. Fue alumno poco distinguido hasta la edad de 13 años, que fue cuando resultó patente su extraordinaria capacidad intelectual. Se transformó en un hombre tímido, de humor tranquilo, sociable con sus amigos, pero retraído ante los extraños. Después de estudiar en Edimburgo y Cambridge obtuvo una plaza de profesor en Aberdeen y Londres. Cuando murió su padre se retiró a las posesiones de su familia en Escocia, donde pudo investigar y escribir su famoso tratado sobre electricidad y magnetismo. En 1871 fue nombrado primer profesor de la Cátedra de Cavendish de Física Experimental en Cambridge y proyectó el famoso Laboratorio Cavendish. Aunque es mejor conocido por su original trabajo teórico relativo al comportamiento de las ondas electromagnéticas y los gases, sus conocimientos matemáticos y experimentales fueron asimismo extraordinarios. Su contribución a la ciencia ha resultado ser tan original e importante como la de Newton y Einstein.

muchos resultados experimentales. Hoy hacemos uso de muchos tipos de ondas electromagnéticas, siendo las ondas de radio una de las más importantes. Veamos cómo se envían hacia el espacio las ondas de radio a partir de una torre transmisora.

Ondas de radio

Como sabemos, la mayoría de las estaciones de radio envían sus ondas desde una torre elevada. La parte más importante de esta torre es la antena, un alambre largo que va desde la parte superior a la inferior de la torre o bien está suspendida horizontalmente por encima del suelo entre dos torres. Para simplificar nuestro estudio coloquemos dos bolas metálicas en los extremos de un alambre vertical y apliquemos una fuente de tensión alterna (un oscilador) en el centro del alambre. La situación en un instante particular se ve en la figura 9.1.

Los dos extremos de la antena han sido cargados con cargas opuestas mediante la fuente de tensión situada en su centro. Se observará que el campo eléctrico próximo a la antena y a lo largo de una línea horizontal paralela a la tierra está dirigido hacia abajo. (Recuérdese que el campo eléctrico representa la fuerza que actúa sobre una carga positiva que estuviese

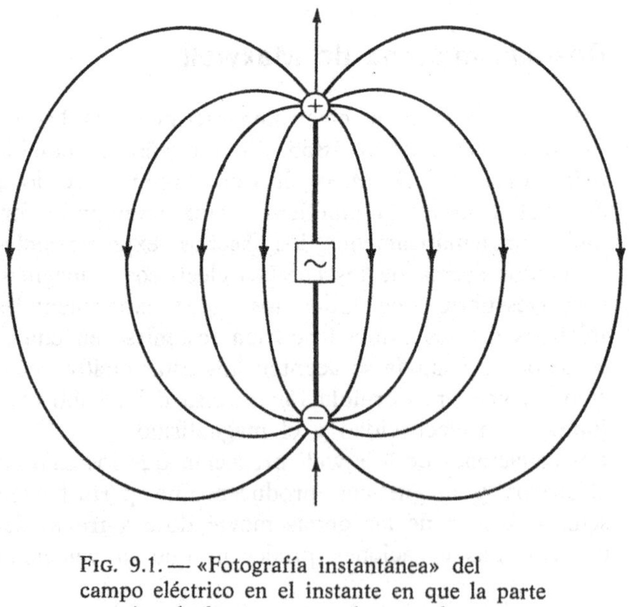

FIG. 9.1. — «Fotografía instantánea» del campo eléctrico en el instante en que la parte superior de la antena queda cargada positivamente.

colocada en el punto en cuestión.) Sin embargo, el campo eléctrico pronto variará su sentido debido a que la fuente de tensión de corriente alterna de la estación de radio invertirá la polaridad de la antena. Como la frecuencia de las estaciones de radio normales está comprendida en el margen de 500 a 1500 kHz (es decir, entre 500 000 a 1 500 000 Hz) la carga situada sobre la antena se invertirá en un tiempo de aproximadamente una millonésima de segundo, o sea de un microsegundo. Naturalmente, cuando se invierte la carga que está sobre las esferas, se invertirá también el sentido del campo eléctrico próximo a la antena de la estación.

Supongamos (incorrectamente) que la estación carga la antena en la secuencia siguiente. La parte superior de la antena tiene una carga positiva estacionaria durante 10^{-6} seg. Instantáneamente se invierte su carga y se mantiene de este modo durante otros 10^{-6} seg. De nuevo se invierte instantáneamente la carga y se mantiene durante 10^{-6} seg más y así sucesivamente de modo indefinido. La figura 9.2*a* muestra el campo eléctrico en función de la distancia de la estación en un cierto instante. El campo eléctrico se indica mediante flechas; la distancia desde *A* a *B* es aproximadamente de 300 m.

En el instante en que se ha tomado la «fotografía» del campo eléctrico de la figura 9.2*a*, la parte superior de la antena está cargada positivamente. Por lo tanto, el campo eléctrico en *A* está dirigido hacia abajo como se ve en la figura 9.1. Sin embargo, 10^{-6} seg antes de este instante la parte superior de la antena estaba cargada negativamente; el campo eléctrico próximo a la antena debería estar señalando hacia arriba. Como la perturbación procedente de la antena, en este caso el campo eléctrico, se mueve a lo largo de la tierra con la velocidad de la luz *c*, el campo eléctrico dirigido hacia arriba que estaba entonces en *A* se habrá movido hacia la región *B*.

Análogamente, el campo eléctrico que está próximo a la antena cuando su parte superior estaba cargada positivamente por última vez se ha movido ahora hacia la región *C*. Del mismo modo, los campos en *D*, *E* y *F* estuvieron cercanos a la antena en tiempos anteriores. O bien, si pensamos en las personas que están estacionadas en los puntos *A*, *B*, *C* y así sucesivamente, el hombre en *A* está «viendo» el campo procedente de la antena como está cargada ahora. Sin embargo, el hombre en *B* está viendo el campo procedente de la antena como estaba cargada hace 10^{-6} seg. (Recuérdese que hemos admitido que la oscilación tiene lugar de tal modo que la carga se invierte una vez cada 10^{-6} seg.) Del mismo modo, el hombre en *C* ve la antena como estaba hace 2×10^{-6} seg. De modo semejante a la onda que se propaga en una cuerda,

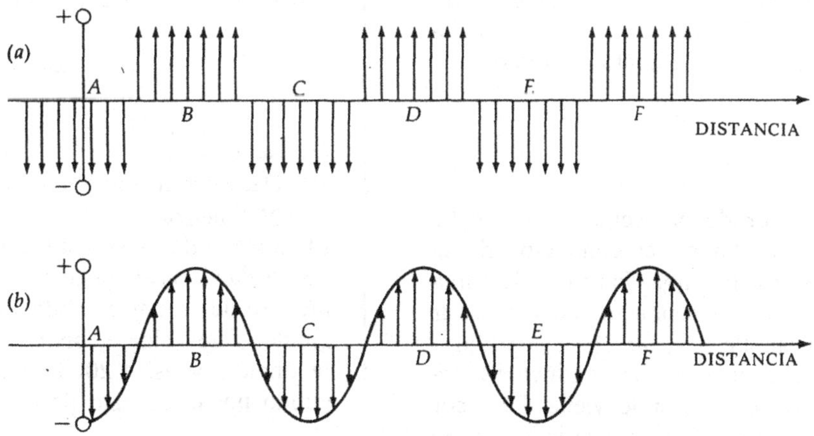

FIG. 9.2. — El campo eléctrico a lo largo de una línea perpendicular a la antena varía al aumentar la distancia del modo indicado en la figura. No se muestra la disminución del campo eléctrico que resulta del hecho de esparcirse en el espacio.

el campo eléctrico a lo largo de una línea trazada en el espacio muestra la historia pasada de la perturbación emitida por la fuente.

En la práctica, la fuente de tensión que acciona la antena es sinusoidal. Como resultado, la carga sobre la antena varía también sinusoidalmente. Así pues, la forma de la onda de campo eléctrico emitida al espacio por la antena tiene el aspecto indicado en la figura 9.2*b*. La intensidad del campo eléctrico es proporcional a la longitud de las flechas.

En resumen, el campo eléctrico varía con la distancia desde la antena en un instante particular. La curva sinusoidal dibujada a lo largo de las puntas de las flechas es realmente una representación de la intensidad del campo eléctrico en un cierto instante en función de la distancia a la antena.

Consideremos ahora un hombre que está en pie en el punto *F* y analicemos el campo eléctrico que observará en función del tiempo. Como la onda se mueve hacia la derecha con la velocidad de la luz *c*, la onda ahora en los puntos *E*, *D*, *C*, *B* y *A* pasará por la persona situada en *F* en sucesión rápida. Cuando sucede así, el hombre en *F* observará el campo eléctrico dirigido primero hacia arriba, luego hacia abajo, luego hacia arriba y así sucesivamente. En otras palabras, observará un campo eléctrico que está oscilando sinusoidalmente hacia arriba y hacia abajo al transcurrir el tiempo. Veremos posteriormente que este campo eléctrico oscilante puede utilizarse para detectar la señal que está emitiendo la estación de radio; el detector sensible utilizado es un aparato de radio.

Onda magnética

Hasta ahora hemos ignorado el hecho de que debe fluir una corriente a lo largo del conductor de la antena cuando se invierte la carga. Para que la carga varíe sinusoidalmente, por el conductor debe circular una corriente sinusoidal. Pero vimos en el capítulo 7 que una corriente que circula por un conductor genera un campo magnético cuyo sentido viene dado por la regla de la mano derecha. Este caso se indica en la figura 9.3.

Debido a que la corriente se está invirtiendo rápidamente, la perturbación magnética que es emitida al espacio procedente de la misma también invierte su sentido. Así vemos que el campo magnético, del mismo modo que el campo eléctrico, varía de valor y de sentido de un punto a otro. Esta onda magnética en el espacio se indica también en la figura 9.3. Mientras que el campo eléctrico procedente de la antena es paralelo al conductor de la antena, el campo magnético es perpendicular a la citada antena.

Los campos eléctrico y magnético son perpendiculares entre sí, como se ve en la figura 9.4. Las ondas del campo se mueven al unísono hacia la derecha con la velocidad *c*. Así pues, la onda emitida por la antena es al propio tiempo onda eléctrica y magnética. Por esta razón se le denomina onda *electromagnética.* Ambas partes de esta onda transportan energías que se mueve con la velocidad de la luz a lo largo de la dirección de la propagación de la onda. En la sección siguiente veremos cómo se detectan mediante una radio las ondas electromagnéticas emitidas por una estación. Sin embargo, en primer lugar analizaremos el ejemplo siguiente que nos mostrará que $\lambda \cong 300$ m para una onda de radio típica.

EJEMPLO 9.1

Una estación de radio funciona a una frecuencia de 1,2 MHz (MHz = megahertz = 10^6 Hz). Hallar la longitud de onda de la misma. Determinar también cuántas crestas de ondas procedentes de esa estación pasan por una radio cada segundo.

Método: Para hallar la longitud de onda utilicemos la ecuación (8.2), es decir,

$$\lambda = \frac{v}{\nu}$$

En este caso, $v = c = 3 \times 10^8$ m/s y $\nu = 1{,}2 \times 10^6$ Hz. Sustituyendo por estos valores se tiene $\lambda = 250$ metros.

El número de crestas de ondas que pasan por un punto dado en el espacio cada segundo es igual al número de crestas enviadas por la estación en 1 segundo. Este valor es simplemente la frecuencia de la onda v y así 1 200 000 crestas pasan cada segundo por el aparato de radio.

Detección de ondas de radio

Aunque somos incapaces de su percepción, las ondas de radio están constantemente pasando a través de nuestro cuerpo. Todas las estaciones dentro de un ra-

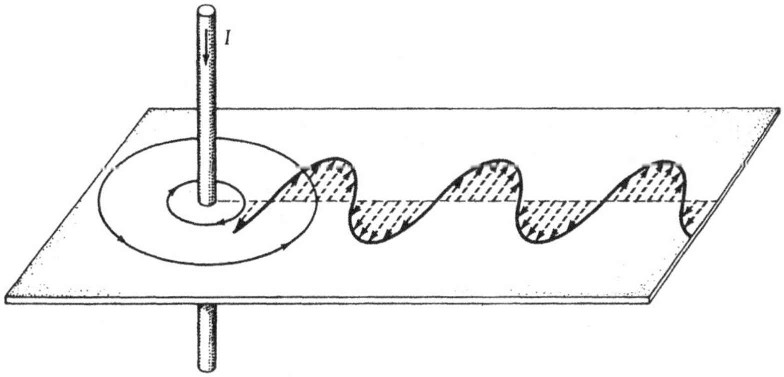

Fig. 9.3. — La corriente oscilante da origen a un campo magnético que rodea la antena. Cuando el campo magnético se desplaza por el espacio constituye una onda magnética.

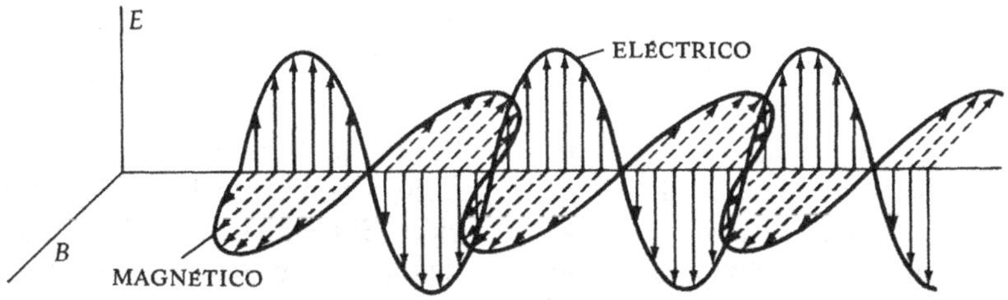

Fig. 9.4. — Los campos eléctricos y magnéticos están en fase y son perpendiculares entre sí en una onda electromagnética.

dio de varios cientos de kilómetros envían ondas de radio hacia nosotros que son detectables. A cada estación se le asigna una *frecuencia de operación* particular, es decir, una frecuencia con que invierte la carga situada en su antena. Esta diferencia de frecuencias nos permite seleccionar una estación particular en nuestra radio. El método de seleccionar una frecuencia depende del principio de la resonancia y hace uso del denominado *circuito resonante* que existe en el interior de cada aparato de radio. Para nuestro objetivo bastará con saber que este circuito responderá (o amplificará fuertemente) sólo si la fuente de tensión oscilante que acciona el circuito tiene la misma frecuencia que la de resonancia del mismo. La frecuencia de este circuito en un aparato de radio se varía haciendo girar el mando de sintonía de la radio. De aquí que cuando sintonizamos una radio sobre una estación, estamos seleccionando simplemente la frecuencia a la que resonará.

Existen dos procedimientos de detectar ondas de radio. El método antiguo utilizaba el campo eléctrico de la onda. Como se ve en la figura 9.5*a*, un conductor rectilíneo largo (la antena) está sujeto a la radio y se mantiene en el interior de la región de la onda. En el instante particular indicado, el campo eléctrico dirigido hacia arriba carga el extremo superior del conductor positivamente y el inferior negativamente. Esta carga se invertirá con la frecuencia de la estación de radio, cuando la onda del campo eléctrico pase por la radio. Cada vez que una carga aparece en

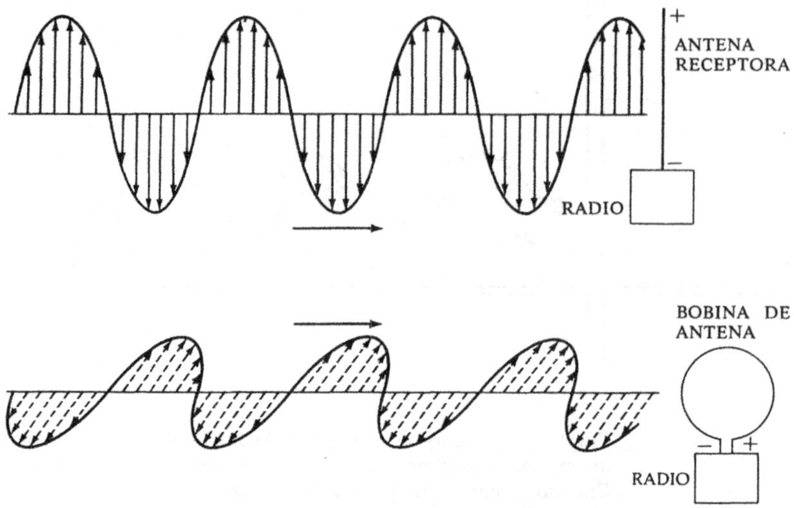

FIG. 9.5. — La antena de la radio actúa como una fuente de tensión, porque la onda de radio que pasa por ella induce en la misma una diferencia de potencial.

el extremo de la antena receptora, el circuito resonante recibe un «impulso» eléctrico en la radio. Si la frecuencia natural del circuito resonante ha sido ajustada a la frecuencia de la estación de radio, la radio responderá fuertemente a la onda de la estación y entonces la radio está sintonizada a dicha estación. Normalmente la señal procedente de las estaciones es débil y así la radio está proyectada para amplificar grandemente la respuesta del circuito resonante.

El segundo método para la recepción de radio es ahora común en radios pequeñas; hace uso de la parte magnética de la onda electromagnética. En el interior de la radio existe una bobina conductora enrollada sobre un cilindro de un material semejante al hierro. Esta bobina se indica en forma de espira en la figura 9.5*b*. La ley de Faraday nos dice que cuando la onda magnética pasa por esta bobina, se induce una fem o tensión en ella por el flujo variable que la atraviesa. Esta tensión inducida tiene la misma frecuencia que la estación de radio. Cuando se ajusta adecuadamente el circuito resonante de la radio, ésta responderá fuertemente a la fem inducida. Sin embargo, deberá señalarse que la fem inducida en la bobina dependerá de la orientación de ésta respecto a la onda. Cuando la bobina está en la posición indicada en la figura, la fem inducida será máxima, puesto que el flujo a través de la bobina es mayor en esta orientación. Sin embargo, si la radio se hace girar 90° alrededor de un eje vertical, no pasará ningún flujo a través de la bobina y la radio no responderá a dicha onda. Esto explica las propiedades de recepción direccionales que se han debido observar en algunas radios pequeñas.

Espectro electromagnético

Vimos en el ejemplo 9.1 que la longitud de una onda de radio es del orden de 300 m. Es normal en muchos países que las frecuencias de radio de amplitud modulada estén comprendidas en el intervalo de 0,5 a 1,5 MHz, siendo las correspondientes longitudes de onda de 600 a 200 m. Sin embargo, las ondas de radio de frecuencia modulada y las ondas de televisión tienen unas frecuencias más elevadas (o sea longitudes de onda más cortas), estando próximas a los 100 MHz.

Las ondas de radio de frecuencias muy elevadas se denominan ondas de *radar*; pueden tener longitutudes de onda tan cortas como un centímetro. La frecuencia de un transmisor de radar de 3 cm de longitud de onda es

$$\nu = \frac{v}{\lambda} = \frac{3 \times 10^8 \text{ m/s}}{0{,}03 \text{ m}} = 10^{10} \text{ Hz}$$

Es difícil generar y recibir ondas de radar en el margen de 1 cm debido a que las propias ondas tienen un tamaño semejante al de las bobinas más pequeñas que pueden construirse fácilmente. En la práctica, los circuitos resonantes se sustituyen por cavidades resonantes cuando se ha de trabajar en estos márgenes. Las ondas de radar electromagnéticas resuenan en una cavidad metálica del mismo modo que las ondas sonoras resuenan en un tubo.

Sin embargo, cuando hay que manejar longitudes de onda mucho más cortas de 1 cm, resulta difícil obtener cavidades resonantes adecuadas. (Consideremos las dificultades que existirían para obtener una resonancia de ondas sonoras de esta longitud de onda tan pequeña.) Otro problema consiste en el movimiento de las propias cargas. Como se mencionó previamente, los átomos en el interior de un sólido vibran con frecuencias del orden de 10^{13} Hz. Esto corresponde a una longitud de onda electromagnética

$$\lambda \doteq \frac{v}{\nu} = \frac{3 \times 10^8}{10^{13}} = 3 \times 10^{-5} \text{ m} = 0{,}003 \text{ cm}$$

Para obtener longitudes de onda en este margen debemos utilizar átomos oscilantes en lugar de circuitos eléctricos oscilantes, como normalmente se piensa.

La radiación electromagnética a estas frecuencias muy elevadas se denomina radiación *infrarroja* o *térmica.* Como se señala con este último nombre, se genera calor en los objetos cuando absorben este tipo de radiación. La radiación infrarroja hace que los átomos y moléculas vibren cuando incide sobre ellos; debemos reconocer esta energía cinética atómica y molecular como energía térmica. Evidentemente, gran parte de la energía que nos llega del Sol, viene a través de ondas electromagnéticas con frecuencias en la zona infrarroja.

Cuando las radiaciones electromagnéticas tienen longitudes de onda todavía más cortas llegamos al intervalo muy estrecho de frecuencias a las que responde el ojo humano. Realmente vemos longitudes de onda de la radiación electromagnética en el margen com-

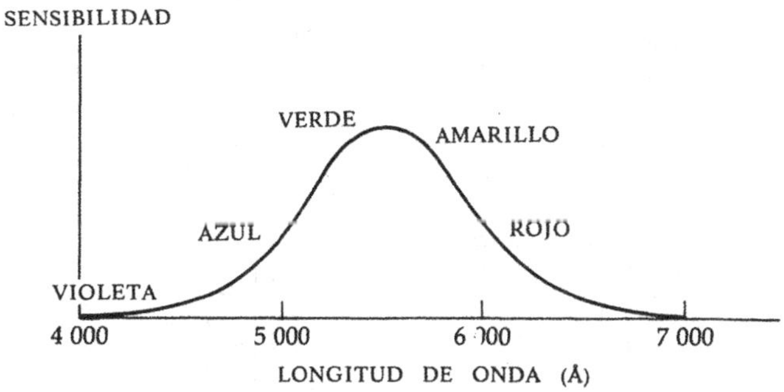

FIG. 9.6. — El ojo es más sensible frente a la luz amarillo-verdosa.

prendido entre 0,00004 a 0,00007 cm, margen al cual denominamos luz. La sensibilidad del ojo a las longitudes de onda de esta región se indica en la figura 9.6. Si consideramos estas longitudes de onda tan cortas, es normal medirlas en una unidad denominada ångström (Å), siendo

$$1 \text{ Å} = 10^{-8} \text{ cm} = 10^{-10} \text{ m}$$

que es la unidad de longitud utilizada en la figura. (Los átomos tienen un tamaño del orden de 1 Å.) Obsérvese que el ojo es menos sensible en las partes correspondientes al azul y al rojo del espectro visible. Los colores que mejor vemos corresponden al intervalo verde-amarillo. El lector debe conocer aproximadamente la relación que existe entre los colores y la longitud de onda; es decir, el azul es una longitud de onda corta, mientras que el rojo es una longitud de onda más larga.

Los valores de λ más cortos de 4000 Å corresponden a la radiación ultravioleta, que ya no es visible por el ojo. Radiaciones con una longitud de onda menor que 100 Å aproximadamente se conocen como rayos X. Los núcleos de ciertos átomos y ciertas reacciones nucleares emiten radiaciones electromagnéticas de longitud de onda muy corta; constituyen la radiación gamma. Aunque los rayos gamma y los rayos X son idénticos, utilizamos los dos nombres para describir respectivamente radiaciones nucleares y no nucleares.

La radiación electromagnética cubre un espectro inmenso que se resume en la figura 9.7. Abarca desde las ondas de radio de una longitud de onda casi infi-

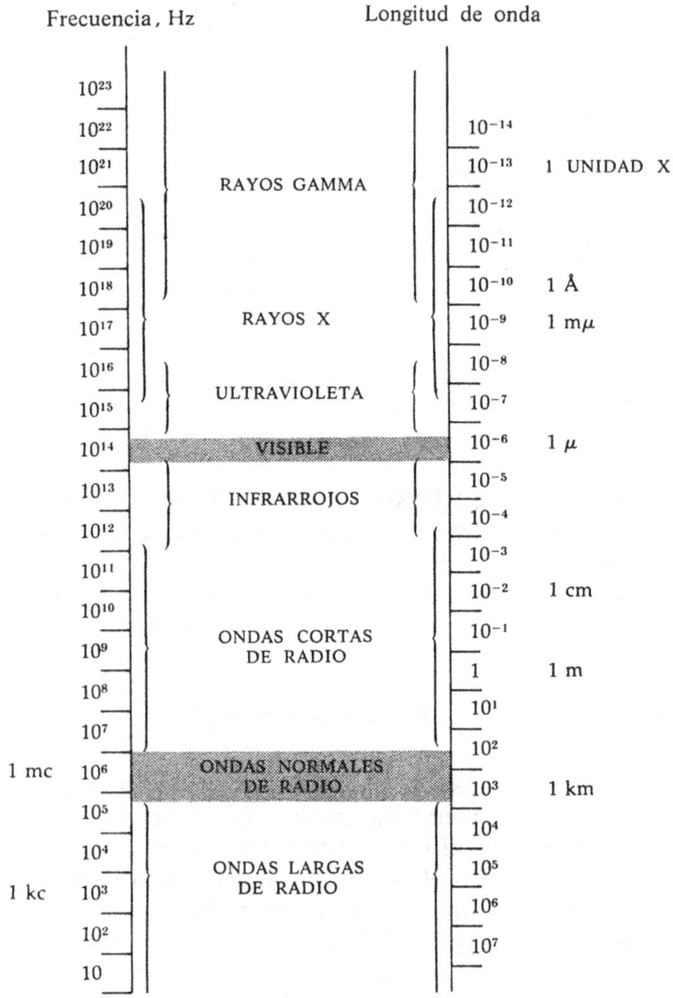

FIG. 9.7. — Espectro electromagnético.

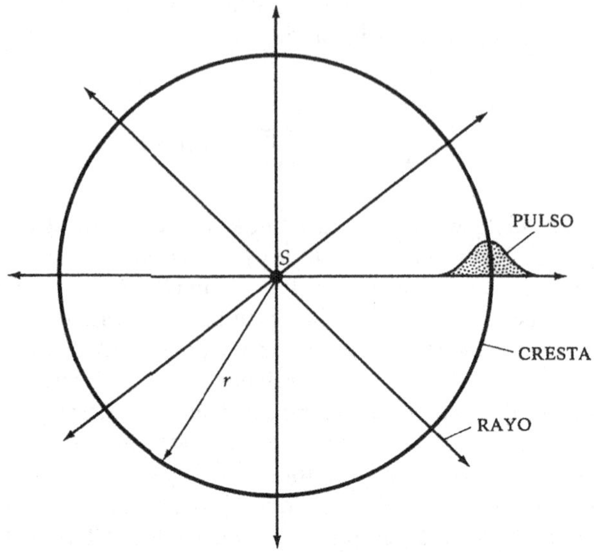

FIG. 9.8. — Un pulso esférico propagándose desde la fuente puede describirse mediante el empleo de crestas y rayos.

nita a los rayos gamma de una longitud de onda casi nula. Esta amplia variación de longitudes de onda da origen al gran intervalo de comportamientos físicos diferentes que observamos. Posteriormente veremos cómo la radiación de longitud de onda muy corta está relacionada con la estructura de las moléculas, de los átomos y de los núcleos. Pero ahora consideremos el comportamiento de las ondas luminosas.

Reflexión de la luz

En el resto de este capítulo estudiaremos el comportamiento de la luz. Sin embargo, muchos de los conceptos expuestos se aplicarán a las radiaciones electromagnéticas de cualquier tipo e incluso realmente a todas las ondas. Primero aprenderemos un modo diferente de representar un movimiento ondulatorio, basado en las posiciones de las crestas y en la línea de propagación de la onda.

Supóngase que se envía un pulso de onda en todas las direcciones desde una fuente central *S*, como se ve en la figura 9.8. La posición de la cresta del pulso se indica por la circunferencia de radio *r*. Con el tiempo, la cresta se moverá alejándose radialmente de la fuente. Podemos mostrar este movimiento por los rayos indicados en el diagrama. *Los rayos son siempre perpendiculares a la línea que representa la cresta de las ondas.*

Como ejemplo de este tipo de gráfico, examinemos una perturbación ondulatoria que se mueve en todas las direcciones procedente de un foco, como se ve en la figura 9.9. Consideremos lo que le ocurre en la sección de la onda entre las líneas a trazos. La perturbación será más débil cuando la onda se adelanta, debido a que la energía de la onda original se esparce al ir creciendo la onda en anchura (pero no en energía). Esta es la razón por la cual una luz parece

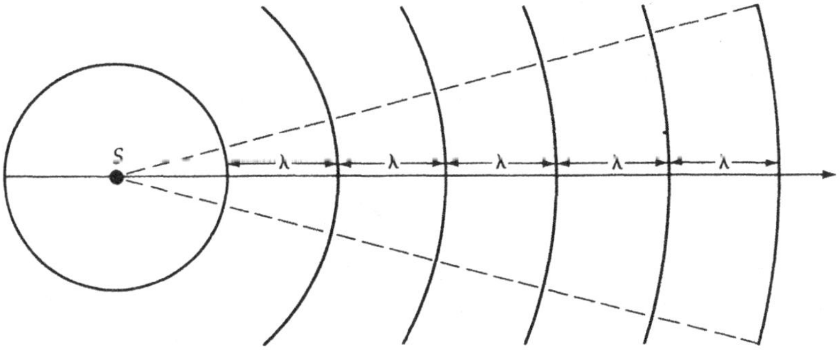

FIG. 9.9. — La sección de la onda comprendida entre las líneas a trazos se hace cada vez más grande y plana cuando se va alejando de su punto de origen.

más tenue según nos vamos alejando de ella. Obsérvese también que la onda resulta menos curva cuando progresa hacia adelante. De hecho, en un punto bastante distante de la fuente, la onda parece ser prácticamente plana. Una onda en estas condiciones se denomina *onda plana.*

Supóngase que una onda plana incide sobre un espejo y se refleja como se ve en la figura 9.10. La reflexión de la onda puede representarse por la propia onda o por sus rayos del modo que está indicado. Experimentalmente se encuentra que el ángulo de llegada de la luz (denominado *ángulo de incidencia* y designado con la letra *i* en la figura)es igual al ángulo de reflexión (llamado *r*). Es exactamente el modo en que se reflejaría una bola de billar que se moviese a lo largo del rayo incidente al chocar contra una pared lisa. De aquí que sea imposible decir a partir de la ley de la reflexión (es decir, la reflexión se produce siempre con $i = r$) si un haz de luz se compone de ondas o si es un chorro de partículas. Newton y la mayoría de sus contemporáneos consideraron que era correcta la interpretación a base de partículas.

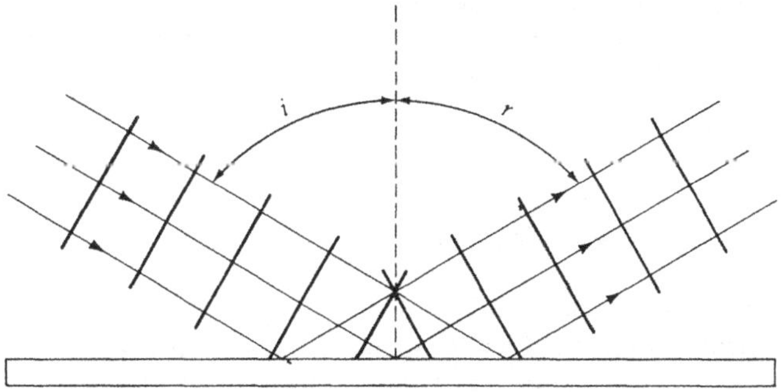

FIG. 9.10. — El ángulo de reflexión es igual al de incidencia.

Como vemos en la figura 9.10 una onda plana que llegue a un espejo plano se refleja en forma también de onda plana. Sin embargo, esto no es cierto en el caso de una reflexión procedente de un espejo cóncavo (curvado hacia dentro). Como se ve en la figura 9.11, una onda plana se transforma en onda curva cuando se refleja en un espejo curvado de este tipo. Los rayos originalmente paralelos se reflejan hacia un solo punto denominado *punto focal* del espejo. En el punto focal *F*, se forma una imagen del objeto distante a partir del cual proceden los rayos. Por ejemplo, la luz del Sol forma una imagen en *F* cuando se refleja en el espejo. Análogamente, si este espejo

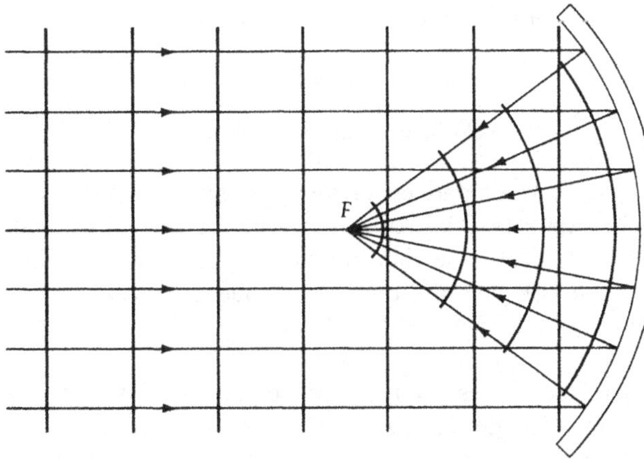

FIG. 9.11. — Las ondas planas incidentes desde la izquierda convergen en el punto focal por reflexión en el espejo cóncavo.

estuviese en un gran telescopio, la luz qu se refleja procedente del firmamento daría origen a las imágenes de las estrellas. Las imágenes pueden registrarse en una placa fotográfica o examinarse con una lente de aumento.

También es posible el inverso de este proceso de reflexión. Si en la figura 9.11 colocásemos una pequeña fuente luminosa en *F,* los rayos que salen divergentes de la misma incidirían en el espejo y serían reflejados en forma de rayos paralelos. Deberían invertirse las flechas de la figura, ya que los ángulos de incidencia y de reflexión en el espejo son los mismos y pueden intercambiarse. Así pues, podemos obtener ondas de luz planas a partir de fuentes luminosas colocadas en el punto focal de un espejo curvo. Un faro proporciona un ejemplo familiar de este proceso.

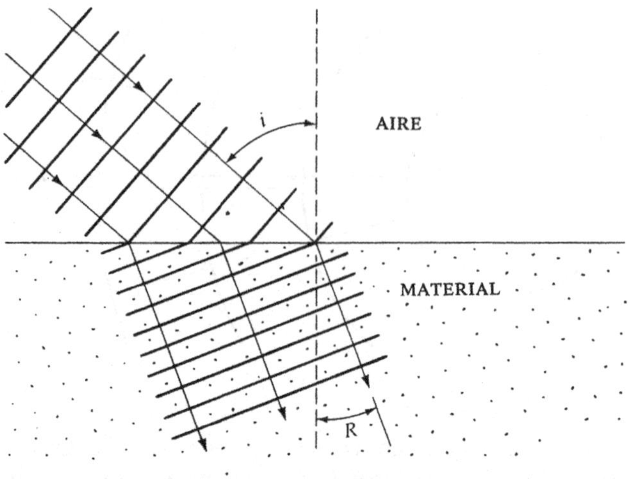

FIG. 9.12. — Obsérvese cómo la sustancia inferior hace disminuir la velocidad de las ondas y hace que varíe la dirección de los rayos.

Refracción de la luz

Aunque puedan utilizarse espejos para formar imágenes, para este objetivo suelen utilizarse con más frecuencia las lentes. Dependen de las propiedades de refracción de los materiales, fenómeno que examinaremos a continuación.

La velocidad de la luz cuando se mide en el vacío es de $c = 2{,}998 \times 10^8$ m/seg. En otros medios la luz se mueve con mayor lentitud. Es corriente dar la velocidad relativa de la luz en lugar de su valor absoluto. Para este objeto definimos el *índice de refracción* μ (letra griega *mu*) de un material como:

$$\mu = \frac{\text{velocidad de la luz en el vacío}}{\text{velocidad de la luz en la sustancia}}\text{.}$$

Como la velocidad en el vacío es siempre mayor, el índice de refracción es siempre mayor que la unidad. En la tabla 9.1 se dan algunos ejemplos típicos. Obsérvese por ejemplo, que puesto que $\mu = 1{,}33 = 4/3$ en el caso del agua, la velocidad de la luz en el agua es $3 \times 10^8/1{,}33$, o sea $2{,}26 \times 10^8$ m/seg.

La refracción es un resultado directo de las distintas velocidades de la luz en diversas sustancias. Es el proceso en virtud del cual varía la dirección de la luz, cuando ésta pasa de un material a otro. Como vemos en la figura 9.12, las ondas son más lentas cuando entran en el material de la parte inferior. Esto hace que las crestas de ondas giren un ángulo pequeño y así resulta variada la dirección de propagación. Evidentemente, cuanto más lentamente viaje la onda en la sustancia, mayor será la diferencia entre el ángulo de incidencia *i* y el ángulo de refracción *R*. Puesto que una sustancia con un índice elevado de refracción es aquella que tiene una menor velocidad de las ondas, un diamante mostrará este efecto de refracción más intensamente que todas las demás sustancias de la tabla 9.1.

TABLA 9.1. *Indices de refracción*

Aire	1,003	Cloruro sódico	1,53
Agua	1,33	Poliestireno	1,59
Etanol	1,36	Disulfuro de carbono	1,63
Cuarzo fundido	1,46	Cristal de roca	1,66
Benceno	1,50	Yoduro de metileno	1,74
Vidrio Crown	1,52	Diamante	2,42

Podemos llegar a una regla general a partir del comportamiento indicado en la figura 9.12; cuando la luz pasa de una sustancia de índice μ bajo a otro de μ más elevado, el ángulo de refracción es menor que el ángulo de incidencia. Si invertimos los rayos en el diagrama, vemos que cuando la luz pasa de una sus-

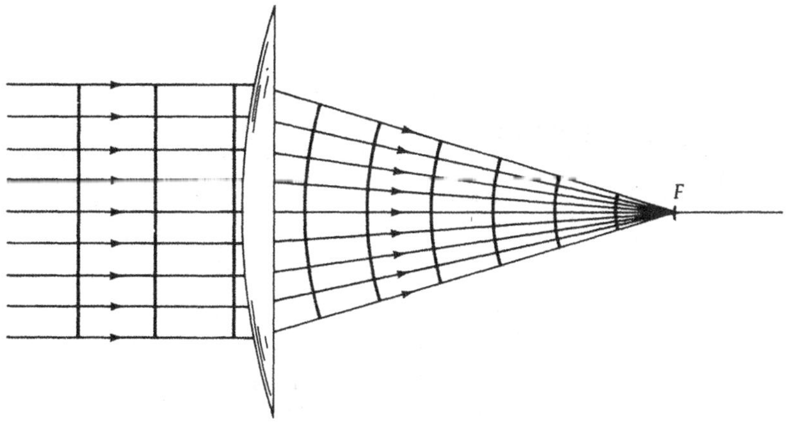

FIG. 9.13. — Lente convergente, que hace converger la luz en un punto. ¿Qué aspecto deberá tener una lente divergente?

tancia de índice μ elevado a otra de μ bajo, el ángulo de incidencia es menor que el ángulo de refracción. Una de las aplicaciones más importantes de la refracción se encuentra en las lentes. En la figura 9.13 se muestra el efecto de una lente sobre una onda luminosa plana. Como la onda viaja más lentamente en el vidrio que en el aire, al atravesar la parte más gruesa de vidrio se deformará más, como está indicado. Las ondas planas originales resultan curvas en el caso de la lente indicada en esa figura (denominada lente convergente) y se enfocan en el punto focal. Si la luz que llega a la lente procede del Sol, resulta en *F* una imagen del astro solar. Aunque la posición exacta de la imagen formada por una lente particular depende de la distancia del objeto a la lente, un objeto que diste más de 10 veces de la lente que su punto focal, tendrá formada su imagen muy próxima a *F*. (Recordar que el foco es el punto donde se forma una imagen de un objeto alejado.) Las imágenes de objetos más próximos se forman a cierta distancia de este punto.

Una lente también puede proporcionar ondas planas (o rayos paralelos de luz). Si una fuente luminosa extremadamente pequeña (denominada fuente puntual) se coloca en el punto focal *F* de la figura 9.13, los rayos indicados en ella resultan ser de sentido contrario. Salen de la fuente *F* y se desvían hasta hacerse paralelos entre sí cuando pasan por la lente. En otras palabras, la trayectoria de un rayo luminoso a través de una lente, puede recorrerse en ambos sentidos, y el inverso de la figura 9.13 nos da el procedimiento de obtener rayos paralelos de luz.

El prisma y el color

Además de su bien conocido trabajo en los campos de la mecánica y la gravitación, Newton se interesó grandemente por el tema de la luz. La mayor parte de su trabajo se publicó en 1704 en su *Treatise on Optics*, que el lector puede encontrar interesante de leer. Desde su punto de vista, los haces de luz se componían de un chorro de partículas muy pequeñas. Explicaba la refracción, como la indicada en la figura 9.12, admitiendo que el material atraía las partículas de luz (reminiscencia de la gravitación). De acuerdo con esta teoría corpuscular de la luz, esta última debería moverse más rápidamente en el agua que en aire. Esto es exactamente lo opuesto de lo que admite la descripción ondulatoria sobre la velocidad de la luz. En 1850 los experimentos realizados para ensayar este punto demostraron que la velocidad varía de acuerdo con la interpretación ondulatoria y así se descartó la descripción corpuscular de Newton. Sin embargo, veremos en el capítulo siguiente que la luz actúa también como un chorro de partículas bajo ciertas circunstancias y así Newton no estaba completamente equivocado a este respecto.

A pesar del fallo conceptual de Newton sobre la naturaleza de la luz, llevó a cabo muchos experimen-

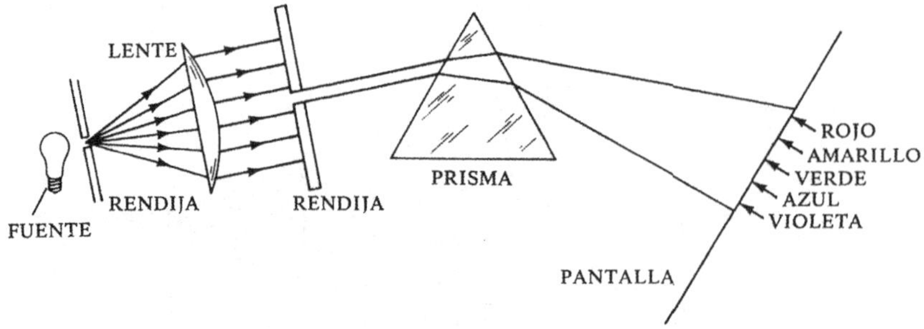

FIG. 9.14. — El haz de luz blanca se descompone en sus colores debido al prisma.

tos de valor en este campo. Fue quien descubrió que la luz blanca es una combinación de todos los colores del arco iris. En la figura 9.14 se indica una modificación del experimento realizado por Newton. La fuente luminosa puede ser cualquier fuente de luz blanca tal como el Sol o una lámpara de incandescencia. La luz procedente de dicha fuente emerge a través de una rendija estrecha. Esta rendija está colocada a su vez en el punto focal de una lente que origina ondas planas, como se ve en la última parte del dibujo. Este haz pasa entonces a través de un prisma de vidrio. Después de salir o emerger del prisma, la luz ha sido refractada (o desviada) en cantidades diferentes, dependiendo de su color. Como se indica en la figura, el violeta es el que más se refracta y el rojo el que menos. Evidentemente, las diversas longitudes de onda de la luz tienen diferentes velocidades dentro del vidrio y, por lo tanto, se refractan de modo distinto.

Cuando se modifica ligeramente el aparato de la figura 9.14, puede utilizarse como un *espectrómetro de prisma,* como se ve en la figura 9.15. Obsérvese que se ha suprimido la segunda rendija y se ha introducido después del prisma una segunda lente. Puesto que la luz que entra en el prisma se compone de rayos paralelos, la luz de cualquier color que emerge debe estar formada también por rayos paralelos, puesto que todos los rayos se refractan igualmente. La segunda lente enfoca estos rayos para formar una imagen en su punto focal. Esta imagen es un duplicado del objeto en el que se originan los rayos paralelos, en este caso la rendija. De aquí que la segunda lente dé una imagen de la rendija sobre la pantalla o sobre una placa fotográfica.

Hasta ahora hemos admitido que sólo emerge luz de un color de la fuente de la figura 9.15; pero si la fuente es una lámpara de incandescencia u otra fuente de luz blanca, emite todos los colores. El prisma desvía los rayos de cada color en cantidades diferentes y como resultado aparece sobre la pantalla un infinito número de imágenes, una para cada color. El espectro, o intervalo de colores, visto sobre la pantalla es una mancha de color que va desde el rojo al violeta ya que las imágenes coloreadas de la rendija están una junto a otra a lo largo de la pantalla. Este tipo de espectro, indicado en la banda 1 de la figura 9.16, se denomina *espectro continuo* y es característico de la luz emitida por los objetos calientes hasta el rojo blanco.

Si se utiliza el mismo aparato para examinar la luz procedente de un anuncio luminoso de neón, el espectro es diferente, como se indica en la banda inferior de la figura 9.16. Las líneas que se ven allí son las imágenes de la rendija formadas por la segunda lente de la figura 9.15. Existe una sola rendija imagen para cada color emitido por el gas neón del anuncio luminoso. Evidentemente, un gas luminoso emite un espectro totalmente diferente al que analizábamos en el caso de un cuerpo al rojo blanco. Este tipo de espectro se denomina *espectro de rayas* y las líneas se denominan *líneas* o *rayas espectrales.* Recuérdese que existe una línea para cada longitud de onda (o color) de la luz emitida por la fuente.

Otros gases calientes emiten diferentes líneas espectrales; la figura 9.16 muestra también los espectros característicos del hidrógeno y del helio. Los espec-

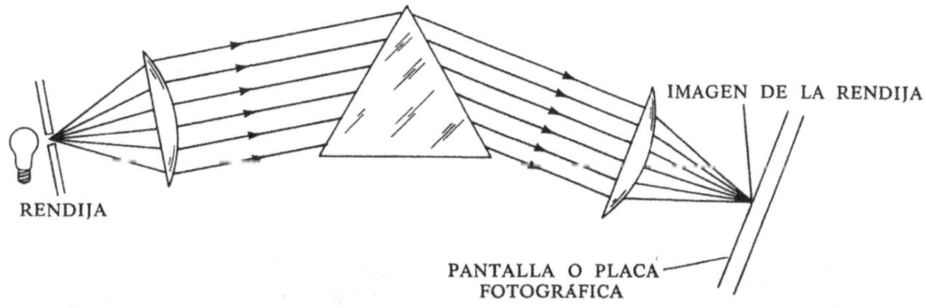

FIG. 9.15. — Formación de una imagen en forma de espectro de rayas en un espectrómetro.

tros son de una importancia extrema por dos razones. La primera es que todos los elementos de la naturaleza emiten su propia serie característica de rayos espectrales. Por lo tanto, la luz emitida por el gas luminoso formado cuando se vaporiza una sustancia desconocida en un arco puede servir para identificar la sustancia. Este método se utiliza mucho en la industria y en la investigación para analizar sustancias. La segunda razón es que históricamente una de las principales piezas de información sobre el átomo y su estructura han sido los espectros de la luz que emiten. Como veremos en el capítulo siguiente, las líneas espectrales emitidas por los átomos proporcionan un medio para ensayar las teorías sobre la estructura atómica. Pero antes de pasar a la estructura atómica necesitamos conocer algunas propiedades más de las ondas.

Interferencias en rendijas

Una de las propiedades más distintivas de las ondas es su capacidad de interferir entre sí. Como vimos en el capítulo 8, pueden contrarrestarse entre sí de modo completo en ciertos puntos. Esto es particularmente sencillo de demostrar utilizando ondas en agua. Sólo necesitamos enviar dos ondas de forma idéntica (denominadas ondas *coherentes*) a la misma región de modo que se crucen entre sí. En su región de solapamiento, interfieren. Las ondas de la figura 9.17*a* muestran claramente este hecho.
Para obtener las dos ondas coherentes podemos utilizar el *principio de Huygens*, un descubrimiento hecho por Christian Huygens (1629-1695):

Cada punto sobre la cresta de una onda actúa como una nueva fuente de crestas de ondas.

Como resultado, si una onda de agua incide sobre una barrera, las crestas de la onda incidente actuarán como nuevas fuentes de ondas del mismo modo que si existiera un agujero en la barrera.
Se ve que esto es cierto en la fotografía de la figura 9.17*b*. Obsérvese que el orificio actúa como una fuente de ondas cuando las crestas inciden sobre él. Las ondas se mueven alejándose en todas direcciones a partir del orificio en la región más allá de la barrera. La parte (c) de la figura es un diagrama que representa esta situación.
El principio de Huygens nos da un procedimiento para obtener dos fuentes de ondas coherentes. Si la barrera tiene *dos* orificios como se ve en la figura 9.18, entonces se envían dos series de ondas idénticas (coherentes) a la región que está al otro lado de la barrera. Como se ve en (*a*), las ondas interfieren entre sí para dar lugar a regiones de perturbación cero y otras regiones de gran perturbación. La figura 9.18b muestra las razones para la existencia de este espectro de interferencias.
ferencias representan las crestas de las ondas que salen de los orificios de la barrera. Los valles están a mitad de camino entre las crestas. De aquí que en las posiciones marcadas por x en la figura, coincidan las

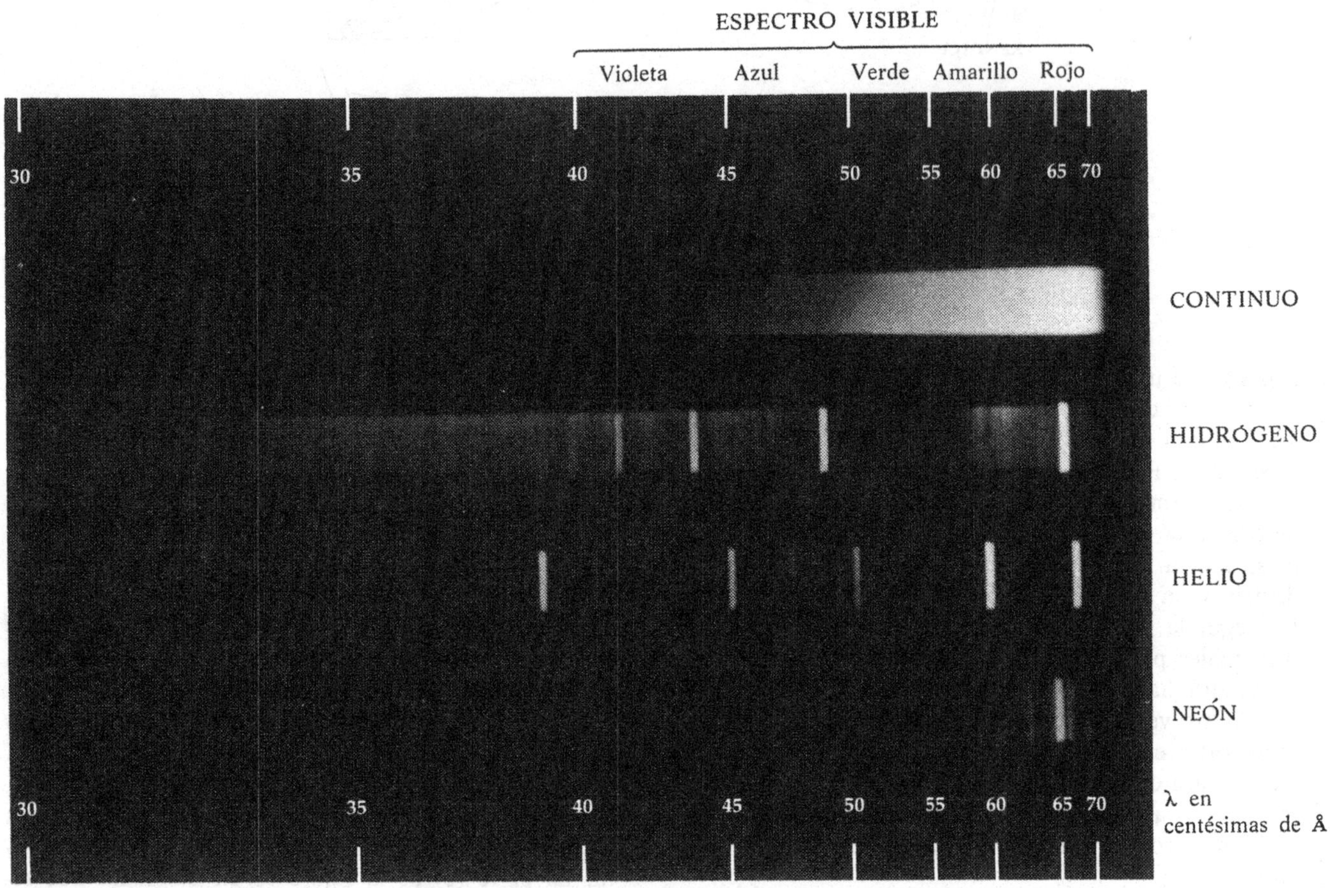

FIG. 9.16. — Espectro de rayas brillantes. El espectro continuo que se ve en la parte superior es típico de objetos calientes e incandescentes como el Sol y el filamento de una lámpara. Obsérvese que la película ha registrado radiaciones ultravioleta hasta 3200 Å, por debajo del umbral de visión del hombre.

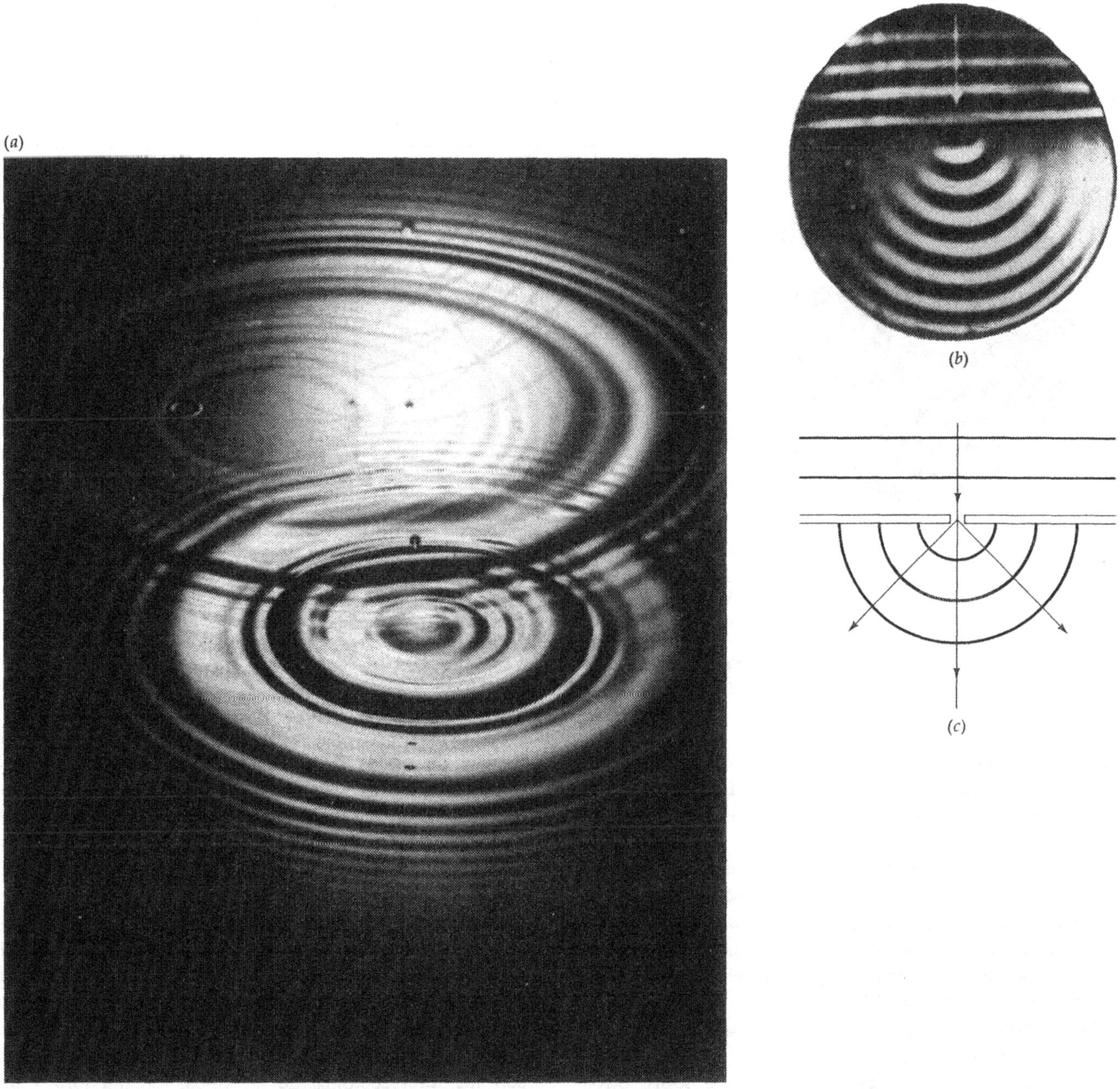

FIG. 9.17. — Las ondas de agua en *(a)* interfieren entre sí cuando se propagan a partir de sus orígenes. En *(b)* y *(c)* se muestran las ondas en el agua que atraviesan una rendija aislada. [*(a) Cortesía de Fundamental Photographs; (b) Cortesía de Ealing Company.*]

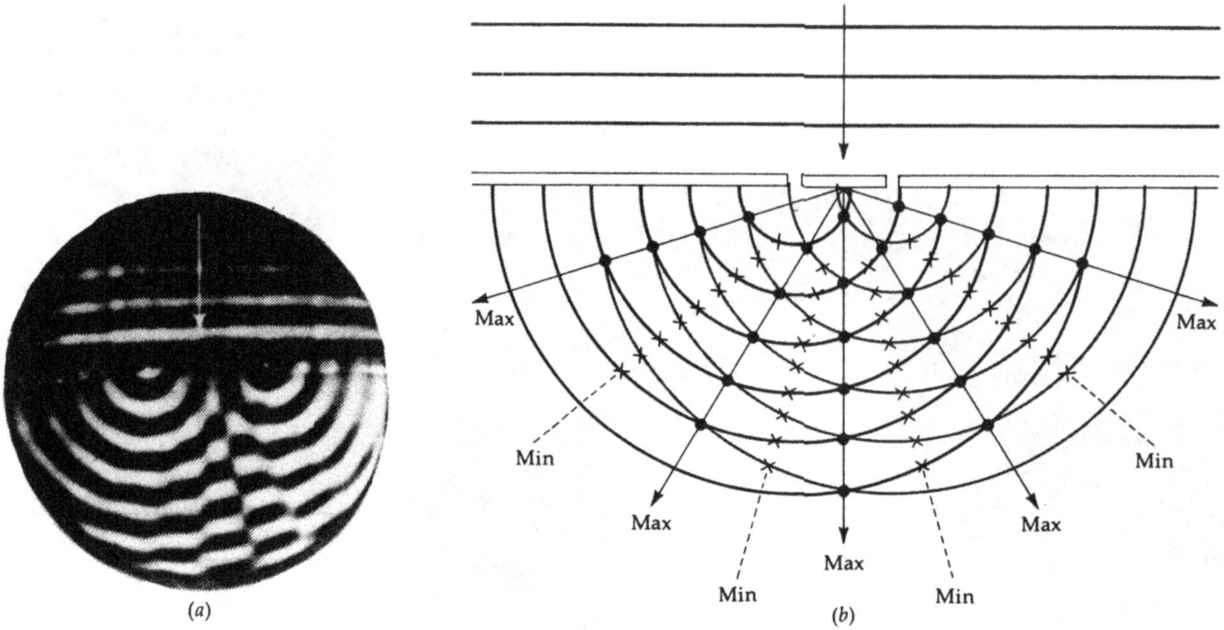

Fig. 9.18. — A lo largo de las líneas señaladas con Max se refuerzan las ondas procedentes de las dos rendijas; se anulan a lo largo de las líneas señaladas con Min. [*Parte (a), E. Leybold's Nachfolger, cortesía de J. Klinger Company.*]

crestas procedentes de un orificio (o rendija) con los valles que vienen de la otra rendija. Las dos perturbaciones pueden así equilibrarse entre sí a lo largo de las líneas a trazos denominadas «min» (correspondientes a mínimo). El lector deberá comprobar por sí mismo que la anulación se produce siempre a lo largo de estas líneas de mínimo cuando las ondas se mueven alejándose de la barrera. Estas son las regiones de aguas calmadas que pueden verse en la parte (*a*) de la figura 9.18.

En las posiciones de los puntos negros a lo largo de las líneas marcadas con «max» en la figura, las crestas caen sobre otras crestas y los valles sobre otros valles. A lo largo de las líneas de máximo, entonces, las ondas procedentes de las dos fuentes se refuerzan entre sí y la perturbación es mayor. También pueden verse estas regiones en la parte (*a*).

Este efecto se aplica a todos los tipos de ondas. Hemos visto que las dos ramas de un diapasón o dos altavoces pueden producir interferencias de las ondas sonoras. Las dos fuentes sonoras actúan como las dos fuentes de ondas de agua, es decir, los agujeros de la barrera. No es sorprendente que las ondas luminosas interfieran también entre sí en estas condiciones. Necesitamos dos fuentes coherentes de luz; éstas pueden conseguirse por ondas de luz plana que inciden sobre dos rendijas que existen en una barrera como se indica en la parte superior izquierda de la figura 9.19. Si una fuente intensa de luz coherente envía luz a través de unas rendijas separadas entre sí 0,01 cm, podremos ver regiones brillantes y oscuras sobre la pantalla situada como se indica en la figura. Estas regiones claras y oscuras denominadas *franjas* son las intersecciones de las líneas de máximo y de mínimo con la pantalla. Una fotografía real del esquema de interferencias de las franjas brillantes en un experimento como éste se indica en la parte derecha de la figura 9.19.

El primero que observó y midió este diagrama de interferencias fue Thomas Young en 1803. Se denomina experimento de la *doble rendija de Young* y demostró de modo concluyente que la luz actúa como

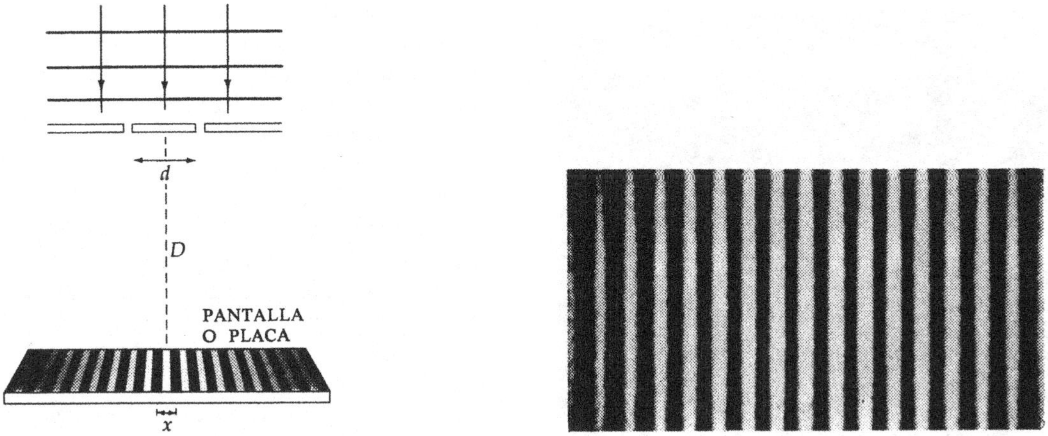

FIG. 9.19. — Diagrama de interferencias con una doble rendija. *(Foto cortesía del Prof. Brian Thompson, Univ. de Rochester.)*

una onda. Además, Young consiguió medir la longitud de onda de la luz a partir de los resultados de este experimento. El cálculo depende del hecho de que las ondas procedentes de las dos rendijas deben estar en fase en los puntos brillantes con objeto de reforzarse entre sí. Como la franja central (o punto brillante) del diagrama equidista de las dos rendijas, las dos ondas la alcanzan en fase. En la franja adyacente a cada lado, la luz procedente de una rendija debe recorrer una longitud de onda λ más que la luz que procede de la otra rendija para que se observe brillo (o sea, refuerzo de la luz). De aquí que exista una relación entre la longitud de onda λ, la distancia entre las franjas x, la distancia entre las rendijas d y la distancia de la rendija a la pantalla D (ver figura 9.19). (Para tener una explicación más detallada de esta relación, ver la página 586 de la referencia 1 de la bibliografía al final de este capítulo.) Esta relación es

$$\frac{x}{D} = \frac{\lambda}{d} \tag{9.1}$$

Como x, D y d se miden fácilmente, puede calcularse la longitud de onda de la luz, λ. Como se indicó previamente, λ varía de 4000 Å para la luz violeta a 7000 Å para el rojo muy oscuro.
Desgraciadamente, las franjas indicadas en la figura 9.19 son demasiado anchas. Como resultado, las longitudes de onda determinadas utilizando una doble rendija no son muy exactas. Para obtener mejor exactitud se utilizan más de dos rendijas. Si se colocan rendijas idénticas paralelamente a las dos originales y separadas también una distancia d, el esquema se vuelve mucho más nítido como se ve en la figura 9.20. (La fuente de luz en este caso es un haz de laser.) Proporciona un haz brillante y muy fino. Debido a sus pequeñas dimensiones, las franjas aparecen en forma de puntos en lugar de líneas.) En la práctica se mide la longitud de onda utilizando una barrera con millares de rendijas paralelas en una región de 1 cm de anchura aproximadamente. Esta barrera, denominada *red de difracción,* produce franjas extremadamente finas y así hace posible determinaciones muy precisas de longitudes de onda.

EJEMPLO 9.2

Cuando se utiliza una longitud de onda desconocida en un experimento de doble rendija, se encuentra que las franjas están separadas 0,10 cm. Si $D = 100$ cm y $d = 0{,}050$ cm en este aparato, ¿cuál es la λ de la luz utilizada?

$$\frac{x}{D} = \frac{\lambda}{d} \quad \text{o} \quad \lambda = \frac{xd}{D}$$

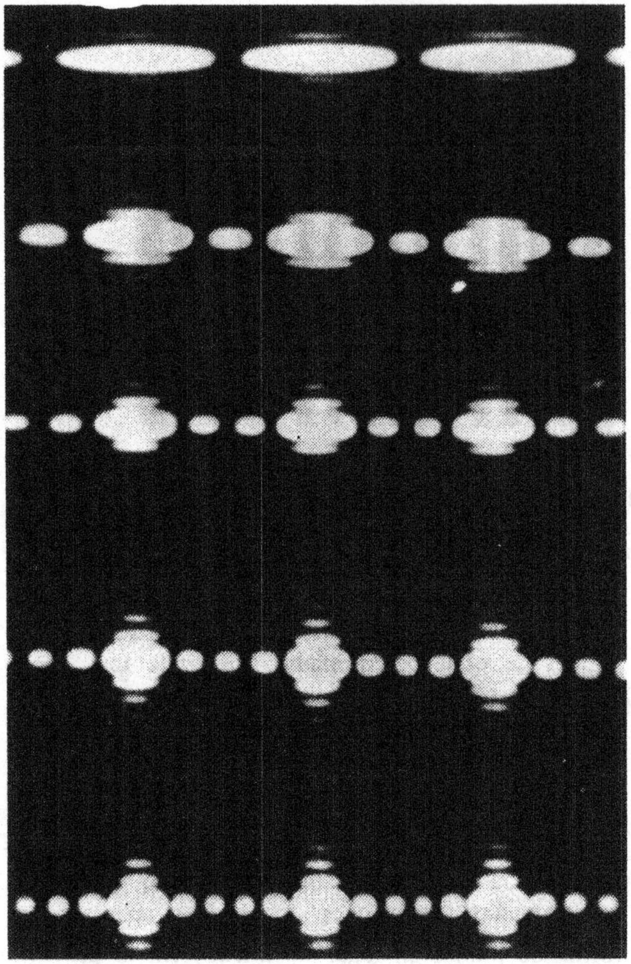

FIG. 9.20. — Diagramas de interferencias obtenidos haciendo pasar un haz de laser a través de un número variable de rendijas; de arriba abajo se utilizaron 2, 3, 4, 5 y 6 rendijas. *(Cortesía del Prof. Brian Thompson, Univ. de Rochester.)*

Como $x = 0{,}10$ cm, encontramos que $\lambda = 5{,}0 \times 10^{-5}$ cm $= 5000$ Å. ¿Qué color tiene la luz de este experimento?

Difracción debida a una abertura

En la figura 9.17 vimos que las ondas se desvían alrededor del borde de una barrera y se esparcen a continuación. Este fenómeno se denomina *difracción*. En el caso de las ondas luminosas, la difracción contradice nuestra hipótesis normal de que la luz se mueve en línea recta.

Normalmente se observa que una barrera situada en el trayecto de un haz paralelo de luz origina una sombra nítida y bien definida. Sin embargo, el examen cuidadoso del borde de las sombras con una lente de aumento demuestra que dicho borde está compuesto de una serie de franjas de interferencias (o difracción) como se ve en la figura 9.21. Evidentemente la luz no se mueve en línea recta *exactamente*; del mismo modo que las ondas en el agua, las ondas luminosas se difractan alrededor de las barreras.

Un ejemplo más chocante de difracción se observa cuando un haz paralelo de luz pasa a través de una rendija muy delgada como se ve en la figura 9.22. En el caso de una rendija de anchura grande w, era de esperar ver una sombra nítida, de modo que la anchura del haz en la película fuese también de anchura w. En vista de que se tiene el efecto de difracción indicado en la figura 9.21, es de esperar también ver franjas finas en los bordes del haz. En el caso de un haz ancho este efecto es despreciable, y por ello normalmente se admite que la luz se mueve en trayectorias rectilíneas en casos como éste.

Cuando se estrecha la anchura de la rendija w, la anchura del haz también disminuye. Sin embargo, cuando las rendijas son muy estrechas, la imagen del haz sobre la película o pantalla empieza a *ensancharse*. Finalmente, cuando el valor de w resulta ser tan pequeño como λ, que es la longitud de onda de la luz que se está utilizando, la imagen se expansiona hasta llenar la película completa. Esto se aclara en la figura 9.22*b*. Si nos referimos de nuevo a la figura 9.17 veremos que las ondas en el agua se ven también influidas de este modo; también las ondas se difractan en toda la región más allá de la rendija, puesto que $\lambda \approx w$ en este caso. La teoría de este tipo de comportamiento se desarrolla en la referencia 1.

La difracción es una característica de todas las formas de ondas. Podemos resumirla del modo siguiente. Cuando una perturbación ondulatoria pasa a través de una abertura de tamaño comparable con λ, la perturbación se difunde de modo que llena la región completa más allá de la abertura. También se presenta un efecto semejante cuando existe una barrera

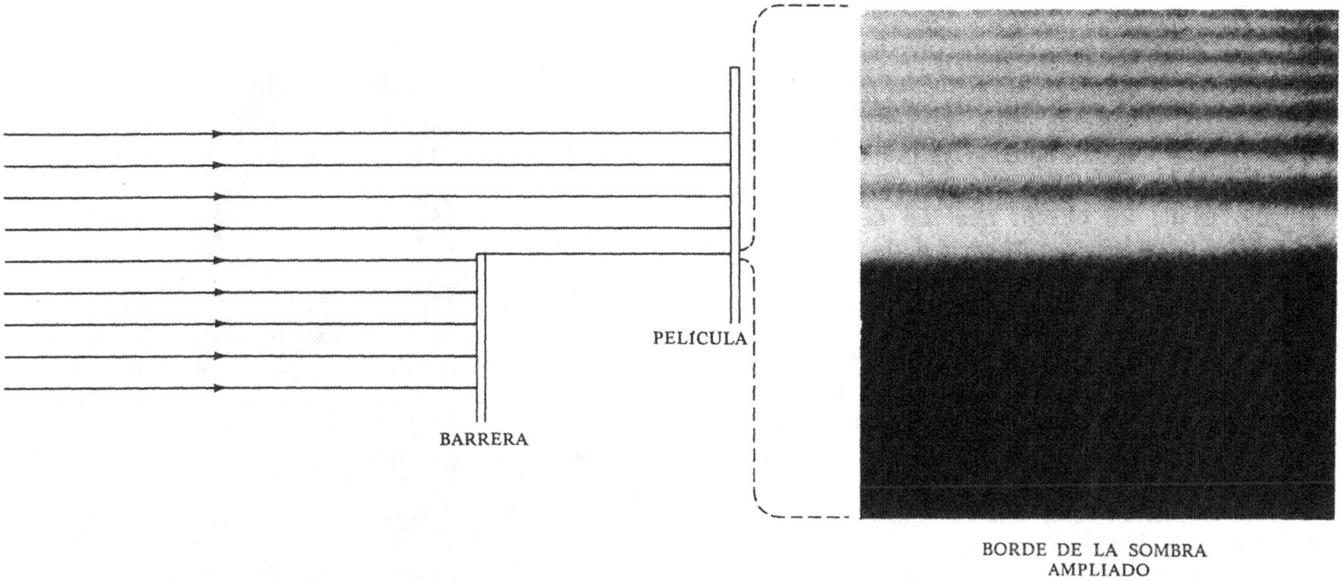

FIG. 9.21. — La sombra parece nítida pero su ampliación demuestra que se compone de una serie de franjas de interferencias. *(Foto, cortesía de Bausch and Lomb.)*

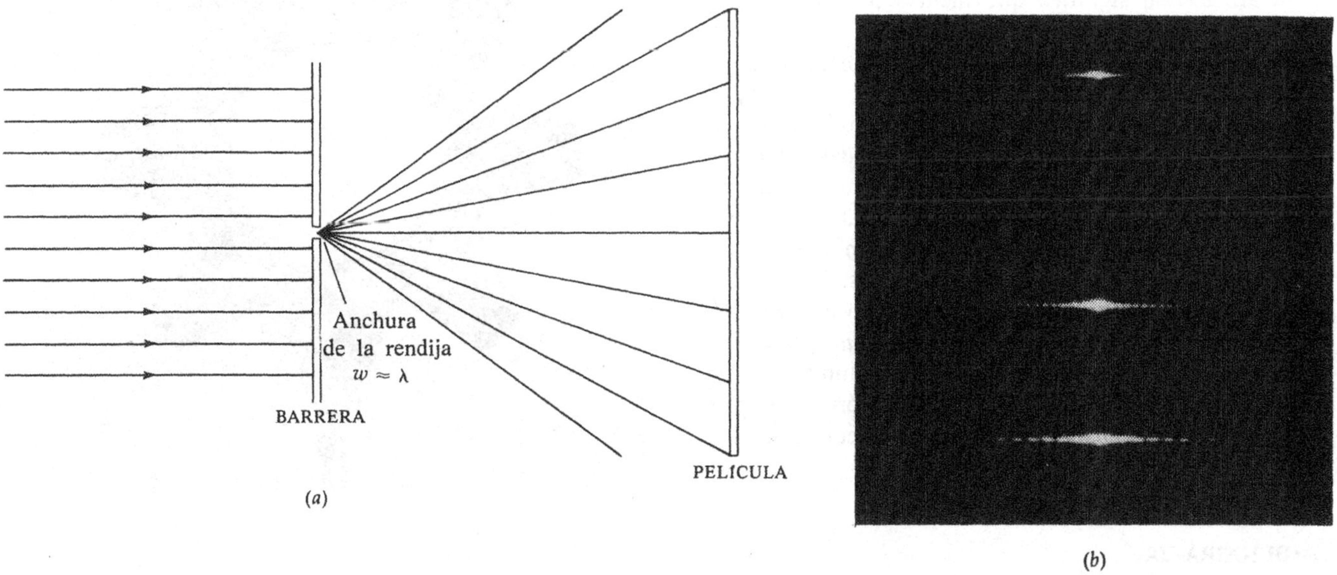

FIG. 9.22. — Cuando la anchura de la rendija w es próxima a λ, la luz procedente de la rendija se dispersa y llena toda la película. Las anchuras de las rendijas utilizadas en *(b)* fueron de arriba abajo 0,0346, 0,0173 y 0,0087 cm. La fotografía se tomó utilizando un haz de laser.

pequeña tal como una varilla o aguja colocada en la trayectoria de una perturbación ondulatoria. Si la dimensión de la barrera es comparable con λ, la perturbación difumina las ondas detrás de la barrera. La figura 9.23 muestra este efecto fotográficamente. En este punto podemos apreciar ya la importancia de la difracción de las ondas. Implica que no podemos ver con detalle los objetos que son de un tamaño próximo al de la longitud de onda de la luz que estamos utilizando para iluminar dicho objeto. Esto es debido a que todo lo que vemos se comporta de un modo semejante a una fuente luminosa procedente de una rendija. Si examinamos un objeto mirándolo a la luz que transmite, el objeto actúa como una rendija a través de la cual pasa la luz. O bien si vemos un objeto mediante la luz que refleja, aquél, como fuente de esta luz, actúa como una rendija. No importa los esfuerzos que hagamos para soslayar esta dificultad; debemos aceptar el hecho siguiente:

> *Es imposible ver detalles que sean menores que la longitud de onda de la radiación utilizada para observarlos.*

Esta afirmación significa que incluso un microscopio perfecto no mostrará detalles de objetos menores de 4000 Å, la longitud de onda de la luz violeta. Podríamos mejorar este aparato utilizando un microscopio de rayos gamma o de rayos X si fuese posible, puesto que estas dos radiaciones tienen longitudes de onda más cortas que la luz. Sin embargo, aunque pudiésemos sobrepasar la dificultad experimental que encierra dicho microscopio, también nos veríamos limitados por las longitudes de onda de estos rayos. Lo que estamos empezando a ver aquí es un hecho que resultó claro entre 1920 y 1930; *nunca podemos describir un objeto con toda exactitud.* Existe un límite fundamental a nuestra capacidad de observación y siempre existirá cierta incertidumbre de nuestro conocimiento de la naturaleza.

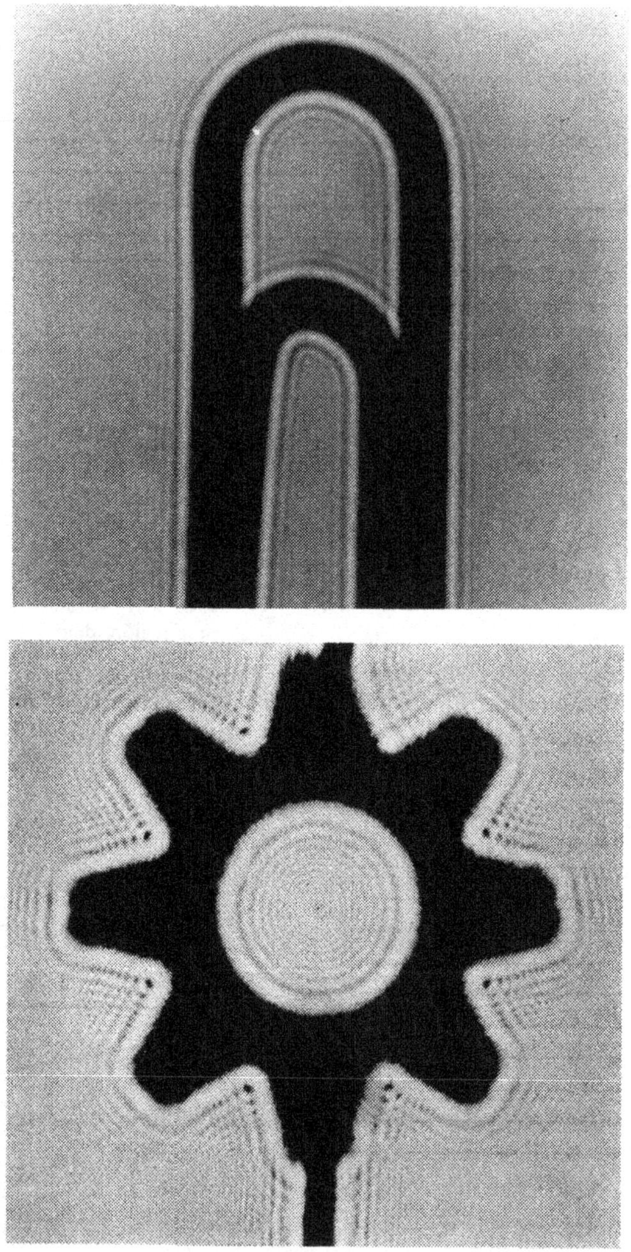

FIG. 9.23.— Sombra de un clip sujetapapeles *(a)* y de una arandela *(b)* en un haz de luz. Obsérvese cómo los efectos de la difracción hacen que las sombras no sean nítidas. [*(a) Cortesía de Fundamental Photographs; (b) cortesía de Bausch and Lomb.*]

BIBLIOGRAFÍA

1. BUECHE, F.: *Principles of Physics,* 2.ª ed., McGraw-Hill, New York, 1972. Véanse capítulos 23-25 para un estudio más detallado de los efectos analizados en este capítulo.

2. HOLTON, G., y ROLLER, D. H.: *Foundations of Modern Physical Science,* capítulos 29 y 30, Addison-Wesley, Reading, Mass., 1958. Contiene algunos de los detalles

históricos relativos al descubrimiento de los efectos de interferencia y de la teoría de la luz.

3. PAGE, R. M.: *Origin of Radar* (rústica), Anchor Science, Doubleday, Garden City, N.Y., 1962. Un estudio no matemático del principio de funcionamiento del radar junto con sus utilizaciones. Fácilmente legible.

4. BATTEN, L.: *Radar Observes the Weather* (rústica), Anchor Science, Doubleday, Garden City, N.Y., 1962. Explica claramente en términos que un profano pueda entender cómo se hacen las observaciones meteorológicas con el radar.

5. VAN HEEL, A. C. S., y VELZEL, C. H. F.: *What is Light?* (rústica), McGraw-Hill, New York, 1968. Un estudio preferentemente no matemático pero con cierto detalle de la reflexión, refracción, interferencia y difracción. Contiene fotografías en color muy atractivas.

6. ANDRADE, E. N.: *Sir Isaac Newton* (rústica), Anchor Science, Doubleday, Garden City, N.Y., 1954. Una interesante descripción de la vida y obra de este gran científico.

7. JAFFEE, B.: *Michelson and the Speed of Light* (rústica), Anchor Science, Doubleday, Garden City, N.Y., 1960. Los métodos más exactos de determinar la velocidad de la luz fueron desarrollados por Michelson. Esta es la historia breve de su trabajo que demuestra la importancia de sus resultados.

8. SHURCLIFF, W. A., y BALLARD, S. S.: *Polarized Light* (rústica), Van Nostrand, Princeton, N.J., 1964. No hemos estudiado esta propiedad de la luz, pero es básica para el funcionamiento de las gafas polaroides y otros muchos efectos. Es una buena introducción al tema.

9. PIERCE, J. R.: *Waves and Messages* (rústica), Anchor Science, Doubleday, Garden City, N.Y., 1967. Un análisis claro y no matemático del empleo de ondas para transmitir información a grandes distancias.

10. WOOD, E.: *Crystals and Light* (rústica), Van Nostrand, Princeton, N.J., 1964. Estudia la interacción de la luz con los cristales. El tratamiento es un poco complicado pero no más allá de la capacidad de cualquier alumno interesado en el tema.

11. FINK, D. G., y LUTYENS, D. M.: *Physics of Television* (rústica), Anchor Science, Doubleday, Garden City, N.Y., 1960. Uno de los ensayos más populares sobre el tema. Nos dice cómo funciona la TV sin ser demasiado complicado.

RESUMEN

Maxwell estableció la conexión entre la luz y las ondas electromagnéticas tales como las ondas de radio. Su teoría del comportamiento eléctrico demostraba que la luz y las ondas electromagnéticas generadas por cargas oscilantes deberían moverse a través del espacio con la misma velocidad, 3×10^8 m/seg. Experimentos posteriores confirmaron esto. Ahora sabemos que la radio, FM, TV, radar, infrarrojos, luz visible, ultravioleta, rayos X y rayos gamma, son todas radiaciones electromagnéticas. Difieren fundamentalmente en su longitud de onda; las longitudes de onda se extienden desde algunos centenares de metros en el caso de las ondas de radio hasta una fracción de 1 Å (1 Å $= 10^{-10}$ m) en el caso de rayos X y rayos gamma. Designamos estas series de ondas como el espectro electromagnético.

Las ondas de radio están generadas por cargas oscilantes sobre un alambre o conductor denominado antena. Los extremos de la antena están cargados alternativamente con cargas positivas y negativas. Esto hace que se produzca un campo eléctrico oscilante próximo a la antena. Moviéndose con la velocidad de la luz *c*, este campo eléctrico oscilante se mueve alejándose por el espacio y somete a las zonas que están incluso muy distantes de la antena a un campo eléctrico oscilante. Cada estación de radio tiene asignada una cierta frecuencia y emite ondas exclusivamente con esta frecuencia. La mayoría de las estaciones de radio funcionan en el margen de frecuencia de 0,5 a $1{,}5 \times 10^6$ Hz.

Las cargas sobre el conductor de la antena se obtienen a partir de un flujo de corriente en la misma. Estas corrientes generan un campo magnético que oscila con la misma frecuencia que el campo eléctrico. Como resultado, los campos eléctricos y magnéticos se combinan para producir una onda electromagnética que se mueve por el espacio a partir de la antena. Todas las radiaciones electromagnéticas desde la radio hasta los rayos X son una combinación de ondas eléctricas y magnéticas. La luz visible tiene longitudes de onda comprendidas entre 4000 y 7000 Å. Para detectar las ondas procedentes de una estación de radio, debe sintonizarse el circuito resonante dentro de la radio (utilizando el mando de sintonía) a la frecuencia de la estación. Cuando una onda de esta frecuencia incide sobre la antena de la radio el circuito resuena y la radio responde a esta estación. La antena receptora puede estar formada por un cable recto que responde al campo eléctrico de la onda o por un cuadro que responde al campo magnético.

Cuando se refleja la luz, el ángulo de incidencia es igual al ángulo de reflexión. Un espejo plano refleja un haz paralelo de la luz sin variación, excepto en lo que se refiere a su dirección de propagación. Pero un espejo adecuadamente curvado refleja todos los rayos de un haz paralelo hasta un punto particular denominado punto focal. Este espejo curvado forma imágenes de objetos distantes cerca del punto focal. Cuando se coloca una fuente luminosa en el punto focal de un espejo curvado, los rayos reflejados forman un haz paralelo de luz.

La velocidad de la luz en el vacío es $c = 3 \times 10^8$ m/seg. Su velocidad v en cualquier otro material o sustancia siempre es menor que c. De aquí que el cociente c/v sea siempre mayor que la unidad. Denominamos este cociente índice de refracción de la sustancia. Valores típico son 1,33 para el agua y 1,5 para el vidrio.

Cuando un haz de luz pasa del aire al vidrio, se desvía. En este caso, el ángulo de incidencia es mayor que el ángulo de reflexión. Esto es siempre cierto cuando el haz entra en una sustancia de mayor índice de refracción. Como los rayos de luz pueden recorrerse en cualquier sentido, se invierte el efecto si la luz pasa a una sustancia de menor índice de refracción.

Cuando un haz de luz paralelo pasa a través de una lente de vidrio, la porción del haz que pasa por la parte más gruesa de vidrio se verá más retardada. De aquí que una lente que sea más gruesa en su centro hace que el haz se enfoque en el punto focal. Las imágenes de objetos distantes se forman cerca de este punto cuando el haz pasa por la lente.

Como los diferentes colores de la luz se refractan en cantidades distintas, un prisma separa la luz en sus diversos colores. Así, pues, el espectrómetro de prisma determina la composición de colores de un haz de luz. Se observan dos tipos fundamentales de luz: un espectro continuo que contiene todos los colores y que es emitido por objetos calientes al rojo blanco; y un espectro de rayas compuesto de sólo ciertas longitudes de onda, que es emitido por los gases brillantes como los anuncios de neón.

Cuando la luz procedente de una fuente pequeña incide en dos rendijas situadas sobre una barrera, éstas actúan como fuentes de luz coherente. Esto aclara el principio de Huygens que establece que cada punto sobre una onda actúa como una nueva fuente de ondas. Más allá de la rendija, estas dos series de ondas interfieren en un esquema de franjas alternativamente claras y oscuras. Esto se conoce con el nombre de experimento de la doble rendija de Young; puede utilizarse para medir la longitud de onda de la luz.

Aunque normalmente consideramos que la luz se mueve en línea recta y proyecta sombras nítidas, esto no es realmente cierto. Cuando pasa a través de una rendija pequeña o incide sobre una barrera, la luz se difunde dentro de las sombras. Este fenómeno se denomina difracción. Cuando la luz pasa a través de una rendija estrecha, las sombras resultan poco claras. Si la anchura de la rendija es igual a la longitud de onda de la luz, la sombra está completamente definida.

La difracción hace imposible ver detalles menores que la longitud de onda de la radiación que se utiliza para la observación. Esto significa probablemente que nunca podremos describir la naturaleza física de cualquier objeto con precisión absoluta.

LISTA DE COMPROBACIONES

1. ¿Cuáles fueron las investigaciones de Maxwell sobre la teoría de la electricidad que le condujeron a descubrir ciertos aspectos de la luz?
2. ¿Cómo se origina la contribución eléctrica de una onda de radio? ¿Y la contribución magnética?
3. ¿Qué es una onda electromagnética? ¿A qué velocidad se mueve en el espacio?
4. En un instante dado, describir las ondas de radio emitidas por una estación próxima.
5. ¿Qué longitud de onda λ tiene aproximadamente una onda de radiodifusión? ¿Una onda de FM o de TV? ¿De radar?
6. ¿Cómo detecta un aparato de radio la parte de campo eléctrico de una onda de radio o de TV? ¿Y la parte correspondiente al campo magnético?
7. ¿Cuál es la función del circuito resonante en un aparato de radio o de TV?
8. ¿Por qué una radio portátil responde mejor a una estación cuando está orientada de cierto modo?
9. Relacionar las ondas siguientes en orden de su longitud λ decreciente: rayos X, infrarrojo, ultravioleta, radio, luz.
10. ¿Qué radiaciones electromagnéticas se han omitido de la lista dada en 9?
11. Relacionar los colores del espectro visible desde

longitudes de onda λ cortas hasta las largas y dar los valores correspondientes a ambos extremos.
12. ¿Qué es la unidad ångström?
13. ¿Cómo puede representarse diagramáticamente una onda por las crestas? ¿Por los rayos? ¿Qué es una onda plana?
14. ¿Qué es el punto focal de un espejo de enfoque? ¿Y de una lente? ¿Cómo pueden utilizarse cada uno de ellos para producir rayos de luz paralelos?
15. ¿Qué se entiende por refracción? ¿Por índice de refracción?
16. ¿Qué es un prisma? Cuando pasa luz blanca a través de un prisma, ¿qué ocurre?
17. ¿Qué es una raya o línea espectral? ¿En qué difieren los espectros de una lámpara de incandescencia y de un gas luminoso? Definir espectros continuos y de rayas.
18. Si dos series de ondas son coherentes, ¿qué hay que decir acerca de estas ondas?
19. ¿Qué pruebas tenemos de que la luz es un fenómeno ondulatorio?
20. ¿Qué es el principio de Huygens?
21. Describir el experimento de la doble rendija de Young y analizar el origen de las franjas de interferencia.
22. ¿Por qué es preferible una red de difracción a una doble rendija cuando se ha de determinar la longitud de onda?
23. ¿Se mueve la luz en línea recta? Explicarlo.
24. ¿Qué se entiende por la palabra difracción?
25. Analizar los esquemas o diagramas de difracción producidos por un borde recto de una barrera y también por una rendija aislada. ¿De qué manera depende el diagrama producido por la rendija de la longitud de onda λ y de la anchura de la rendija?

CUESTIONES

1. Si una onda de radio da origen a un campo eléctrico oscilante, ¿no debería una pequeña bolita cargada positivamente oscilar debido a la acción de la onda de radio? ¿Por qué no podemos observar este efecto?
2. Las ondas de radio pasan fácilmente alrededor de postes metálicos, etc., sin arrojar ninguna sombra definida, mientras que la luz arroja una sombra bien definida. ¿A qué se debe la diferencia?
3. Las ondas de radar son intensamente reflejadas por objetos metálicos y por las nubes de lluvia. Explicar cómo se utiliza este hecho para localizar los aviones y las tormentas.
4. En la parte superior de la atmósfera existe una capa de iones (denominada ionosfera) producida por la radiación procedente del Sol. Las ondas de radio en el margen de AM se ven reflejadas por esta capa, mientras que con las ondas mucho más cortas de TV y de FM no ocurre esto. Explicar por qué las estaciones de radio de AM pueden transmitir a distancias mucho mayores que las estaciones de TV.
5. Explicar cómo un satélite que se mueve sobre el Atlántico en una órbita estacionaria puede utilizarse para transmitir ondas electromagnéticas desde Europa a los Estados Unidos.
6. Cuando un vestido rojo se ve iluminado por luz blanca, ¿por qué parece rojo en lugar de blanco? ¿De qué color se vería si fuese iluminado con luz azul?
7. Cuando se hace pasar luz blanca a través de un vaso de cerveza, la luz transmitida es amarilla. ¿Por qué no es blanca? ¿Qué ocurre cuando se envía a través de la cerveza luz roja o luz azul?
8. Utilizando un aparato de radio pequeño portátil que pueda abrirse para ver la bobina receptora, ¿cómo puede determinarse si una estación de radio próxima tiene una antena vertical u horizontal?
9. Los aparatos de cocinar de microondas calientan las sustancias húmedas como la carne, induciendo corrientes de Foucault que circulan debido a los campos magnéticos variables producidos por las ondas. Explicar por qué las ondas de radar son eficaces en este contexto, mientras que las ondas de radio no lo son.
10. Alguien ha afirmado que cerca de una torre de transmisión de radio de gran potencia, pueden observarse chispas que saltan hacia una cerca metálica de una granja. ¿Puede ser cierto esto?
11. ¿Cómo podría determinarse la distancia focal de un espejo cóncavo? ¿De una lente convergente? (La distancia focal es la distancia desde la superficie del espejo o de la lente hasta el punto focal.)
12. Un submarinista tiene una linterna cuya luz en-

vía hacia arriba, hacia la superficie del agua. Dibujar un diagrama que muestre con qué ángulo emerge la luz hacia el aire cuando ilumina hacia arriba con ángulos diversos. Obsérvese que cuando el ángulo formado por el haz de luz y la vertical es mayor que un determinado valor, el haz no puede emerger de la superficie. Decimos que el haz sufre una *reflexión interna total.*

13. Un pez bajo la superficie de un estanque en reposo puede ver a un pescado en la orilla mirando la superficie con un ángulo aproximadamente de 50° respecto a la vertical. ¿Por qué no necesita ascender hasta la superficie y mirar a lo largo de la misma para ver la orilla?
14. Cuando un haz de luz entra en un cristal de diamante, tiene dificultad en emerger. Explicar por qué. ¿Por qué en vista de ello el diamante lanza destellos?
(*Indicación*: Ver la cuestión 12 y observar que el diamante tiene un índice de refracción muy elevado.)
15. Si se examina la imagen del Sol o de una lámpara luminosa formada sobre una lámina de papel mediante una lente de vidrio gruesa, se observará que la imagen tiene bordes coloreados. ¿Cómo se produce esta separación de colores?
16. Los colores brillantes que se ven en las películas de aceite sobre el agua, lo mismo que en las burbujas de jabón, son el resultado de interferencias. Un haz de luz que entra en la película se ve parcialmente reflejado en la superficie superior de la misma y parcialmente en la superficie inferior produciendo dos ondas coherentes que han recorrido distancias diferentes. Explicar cómo se refleja la luz roja fuertemente en ciertos lugares, mientras que en otros es la luz azul la que se refleja intensamente.
17. En las lentes de las mejores cámaras y prismáticos se utilizan ampliamente recubrimientos antirreflectantes. Se coloca en la parte superior de la lente una capa fina de material transparente. (Se puede decir si una lente tiene esta capa mirando la luz reflejada procedente de ella. Puesto que es no reflectante para un solo color, la luz reflejada resulta coloreada.) Explicar por qué una capa de este tipo puede producir que un color dé una intensidad reflejada nula. (*Indicación*: ver cuestión 16.)
18. Existe un límite respecto a la anchura de una fibra muy fina que puede medirse mediante el empleo de un microscopio luminoso. Explicar la razón. ¿Podemos decir que existe en el campo de visión de un microscopio una fibra mucho menor que la longitud de onda de la luz?

PROBLEMAS

1. ¿Con qué frecuencia deben oscilar las cargas en una antena de una estación de radio si ha de emitir ondas de radar de 3 cm?
2. Cuando se escucha una estación de radio que funciona a 1200 kHz, ¿a qué frecuencia está sintonizado el circuito resonante dentro del aparato de radio? ¿Cuál es la longitud de onda de las ondas procedentes de esta estación?
3. A partir del hecho de que un rayo de luz puede invertirse, demostrar que un rayo luminoso que entra en una lámina plana paralela gruesa de vidrio con un ángulo de 30°, también saldrá formando un ángulo de 30°. ¿Cómo influye la lámina gruesa de vidrio sobre un haz de luz?
4. Cuánto tiempo tardará una señal de radar que rebota en la superficie de la Luna en hacer el recorrido completo desde la Tierra (distancia a la Luna $= 3{,}8 \times 10^8$ m).
5. Galileo intentó medir la velocidad de la luz colocando una persona auxiliar a una distancia de 1 km aproximadamente y anotando el tiempo que tardaba un pulso de luz en recorrer dicha distancia. Explicar por qué no tuvo éxito.
6. Teniendo en cuenta que el área de una esfera es $4\pi r^2$, siendo r el radio de la esfera, demostrar que la intensidad luminosa (o energía que incide sobre el ojo) procedente de una lámpara deberá disminuir aproximadamente según $1/r^2$.
7. Para proyectar un experimento de Young de doble rendija para los rayos X de 3 Å, ¿a qué distancia entre sí deberán estar las rendijas para que las franjas sobre una pantalla alejada 100 cm de las mismas estén separadas 5,0 cm? Puesto que los átomos tienen un ångström de diámetro, ¿qué interés práctico tiene esta idea?
8. Supóngase que un experimento de una rendija de Young se lleva a cabo con ondas sonoras coherentes que atraviesan dos orificios en una pared. Los orificios están separados 1,0 m sobre una línea horizontal y la longitud de onda del sonido es 0,3 m. Un hombre que pase paralela-

mente la pared a 40 m de ella y frente a los orificios, observa que el sonido es alternativamente fuerte y débil a lo largo de su marcha. ¿Cuál será la separación entre los puntos en donde el sonido es más intenso?

Capítulo 10

Los veinticinco años dorados

El primer cuarto de ese siglo fue una era sin precedentes, de importantes descubrimientos en los campos de la Física y de la Química. Entre los secretos de la naturaleza revelados por el trabajo de Einstein, Planck, de Broglie y otros podemos citar lo siguientes: la masa puede crearse y destruirse; las partículas tienen propiedades ondulatorias; las ondas electromagnéticas tienen propiedades corpusculares. En este capítulo estudiaremos las teorías propuestas por estos científicos para explicar comportamientos tan diversos como el flujo de energía procedente del Sol y la radiación luminosa de los átomos. Veremos cómo la perspectiva que nos brindaron ha alterado no solamente el curso de la ciencia, sino toda la civilización.

Movimiento relativo

Poco antes de 1900, se consiguió medir la velocidad de la luz con toda precisión. Utilizando interferencias de ondas luminosas, los científicos pudieron comparar velocidades de la luz en diversas direcciones sobre la Tierra con enorme precisión. Se había predicho (y ampliamente aceptado) que la velocidad de la luz en movimiento paralelo al de la Tierra debería ser ligeramente diferente de la velocidad de la luz que se moviese perpendicularmente al movimiento de aquélla. Esta creencia se basaba en la noción errónea de que la luz era un movimiento ondulatorio del éter, un material nebuloso que se admitía que llenaba todo el espacio (ver referencia 1 al final de este capítulo para un estudio de la historia de estas ideas).

Los experimentos realizados en los comienzos de este siglo contradijeron estas predicciones. Desde entonces se han verificado muchos experimentos sobre si la velocidad de la luz (en el vacío) depende del movimiento de la fuente luminosa y del movimiento de la persona que está midiendo la velocidad de la luz. Todos estos experimentos han confirmado lo siguiente:

> *La velocidad de la luz (y de toda la radiación electromagnética) a través del vacío es siempre la misma, c, y es independiente del estado de movimiento de la fuente de radiación o del observador.*

Este hecho, aparentemente inocuo, tiene una importancia fundamental.

Antes de que se descubriese la constancia de la velocidad de la luz, se creía que la luz proporcionaría un medio de detectar la velocidad absoluta de un objeto. Para ver por qué esto debía ser así debemos primero darnos cuenta de que todas las velocidades que normalmente medimos son velocidades relativas. Es decir, podemos decir con qué rapidez se está moviendo un coche sobre el suelo; pero esta velocidad es solamente la relativa a la carretera; la propia Tierra se está moviendo alrededor del Sol y el sistema solar completo está evidentemente moviéndose por el espacio. Es claro que podemos medir la velocidad del coche respecto a la Tierra o al Sol o incluso respecto a las estrellas distantes. Pero todas estas velocidades son relativas, velocidades medidas respecto algún otro objeto; no nos dicen nada sobre la velocidad del coche en ningún sentido absoluto.

Sin embargo, si el éter llenase todo el Universo y estuviese en reposo, entonces sólo necesitaríamos medir la velocidad de la Tierra a través del éter para poder especificar las velocidades de los demás objetos con respecto a él. Estas velocidades serían absolutas. Por esta razón alrededor del año 1900, los científicos medían las velocidades de la luz para determinar la velocidad de la Tierra en su movimiento a través del éter. Cuando descubrieron que la velocidad de la luz no se ve influida por el movimiento de la fuente luminosa o del observador, se dieron cuenta de que su hipotético éter no era necesario para explicar la propagación de las ondas luminosas y pronto abandonaron el concepto de un éter estacionario.

En 1905, los resultados experimentales proporcionaron pruebas convincentes para la siguiente hipótesis:

Sólo pueden medirse velocidades relativas.

Esta afirmación, tan simple como decepcionante, sugiere un hecho fundamental de la naturaleza. Cualquier experimento cuidadoso realizado en un laboratorio aislado dará el mismo resultado independientemente de la velocidad del laboratorio. Por ejemplo, supongamos que el laboratorio está en un vagón cerrado de un tren que marcha a una velocidad constante sobre vías rectas. No importa lo que hagamos *dentro* del coche, el resultado será el mismo, tanto si el coche está en reposo como si está en movimiento. Sin mirar hacia fuera del coche (que denominaremos nuestro *sistema* de referencia) no puede realizarse ningún experimento que nos diga cuál es la velocidad del coche debido a que sólo podemos determinar la velocidad respecto a otras cosas (otros sistemas de referencia). No podemos hallar velocidades absolutas. Por lo tanto, debemos llegar a la conclusión de que todos los sistemas de referencia que se mueven con velocidad constante son comparables. Cualquier experimento cuidadoso realizado en un laboratorio que se mueve a velocidad constante dará el mismo resultado en cualquier otro laboratorio a velocidad constante, aunque sus velocidades no sean iguales. De aquí que cualquier ley de la naturaleza descubierta en dicho laboratorio (o sistema de referencia) será igualmente cierta en cualquier otro sistema de referencia de velocidad constante. Puesto que una de las leyes fundamentales de la naturaleza es la ley de Newton de la inercia (la primera ley del movimiento), suele denominarse a este sistema de referencia un *sistema de referencia inercial.* Todos los sistemas de referencia no acelerados son sistemas de referencia inerciales. *Las leyes de la naturaleza son las mismas en todos los sistemas de referencia inerciales.*

Aunque no podamos medir la velocidad absoluta, podemos medir la aceleración absoluta. Considérense dos trenes que se mueven uno junto al otro en vías paralelas y a la misma velocidad. Un pasajero en uno de los trenes, se ha dado cuenta de repente de que su tren parece estar acelerándose cuando lentamente adelanta al otro; ¿o bien es el otro tren el que se está desacelerando mientras el que está ocupado por el pasajero sigue a la misma velocidad constante? Muchos pasajeros han experimentado un momento de confusión como éste. Si tiene un instrumento adecuado para medir la aceleración, puede resolver su confusión sin mirar a ningún otro tren. Si su tren está sufriendo aceleración, está siendo sometido a una fuerza no equilibrada que el pasajero puede medir sin referencia a ninguna otra exterior a su vagón. (Si su vagón no está sufriendo una fuerza no equilibrada, el otro tren debe estar sufriendo la aceleración que observa; pero en este caso sólo puede medir las velocidades relativas de ambos vagones.) Si al vagón ocupado por el pasajero se le está dando una desaceleración grande, las fuerzas que intervienen en el proceso son en correspondencia grandes también. De aquí que el pasajero sepa rápidamente que es su tren el que está desacelerándose si se aplica repentinamente el sistema de frenado de seguridad del tren. Recuérdese que, a diferencia del movimiento a velocidad constante, las aceleraciones exigen la presencia de fuerzas; estas fuerzas nos permiten medir aceleraciones absolutas.

Einstein y la relatividad

Las consideraciones de las secciones anteriores pueden parecer de pocas consecuencias para nosotros. Sin embargo, Einstein fue capaz de deducir conclusiones de una importancia enorme. Todas ellas están encerradas en su *teoría de la relatividad,* basada enteramente sobre los dos postulados siguientes:

1. Las leyes de las ciencias físicas son las mismas en todos los sistemas de referencia inerciales.
2. La velocidad de la luz en el vacío es la misma para todos los observadores y es igual a *c*.

Todas las pruebas experimentales demuestran que estos postulados son correctos.

Aunque no intentaremos explicar el proceso de deducción de Einstein, es posible mostrar, utilizando un experimento mental sencillo, cómo estos dos postulados conducen a los resultados inesperados que obtuvo. (En las referencias al final de este capítulo pue-

AMERICAN INSTITUTE OF PHYSICS

ALBERT EINSTEIN (1879-1955)

Cuando era alumno, Einstein estuvo a disgusto en el rígido y militarista sistema escolar de su Alemania natal. Su extraordinaria capacidad y su gran interés por la física florecieron cuando se trasladó a Zurich para completar sus estudios. A pesar de sus excelentes referencias no pudo encontrar trabajo en la enseñanza y tuvo que colocarse en la oficina de patentes, continuando sus estudios sobre la física teórica en sus ratos libres. A los 26 años publicó artículos sobre el movimiento browniano, el efecto fotoeléctrico y la relatividad. Cualquiera de ellos merecía el Premio Nobel (premio que recibió por su trabajo acerca del efecto fotoeléctrico). Estos famosos trabajos fueron el comienzo de una larga y brillante carrera. Escapó de la Alemania de Hitler y en 1940 se nacionalizó americano. Debido parcialmente a sus esfuerzos, los Estados Unidos reunieron a muchos de los mejores científicos del mundo con objeto de desarrollar la bomba atómica antes de que lo hiciese la Alemania nazi. Además de ser el científico moderno de mayor fama, Einstein fue notable por su cálida personalidad y por su profundo interés por la paz y la justicia social.

den encontrarse algunos estudios cuantitativos sencillos.)

Pensemos en un cohete que se mueve paralelamente a la superficie de la Tierra con una velocidad elevada, como se ve en la figura 10.1. Supongamos que su velocidad es v respecto a la superficie de la Tierra.

A partir del postulado 1 sacamos la conclusión de que el tripulante no puede decir si él mismo se está moviendo, si restringimos sus observaciones al sistema de referencia de la propia nave. Impondremos esta restricción. Puesto que no tenemos que preocuparnos acerca de los gastos, supongamos que la nave tiene una varilla de varios kilómetros de largo extendiéndose delante de la misma. Llamemos a la longitud de la varilla D_s. Además, admitamos que el tripulante puede emitir un pulso de luz desde la punta de la nave. Cuando el pulso de luz alcance el extremo alejado de la varilla, es detectado por un dispositivo en el extremo de la misma según se indica. (Por ejemplo, el pulso luminoso puede enviarse desde una lamparita y el detector podría ser una célula fotoeléctrica.)

Supongamos ahora que el tripulante mide el tiempo que tarda el pulso de luz en ir desde la punta de la nave al extremo alejado de la varilla recorriendo la distancia total D_s. Denominemos a este tiempo t_s Como velocidad = distancia dividida por tiempo, la velocidad del pulso de la luz puede calcularse; será D_s/t_s. Pero, de acuerdo con el postulado 2, la respuesta debe ser la velocidad conocida de la luz c. De aquí que el tripulante llegue a la conclusión de que

$$\text{Velocidad de la luz} = c = \frac{D_s}{t_s}$$

Consideremos ahora cómo verá este experimento un observador situado en la Tierra debajo de la nave espacial. Verá el pulso de luz emitido cuando la punta de la nave esté encima del punto A sobre el suelo. Cuando el pulso alcanza el detector en el extremo de la varilla, según se ve en (b), el pulso está encima del punto B situado sobre el suelo. (Recuérdese que la nave se está moviendo hacia la derecha y así se mueve a la posición indicada en (b) durante el tiempo que el pulso de luz tarde en recorrer la distancia que le separa del detector.) Utilizando el símbolo D_e para representar la distancia desde A hasta B, el observador en tierra deberá llegar a la conclusión de que el pulso se movió una distancia D_e. Su reloj para medir

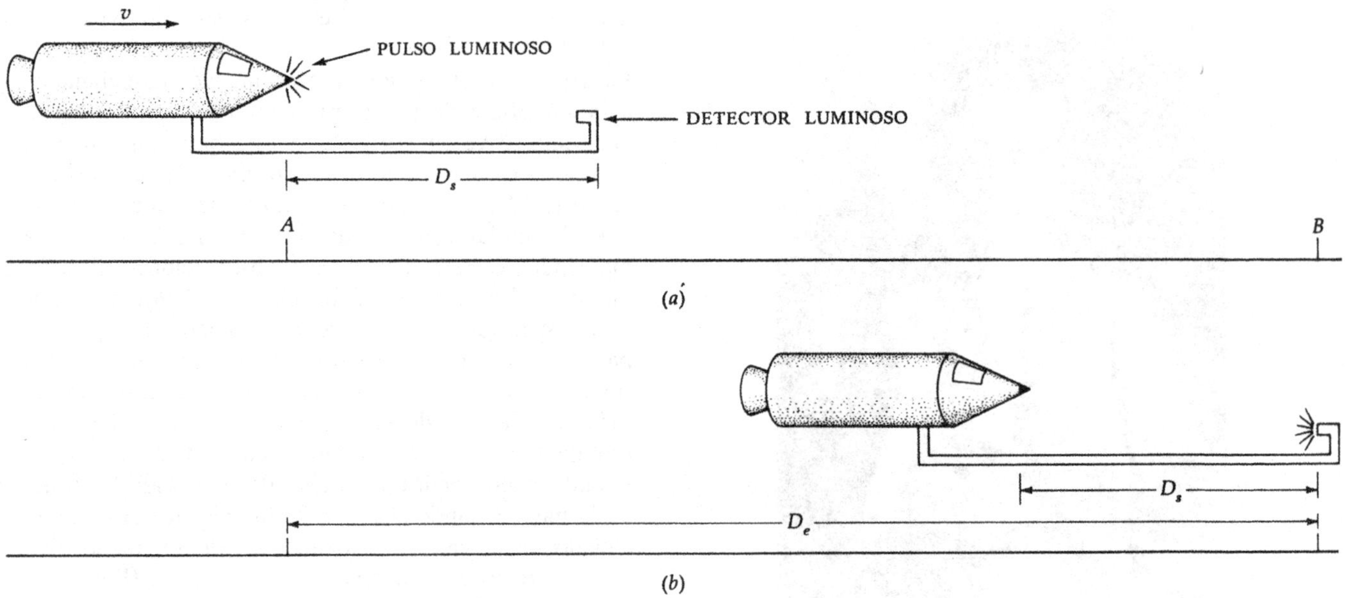

FIG. 10.1. — El pulso luminoso resulta tener la velocidad c tanto si la mide un hombre en el suelo como otro situado en la nave.

tiempos demuestra que ha tardado un tiempo t_e para que ocurra esto. Por tanto, si utiliza la ecuación *velocidad = distancia dividida por tiempo* para calcular la velocidad de la luz, encontrará

$$\text{Velocidad de la luz} = c = \frac{D_e}{t_e}$$

Si comparamos estos dos resultados, vemos que parecen no coincidir. De acuerdo con nuestro modo usual de pensar, t_s y t_e deberían ser iguales, puesto que ambos observadores midieron el mismo suceso, el tiempo empleado para que el pulso de luz alcanzase el detector. Pero D_e es claramente mayor que D_s y así pues D_s/t_s no puede ser igual a D_e/t_e. Pero acabamos de decir que *son* los mismos y que *son* iguales a la velocidad de la luz de acuerdo con los dos postulados de Einstein. Algo debe estar equivocado en nuestro modo normal de examinar las cosas.

Si estamos deseosos de aceptar las nuevas ideas, existe un modo de resolver este dilema. Quizás el movimiento del reloj de la nave se ve frenado debido a su movimiento. En este caso la lectura t_s debería ser menor que t_e. Entonces, aunque D_s sea menor que D_e, el cociente D_s/t_s puede todavía ser igual al cociente D_e/t_e, puesto que también es cierto que t_s es menor que t_e. De aquí que una posible explicación consiste en que los relojes móviles marchan más despacio como resultado de alguna ley de la naturaleza previamente no conocida.

Pero existe otro modo de resolver el dilema. Supongamos que el tripulante de la nave mide la varilla en el suelo antes del vuelo y luego la mide de nuevo durante el vuelo y halla que tiene exactamente la misma longitud las dos veces. Denomina dicha longitud D_s y la utiliza en su fórmula. Cuando vuelve al suelo, compara su medida D_s con la del observador en el suelo, D_e, y encuentran que son idénticas. En otras palabras, D_s parece ser más corta que D_e sólo al observador en el suelo que vigila la trayectoria de la nave espacial cuando pasa sobre él con una velocidad elevada v. Si esto fuese cierto, el tripulante de la nave debería estar viendo todo como si fuese normal, pero la longitud de los objetos que se mueven parecería al observador estacionario sobre el suelo que se encogían a lo largo de su línea de movimiento. Hay que admitir que esta explicación aparece muy «rebuscada» y puede ser olvidada si el lector no acepta fácilmente ninguna de estas interpretaciones. El análisis y discusión de Einstein del problema no fue aceptado inmediatamente ni siquiera por los propios científicos. Einstein demostró cuantitativamente que ambas interpretaciones eran parcialmente correctas. Utilizando un método de enfoque mucho más general llegó a las siguientes conclusiones universalmente aplicables:

> *Cuando un objeto o mecanismo medidor del tiempo se mueve con velocidad v y pasa sobre un observador, el observador estacionario observa lo siguiente:*
> *1. El mecanismo móvil de medida del tiempo se retrasa en un factor de* $\sqrt{(1 - (v/c)^2}$.
> *2. Todos los objetos móviles parecen encogerse a lo largo de su línea de movimiento; las longitudes en la dirección del movimiento disminuyen en un factor de* $\sqrt{1 - (v/c)^2}$, *siendo c la velocidad de la luz en el vacío,* $2{,}998 \times 10^8$ m/seg.

En otras palabras, Einstein confirma nuestras sospechas. El reloj de la nave está midiendo el tiempo demasiado lentamente; el tiempo que lee no será t_e, sino $t_e\sqrt{1 - (v/c)^2}$. Análogamente, todas las reglas o varillas de la nave se encogerán a lo largo de la trayectoria del movimiento y así medirán la distancia D_s de modo que parezca más larga que lo que medirían las otras reglas en reposo. Debido a la combinación de ambos efectos, D_s/t_s seguirá dando la velocidad de la luz *c*.

La cantidad algebraica de Einstein $\sqrt{1 - (v/c)^2}$ se denomina *factor relativista.* Es el factor de acortamiento de las longitudes y de retraso de los relojes. Esta cantidad varía con *v*, velocidad del objeto móvil como se ve en la tabla 10.1 y figura 10.2, en donde se da la velocidad respecto a la de la luz.

TABLA 10.1. *Factor relativista*

v/c	0	0,01	0,10	0,20	0,50	0,70	0,90	0,99	0,999
$\sqrt{1 - (v/c)^2}$	1,000	0,99995	0,990	0,98	0,87	0,71	0,44	0,14	0,045

Para interpretar la tabla y el gráfico recordemos que la velocidad de la luz es aproximadamente 300 000 km/seg. Este valor es alrededor de 100 000 veces mayor que la velocidad de un avión supersónico. De aquí que en el caso del avión más rápido, v/c es menor de 0,00001 y el factor relativista es casi la uni-

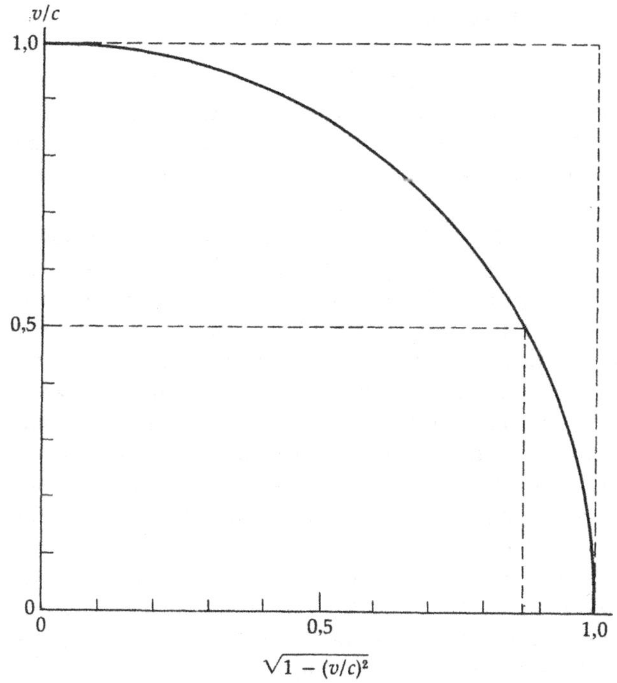

FIG. 10.2. — Factor relativista $\sqrt{1 - (v/c)^2}$.

dad. Evidentemente no será fácil encontrar pruebas de la contracción relativista de longitudes y de la dilatación del tiempo (la deformación del tiempo por el retraso o retardo relativista de los mecanismos o aparatos de medida del tiempo). Sólo en el caso de las partículas de tamaño atómico se han conseguido velocidades suficientemente próximas a la de luz, de modo que el factor relativista resulte mucho menor que la unidad.

Quizá sea afortunado que un objeto haya de moverse con una velocidad extremadamente alta antes de que puedan observarse los efectos relativistas. La vida sería muy diferente si v/c fuese aproximadamente la unidad para una velocidad de 60 km/h, por ejemplo. El físico George Gamow da una explicación muy entretenida de la vida tal y como resultaría en estas condiciones en su libro, *Mr. Tompkins in Wonderland* (referencia 2, al final de este capítulo).

Existe una velocidad límite

La teoría de la relatividad hace otras dos importantes predicciones. Para la primera nos referiremos de nuevo a la figura 10.1. En ella, admitimos implícitamente que la nave espacial se está moviendo más lentamente que el pulso luminoso.
Sin embargo, si la nave se moviese más aprisa que la velocidad de la luz *c*, el pulso luminoso, que se mueve por delante de la nave, también debería estar moviéndose con una velocidad superior a *c*. Pero esto contradice el segundo postulado de Einstein. Debemos concluir que o bien el postulado está equivocado o la velocidad de la nave no puede superar a *c*. Como una gran cantidad de experimentos han confirmado las predicciones hechas a partir del postulado, estamos inclinados a aceptar la última alternativa. Realmente, han habido muchos intentos de acelerar partículas a velocidades mayores que la velocidad de la luz y todos han fallado. Por lo tanto, aceptaremos como predicción correcta de la teoría de la relatividad de Einstein lo siguiente:

> *Ningún objeto material puede acelerarse a velocidades mayores que c, velocidad de la luz en el vacío.*

Esta predicción está apoyada por los resultados que mostramos en la figura 7.23, que vuelve a dibujarse aquí en la figura 10.3. Demuestra que la masa medida de una partícula aumenta cuando aumenta la velocidad de la partícula y que la masa de la partícula llega a ser extremadamente grande cuando su velocidad tiende a *c*. Como la masa mide la inercia de un objeto, cuanto mayor es la masa, más difícil es acelerar el objeto. Si la masa de un objeto tiende a infinito cuando la velocidad del objeto se aproxima a la de la luz, no será posible encontrar ninguna fuerza que pueda acelerarla más. Su velocidad nunca puede exceder la de la luz.

Conversión mutua masa-energía

Mucho antes de que se midiese, Einstein predijo este aumento de masa de un objeto al aumentar su velocidad. A partir de los dos postulados de su teoría de la relatividad, demostró que

> *Un objeto que tiene una masa m_0 cuando está en reposo (su masa en reposo), manifestará una masa*
>
> $$m = \frac{m_0}{\sqrt{1-(v/c)^2}}$$
>
> *cuando se mueva con velocidad v.*

Posteriormente, cuando se realizaron los experimentos necesarios, se demostró que las variaciones de masa con la velocidad tienen exactamente los mismos valores que predice esta relación. Obsérvese que cuando $v = c$, el denominador resulta ser nulo. Puesto que $m_0/0 \rightarrow \infty$ (es decir, la masa en reposo dividida por cero tiende a infinito), la masa de un objeto se hace infinita cuando se acerca a la velocidad de la luz. Esta es la razón por la cual ningún objeto puede acelerarse más allá de la velocidad de la luz.

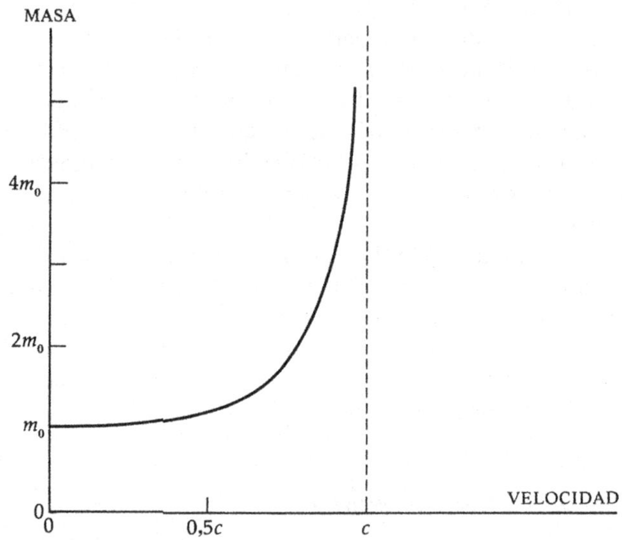

FIG. 10.3. — Cuando la partícula se acerca a la velocidad de la luz, su masa se hace cada vez mayor que su masa en reposo m_0.

Einstein analizó ulteriormente este caso y demostró que el aumento de masa de un objeto está relacionado directamente con el trabajo realizado en su aceleración. Encontró también que el fenómeno es incluso más general que la simple relación entre el trabajo y la masa:

> *Cuando la energía de un objeto varía en una cantidad ΔE,* su masa se modifica en una cantidad Δm tal que*
>
> $$\Delta E = \Delta mc^2$$
>
> *siendo c la velocidad de la luz.*

Esta relación se escribe frecuentemente como $E=mc^2$, entendiendo que una masa m es equivalente a una energía E según viene dada por la relación indicada. Esta equivalencia de masa y energía es básica para la producción de energía nuclear.

Ya no podemos seguir creyendo que «la materia no puede crearse ni destruirse». Cada vez que damos a un objeto energía, bien sea ésta potencial, cinética, térmica o de cualquier otro tipo, parece aumentar ligeramente la masa del objeto. Cuando hacemos disminuir la energía de un objeto, su masa también disminuye. Aunque estas variaciones de masa son demasiado pequeñas para ser medidas, excepto en casos muy raros, la existencia de la energía nuclear y de la bomba de hidrógeno son pruebas convincentes de las mismas como veremos en el capítulo 12.

Dilatación del tiempo y la paradoja de los gemelos

Aunque la relación masa-energía de Einstein es fácil de comprobar, las predicciones sobre la contracción de las longitudes y la dilatación del tiempo son menos fácilmente demostrables. En esta sección estudiaremos un experimento que demuestra que los relojes móviles parecen realmente medir el tiempo demasiado lentamente. Para comprender el experimento debemos recordar que el tiempo puede medirse de muchas maneras diferentes. Por ejemplo, Galileo con frecuencia utilizó el pulso de su muñeca como reloj. De hecho, su cuerpo entero era el mecanismo de medida del tiempo. Frecuentemente medimos el tiempo en generaciones, aproximadamente la edad de los padres cuando nacen sus hijos. Esta última medida de tiempo es semejante a la medida utilizada en el experimento siguiente.

Es difícil ensayar la predicción sobre el reloj móvil debido a que el reloj debe estar moviéndose con una velocidad muy próxima a la de la luz antes de que resulte apreciable su efecto. En el momento actual estas velocidades tan altas sólo pueden obtenerse para objetos de tamaño atómico y nuclear. Por lo tanto, utilizaremos una partícula de tamaño nuclear inestable como reloj para llevar a cabo el ensayo. La primera partícula utilizada para este experimento fue el mesón mu (o *muon*), partícula semejante al electrón pero que es inestable y cuya vida es sólo de una millonésima de segundo. El muon de hecho contiene un reloj que señala la duración de su vida. Después de una millonésima de segundo, el muon se transforma en otra partícula nueva. Podemos utilizar su vida media como reloj.

Los muones con velocidades relativamente lentas pueden obtenerse en el laboratorio como productos de reacciones nucleares y sus vidas medias pueden medirse con exactitud. Podemos también obtener en el laboratorio muones moviéndose con velocidades cercanas a la velocidad de la luz. *Estos muones resultan vivir más tiempo que los otros que se están moviendo con lentitud.* El reloj dentro de las partículas en movimiento rápido señala o mide la vida media de la partícula más lentamente. Nuestros relojes de laboratorio, que no se retrasan por ese concepto, nos dicen que la partícula de movimiento rápido tiene una vida media muy aumentada. Las medidas demuestran que el reloj formado por la partícula marcha con una lentitud que es exactamente la predicha por Einstein, es decir, disminuida en un factor de $\sqrt{1-(v/c)^2}$.

Este experimento ha conducido a una divertida predicción sobre los seres humanos, puesto que aumentamos de edad de un modo regido por unos relojes biológicos complejos dentro de nuestros propios cuerpos. Supóngase dos hermanos gemelos idénticos y que uno de ellos sube a una nave espacial que se lanza a gran velocidad por el espacio. El otro gemelo permanece en la Tierra cuando su hermano se lanza al espacio con velocidades próximas a la de la luz (respecto a la Tierra). Supondremos que su velocidad es suficientemente grande de modo que el factor relativista sea de 0,010. Finalmente, la nave vuelve a nuestro planeta —digamos, por ejemplo, después de 40 años, según una medida realizada por los relojes

* Recuérdese que Δ significa simplemente «variación de».

situados en la Tierra. Naturalmente, el gemelo que ha permanecido en ésta tiene una edad de 40 años. Sin embargo, los relojes de la nave espacial, incluyendo el reloj biológico del cuerpo del gemelo situado en la nave, certifican que el tiempo transcurrido es solamente 0,010 × 40, o sea 0,4 años, es decir, aproximadamente 21 semanas. Como resultado, el gemelo que iba en la nave será solamente 21 semanas más viejo cuando descienda de la nave para reunirse con su gemelo —que ha aumentado su edad en 40 años durante el tiempo que la nave ha estado alejada de la Tierra. Esta predicción, denominada la *paradoja de los gemelos*, parece increíble. Realmente pasaron muchos años antes de que los científicos estuvieran de acuerdo finalmente en que el razonamiento es correcto. Sin embargo, el ensayo de esta predicción queda para el futuro.* Si se confirma, como creemos, a partir del experimento del muon, el efecto de la dilatación del tiempo puede permitir a un hombre llevar a cabo en su vida un viaje espacial que abarque siglos de tiempo terrestre. Sin embargo, las dificultades prácticas no son pequeñas. La energía necesaria para acelerar a un hombre hasta una velocidad de $c/2$ es del orden de la energía consumida por un millón de personas en un año.

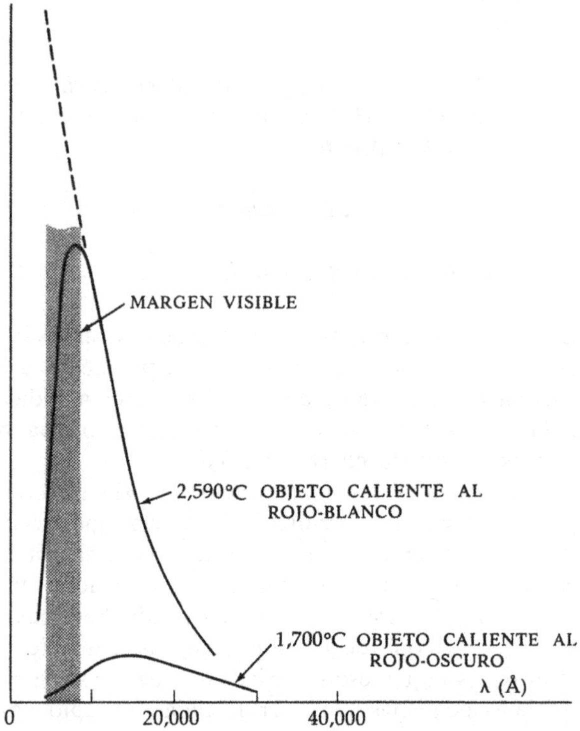

FIG. 10.4. — Radiación emitida por un objeto incandescente.

Descubrimiento de Planck

Antes de que Einstein propusiera por primera vez su teoría de la relatividad (1905), existían indicaciones de que nuestra comprensión de las leyes físicas de la naturaleza distaba de ser completa. La primera indicación del nacimiento de una nueva era científica vino del modo más inesperado e incluso al parecer carente de importancia. En 1900, Max Planck propuso una explicación de la emisión de la luz por un horno caliente incandescente —proposición que finalmente demostraba que nuestras ideas previas sobre los sistemas vibrantes eran incorrectas.

Como sabemos, un objeto al rojo blanco emite luz de todos los colores, junto con radiación infrarroja y ultravioleta. Podemos medir fácilmente la cantidad de radiación emitida en cada longitud de onda; los resultados para un objeto a dos temperaturas diferentes se indican en la figura 10.4. Obsérvese que la mayoría de la radiación procedente de ambos objetos está fuera del margen visible; está en la región de longitudes de ondas del infrarrojo o de la radiación térmica del espectro. La longitud de onda de máxima intensidad de radiación está en el infrarrojo a temperaturas moderadas, pero se desplaza hacia la región visible a temperaturas extremadamente elevadas. Esto está de acuerdo con nuestra suposición normal de que un objeto al rojo blanco está más caliente que otro objeto al rojo oscuro.*

Cuando intentamos comprender el origen de esta radiación electromagnética recordamos que las ondas de radio y de radar están emitidas por cargas oscilan-

* Se han presentado recientemente nuevas objeciones. Ver M. Sachs *Physics Today*, septiembre 1971, p. 23.

* Como se señalaba en el capítulo 1 la temperatura media del universo que nos rodea puede relacionarse con la teoría del «big-bang» de sus orígenes. Podemos determinar la temperatura observando la radiación que llega del espacio alejado. Se obtiene para el espacio una curva semejante a la indicada en la figura 10.4 y una temperatura próxima a los 3 K.

tes en una antena. Así pues, parece razonable admitir que la radiación de una longitud de onda mucho más corta que estamos ahora estudiando, ha sido emitida por cargas oscilantes en los átomos y moléculas del objeto al rojo blanco. Cuando esta idea se asocia a una teoría cuantitativa, predice exactamente las curvas de radiación de la figura 10.1, pero sólo en la región de longitudes de onda largas. De hecho, todos los intentos de explicación teórica de este fenómeno conducen a curvas como la señalada a trazos en la figura 10.4.

En otras palabras, la teoría predice cantidades cada vez mayores de radiación cuando nos referimos a longitudes de onda más cortas, lo cual significa que una estufa u horno al rojo blanco deberá emitir cantidades tremendas de radiación ultravioleta y radiación X. Sabemos que esta predicción es completamente falsa, ya que de hecho las intensidades de radiación disminuyen a longitudes de onda cortas. Como el fallo de la teoría para predecir la intensidad de radiación adecuada en el ultravioleta fue tan importante y conflictivo, llegó a ser conocido como la *catástrofe del ultravioleta.* En 1900, Max Planck desarrolló una teoría que explicaba con éxito la radiación observada. Sin embargo, sólo pudo desarrollarla si postulaba que los átomos se comportan de un modo muy diferente a lo que se había admitido antes de este momento. Su descubrimiento de esta propiedad hasta ahora no sospechada de los átomos abrió una nueva era en las ciencias físicas.

Si admitimos que los átomos calientes en vibración del horno al rojo blanco actúan como unas diminutas antenas, la radiación que emitirán no se corresponde con la realidad. Planck intentó encontrar el modo en que estos átomos deben vibrar para que emitan la radiación electromagnética que realmente observamos emitida de un horno al rojo. Llegó a la conclusión de que los átomos, lo mismo que todos los demás objetos y sistemas que vibran, tienen una característica previamente desconocida que controla la vibración: la energía de la vibración está *cuantizada*. Con este nombre queremos entender lo siguiente:

Cualquier objeto vibrante —un péndulo, una masa en el extremo de un muelle, o lo que sea— tiene una cierta frecuencia natural de vibración que denominaremos ν_0 (léase *nu subcero*). Aunque el péndulo (o cualquier otro sistema) vibre adelante y atrás con ν_0 vibraciones cada segundo, podemos aumentar o disminuir la amplitud de vibración influyendo, por lo tanto, sobre la energía de las vibraciones. Por ejemplo, cuando el péndulo está oscilando ampliamente su energía es grande. Cuando su oscilación va amortiguándose, su energía de vibración es pequeña. Nosotros pensamos ordinariamente en este hecho como un proceso continuo. Cuando el péndulo se va frenando pierde energía de modo continuo. Su energía se va desplazando a través de todos los valores desde la energía de la oscilación más amplia hasta cero. Planck descubrió que esto no es correcto.

Demostró que la energía del vibrador (un péndulo, átomo, etc.) sólo puede tener ciertos valores discretos (distintos). Si ν_0 es la frecuencia de vibración natural de un vibrador particular, su energía de oscilación solamente puede tener los valores $h\nu_0$, $2h\nu_0$, $3h\nu_0$, $4h\nu_0$ y así sucesivamente. La magnitud h es una constante universal de la naturaleza, denominada *constante de Planck*; su valor es $6{,}626 \times 10^{-34}$ joule/s Planck encontró que la energía de un sistema vibrante puede tener ciertas energías discretas, pero que no puede tener ningún valor de la energía intermedia entre los valores permitidos, $nh\nu_0$, siendo n un entero cualquiera. Esto es lo que queremos entender cuando decimos que un sistema vibrante está cuantizado.

Por ejemplo, un péndulo no puede vibrar con todas las amplitudes. Puede vibrar con suficiente amplitud para que su energía sea $h\nu_0$, siendo ν_0 su frecuencia natural de vibración; o puede vibrar con una energía doble, de modo que su energía sea $2h\nu_0$; o puede vibrar con energía $3h\nu_0$ y así sucesivamente. Pero no puede vibrar con una amplitud intermedia cualquiera. A primera vista, el descubrimiento de Planck parece decir que un péndulo puede oscilar adelante y atrás en amplitudes de 1, 2 ó 3 cm, pero no de 1,5 cm o cualquier otro valor intermedio entre estos valores cuantizados. Esto contradice nuestra experiencia diaria. Sólo cuando calculamos los valores de energía cuantizados exactos en el caso de un péndulo, vemos por qué el descubrimiento de Planck no puede achacarse de irreal. Las distancias entre las amplitudes de oscilación permitidas no son 1 cm, como en el ejemplo que acabamos de mencionar. Realmente son del orden de 10^{-31} cm.

Supóngase que un péndulo oscila con una frecuencia natural $\nu_0 = 1$ Hz. Si la lenteja del péndulo (de masa m) oscila hasta una altura H, la energía del péndulo es mgH. De acuerdo con Planck, la

AMERICAN INSTITUTE OF PHYSICS

MAX PLANCK (1858-1947)

Cuando era un joven alumno alemán, Planck estuvo a punto de escoger la música en lugar de la física como tema de su interés principal; su larga carrera científica fue dedicada casi enteramente a los campos del calor y la termodinámica. Mientras era profesor en Berlín descubrió la naturaleza cuantizada de la energía, publicando sus hallazgos en una serie de artículos escritos entre 1897 y 1901. Desarrolló una fórmula que concordaba con sus datos experimentales sobre radiación térmica y luego introdujo el concepto cuántico con objeto de explicar sus resultados. Al principio, Planck pensó que su concepto cuántico quizás no era más que un feliz accidente matemático. Cuando otros científicos hicieron importantes progresos adicionales basándose en este concepto, sus dudas disminuyeron, pero continuó buscando en vano diversos modos de coordinar la física cuántica con el punto de vista clásico de Newton. En 1918, cuando recibió el Premio Nobel, su preeminencia como científico y maestro estaba fuera de toda duda. En 1930 fue nombrado Director del Instituto Kaiser Wilhelm en Berlín, pero fue obligado a renunciar al cargo en 1937 debido a su oposición a las persecuciones de Hitler. Su hijo fue ejecutado en 1944 después de un atentado contra la vida de Hitler. Después de la guerra, cuando ya tenía casi noventa años, se le volvió a nombrar Director del Instituto, que en su honor cambió de nombre por el de Instituto Max Planck.

energía del péndulo puede ser solamente $h\nu_0$, $2h\nu_0$, etc. y así mgh sólo puede adquirir estos valores cuantizados. Por lo tanto, el péndulo únicamente puede oscilar hasta ciertas alturas discretas dadas por

$$mgH_1 = h\nu_0$$
$$mgH_2 = 2h\nu_0$$

y así sucesivamente. Calculemos H_1, H_2 y H_3 en el caso de un péndulo con $m = 20$ g. Puesto que podemos calcular H_2, por ejemplo, a partir de $mgH_2 = 2h\nu_0$

$$H_2 = \frac{2h\nu_0}{mg}$$

encontramos

$$H_1 = 3{,}3 \times 10^{-33} \text{ m}$$
$$H_2 = 6{,}6 \times 10^{-33} \text{ m}$$
$$H_3 = 9{,}9 \times 10^{-33} \text{ m}$$

Obsérvese que las alturas permitidas de oscilación difieren sólo en $3{,}3 \times 10^{-33}$ m.

Esta distancia es fantásticamente pequeña, siendo menor en muchos órdenes de magnitud que el diámetro de un átomo. La medida de estas variaciones pequeñas de distancia están fuera de nuestra capacidad. De aquí que nunca podremos aceptar o rechazar las ideas de Planck con un péndulo vibrante o cualquier otro sistema en vibración de tamaño convencional. Esto explica por qué no se había descubierto muchos años antes de Planck que las energías de oscilación están cuantizadas. Solamente en los átomos, moléculas u otros sistemas diminutos semejantes en vibración resultan ser medibles los efectos de la cuantización de energía.

Resumamos la importantísima contribución de Planck. Su objetivo original fue desarrollar una teoría que pudiese explicar las intensidades observadas de luz y de otras radiaciones electromagnéticas emitidas por un objeto muy caliente. Describía cada átomo en vibración dentro del objeto como si fuese una antena de radio en miniatura que emite radiación electromagnética de longitud de onda corta. Pero para que su teoría concordase con los resultados experimentales, era necesario admitir que la energía de cada vibrador estaba cuantizada. De acuerdo con ello, admitió que un vibrador puede tener solamente ciertas energías discretas, $nh\nu_0$, siendo n cualquier número entero, ν_0 la frecuencia natural de vibración del vibrador y h una constante universal denominada ahora constante de Planck.

Efecto fotoeléctrico

La hipótesis de Planck de que la energía de un oscilador está cuantizada fue considerada con un gran escepticismo por los científicos de la época. Planck solamente pudo justificar esta hipótesis demostrando que explicaba la radiación emitida por un objeto caliente. El propio Planck fue algo escéptico acerca de su concepto cuántico. Podría haberle llevado a un resultado correcto, debido en este caso solamente a alguna coincidencia feliz. La idea de las energías cuantizadas en el caso de los osciladores exigía unas pruebas más importantes antes de que pudiese considerarse válida. La primera prueba en su apoyo fue presentada en 1905 cuando Albert Einstein demostró que las ideas de Planck podrían conducir a una interpretación sencilla de un problema de naturaleza completamente diferente denominado *efecto fotoeléctrico.*

El aparato de la figura 10.5*a* ilustra el principio del efecto fotoeléctrico. En el interior de un tubo de vidrio en el que se ha hecho el vacío existen dos electrodos metálicos. Se cierra el circuito entre estas placas conectándolas a una pila y a un aparato de medida muy sensible. Ordinariamente no circulará ninguna corriente en este circuito, puesto que no existe ningún conductor que una las dos placas en el interior del tubo vacío.

Sin embargo, si lanzamos un rayo de luz sobre la placa A resulta que la luz produce la emisión de electrones desde la placa metálica. Estos electrones se ven atraídos a través del tubo por la placa positiva B y circula una corriente a lo largo del circuito. Cuando se elimina la fuente luminosa, los electrones dejan de salir de la placa A y se interrumpe la corriente. Además, se ve que la corriente depende de la longitud de onda de la luz utilizada, según se indica en la figura 10.5*b*.

A primera vista esto puede ser razonable, puesto que sabemos que un haz de luz lleva energía. Dicho haz llevaría esta energía a los electrones de la placa A y aparentemente algunos de los electrones adquirirían una energía suficiente para escapar de la placa. Sin embargo, una interpretación detallada plantea ciertas cuestiones. Por ejemplo, ¿por qué no escapan los electrones de la placa A cuando se utilizan longitudes de onda de la luz superiores a λ_c (longitud de onda crítica indicada en la figura 10.5*b*)? Independientemente de la intensidad de la luz (en tanto no pueda fundir la placa), si λ es mayor que λ_c ningún electrón resulta ser emitido desde la placa. Pero no importa tampoco

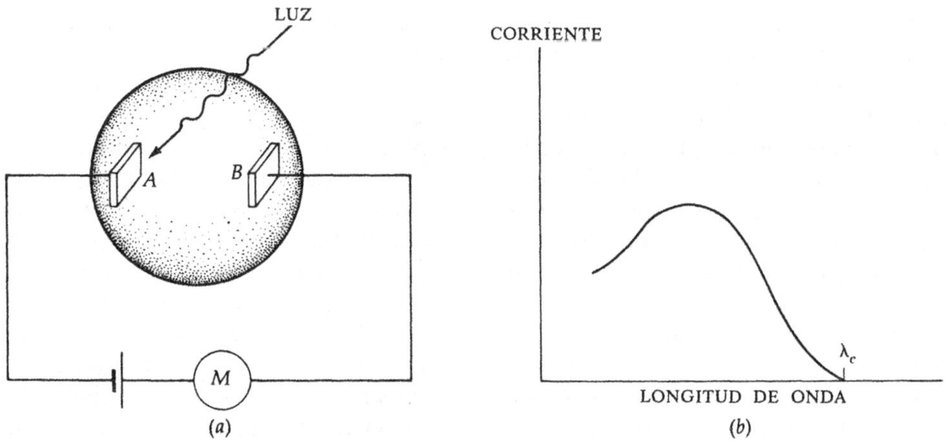

FIG. 10.5. — ¿Por qué no circula corriente en este experimento (fotoeléctrico) si la luz tiene una longitud de onda mayor que λ_c?

que la luz sea de poca intensidad; en tanto que λ sea menor que λ_c, se emiten electrones tan pronto como la luz incide sobre la placa. Parece imposible interpretar esto con la descripción electromagnética de la luz realizada por Maxwell.

Einstein interpretó correctamente el efecto fotoeléctrico en 1905, es decir, el mismo año que presentó su teoría de la relatividad. Admitió que la luz está emitida por átomos o moléculas oscilantes. Si la frecuencia de vibración natural del átomo o moléculas es ν_0, entonces la teoría de Planck dice que el vibrador sólo puede tener las energías $h\nu_0$, $2h\nu_0$, etc. De aquí que si un átomo ha de emitir energía luminosa, el átomo debe dispararla en pequeños paquetes (o cuantos), en el que cada cuanto tiene un valor de $h\nu_0$. Por ejemplo, supongamos que un oscilador atómico tiene una energía de 5217 $h\nu_0$, valor permitido de acuerdo con Planck. Si pierde energía, su energía debe disminuir como mínimo a 5216 $h\nu_0$ de acuerdo con Planck, de modo que el oscilador debe haber perdido una energía $h\nu_0$. Einstein admitió que esta energía se emitía en forma de pulso de energía luminosa, que es lo que denominamos un *cuanto de luz* o *fotón*. La energía del fotón debe ser $h\nu_0$.

Podemos hallar la longitud de onda de la luz emitida haciendo uso de la analogía existente entre un átomo vibrante y las cargas que vibran sobre una antena de radio. En el caso de las ondas de radio, las ondas electromagnéticas emitidas tienen la misma frecuencia que la que poseen las cargas que oscilan en la antena. Si las ondas luminosas, ondas electromagnéticas emitidas por los átomos vibrantes, se comportan del mismo modo, entonces la frecuencia de la onda luminosa ν deberá ser igual a la frecuencia de vibración del átomo ν_0. Guiado por esta línea de pensamiento, Einstein admitió que los fotones de energía $h\nu_0$ son pulsos luminosos y que la frecuencia de las ondas de luz es $\nu = \nu_0$. Como $\lambda = c/\nu$ según la ecuación (8.2), la longitud de onda asociada con un fotón de energía $h\nu$ es simplemente $\lambda = c/\nu$, siendo c la velocidad de la luz.

Resumamos las hipótesis esenciales de Einstein:

> *Un haz de luz con longitud de onda λ (o frecuencia $\nu = c/\lambda$) se compone de un chorro de cuantos de energía (denominados fotones), siendo la energía de cada fotón $h\nu$ (es decir, hc/λ).*

En otras palabras, un haz de luz se compone de un chorro o haz de fotones, cada uno de los cuales es como un pulso de luz condensado y muy pequeño. Si la luz tiene una longitud de onda λ, entonces cada pulso (fotón) tiene una energía igual hc/λ. De aquí que cuando el haz incida sobre un objeto actúe como una serie de partículas energéticas con energías individuales hc/λ. Obsérvese que los fotones en los rayos X y en la luz ultravioleta tienen energías mucho más elevadas que los fotones en la luz roja e infrarroja debido a que la energía del fotón hc/λ es mayor cuanto más corta es la longitud de onda de la radiación.

El concepto de los fotones nos permite explicar la longitud de onda de corte λ_c de la figura 10.5*b*. Se necesita una cierta cantidad de energía para separar los electrones de un metal y, como es natural, no circulará corriente por el circuito de la figura 10.5*a*, a no ser que la luz pueda extraer electrones de la placa A. Los fotones de una luz de longitud de onda larga tienen energías pequeñas y son incapaces de extraer un electrón después de la colisión entre el fotón y el electrón. Sin embargo, los fotones contenidos en un haz de luz de longitud de onda pequeña tienen energías grandes y pueden fácilmente expulsar un electrón de la placa cuando inciden sobre ella. La línea divisoria entre los fotones que tienen energía suficiente para liberar un electrón y aquellos que no la poseen, es la longitud de onda crítica, longitud de onda de corte λ_c en la figura 10.5*b*.

Existe un ensayo cuantitativo sencillo que puede realizarse acerca de esta idea general relativa a los fotones y al efecto fotoeléctrico. Puesto que la energía de un fotón es $h\nu = hc/\lambda$, cuanto más corta sea la longitud de onda de la luz, más energía poseerá el fotón. Si lanzamos sobre un metal un destello de luz con longitud de onda λ, más corta que λ_c, los fotones cederán a los electrones una energía hc/λ, que es mayor que la energía exigida hc/λ_c. La diferencia entre ambas energías aparecerá en forma de energía cinética de los electrones emitidos. Las medidas reales de las energías cinéticas de los electrones emitidos demuestran que la diferencia es exacta.

A partir de este y otros muchos elementos de prueba, los científicos han llegado a la conclusión de que la hipótesis de Einstein es correcta. Aunque la luz es un fenómeno ondulatorio electromagnético, la energía del haz luminoso se propaga en pulsos pequeños denominados cuantos luminosos o fotones. La energía del fotón está relacionada con la frecuencia y longitud de onda de la luz y es $h\nu$ o hc/λ, siendo h la constante de Planck. En general, las propiedades ondulatorias de la luz son más evidentes cuando la luz se está moviendo a través del espacio. La naturaleza cuántica (de partículas) de la luz es más evidente cuando la luz interacciona con la materia.

El átomo nuclear

Antes de investigar lo que ocurre en el interior de un átomo cuando emite luz, analicemos los conocimientos acumulados sobre la estructura del átomo. En 1900, el modelo aceptado del átomo era el propuesto por J. J. Thomson (1856-1940). Al cabo de los años los químicos habían llegado a la conclusión de que los átomos contienen cantidades iguales de cargas positivas y negativas. Denominando la carga situada sobre el electrón $-e$ y la del protón $+e$ (siendo e el cuanto de carga analizada en el capítulo 6) sabían que las cantidades de carga positiva y negativa en el átomo son Ze y $-Ze$ respectivamente. El número Z es el *número atómico* del átomo según la lista dada por los químicos. Utilizándolo hicieron un esquema numérico, en el que corresponde $Z = 1$ para el hidrógeno, $Z = 2$ para el helio, $Z = 3$ para el litio, y así sucesivamente. En la página 402 se encontrarán los números atómicos de todos los átomos en la tabla de elementos del apéndice IV.

Thomson describía el átomo como una esfera uniforme parecida a una gelatina de carga positiva con electrones negativos embebidos en ella. La masa del electrón se sabía que era alrededor de 1/1840 de la masa del átomo más pequeño de hidrógeno, es decir, los electrones contienen toda la carga negativa del átomo, pero sólo una pequeña fracción de su masa. Este modelo conduce a la descripción indicada en la figura 10.6 en el caso de una película extremadamente fina (una lámina de oro muy delgada, por ejemplo). Ernest Rutherford (1871-1937) investigó este modelo disparando partículas alfa a través de una película de oro del modo indicado en la figura 10.6 (las partículas alfa salen disparadas del radio radiactivo con una energía extremadamente elevada; Rutherford había establecido previamente que estas partículas son simplemente átomos de helio que han perdido sus electrones). Las dimensiones aproximadas y la proximi-

CAVENDISH LABORATORY

SIR J. J. THOMSON (1856-1940)

La brillantez de Thomson fue evidente cuando aún era un joven estudiante en Inglaterra. Entró en la Universidad de Cambridge a los 14 años de edad y empezó a estudiar ingeniería, pero su vocación le condujo pronto a las fronteras de la física. Su expediente académico fue sobresaliente y a los 28 años era nombrado profesor en Cambridge, posición que mantuvo toda su vida.

Aunque se le conoce más por su investigación sobre la naturaleza de los electrones y otras partículas cargadas fue también un profesor de extraordinario talento. No sólo recibió el Premio Nobel y un título nobiliario por sus descubrimientos, sino que siete de sus colaboradores recibieron también el Premio Nobel con posterioridad. Bajo la dirección de Thomson, el Cavendish Laboratory de Cambridge resultó ser el centro mundial de la investigación atómica y nuclear. Su hijo, G. P. Thomson, fue uno de los primeros en demostrar que el electrón tiene propiedades ondulatorias; también recibió el Premio Nobel.

UNIVERSITY OF MANCHESTER

LORD RUTHERFORD (1871-1937)

Ernest Rutherford fue hijo de un granjero de Nueva Zelanda. Después de estudiar en su país natal, fue a Cambridge, estudiando con J. J. Thomson. El descubrimiento por Thomson del electrón en aquellos años dio un gran impulso a la larga y sobresaliente carrera de Rutherford en física atómica y nuclear. Recibió el Premio Nobel en 1908 por sus estudios sobre radiactividad y estructura atómica. Era todavía en el inicio de su carrera, y el hecho de que el premio fuese en química y no en física, le dio frecuentes oportunidades de exhibir su amable ingenio. Después de estar contratado en las Universidades McGill (Canadá) y Manchester, volvió a Cambridge en 1918 para suceder a Thomson como director del Cavendish Laboratory. Sus descubrimientos fueron fundamentales para nuestra comprensión del átomo y su núcleo. Además tuvo gran renombre por la orientación y guía que daba a todos los que se acercaban a su laboratorio. Los muchos éxitos de estos colaboradores son un tributo a Rutherford.

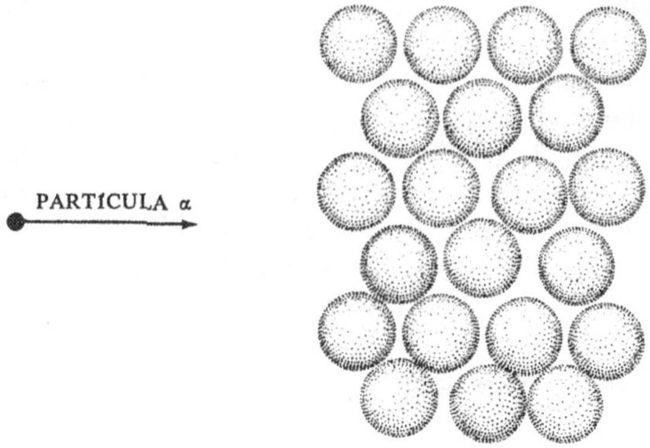

FIG. 10.6. — El modelo atómico de Thomson describía la masa y carga positiva del átomo según una esfera gelatinosa con electrones diminutos embebidos en la misma.

dad entre sí de los átomos que intervienen se indican en su relación correcta en la figura 10.6; sin embargo, las películas de Rutherford fueron aproximadamente 50 veces más gruesas que la que se indica. Evidentemente, la partícula alfa debe pasar a través de numerosos átomos de oro antes de que pueda emerger a través de la película de oro.

El aparato utilizado por Geiger y Marsden (entonces alumnos graduados de Rutherford) para llevar a cabo este experimento en 1911, puede verse en forma esquemática en la figura 10.7. Después de que las partículas alfa atraviesan la película (si realmente la atraviesan) inciden sobre una pantalla fluorescente muy parecida a la que existe en la parte anterior de un tubo de televisión. Cuando una partícula alfa incide sobre la pantalla, se registra como un pequeño destello luminoso en el punto del impacto. Moviendo la pantalla de un sitio a otro, puede determinarse el número de partículas que han sido desviadas a través de diversos ángulos.

Los resultados de este experimento fueron sorprendentes. Contrariamente a lo que predecía el modelo de Thomson, la mayoría de las partículas alfa atravesaban la película como si no existiese ésta. Algunas pocas que fueron afectadas por la película actuaron como si hubiesen chocado contra algo de gran masa. Con frecuencia fueron desviadas en ángulos grandes, algunos de los cuales llegaron a ser próximos a 180°. Por lo tanto, Rutherford postuló un nuevo modelo para el átomo con el que pudo explicar los resultados de Geiger y Marsden cuantitativamente.

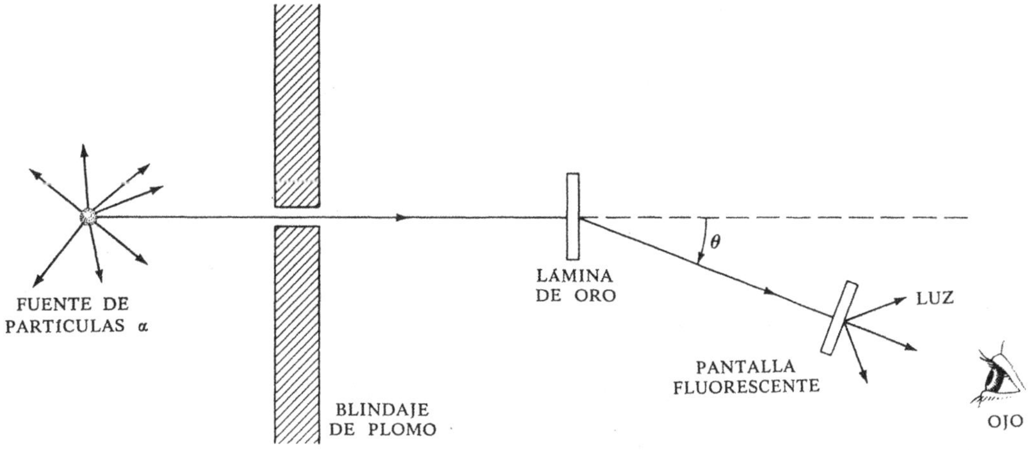

FIG. 10.7. — Utilizando este método general, Geiger y Marsden encontraron que la mayor parte de las partículas alfa atravesaban la lámina de oro como si no estuviese allí.

Rutherford indicó que toda la carga positiva *Ze* y casi toda la masa del átomo estaba concentrada en una bola central diminuta denominada núcleo. Sabemos ahora que el núcleo de oro tiene un radio de aproximadamente 7×10^{-15} m (0,00007 Å). Como el átomo tiene un radio total del orden de 2 Å, el radio atómico es aproximadamente 30 000 veces mayor que el radio del núcleo. Rutherford describía este volumen relativamente grande en el exterior del núcleo como si estuviese fundamentalmente vacío con *Z* electrones diminutos girando en órbitas a su alrededor. De acuerdo con esta descripción, una partícula alfa lanzada hacia un átomo debería aparecer como se ve en la figura 10.8. Incluso aquí los tamaños de las partículas se han exagerado grandemente. Para obtener un dibujo adecuado del átomo a este tamaño, los puntos que representan electrones, núcleos y partículas alfas deberían ser demasiado pequeños para verse sin el auxilio de una lente de aumento.

De acuerdo con esta descripción, cuando una partícula alfa se dispara a través de un átomo, como se ve en la figura 10.8, tiene una probabilidad muy pequeña de chocar sobre algo, puesto que el átomo es fundamentalmente un espacio vacío. Incluso una lámina de 100 átomos de grueso no constituirá apenas una barrera. Si las partículas alfa inciden sobre el electrón, el efecto será pequeño, puesto que el electrón tiene una masa sólo aproximadamente de 1/7000 de la que posee la partícula alfa. Solamente cuando se encuentra con un núcleo de oro, la partícula alfa se verá desviada seriamente. En este caso, debido a que la masa de la partícula alfa es sólo aproximadamente 1/50 de la del núcleo de oro, la desviación puede ser muy grande. Hoy tenemos una gran cantidad de pruebas sobre este punto y la idea básica de Rutherford del *modelo nuclear* ha sido aceptada generalmente. En las dos secciones siguientes veremos cómo utilizó Bohr dicha idea para formular el primer modelo razonable del procedimiento según el cual los átomos emiten la luz.

El átomo de hidrógeno

El átomo más simple de todos es el de hidrógeno, primer elemento de la tabla de elementos. Su núcleo es simplemente un protón y así la masa nuclear es $1{,}67 \times 10^{-27}$ kg, masa de un protón. Es costumbre designar las masas nucleares en una unidad denominada *unidad de masa atómica* (*u*), y en este sistema de unidades el protón tiene una masa de 1 *u*. Además, el núcleo de hidrógeno tiene una carga $+e$, siendo $e = 1{,}6 \times 10^{-19}$ C, o cuanto de carga. Para compensar la carga del protón, el átomo de hidrógeno tiene un electrón que contribuye con una masa 0,00055 *u* al átomo, valor extraordinariamente pequeño. Por

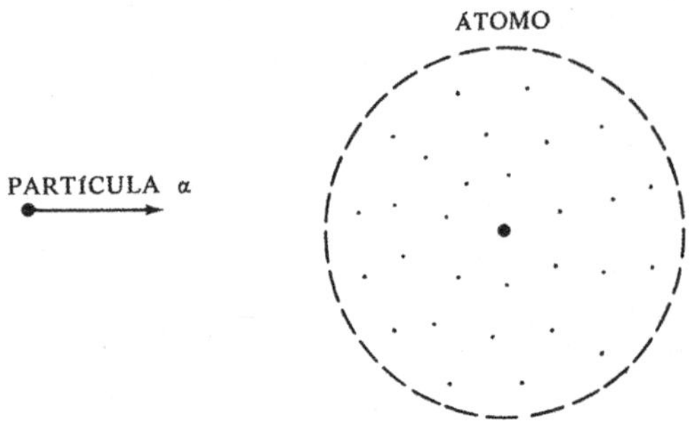

Fig. 10.8. — Para obtener un modelo real de una partícula alfa disparada hacia un átomo, se debería disminuir el tamaño de los puntos hasta que sólo se viesen con ayuda de un microscopio, manteniendo el tamaño indicado del átomo.

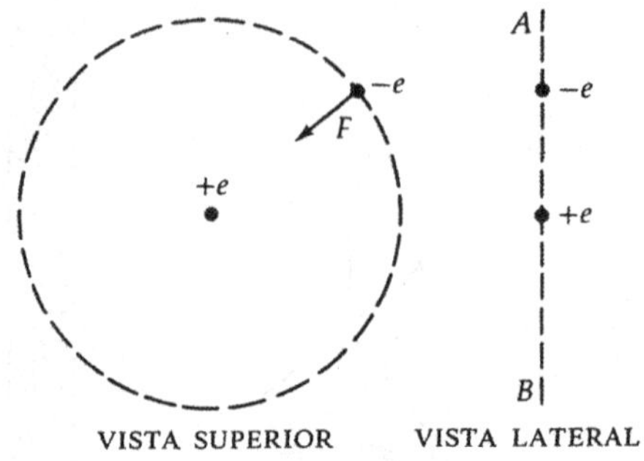

Fig. 10.9. — El átomo de hidrógeno se compone de un electrón y un potrón.

consiguiente, podemos describir el átomo de hidrógeno como se ve en la figura 10.9.

Como vemos en la figura, el electrón negativo se ve atraído hacia el núcleo positivo por la fuerza de Coulomb. Si en el átomo no tuviera lugar ningún otro fenómeno, el electrón se vería empujado sobre el núcleo y el átomo se destruiría. Esto no ocurre como es natural. Podemos adivinar la razón comparando el protón y el núcleo con la Tierra y el Sol (o la Luna y la Tierra o un satélite y la Tierra). La fuerza de atracción gravitatoria del Sol respecto a la Tierra es exactamente suficiente para modificar su movimiento normal rectilíneo dándole forma de circunferencia; la Tierra está cayendo siempre y separándose de su movimiento rectilíneo, pero permanece a la misma distancia del Sol.

Por lo tanto, podemos postular que en el átomo de hidrógeno el electrón está rodeando al núcleo de modo semejante a como la Tierra rodea al Sol; pero si examinamos el átomo en una vista lateral como en la figura 10.9, el electrón parece que oscila arriba y abajo a lo largo de la línea de trazos a través del núcleo cuando está girando en una circunferencia. Puesto que éste es un caso semejante al de una antena oscilante, el átomo deberá radiar ondas electromagnéticas con una frecuencia igual a la que posee el electrón cuando gira alrededor del núcleo. Esto presenta dos dificultades.

En primer lugar los átomos ordinarios de hidrógeno no emiten radiación. Sólo radian cuando están sometidos a algún mecanismo de excitación, como el que veremos más tarde. En segundo lugar, si el átomo radiase energía continuamente, necesitaría obtener ésta a partir de la energía potencial del electrón. El electrón debería perder esta energía acercándose hacia el núcleo y así el átomo resultaría al final inestable y se destruiría. Sin embargo, los átomos de hidrógeno emiten luz si están *excitados* (han recibido más energía). Un modo de excitar los átomos consiste en hacer saltar chispas a través de un tubo relleno con gas hidrógeno. Se aplica el mismo principio a los anuncios luminosos de neón: cuando se aplica un alto voltaje a los extremos de un tubo lleno de gas neón, el gas brilla y el anuncio luminoso emite luz. La luz emitida por un tubo de hidrógeno semejante nos puede proporcionar una herramienta para investigar la estructura del átomo.

Cuando la luz emitida por el gas hidrógeno excitado se separa en su colores constituyentes mediante un espectrómetro, ofrece un espectro de rayas. La parte visible y de ultravioleta próximo del espectro está indicada en la figura 10.10. Se recordará a partir del capítulo 9 que cada línea o raya es una imagen de la rendija del espectrómetro; existe una sola imagen o línea para cada longitud de onda de la luz. Obsérvese cómo están ordenadas las líneas. A longitudes de onda larga están muy espaciadas, pero cada vez se acercan más cuando disminuye la longitud de onda. En la región próxima a 3700 Å resultan tan numerosas y próximas que son indistinguibles. Final-

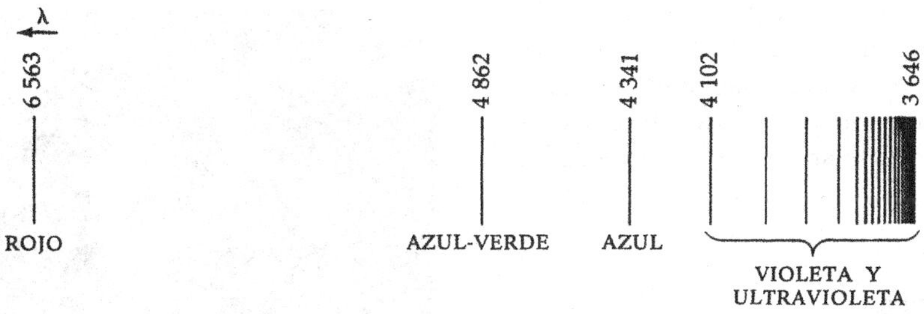

FIG. 10.10. — La serie de Balmer del espectro del hidrógeno (λ en ångströms).

mente, a una longitud de onda de 3646 Å termina la serie; denominamos a esta longitud de onda *límite de la serie.*

Puesto que el ojo es sólo sensible a longitudes de onda comprendidas entre 4000 y 7000 Å, no podemos ver las líneas de longitud de onda más corta de la serie. Sin embargo, podemos fotografiarlas puesto que la película fotográfica no pierde su sensibilidad a longitudes de onda cortas. Cuando se examina la luz emitida por el hidrógeno con instrumentos sensibles a otras longitudes de onda, se encuentran varias series de rayas espectrales. Sólo existe una serie de longitudes de onda más cortas que las indicadas en la figura 10.10; cae en el ultravioleta y en la región de rayos X largos. Sin embargo, en el infrarrojo se encuentran otras varias series. Una de ellas se indica en la figura 10.11, junto con las series visibles y ultravioleta.

La serie espectral en la región de longitudes de onda visibles se denomina *serie de Balmer.* Puede ser vista por el ojo humano y fue la primera que se descubrió.

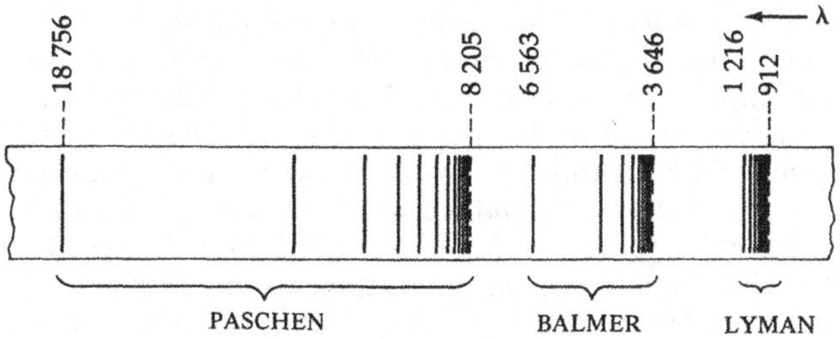

FIG. 10.10. — Las tres series espectrales de longitudes de onda más cortas emitidas por los átomos de hidrógeno (λ en ångströms).

La serie aislada que se presenta en las longitudes de onda más cortas se denomina serie de Lyman, mientras que la primera serie en el infrarrojo se denomina serie de Paschen. Debido a que las rayas están así ordenadas sistemáticamente, debe existir algún modo sencillo de describir sus longitudes de onda.

En 1885, J. J. Balmer encontró que las longitudes de onda de las series espectrales del hidrógeno pueden representarse por la siguiente ecuación, que constituye la *fórmula de Balmer*:

$$\frac{1}{\lambda} = 109\,678\left(\frac{1}{n^2} - \frac{1}{p^2}\right)$$

donde n y p deben ser números enteros, es decir, 1, 2, 3, etc. y λ está en centímetros.

Por ejemplo, si ponemos $n = 2$ y $p = 3$, entonces la longitud de onda λ calculada a partir de la fórmula es 6563 Å; este valor corresponde a la raya roja de la figura 10.10, la línea de longitud de onda más larga de la serie Balmer. Cuando $n = 2$ y $p = 4$ encontramos que λ vale 4862, la segunda raya de la serie de Balmer. Análogamente, todas las demás rayas de la serie de Balmer están dadas por valores enteros sucesivos de p, mientras que n sigue siendo igual 2. El límite de la serie $\lambda = 3646$ Å resulta para $n = 2$ y p tendiendo a infinito.

La serie de Lyman de longitudes de onda puede calcularse a partir de esta fórmula poniendo $n = 1$ y $p = 2$, 3, 4 y así sucesivamente. Cuando $p \to \infty$, se obtiene el límite de la serie que es 912 Å. Como podría adivinarse, la serie de Paschen del infrarrojo se obtiene cuando ponemos $n = 3$ y $p = 4$, 5, 6, etc. Las series que a continuación se encuentran en el infrarrojo se obtienen para valores aún más grandes de n. Estas fórmulas tan notablemente sencillas pueden resumir el espectro entero emitido por el gas hidrógeno luminoso. En la sección siguiente veremos cómo puede utilizarse un modelo particular del átomo de hidrógeno para explicar las rayas espectrales que emite.

Modelo de Bohr para el átomo de hidrógeno

Poco después de que Rutherford propuso su modelo nuclear del átomo, Niels Bohr, un alumno postdoctoral danés de 26 años de edad que trabajaba con él descubrió el modo de obtener la fórmula de Balmer. Se recordará que se consideraba insostenible el modelo del átomo de hidrógeno que describía al electrón rodeando al núcleo de un modo semejante a como la Tierra rodea al Sol, pues el electrón oscilante debería emitir energía y esto conduciría a la destrucción de todos los átomos de hidrógeno.

Bohr soslayó esta dificultad ignorándola simplemente. Partió de la hipótesis de que dentro del átomo esta dificultad por lo menos no existe. Como suele ser necesario al formular cualquier teoría, hizo una hipótesis adecuada y luego procedió para ver si conducía a algo razonable. La hipótesis de Bohr parecía tan descabellada que aparentemente no había nadie que hubiese deseado utilizarla como punto de partida de una teoría. En cualquier caso Bohr admitió como prueba lo siguiente:

> *El átomo tiene ciertas órbitas especiales en las que el electrón puede girar sin radiar energía. (Se denominan órbitas de Bohr.)*

A partir de esta hipótesis llegó a afirmar que el electrón puede rodear al núcleo en ciertas órbitas estables de radio r_1, r_2, r_3 y así sucesivamente en orden creciente de tamaño. Puesto que el electrón tendrá la menor energía cuando esté en la órbita más pequeña (es decir, cuando se haya acercado lo más posible al núcleo atractivo) llegó a la conclusión de que el electrón está normalmente rodeando al núcleo en una órbita de radio, r_1. Sabemos que al pasar el tiempo, los objetos de la naturaleza tienden a un mínimo de su energía potencial; las piedras caen, por ejemplo, cuesta abajo, no suben cuesta arriba. En el átomo de hidrógeno, el electrón se ve atraído por el núcleo y así

AMERICAN INSTITUTE OF PHYSICS

NIELS BOHR (1885-1962)

Bohr recibió su doctorado en la Universidad de Copenhague en 1911, y a la primavera siguiente marchó a Manchester para trabajar en el Laboratorio de Rutherford. Conocía profundamente las ideas cuánticas de Planck y Einstein y las aplicó al átomo nuclear de Rutherford. Su atrevida hipótesis de que las órbitas electrónicas están cuantizadas revolucionó la teoría atómica, aunque muchos físicos la aceptaron sólo después de cierto tiempo. En 1913 volvió a Copenhague, donde fue nombrado primer director del Instituto de Física Teórica. Esta "escuela de Copenhague" se convirtió pronto en lugar de reunión para los físicos teóricos de todo el mundo y tuvo una influencia especial en la formación de nuestra interpretación actual de la mecánica cuántica. Durante la segunda Guerra Mundial escapó de Dinamarca, ocupada por los alemanes, y tomó parte en el esfuerzo de los Estados Unidos por desarrollar el reactor de fisión y la bomba atómica. Tuvo una gran preocupación sobre la necesidad de controlar la enorme potencia militar y política de la bomba atómica. Al terminar la guerra, se dedicó con entusiasmo al desarrollo de los usos pacíficos de la energía atómica y a intentar controlar el peligro originado por las armas atómicas y de hidrógeno.

la dirección «cuesta abajo» es hacia el núcleo. Puesto que los átomos no se destruyen, debe existir algún radio mínimo al que los electrones puedan «caer»; denominamos al radio de esta órbita r_1.

Puesto que un átomo ordinario en el gas hidrógeno tiene su electrón en su órbita más interna, éste se encuentra lo más cerca posible del núcleo y el átomo permanece en esta forma durante largos períodos de tiempo. Sin embargo, si lanzamos otra partícula al átomo de hidrógeno, es decir, si excitamos el átomo, la colisión puede ser lo suficientemente energética como para golpear el electrón del átomo de hidrógeno y hacerlo pasar a una órbita mayor. Podremos excitar los átomos de hidrógeno de diversas maneras. Si se calienta suficientemente el gas hidrógeno, los átomos de gas se moverán con energía suficiente para provocar que los electrones pasen a órbitas más grandes después del choque entre dos átomos. O bien si aplicamos una tensión elevada a un tubo lleno de gas, podemos lanzar partículas cargadas a través del gas con suficiente energía para excitar por colisión los átomos de hidrógeno. Cualquiera que sea el método de excitar el átomo, su electrón girará alrededor del núcleo en una órbita mayor que la órbita del átomo más interna.

Una vez que un electrón ha sido arrojado a una de estas órbitas mayores, puede perder energía volviendo a caer a una de las órbitas más pequeñas. La segunda hipótesis de Bohr fue que el electrón pierde su energía cuando cae a una órbita menor emitiendo un pulso de energía luminosa. Utilizando el concepto de fotones de Einstein, Bohr postuló que si la energía perdida por el electrón al caer de la órbita *p* a la órbita *n* era $E_p - E_n$, entonces la energía debería radiarse en forma de un fotón de energía $h\nu$ dada por

$$h\nu = E_p - E_n$$

En resumen,

> *Cuando un electrón pasa de una órbita p a otra órbita menor n, el átomo emite energía en forma de un fotón y la energía del fotón viene dada por $h\nu = E_p - E_n$.*

Podemos volver a escribir esta relación para la energía del fotón utilizando la relación existente entre la frecuencia y la longitud de onda $\nu = c/\lambda$. Entonces,

$$\frac{hc}{\lambda} = E_p - E_n \quad \text{o bien} \quad \frac{1}{\lambda} = \frac{1}{hc}(E_p - E_n)$$

Obsérvese que la última ecuación tiene la misma forma general que la fórmula de Balmer. Si escogemos los tamaños de órbita adecuadamente, las energías de las órbitas E_p y E_n, pueden dar valores de modo que esta relación coincida con la fórmula de Balmer.

Bohr calculó la energía del electrón en su órbita y encontró que podía duplicar la fórmula de Balmer para $1/\lambda$ si representaba los radios de las órbitas r_n por la ecuación siguiente:

$$mvr_n = \frac{nh}{2\pi} \qquad \text{con } n = 1, 2, 3, \ldots$$

siendo *m* la masa del electrón, *h* la constante de Planck y *mv* la cantidad de movimiento del electrón en su órbita. Si multiplicamos por el radio de la órbita que nos interesa r_n, la magnitud resultante mvr_n se denomina *momento cinético* o *angular* del electrón. Bohr tenía que admitir entonces que el momento cinético estaba cuantizado. En la órbita 1, el momento cinético del electrón es $h/2\pi$, siendo *h* la constante de Planck. En la órbita 2 el momento cinético es $2h/2\pi$; en la órbita 3 es $3h/2\pi$ y así sucesivamente. Por lo tanto, y en resumen, la tercera hipótesis de Bohr fue:

> *Las órbitas electrónicas estables son aquellas para las cuales el momento cinético del electrón es un múltiplo entero de $h/2\pi$.*

Obsérvese que aquí también juega un papel importante la constante fundamental de la naturaleza o constante de Planck. Revisemos brevemente todo esto. Bohr admitió que el electrón en el átomo de hidrógeno podía girar alrededor del núcleo en una serie de órbitas especiales. La órbita más interna tiene un radio r_1 y en el caso del átomo de hidrógeno no excitado el electrón permanece en ella. Sin embargo, si se da energía al electrón en un choque, puede ser lanzado a órbitas más grandes. Estas órbitas tienen radios, r_2, r_3, ..., r_n. Cuando un electrón situado en uno de estos átomos excitados cae a una órbita menor, pierde energía en forma de un fotón luminoso; la energía del fotón $h\nu$ es igual a la energía perdida por electron. Para que los fotones luminosos emitidos dupliquen el espectro emitido por los átomos de hidrógeno, deben escogerse los radios de las órbitas de modo que el momento cinético del electrón en la órbita n sea $nh/2\pi$. En otras palabras, el radio de la órbita n, r_n, debe ser igual a $nh/2\pi mv$, siendo v la velocidad del electrón en dicha órbita.

Vemos, por tanto, que Bohr fue capaz de proporcionar un modelo sencillo para el átomo de hidrógeno que predice las longitudes de onda de la luz emitida por el átomo. También predice qué longitudes de onda deberán ser absorbidas por el átomo. Además, el valor de Bohr para r_1 es aproximadamente 0,53 Å, que resulta ser el valor correcto para el tamaño del átomo de hidrógeno. Sólo posteriormente resultaron evidentes ciertas discrepancias de menor orden entre las predicciones hechas por Bohr y los resultados experimentales. Muchos de éstos se explicaron admitiendo órbitas elípticas en lugar de órbitas circulares para el electrón. Sin embargo, la teoría era seriamente deficiente en un aspecto. Bohr no pudo dar justificación física para sus órbitas estables y para los tamaños que había que asignarles. Solamente pudo decir que su regla para hallar los radios daba la respuesta correcta.

Ondas de de Broglie

La solución al problema de las órbitas estables la encontró en 1923 Luis de Broglie; este trabajo constituyó su tesis doctoral. A de Broglie se le ocurrió que las órbitas de Bohr parecían cumplir unas condiciones muy semejantes a las de resonancia. Por ejemplo, vimos en el capítulo 8 que las ondas sonoras que se mueven a lo largo de una trayectoria circular en el interior de un tubo se refuerzan entre sí, sólo si la longitud de la circunferencia es un número entero de longitudes de onda (ver figura 8.17). ¿Pueden presentarse las órbitas de Bohr en posiciones en donde tenga lugar algún tipo de resonancia de ondas? ¿Puede comportarse realmente el electrón como una onda en estas circunstancias?

Aunque esta posibilidad parecía poco convincente, no carecía de precedentes. Ya sabemos que la luz posee propiedades ondulatorias y corpusculares. Si un fenómeno ondulatorio puede comportarse como la luz en forma de haz de fotones, quizás también las partículas pueden tener una personalidad doble. Puede ser que los electrones, bajo ciertas circunstancias, exhiban propiedades ondulatorias.

De Broglie intentó encontrar una analogía entre el concepto fotón-onda de la luz y un modelo posible de electrón-onda para los electrones. En particular deseaba encontrar la longitud de onda que debería asignarse a un electrón. Sabemos que la longitud de onda λ está relacionada con su frecuencia ν y con su velocidad v por $\lambda = \nu/v$. Puesto que $v = c$ en el caso de la luz, esto se transforma en $\lambda = c/\nu$. Si multiplicamos el numerador y denominador del segundo miembro de esta ecuación por h, constante de Planck, tenemos:

$$\lambda = \frac{hc}{h\nu}$$

Pero $h\nu$ es la energía del fotón y así tenemos un concepto corpuscular interviniendo en la fórmula. De acuerdo con Einstein, la energía total de una partícula de masa m es mc^2. De aquí que podamos reemplazar $h\nu$, la energía del fotón, por mc^2. La longitud de onda del fotón viene dada entonces por

$$\text{Fotón:}\quad \lambda = \frac{h}{mc}$$

De Broglie sugirió que esta misma relación se aplica a los electrones con tal de que c, la velocidad de los fotones se sustituya por la velocidad v de los electrones y siendo m la masa del electrón. Postuló, por lo tanto, que un electrón a veces se comporta como una onda y que su longitud de onda viene dada por

$$\lambda = \frac{h}{mv} \qquad (10.1)$$

siendo h la constante de Planck y mv la cantidad de movimiento del electrón. Esta longitud de onda se denomina *longitud de onda de de Broglie de una partícula*. Veamos qué es lo que significa en el caso de las órbitas de Bohr del átomo de hidrógeno.

Como vimos en la figura 8.17, una perturbación ondulatoria moviéndose en una órbita circular se reforzará a sí misma si la órbita es un número entero de longitudes de onda. Por ejemplo, en la figura 10.12 vemos una órbita que tiene una longitud de 4λ. Como resultado, la onda está en fase con sí misma cuando

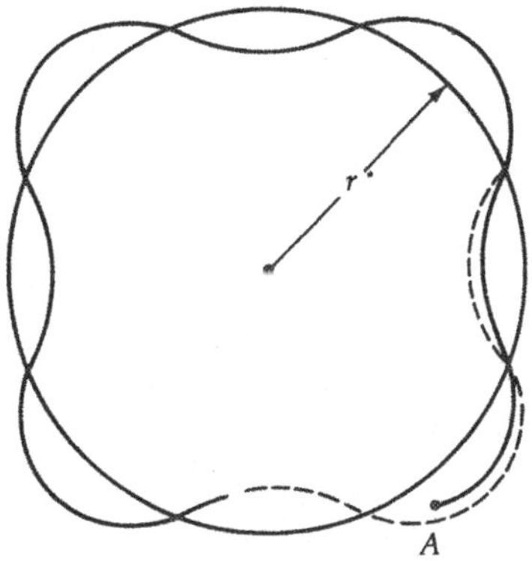

FIG. 10.12. — Si la longitud $2\pi r$ de la órbita es un número entero de longitudes de onda, la onda se reforzará a sí misma cuando vuelva al punto de partida *A*. En el caso indicado, $2\pi r = 4\lambda$.

regresa al punto *A* y se refuerza intensamente. Por lo tanto es de sospechar que la circunferencia de la órbita de Bohr de orden *n* ($2\pi r_n$) posea una longitud de *n* longitudes de onda completas. Parece razonable sugerir que

$$n\lambda = 2\pi r_n$$

Si sustituimos λ por su valor dado por de Broglie para una partícula, esta relación se transforma en

$$n\frac{h}{mv} = 2\pi r_n$$

O bien, después de realizar ciertas transformaciones,

$$mvr_n = \frac{nh}{2\pi}$$

Esta es exactamente la condición de Bohr para una órbita estable. Por lo tanto, si admitimos que el electrón tiene asociada una longitud de onda como postulaba de de Broglie, las ondas de de Broglie se refuerzan en las posiciones de las órbitas de Bohr. De aquí que hayamos encontrado una razón para la existencia de las órbitas de Bohr: *son las órbitas en que se proce el refuerzo de las ondas de de Broglie de los electrones.*

AMERICAN INSTITUTE OF PHYSICS

LOUIS DE BROGLIE (1892-)

Louis, séptimo duque de Broglie, nació en Dieppe, Francia. No empezó a estudiar ciencias hasta que hubo recibido la licenciatura en Historia en la Sorbona de París. La primera Guerra Mundial interrumpió sus estudios y sirvió de 1914 a 1918 como especialista en el nuevo campo de rápido desarrollo de las comunicaciones por radio. Después de dejar el ejército, empezó su trabajo sobre física teórica. En su tesis doctoral, publicada en 1924, presentó su asombrosa teoría de que las partículas tenían propiedades ondulatorias. Esta revolucionaria teoría, que hizo merecer para de Broglie el Premio Nobel de Física en 1929, está totalmente aceptada hoy en día. Sin embargo, las implicaciones fundamentales de esta naturaleza ondulatoria son tema todavía de muchas conjeturas. De Broglie, que es el Secretario Permanente de la Academia Francesa de las Ciencias desde 1942, sigue explorando las muchas cuestiones básicas que su propia teoría ha creado.

Experimentos de interferencias con partículas

Si de Broglie estaba en lo correcto y los electrones se comportan como ondas, podríamos hacer experimentos de interferencias con electrones. Para proyectar un experimento de este tipo necesitaríamos conocer la longitud aproximada de las ondas, puesto que como vimos en el experimento de la doble rendija de Young, la separación entre rendijas deberá ser del mismo tamaño aproximadamente que la longitud de onda. Un electrón que haya sido acelerado a través de una diferencia de potencial de 100 volts tendrá una velocidad aproximada de 5×10^6 m/s; su longitud de onda de de Broglie es

$$\lambda = \frac{h}{mv} = \frac{6{,}6 \times 10^{-34}}{(9 \times 10^{-31})(5 \times 10^{6})} \cong 1{,}5 \times 10^{-10} \text{ m}$$

El electrón tendrá una longitud de onda muy corta. Puesto que los átomos tienen aproximadamente este tamaño será imposible construir rendijas suficientemente pequeñas para hacer un experimento de la doble rendija de Young. Estas longitudes se aproximan más a las longitudes de onda de los rayos X de las ondas electromagnéticas. Sin embargo, las ondas de de Broglie son tan diferentes de las ondas electromagnéticas como las ondas sonoras. No obstante, podemos hacer un experimento de interferencias con rayos X y el mismo experimento podría funcionar para las ondas de de Broglie. Si se lanza un haz de rayos X contra un cristal de cloruro sódico u otro cristal semejante, como se ve en la figura 10.13, las capas de átomos dentro del cristal (denominadas planos cristalinos) reflejarán parcialmente los rayos X. Este caso no es tan simple como el de la reflexión procedente de un espejo, puesto que sólo se refleja en cada plano una pequeña fracción del haz. Normalmente los haces reflejados por un número grande de planos cristalinos paralelos interfieren entre sí, de modo que esencialmente se anulan. Sin embargo, en el caso particular indicado en la figura 10.13 los haces reflejados difieren en su longitud de trayectoria en λ, 2λ, 3λ y así sucesivamente, de modo que se reforzarán entre sí. De aquí que a ciertos ángulos especiales, el haz de rayos X se verá fuertemente reflejado; a todos los demás ángulos la reflexión será mínima. De hecho, si conocemos la separación de los planos cristalinos, podemos utilizar los ángulos a los que se presenta

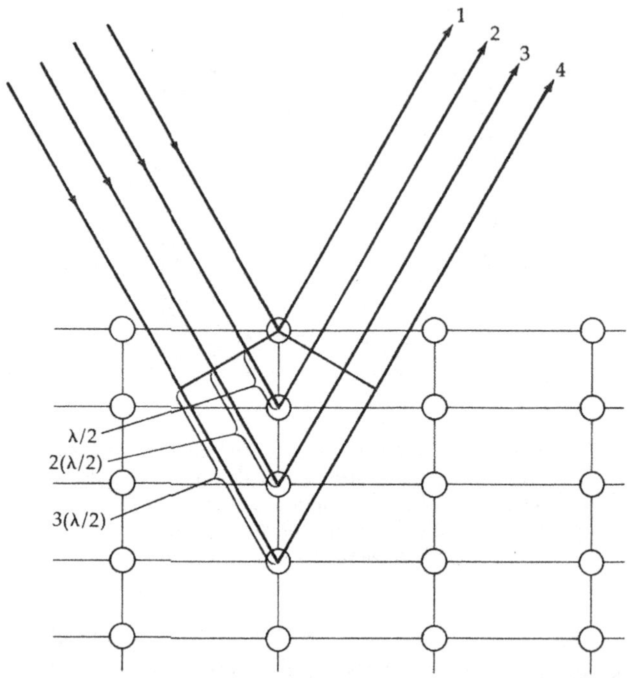

FIG. 19.13. — Las diferencias de las longitudes de las trayectorias entre los rayos 1, 2, 3 y 4 son números enteros de longitudes de onda. Como resultado los rayos se reforzarán.

una reflexión intensa para medir la longitud de ondas de los rayos X (el conocimiento inverso es también importante. Si conocemos la longitud de onda λ para los rayos X, podemos utilizar los ángulos de reflexión intensa para adquirir ciertos conocimientos sobre la forma del cristal).

Puesto que las ondas de de Broglie asociadas con los electrones tienen longitudes de onda del mismo valor aproximadamente que la distancia entre los planos cristalinos (denominada *espaciado* de la red cristalina) deberán también interferir de este modo cuando se refleja un haz de electrones en un cristal. Los experimentos llevados a cabo para comprobar esto concuerdan perfectamente con lo predicho teóricamente. Tenemos, pues, una prueba convincente de la hipótesis de de Broglie de que los electrones tienen propiedades ondulatorias, lo mismo que propiedades corpusculares.

En este momento los científicos se preguntaron si el electrón sería la única partícula que tuviese las propiedades de las ondas de de Broglie. Quizá los protones, neutrones, átomos, moléculas e incluso las pelotas de fútbol tuviesen ondas de Broglie. Sabemos ahora que esto es cierto. El experimento que se ilustra en la figura 10.13 (experimento de *difracción de electrones*) ha sido llevado a cabo con muchos tipos de partículas atómicas. En todos los casos el efecto de las interferencias es el que debería esperarse de las ondas de de Broglie. Sin embargo, es imposible hacer el experimento con bolitas o pelotas grandes. Supóngase que calculamos la longitud de onda de de Broglie para una bolita que rueda sobre una tabla con una velocidad de 0,50 m/seg. Si la masa de la bolita es de 10 g (0,010 kg), la longitud de onda de la bolita es

$$\lambda = \frac{h}{mv} = \frac{6{,}6 \times 10^{-34}}{(0{,}010)(0{,}50)} = 1{,}32 \times 10^{-31}\ \text{m}$$

Pero esta longitud es miles de millones de veces menor que la de un átomo. Evidentemente no podemos obtener rendijas tan próximas. Y los cristales tienen un espaciado de red mucho más grande, de modo que no permiten mostrar los efectos de las interferencias. Así pues, no se puede idear ningún experimento que nos permita ver los efectos de interferencias producidos entre bolitas que postula de Broglie. Evidentemente, ésta es una razón por la cual no se había observado previamente el carácter ondulatorio de las partículas. Todas las partículas de tamaño ordinario tienen longitudes de ondas de de Broglie tan cortas que no pueden verse efectos de interferencias. Solamente en el caso de partículas atómicas, m es suficientemente pequeña y la longitud de onda de de Broglie $\lambda = h/mv$ suficiente grande para que observemos interferencias y propiedades ondulatorias.

Principio de incertidumbre de Heisenberg

Creemos firmemente que todas las partículas tienen las propiedades que se pueden predecir a partir de sus ondas de de Broglie. Las leyes del movimiento de Newton son realmente correctas sólo para partículas tan grandes que sus propiedades ondulatorias no pueden verse. Como es natural, sus leyes son también correctas para partículas pequeñas en casos donde no sean importantes la interferencia ni la difracción. En muchos casos, por ejemplo, incluso la luz puede considerase como un chorro de partículas que obedecen las leyes de Newton: se mueven en líneas prácticamente rectas y rebotan en las barreras. Las partículas atómicas no mostrarán sus propiedades de ondas de de Broglie en estas circunstancias y, por tanto, debemos utilizar todavía las leyes de Newton para describir el comportamiento de las partículas en estos casos.

Desgraciadamente, el movimiento de las ondas es mucho más difícil de tratar que el movimiento de las partículas. Incluso las ecuaciones básicas del movimiento de las ondas son ecuaciones diferenciales complicadas. Una de ellas, denominada *ecuación de Schrödinger,* fue formulada en 1926 por Erwin Schrödinger (1887-1961) para describir las ondas de de Broglie; en realidad debería utilizarse en lugar de $F = ma$ para describir el movimiento de las partículas. Esta ecuación solamente se resuelve con facilidad en ciertos casos sencillos. Cuando se aplica a un movimiento de partículas ordinarias, bolitas y pelotas da el mismo resultado que encontraríamos a partir de $F = ma$. Evidentemente continuaremos utilizando $F = ma$ para estos casos debido a que es una expresión infinitamente más sencilla. Sin embargo, la ecuación de Schrödinger es más precisa, puesto que abarca tanto el comportamiento de onda de de Broglie como la ecuación $F = ma$. Las leyes de Newton son solamente una aproximación al modo exacto de comportarse de la naturaleza.

Cuando aceptamos que las partículas se comportan como ondas de de Broglie nos encaramos con un hecho de naturaleza previamente insospechado: nuestro conocimiento de los movimientos de las partículas será siempre incierto. Para ver la razón de esto, exploremos la exactitud con que podemos situar la posición de una partícula. Consideraremos el caso más ideal imaginable, aunque consideraciones prácticas puede que nos impidan construir el aparato para hacer el experimento.

Ya sabemos a partir del capítulo 9 que incluso utilizando radiación electromagnética no podemos ver detalles menores que los correspondientes a un tamaño del orden de la longitud de onda λ. Como resultado, existirá siempre una incertidumbre por lo menos de un tamaño λ en la posición de un objeto. Sin embargo, es concebible que pudiéramos utilizar una partícula móvil para situar la posición de un objeto con mayor exactitud. Por ejemplo, si lanzamos una par-

AMERICAN INSTITUTE OF PHYSICS

ERWIN SCHRÖDINGER (1887-1961)

Se cuenta la historia (relatada al autor por Peter Debye) que después que de Broglie presentó sus ideas a los miembros de la Facultad de Física de Zurich, éstos pidieron a su colega Schrödinger que emplease la semana siguiente intentando describir numéricamente lo que de Broglie había dicho. La elección fue juiciosa, pues cuando Schrödinger informó a la Facultad, ya había elaborado la ecuación que deben obedecer las ondas de de Broglie, conocida ahora como ecuación de Schrödinger. Este científico y sus colaboradores hicieron progresar grandemente la teoría cuántica en los años siguientes. Schrödinger, nacido y educado en Viena, se graduó en la Universidad en el momento adecuado para convertirse en un oficial de artillería durante la primera Guerra Mundial. Sus contribuciones más importantes a la física cuántica se hicieron antes de 1926, cuando publicó una serie de artículos que exponían las bases de la mecánica ondulatoria. En 1927, sucedió a Planck como profesor de física teórica en la Universidad de Berlín. Abandonó la Alemania de Hitler algunos años después, permaneciendo durante mucho tiempo en la Universidad de Dublín; el grupo que formó allí se hizo notar por su esfuerzo en el desarrollo de la mecánica ondulatoria.

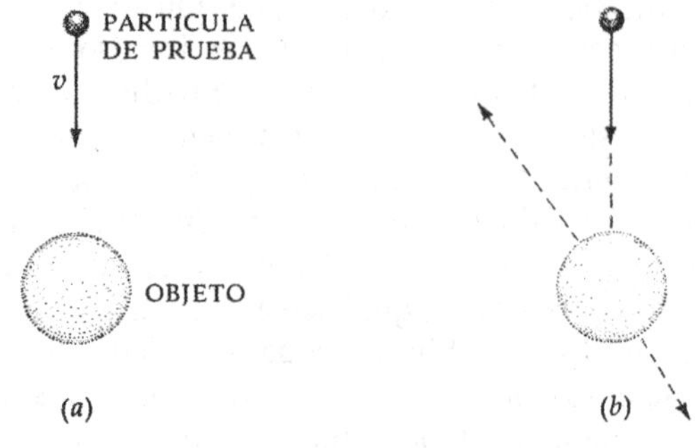

FIG. 10.14. — El choque de la partícula testigo con el objeto hace que la cantidad de movimiento de éste resulte incierto.

tícula de prueba a un objeto, como se ve en la figura 10.14*a*, podríamos situar el objeto observando si la partícula incide o no sobre él. Pero la partícula tiene también propiedades ondulatorias y así mostrará efectos de interferencia y de difracción. Por lo tanto, la partícula será incapaz de situar el objeto a una distancia inferior a la longitud de onda λ. Denominemos a esta distancia pequeña Δs, puesto que es la incertidumbre en la distancia que posee la posición del objeto. Entonces, bajo las mejores condiciones $\Delta s \cong \lambda$, en donde el símbolo $\cong$ se lee «aproximadamente igual a».

Quizás deberíamos utilizar partículas más rápidas; entonces, puesto que $\lambda = h/mv$, la longitud de onda podría hacerse muy pequeña, de modo que Δs resultase menor. Sin embargo, en cuanto a «ver» el objeto, la partícula de prueba debe chocar contra él. La colisión hará variar la cantidad de movimiento del objeto como se ve en la figura 10.14*b*. Cuando la partícula de prueba rebota en el objeto, la cantidad de movimiento de éste puede cambiar sólo en la cantidad aproximada que poseía la partícula de prueba, a saber mv. Entonces la cantidad de movimiento de un objeto tendrá una incertidumbre de $mv = \Delta p$ (debe recordarse que con frecuencia designamos la cantidad de movimiento con p).

Formemos ahora el producto de la incertidumbre más pequeña posible en la posición del objeto, $\Delta s = h/mv$, y la incertidumbre en la cantidad de movimiento, $\Delta p = mv$. Entonces se tiene

$$\Delta s\, \Delta p = \frac{h}{mv} mv = h$$

AMERICAN INSTITUTE OF PHYSICS

WERNER HEISENBERG (1901-)

Heisenberg nació en Wurzburg (Alemania) y récibió su doctorado en la Universidad de Munich en 1927. Partiendo de un enfoque totalmente distinto al de Schrödinger, desarrolló la mecánica cuántica con un esquema matemático diferente que se utiliza ampliamnte hoy. Aunque se le conoce más por su principio de incertidumbre, recibió el Premio Nobel en 1932 por su desarrollo del campo de la mecánica cuántica. Durante la segunda Guerra Mundial, Heisenberg fue nombrado Director del Instituto del Kaiser Guillermo de Berlín, puesto que le permitió encargarse de la investigación alemana sobre armas atómicas. Creyó que la guerra terminaría mucho antes de que cualquier nación pudiese desarrollar una bomba atómica y que en cualquier caso, Alemania carecía de los recursos necesarios para su producción. Como resultado, el equipo de investigación atómica alemán empleó los años de la guerra intentando desarrollar plantas de energía atómica en lugar de bombas. Poco después de la guerra, Heisenberg fue nombrado Director del Instituto Max Planck en Göttingen; ahora vive en Munich, donde normalmente trabaja en una teoría del campo unificado.

Las incertidumbres serán realmente mayores, puesto que hemos ignorado todas las dificultades de medida prácticas. Por lo tanto, en general,

$$\Delta s\, \Delta p \geqslant h$$

donde $\geqslant$ significa «mayor o igual que».

Un razonamiento semejante demuestra que es imposible medir el tiempo y la energía simultáneamente con una exactitud infinita. Por ejemplo, si la incertidumbre dentro de la cual podemos medir la energía de un objeto es ΔE y el tiempo en el que poseía esta energía tiene una incertidumbre inferior a Δt, entonces,

$$\Delta E\, \Delta t \geqslant h$$

En otras palabras, la energía de un objeto será siempre incierta.

Estas dos enunciaciones de incertidumbre constituyen el famoso *principio de incertidumbre de Heisenberg,* propuesto por Werner Heisenberg en 1927. Parece ser que no hay ningún medio de soslayarlo. La naturaleza está constituida de un modo tal que nunca podemos saber la posición de un objeto o su energía con toda precisión. El argumento filosófico relativo a la posibilidad de que los hombres pudiesen predecir exactamente el futuro del Universo está ahora desplazado. De acuerdo con el principio de incertidumbre no podemos incluso predecir el comportamiento exacto de un objeto sencillo.

El principio de incertidumbre es otro ejemplo de la importancia de la constante de Planck. Determina la incertidumbre intrínseca del Universo. Afortunadamente, la constante de Planck es un número muy pequeño. Si tuviese un valor de 100 Joules-segundo en lugar de 6×10^{-34} Joules-segundo, los efectos sobre nuestra vida serían de lo más desconcertante posible. Para verla razón se puede calcular la incertidumbre en la posición de un hombre de 100 kg corriendo a lo largo de un campo de fútbol a una velocidad de 5 m/s. Hacer una hipótesis razonable sobre la incertidumbre de su velocidad y considerar que su masa se conoce casi exactamente. (En su libro *Mr. Tompkins in Wonderland.* George Gamow utiliza esta idea como una característica extraña de Wonderland.)

BIBLIOGRAFÍA

1. Bueche, F.: *Principles of Physics*, 2.ª ed. McGraw-Hill, New York, 1972. En el capítulo 7 se encuentra un estudio más completo de la relatividad; los demás temas de este capítulo se encuentran en los capítulos 26 y 27.

2. Gamow, G.: *Mr. Tropmkins in Wonderland, or Stories of c, G, and h*. Macmillan, New York, 1940. Una fantasía. Como implica su título, es un análisis popular de la relatividad. Una descripción divertida de lo que sería la vida si la velocidad de la luz fuera solamente varios kilómetros por hora.

3. Gamow, G.: *Thirty Years that Shook Physics* (rústica), Anchor Science, Doubleday, Garden City, N.Y., 1966. Una descripción interesante de los descubrimientos mencionados en este capítulo escrito por un físico famoso que era amigo de Bohr, *y col.* Sin matemáticas.

4. Einstein, A.: *The Meaning of Relativity*, Princeton University Press, Princeton, N.J., 1950. Escrito para el profano por el hombre que propuso la relatividad.

5. Andrade, E.: *Rutherford and the Nature of the Atom* (rústica), Anchor Science, Doubleday, Garden City, N.Y., 1964. Una descripción interesante de la vida de aquellos que trabajaron en los laboratorios de Rutherford durante aquella época.

6. Oldenberg, O.: *Atomic and Nuclear Physics*, 3.ª ed., McGraw-Hill, New York, 1961. Un estudio más detallado del efecto fotoeléctrico (capítulo 5), el átomo de Bohr (capítulos 6 y 7) y de las ondas de materia (capítulo 12).

7. Andrade e Silva, J., y Lochak, G.: *Quanta* (rústica), McGraw-Hill, New York, 1969. Una introducción, sin matemáticas y bellamente ilustrada, al concepto de cuantos de todos los tipos.

RESUMEN

No puede determinarse el movimiento absoluto. Solamente podemos conocer el movimiento respecto a algún sistema de referencia. Cualquier experimento preciso que se realice en un laboratorio móvil con velocidad constante producirá los mismos resultados en cualquier otro laboratorio con velocidad constante, aunque sus velocidades no sean las mismas. Puesto que la ley de la inercia se aplica a todos los sistemas de referencia con velocidad constante, podemos denominarlos sistemas de referencia inerciales.

Una determinación precisa de la velocidad de la luz conduce al valor c independientemente del estado de movimiento de la fuente luminosa o del observador. Este resultado experimental demostró que era inútil el concepto de un éter que todo lo llenaba.

1. Las leyes de las ciencias físicas son las mismas en todos los sistemas de referencias inerciales.
2. La velocidad de la luz en el vacío es la misma para todos los observadores.

A partir de estos dos postulados, Einstein pudo demostrar que:

1. Nada puede moverse con mayor rapidez que c, velocidad de la luz en el vacío.
2. Los relojes móviles parecen moverse más despacio para un observador estacionario en un factor $\sqrt{1-(v/c)^2}$, que es el factor relativista. Este efecto se denomina la dilatación del tiempo.
3. Los objetos móviles vistos por un observador estacionario parecen acortarse a lo largo de la línea de movimiento en un factor $\sqrt{1-(v/c)^2}$.
4. Una masa en reposo m_0 parece tener una masa $m_0/\sqrt{1-(v/c)^2}$ cuando se mueve con velocidad v.
5. Cuando la energía varía en ΔE, la masa correspondiente variará de acuerdo con la expresión $\Delta E = \Delta mc^2$.

Estos efectos se observarán más fácilmente en el caso de partículas de tamaño atómico, puesto que éstas se aceleran con facilidad a velocidades v próximas a c.

A partir de sus intentos de explicar la dependencia de la longitud de onda de la radiación emitida por un objeto muy caliente, Max Planck descubrió que la energía de todos los osciladores estaba cuantizada. Si la frecuencia natural de vibración del oscilador es ν_0, entonces el oscilador puede tener solamente energías escalonadas cuya diferencia es $h\nu_0$, siendo h una constante universal denominada constante de Planck. En el caso de osciladores de tamaño ordinario, estos escalones son demasiado pequeños para nosotros, de modo que no vemos que la energía esté cuantizada. Sólo los sistemas atómicos muestran este efecto claramente.

Cuando incide luz de longitud de onda suficientemente corta sobre una superficie, ésta emite electrones en un fenómeno denominado efecto fotoeléctrico. Para explicar este efecto, especialmente la existencia de una longitud de onda de corte, Einstein propuso el concepto de los fotones de luz. Aceptamos ahora su proposición de que un haz de luz se compone de un chorro de fotones o cuantos de luz. Cada fotón lleva una energía $h\nu$ o hc/λ, siendo λ la longitud de onda de la luz. La radiación de longitud de onda corta se compone de fotones de alta energía.

El modelo nuclear del átomo describe un núcleo diminuto en el centro del átomo. Este núcleo contiene casi toda la masa y una carga positiva Ze, siendo Z el número atómico del átomo en cuestión. Moviéndose en el exterior del núcleo existen los Z electrones del átomo. La mayor parte del átomo es espacio vacío.

Cuando los átomos de hidrógeno emiten luz lo hacen en forma de espectro de rayas. Las longitudes de onda de estas rayas corresponden a diversas series, una de las cuales está parcialmente en el intervalo de longitud de onda visible y se denomina serie de Balmer. Es posible representar todas estas series de líneas por una fórmula sencilla, la fórmula de Balmer.

Niels Bohr presentó la primera teoría moderadamente aceptable para el comportamiento del electrón contenido en un átomo de hidrógeno. En particular pudo deducir la fórmula de Balmer con tal de que se tuviesen en cuenta las hipótesis siguientes:

1. El electrón gira alrededor del núcleo en ciertas órbitas y no radia energía mientras está en ellas.
2. Cuando un electrón desciende a una órbita inferior, la energía que pierde se emite en forma de un cuanto luminoso.
3. Los radios de las órbitas estables son aquellos para los cuales el momento cinético del electrón es un múltiplo entero de $h/2\pi$.

De Broglie proporcionó la justificación de las órbitas de Bohr, viendo que todas las partículas de materia tienen asociadas una longitud de onda. La longitud de onda de de Broglie de una partícula de masa m y velocidad v viene dada por h/mv. Es posible hacer experimentos de interferencias con electrones, demostrando así su naturaleza ondulatoria.

Todas las ondas muestran efectos de interferencias y difracción y, por lo tanto, todas las partículas, debido a su naturaleza ondulatoria, muestran también dichos efectos. Esto introduce una incertidumbre inherente en la naturaleza expresada por el principio de incertidumbre de Heisenberg. De acuerdo con él, nunca podemos conocer con toda precisión datos incluso de la partícula más sencilla. Como resultado, es imposible, incluso en principio, predecir el comportamiento de una partícula con toda exactitud.

LISTA DE COMPROBACIONES

1. ¿Que nos dicen las medidas precisas de la velocidad de la luz en el vacío sobre la influencia del movimiento de la fuente o del observador?
2. ¿Pueden medirse las velocidades absolutas? ¿Qué tipo de velocidad medimos ordinariamente?
3. ¿Qué se entiende por un sistema de referencia? ¿Qué es un sistema inercial? ¿Por qué nos interesan los sistemas inerciales?
4. ¿Pueden medirse aceleraciones absolutas? Explicarlo.
5. ¿Cuáles son las dos hipótesis básicas de la teoría de Einstein de la relatividad?
6. ¿Qué parece sucederle a una regla métrica que se mueve respecto a nosotros con velocidad v si está situada (*a*) a lo largo de la línea del movimiento; (*b*) perpendicular al movimiento?
7. Definir el factor relativista y demostrar en un gráfico cómo depende de v. ¿Qué valores debe tener v aproximadamente antes de que se reduzca el factor a 0,9?, ¿a 0,10?
8. ¿Qué le ocurre a los relojes que se mueven respecto a nosotros con velocidad v? Definir un ejemplo de un experimento ya realizado que demuestre este hecho.
9. Definir la dilatación del tiempo.
10. Describir la paradoja de los gemelos.
11. ¿Qué predice la relatividad sobre la velocidad máxima de los objetos? ¿Qué le ocurre a la masa de un objeto cuando se acerca a esta velocidad? ¿Cómo ayuda esto a explicar por qué existe una velocidad límite?
12. ¿Cuál es el significado de la relación $E = mc^2$?
13. ¿Puede crearse la materia? ¿Destruirse? Explicarlo.
14. ¿Qué tuvo que admitir Planck para llegar a una teoría aceptable que explicase la radiación emitida por un objeto caliente?
15. De acuerdo con Planck, un muchacho que nada adelante y atrás en una piscina con frecuencia ν_0 puede tener sólo ciertas energías definidas. ¿Cuáles son? ¿Por qué es imposible observar dicho efecto en este caso?
16. ¿Qué es el efecto fotoeléctrico?
17. ¿Cómo relacionamos la energía del fotón con la longitud de onda de la radiación?
18. ¿Por qué puede la radiación ultravioleta expulsar electrones de los metales, cosa que no es posible con la radiación infrarroja? ¿Cuál es la interpretación de λ_c?
19. ¿Cuál es el modelo nuclear del átomo y cómo se vio impulsado Rutherford a proponerlo?
20. Describir el espectro de radiación emitido por

los átomos de hidrógeno excitados. ¿Qué es una serie espectral? ¿Y el límite de la serie?

21. ¿Qué es la fórmula de Balmer? ¿Cómo puede hacerse para que represente la serie de Balmer? ¿La serie de Lyman? ¿La serie de Paschen?
22. Describir el modelo de Bohr para el átomo de hidrógeno teniendo cuidado de enunciar sus hipótesis básicas.
23. De acuerdo con Bohr, se emite una raya de la serie de Balmer cuando el electrón de un átomo de hidrógeno cae de una órbita exterior a la órbita $n = 2$. ¿Qué hace el electrón cuando se emite la primera raya de la serie de Balmer? ¿La segunda raya? ¿La raya límite de la serie?
24. Repetir la cuestión 23 para la serie de Lyman en la que el electrón cae a la órbita más interna.
25. ¿Qué propiedad atribuyó de Broglie a los electrones y a las demás partículas? ¿Cuál es la longitud de onda de de Broglie de una partícula?
26. ¿Cómo puede demostrarse que los electrones y las partículas semejantes tienen propiedades ondulatorias? ¿Por qué no podemos hacer lo mismo con objetos grandes?
27. ¿Cómo pueden explicarse las órbitas de Bohr en función de las propiedades ondulatorias del electrón?
28. ¿Cuál es el principio de incertidumbre de Heisenberg? Analizar sus implicaciones filosóficas.

CUESTIONES

1. La teoría completa de la relatividad se basa en dos hipótesis fundamentales. ¿Cuáles son y cómo se justifican?
2. Un péndulo cuelga en reposo del techo de un camión cerrado. Observando el péndulo, ¿podemos distinguir si el camión está quieto, moviéndose a velocidad constante, acelerándose o decelerándose?
3. Supóngase que la velocidad de la luz es 3 m/s (alrededor de 11 km/h) en lugar de 3×10^8 m/s. Admitiendo que la teoría de la relatividad se aplicase en estas condiciones, analizar las modificaciones que observaríamos en la vida diaria.
4. Dos naves espaciales están rodeando la Tierra en sentidos opuestos y chocan frontalmente. Describir el choque en cada uno de los siguientes sistemas de referencia: 1) la Tierra, 2) una de las naves espaciales, 3) la otra nave espacial.
5. Una mosca está situada sobre un disco de gramófono girando. Supongamos que se trata de una mosca «bien educada» y puede hacer muchos de los experimentos que un hombre puede realizar. Al hacerlo, obtiene algunos resultados más bien confusos. ¿Cuáles son y cómo se le explicaría a la mosca que estos fenómenos están realmente de conformidad con las leyes de la naturaleza (está tan bien educada que puede hablar, pero su fundamentos científicos son más bien escasos).
6. Aparentemente, una nave espacial en el espacio libre puede ir más rápida que la velocidad de la luz mediante el razonamiento siguiente. Periódicamente, un cohete situado en la nave acelera y puesto que los hombres en la nave espacial pueden medir aceleraciones, conocen cuál es su aumento de velocidad. Si se repite este proceso una y otra vez, finalmente la suma de todos los incrementos de velocidad deberá ser mayor que la velocidad de la luz. ¿Qué es lo que hay de equivocado en este razonamiento?
7. Un cuerpo en caída libre encima de la superficie de la Tierra tiene la misma masa al partir que cuando llega a aquélla, siendo entonces su velocidad muy grande. ¿No debería ser su masa mayor al final de su movimiento, puesto que entonces tiene una energía cinética superior?
8. Supóngase una nave espacial hipotética que se está moviendo paralelamente a la Tierra con una velocidad de 0,99999 c. Cuando pasa por encima de un hombre A situado sobre la Tierra, emite un pulso de luz desde la parte delantera de la nave. El hombre A determina que este pulso se mueve con velocidad c respecto a la Tierra, y, por tanto, sólo un poco más rápido que la propia nave espacial; el hombre B situado en la nave debe medir que la velocidad del pulso es c. Idear un experimento mediante el cual B pueda medir la velocidad del pulso y explicar por qué obtiene el mismo valor que el hombre A, quien afirma que el pulso y la nave están separándose sólo lentamente.
9. Poco después de 1950 se detectó por primera vez una diminuta partícula denominada neutrino (que no es el neutrón común); muchas de estas

partículas están bombardeando continuamente la Tierra y nuestros cuerpos. Estas partículas no tienen masa en reposo y, sin embargo, tienen energía; ¿con qué velocidad se mueven? (*Indicación*: Cero, dividido por un número distinto de cero, da cero).

10. Un hombre en una nave espacial pasa junto a la Tierra con una velocidad próxima a c. ¿Qué deberá observar cuando gire una regla métrica dentro de la nave desde una posición perpendicular a la línea del movimiento a una posición paralela a la dirección del movimiento?
11. Aunque es imposible decir si una persona se está moviendo o no con una velocidad constante mayor que cero, pueden hacerse muchos experimentos para demostrar cuándo se está sufriendo una aceleración (o un giro). Describir uno de estos experimentos.
12. A una persona que está encerrada en una nave cohete sobre la Tierra se le da un sedante y se le hace dormir. La nave abandona entonces la Tierra y se mueve en el espacio lejano a una velocidad próxima a la de la luz. Cuando despierta, ¿qué efecto observará en la nave debido a esta velocidad elevada? ¿Por qué?
13. ¿Qué le ocurre al color de la luz emitido por una linterna cuando la pila está agotándose? ¿Por qué ocurre esto?
14. Cuando nos quemamos un dedo, la energía térmica suministrada a la carne hace que las moléculas tengan tanta energía cinética que se separan entre sí dañando el tejido. Recordando esto, ¿por qué la luz ultravioleta es mucho más eficaz en producir quemaduras del sol que la luz infrarroja? (*Indicación*: Considerar las energías de los fotones cuando inciden sobre las moléculas de la carne.)
15. Un fotón lleva una energía $h\nu = mc^2$, pero también transporta una cantidad de movimiento $mc = h\nu/c$. ¿Cómo puede interpretarse el hecho de que un haz de luz incidiendo sobre una superficie ejerce una fuerza sobre la misma? ¿Por qué la fuerza es mayor sobre una superficie brillante que sobre una superficie negra?
16. En un experimento sobre el efecto fotoeléctrico se vio que λ_c vale 4000 Å para una sustancia y 6000 Å para otra cuando se utilizan estas sustancias como materiales para la placa. ¿Qué puede decirse sobre los electrones de las dos sustancias?
17. Un objeto invisible cuelga en una ventana abierta. ¿Cómo podríamos apreciar el área de su sección recta lanzando miles de guisantes a la ventana con una cerbatana? ¿Cuál es la semejanza entre este experimento y el de Geiger y Marsden?
18. Uno de los experimentos llevados a cabo a principios del siglo XX fue el siguiente. Se envió a través de un bloque de carbón un haz de rayos X de longitud de onda conocida. Algunos de los rayos X se difundieron lateralmente y se encontró que una porción de éstos tenían una longitud de onda más larga que la del haz incidente. Este efecto, llamado *efecto Compton*, puede interpretarse en función de los fotones que rebotan en los electrones del bloque. Explicar por qué una descripción de este tipo puede conducir al resultado observado.
19. ¿Por qué no emite luz una botella de hidrógeno cuando se deja sobre una mesa?
20. Cuando se dispara una partícula alfa a través de un recipiente lleno con gas hidrógeno, emerge un pulso de luz muy débil del recipiente. Explicar su origen.

PROBLEMAS

1. Una nave espacial se está alejando de la Tierra a una velocidad de 0,9 c, siendo c la velocidad de la luz. Después de un año de haberse marchado de la Tierra, ¿qué edad tendrá un tripulante de la nave?
2. A qué fracción de la velocidad de luz deberá estar moviéndose la nave del problema 1 si la persona en su interior envejece sólo un décimo de lo que envejece un hombre situado sobre la Tierra.
3. Un objeto tiene una masa m_0 cuando se mide en reposo en la Tierra. Se lleva entonces al espacio sobre una nave y adquiere una velocidad 0,9 c respecto a la Tierra. Cuando el astronauta mide la masa del objeto en una balanza situada en la nave, ¿qué encontrará como valor de la masa? ¿Qué valor tendrá aparentemente visto por la persona situada en la Tierra?
4. ¿Con qué rapidez, relativa a c, deberá moverse un electrón si su masa aparenta valer 10 m_0?

¿Cuál será entonces su energía?

5. ¿En qué fracción cambia la masa en reposo de un objeto cuando se lleva desde el nivel del mar a un punto situado a 2000 m de altura?
6. Un hombre grueso decide utilizar el principio masa-energía de Einstein para perder peso. Con tal motivo, levanta un peso de 100 kg a una altura de 2 m y luego lo deja *caer* al suelo. ¿Cuántas veces deberá levantar el peso para perder 10 kg en virtud de la conversión masa-energía? Deja caer los pesos en lugar de bajarlos lentamente debido a que era un alumno de ciencias. ¿Cuál fue su razonamiento (incorrecto) a este respecto?
7. El positrón es una partícula creada en ciertos procesos nucleares (ver capítulo 11); tiene la misma masa del electrón, pero carga opuesta. Por esta razón se le llama a veces electrón positivo. Cuando se acerca a un electrón, ambos se destruyen entre sí y toda su masa se transforma en energía. ¿Cuánta energía se emitirá en este proceso? (masa del electrón $= 9 \times 10^{-31}$ kg).
8. Supóngase que la constante de Planck fuese 0,10 joules-seg y que la energía vibratoria estuviese cuantizada en unidades de $h\nu$. ¿Cómo se comportaría una bola de 100 g situada en el extremo de un péndulo que se mueve con una oscilación de 0,5 Hz?
9. A partir del hecho de que la masa relativista m está relacionada con la energía a través de mc^2, hallar la masa relativista de un fotón de 6600 Å (es decir, de luz roja).
10. Utilizando la fórmula dada para la serie de Lyman, demostrar que la primera raya de la serie tiene una longitud de onda de 1216 Å, mientras que el límite de la serie es 912 Å. De acuerdo con Bohr, ¿cómo surgen estas dos longitudes de onda?
11. Sabiendo que la longitud de la primera raya de la serie Balmer es 6563 Å, demostrar que la diferencia de energía entre la segunda y tercera órbita de Bohr es $3{,}4 \times 10^{-19}$ joules.
12. Hallar la diferencia de energía existente entre la primera y segunda órbita de Bohr a partir del hecho de que la raya de longitud de onda más larga de la serie de Lyman es 1216 Å.
13. Un ion ha de moverse a través de una diferencia de potencial de 20 volt aproximadamente antes de que tenga suficiente energía para expulsar un electrón de un átomo de hidrógeno. En el gas hidrógeno a la presión atmosférica (atm) un ion recorre solamente 10^{-5} cm aproximadamente antes de que choque con un átomo. Sin embargo, a una presión gaseosa de 1/1000 atm, un ion recorre aproximadamente $1000 \times 10^{-5} = 10^{-2}$ cm antes de que se produzca una colisión. Utilizando estos hechos, explicar por qué un tubo de hidrógeno sometido a una diferencia de potencial de unos 10 000 volt no lucirá hasta que la presión se reduzca a una milésima de atmósfera aproximadamente.
14. Si el lector hubiese reconstruido un modelo a escala para átomos de hidrógeno utilizando como núcleo una pelota de ping-pong, ¿a qué distancia de ésta habría que colocar el electrón?

Capítulo 11 El núcleo atómico

En el capítulo anterior estudiábamos el comportamiento de los electrones en el átomo de hidrógeno. Antes de explorar la estructura electrónica de átomos más complejos, investigaremos la composición del núcleo atómico. Veremos que el número de protones dentro del mismo determina el elemento a que pertenece el núcleo dado. También consideraremos la radiactividad y las reacciones nucleares.

Medidas de las masas nucleares

Sabemos que el núcleo atómico es una diminuta entidad situada en el centro del átomo. Su radio está comprendido en un margen de 10^{-14} a 10^{-15} m, dependiendo del tipo de átomo. Esto es, bastante más pequeño (aproximadamente 1/50 000) que el radio del átomo completo. Sólo los electrones en un átomo están en el exterior del núcleo. Puesto que un electrón tiene una masa que es sólo 1/1840 de la masa del protón, el electrón tiene una masa que es casi despreciable en comparación con el resto del átomo.
Bastante antes de que pudiesen medirse las masas de los átomos aislados, los químicos pudieron determinar las masas relativas de los átomos comparando el modo en que se combinan entre sí. Por ejemplo, sabían que dos átomos de hidrógeno se combinan con un átomo de oxígeno para formar agua; así pues,

$$2H + O \rightarrow H_2O$$

siendo H el símbolo químico del hidrógeno y O el del oxígeno. Por tanto, la fórmula química del agua es H_2O, que significa que la molécula del agua se compone de 2 átomos de hidrógeno y uno de oxígeno. (En un capítulo posterior veremos cómo se adquirió este conocimiento.)
Quemando gas hidrógeno en oxígeno para formar agua podemos demostrar que se consumen 16 g de oxígeno por cada 2 g de hidrógeno quemado. Esto indica que dos átomos de hidrógeno tienen 2/16 de la masa de un átomo de oxígeno. De aquí que lleguemos a la conclusión de que el átomo de oxígeno tiene una masa 16 veces mayor que de un átomo aislado de hidrógeno. Por ejemplo, si la masa de un átomo de hidrógeno fuese de 1 g, la molécula de agua H_2O debía tener una masa de 18 g, puesto que 2 g de hidrógeno se combinarán con 16 g de oxígeno para formar una molécula de agua. Esto indicaría que el átomo de oxígeno tiene una masa igual a 16. El mismo razonamiento se aplica a cualquier masa que se suponga para el átomo de hidrógeno. En todos los casos, la masa del átomo de oxígeno es 16 veces mayor que la masa de un átomo de hidrógeno.
Reacciones semejantes existen para todos los demás elementos conocidos por el hombre, aunque con frecuencia intervienen en los procesos otros elementos diferentes del hidrógeno. El hecho importante a señalar es que los elementos siempre se combinan en proporciones definidas en cualquier reacción química. Esto se conoce como *ley de las proporciones definidas*. En este caso, nos permite determinar las masas relativas de los elementos del modo que acabamos de reseñar para el hidrógeno y el oxígeno. Por lo tanto, podemos relacionar todos los átomos con sus masas relativas según se determinan mediante diversas reacciones químicas.
Parece natural asignar al átomo de hidrógeno una masa de 1 sobre una escala relativa y medir todas las demás masas atómicas por comparación. Sin em-

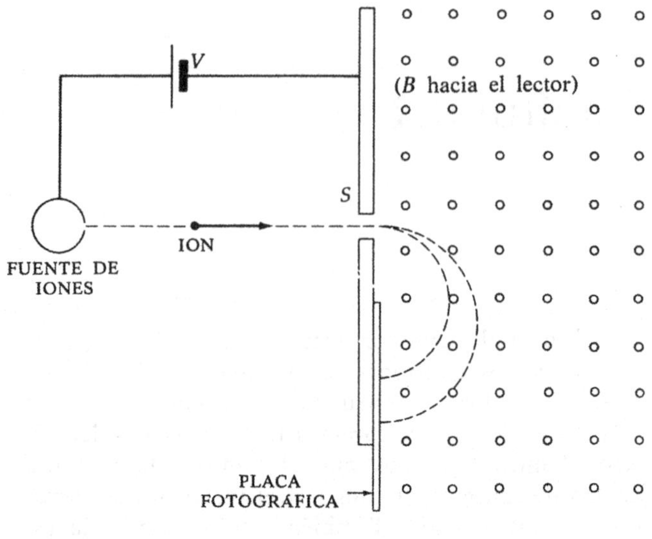

FIG. 11.1. — El ion de mayor masa sigue la circunferencia de mayor radio. Todas las partes de la trayectoria del ion están en el vacío.

bargo, por razones que veremos más tarde, se le ha asignado a la masa química del átomo de hidrógeno el valor de 1,00797 sobre la escala de unidad de masas atómicas. En las unidades de masa atómica, la masa química del átomo de hidrógeno es 1,00797 *u* y el oxígeno tiene una masa de 15,9994 *u*. En la página 242 se relacionan en la tabla 11.1 otros varios elementos comunes. En el apéndice IV se da una tabla completa de los elementos.

Investiguemos ahora las cargas situadas en un átomo. Ya sabemos que el núcleo contiene una carga positiva que debe ser igual a la carga negativa de los electrones en el exterior del núcleo, puesto que el átomo es eléctricamente neutro (es decir, tiene tantas cargas negativas como positivas). Como todas las cargas son múltiplos del cuanto de carga e, el núcleo tendrá una carga Ze, siendo Z un número entero. Denominamos a Z *número atómico* del elemento (ver tabla 11.1). Por ejemplo, el núcleo de uranio tienen un número atómico $Z = 92$. Su carga nuclear es $+Ze = 92e$; debe tener 92 electrones fuera del núcleo para equilibrar la carga nuclear. Los números atómicos Z de los elementos se conocían antes de que Rutherford propusiese el modelo nuclear del átomo. Los cálculos de Z procedentes de los experimentos de difusión de Rutherford, Geiger y Marsden, estudiados en el capítulo 10, concuerdan perfectamente con los valores conocidos. Hasta 1900 aproximadamente, sólo se conocían las masas relativas de los átomos. J. J. Thomson (1856-1940) hizo la primera medida precisa y directa de las masas atómicas en 1913 (no describiremos su método, puesto que ha sido superado por métodos semejantes pero más exactos). Hoy se miden de modo rutinario las masas de los átomos y de las moléculas en un *espectrógrafo de masas* como el indicado en la figura 11.1. (Recuérdese nuestro estudio realizado en la sección 7.9, páginas 152-154). En la fuente de iones se extrae un electrón de uno de los átomos a medir, formando, por lo tanto, un *ion*, es decir un átomo que tiene una carga sin equilibrar. (Esto puede hacerse calentando los átomos o haciendo saltar una chispa a través del gas, de modo que los átomos choquen entre sí.) Algunos de los iones emergen por la pequeña abertura situada en la fuente de los iones y entonces se aceleran a través de la diferencia de potencial V, de modo que atraviesan la rendija S a una velocidad elevada.

Después de pasar a través de la rendija, el ion se mueve perpendicularmente al campo magnético B. Como resultado su trayectoria sigue una circunferencia como vimos en el capítulo 7. (Utilizando la regla de la mano derecha, ¿puede mostrar el lector que el ion de la figura 11.1 es una partícula cargada positivamente?) Cuando completa la semicircunferencia, el ion choca contra una placa fotográfica o algún otro detector que registre la posición de la partícula. A partir de esta posición podemos determinar el radio de la trayectoria del ion. Partículas de mayor masa tienen radios mayores que las de menor masa. A partir del radio de la trayectoria, de la intensidad del campo magnético B, de la tensión V que ha servido para acelerar el ion y de la carga del ion, podemos determinar la masa de éste.

Isótopos y estructura nuclear

Cuando se hicieron las primeras medidas con los espectógrafos de masas, aparecía frecuentemente un resultado extraño: se vio con cierta frecuencia que los elementos químicamente puros estaban compuestos por átomos con dos o más masas diferentes. Por ejemplo, cuando se utilizaba el gas cloro puro en un espectrógrafo, aparecían sobre la placa fotográfica dos puntos diferentes, como se indica en la figura 11.1, indicando la presencia de iones de cloro de dos masas distintas. Estas masas son 35 u y 37 u y sus abundancias están en la relación 3: 1 aproximadamente. Denominamos a los átomos de este tipo *isótopos* del mismo elemento.

Como todos los átomos de cloro se comportan igual químicamente, y este comportamiento depende sólo de los electrones del átomo, llegamos a la conclusión de que los isótopos tienen estructuras electrónicas idénticas. Como resultado, la carga sobre el núcleo debe ser la misma en los isótopos. Aparentemente, los isótopos difieren sólo en las masas de sus núcleos. Las masas isotópicas medidas que se ven en la tabla 11.1 confirman este punto de vista.

Por ejemplo, existen dos tipos comunes o isótopos del hidrógeno. (Existe también un tercer isótopo del hidrógeno, pero es inestable y rara vez se encuentra.) Ambos tienen una carga nuclear de $+e$ y un solo electrón. Sin embargo, uno de ellos tiene una masa nuclear de 1,0 y el otro una masa nuclear de 2,0. (Recuérdese que la masa del electrón es despreciable en comparación.) La masa encontrada por los químicos es la masa media de estos dos isótopos. Esto se ve más fácilmente en el caso del cloro, en donde las masas isotópicas son 35 y 37. El cloro natural se compone de 75 % del primero y 25 % del último. Por lo tanto, los químicos dan una masa atómica de 35,5 para el cloro, puesto que éste es el valor medio que se obtiene a partir de aquellos dos isótopos.

Recorriendo los elementos de la tabla periódica en la tabla 11.1 vemos que las masas isotópicas son casi exactamente números enteros. El núcleo de hidrógeno tiene una masa de 1 y se compone de un solo protón. Recordemos que el protón tiene una carga de $+e$; su masa es 1,0078 u, que es equivalente a $1{,}672 \times 10^{-27}$ kg. Esta masa es ligeramente menor que la del *átomo* de hidrógeno debido a que la masa de protón no incluye la masa del electrón del átomo de hidrógeno.

Vemos en la tabla 11.1 que el átomo de helio tiene una masa aproximada de 4 u y su núcleo tiene una carga de $Ze = 2e$. Estas dos unidades de carga y dos unidades de masa pueden atribuirse a dos protones situados en el núcleo, pero todavía no podemos explicar la existencia de las dos unidades de masa extra.

Durante muchos años, los científicos pensaron que el resto de este núcleo se componía de otros dos protones más (que proporcionarían las dos unidades más de masa) y de dos electrones (que equilibrarían las dos cargas extras procedentes de los protones). Puede despreciarse la masa del electrón. Sin embargo, ciertos hechos llevaron a poner en duda finalmente esta teoría. Por ejemplo, si el electrón está en el interior del núcleo, su longitud de onda de de Broglie debe ser menor que el diámetro del núcleo. Para que esto sea cierto, el electrón debería tener una cantidad de movimiento algunos millares de veces mayor que la de cualquier electrón conocido. Posteriormente se vio que el electrón tiene propiedades magnéticas que no pueden acomodarse en esta descripción del núcleo. De aquí que se sospechase la existencia de una tercera partícula, además del protón y del electrón. Coincide con el protón en su masa, 1 u, pero no posee carga. Esta partícula, denominada *neutrón,* fue aislada finalmente e investigada en 1932.

Creemos ahora que los núcleos están constituidos por protones y neutrones. En el momento actual todavía no sabemos exactamente cómo están dispuestas estas partículas y cómo se comportan en los núcleos mayores. Sin embargo, podemos rápidamente hallar la estructura de cualquier núcleo con el modelo del protón-neutrón. Por ejemplo, el núcleo de oro (ver tabla 11.1) tiene $Z = 79$ y, por lo tanto, posee 79 protones. La masa de este núcleo es 197 u, de los cuales 79 u están proporcionados por los protones. Por lo tanto, tiene una masa $197 - 79 = 118\,u$ debida a los neutrones del núcleo y, por lo tanto, el núcleo debe tener 118 neutrones. Por consiguiente, el núcleo de oro se compone de 118 neutrones y 79 protones; exteriormente al núcleo deben existir 79 electrones para que el átomo sea eléctricamente neutro.

Como vemos a partir de la tabla 11.1, el número de protones es casi igual al número de neutrones en los núcleos de los elementos más ligeros. Sin embargo, en los elementos de mayor masa, el número de neutrones supera al número de protones. Una razón principal para esto, es que los protones cargados positivamente se repelen entre sí con una fuerza que resulta cada vez mayor cuando aumenta el número de protones. En cierto sentido, los neutrones extra diluyen los protones de modo que están empaquetados menos densamente y así se reduce esta repulsión. En la figura 11.2, vemos la proporción de neutrones a protones para los isótopos estables que se encuentran en la naturaleza. Es posible sintetizar otros núcleos dife-

TABLA 11.1. *Tabla abreviada de elementos* *

Elemento	Símbolo	Número atómico Z	Masa atómica A (Química)	Masa del isótopo u	% de abundancia del isótopo en la naturaleza
Neutrón	n	0	1,00867	1,00867	
Hidrógeno	H	1	1,00797	1,008	99,985
				2,014	0,015
Helio	He	2	4,0026	4,0026	100–
Litio	Li	3	6,939	6,015	7,5
				7,016	92,5
Carbono	C	6	12,01115	12,0 exacto	98,9
				13,003	1,1
Nitrógeno	N	7	14,0067	14,003	99,6
Oxígeno	O	8	15,994	15,995	99,8
Flúor	F	9	18,9984	18,998	100
Neón	Ne	10	20,183	19,992	90.9
Sodio	Na	11	22,9898	22,99	100–
Cloro	Cl	17	35,453	34,97	75
				36,97	25
Plata	Ag	47	107,870	106,90	51
Oro	Au	79	196,967	196,97	100
Plomo	Pb	82	207,19	207,98	52
Radio	Ra	88	226	226	
Uranio	U	92	238,03	235	0,7
				238	99,2

* Obsérvese que a un isótopo del carbono se le asigna una masa de 12,0 u exactamente, mientras que todas las demás masas están relacionadas en comparación con ésta. Se asigna el valor estándar al carbono porque su masa es más fácil de comparar con las masas de los demás elementos que con la del hidrógeno.

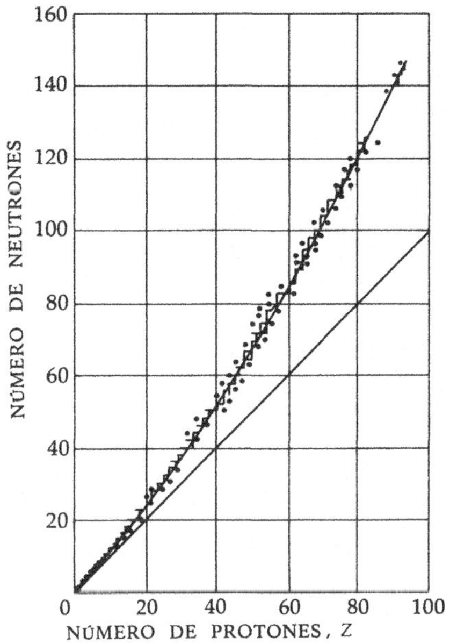

FIG. 11.2. — La línea recta muestra cuál debería ser la proporción de neutrones a protones, si fuesen iguales los números de estos dos nucleones. La otra línea muestra la razón real, porque los elementos más pesados tienen más neutrones que protones.

rentes a los indicados, pero éstos son inestables y finalmente expulsan partículas del núcleo, cambiando entonces a formas más estables. Es de presumir que en el momento en que se formó la Tierra existiese una gran diversidad de núcleos inestables. Sin embargo, la mayoría de ellos se han desintegrado hacia formas estables durante los miles de millones de años transcurridos. Sólo es posible encontrar ahora en la naturaleza aquellos núcleos que están tan fuertemente unidos que han podido existir sin transformación en este largo período de tiempo.

Energía de enlace del núcleo

Ninguna de las fuerzas que hemos estudiado hasta ahora puede explicar cómo están ligados entre sí los neutrones y los protones. La fuerza de Coulomb electrostática hace realmente que los protones del interior del núcleo se repelan entre sí. La atracción gravitatoria entre los neutrones y los protones es muchísimo menor que la fuerza de repulsión eléctrica, como señalábamos en el capítulo 6. A pesar de esto, el núcleo se mantiene compacto. Por lo tanto, debe actuar aquí algún otro tipo de fuerza. La denominaremos *fuerza nuclear.*

La atracción de la fuerza nuclear es esencialmente la misma entre neutrón y neutrón que la que existe entre protón y protón (entre protones también está presente la fuerza de repulsión de Coulomb). Las partículas de los núcleos (protones y neutrones) se denominan *nucleones;* la fuerza nuclear es esencialmente la misma para todos los nucleones.

La fuerza nuclear es una fuerza de alcance extremadamente corto. A diferencia de las fuerzas gravitatorias electrostáticas, no es proporcional a $1/r^2$; es decir, no es una fuerza proporcional a la inversa del cuadrado de la distancia. Disminuye mucho más rápidamente con la distancia que estas otras fuerzas. Para todos los intereses prácticos, la fuerza nuclear entre dos nucleones es cero si las partículas están más separadas de 10^{-14} m. Así pues, la fuerza está restringida casi totalmente a la pequeña región ocupada por el núcleo.

Podemos representar los efectos producidos por la fuerza nuclear mediante un diagrama de energías como el de la figura 11.3. Consideremos la energía potencial de un nucleón cuando se acerca a otro. Como es costumbre, definamos al nivel cero de modo que la energía potencial de las partículas sea nula cuando están a una distancia infinita. De aquí que en las curvas de energía potencial sea cero, cuando *r*, separación de las partículas, sea grande. ¿Qué ocurre cuando uno de los nucleones está fijo mientras que *r*, distancia entre las partículas, se hace disminuir acercando el segundo nucleón al primero? Inicialmente, admitamos que ambos nucleones no poseen carga. El comportamiento de su energía potencial se ha indicado en la figura 11.3*a*.

Cuando el nucleón se acerca bastante de modo que *r* ha disminuido hasta 10^{-14} m aproximadamente, o sea, el punto *C* de la figura, la fuerza atractiva de un nucleón respecto al otro empieza a crecer y se ve empujado hacia el núcleo estacionario. De aquí que desde *C* hacia valores más pequeños de *r* se mueva cuesta abajo. El nucleón pierde energía potencial cuando se acerca de *C* hacia *B*.

Sin embargo, a una cierta separación r_B, las partículas están tan próximas que deben casi tocarse. A esta distancia empiezan a repelerse entre sí. Para acercarlas

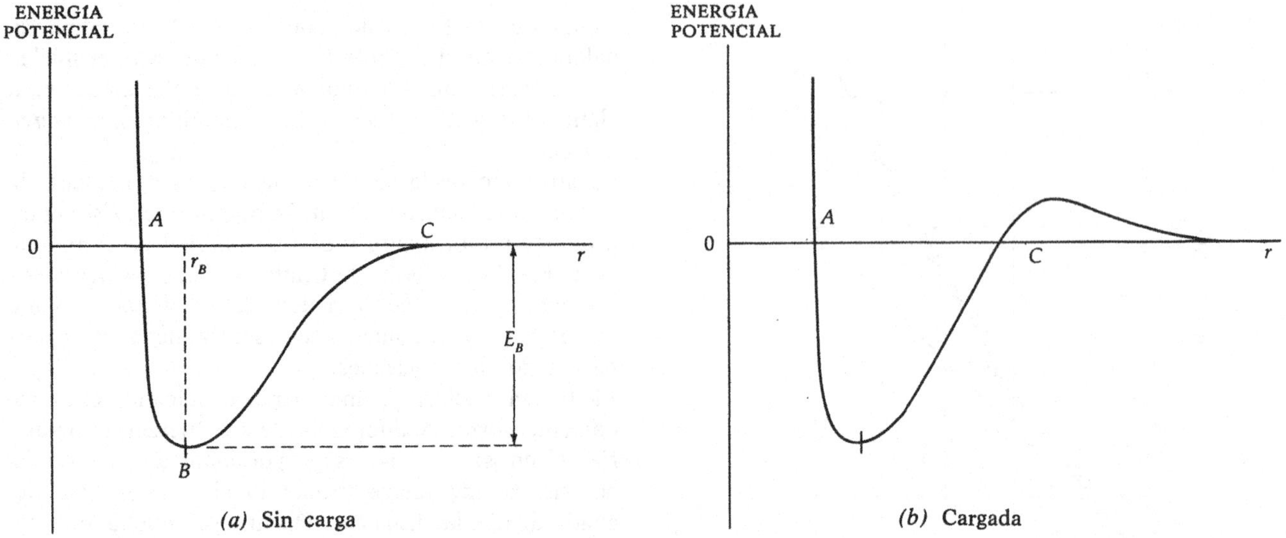

FIG. 11.3. — En *(a)* por lo menos una de las dos partículas carece de carga; en *(b)* la fuerza de repulsión entre dos protones cargados hace necesario vencer la barrera de potencial en *C* si han de llegar a reunirse.

más aún debemos realizar un trabajo para que el nucleón móvil llegue a una distancia inferior a r_B, de modo que la curva de energía potencial se elevará a unas separaciones de partículas todavía menores. Si recordamos a partir del capítulo 5 que el sistema representado por una curva de éstas es análogo al de una cuenta que se desliza sobre un cable o hilo vemos que la separación de equilibrio de ambos nucleones es r_B. Debe realizarse trabajo sobre ellos si han de estar separados más de este valor o si se pretende que se acerquen aún más.

En la parte (*a*), por lo menos una de las dos partículas no está cargada. Si las partículas llevan cargas del mismo signo, también debe considerarse la fuerza repulsora de Coulomb. En la figura 11.3*b* se ve la curva de la energía potencial para este caso. Aquí debe realizarse trabajo contra la fuerza de repulsión hasta que los nucleones se acercan lo suficiente para que la fuerza de atracción nuclear resulte predominante. De aquí que la curva de energía potencial tenga una ligera colina hacia arriba en las proximidades de *C*, si seguimos pensando en función de una analogía como la de la cuenta sobre un hilo. Evidentemente, deben dispararse ambos nucleones uno contra el otro a velocidades grandes si han de remontar la colina *C* situada en el centro.

Consideremos como ejemplo práctico el isótopo del hidrógeno con masa 2 *u* (que frecuentemente se denomina deuterio). Su núcleo se compone de un protón y de un neutrón que originalmente estarán separados. Ésta es exactamente la situación indicada en la figura 11.3*a*. El neutrón es atraído por el protón y cae cuesta abajo en la curva de energía cuando se acercan entre sí. Si se le deja a sí mismo, el neutrón caerá hasta el fondo de la colina de energía potencial de la figura 11.3*a*. Por lo tanto, el protón y el neutrón del núcleo de deuterio, o *hidrógeno pesado,* están separados a una distancia r_B.

Evidentemente este núcleo es estable; no se descompondrá por sí mismo. Para conseguir separar ambas patículas, deberá utilizarse algún agente exterior que tire del neutrón de modo que recorra la colina potencial en sentido contrario y llegue a valores de *r* grandes. Esto exige una energía E_B indicada en la figura, que se denomina *energía de enlace* del núcleo.

Hasta ahora hemos considerado un núcleo compuesto por sólo dos partículas. Sin embargo, los diagramas indicados en la figura 11.3 pueden aplicarse a núcleos mayores también. Por ejemplo, supongamos que se introduce dentro del núcleo de hidrógeno pesado una nueva partícula. El diagrama cambiaría un poco para valores muy pequeños de r debido a que la nueva partícula debería encontrase con dos partículas impenetrables con las que enfrentarse, pero generalmente sería del mismo tipo. Para núcleos mayores definimos *la energía de enlace del núcleo* como *la energía necesaria* (o trabajo realizado) *para descomponer todos los nucleones separándolos entre sí.* En la sección siguiente veremos qué valor tiene esta energía.

Defecto de masa y energía de enlace

Cuando medimos las masas de los núcleos con exactitud elevada, encontramos una discrepancia. Por ejemplo, la masa medida del deuterio, isótopo pesado del hidrógeno, es 2,01410 u. Deberíamos esperar que su masa fuese igual a la suma de las masas de su único neutrón y su único protón. Sin embargo, la suma es 2,01650 u, en lugar de la masa medida 2,0141 u. Aparentemente se gana 0,0024 u de masa cuando los nucleones se separan. En otras palabras, *debe crearse masa cuando un núcleo se descompone y se separa en sus protones y neutrones.*

Podemos interpretar este fenómeno en función de la relación masa-energía de Einstein, $\Delta E = \Delta mc^2$. Cuando el núcleo se descompone, debe realizarse un trabajo igual a la energía de enlace para separar sus partículas constituyentes. Este trabajo aparece en forma de energía potencial adicional residente en las propias partículas. Como aprendimos en el capítulo 10, cuando damos energía a un objeto, aumentamos su masa de conformidad con la relación masa-energía de Einstein. De aquí que se crea masa cuando el núcleo se descompone.

Permítasenos una digresión breve para familiarizarnos con la unidad de energía que se utiliza más comúnmente cuando se estudian los átomos y los núcleos. Se denomina *electronvolt* (eV) y sustituye al joule. El electronvolt es la cantidad de energía que un cuanto de carga e adquiere dentro de una diferencia de potencial de un volt. Recuérdese que vimos en el capítulo 6 que cuando una carga q se mueve a través de una diferencia de potencial V adquiere una energía de qV joules. Si $q = e$, la energía es eV joules. Por lo tanto,

$$1 \text{ electronvolt} = \frac{1 \text{ joule}}{e}$$

Si la energía de la carga es eV joules, entonces en función del electronvolt esta energía es eV/e o V electronvolts. Cuando una partícula de carga e se mueve a través de una diferencia de potencial V, entonces adquiere una energía de V electronvolts. En esta unidad de energía, la energía equivalente de una unidad de masa atómica es

$$1u \rightarrow 931 \times 10^6 \text{ eV} = 931 \text{ MeV}$$

en donde MeV quiere decir un millón de electronvolts. En otras palabras, cuando se convierte una unidad de masa atómica en energía, se liberan 931 millones de electronvolts.

En el caso del hidrógeno pesado, la masa necesaria para proporcionar la energía de enlace y descomponer el núcleo en sus partes es 0,00240 u. Puesto que un u es equivalente a 931 MeV de energía, esta cantidad de masa es equivalente a

$$0{,}00240 \times 931 = 2{,}23 \text{ MeV}$$

Podemos proporcionar esta energía al núcleo golpeándolo con otra partícula de energía muy elevada; por ejemplo, otro protón. Este protón debe dar al núcleo de hidrógeno pesado por lo menos una energía de 2,23 MeV para descomponerlo. Para ello, tendrá que haber sido acelerado a través de una diferencia de potencial de por lo menos 2,23 millones de volts. (En realidad, su energía debería ser mucho mayor que ésta, puesto que algo de energía permanecerá en forma de energía cinética después del choque.) Ya en 1930 resultaron disponibles energías de partículas tan elevadas como éstas, cuando se empezaron a construir los primeros aceleradores nucleares.

Todos los núcleos, puesto que son estables, tienen una energía de enlace. Debido a que se necesita esta cantidad de energía para descomponer el núcleo, los protones y neutrones individuales tienen una masa mayor (y más energía) que el propio núcleo. Esta diferencia de masa entre las partículas libres y el núcleo se denomina *defecto de masa.* Normalmente se divide el defecto de masa por el número de nucleones existentes en el núcleo para medir la pérdida de masa media por partícula cuando se coloca en el interior del núcleo. En la figura 11.4 se muestra un gráfico del defecto de masa por nucleón para diversos elementos. Vemos en ella que los elementos de la parte central de la curva son los más estables (en función

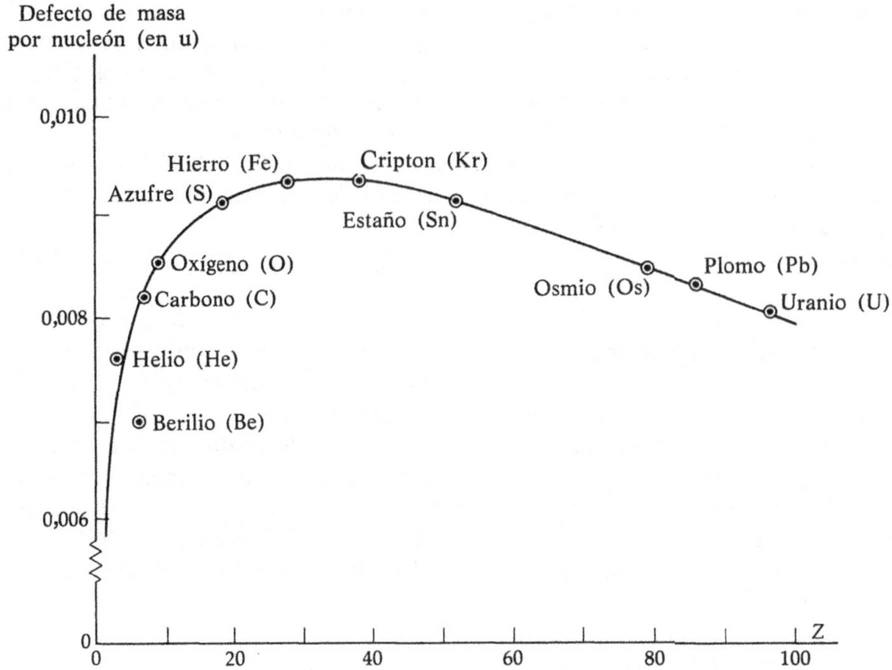

FIG. 11.4. — El defecto de masa por nucleón es mayor en el caso de los elementos en la zona media de masas atómicas, y por ello son los más estables.

de la masa atómica, están a mitad de camino entre los elementos más ligeros y los más pesados, como veremos cuando examinemos la tabla de los elementos del capítulo 12). Puesto que el defecto de masa por nucleón de los elementos comprendidos entre el hierro (Fe) y criptón (Kr) son los mayores, estos elementos exigen la mayor cantidad de energía para descomponer su núcleo en sus partículas constituyentes. Cuando se produce el proceso inverso y se reúnen los protones y neutrones para formar los núcleos, deberá emitirse grandes cantidades de energía.

La reación de fusión

Cuando se reúnen neutrones y protones para formar núcleos estables, deberá emitirse la energía equivalente al defecto de masa. Denominamos a esta reacción, en la que se funden dos o más partículas para formar un núcleo mayor, una *reacción de fusión.* Es la fuente de energía de la bomba de hidrógeno; también proporciona la energía del Sol y de las estrellas. En el Sol se producen por lo menos dos reacciones de fusión principales, pero parece predominar una de ellas. A las temperaturas y presiones extremadamente elevadas del interior del Sol, dos núcleos de hidrógeno (protones) pueden chocar entre sí con fuerza suficiente para vencer su repulsión de Coulomb. Como resultado, se fusionan en la siguiente reacción:

$${}_1H^1 + {}_1H^1 \rightarrow {}_1H^2 + {}_1e^0 + \text{energía}$$

En esta expresión hemos utilizado el simbolismo nuclear común, en el cual se colocan el valor de la masa (en unidades de masa atómica) y de la carga (en múltiplos de e) junto al símbolo de un elemento del modo siguiente:

$${}_{carga}X^{masa}$$

La partícula ${}_1H^1$ es el protón. ${}_1H^2$ es un *deuterón* (hidrógeno pesado) y ${}_1e^0$ es un electrón positivo (denominado *positrón*). Obsérvese que representamos la masa del positrón como cero, puesto que es muy pequeña.

El deuterón choca luego con otro protón para reaccionar del modo siguiente:

$$_1H^2 + {_1H^1} \rightarrow {_2He^3} + \text{energía}$$

siendo el producto helio 3 un isótopo ligero del helio.

El cual a su vez reacciona del modo siguiente mediante choque con otra partícula de helio 3:

$$_2He^3 + {_2He^3} \rightarrow {_2He^4} + 2{_1H^1} + \text{energía}$$

Obsérvese que en la reacción total se combinan cuatro protones ($_1H^1$) para producir un átomo de helio. De hecho los núcleos de hidrógeno se están transformando en núcleos de helio y energía.

Podemos calcular la energía liberada en esta reacción de fusión a partir de la diferencia de masa entre cuatro protones y el núcleo He^4 resultante. (El positrón se combina con un electrón negativo y en el proceso de aniquilación resultante se transforma en energía pura.) Es decir,

$$4 \text{ protones} \rightarrow 4{,}0291$$
$$He^4 \rightarrow 4{,}0026 - 2(0{,}00055) = 4{,}0015$$

en donde restamos la masa de dos electrones de la masa del *átomo* de helio dada en la tabla 11.1 para obtener la *masa* del núcleo.

A partir de esto, la pérdida de masa es 0,0276 *u*, que corresponde a una liberación de energía de

$$931(0{,}0276) = 26 \text{ MeV}$$

Esto es, una cantidad de energía muy apreciable; es diez millones de veces mayor que la que podemos obtener haciendo reaccionar químicamente esta cantidad de material o mediante su combustión con el oxígeno.

Puesto que los océanos están llenos de protones procedentes del agua (H_2O), la reacción de fusión puede proporcionar una fuente de energía casi infinita al hombre. Sin embargo, todavía existe una dificultad seria que nos impide utilizar los procesos de fusión para objetos prácticos. El problema radica en el hecho de que los protones (y todos los demás núcleos) llevan cargas positivas. Sabemos que la fuerza atractiva nuclear retiene las partículas reunidas sólo cuando están a unos 10^{-14} m de distancia aproximadamente. Pero la fuerza repulsiva de largo alcance de Coulomb mantiene separadas las partículas; debe realizarse trabajo contra ellas para acercar los protones lo suficiente de modo que lleguen a unirse.

En el centro del Sol la temperatura es tan alta que la energía cinética de los protones suele ser suficiente para vencer la fuerza de repulsión entre ellos. Pero la temperatura necesaria es del orden de decenas de millones de grados, temperatura a la cual todos los materiales se han fundido y convertido en gas. Evidentemente, no puede existir ningún recipiente que mantenga a los protones en reacción a estas temperaturas. Por lo tanto, los investigadores normalmente procuran mantener en contacto los protones y electrones (en forma de un gas de partículas cargadas denominado *plasma*) mediante campos magnéticos. De este modo, las partículas serán retenidas en el espacio sin tocar ningún objeto material. Todavía no se ha ideado ninguna botella magnética práctica para contener esta reacción, que es idéntica a la utilizada en la bomba de hidrógeno. Conseguir utilizar este proceso explosivo para empleos pacíficos como fuentes de potencia es extraordinariamente difícil, aunque no se pueda decir que sea imposible.

Reacción de fisión

El futuro de la humanidad se vio grandemente alterado por un descubrimiento realizado en el laboratorio de Berlín de Otto Hahn (1879-1968) en 1938. Hahn, un químico, había estado trabajando durante varios años con elementos radiactivos, siguiendo las series de elementos en las que se desintegraban. Sus asociados durante gran parte de su trabajo fueron Lise Meitner y Fritz Strassmann. Un día primero de diciembre, Hahn y Strassmann encontraron que cuando un neutrón llega cerca de un núcleo de uranio, el núcleo asimila al neutrón y luego procede a descomponerse en dos o más partes, como se ve en la figura 11.5. El proceso mediante el cual un núcleo pesado se descompone en núcleos de elementos próximos al centro de la tabla de elementos se denomina *fisión*.

Para comprender la importancia del proceso de fisión, refirámonos de nuevo a la figura 11.4. En ella hemos representado la masa perdida por cada nucleón cuando forma parte de un núcleo. Obsérvese que los neu-

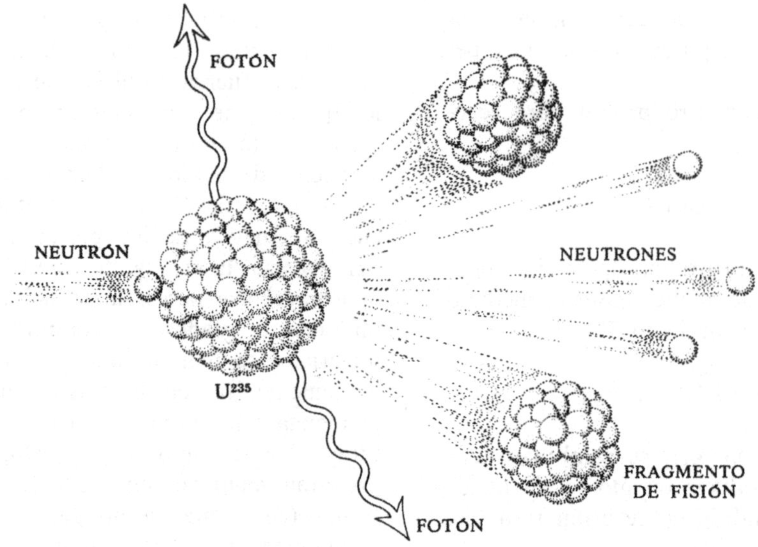

FIG. 11.5. — El núcleo de U^{235} se divide en dos o más fragmentos en el proceso de fisión.

trones y protones de los núcleos de los elementos intermedios (como el Fe y Kr) han perdido cada uno de ellos más masa que los nucleones dentro de los núcleos muy pesados como el uranio (U). Supóngase ahora que mediante el proceso de fisión se descompone un núcleo de uranio en dos núcleos próximos al Fe de la figura. Durante la fisión los nucleones del núcleo original de U *deben perder masa,* puesto que no pueden tener tanta masa cuando están en un núcleo de tamaño intermedio. De aquí que debe *destruirse* cierta cantidad de masa cuando el núcleo de uranio sufre fisión. Pero a partir de la relación de Einstein $\Delta E = \Delta mc^2$ sabemos que debe liberarse una gran cantidad de energía cuando el núcleo de uranio sufre fisión. Este tipo de energía es de gran valor para la humanidad. Desgraciadamente, el uranio existe en mucha menor abundancia sobre la Tierra que los protones y así la reacción de fisión es menos atractiva que las fusiones a este respecto. Sin embargo, la reacción de fisión es relativamente sencilla de llevar a cabo en una situación controlada.

En la época del descubrimiento de Hahn, el mundo estaba en una tensa situación política; Hitler tenía un firme control de Alemania y Austria, Mussolini era dictador de Italia, y Rusia estaba regida por la mano de hierro de Stalin. Muchos científicos habían escapado de Alemania, Austria e Italia a los Estados Unidos con objeto de huir del antisemitismo y de las políticas opresivas de sus dictadores. Entre ellos estaban Alberto Einstein y Enrico Fermi. Con otros muchos científicos de la época, vieron que el descubrimiento de Hahn podía conducir a una fuente de energía nueva y potencialmente de gran importancia.

Ya en 1939, Fermi, Einstein y otros conocieron la noticia de que Hitler había detenido la venta de uranio de las minas de Checoslovaquia, que Alemania acababa de ocupar. Entonces supusieron que Hitler planeaba explotar esta nueva fuente de energía. (Realmente Hitler no dio importancia a este proyecto; incluso se permitió a Hahn que continuase con otro trabajo y dejase de tener una conexión real con la utilización de su descubrimiento.) Urgido por un grupo de científicos, Einstein escribió al Presidente Franklin Roosevelt el 2 de agosto de 1939 describiendo esta fuente de energía nueva y señalando que «este nuevo fenómeno también conduciría a la construcción de bombas, siendo concebible, aunque mucho menos cierto, que pudiesen así construirse bombas extraordinariamente potentes de un nuevo tipo. Una sola bomba de este tipo, llevada por un barco y explotada en un puerto podría perfectamente destruirlo por completo junto con parte del territorio limítrofe».

Aunque los Estados Unidos no entraron en la guerra hasta 1941, el Presidente Roosevelt se vio impulsado por la propuesta de Einstein y reunió una gran parte de los científicos nucleares del mundo para trabajar en este proyecto secretamente. Finalmente, el 2 de diciembre de 1942, Enrico Fermi y su grupo de la Universidad de Chicago produjo una fuente de energía controlada utilizando uranio; esta fecha, día del funcionamiento del *primer reactor nuclear,* es indudablemente una de las más importantes de la historia. Como sin duda se conoce, se gastó una gran cantidad de dinero y de esfuerzos antes de que se pudiese ensayar en secreto la primera bomba de uranio en Nuevo Méjico tres años más tarde. Aunque Hitler había sido ya derrotado, los Estados Unidos todavía mantenían la guerra contra el Japón y así se lanzaron dos bombas atómicas sobre este país en agosto de 1945. Esta arma fue tan terriblemente destructiva, que el Japón capituló días más tarde.

El desarrollo de la bomba atómica de fisión nuclear condujo a su vez al desarrollo de la bomba de hidrógeno o de fusión termonuclear. Existen ahora muchas más bombas nucleares y termonucleares que las necesarias para destruirlo todo sobre la Tierra.

La reacción de fisión puede escribirse

$$ {}_0n^1 + {}_{92}U^{235} \rightarrow Ba + K_2 + \text{energía} + \text{neutrones} $$

Esta es una de las muchas posibles combinaciones de productos formados en esta reacción. Los productos son normalmente muy inestables y emiten otras radiaciones y partículas. Debido a que normalmente se emiten dos o tres neutrones en el proceso de fisión, un solo neutrón puede iniciar una *reacción en cadena* del uranio, como se ve en la figura 11.6. El primer neutrón produce tres más; éstos producen a su vez 9 neutrones que conducirán a 27 en la etapa siguiente de la cadena. Si cada etapa de la cadena exige un tiempo de 0,001 segundos, al final de 0,06 seg habría más de 10^{28} procesos de fisión. Este proceso consumiría más de 4 toneladas de uranio. Evidentemente, una reacción como ésta se produciría con violencia explosiva y esto es exactamente lo que ocurre en la bomba de fisión. Afortunadamente, algunos de los neutrones emitidos no se liberan hasta 1 minuto aproximadamente después de la explosión del núcleo. Esto hace posible controlar la reacción con mayor facilidad.)

Sin embargo, para obtener una fuente de energía

AMERICAN INSTITUTE OF PHYSICS

ENRICO FERMI (1901-1954)

Nacido en Roma, realizó su doctorado en Pisa y fue nombrado profesor de Física Teórica en la Universidad de Roma en 1927. Tenía un notable talento para ver y explicar las cosas claramente y en desarrollar aproximaciones de trabajo cuando no era posible ser matemáticamente preciso. Era conocido también por su extraordinaria simpatía y su contagiosa alegría de vivir. Su trabajo en el campo de la radiactividad incluyó hechos como el descubrimiento de la posibilidad de controlar la velocidad de las reacciones nucleares; esto constituyó una etapa crucial en el desarrollo de la energía nuclear. A Fermi se le concedió el Premio Nobel en 1938 y se marchó directamente a América desde el lugar de la ceremonia de investidura de Estocolmo en lugar de volver a la Italia de Mussolini. Después de tres años en la Universidad de Columbia, Fermi pasó a la de Chicago, donde dirigió la construcción de una pila atómica en la parte baja de un estadio abandonado. Cuando esta pila produjo una reacción nuclear que pudo mantenerse y controlarse, había nacido la era atómica.

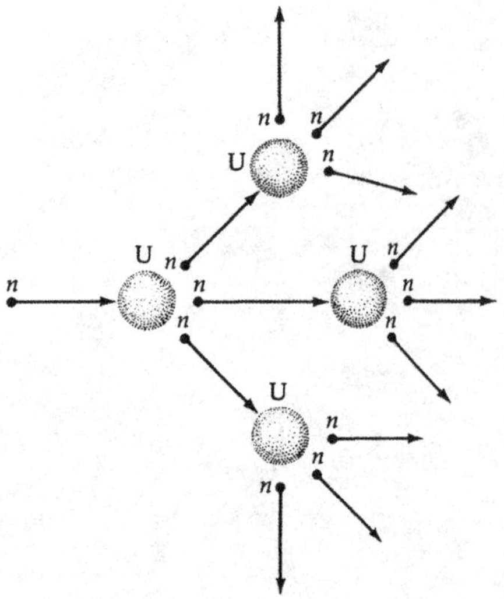

Fig. 11.6. — Una reacción en cadena puede iniciarse con un solo neutrón.

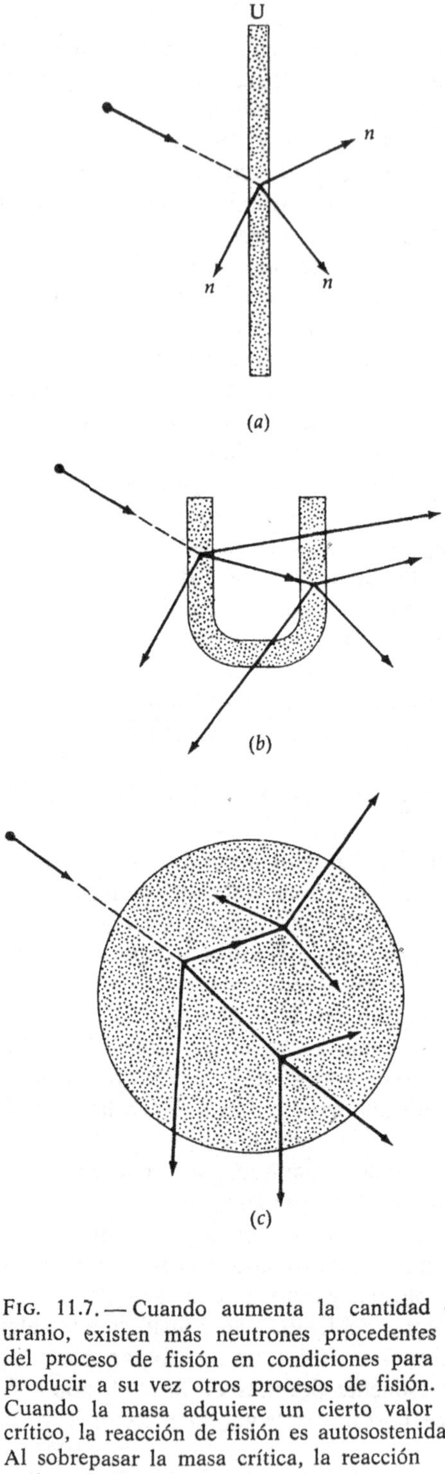

Fig. 11.7. — Cuando aumenta la cantidad de uranio, existen más neutrones procedentes del proceso de fisión en condiciones para producir a su vez otros procesos de fisión. Cuando la masa adquiere un cierto valor crítico, la reacción de fisión es autosostenida (*b*). Al sobrepasar la masa crítica, la reacción será explosiva (*c*).

práctica y estable la reacción debe proceder lenta y uniformemente. El factor que influye en si la reacción se apagará, permanecerá estacionaria o producirá una explosión, se ilustra en la figura 11.7. En la parte (*a*) el neutrón incidente produce un proceso de fisión, pero los neutrones producidos escapan sin otras reacciones y, por lo tanto, se detiene el proceso. Cuando se hace aumentar el tamaño de la muestra de uranio, alguno de los neutrones obtenidos en las reacciones, pueden a su vez reaccionar como se ve en la figura 11.7*b* y *c*. Para una cierta *masa crítica,* uno de los tres neutrones de cada proceso de fisión puede iniciar otro proceso de fisión. Como resultado, cuando el sistema «se hace crítico» (y cada proceso de fisión produce un solo nuevo proceso de fisión), este proceso de fisión continúa a un ritmo constante. Esta es la condición que se desea en un reactor nuclear. Si la masa de uranio en reacción excede del tamaño crítico, la reacción sería explosiva. En una bomba de fisión, se incrustan entre sí dos o más masas subcríticas formando una masa mayor del tamaño crítico y entonces explota la bomba.

Afortunadamente no es difícil proyectar un reactor de fisión esencialmente a prueba de explosiones; como resultado, los reactores de potencia nucleares están ahora utilizándose ampliamente.* En estos reactores de potencia, la energía emitida en el proceso de fisión aparece en forma de calor, que luego produce vapor de agua para generar energía eléctrica. Estos reactores producen también haces intensos de rayos gamma, neutrones de elevada energía y electrones, lo mismo que otras muchas formas de radiación. Esta radiación intensa se utiliza para bombardear otros núcleos estables, creando por consiguiente núcleos nuevos que suelen ser extremadamente radiactivos.

Radiactividad

Como sabemos, algunos núcleos son inestables y se descomponen formando otros núcleos. Sólo algunos de estos núcleos existen todavía en cantidades medibles en la Tierra. Si existieron otros, hace mucho tiempo que se desintegraron y sólo quedan en cantidades no medibles. Sabemos que los nucleones de los núcleos de los elementos de masa intermedia son los que han perdido la mayor cantidad de masa y energía. De aquí que no nos debe sorprender encontrar que los núcleos muy pesados a veces pierden energía espontáneamente expulsando parte de sus nucleones en un proceso de desintegración radiactiva. Realmente, todos los elementos de número atómico Z mayor que 83 son radiactivos (es decir, inestables).

Definimos la inestabilidad de cualquier sustancia radiactiva indicando sus *períodos de semidesintegración.* Este es el tiempo que tarda la mitad del núcleo de una muestra dada, en desintegrarse. En otras palabras, si empezamos con una masa m de material radiactivo, sólo quedará $m/2$ de esta sustancia sin transformarse al final de un tiempo igual a su período de semidesintegración. La desintegración de un núcleo dado es un proceso aleatorio comparable al lanzamiento de una moneda. Si uno lanza al aire una moneda, la probabilidad de que quede con la cara hacia arriba es del 50 %, independientemente de lo que hubiese ocurrido en los lanzamientos anteriores. Análogamente, la probabilidad de que un núcleo particular se desintegre en un tiempo igual a su período de semidesintegración es del 50 %. La fracción de los núcleos que permanecen invariables después de un tiempo t se indica en el gráfico de la figura 11.8.

Los períodos de semidesintegración de los elementos radiactivos encontrados en la Tierra son extraordinariamente largos, como es natural, o bien se habrían desintegrado hasta quedar en cantidades despreciables en los $4{,}5 \times 10^9$ años que la Tierra tiene de existencia. Por ejemplo, el período del radio es aproximadamente 1620 años, mientras que el correspondiente al uranio 238 (un isótopo del uranio) es de 4×10^9 años. Todos los elementos radiactivos que se encuentran en la Tierra finalmente se desintegran terminando en plomo. Se desintegran paso a paso emitiendo partículas alfa (núcleos de helio), partículas beta (electrones) y rayos gamma en su desintegración. Por ejemplo, si empezamos con una muestra de radio puro (que se forma en la desintegración del uranio), vemos que sufre la siguiente serie de reacciones. (Obsérvese en estas ecuaciones que las masas y las cargas de los productos deben ser iguales a la masa y a la carga del material inicial.) También se da el período de semidesintegración de cada elemento.

1 $\quad {}_{88}\mathrm{Ra}^{226} \rightarrow {}_{86}\mathrm{Rn}^{222} + {}_{2}\alpha^{4}$ (1620 años)

siendo Rn un gas llamado radón. Entonces

2 $\quad {}_{86}\mathrm{Rn}^{222} \rightarrow {}_{84}\mathrm{Po}^{218} + {}_{2}\alpha^{4}$ (3,8 años)

El núcleo de polonio (Po) emite luego una partícula alfa.

3 $\quad {}_{84}\mathrm{Po}^{218} \rightarrow {}_{82}\mathrm{Pb}^{214} + {}_{2}\alpha^{4}$ (3,1 min)

Este isótopo del plomo (Pb) no es estable y emite una partícula beta (un electrón).

4 $\quad {}_{82}\mathrm{Pb}^{214} \rightarrow {}_{83}\mathrm{Bi}^{214} + {}_{-1}e^{0}$ (26,8 min)

El isótopo del bismuto (Bi) emite una partícula alfa

5 $\quad {}_{83}\mathrm{Bi}^{214} \rightarrow {}_{81}\mathrm{Tl}^{210} + {}_{2}\alpha^{4}$ (19,7 min)

y finalmente el isótopo de talio (Tl) se desintegra en forma de

6 $\quad {}_{81}\mathrm{Tl}^{210} \rightarrow {}_{82}\mathrm{Pb}^{210} + {}_{-1}e^{0}$ (1,32 min)

7 $\quad {}_{82}\mathrm{Pb}^{210} \rightarrow {}_{83}\mathrm{Bi}^{210} + {}_{-1}e^{0}$ (19 años)

8 $\quad {}_{83}\mathrm{Bi}^{210} \rightarrow {}_{84}\mathrm{Po}^{210} + {}_{-1}e^{0}$ (138 días)

* Los reactores nucleares de potencia necesitan grandes cantidades de agua para su refrigeración y crean productos de desecho radiactivos peligrosos que deben eliminarse con gran cuidado. Por estas razones no son generadores ideales de potencia.

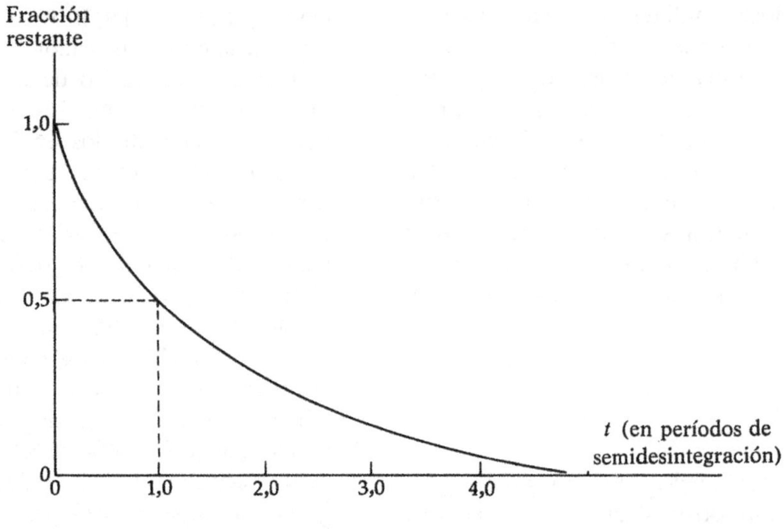

FIG. 11.8. — Después de un período de semidesintegración, sólo queda la mitad de los núcleos originales.

9 $\quad {}_{84}Po^{210} \rightarrow {}_{82}Pb^{206} + {}_{2}\alpha^{4}$ $\qquad (\infty)$

Este isótopo final del plomo (Pb) es estable y con él la serie termina. Las energías de las partículas alfa emitidas están comprendidas en el intervalo de 4 a 9 MeV.

Además de las partículas alfa y beta, los núcleos radiactivos emiten también rayos gamma. Se recordará que estos rayos son radiaciones electromagnéticas de longitud de onda muy corta. Son emitidos cuando un núcleo pasa a un estado de energía inferior emitiendo un pulso de energía. Este proceso es semejante al de un átomo de hidrógeno que emite radiación cuando su electrón cae a un estado de energía inferior. Aunque no se conoce totalmente lo que ocurre en todos los núcleos, sabemos que se expulsa un rayo gamma cuando los nucleones dentro del núcleo pasan a ocupar estados de energía inferior. Los núcleos estables encontrados en la naturaleza están en su estado de energía más bajo y por ello no emiten rayos gamma. Sin embargo, los reactores son fuentes intensas de rayos gamma, puesto que la reacción de fisión forma muchos productos extremadamente inestables.

Efecto túnel

Cuando pudieron realizarse las medidas de las energías en el caso de las partículas alfa emitidas por sustancias radiactivas, salió a la luz un hecho que produjo gran confusión. En un núcleo como el uranio, la curva de energía potencial para una partícula alfa cercana al núcleo tiene la forma indicada en la figura 11.9. Como es normal, la partícula alfa se ve repelida por la fuerza de Coulomb cuando r, distancia entre el núcleo y la partícula alfa, es muy grande. Para r_0, la fuerza de atracción nuclear empieza a actuar y la partícula alfa se ve atraída hacia el núcleo. Todo esto parece razonable. Sin embargo, las medidas realizadas demuestran que la altura de la barrera potencial (o colina) en r_0 es aproximadamente 27 MeV. Por lo tanto, una partícula alfa que tenga éxito en escapar del núcleo remontando la barrera deberá luego caer por la colina de potencial cuando se va alejando del núcleo. Habiendo caído a lo largo de una colina de 27 MeV, la partícula alfa emitida debe tener una energía de 27 MeV aproximadamente. En lu-

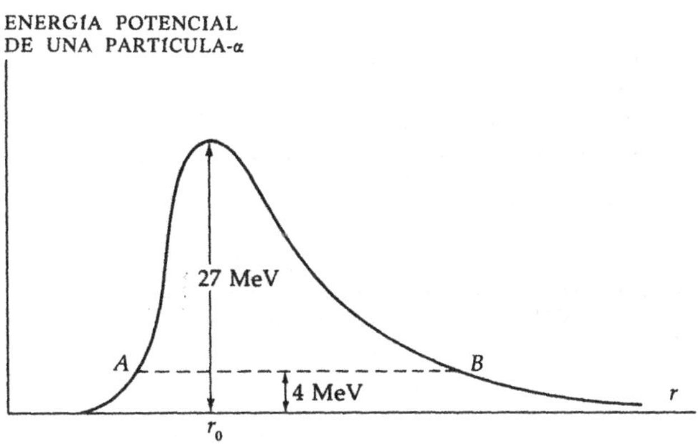

FIG. 11.9. — La indeterminación inherente a la naturaleza expresada por el principio de incertidumbre permite que la partícula alfa atraviese por un túnel la barrera de *A* a *B*.

gar de ello se encuentra que la partícula alfa emitida tiene aproximadamente 4 MeV de energía.

George Gamow explicó por primera vez esta observación en 1928 utilizando las ondas de de Broglie y el principio de incertidumbre de Heisenberg. Aunque la física clásica nos lleva a creer que las partículas deben pasar por la parte superior de la barrera, la naturaleza ondulatoria de la partícula hace que su comportamiento sea bastante incierto. En particular, si la partícula tiene una energía de 4 MeV en el núcleo, su cantidad de movimiento es del orden de 5×10^{-20} (kg)(m)/s. Pero la relación de incertidumbre

$$\Delta p \, \Delta s \geqslant h$$

nos dice que su posición será incierta. Se obtendrá la *menor* incertidumbre en posición Δs si aplicamos a Δp (cantidad de movimiento) el *mayor* valor posible. Puesto que la incertidumbre en la cantidad de movimiento no superará a la propia cantidad de movimiento, podemos encontrar el menor valor posible de Δs mediante

$$(5 \times 10^{-20}) \, \Delta s = h = 6{,}6 \times 10^{-34}$$

de donde

$$\Delta s \cong 1 \times 10^{-14} \text{ metros}$$

Pero este valor es mayor que la distancia de *A* a *B* a través de la barrera en el borde del núcleo. Como resultado, la posición de la partícula alfa es tan incierta que existe una probabilidad definida de que la partícula alfa pueda encontrarse en *B*, fuera del núcleo, en lugar de en *A*, aunque no posea la energía exigida para remontar la barrera.

De hecho, la partícula alfa puede atravesar mediante un túnel la barrera de *A* a *B*. Este proceso se denomina *efecto túnel*. Aunque este razonamiento puede parecer artificial, un cálculo más detallado en función de las propiedades ondulatorias reales de las partículas da el mismo resultado. Tenemos aquí un proceso prohibitivo para la física clásica que se explica por las ondas de de Broglie.

Bombardeo nuclear

Un procedimiento para aprender más detalles sobre la estructura de los núcleos consiste en disparar sobre ellos partículas de elevada energía tales como neutrones, protones y electrones. Esta es la manera de construir curvas semejantes a la indicada en la figura 11.9. Para este objeto se han construido tres tipos básicos de máquinas; se basan en el hecho de que una partícula cargada adquiere una energía elevada cuando se acelera a través de una diferencia de potencial. El primer tipo, del que es ejemplo claro el generador Van der Graaff, acelera las partículas cargadas entre dos electrodos que se mantienen a una diferencia de potencial de varios millones de volts. En la figura 11.10 se muestra el proyecto general de la máquina Van der Graaff. Debido a que es difícil evitar que salten chispas entre ambos electrodos, estas máquinas están limitadas a diferencias de potencial de varios millones de volts. De aquí que se produzcan partículas con energías de hasta unos 20 MeV, una energía baja en la situación actual.

El segundo tipo de acelerador es lineal, y está compuesto de una línea larga de tubos metálicos, dentro de los cuales se disparan haces de partículas. En los espacios intermedios de los tubos se colocan osciladores perfectamente sincronizados, de modo que la partícula cargada se ve acelerada cuando pasa de tubo a tubo. El acelerador lineal de la figura 11.11 es una máquina de 20 000 millones de eV para acelerar electrones.

Un tercer tipo de máquina utilizado más extensamen-

(a)

(b)

FIG. 11.10. — La torre aceleradora del generador de Van der Graaff de 6 MeV de la Universidad de Kentucky indicada en *(a)* está encerrada en un gran depósito a presión durante su funcionamiento. El haz de partículas sale a una habitación situada bajo la torre, en donde se refleja magnéticamente y se lleva por el interior de los tubos que se ven en *(b)*. De estos tubos emergen iones positivos con energías exactamente controladas hasta 22 MeV. *(Cortesía del Profesor B. D. Kern.)*

te en el caso de energías elevadas, es el indicado en la figura 11.12. En este tipo las partículas se mueven en trayectorias circulares mediante la acción de un campo magnético perpendicular a la trayectoria. En el caso de la máquina de 70 000 millones de eV de la figura 11.12, este campo magnético lo proporcionan unos imanes en forma de C que están alrededor del perímetro de la circunferencia. Cada vez que una partícula recorre la circunferencia, tensiones alternas la aceleran a través de una diferencia de potencial. Obtiene su elevada energía moviéndose a través de la misma diferencia de tensión muchas veces cuando se mueve alrededor de la trayectoria circular. Estos dispositivos, que reciben diversos nombres, entre los que podemos incluir el sincrociclotrón, bevatrón y cosmotrón son cada vez más caros de construir. Por ejemplo, hay un acelerador circular en funcionamiento cerca de Chicago que alcanza energías de 500 000 millones de eV (500 GeV) cuyo coste es alrededor de mil millones de dólares. El diámetro de su circunferencia es aproximadamente de kilómetro y medio. Las partículas de elevada energía producidas por estas máquinas y por los reactores se utilizan para bombardear núcleos y otras partículas. Producen muchos núcleos que no existen en la naturaleza. Estos núcleos son radiactivos y como emiten diversas partículas y radiación al desintegrarse para formar núcleos estables, dan una información de gran valor sobre la constitución del núcleo. Además, los choques producidos por estas partículas de elevada energía han llevado a la detección de muchas partículas previamente insospechadas.

Las partículas aceleradas a miles de millones de electronvolts de energía, todavía no superan la velocidad de la luz. Como la velocidad de un electrón de un millón de eV es ya muy próxima a la de la luz, la

(a) (b)

FIG. 11.11. — Dos vistas del acelerador lineal de la Universidad de Stanford. En el tiempo que tarda un electrón en recorrer 3 km por el tubo del acelerador, oculto detrás del equipo auxiliar a la izquierda en *(a)*, su energía ha alcanzado el valor de 20 GeV, es decir, 20 000 MeV. La vista aérea en *(b)* muestra la razón de suministrar bicicletas al personal que ha de ir de un extremo del haz al otro. *(Cortesía de la Universidad de Stanford.)*

FIG. 11.12. — El acelerador Serpukhov de 70×10^9 eV, situado a unos 100 km al suroeste de Moscú, acelera protones hasta velocidades ligeramente mayores de 0,9999 c. Esta fotografía tomada durante la construcción muestra una pequeña parte de la trayectoria circular que sigue el protón. (Obsérvense los dos hombres situados en el centro.) Los protones siguen esta trayectoria debido a los campos magnéticos generados por los gigantescos imanes situados a lo largo de su perímetro. *(Cortesía de Sovfoto.)*

energía adicional debe emplearse en incrementar la masa del electrón. Calculemos la masa de un electrón de 1-GeV.

Sabemos que el aumento de energía de una partícula ΔE está relacionado con su aumento de masa Δm mediante la ecuación $\Delta E = \Delta mc^2$. En este caso, ΔE es 1×10^9 eV, que podemos transformar en joules multiplicando por e, $1{,}6 \times 10^{-19}$. Por lo tanto,

$$\Delta E = \Delta m\, c^2$$

nos da

$$(1 \times 10^9)(1{,}6 \times 10^{-19}) = \Delta m\, (3 \times 10^8)^2$$

Despejando Δm, encontramos

$$\Delta m \cong 1{,}8 \times 10^{-27} \text{ kg}$$

pero la masa en reposo del electrón es sólo de $0{,}0009 \times 10^{-27}$ kg, y por tanto la masa del electrón es $m_0 + \Delta m = 1{,}8009 \times 10^{-27}$ kg. Si dividimos este número por la masa en reposo del electrón encontramos cuántas veces resulta mayor su masa real respecto a la que tenía en reposo:

$$\frac{m}{m_0} = \frac{1{,}8 \times 10^{-27}}{0{,}0009 \times 10^{-27}} = 2\,000$$

En otras palabras, un electrón de 1 GeV tiene una masa 2000 veces mayor que su masa en reposo. Su velocidad es sólo un poco menor que la de la luz.

Partículas

Hasta 1935 sólo se conocían cuatro partículas básicas: el neutrón, el protón, el electrón y el electrón positivo (o positrón). Si incluimos como partícula el fotón, aunque tiene una masa en reposo nula, el total llega a 5. En un intento de encontrar una teoría para explicar la fuerza nuclear, el físico japonés Yukawa predijo la existencia de otra partícula en 1935. Sabemos que el campo de fuerzas electromagnéticas tiene un fotón asociado. Yukawa predijo que de modo semejante el campo de fuerzas nucleares debería tener una partícula asociada de masa aproximadamente 200 veces mayor que el electrón. La partícula se denomina *mesón pi* o *pion*.

Después de la segunda Guerra Mundial, cuando los científicos pudieron de nuevo dedicar sus energías a objetivos pacíficos, volvieron a investigar en busca del mesón pi. Esperaban que esta partícula haría su aparición cuando un núcleo fuese roto en un choque con una partícula de alta energía. Encontraron el mesón pi previsto por Yukawa; encontraron además que se creaban en los choques de alta energía otras muchas partículas inesperadas. Una lista parcial de estas partículas se dan en la tabla 11.2.

Estas partículas se agrupan en parejas partícula-antipartícula. La pareja electrón-positrón es un ejemplo; el positrón es la antipartícula del electrón. Las partículas de estas parejas se distinguen por el hecho de que se aniquilan entre sí. Como todos los materiales estables que tenemos en la Tierra están formados por partículas regulares, en ésta puede existir un antielectrón, un antiprotón o un antineutrón solamente hasta que llegue a tocar a su partícula pareja; como resultado, toda la antimateria hace mucho que ha desaparecido de la Tierra. Sin embargo, no estamos seguros de que algunas galaxias distantes no estén compuestas de antimateria, puesto que en todos los aspectos es idéntica a la materia ordinaria. Sin embargo, sería fácil de determinar si un viajero espacial estuviese formado por antimateria. ¿Cómo?

Dos de las partículas que conocemos tienen masa en *reposo* cero; su masa relativista que se compone, tanto de su masa en reposo como de su masa energética, se debe enteramente a su energía. Éstas son el fotón (que ya hemos visto varias veces) y el neutrino (que no ha de confundirse con el neutrón). W. Pauli fue el primero que postuló la presencia de los neutrinos en 1930 y Enrico Fermi los utilizó teóricamente antes de que se encontrasen finalmente a mediados de la década de 1950. Fermi supuso que debe existir esta partícula a partir de su intento de explicar la emisión de partículas beta por los núcleos radiactivos. Si no existiese este tipo de partícula, la ley de conservación de la cantidad de movimiento no sería cierta para las reacciones con desintegración beta. En lugar de renunciar a esta ley fundamental, Fermi postuló la existencia de una partícula cuyo nombre, neutrino, refleja el hecho de que su proponente italiano consideraba que debía ser un neutrón pequeño. Puesto que tiene masa nula y no tiene carga, es extremadamente difícil de detectar. Creemos que los neutrinos constantemente bombardean la Tierra y que son apenas detenidos en su viaje.

Muchas partículas, entre las que incluimos el electrón, el protón y el neutrón, actúan como si fuesen imanes diminutos. Se recordará que las espiras por las que

AMERICAN INSTITUTE OF PHYSICS

HIDEKI YUKAWA (1907-)

Yukawa nació y vivió en Tokio, estudiando física en la Universidad de Kioto. Fue nombrado profesor en Kioto en 1939, y desde 1950 ha sido director del Instituto de Investigación de Física Fundamental del Japón. En 1935 postuló la existencia de una partícula que debería proporcionar el "pegamento" que equivaldría al campo de fuerzas nucleares. La investigación posterior a la guerra condujo al descubrimiento de esta partícula o mesón pi y de otras muchas partículas. Yukawa se distinguió también por predecir que un núcleo puede capturar uno de los electrones de la primera órbita de Bohr del átomo. Hoy se sabe que realmente se produce este fenómeno, conocido como captura K. Yukawa recibió en 1949 el Premio Nobel por sus descubrimientos.

circula corriente son la causa de los campos magnéticos. Podemos describir las propiedades magnéticas del electrón, por ejemplo, como resultantes de un movimiento de rotación del electrón cargado sobre un eje que pasa por su centro. Por esta razón, las propiedades rotatorias y magnéticas de las partículas se describen por un número denominado *spin* de la partícula. El spin de una partícula resulta ser nulo o un múltiplo entero de $h/4\pi$. (De nuevo vemos aquí apareciendo en la naturaleza la constante de Planck.) La tabla 11.2 relaciona los spines de diversas partículas. Obsérvese que incluso el neutrón tiene un spin y propiedades magnéticas, hechos que nos llevan a sospechar que la partícula posea una estructura interna. Veremos en el capítulo 12 que el spin de una partícula es un factor muy importante para determinar el comportamiento de las partículas.

TABLA 11.2. *Clasificación y propiedades de las partículas*

Nombre	Carga	Masa en reposo (MeV)	Semi-desintegración (seg)	Spin*
Leptones:				
Fotón	0	0	∞	1
Electrón	$\pm e$	0,51	∞	$\frac{1}{2}$
Mesón mu (muon)	$\pm e$	105,7	$1{,}5 \times 10^{-6}$	$\frac{1}{2}$
Neutrino	0	0	∞	$\frac{1}{2}$
Mesones:				
Mesón pi (pion)	$\pm e$	140	$1{,}8 \times 10^{-8}$	0
	0	135	$1{,}4 \times 10^{-16}$	0
Mesón K	$\pm e$	494	$0{,}8 \times 10^{-8}$	0
	0	498	$0{,}7 \times 10^{-10}$	
Mesón eta	0	548	$< 10^{-16}$	0
Bariones:				
Protón	$\pm e$	938,2	∞	$\frac{1}{2}$
Neutrón	0	938,5	646	$\frac{1}{2}$
Hiperón lambda	0	1 115	$1{,}7 \times 10^{-10}$	$\frac{1}{2}$
Hiperón sigma	$\pm e$, 0	$\cong 1\,190$	$\cong 10^{-10}$	$\frac{1}{2}$
Hiperón xi	$\pm e$, 0	$\cong 1\,315$	$\cong 10^{-10}$	$\frac{1}{2}$
Hiperón omega	$\pm e$	1 676	$\cong 10^{-10}$	$\frac{3}{2}$

* En múltiplos de $h/2\pi$.

Empleo de la radiactividad

Cualquier radiación de energía elevada —rayos X, rayos gamma, partículas beta y así sucesivamente— puede destruir las células vivas mediante su impacto. Como resultado, es peligroso sufrir una exposición indebida a cualquiera de estas radiaciones. En las épocas iniciales del empleo de los rayos X, las personas que los utilizaron no tuvieron precauciones suficientes y muchos científicos trabajando en esta áre. sufrieron quemaduras y contrajeron el cáncer.

A veces no nos damos cuenta de que una simple partícula o fotón puede romper una célula. Esto no es importante en el caso de los tejidos de la piel, por ejemplo; pero la rotura de una célula que juega un papel importante en la herencia puede influir en el modo en que se forma un embrión humano. Cuando nace un niño con defectos físicos, es probable que algunos de estos defectos sean resultado de los daños sufridos por los genes de las células que gobiernan el desarrollo del niño. Cuando el lector está leyendo esto, partículas de elevada energía atraviesan su cuerpo casi cada segundo. Proceden de la radiactividad existente en los materiales que nos rodean y proceden también de los rayos cósmicos, radiación que incide sobre la Tierra, procedente del espacio exterior. Esta radiación no es suficientemente intensa como para ser dañina. Sin embargo, el hombre ha producido rayos X y otra radiación de intensidad mucho más elevada que la que se encuentra en la naturaleza. Especialmente durante los años de pubertad se debe evitar la exposición innecesaria a los rayos X y a otras radiaciones de energía elevada. Como es natural, ciertas partes del cuerpo son más susceptibles a sufrir daños que otras. Por ejemplo, los rayos X producen un efecto mínimo en los dientes y en las extremidades.

Esta función destructora de la radiación es ampliamente utilizada para matar las células cancerosas. Suelen utilizarse para este objeto máquinas de rayos X de elevada energía, así como radiación procedente del radio y del radón. Más recientemente los médicos han utilizado la radiación procedente de isótopos radiactivos preparados en los reactores. Quizás la sustancia de este tipo más utilizada es un isótopo radiactivo del cobalto, Co^{60}. Este isótopo emite rayos gamma con energía de 1,2 MeV y un período de semidesintegración de 5,3 años.

En la industria, el cobalto 60 se utiliza como fuente

de rayos X (más apropiadamente rayos gamma) mediante la cual se detectan fallas internas en piezas de fundición grande y objetos semejantes. Además, muchas reacciones químicas industriales utilizan rayos gamma y otras radiaciones para su iniciación. Otros empleos industriales de la radiactividad van desde la determinación de la composición de las paredes de un pozo petrolífero hasta medir los materiales presentes en las nieblas de la contaminación.

También se utiliza la radiactividad en las investigaciones con trazadores radiactivos. En este proceso se emplean cantidades pequeñas y sin peligro de material radiactivo para objetivos tales como el de seguir el movimiento de un constituyente particular de los alimentos a través del cuerpo humano. Por ejemplo, si se incluye en el alimento de una persona el isótopo radiactivo del yodo, los contadores de radiación sensibles detectarán pronto la radiación que procede de la glándula tiroides situada en su cuello. Así sabemos que el yodo tiende a localizarse en la glándula tiroides. Los trazados radiactivos se utilizan frecuentemente en estudio de plantas y en otras investigaciones biológicas.

También puede utilizarse la radiactividad para determinar la edad de la Tierra. Se recordará que las series radiactivas encontradas en la naturaleza terminan en el plomo. Por ejemplo, la serie del radio expuesta en el apartado de «Radiactividad» termina en el plomo 206 (Pb^{206}). Como este isótopo del plomo no es el más común, sospechamos que todo el plomo de este isótopo que se encuentra en la vecindad del radio es resultado de esta serie de desintegración. El elemento padre de esta serie es el uranio 238, que tiene un semiperíodo de 4500 millones de años. En la Tierra, la cantidad de Pb^{206} es casi la misma que la cantidad de U^{238} en las rocas en donde se encuentran juntos. Llegamos a la conclusión a partir de esto que la mitad del U^{238} que estaba originalmente presente en la Tierra se ha desintegrado y así ésta tiene una edad correspondiente a 4500 millones de años, o sea a un período de semidesintegración del uranio. Cálculos semejantes utilizando U^{235} que desintegra a Pb^{207} y torio que desintegra a Pb^{208} dan unas edades comparables para la Tierra. Otra serie de desintegración, el rubidio 87, desintegrado a estroncio 87, nos lleva también a la conclusión de que nuestro planeta debe tener una edad aproximada de 4500 millones de años.

Podemos utilizar la radiactividad para determinar la edad de materiales que contienen carbono, aunque aquí nos hemos de restringir a una escala de tiempo más corta. Este método se basa en el hecho de que cuando el nitrógeno situado en la atmósfera superior sufre la acción de los neutrones procedentes de los rayos cósmicos, experimenta la reacción

$$_7N^{14} + {}_pn^1 \rightarrow {}_6C^{14} + {}_1H^1$$

formando carbono 14. El isótopo carbono-14 es inestable y semidesintegra en 5730 años. Circula moviéndose por la atmósfera, a veces en forma de dióxido de carbono CO_2. Las plantas absorben este isótopo de carbono junto con el C^{12} (forma normal) y el C^{14} llega a formar parte de la planta.

Cuando la planta muere, el C^{14} se pierde lentamente por desintegración radiactiva. Después de 5730 años sólo quedará la mitad de la cantidad inicial. Antes de que las pruebas con bombas atómicas elevasen los niveles de radiación del mundo, la relación de C^{14} a C^{12} en las plantas en crecimiento era de $1{,}5 \times 10^{-12}$. De aquí que si se examinase el cociente de C^{14} a C^{12} en un trozo antiguo de madera y se encontrase que sólo tenía la mitad de este valor, $0{,}75 \times 10^{-12}$, llegaríamos a la conclusión de que se había desintegrado la mitad de C^{14}. Como resultado podríamos decir que la madera tenía una edad de 5730 años. Esta técnica, conocida como *fijación de fechas por el radiocarbono*, es valiosa para materiales carbonosos que tengan varios millares de años de antigüedad. Es probable que el lector conozca algunos otros empleos de la radiactividad que no hemos mencionado (por ejemplo, ¿porqué es luminosa la esfera del reloj de pulsera?), y también debemos darnos cuenta de sus peligros. Cualquier empleo en gran escala de las armas nucleares contaminaría la mayor parte de la Tierra con radiactividad y es dudoso que la humanidad pudiera sobrevivir una radiación procedente de una acción de este tipo. Aunque sólo una pequeña parte de la Tierra fuese destruida por las explosiones, aquellos que no murieran por la explosión y el fuego, se verían forzados a vivir bajo tierra para escapar de la radiactividad mortal que llevarían a todas partes del mundo los vientos y las mareas. Suponiendo que la humanidad es suficientemente inteligente (y afortunada) para evitar este desastre, deben considerarse otros peligros menos espectaculares. Cuantas más naciones adquieran armas nucleares, las pruebas extensas de estos artefactos pueden conducir a niveles seriamente elevados de radiactividad atmosférica. Además, nuestra aparentemente insaciable exigencia de fuentes energéticas necesitará un empleo mucho más amplio de reactores. Sin grandes precauciones de seguridad, los accidentes en estas instalaciones pueden contaminar seriamente las áreas inmediatas. Además, la destrucción de los desperdicios radiactivos procedentes de los reactores es también un tema de gran interés.

BIBLIOGRAFÍA

1. MANN y GARFINKEL: *Radioactivity and its Measurement* (rústica), Momentum Book Series, Van Nostrand, Princeton, N. J., 1966. Describe las técnicas científicas utilizadas para detectar las partículas expulsadas por los núcleos radiactivos; no es de lectura particularmente fácil.

2. HUGHES, D.: *The Neutron Story* (rústica), Science Study, Doubleday, New York, 1959. Una autoridad en el área del comportamiento de los neutrones, nos cuenta su historia de un modo muy atractivo.

3. WILSON, R. y LITTAUER, R.: *Accelerators* (rústica), Science Study, Doubleday, New York, 1960. Aunque está ligeramente anticuado, da una descripción excelente (con fotografías) de la historia de estos aparatos.

4. OLDENBERG, O.: *Introduction to Atomic and Nuclear Physics*, 3.ª ed., McGraw-Hill, New York, 1961. Los capítulos 14-18 dan un estudio detallado pero no matemático de la física nuclear.

5. CURIE, E.: *Madame Curie*, Doubleday, New York, 1937. Una biografía de la descubridora del radio escrita por su hija; es un clásico en el tema.

6. ROMER, A.: *Discovery of Radioactivity and Transmutation*, Dover, New York, 1964. Una descripción fácilmente legible del descubrimiento de la radiactividad tanto en su forma natural como en su forma inducida.

RESUMEN

Los núcleos de los átomos tienen radios comprendidos entre 10^{-14} y 10^{-15} m. Están compuestos por protones y neutrones. Cada núcleo está caracterizado por dos números, su número atómico Z y su número másico. El núcleo contiene Z protones equilibrados por los Z electrones existentes en la parte externa del átomo. Para hallar el número de neutrones en el núcleo, debemos restar Z del número de masa.

Las masas atómicas se miden en unidades de masa atómica (u). Las masas de los protones y de los neutrones son próximos a 1 u.

Como los átomos de un elemento se clasifican de acuerdo con su estructura electrónica, todos los átomos de un elemento dado poseen el mismo número de electrones. Así pues, el número de protones en el núcleo atómico de un elemento dado debe ser siempre el mismo. Sin embargo, los núcleos pueden tener diferentes números de neutrones perteneciendo todavía al mismo elemento. Estos núcleos se dice que son isótopos del elemento en cuestión. Cuando se determina la masa de los isótopos mediante un espectrógrafo de masas, se encuentra que todos los isótopos tienen masas casi expresadas en unidades de masa atómica.

La fuerza nuclear que enlaza al núcleo es una fuerza muy intensamente atractiva. Actúa con un alcance restringido aproximadamente al diámetro de un núcleo y es, por tanto, una fuerza de corto alcance. No está tan bien entendida como las fuerzas de Coulomb y gravitatoria.

Los núcleos en el margen intermedio de números atómicos tienen sus protones y neutrones más estrechamente enlazados que los núcleos que corresponden a bajos números atómicos y a altos números atómicos. Debido a esta diferencia en la energía de enlace, se convierte la masa en energía en cuanto un núcleo de bajo Z se fusiona para formar núcleos de Z intermedio. Esta es la fuente de energía correspondiente a la bomba de hidrógeno y a las estrellas. Todavía no ha sido posible obtener una fuente de energía en la que se obtenga una reacción de fusión constante en la Tierra. Debido a que también se libera la energía cuando los núcleos de elevado Z se descomponen en una reacción de fisión, se han desarrollado reactores de fisión nuclear prácticos que producen muchos productos radiactivos además de una energía térmica considerable.

Los núcleos radiactivos están caracterizados por su período de semidesintegración y por las partículas que expulsan. El período de semidesintegración es el tiempo que tarda en desintegrarse la mitad de los núcleos originales. Todos los elementos con Z mayor que el del plomo tienen núcleos radiactivos. Expulsan partículas alfa y beta lo mismo que rayos X. Pueden producirse muchos otros núcleos radiactivos bombardeando núcleos estables con partículas de elevada velocidad.

LISTA DE COMPROBACIONES

1. ¿Cuál es la ley de las proporciones definidas?

2. El hidrógeno (H) y el cloro (Cl) se combinan para formar HCl, ácido clorhídrico. ¿Cómo puede utilizarse esta reacción para determinar las masas relativas de los átomos de H y Cl?
3. ¿Qué nos dice el número atómico *Z* de un elemento sobre sus átomos?
4. ¿Cómo mide el espectrógrafo de masas las de los iones? ¿Y las de los átomos?
5. ¿Qué es un isótopo?
6. Comparar la masa y carga de las partículas siguientes: electrón, protón, neutrón.
7. Refiriéndonos a la tabla 11.1, ¿qué podemos decir sobre el litio tal y como se encuentra en la naturaleza? ¿Sobre la plata?
8. Definir un nucleón. Describir la fuerza que retiene reunidos a los nucleones en el núcleo. Compararla con otras fuerzas fundamentales.
9. Dibujar y explicar el diagrama energético para dos nucleones en función de su distancia de separación. ¿Cómo afecta el diagrama a las cargas de las partículas?
10. ¿Cuál es la energía de enlace de un núcleo? Refiriéndose a ella, ¿por qué debe crearse masa cuando un núcleo se descompone en sus neutrones y protones aislados?
11. ¿Cómo se relaciona el defecto de masa con la energía de enlace?
12. ¿Cuál es el significado y empleo de la unidad de energía, el electronvolt?
13. ¿Cuál es la reacción de fusión y cómo puede utilizarse para obtener una fuente de energía?
14. ¿De dónde procede la energía radiada por el Sol? ¿En qué son semejantes el Sol y la bomba de hidrógeno? ¿En qué no son semejantes?
15. Estudiar la reacción de fisión, señalando por qué puede utilizarse como fuente de energía.
16. ¿Qué es la reacción en cadena? ¿Cómo está relacionada con la idea de una masa o tamaño crítico?
17. Describir la historia de una sustancia radiactiva como el radio.
18. Definir el período de semidesintegración.
19. ¿Qué le ocurre a un átomo radiactivo cuando emite una partícula alfa? ¿Una partícula beta? ¿Un rayo gamma?
20. ¿Qué es el efecto túnel? ¿Cómo se demuestra que la física clásica antigua es inaplicable a las partículas atómicas y nucleares?
21. ¿Por qué y cómo utilizan los físicos nucleares grandes máquinas aceleradoras? ¿Cómo obtienen estas máquinas partículas de alta energía?
22. ¿Qué es la antimateria? ¿Cómo puede distinguirse de la materia normal?
23. Describir algunas propiedades del positrón y del neutrino.
24. Relacionar todos los empleos de la radiactividad que se conozcan.
25. ¿Cómo puede utilizarse la radiactividad para medir la edad de objetos de madera antiguos? ¿De la Tierra?

CUESTIONES

1. ¿Cómo deciden los químicos a qué elemento pertenece un átomo dado? Por ejemplo, ¿cómo pueden separar la plata del sodio? ¿Qué características de la estructura de los átomos utilizan los químicos cuando denominan el átomo?
2. ¿Cuál es la diferencia fundamental entre dos isótopos del mismo elemento químico? ¿Se observa fácilmente esta diferencia de un modo químico? ¿Cómo puede apreciarse esta diferencia?
3. Completar la siguiente reacción nuclear:

$$_7N^{14} + {}_2He^4 \longrightarrow O^{17} +$$

[Ésta fue una de las primeras reacciones nucleares llevadas a cabo en un laboratorio (Rutherford, 1918).]

4. Considérese el elemento hipotético $_{21}X^{69}$. ¿Cuántos neutrones, protones y electrones deberá poseer cada uno de sus átomos?
5. Para el elemento estudiado en 4, ¿cómo variarían ambos números si su núcleo emitiese una partícula alfa? ¿Una partícula beta? ¿Un rayo gamma? ¿Un positrón?
6. Uno de los productos radiactivos formado en una reacción de fisión es el $_{36}Kr^{90}$. El isótopo estable principal del criptón es Kr^{84}. Comparar estos dos núcleos en función del número de neutrones y de protones. ¿Emitirá el núcleo radiactivo de Kr^{90} una partícula alfa o beta?
7. Un amigo me dijo que creía que pronto sería posible coger agua (o gas hidrógeno) y proceder a una reacción química simple que fundiría los protones formando deuterio. ¿Está el lector de acuerdo?
8. El radio tiene un período de semidesintegración

de 1620 años. Si la edad de la Tierra es de $4,5 \times 10^9$ años, entonces sólo deberá quedar en ésta una fracción de $10^{-840\,000}$ del radio original. Ésta es una cantidad totalmente despreciable. ¿Por qué entonces todavía encontramos radio en la Tierra?

9. ¿Piensa el lector que Einstein, Fermi y los otros científicos que urgieron a Roosevelt a desarrollar la energía nuclear y la bomba atómica actuaron con buen juicio? ¿Deberían haber rehusado trabajar en un arma de este tipo destructivo? ¿Deberían haber trabajado sólo en reactores y no en bombas? ¿Qué hay que decir sobre el desarrollo de la bomba de fusión después de la segunda Guerra Mundial? ¿Deben los Estados Unidos preocuparse de la investigación de fusión ahora?
10. Relacionar el número máximo de procesos y cosas que son resultado de las ciencias que no existían antes de 1940. Colocar las magnitudes de tipo peligroso en una columna y las beneficiosas en otra. Puede utilizarse una columna separada para magnitudes que se consideran inciertas, pero utilizar esta columna poco.
11. La mayoría de nuestro conocimiento sobre el tamaño de los núcleos se obtiene disparando partículas de alta energía sobre el núcleo y viendo cómo rebotan. A partir de estos experimentos, el tamaño nuclear según se mide por neutrones es mayor que el tamaño que se encuentra al disparar partículas cargadas. ¿Qué indica esto sobre la distribución de masa y carga dentro del núcleo?
12. Los neutrones lentos producen la fisión del uranio con más efectividad que los neutrones rápidos. Por lo tanto, en un reactor los neutrones se frenan y reflejan volviéndolos hacia el núcleo del reactor mediante el empleo de lo que se denomina *moderador*. Este moderador es normalmente agua o un hidrocarburo. ¿Por qué se utiliza éste en lugar del plomo?
13. Gran parte de la destrucción producida por una explosión nuclear es un resultado del calor directo, de las radiaciones y de la onda de choque de la propia explosión. Sin embargo, es sólo esto una parte del daño total. ¿Cuáles son algunos de los otros efectos serios?
14. Uno de los efectos más serios de una explosión nuclear es el resultado del depósito del polvo radiactivo procedente de la atmósfera. ¿Cómo se produce la radiactividad? ¿Qué factores influyen en la gravedad de este efecto?
15. Puesto que un electrón de 1 MeV ya tiene una velocidad muy próxima a la de la luz, ¿por qué construir máquinas caras para aumentar su velocidad aún más?
16. En el tratamiento del cáncer profundo dentro del cuerpo, se desea matar las células cancerosas mediante radiación gamma. ¿Cómo puede hacerse esto sin dañar seriamente los tejidos entre el cáncer y la piel? (Por ejemplo, ¿cómo puede destruirse un cáncer en el cerebro sin dañar el resto del cerebro?)
17. Se teme que se produzca una filtración entre un alcantarillado y un pozo de agua separados a alguna distancia. ¿Cómo puede utilizarse la radiactividad para demostrar si existe dicha filtración?
18. Un biólogo desea alimentar con azúcar una planta y medir dónde se almacena en ella y cuánto tarda en llegar allí. Describir un método esquemático que podría utilizar.

PROBLEMAS

1. En la reacción nuclear

$${}_7N^{14} + {}_2He^4 \rightarrow {}_8O^{17} + {}_1H^1$$

la masa de los reactivos es 18,01142 u, mientras que la masa de los productos es 18,01263 u. Estimar la energía que debe tener la partícula alfa incidente para producir esta reacción. Rutherford llevó a cabo esta reacción utilizando partículas alfa emitidas por una sustancia radiactiva.

2. Refiriéndonos a la tabla 11.1, ¿cuánta energía se liberaría en la siguiente reacción?

$$6\,{}_1H^1 + 6\,{}_0n^1 \rightarrow {}_6C^{12}$$

Expresar la respuesta en millones de electronvolts (MeV).

3. A partir de la figura 11.4, estimar cuánta masa necesitaría crearse al descomponerse un núcleo de hierro Fe^{56} en neutrones y protones.
4. En el problema 3, ¿cuánta energía se necesitaría para separar todos los nucleones?
5. Cuando un electrón se mueve a través de una diferencia de potencial de 2×10^6 volts, ¿cuál

será su energía? Repetir este cálculo para el caso de un protón y de una partícula alfa. Expresar la respuesta en millones de electronvolts (MeV).

6. ¿Qué velocidad tendrá un protón si se le acelera a través de una diferencia potencial de 2×10^6 volts? ?
7. A partir de la figura 11.8, ¿cuánto tiempo será necesario para que se desintegren las 3/4 partes de una masa dada de radio. El período de semidesintegración del radio es de 1620 años.
8. ¿Qué fracción de una sustancia permanece sin variar después de un período de semidesintegración? ¿Después de 2? ¿Después de 5?
9. La energía térmica media de una molécula gaseosa a la temperatura ambiente es de 1/40 eV aproximadamente. ¿Qué temperatura sería necesaria para que la energía media se elevase a un MeV? ¿Por qué son los fenómenos de la desintegración radiactiva insensibles a cualquier variación de temperatura incluso de varios millares de grados?
10. Demostrar que el efecto túnel puede interpretarse en función de la expresión $\Delta E \, \Delta t$ del principio de incertidumbre en lugar de utilizar la expresión $\Delta x \, \Delta p$ como hicimos en el texto.

Capítulo 12

Átomos y la tabla periódica

En este capítulo seguiremos estudiando el átomo de hidrógeno y discutiremos todos los átomos de la tabla periódica de los elementos. Veremos que el lugar que ocupan los elementos en esta tabla se deduce directamente de la disposición de los electrones dentro de los átomos. Aprenderemos también cómo puede predecirse la estructura en capas de los electrones del átomo a partir del principio de exclusión de Pauli. En este capítulo estudiaremos el comportamiento de átomos sencillos; el tema del capítulo 13 es la forma en que se combinan los átomos para formar moléculas.

El átomo de hidrógeno

El modelo de Bohr para el átomo de hidrógeno fue sólo una primera aproximación. Aunque Bohr pudo predecir exactamente los niveles energéticos para el átomo y las longitudes de onda de la luz emitida por él mismo, no pudo explicar por qué deberían existir las supuestas orbitas. Solo cuando de Broglie demostró que el electrón tiene propiedades ondulatorias quedaron claras las razones para el éxito de las hipótesis de Bohr. Sabemos ahora que el electrón no puede describirse como una partícula simple en forma de esfera girando alrededor del núcleo. Una descripción adecuada del electrón deberá tener en cuenta su naturaleza ondulatoria, como asimismo su naturaleza corpuscular. Para esto es necesario resolver la ecuación de Schrödinger, que sustituye a $F = ma$ en una descripción correcta de los movimientos de las pequeñas partículas dentro de los átomos. Afortunadamente, no es necesario resolver las complejas matemáticas que intervienen en un estudio correcto como éste si deseamos comprender cualitativa y simplemente el átomo. Por lo tanto, procederemos con una descripción no matemática del átomo como la proporciona la mecánica cuántica u ondulatoria.

La solución mecánico-ondulatoria del átomo de hidrógeno demuestra que las órbitas de Bohr tienen aproximadamente la misma relación con la realidad que las líneas de máximos de los diagramas de interferencias de doble rendija respecto al esquema completo. Se recordará que las posiciones de los máximos en los diagramas de doble rendija son las posiciones en donde las ondas procedentes de las dos rendijas se refuerzan por completo. Análogamente, según la explicación de de Broglie, las órbitas de Bohr son las posiciones en donde las ondas de los electrones interfieren constructivamente. En el caso de la doble rendija se encuentran fotones luminosos en otros lugares además de las posiciones de los máximos en el diagrama de interferencias. Esto explica la naturaleza un poco borrosa del diagrama de interferencia de la doble rendija. El electrón, como el fotón, también se encuentra en otras posiciones diferentes de las correspondientes a los máximos de resonancia (las órbitas de Bohr). Como resultado, la naturaleza ondulatoria del electrón hace que las órbitas de éste queden algo difusas. En vista de estas consideraciones, es insostenible el concepto de Bohr de órbitas electrónicas nítidas y bien definidas. Aunque el electrón suele encontrarse en la proximidad de las órbitas de Bohr, su situación exacta permanece incierta. Ya sabemos a partir del principio de incertidumbre que no podemos situar exactamente un electrón dentro de un átomo. De acuerdo con la teoría ondulatoria encerrada en la ecuación de Schrödinger, resulta entonces que las órbitas de Bohr son una descripción muy simplificada del comportamiento electrónico.

Aunque el concepto de Bohr de las órbitas electrónicas no sea exacto, su teoría predice correctamente las energías admisibles del electrón dentro del átomo. En consecuencia, su explicación de un proceso de emisión luminosa dentro de los átomos es básicamente correcta. Se recordará que describía los electrones emitiendo un pulso de energía $h\nu$ cuando caían desde un nivel energético a otro. Puesto que este concepto depende sólo de la energía del electrón y no del concepto de Bohr de las órbitas, sigue siendo útil todavía. Otras muchas propiedades físicas del átomo de hidrógeno dependen del electrón contenido dentro del átomo. Puesto que la teoría de Bohr da correctamente las energías de los electrones, suele proporcionar una descripción exacta y fácilmente imaginable de estas propiedades. Por lo tanto, haremos uso de ella en muchos casos. Sin embargo, al referirnos a las «órbitas de Bohr» en estos análisis, estamos sólo haciendo una selección conveniente de las palabras. Una expresión más apropiada debería ser «... la luz emitida cuando un electrón cae desde la energía predicha por Bohr para su tercera órbita a la energía dada por Bohr para su segunda órbita». Por conveniencia diremos «... la luz emitida en una transición de la tercera órbita de Bohr a la segunda».

Niveles de energía atómicos

Las energías de los electrones dentro de los átomos explican muchas propiedades de los mismos. El átomo de hidrógeno es el más simple, puesto que sólo tiene un electrón. Vimos en el capítulo 10 que las energías que puede poseer este electrón aislado vienen dadas por la teoría de Bohr del átomo. Las energías de las órbitas de Bohr son

$$E_n = -\frac{13{,}6}{n^2}\ \text{eV} \qquad (12.1)$$

siendo n un número entero que representa la órbita del electrón.

Se recordará que $n = 1$ cuando el electrón está en la primera órbita de Bohr (la más pequeña). Cuando está a una distancia infinita del núcleo, el electrón está en una órbita para la cual n tiende a infinito y decimos que tiene una energía potencial 0 cuando está muy alejado del núcleo. En el caso $n \to \infty$ la ecuación (12.1) predice que $E_n \to 0$. Cuando el electrón negativo cae cuesta abajo hacia el núcleo bajo la fuerza atractiva de la carga nuclear positiva, pierde energía. Puesto que su energía inicial era 0 cuando estaba muy alejado del núcleo, el electrón se ha movido hacia *energías negativas*. Así pues, las energías dadas por la ecuación (12.1) son negativas. Evidentemente, el electrón habrá caído a su energía más baja cuando alcance la primera órbita de Bohr para la cual $n = 1$. A partir de la ecuación (12.1) vemos que las energías correspondientes a diversas órbitas de Bohr son

$$E_1 = -13{,}6\ \text{eV}$$

$$E_2 = -\frac{13{,}6}{4} = -3{,}4\ \text{eV}$$

$$E_3 = -\frac{13{,}6}{9} = -1{,}5\ \text{eV}$$

$$E_n = -\frac{13{,}6}{n^2}\ \text{eV}$$

$$E_\infty = -\frac{13{,}6}{\infty} \to 0$$

Una energía de — 13,6 eV significa que el electrón se ha movido cuesta abajo a través de una diferencia de potencial de 13,6 volts. En otras palabras, la diferencia de potencial equivalente a la diferencia de energías entre un electrón en la primera órbita de Bohr y un electrón libre alejado del átomo es de 13,6 volts. Por decirlo de otro modo, para quitar un electrón de la primera óbita de Bohr y llevarlo fuera del átomo de modo que quede libre, habrá que proporcionarle una energía de 13,6 eV. Tendríamos que golpearle con una partícula que se haya acelerado por lo menos a través de 13,6 volts, es decir, por una partícula que tenga una energía por lo menos de 13,6 eV.

Podemos resumir el comportamiento del átomo de un modo conveniente dibujando un *diagrama de niveles energéticos* tal como el correspondiente al átomo de hidrógeno indicado en la figura 12.1. Este diagrama es simplemente una escala vertical que muestra la energía del electrón en el átomo. Cuando el electrón está en reposo alejado del núcleo, su energía es cero y así está en el nivel nergético cero (es decir, en $n \to \infty$ del diagrama). Si está muy alejado del núcleo y se está moviendo (por ejemplo, un electrón libre que se mueve en el interior de un tubo TV), entonces también tiene energía cinética y, por consiguiente, esa energía es mayor que cero. Por tanto, deberá estar situado en la región del diagrama que lleva la etiqueta «electrón libre», en donde las energías de los electrones son mayores que cero. Debido a que ese electrón es perfectamente libre, su onda de de Broglie asociada no puede hacerse resonar. Por esta razón, la región del diagrama por encima de $E = 0$ es un continuo; el electrón puede tener cualquier energía dentro de este margen.

Sin embargo, un electrón que es parte del átomo de hidrógeno se encontrará casi siempre en la órbita de Bohr más interna, la correspondiente al nivel de energía $n = 1$. Como muestra el diagrama de la fig. 12.1 de niveles energéticos, el nivel $n = 1$ es el más bajo posible. Como sabemos que todo en la naturaleza tiende a moverse por sí mismo hacia la posición de energía inferior, no es sorprendente encontrar que el electrón del átomo de hidrógeno caiga hacia su nivel energético más bajo posible. Del mismo modo que una piedra rueda por la falda de una colina y permanece abajo, el electrón cae a su posición de energía más baja y normalmente se queda allí. Sin embargo, la piedra difiere en un aspecto fundamental respecto al electrón. La energía del electrón está cuantizada.

A diferencia de la piedra, a la que puede darse cualquier energía dependiendo de la altura alcanzada, el electrón no puede aceptar todas las energías que deseemos darle. Obsérvese que cuando el electrón del átomo de hidrógeno no excitado está en el nivel $n=1$ su energía es — 13,6 eV. Puesto que no puede descender a ningún nivel más bajo, el electrón está en su nivel energético más bajo posible. En el siguiente nivel energético, en donde $n = 2$, el electrón tiene una energía de — 3,4 eV. *El electrón no puede tener una energía comprendida entre los valores — 13,6 y — 3,4 eV.* Si intentásemos darle una energía de 1,0 eV, elevándolo por lo tanto desde su posición en el nivel — 13,6 eV a la posición de — 12,6 eV del diagrama, resulta que el electrón es incapaz de aceptar esta energía. No existe ningún nivel permitido a — 12,6 eV.

El electrón tiene su nivel siguiente más elevado a — 3,4 eV, una energía que es 10,2 eV (13,6 — 3,4) más alta que el nivel inferior. El electrón nunca puede aceptar menos energía de 10,2 eV cuando está en el nivel $n = 1$. No existe ningún nivel intermedio al que pueda ir. Como resultado, debe elevarse por lo menos al nivel $n = 2$ o no dejará en absoluto el nivel $n = 1$.

Análogamente, el electrón no puede poseer energías comprendidas entre cualesquiera de los otros niveles

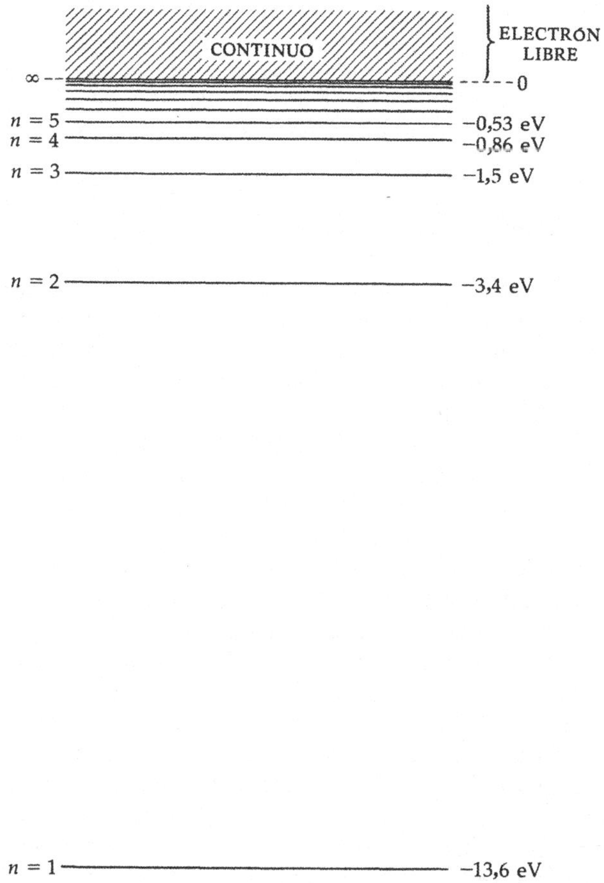

FIG. 12.1. — El electrón del átomo de hidrógeno puede adquirir sólo las energías de los niveles indicados. Sin embargo, los electrones libres pueden tener cualquier valor de energía cinética.

energéticos indicados en el diagrama. Si está en el nivel $n = 1$, puede aceptar sólo incrementos de energía de 10,2 eV, 12,1 eV, 12,7 eV y así sucesivamente. Éstas son las energías requeridas para elevarlo a los niveles $n = 2$, $n = 3$, $n = 4$ y superiores. Vemos entonces que, el electrón en el átomo de hidrógeno puede tomar ciertos incrementos de energía definidos y no otros valores. Este hecho influye grandemente en el comportamiento del átomo cuando choca con otros átomos, partículas y protones.

A partir de la figura 12.1 hay que observar que 13,6

es la energía necesaria para separar el electrón del átomo de hidrógeno, es decir, para elevarlo desde $n = 1$ a $n \to \infty$. Esta energía, denominada *energía de ionización* o *potencial de ionización* del átomo, es la energía necesaria para liberar un electrón del átomo y, por lo tanto, para transformar el átomo en un ion.

Emisión y absorción de luz

Hemos visto que un átomo de hidrógeno emite luz cuando su electrón cae desde un nivel energético elevado (n grande) a otro más bajo (n pequeño). Un recipiente de gas hidrógeno normalmente no emite luz debido a que los electrones dentro de los átomos ya han caído a su nivel energético más bajo posible, nivel $n = 1$. Para hacer que un átomo emita luz, debemos hacer que su electrón pase del nivel $n = 1$ a otro de mayor energía. Generalmente, excitamos los electrones a un nivel energético superior haciendo que alguna otra partícula o átomo choque con el átomo de hidrógeno. Puesto que se necesita una energía por lo menos de 10,2 eV para excitar el átomo desde el nivel $n = 1$ a un nivel superior, son necesarias energías de colisión de este orden de magnitud. Sabemos, a partir de nuestros estudios de los gases, que la energía de una molécula gaseosa es aproximadamente kT a la temperatura T. Cuando $T = 300$ K, esta energía es aproximadamente 1/40 eV. Necesitamos energías 400 veces mayores que éstas para excitar el átomo de hidrógeno. Por consiguiente, las energías térmicas no son suficientemente grandes para este objeto excepto a temperaturas muy altas. Estas tempeaturas tan elevadas pueden obtenerse en las chispas muy calientes que se producen en los arcos eléctricos.

Podemos obtener más fácilmente estas energías haciendo incidir sobre el átomo electrones o iones que hayan recorrido diferencias de potencial de 10 ó 20 volts. Esto no es fácil de hacer en el aire, porque las partículas chocan después de recorrer distancias muy cortas y por lo tanto no recorren diferencias de potencial suficientemente grandes entre dos choques. Sin embargo, si se aplican entre los extremos de un tubo de gas hidrógeno a presión reducida diferencias de potencial de varios millares de volts (fácilmente obtenibles a partir de un transformador como los utilizados en los anuncios de neón), los iones y electrones adquieren fácilmente 20 eV de energía entre los choques. Como resultado, muchas de las partículas, iones y electrones del tubo tienen suficiente energía como para ionizar y excitar otros átomos mediante el impacto. La luz emitida cuando los electrones caen de nuevo a los niveles energéticos inferiores hace que todo el tubo despida luz. En esta época de anuncios de neón por todas partes (y de otros gases) este fenómeno nos es familiar a todos.

Como vimos en el capítulo 10, el espectro de la radiación emitida por los átomos de hidrógeno lo forman varias series de rayas espectrales. La serie de longitud de onda más corta, serie de Lyman, se emite cuando los electrones caen desde los niveles superiores al nivel $n = 1$. Es evidente a partir de la figura 12.1 que la energía perdida cuando el electrón cae al nivel $n = 1$ será mucho mayor que cuando cae a $n = 2$ o a niveles más elevados. Esto se refleja en el hecho de que la serie de Lyman se compone de fotones de elevada energía, es decir, de radiación de longitud de onda corta (recuérdese que la energía del fotón es $h\nu = hc/\lambda$). Esta serie cae en la región de rayos X largos y ultravioletas. Por otra parte, la serie de Balmer se emite cuando el electrón cae al nivel $n=2$. Puesto que la diferencia de energías entre $n=2$ y los niveles superiores es pequeña en comparación con las transiciones a $n = 1$, los fotones de la serie de Balmer tienen energías menores (es decir, longitud de onda más larga).

Vemos también a partir de la figura 12.1 que cuando n se hace mayor, los niveles energéticos se acercan entre sí. Las líneas a rayas en cada serie se agrupan cuando se tiende al límite de la serie. Por ejemplo, cuando el electrón cae desde el nivel $n = 10$ a $n = 2$, el fotón emitido tiene aproximadamente la misma energía que cuando el electrón cae desde el nivel $n = 1000$ al nivel $n = 2$. Aunque estas dos rayas espectrales están muy juntas, entre ellas aún existen $1000 - 10 = 990$ rayas. Esta es la razón por la cual la serie se transforma en una mancha borrosa cuando nos acercamos al límite de la serie. La raya límite de las series se emite cuando el electrón cae desde $n \to \infty$ a $n = 2$ en la serie de Balmer o al nivel $n = 1$ en la serie de Lyman.

También es posible el inverso de la emisión. Si enviamos un haz de radiaciones electromagnéticas a través de un tubo de hidrógeno como el de la figura 12.2, los cuantos luminosos o fotones del haz incidirán sobre los átomos. En la mayoría de los casos el fotón no podrá dar su energía al electrón contra el cual choca porque no tiene la energía apropiada para arrojar el

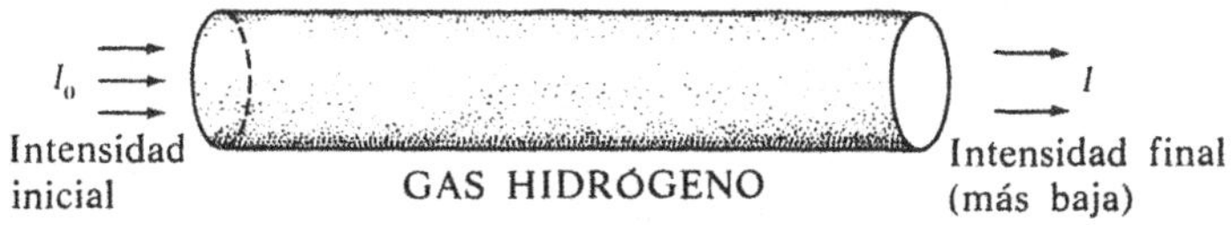

FIG. 12.2. — ¿Qué longitudes de onda de radiación electromagnética serán absorbidas por el gas?

electrón a uno de los niveles más elevados. Casi todos los electrones de los átomos estarán en el nivel $n=1$, puesto que admitimos que el gas está inicialmente sin excitar. Por lo tanto, el fotón incidente deberá tener una enegía 13,6 — 3,4 = 10,2 eV para excitar el electrón al nivel $n = 2$. Esta energía corresponde a una longitud de onda de 1216 Å, que está en el ultravioleta. Fotones de esta longitud de onda serán *absorbidos* intensamente.

Análogamente, si un fotón que tiene una energía de 13,6 — 1,5 = 12,1 eV (corresponde a 980 Å aproximadamente) choca contra uno de los átomos, puede excitar el electrón al nivel $n = 3$. Los fotones de esta longitud se verán también fuertemente absorbidos. (Es conveniente recordar que un fotón de 1 eV tiene una longitud de onda de 12 400 Å. Como la energía y la longitud de onda son *inversamente* proporcionales, un fotón de 12 eV corresponde a 12 400/2 Å, mientras que 3 eV corresponde a 12 400/3 Å y así sucesivamente.) Evidentemente, los fotones que tienen la energía precisa para arrojar al electrón en $n = 1$ a niveles más elevados serán fuertemente absorbidos. Los fotones absorbidos tienen exactamente la misma energía que los emitidos cuando el electrón cae desde los niveles más elevados al nivel $n = 1$. Estos fotones están en la serie de Lyman y así vemos que *los átomos de hidrógeno absorben intensamente a las longitudes de onda correspondientes a las rayas de la serie de Lyman.* Todas las demás longitudes de ondas pasarán a través del gas y perderán apenas intensidad. La absorción es un modo útil de hallar los niveles energéticos de un átomo. Por ejemplo, en el caso del gas hidrógeno los electrones están en el nivel $n = 1$. Medimos las longitudes de onda de luz absorbidas por los átomos y se encuentra que son 1216 Å, 980 Å y así sucesivamente. Estas longitudes de onda corresponden a fotones con energías 10,2, 12,1 eV y así sucesivamente, de modo que sabemos que existen niveles energéticos a 10,2 eV, 12,1 eV por encima del nivel $n = 1$. Además, la raya de absorción límite de la serie a 912 Å corresponde a 13,6 eV. Por lo tanto sabemos que el nivel $n = 1$ está 13,6 eV por debajo del nivel cero, que es el nivel en que los electrones quedan libres del átomo. A partir de estos datos de absorción podemos construir directamente el esquema de niveles energéticos del átomo de hidrógeno como se ve en la figura 12.1.

Átomo de helio y spin electrónico

Ampliemos ahora nuestro estudio al segundo átomo de la tabla periódica, el helio. Su núcleo tiene dos neutrones y dos protones. Como los protones proporcionan una carga $+2e$ al átomo, deben existir dos electrones para que se proporcione una carga equilibradora de $-2e$. Es razonable pensar que uno de ellos debe comportarse de modo muy parecido al electrón aislado del átomo de hidrógeno. Sin embargo, el segundo electrón repelerá al primero y así podemos esperar que su comportamiento sea distinto. Antes de examinar esta complicación, consideremos primeramente el comportamiento del *ion* de helio, un átomo que ha perdido uno de sus electrones. El ion de helio difiere en dos aspectos básicos del átomo de hidrógeno: el átomo no es neutro (esto no nos preocupa ahora) y el núcleo doblemente cargado de helio atrae al electrón aislado más intensamente que lo que haría un núcleo de hidrógeno con una sola carga. Debido a esta fuerza atractiva más intensa, la primera órbita de Bohr ($n = 1$) tienen un radio menor que en el caso del átomo de hidrógeno.

Además, el electrón recorre en su descenso cuando cae desde el exterior del átomo al nivel $n = 1$ una colina más elevada que en el hidrógeno, y por ello se emiten fotones de energía superior cuando el electrón cae al nivel $n = 1$. Así pues, el equivalente de la serie de Lyman en el helio ionizado se presenta a una longitud de onda más corta que en el caso del hidrógeno. Podemos deducir a partir de esto que el equivalente a la serie de Lyman se mueve hacia longitudes de onda cada vez más cortas cuando vamos pasando a átomos de carga nuclear superior. Esto es cierto, y la serie está en el intervalo de 0,1 Å en el caso de los elementos pesados. Estos fotones están en la región de longitud de onda de los rayos X; vemos, pues, que *los rayos X son la radiación emitida cuando algunos de los electrones más interiores de los elementos pesados pasan a niveles aún más bajos.*

En el helio, en condiciones normales, los dos electrones de cada átomo de éste habrán caído al nivel energético más bajo, el correspondiente a la órbita de Bohr $n = 1$. (En este caso, demasiados conocimientos complican la situación; pronto se apreciará claramente que no es en absoluto evidente que ambos electrones deban estar en el nivel $n = 1$.) Podemos aprender algunas cosas sobre el comportamiento de estos dos electrones dentro del átomo examinando cómo se comporta éste en un campo magnético.

Se recordará que el electrón en el modelo de Bohr para el hidrógeno giraba alrededor del núcleo en una órbita circular, como se ve en la figura 12.3*a*. De hecho, es una corriente que circula en una espira circular y así genera un campo magnético. A partir del cálculo de Bohr podemos calcular el campo magnético y mediante experimentos puede confirmarse su valor. Pero además de este efecto magnético, el propio electrón se comporta como un imán en forma de barra. Este comportamiento magnético se piensa que es el resultado del movimiento de la carga *dentro* del electrón debido al giro del electrón sobre un eje que pasa por su centro.* Por esta razón el electrón se dice que tiene un *spin* y este spin se representa normalmente por una flecha que señala a lo largo del imán desde el polo sur al polo norte. Por ejemplo, la flecha correspondiente al spin del electrón de la figura 12.3*b* debería estar señalando hacia arriba como se ve en la parte *c*.

La forma en que el spin influye en el átomo de helio se ve en la figura 12.3*d* y *e*. Obsérvese que en (*d*) los electrones recorren la órbita de Bohr en sentidos opuestos. Como resultado, las propiedades magnéticas del átomo debidas al movimiento orbital de los dos electrones se contrarrestan entre sí; sus dos espiras de corriente dan campos magnéticos iguales, pero de sentido opuesto. Además, como se ve en (*e*), los spines de los dos electrones tienen orientaciones opuestas. Si un electrón tiene su spin dirigido hacia arriba, el otro lo tiene hacia abajo. Si intentamos colocar el segundo electrón en órbita de modo que su spin esté en el mismo sentido que el del primer electrón, veremos que el electrón resiste dicho intento y no se puede colocar así.

Para *todos los átomos* de la naturaleza, cuando el se-

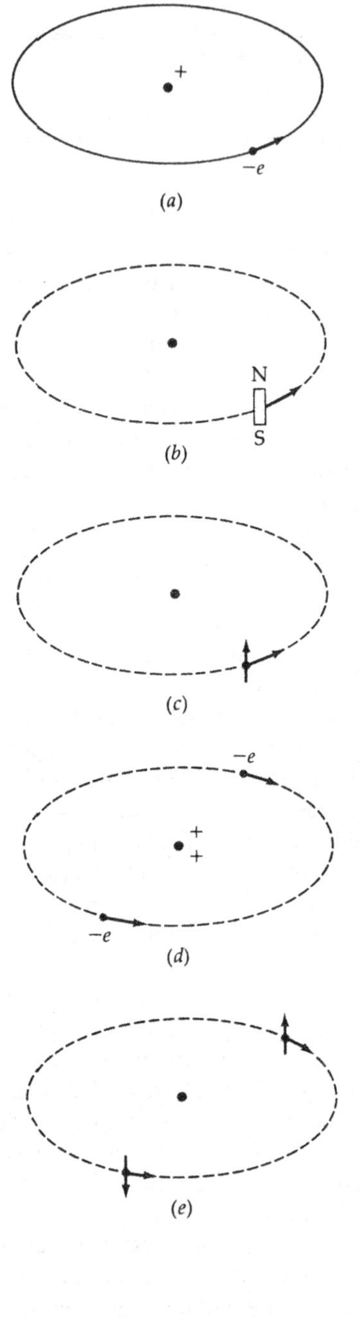

FIG. 12.3. — Los dos electrones tienen spines magnéticos antiparalelos. Aunque la descripción sencilla de Bohr nos lleva a cree: que deberán chocar los electrones en *d* y *e*, realmente actúan como ondas y no se producer choques como los de las partículas.

* Esta descripción es útil, pero no debe aceptarse literalmente; los conocimientos adquiridos con este texto no permiten proponer otra descripción más exacta.

gundo electrón está colocado en una órbita $n = 1$ su spin es antiparalelo al spin del primer electrón. Veremos por tanto que ésta es una propiedad extraordinariamente importante de los electrones.
Sin embargo, examinaremos primero la luz emitida por los átomos de helio. El espectro es más complicado que el del átomo de hidrógeno debido a que la fuerza de repulsión existente entre los dos electrones hace que se tengan unos niveles energéticos más complejos. A pesar de esta complicación, las series de rayas también son el resultado de los fotones que se expulsan cuando los electrones caen desde órbitas exteriores a otras más interiores. La energía necesaria para separar un electrón del helio o energía de ionización, es 24,6 eV, considerablemente más elevada que 13,6 eV correspondiente al hidrógeno. Esto era de esperar, puesto que el núcleo de helio tiene una doble carga y, por lo tanto, se necesita más trabajo para alejar un electrón de las proximidades del núcleo.

El litio y el principio de exclusión

El tercero en la serie de elementos es el litio. Su núcleo contiene tres protones y así, pues, el átomo neutro debe tener tres electroncs. ¿Qué es lo que ocurre con el tercer electrón? Lógicamente dos electrones estarán en la primera órbita de Bohr. Puesto que el núcleo tiene una carga $+3e$, estos electrones deberán estar incluso más fuertemente ligados al átomo que los correspondientes al átomo de helio. Si el tercer electrón está en el nivel $n = 1$ como podría ser, debería también estar fuertemente ligado al núcleo. Puesto que la energía de ionización del helio es de 24,6 eV, se debería esperar que el átomo del litio tuviese por lo menos esta energía de ionización tan elevada si los tres electrones estuviesen en la órbita más interior. Sería también lógico que todos ellos cayesen dentro de esta órbita, puesto que todo en la naturaleza tiende a caer al nivel más bajo posible de energía cuando se deja en libertad.
Sin embargo, cuando se mide la energía de ionización del litio resulta ser 5,4 eV. Sólo se necesitan 5,4 eV de energía para separar un electrón del átomo de litio en lugar de los 25 eV o más previstos. Esta energía de ionización tan baja observada es más probable que corresponda a la energía necesaria para arrancar un electrón de la segunda órbita de Bohr en lugar de la

AMERICAN INSTITUTE OF PHYSICS

WOLFGANG PAULI (1900-1958)

Pauli, nacido en Viena (Austria), fue un niño prodigio. Estudiando en Munich escribió a los diecinueve años una exposición maestra de la teoría de la relatividad y en su tesis doctoral estudió la teoría cuántica. Se unió al grupo de físicos de Zurich en los años veinte y allí permaneció el resto de su vida, excepto los cinco años de guerra que estuvo en América. Su principio de exclusión contribuyó a aclarar y unificar los abundantes descubrimientos de la época, pero no fue en absoluto su única contribución importante a la física. Pauli fue un profesor poco notable y un experimentador poco ducho; sin embargo, era brillante e ingenioso en las discusiones y en la correspondencia y realizó gran parte de sus sugerencias más importantes en dichas situaciones poco formales. Recibió el Premio Nobel en 1945.

primera. De hecho, para dejar libre un segundo electrón en el átomo de litio se necesita mucha más energía. Esto indica que existe un primer nivel energético pero que solamente dos y no tres de los electrones están aposentados en él. Alguna nueva característica importante de la naturaleza evita que el tercer electrón se aposente en el nivel energético más bajo. Es algo parecido a decir que si intentásemos dejar caer tres pelotas de una mesa, sólo dos de ellas, caerían al suelo. Esto es evidentemente absurdo en el caso de las pelotas, pero parece que los electrones de los átomos se comportan de este modo.

Wolfgang Pauli (1900-1958) fue el primero que señaló este comportamiento inesperado del electrón en 1925; estaba investigando la relación existente entre la teoría atómica de Bohr y la estructura de los elementos conocidos en aquel momento. Aunque el caso del litio es sólo una pieza aislada de lo que conocemos ahora como *principio de exclusión de Pauli,* otros muchos casos muestran este efecto claramente. Puesto que el principio de exclusión de Pauli está estrechamente relacionado con las propiedades ondulatorias de las materias y con las resonancias de las ondas, necesitaremos cierta terminología para describir dichas resonancias.

Se recordará que una cuerda sujeta por ambos extremos puede resonar de muchas maneras. Por ejemplo, puede resonar en un solo segmento con nodos en los extremos y un antinodo en el centro, puede resonar en dos segmentos, en tres o cuatro y así sucesivamente, como se ve en la figura 12.4. Cada forma indicada en la figura representa un modo de resonancia de la cuerda. Caracterizamos cada modo por un número cuántico; en este caso este número cuántico se designa por *n*.

En casos más complicados, como el de las resonancias de una placa plana (un címbalo o platillos, por ejemplo) o un tambor o la lámina plana del tímpano, no es posible caracterizar la resonancia de la lámina con un solo número cuántico. Por ejemplo, consideremos la piel de tambor rectangular indicada esquemáticamente en la figura 12.5. Su modo más sencillo de movimiento se indica en (*a*). El tambor completo vibra arriba y abajo como una unidad. Sin embargo, en (*b*), (*c*) y (*d*) vemos movimientos cada vez más complicados. En estos casos, se necesitan dos números (los valores de *m* y *n* dados) para describir los esquemas de resonancia. El movimiento de un tambor se caracteriza, por lo tanto, por dos números cuánticos *n* y *m*.

Análogamente, si analizamos el comportamiento de resonancia de un electrón próximo al núcleo de un átomo, la solución (obtenida a partir de la ecuación de Schrödinger) proporciona muchos modos posibles de resonancia, caracterizado cada uno de ellos por una serie de números cuánticos. Denominaremos a cada

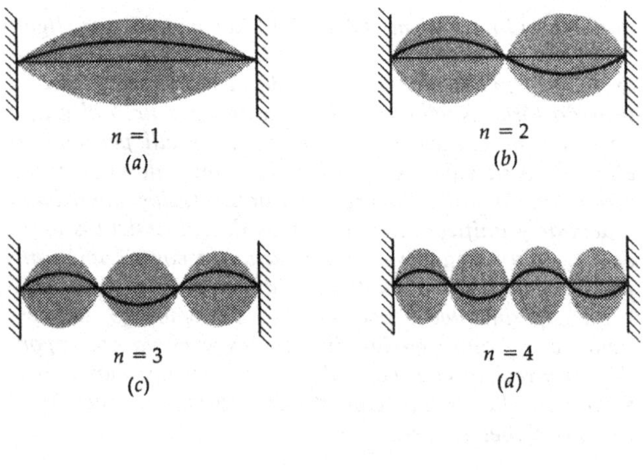

FIG. 12.4. — Una cuerda puede resonar de muchos modos. Los indicados aquí están caracterizados por los números cuánticos $n = 1, 2, 3$ y 4.

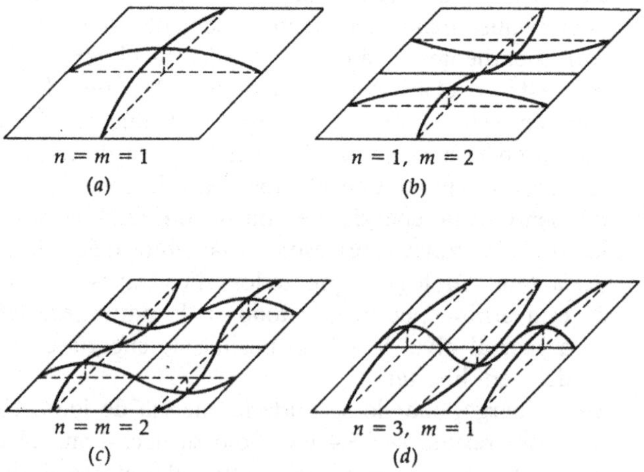

FIG. 12.5. — Modos de resonancia de una piel de tambor rectangular.

modo de resonancia un *estado* del átomo. Los niveles energéticos de Bohr y los estados del átomo no son iguales; de hecho, muchos *estados* tienen energías idénticas. El número de estados para un nivel energético de Bohr aumenta al crecer *n*, número cuántico del nivel energético.

Por ejemplo, el primer nivel energético de Bohr, o sea, la órbita $n = 1$ (aunque sabemos ahora que no podemos pensar en ellos como si fuesen órbitas diferentes) tiene una energía de —13,6 eV. Este nivel de energía realmente tiene dos estados, que ya hemos analizado. Los dos estados son idénticos excepto por sus spines electrónicos que son de sentido opuesto. Mostramos esquemáticamente esto en la figura 12,3*e*, pero naturalmente el esquema de resonancia electrónica es mucho más complicado que una órbita circular simple (resulta que para el caso $n = 1$, la órbita circular debe sustituirse por una capa esférica difusa con el mismo radio medio). Así pues, existe sólo una forma de resonancia para $n = 1$, pero puesto que el spin del electrón puede estar dirigido o hacia arriba o hacia abajo, existen dos posibilidades distintas y, por lo tanto, dos estados diferentes.

Análogamente, la solución de la onda demuestra que están asociados ocho estados con el nivel energético $n = 2$. Existen sólo cuatro formas de resonancia distintas; pero puesto que el spin del electrón puede estar dirigido hacia arriba o hacia abajo, el número de estados diferentes es ocho. Otra serie de estados corresponde al nivel energético $n = 3$ y así sucesivamente para el nivel $n = 4$ y los superioes. Así pues, el modelo simple de órbitas circulares de Bohr debe sustituirse por una serie completa de órbitas para cada nivel energético. No obstante, la energía del electrón en todas las órbitas de un nivel energético dado es la misma.

Revisemos el concepto de los estados atómicos. De acuerdo con el concepto de onda de de Broglie, el electrón puede resonar de muchas formas alrededor del núcleo. Un electrón puede resonar en cada esquema de resonancia de dos modos, bien tenga su spin hacia arriba o hacia abajo. Cada tipo de resonancia se denomina un estado. Esto nos lleva al principio de exclusión de Pauli:

Solamente puede existir un electrón en cada estado del átomo o molécula. Dos electrones no pueden ocupar el mismo estado.

Podemos ahora interpretar el caso del átomo de litio. La primera órbita de Bohr contiene sólo dos estados, teniendo cada uno de ellos la misma energía —13,6 electronvolts. Dos de los electrones de litio ocupan estos dos estados y llenan así el nivel energético $n=1$. De acuerdo con Pauli, no puede caer un tercer electrón en él debido a que no existen más estados vacíos para acomodarlo. Por lo tanto, el tercer electrón debe ocupar un nivel mucho más elevado, el nivel $n = 2$ correspondiente a la segunda órbita de Bohr. Obsérvese que este electrón se ve fácilmente extraído del átomo de helio; su energía de ionización es sólo de 5,4 eV. Los átomos de litio con frecuencia pierden este electrón en las reacciones químicas.

Sistema periódico de los elementos

Como hemos visto, las estructuras electrónicas de los átomos de hidrógeno, helio y litio pueden explicarse mediante el empleo del esquema de niveles energéticos de Bohr, el principio de exclusión de Pauli y el número de estados disponibles en un nivel energético dado de Bohr. Puesto que el nivel $n = 1$ tiene sólo dos estados, el principio de Pauli nos dice que sólo puede alojar dos electrones. En el caso del átomo de litio, que tiene tres electrones, el tercer electrón debe pasar al nivel $n = 2$, puesto que los dos estados en el nivel $n = 1$ están llenos. Como resultado, el tercer electrón de un átomo de litio es relativamente fácil de separar del átomo.

El átomo siguiente en la serie de elementos es el berilio (Be). Puesto que su núcleo contiene cuatro protones, el átomo debe tener cuatro electrones. Todos estos electrones llenan el nivel $n = 1$ (o *capa*). Puesto que la capa $n = 2$ (o nivel) tiene ocho estados, los dos electrones adicionales están contenidos en esta capa. La figura 12.6 muestra las capas del berilio y de los elementos próximos. Debajo de cada diagrama se indica la energía necesaria para dejar en libertad un solo electrón del átomo. La carga positiva adicional situada en el núcleo del berilio hace aparentemente más difícil extraer un electrón del berilio que del litio.

Si pasamos al boro (B) en la figura 12.6, vemos que se ha añadido un tercer electrón a la capa $n = 2$. El carbono (C) tiene cuatro electrones en esta capa, mientras que el nitrógeno (N), el oxígeno (O), el flúor (F) y

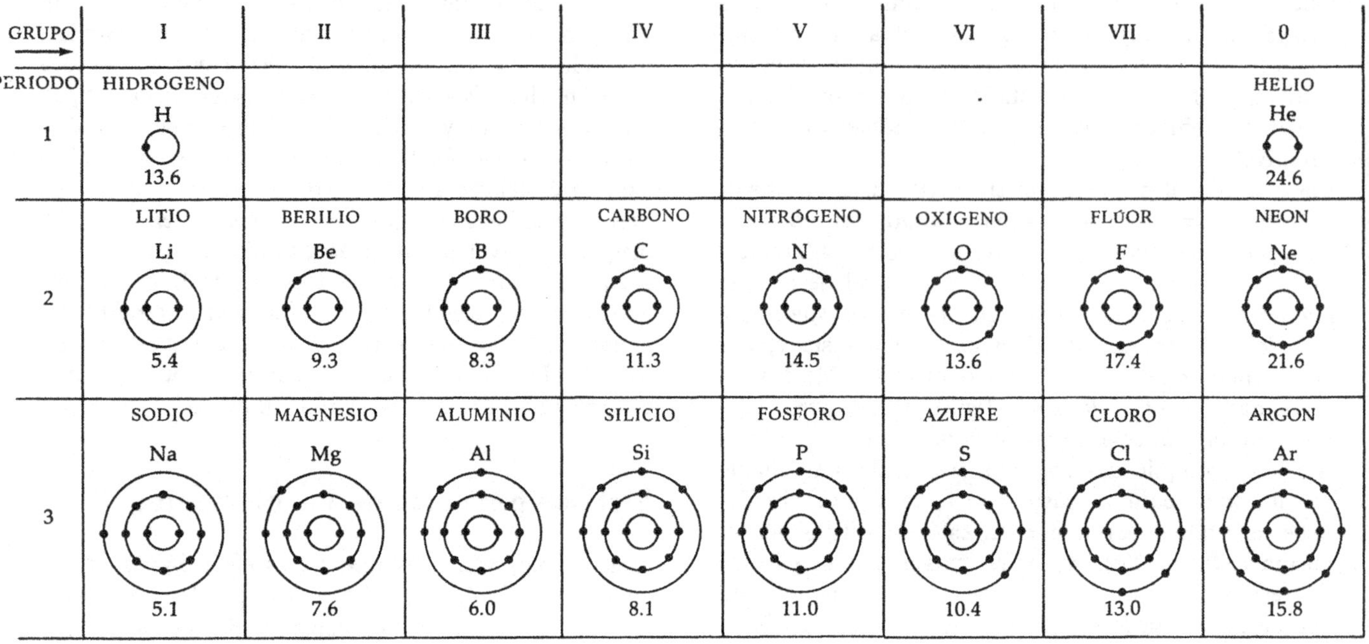

FIG. 12.6. — Estructura electrónica y energías de ionización en eV.

el neón (Ne) tienen cinco, seis, siete y ocho electrones respectivamente en la capa $n = 2$. Finalmente, en el neón todos los estados de esta capa están llenos. Como resultado, el elemento siguiente, el sodio (Na) debe adicionar su electrón extra en la capa o nivel $n = 3$. Obsérvese que este electrón, por estar bastante más alejado del núcleo, es bastante fácil de separar. Así pues, el electrón exterior del sodio deberá comportarse de modo muy parecido al electrón exterior del litio, puesto que la energía necesaria para separar ambos es aproximadamente la misma. De hecho estos dos átomos se comportan análogamente en las reacciones químicas.

Puesto que la tercera capa tiene sólo ocho estados, se llena cuando se alcanza el elemento argón (Ar). Los elementos intermedios, sodio (Na), magnesio (Mg), aluminio (Al), silicio (Si), fósforo (P), azufre (S), cloro (Cl) argón (Ar), forman un *período* semejante a los elementos del período que está por encima. Del mismo modo que el litio y el sodio son semejantes en su comportamiento químico, igualmente ocurre con las demás parejas: Be y Mg, B y Al, C y Si, N y P, O y S, F y Cl y Ne y Ar. Por ejemplo, tanto el litio como el sodio reaccionan explosivamente cuando se dejan caer en agua; el neón y el argón son los dos gases y generalmente no reaccionan con ninguna otra sustancia. Vemos, pues, que las columnas verticales o *grupos* de elementos contiene átomos con propiedades químicas semejantes, lo cual no es sorprendente en vista de que las estructuras de sus capas electrónicas exteriores son análogas.

Bastante antes de que se hubiese aceptado el concepto de los átomos, los químicos habían observado las semejanzas existentes entre estos elementos. Utilizando como guía estas propiedades químicas semejantes, el químico ruso Dimitri Mendeleiev (1834-1907) organizó los elementos conocidos en aquella época (1869) en una tabla denominada tabla periódica de los elementos. Su forma más moderna se indica en la tabla 12.1. El sistema de etiquetar los grupos y períodos es el mismo que el utilizado en la figura 12.6 para la tabla de estructuras electrónicas. Naturalmente, Mendeleiev fue incapaz de interpretar esta tabla en función de la estructura electrónica. Sin embargo, encontró ciertos espacios vacíos en su sistema y predijo que representaban elementos que toda-

EDGAR FAHS SMITH COLLECTION

DIMITRI MENDELEIEV (1834-1907)

Mendeleiev nació en Siberia, siendo el más joven de catorce hermanos. Su padre, el director de la escuela local, quedó ciego pocos años después del nacimiento de Mendeleiev, de modo que su madre montó una próspera fábrica de vidrio para mantener a la familia. En 1849 murió su padre y se incendió la fábrica; la madre de Dimitri le llevó a Moscú y finalmente consiguió su entrada en la Universidad de San Petersburgo. Después de terminar el primero de su clase fue a Francia y Alemania para seguir estudios e investigaciones antes de volver a San Petersburgo, donde llegó a ser profesor de química. En 1892 fue nombrado Director de la Oficina de Pesas y Medidas. Su trabajo sobre la química de los átomos no fue ampliamente aceptado hasta que los experimentos demostraron la existencia de los elementos que su tabla periódica había predicho. Desde entonces, recibió amplia aprobación, pero la Academia Imperial de las Ciencias rusa nunca reconoció sus logros. Audaz e impetuoso, llegó incluso a ascender solo en un globo para fotografiar un eclipse, aunque no sabía nada de aerostación. En la Rusia zarista se distinguió por sus tendencias populares, lo que puede explicar su carencia allí de todo reconocimiento oficial.

vía no habían sido descubiertos. Utilizando estos espacios vacíos como guías, los químicos de los últimos años del siglo XIX buscaron diligentemente los elementos perdidos y pronto se completó la lista de elementos que se presentan de modo natural en la Tierra.

Se observará que en el cuarto período existen elementos en el centro de la tabla periódica cuyos números de grupo están seguidos por una B. Todos estos elementos son metales y tienen propiedades bastante semejantes. Son átomos para los cuales las capas más allá de las indicadas en la figura 12.6 están llenas Existen 18 estados disponibles en estas capas y as se forma un gran número de átomos diferentes antes de que se complete la capa. El añadir o suprimir un electrón de este número tan elevado dentro de la capa tiene poca influencia sobre el comportamiento químico del átomo. Sólo aquellos átomos que tienen uno o dos electrones únicamente en la nueva capa o que no necesitan ninguno o sólo uno o dos electrones para llenar la capa, se ven muy cambiados si se añade o se extrae un electrón de la capa. Por lo tanto, sólo los átomos de los grupos IA, IIA, VIA, VIIA, y O son diferentes en sus reacciones químicas en el caso del 4.º y períodos superiores. La sección central de la tabla periódica para los períodos 4.º y superiores contienen átomos que son bastante semejantes aunque pueden distinguirse químicamente.

Una excepción importante a esta afirmación viene representada por los elementos con números atómicos 26, 27 y 28. Estos son el hierro, el cobalto y el níquel, los metales ferromagnéticos encontrados en el capítulo 7. Debido a las consideraciones energéticas en las que interviene la naturaleza difuminada de las órbitas electrónicas, los electrones más exteriores de estos átomos no equilibran entre sí adecuadamente sus efectos magnéticos. Se recordará que normalmente el segundo electrón añadido a un átomo equilibra los efectos magnéticos de los movimientos de spin y orbital del primer electrón. Esto no ocurre en estos tres átomos y así se observan efectos anormalmente grandes cuando estos átomos se colocan en un sólido. A pesar de estas propiedades magnéticas poco corrientes del hierro, del cobalto y del níquel, los átomos todavía reaccionan químicamente de una manera semejante a su vecino del sistema periódico.

Tabla 12.1 *Tabla periódica de los elementos.*

(C^{12} = 12,0000)

CLAVE

Número atómico →	1 1,00797	← Peso atómico
Energía de ionización (en eV) →	13,6 **H**	← Símbolo químico
Electronegatividad →	2,1	
	Hidrógeno	← Nombre

La línea gruesa separa los metales (a la izquierda) de los no metales.

Períodos	GRUPO IA	IIA	IIIB	IVB	VB	VIB	VIIB	VIIIB	VIIIB	VIIIB	IB	IIB
1	1 1,00797 13,6 **H** 2,1 Hidrógeno											
2	3 6,939 5,4 **Li** 1,1 Litio	4 9,0122 9,3 **Be** 1,5 Berilio										
3	11 22.9898 5,1 **Na** 0,9 Sodio	12 24.312 7,6 **Mg** 1,2 Magnesio										
4	19 39,102 4,3 **K** 0,8 Potasio	20 40,08 6,1 **Ca** 1,0 Calcio	21 44.956 6,6 **Sc** 1,3 Escandio	22 47,90 6,8 **Ti** 1,5 Titanio	23 50.942 6,7 **V** 1,6 Vanadio	24 51,996 6,8 **Cr** 1,3 Cromo	25 54,938 7,4 **Mn** 1,5 Manganeso	26 55.847 7,9 **Fe** 1,8 Hierro	27 58.933 7,9 **Co** 1,8 Cobalto	28 58,71 7,6 **Ni** 1,8 Níquel	29 63,54 7,7 **Cu** 1,9 Cobre	30 65.37 9,4 **Zn** 1,6 Cinc
5	37 85.47 4,2 **Rb** 0,8 Rubidio	38 87.62 5,7 **Sr** 1,0 Estroncio	39 88.905 6,6 **Y** 1,2 Ytrio	40 91.22 7,0 **Zr** 1,4 Circonio	41 92,906 6.8 **Nb** 1.6 Niobio	42 95.94 7,2 **Mo** 1,8 Molibdeno	43 (98) — **Tc** 1,9 Tecnecio	44 101.07 7,5 **Ru** 2,2 Rutenio	45 102.905 7,7 **Rh** 2,2 Rodio	46 106,4 8,3 **Pd** 2,2 Paladio	47 107,870 7,6 **Ag** 1,9 Plata	48 112,40 9,0 **Cd** 1,7 Cadmio
6	55 132,905 3,9 **Cs** 0,7 Cesio	56 137,34 5,2 **Ba** 0,9 Bario	57 138,91 5,6 **La** 1,1 Lantano	72 178,49 5,5 **Hf** 1,3 Hafnio	73 180.948 6 **Ta** 1,5 Tántalo	74 183.85 8,0 **W** 1,7 Tungsteno	75 186.2 7,9 **Re** 1,9 Renio	76 190.2 8,7 **Os** 2,2 Osmio	77 192.2 9,2 **Ir** 2,2 Iridio	78 195.09 9.0 **Pt** 2,2 Platino	79 196.967 9,2 **Au** 2,4 Oro	80 200.59 10,4 **Hg** 1,9 Mercurio
7	87 (223) — **Fr** — Francio	88 (226) 5,3 **Ra** — Radio	89 (227) — **Ac** — Actinio	104 (257) **Ku** Kurchatovio	105 (260) **Ha** Hafnio							

58 140.12 6,9 **Ce** — Cerio	59 140.907 5,8 **Pr** 1,1 Praseodimio	60 144.24 6,3 **Nd** 1,2 Neodimium	61 (147) — **Pm** — Prometio	62 150.35 5,6 **Sm** 1,2 Samario	63 151.96 5,7 **Eu** — Europio	64 157.25 6,2 **Gd** 1,1 Gadolinio	65 158.924 6,7 **Tb** 1,2 Terbio
90 232.038 — **Th** — Torio	91 (231) — **Pa** 1,5 Protactinio	92 238.03 4 **U** 1,7 Uranio	93 (237) — **Np** 1,3 Neptunio	94 (242) — **Pu** — Plutonio	95 (243) — **Am** — Americio	96 (247) — **Cm** — Curio	97 (247) — **Bk** — Berkelio

IIIA	IVA	VA	VIA	VIIA	VIIIA or 0
					2 4,0026 24,6 He — Helio
5 10,811 8,3 B 2,0 Boro	6 12,01115 11,3 C 2,5 Carbono	7 14,0067 14,5 N 3,0 Nitrógeno	8 15,9994 13,6 O 3,5 Oxígeno	9 18,9984 17,4 F 4,0 Flúor	10 20,183 21,6 Ne — Neón
13 26,9815 6,0 Al 1,5 Aluminio	14 28,086 8,1 Si 1,8 Silicio	15 30,9738 11,0 P 2,1 Fósforo	16 32,064 10,4 S 2,5 Azufre	17 35,453 13,0 Cl 3,0 Cloro	18 39,948 15,8 Ar — Argón
31 69,72 6,0 Ga 1,6 Galio	32 72,59 8,1 Ge 1,8 Germanio	33 74,922 10 As 2,0 Arsénico	34 78,96 9,8 Se 2,4 Selenio	35 79,909 11,8 Br 2,8 Bromo	36 83,80 14,0 Kr — Criptón
49 114,82 5,8 In 1,7 Indio	50 118,69 7,3 Sn 1,8 Estaño	51 121,75 8,6 Sb 1,9 Antimonio	52 127,60 9,0 Te 2,1 Telurio	53 126,904 10,4 I 2,5 Iodo	54 131,30 12,1 Xe — Xenón
81 204,37 6,1 Tl 1,8 Talio	82 207,19 7,4 Pb 1,8 Plomo	83 208,980 8 Bi 1,9 Bismuto	84 (210) — Po 2,0 Polonio	85 (210) — At 2,2 Astato	86 (222) 10,7 Rn — Radón

La línea gruesa separa los metales (a la izquierda) de los no metales.

66 162,50 6.8 Dy — Disprosio	67 164,930 — Ho 1,2 Holmio	68 167,26 — Er 1,2 Erbio	69 168,934 — Tm 1,2 Tulio	70 173,04 6,2 Yb 1,1 Iterbio	71 174,97 5,0 Lu 1,2 Lutecio
98 (249) — Cf — Californio	99 (254) — Es — Einstenio	100 (253) — Fm — Fermio	101 (256) — Md — Mendelevio	102 (254) — No — Nobelio	103 (257) Lw Lawrencio

Tabla periódica de los elementos. El significado de los diversos números que acompañan a cada elemento viene dado en la clave. (Se aprenderá lo que es la electronegatividad en el capítulo 13.) Algunas de las características de la tabla que deben observarse son:

Los elementos del mismo *grupo* (columnas verticales) tienen el mismo número de electrones en sus capas exteriores. Así pues, los elementos del Grupo IA tienen un solo electrón en dicha capa exterior. Los del Grupo VIII A (ó 0) tienen llenas sus capas exteriores. Los elementos de los grupos A se denominan elementos *representativos.* Los situados en el centro de la tabla, los grupos B, se denominan elementos de *transición.* Dentro de cada período (filas horizontales) los elementos de transición son semejantes entre sí.

Todos los elementos de un período (o fila) dado tiene el mismo número de capas electrónicas. Por ejemplo, todos los elementos del cuarto período tienen cuatro capas electrónicas. El potasio tiene un solo electrón en su cuarta capa, mientras que la misma capa está completamente llena en el átomo de criptón. Como se indica en la tabla las dos filas situadas en su parte inferior son porciones del sexto y séptimo períodos. Se denominan *tierras raras.*

La línea gruesa cerca del borde derecho de la tabla separa los metales (a la izquierda) de los no metales; algunos de los elementos junto a dicha línea tienen tanto propiedades metálicas como no metálicas. Todos los elementos con número atómico mayor de 92 son tan radiactivos que ya no existen de modo natural sobre la Tierra.

Espectros de los átomos complejos

La mayoría de los átomos emiten luz de muchas longitudes de onda diferentes. Los *espectros de emisión* de estos átomos tienen un gran número de rayas espectrales nítidas, lo cual no es sorprendente, puesto que existen muchos electrones en niveles de energía diferentes dentro del átomo. Estos niveles energéticos no son los niveles simples de Bohr, debido a que las fuerzas electrostáticas y magnéticas entre los electrones hacen cambiar la energía de los diversos electrones. Como resultado, las rayas espectrales emitidas por los átomos de un elemento difieren de los de cualquier otro elemento. El espectro del hierro, por ejemplo, tiene miles de veces más rayas que el espectro de hidrógeno. Los químicos y los metalúrgicos utilizan estas rayas espectrales distintivas como huellas digitales de cada elemento. Por ejemplo, la luz emitida por un material vaporizado en un arco eléctrico caliente se analiza fácilmente para determinar qué elementos están presentes en la sustancia.

A pesar de la complejidad de la medida de los espectros atómicos, ciertas características de los mismos son fáciles de comprender. Por ejemplo, los dos electrones en la capa $n = 1$ se ven relativamente poco perturbados por los electrones de las regiones más exteriores en los átomos más pesados. Así pues, la energía de un electrón en la capa $n = 1$ es esencialmente la de un electrón en el campo de un núcleo con carga muy elevada. Como mencionamos anteriormente, la diferencia de energías entre las capas internas de esos átomos pesados son mucho mayores que la diferencia de 10,2 eV existente entre los niveles $n = 1$ y $n = 2$ del hidrógeno. En el caso de los átomos cercanos a la parte inferior de la tabla periódica, esta diferencia de energías supera los 30.000 eV. Debido a esta gran diferencia de energías entre dos niveles, los fotones emitidos cuando un electrón cae desde un nivel a otro tienen longitudes de onda de décimas de angstroms. Estas transiciones producen por lo tanto rayos X.

En el otro extremo veamos el comportamiento del electrón aislado en las capas exteriores del litio, sodio, potasio, rubidio, cesio y francio, átomos del grupo IA. Debido a que los electrones internos actúan como si estuviesen más o menos fusionados con el núcleo, dejando una carga central no equilibrado de $+e$ solamente, el electrón aislado actúa como el electrón de un átomo de hidrógeno. Aunque este punto de vista es una gran simplificación, la parte de las rayas espectrales que proceden del electrón aislado es semejante a la parte correspondiente al espectro de hidrógeno. Las rayas espectrales debidas a las transiciones de los demás electrones son mucho más complicadas.

El láser

Hemos estado estudiando el comportamiento de los átomos aislados y de la luz emitida por ellos. En casi todas las fuentes luminosas los átomos actúan independientemente; la emisión de un fotón por un átomo no se ve coordinada con la emisión debida a los otros átomos. Como resultado, el haz de luz es una mezcla compleja de ondas electromagnéticas procedentes de los diversos átomos. Como es natural, estas ondas no están en fase en absoluto entre sí; a veces se anulan entre sí y a veces se suman positivamente. Evidentemente, el haz de luz sería muchísimo más intenso y coherente si se pudiese hacer que todos los átomos emitiesen sus ondas en fase. Se ha conseguido una fuente luminosa que casi consigue esto por completo; se denomina el *láser*.

Se dispone en el momento actual de muchos tipos de láser; todos funcionan según el principio del que reciben su nombre: «amplificación luminosa por emisión estimulada de radiación». (Light Amplification by Simulated Emission of Radiation.) Describiremos un láser de gas helio-neón, que da un haz de luz continuo de baja intensidad (haces más intensos se obtienen por láseres más nuevos que emiten pulsos de energía). La figura 12.7 muestra el esquema básico del láser de gas de helio-neón y el haz estrecho delgado como un lápiz de luz que emite.

El núcleo del láser es un tubo de vidrio que contiene helio y neón a presiones relativamente bajas. Los extremos del tubo están cerrados por láminas de vidrio planas exactamente paralelas entre sí. Cada placa está recubierta formando un espejo, pero una de las placas en un extremo está sólo recubierta ligeramente, de modo que solamente el 1 % de la luz que incide sobre ella desde el interior, sale a través del espejo abandonando el tubo. Los dos gases dentro del láser se escogen de modo que realicen unas funciones especiales. En este caso, el helio actúa como una fuente de energía para el neón. Se ve excitado mediante una descarga eléctrica de muy alta frecuencia dentro del tubo. Básicamente, el helio actúa exactamente lo mis-

Fig. 12.7. — Aunque el láser indicado en *(b)* tiene una potencia de salida de sólo 0,0005 wats, su haz se ve brillar intensamente en el edificio de la parte derecha de *(c)* a más de tres kilómetros de la cámara. Comparar su intensidad con la de las lámparas de elevada intensidad situadas en el puente sobre la Bahía de Oakland. *(Cortesía de Electro Optic Associates.)*

mo que el vapor del mercurio lo hace en una lámpara de arco de mercurio ordinaria. La tensión elevada hace que se produzca una descarga de gas de modo que salgan disparados muchos iones y electrones energéticos dentro del tubo. El helio emite su espectro de helio usual cuando los electrones caen de nuevo al nivel $n = 1$. Sin embago, la luz procedente de este efecto es una pequeña fracción de la luz total emitida por el tubo.

Los electrones de los átomos de helio se ven elevados a todos los niveles energéticos y estados posibles de los átomos por los choques en el interior del tubo. Uno de estos estados, que tiene una energía 20,6 eV más elevada que la del estado $n = 1$, se denomina *estado metastable*. En dicho estado, el electrón tiene cierta resistencia a caer en los estados más bajos y así el átomo permanece en el mismo durante un tiempo anormalmente largo. Sin embargo, la estructura de los niveles energéticos de un átomo de neón es tal que cuando chocan los átomos de neón y de helio, el átomo de helio excitado cede su energía al átomo de neón. Realmente el átomo de neón excitado tiene una energía ligeramente mayor que la del átomo de helio; este exceso de energía procede de la energía cinética que adquiere en el choque.

Lo que ha ocurrido es esto: los átomos de helio son excitados en la descarga gaseosa; algunos están en un estado metastable y se mueven hasta que llegan a chocar contra un átomo de neón. Durante el choque, el átomo de neón toma energía del átomo de helio y resulta estar entonces en un estado excitado. Este estado es bastante estable en el átomo de neón y así el electrón en él no cae inmediatamente a un estado más bajo. Al cabo de cierto tiempo, los átomos de helio excitan muchos átomos de neón que luego simplemente esperan un cierto tiempo para radiar sus energías. Cuando finalmente uno de ellos cae, lo hace al nivel 1,96 eV más bajo y emite un pulso de radiación lectromagnética con longitud de onda de 6328 Å, en la zona del rojo.

En su camino a lo largo del tubo, el pulso pasa por otros átomos de neón excitados y los somete a un campo electromagnético oscilante que tiene la misma frecuencia que la luz que deberá emitir el átomo excitado. Resulta, pues, que el campo oscilante obliga efectivamente a que cada átomo de neón excitado caiga a su estado inferior, de modo que el fotón emitido está exactamente en fase con la radiación que lo *estimula* a emitir dicho fotón. Así pues, ambas ondas se refuerzan entre sí.

Cuando estas ondas se reflejan adelante y atrás entre los extremos del tubo, se ven muy aumentadas mediante ondas idénticas que estimulan la emisión de otros átomos de neón. En consecuencia, existe en el tubo una onda coherente intensa con una longitud de onda de 6328 Å. Una pequeña parte de esta radiación sale a través del espejo que ligeramente deja pasar la luz situado en un extremo del tubo y éste es el haz del láser. Los átomos de neón han sumado su radiación de modo que todas las ondas se refuerzan entre sí para producir un haz intenso y coherente. Debido a que el haz se refleja delante y atrás muchas veces entre los espejos paralelos, los rayos de luz salen coincidentes en dirección por el extremo del tubo. Todos aquellos que divergen del eje del tubo se pierden en sus paredes laterales durante los muchos viajes que hacen en un sentido u otro.

Sin embargo, a diferencia de la luz procedente de una lámpara de incandescencia, la energía del láser no se difunde en el espacio. En lugar de ello sale y se mueve como un cilindro delgado del grueso de un lápiz de luz y mantiene su intensidad a distancias muy grandes como se muestra en la fotografía de la figura 12.7*c*. Se puede reflejar un haz de este tipo en la Luna y medirlo cuando vuelve a la Tierra.

El láser de la figura 12.7*b* y *c* es una fuente de potencia muy baja a pesar de su brillo. Sin embargo, es posible proyectar láseres de una potencia grande que emiten radiaciones intensas. Estos aparatos vaporizarán una moneda o harán arder el bosque. La energía total emitida por el láser se concentra sobre el objeto en el punto en donde incide su haz estrecho; esta concentración precisa hace que el láser sea de una extraordinaria importancia y utilidad en la industria y en la medicina. Otros empleos del láser, tales como los de transmisiones a distancias grandes dependen de la coherencia y de la propiedad del haz del láser de poseer una sola frecuencia. Desde su invento en 1955, el láser ha obtenido un empleo muy amplio en una serie de áreas diferentes.

BIBLIOGRAFÍA

1. Oldenberg, O.: *Introduction to Atomic and Nuclear Physics*, 3.ª ed., McGraw-Hill, New York, 1961. Los capítulos 9 y 11 dan más detalles respecto a los temas tratados aquí.

2. Semat, H. y White, H.: *Atomic Age Physics*, Holt, New York, 1959. Este texto se utilizó en el primer curso de física televisado en toda la nación americana. Los capítulos 1-10 tratan del átomo y su estructura.

3. Holton, G. y Roller, R.: *Foundations of Modern Physical Science*, Addison-Wesley, Reading, Mass., 1958. Los capítulos 21-24 dan una información detallada e histórica sobre los descubrimientos que revelaron la estructura de los átomos y moléculas.

4. Pierce, J. R.: *Quantum Electronics* (rústica), Anchor Science, Doubleday, Garden City, N.Y., 1966. Un estudio de introducción de los átomos en los materiales sólidos y cómo forman la base de los transistores, láseres y otros dispositivos electrónicos de estado sólido.

5. Booth, V.: *The Structure of Atoms* (rústica), Macmillan, New York, 1964. Una descripción fácilmente legible de la estructura de los átomos y cómo se consideran las ideas originales sobre los mismos.

6. Asimov, I.: *A Short History of Chemistry* (rústica), Anchor Science, Doubleday, Garden City, N.Y., 1966. El título describe perfectamente este texto escrito por un famoso divulgador de la ciencia.

RESUMEN

En el modelo de Bohr del átomo de hidrógeno, el electrón está restringido a ciertas órbitas permitidas definidas; de Broglie demostró que estas órbitas correspondían a las resonancias de las ondas del electrón. Sin embargo, estas posiciones de resonancia son semejantes a los máximos en un esquema de interferencias; el electrón no está restringido a ellas del mismo modo que los fotones no están restringidos al punto en donde se presenta una máxima intensidad luminosa. A pesar de este defecto de la teoría de Bohr, los niveles energéticos dados por dicha teoría son correctos. Expresados en electronvolts, las energías permitidas para el electrón en el átomo de hidrógeno son $E_n = 13{,}6/n^2$ eV, siendo n el número orbital de Bohr. (Lo denominaremos ahora número cuántico que describe el estado energético del átomo.)

Un diagrama de niveles energéticos es una escala vertical en la que se muestran las energías permitidas del sistema. En el caso del hidrógeno, el nivel cero corresponde a $n \to \infty$, es decir, el átomo ionizado. Cuando el electrón se acerca más al átomo pierde energía y así está por debajo del nivel cero en el diagrama de niveles energéticos. Los niveles se presentan a valores de $-13{,}6/n^2$, siendo n un número entero. Los valores de energía positiva en este caso representan el electrón libre respecto al átomo, pero poseyendo energía cinética. Estas energías positivas no están cuantizadas.

La luz es emitida por un átomo cuando cae de un estado superior a otro inferior en el diagrama de niveles energéticos. Esto coincide con el postulado de Bohr acerca de la emisión de luz por el átomo de hidrógeno. Puesto que su modelo ofrece el diagrama de niveles energéticos adecuados del átomo, predice con éxito los espectros de emisión.

El átomo de hidrógeno puede absorber solamente aquellos fotones que tienen energía adecuada para excitar el átomo a un nivel energético permitido. Puesto que los átomos de hidrógeno están normalmente en su nivel energético más bajo, sólo pueden absorber las longitudes de onda que los elevarán a los niveles $n = 2$ y mayores. Éstas corresponden a las mismas longitudes de onda emitidas por el átomo cuando cae al estado $n = 1$, es decir, la serie de Lyman de las rayas espectrales.

En el caso de átomos con Z grande, la carga nuclear hace que quede retenido más intensamente el electrón interno. Como resultado, los niveles $n = 1$ y $n = 2$ de estos átomos corresponden a energías próximas a —100 000 eV. Cuando el electrón más interno de un átomo de este tipo cae de un nivel a otro, emite un fotón de energía muy elevada (longitud de onda corta) en la región de los rayos X.

La localización de los electrones en átomos con muchos electrones está resumida por el principio de exclusión de Pauli, que establece que no pueden presentarse dos electrones en el mismo estado de resonancia dentro de un átomo. Existen dos de estos estados para el nivel energético $n = 1$, ocho estados para $n = 2$ y así sucesivamente. De aquí que el helio tenga dos electrones en el nivel $n = 1$, pero el litio, que tiene tres electrones, debe tener uno de ellos en el nivel $n = 2$. Utilizando el principio de exclusión de Pauli, podemos construir la estructura electrónica de capas de los átomos de muchos electrones.

La energía necesaria para separar el electrón más externo se denomina energía de ionización. Puesto que el núcleo de helio está doblemente cargado, se necesita más energía para separar los electrones en el nivel $n = 1$ que en el caso del hidrógeno. Así pues, el helio tiene una energía de ionización más elevada que la del hidrógeno. En el caso del litio, el tercer electrón está en el nivel $n = 2$ y así su energía de ionización es menor que en el caso del helio. Un razonamiento semejante explica la energía de ionización del resto de los átomos de la tabla periódica.

Puesto que los electrones más exteriores de un átomo son los responsables del comportamiento químico del átomo y puesto que estos electrones están dispuestos en una estructura energética definida de acuerdo con el principio de exclusión, los átomos muestran propiedades químicas que se repiten al ir aumentando Z. Los átomos como el helio, el neón y el argón que tienen llenas sus capas externas se comportan químicamente todos ellos de modo semejante. Ejemplos análogos de propiedades que se repiten periódicamente formaron la base de la tabla periódica construida en primer lugar por Mendeleiev. Los huecos en la tabla proporcionaron indicaciones para el descubrimiento de los elementos entonces no conocidos.

El láser emite un haz estrecho de luz del grueso de un lápiz que es altamente coherente. Mediante la emisión estimulada, las ondas luminosas emitidas por los átomos dentro del láser están en fase. Como resultado, el láser es muy intenso. Se ha utilizado para objetivos muy diversos, tales como la señalización a largo alcance, cirugía ocular y soldadura de metales.

LISTA DE COMPROBACIONES

1. ¿Por qué es inaceptable la idea de Bohr de órbitas bien diferenciadas de los electrones?
2. ¿Cuál es la característica principal del átomo de hidrógeno que predice correctamente la teoría de Bohr?
3. Resumir los niveles energéticos del átomo de hidrógeno dando la ecuación correspondiente a E_n.
4. ¿Cuál es el significado del signo negativo que se añade a los niveles energéticos de un electrón en el hidrógeno?
5. Dibujar el diagrama de niveles energéticos para el hidrógeno y explicar su significado.
6. ¿Qué se entiende por los siguientes términos respecto al diagrama de niveles energéticos: energía de ionización, continuo, serie de Balmer, serie de Lyman, límite de la serie?
7. Normalmente, ¿en qué nivel energético se encuentran en la naturaleza los átomos de hidrógeno?
8. Estudiar el efecto de la estructura de niveles energéticos sobre las energías que puede recibir un electrón de un átomo de hidrógeno.

9. Relacionar las propiedades de emisión y absorción luminosa del átomo de hidrógeno con su estructura de niveles energéticos. ¿Por qué no se absorbe la serie de Balmer de longitudes de onda?
10. ¿A qué longitud de onda corresponde un fotón de 1 eV? ¿Cómo puede utilizarse este hecho para convertir rápidamente la longitud de onda en energía y viceversa?
11. ¿Cómo pueden utilizarse los datos de absorción para construir el diagrama de niveles energéticos de hidrógeno?
12. En los átomos de helio, ¿en qué nivel energético se encuentran normalmente los dos electrones?
13. ¿Qué se puede predecir sobre el espectro del helio ionizado?
14. ¿Qué se entiende por spin del electrón? ¿Cómo están relacionados entre sí los spines de los dos electrones de un átomo de helio?
15. Estudiar el origen de los rayos X.
16. ¿Por qué difieren las energías de ionización del hidrógeno y del helio? ¿En qué difieren?
17. ¿Cómo puede deducirse a partir de la energía de ionización del litio que un tercer electrón no puede caer al nivel energético $n = 1$?
18. ¿Qué se entiende por un estado atómico? ¿En qué difiere un estado de un nivel energético?
19. Estudiar el significado e importancia del principio de exclusión de Pauli.
20. ¿Cómo nos ayuda el principio de exclusión de Pauli para interpretar el sistema periódico?
21. Describir el método racional utilizado por Mendeleiev para construir el sistema periódico.
22. ¿Cómo deja de conformarse el hierro, el cobalto y el níquel a los otros elementos de su grupo?
23. ¿En qué difieren los espectros de átomos complejos de los del hidrógeno? ¿En qué son semejantes?
24. ¿Cómo es posible utilizar el espectro de una sustancia desconocida para identificar los átomos de la misma?
25. Describir las bases atómicas del funcionamiento de un láser (helio-neón). ¿En qué difiere la luz que emite de la de una lámpara de incandescencia o de un arco de mercurio? ¿De qué es abreviatura «láser»?
26. La luz del láser es coherente y da un haz delgado. Explicar cómo se originan cada una de estas características del láser.

CUESTIONES

1. ¿Qué es lo que determina el número de electrones que existen en el exterior del núcleo de un átomo normal? ¿Cómo diferencian los químicos los diversos tipos de átomos?
2. El helio, el neón y el argón son gases. Dado un tubo de gas cerrado, ¿cómo puede decirse cuál de estos tres gases está contenido en su interior? ¿Qué ocurre si contiene una mezcla de ellos?
3. A veces se oye decir a un físico o un químico: «los átomos emiten la longitud de onda que absorben». ¿Es correcta esta afirmación?
4. A principios del siglo XX, cuando Rutherford estaba intentando descubrir la naturaleza de las partículas alfa, encerró una cierta cantidad de radio en un tubo de vacío. Después de un año aproximadamente, observó que el tubo tenía un gas. ¿Cuál era el gas? (*Indicación*: El radio se desintegra dando finalmente plomo y para ello emite partículas alfa.)
5. ¿Por qué los átomos de cesio excitados emiten rayos X cortos, mientras el litio que está en el mismo grupo no los emite?
6. El principio de exclusión de Pauli se aplica también separadamente a los protones y neutrones. ¿Puede predecirse, a partir del mismo, la razón por la cual los neutrones de energía más elevada en los núcleos de peso atómico elevado normalmente tienen la energía más alta que los protones?
7. El helio fue descubierto en el Sol antes de que se conociese que existía en la Tierra. Cuando se hace pasar la luz procedente del Sol a través de un espectroscopio, las longitudes de onda correspondientes a la serie de Lyman del espectro de hidrógeno aparecen como rayas oscuras sobre una banda casi continua. Explicar por qué se presentan estas rayas oscuras y utilizar la explicación para adivinar cómo pudo predecirse la existencia del helio.
8. Los fotones de los rayos X en el margen de longitudes de ondas mayores de 0,1 Å aproximadamente, son detenidas por la materia por un proceso semejante al efecto fotoeléctrico. Inciden sobre un electrón y desaparecen cediendo toda su energía al electrón. ¿Por qué es el plomo mucho más efectivo para detener los rayos X en este margen de longitudes de onda que el agua o el carbono?

9. Aunque la carga sobre el núcleo de potasio sea más de seis veces mayor que la carga sobre el núcleo del litio, las energías de ionización de ambos átomos son aproximadamente iguales. ¿Por qué no son muy diferentes?
10. Cuando Marie y Pierre Curie llevaron a cabo sus estudios sobre el mineral radiactivo pechblenda, encontraron que contenía dos tipos diferentes de átomos radiactivos. Uno se comportaba de un modo parecido al bario en las reacciones químicas, mientras que las propiedades químicas del otro recordaban a las del bismuto. Sabiendo que no hay ningún elemento en la tabla periódica por debajo del bismuto que sea radiactivo, dar unas hipótesis sobre la naturaleza de estos nuevos elementos radiactivos.
11. Estudiar los tres primeros períodos de la tabla periódica que se obtendrían si el spin del electrón no permitiese que existiese un segundo electrón en cada estado.

PROBLEMAS

1. Hallar la energía y longitud de onda de un fotón emitido en una transición desde el estado $n = 7$ al estado $n = 6$ en el hidrógeno.
2. El núcleo de cobalto 60 excitado emite un rayo gamma de energía 1,3 MeV que se utiliza con fines tanto industriales como médicos. ¿Cuál es la longitud de onda de los rayos gamma? Comparar el origen de un rayo gamma con el de un rayo X.
3. Suponer que ciertos electrones que han recorrido una diferencia de potencial de 100 volts inciden sobre los átomos de un gas. ¿Cuál es la longitud de onda más corta posible de radiación del gas que se emitirá en estas condiciones?
4. Un tubo lleno de gas neón tiene dos electrodos en sus dos extremos y se establece entre ellos una diferencia de potencial de 100 volts. Cuando se ilumina con luz roja el tubo, no fluye corriente entre los electrodos. Sin embargo, en cuanto se disminuye un poco la longitud de onda de la luz, empieza a circular la corriente para una onda de $\lambda = 570$ Å y continúa circulando siempre que las longitudes de onda sean más cortas aún. Explicar su comportamiento y señalar qué datos pueden calcularse a partir de estos números.
5. Los átomos de sodio emiten una luz amarilla brillante (5798 Å) que da a las lámparas de arco de sodio su color amarillo característico. Además, el vapor de sodio absorbe fuertemente la luz de esta longitud de onda. A partir de estos datos, ¿qué puede decirse respecto del diagrama de niveles energéticos de los átomos de sodio?

Capítulo 13

La química de las sustancias inorgánicas

En la naturaleza, los átomos raramente se presentan solos, puesto que normalmente están ligados en combinaciones denominadas moléculas. El área de las ciencias que investiga la unión de los átomos para formar moléculas se denomina Química. En este capítulo empezaremos nuestro estudio de esta ciencia. Aprenderemos que los átomos se enlazan en moléculas mediante cuatro fuerzas de enlace básicas, las cuales hacen a su vez que estas moléculas se agreguen en forma de líquidos y sólidos. Por el presente, nos preocuparemos sólo de la química inorgánica, es decir, del estudio de las moléculas que normalmente no son producidas por organismos vivos. La química de las moléculas orgánicas, las que componen los seres vivos y sus productos de descomposición, será el tema del capítulo siguiente.

La molécula de hidrógeno

Cuando se unen fuertemente dos o más átomos, la combinación se denomina *molécula*. A veces todos los átomos de una molécula particular corresponden al mismo elemento. Un ejemplo de esto lo forman las moléculas de nitrógeno del aire. Cada una de estas moléculas está compuesta de dos átomos de nitrógeno ligados entre sí por un enlace fuerte, o enlace químico. Sin embargo, es frecuente que una molécula sea una combinación de dos o más átomos diferentes. Un ejemplo típico lo constituye la molécula de agua; está compuesta por un átomo de oxígeno unido a dos átomos de hidrógeno. Otro ejemplo es la sal común, cuyo nombre químico, el cloruro sódico, describe su composición química, que es un átomo de sodio unido a un átomo de cloro. Estas últimas moléculas compuestas de más de un tipo de átomos se denominan *compuestos*. Con frecuencia utilizaremos esta designación indistintamente en el caso de una molécula aislada y para un gran número de las mismas moléculas reunidas. Empecemos ahora nuestro estudio de la química considerando una de las moléculas más simples de todas, la molécula de hidrógeno. La gran mayoría de los átomos contenidos en un tubo de gas hidrógeno están ligadas entre sí formando parejas, constituyendo las moléculas de hidrógeno. Puesto que esta forma de hidrógeno es la que prevalece sobre los átomos individuales, es de esperar que los dos átomos de una molécula posean menos energía que cuando están separados. Es decir, los átomos tenderán a formar moléculas si pierden energía combinándose en parejas. Podemos comprobar esta hipótesis viendo la energía potencial de los dos átomos de hidrógeno cuando se acercan mucho entre sí. La figura 13.1 muestra esta medida en un gráfico que relaciona la energía potencial de los átomos con la distancia de separación interatómica r.

A partir de la analogía de la cuenta situada sobre un hilo, es evidente que una cuenta colocada en la curva de la figura 13.1*a* se deslizaría por la curva hasta su punto más bajo. Esto nos dice que los dos átomos de hidrógeno se atraen entre sí para todas las separaciones mayores de 0,74 Å. Sin embargo, cuando están situados muy próximos, para r menor que 0,74 Å, se repelen. Así pues, si se dejan en libertad, quedarán en equilibrio a una separación de 0,74 Å. Esta distancia entre los centros de los átomos de la molécula de hidrógeno se muestra esquemáticamente en la figura 13.2.

Parte de la fuerza atractiva entre los átomos de hidrógeno es de origen eléctrico. Sin embargo, sólo puede explicarse la mayor parte de la fuerza de enlace mediante el principio de exclusión de Pauli con los

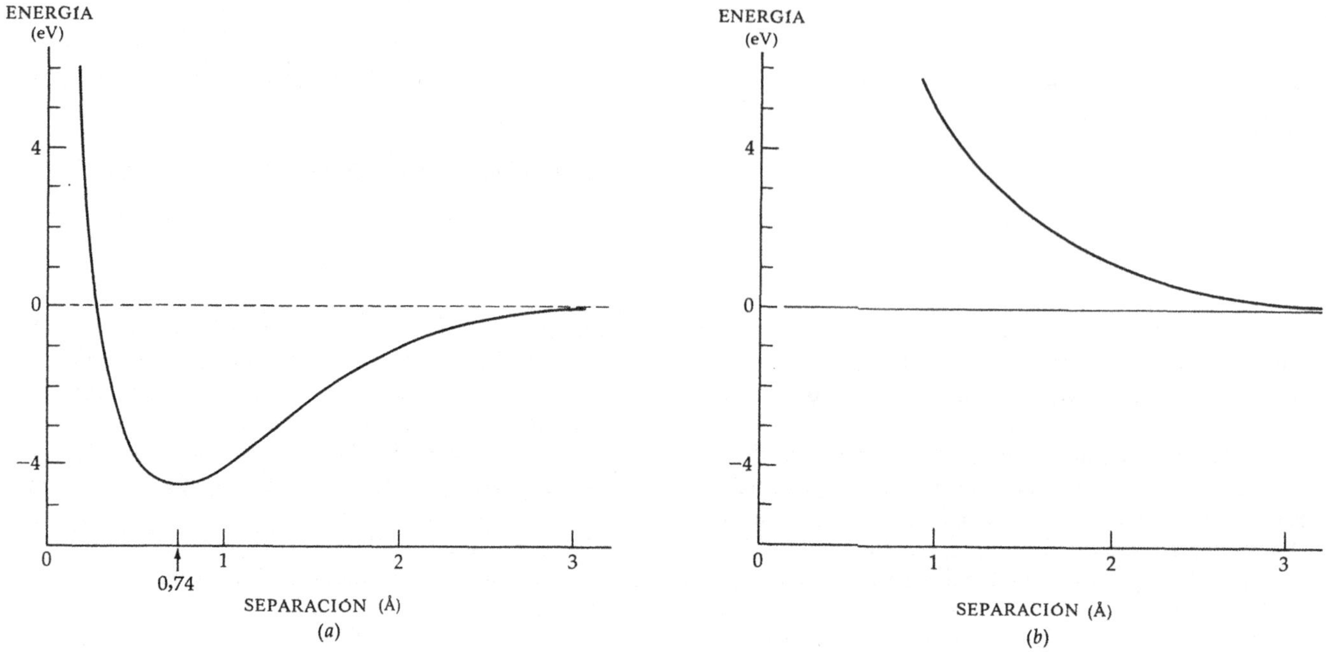

FIG. 13.1. — Energía de dos átomos de hidrógeno en función de la distancia de separación. *(a)* Spines antiparalelos; *(b)* spines paralelos.

cálculos realizados a partir de la ecuación de Schrödinger. Podemos ver la tremenda influencia del principio de exclusión midiendo la energía requerida para acercar dos átomos de hidrógeno cuando son paralelos los spines de sus electrones. Esto se indica en la figura 13.1*b*. Obsérvese que los átomos no se atraen en absoluto; se resisten fuertemente a acercarse.

Si fuese correcto el modelo de Bohr del átomo de hidrógeno, podríamos dibujar una figura sencilla mostrando los dos electrones de las moléculas de hidrógeno circulando alrededor de los dos núcleos en órbitas definidas. Pero sabemos que esta descripción es insostenible. El principio de incertidumbre nos dice que no podemos situar las posiciones de los electrones exactamente en la molécula. Lo mejor que podemos hacer es afirmar que un electrón tiene una mayor probabilidad de encontrarse en ciertas regiones que en otras. El concepto de Bohr de las órbitas es de poca ayuda cuando intentamos situar los electrones dentro de una molécula. Para describir las posiciones de los electrones debemos preguntarnos qué es lo que nos dice sobre ellos la teoría ondulatoria (y la ecuación de Schrödinger).

El resultado que da la teoría ondulatoria se indica en la figura 13.3; la probabilidad de encontrar un electrón en una posición dada es proporcional a la intensidad de la nube difusa. Las órbitas de Bohr se pierden completamente como resultado de la incertidumbre introducida por la naturaleza ondulatoria de los electrones. Obsérvese que los electrones se encuentran con más frecuencia en la región entre los dos núcleos y así los dos átomos aparentemente están compartiendo sus dos electrones. Si ambos electrones tuviesen spines paralelos, los electrones deberían evitar la región comprendida entre los núcleos. Los electrones que se ven obligados a estar en el mismo estado se repelerán entre sí como predice el principio de exclusión de Pauli.

Podemos describir lo que está ocurriendo en el átomo de hidrógeno con un diagrama que muestre las órbitas de Bohr, aunque sabemos que estas órbitas no son correctas en sus detalles. Dos átomos de hidróge-

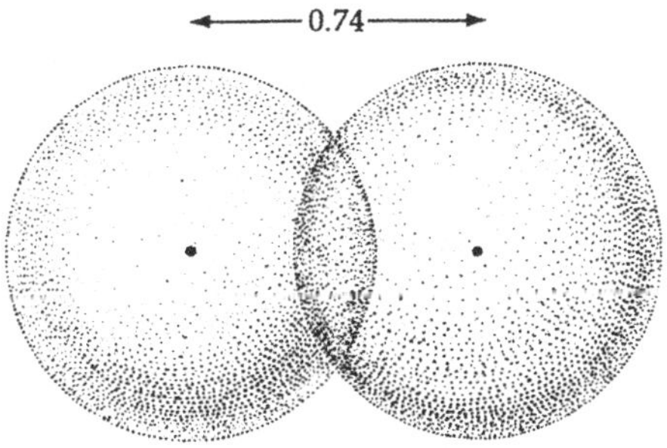

FIG. 13.2. — Aunque los átomos de hidrógeno aislados tienen radios de 0,5 Å aproximadamente, su distancia entre centros en la molécula de hidrógeno es 0,74 Å.

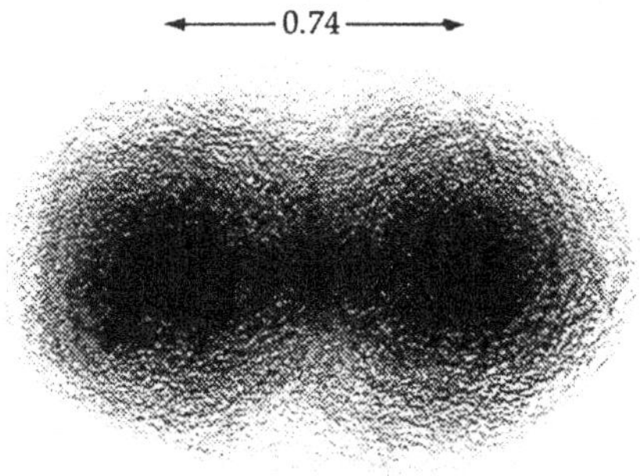

FIG. 13.3. — Donde la nube es más oscura, allí es mayor la probabilidad de encontrar los dos electrones de la molécula de hidrógeno. Obsérvese como las posiciones de mayor probabilidad están concentradas en la región entre los núcleos de modo que los dos átomos aparentemente comparten ambos electrones.

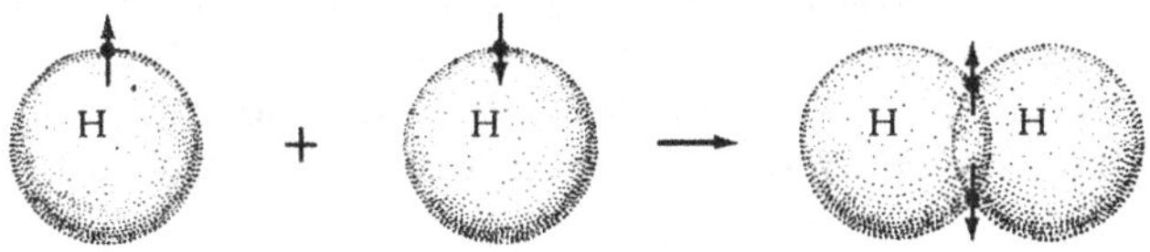

FIG. 13.4. — Al combinarse para formar la molécula de H_2, los dos átomos de hecho han llenado sus capas $n = 1$ compartiendo sus dos electrones. (¿Por qué deben ser antiparalelos sus spines?)

no forman automáticamente una molécula de hidrógeno siempre que dos átomos de hidrógeno de baja energía se acerquen lo suficiente para que su fuerza de atracción supere a su movimiento térmico:

$$H + H \rightarrow H_2$$

en donde H_2 es el símbolo utilizado para los dos átomos de hidrógeno ligados. Llamamos a este proceso de combinación una *reacción química.* Se ilustra esquemáticamente en la figura 13.4.

Sabemos que la capa $n = 1$ de un átomo está llena cuando tiene dos electrones con spines antiparalelos. En la figura 13.4 los dos átomos de hidrógeno están unidos de tal modo que se comparten sus dos electrones. De hecho cada átomo tiene una capa $n = 1$ llena. Si los electrones no tuviesen spines antiparalelos no podrían entrar juntos en la capa $n = 1$ debido al principio de exclusión. Llegamos así a la conclusión de que dos átomos de hidrógeno que puedan completar su capa electrónica compartiendo sus electrones exteriores se enlazarán para ello. Dos átomos de hidrógeno de este tipo están enlazados fuertemente de modo que se requiere una energía de aproximadamente 4,5 eV (ver figura 13.1*a*) para separarlos. A este tipo de enlace, en el que los electrones están compartidos entre los dos átomos, lo denominaremos *enlace covalente.*

Enlace covalente

Dos átomos que se distribuyen o comparten por igual uno o más electrones forman un enlace covalente; la molécula de hidrógeno es un ejemplo. Si el lector sabe que las moléculas de nitrógeno, oxígeno y cloro se representan por las fórmulas químicas, N_2, O_2 y Cl_2, puede prever que éstas son moléculas *diatómicas* (es decir, moléculas de dos átomos) mantenidas también entre sí por enlaces covalentes. De hecho esto es cierto.

Por ejemplo, el átomo de cloro tiene dos electrones en la capa $n = 1$, ocho en la capa $n = 2$ y siete en la capa $n = 3$. Puesto que las capas internas no influyen grandemente en el comportamiento químico (debido a que están llenas y también debido a que están protegidas o apantalladas por la capa más exterior del átomo), consideraremos solamente la capa exterior del cloro, capa $n = 3$. La capa $n = 3$ tiene siete electrones y necesita uno más para estar llena. El átomo obtiene este electrón compartiendo uno de sus electrones con otro átomo de cloro, como se indica en la figura 13.5. La reacción es

$$\mathrm{Cl + Cl \rightarrow Cl_2}$$

De nuevo, un enlace covalente enlaza a los dos átomos. La reacción de la parte superior de la figura 13.5 se indica de modo más sencillo en la parte inferior de la misma en donde los electrones están representados por puntos. Un tercer modo de describir la reacción es

$$\mathrm{Cl + Cl \rightarrow Cl{-}Cl}$$

en donde la barra situada entre los dos átomos de cloro representa dos electrones compartidos.

El caso de las moléculas de oxígeno es más complicado. Los átomos de oxígeno tienen sólo seis electrones en sus capas externas y necesita otros dos más para llenarlas. En consecuencia, cuando dos átomos de oxígeno se enlazan, comparten *dos parejas* de electrones con objeto de completar sus capas.

La reacción se representa de los dos modos siguientes:

$$\mathrm{O + O \rightarrow O_2}$$

o sea,

$$\mathrm{:\ddot{\underset{\cdot\cdot}{O}}\!: + :\ddot{\underset{\cdot\cdot}{O}}\!: \rightarrow :\ddot{\underset{\cdot\cdot}{O}}\!::\!\ddot{\underset{\cdot\cdot}{O}}\!:}$$

o bien

$$\mathrm{O + O \rightarrow O{=}O}$$

Naturalmente, todas estas formas son puramente esquemáticas. En las dos últimas se muestran los *dos pares* de electrones compartidos mediante dos parejas de puntos o dos barras. Un enlace covalente en el que intervienen dos parejas de electrones se denomina un *enlace doble.* Los químicos generalmente utilizan la notación de las barras para representar los enlaces covalentes. Una barra representa un par de electrones compartidos, o sea un enlace covalente simple. Dos y tres barras representan dos y tres parejas de electrones mutuamente compartidas y son enlaces covalentes dobles y triples.

Quizás el enlace covalente más común es el formado

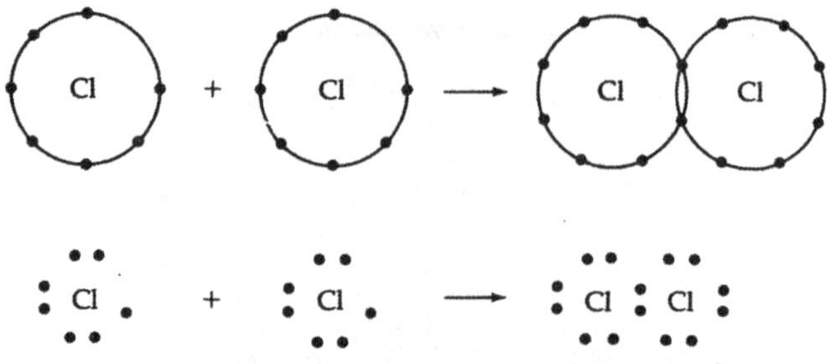

FIG. 13.5. — A veces resulta conveniente mostrar el enlace de un par de electrones (enlace covalente) por el simbolismo utilizado en la parte inferior de la figura.

entre el carbono y los átomos de hidrógeno. Puesto que el carbono tiene un número atómico de $Z = 6$, tiene dos electrones en la capa $n = 1$ y cuatro en la capa $n = 2$. De aquí que necesite cuatro electrones más para llenar su capa externa. Cuatro átomos de hidrógeno pueden proporcionar estos electrones. El compuesto resultante, un gas llamado *metano,* puede venir dado por las tres fórmulas siguientes:

$$\mathrm{CH_4} \quad \text{o} \quad \begin{array}{c}\mathrm{H}\\ \cdot\cdot\\ \mathrm{H:C:H}\\ \cdot\cdot\\ \mathrm{H}\end{array} \quad \text{o} \quad \begin{array}{c}\mathrm{H}\\ |\\ \mathrm{H{-}C{-}H}\\ |\\ \mathrm{H}\end{array}$$

(Se forma gas metano en la naturaleza por la descomposición de la materia vegetal y constituye una gran fracción del gas natural. Se denomina también gas de los pantanos.) Obsérvese que tanto las capas del hidrógeno como las del carbono han sido llenadas mediante la formación de los enlaces covalentes. La notación CH_4 para el metano nos dice que se combinan cuatro átomos de hidrógeno con un átomo de carbono en la misma molécula. Esto es un ejemplo de una representación más general. Como ejemplo de la misma, $X_n Y_m Z_p$ representa una molécula compuesta de n átomos del tipo X, m del tipo Y y p del tipo Z. Utilizaremos con frecuencia esta notación.

Enlace iónico

Durante los capítulos anteriores hemos señalado varias veces que algunos átomos retienen los electrones exteriores con más intensidad que otros. Por ejemplo, vimos en la figura 12.6 que la energía de ionización del helio (la energía necesaria para separar un electrón de un átomo) es 24,6 eV, mientras que es solamente 5,4 eV en el caso del litio. Evidentemente los átomos del sistema periódico difieren ampliamente en la intensidad con que retienen su electrón más externo. Como es de esperar, esta energía de ionización es un factor importante para determinar cómo interacciona un átomo con otro.

Otro factor que tiene la misma importancia que la energía de ionización en dirigir las interacciones atómicas se denomina *afinidad electrónica* del átomo. La afinidad electrónica es la energía con la que un átomo neutro atrae y sujeta a un electrón extra siempre que dicho electrón esté disponible. Por ejemplo, ya sabemos que un átomo de cloro necesita sólo un electrón más para llenar su capa externa, de modo que tiene una gran afinidad electrónica. Todos los átomos del grupo VII de la tabla periódica (flúor, cloro, bromo, yodo) necesitan un solo electrón para llenar su capa externa y con este objeto fácilmente adquieren cualquier electrón disponible. En el proceso, el propio átomo resulta cargado; se transforma en un *ion negativo.* Las energías de afinidad electrónica típicas de los átomos del grupo VII son aproximadamente de 3,7 eV.

En contraste, los átomos del grupo O (helio, neón, etcétera) que tienen sus capas llenas, tienen afinidades electrónicas casi iguales a cero. No tienen ninguna necesidad de un electrón extra. Con la excepción del hidrógeno, los átomos del grupo I (litio, sodio, potasio, que tienen un electrón aislado en sus capas externas, también tienen poca necesidad de otro electrón adicional. Sus afinidades electrónicas son del orden de 0,5 eV, mucho menores que las del grupo VII de elementos. Esta tendencia persiste a través de los diversos grupos de la tabla periódica.

Estamos ya en condiciones de estudiar el comportamiento de los átomos cuando se aproximan suficientemente. En el caso de los dos átomos de hidrógeno, éstos comparten por igual sus electrones. Esto es razonable, puesto que cada uno de ellos tiene la misma energía de ionización y la misma afinidad electrónica. Tienen la misma oposición a perder un electrón como necesidad de un electrón más. Como resultado, forman un enlace covalente y comparten sus electrones externos (y solamente éstos) por igual.

Sin embargo, la situación es muy diferente cuando se acerca un átomo de sodio a un átomo de cloro. Puesto que el átomo de cloro tiene una elevada afinidad para un electrón extra y el átomo de sodio tiene su electrón externo enlazado con poca fuerza, el átomo de cloro puede robar el electrón del átomo de sodio. En el proceso, el átomo de sodio resulta transformado en un *ion positivo,* mientras que el átomo de cloro se transforma en un ion negativo. Otros átomos reaccionan de modo semejante y en cada caso la reacción permite la formación de *enlaces iónicos.*

Los enlaces iónicos son característicos de las moléculas que están retenidas por fuerzas electrostáticas intensas. Estas fuerzas aparecen entre iones con carga opuesta. Examinemos ahora más estrechamente nuestro ejemplo, la reacción de un átomo de sodio (Na) con un átomo de cloro (Cl) para fomar la molécula NaCl, cloruro sódico (conocida familiarmente como sal común o de mesa). Esta molécula se compone de un ion de sodio positivo y un ion de cloro negativo.

Como el ion de sodio ha perdido el electrón aislado de su capa $n = 3$, su carga es $+e$. El ion de cloro o cloruro es un átomo de cloro que capturó el electrón para llenar su capa externa; su carga es $-e$. Los iones de carga opuesta resultantes están sujetos entre sí por la atracción electrostática del ion de sodio positivo respecto al ion cloruro negativo. Esta reacción puede escribirse

$$Na + Cl \rightarrow NaCl$$

o bien

$$Na + Cl \rightarrow Na^{+} + Cl^{-}$$

La naturaleza iónica de la reacción está representada en el diagrama de capas de la figura 13.6.

Se produce otra reacción iónica, común pero más complicada, cuando se coloca una tira de goma en el mismo cajón que contiene la vajilla de plata. La tira de goma contiene con frecuencia una pequeña cantidad de compuestos de azufre que se utilizan para enlazar las moléculas de goma en un proceso denominado vulcanización. Parte del exceso de azufre se vaporiza lentamente (probablemente no en forma de azufre puro) y llega a ponerse en contacto con la plata. Los átomos de plata (Ag) tienen un electrón retenido con poca intensidad en su capa exterior, mientras que el azufre (S) necesita dos electrones para llenar su capa externa. Como resultado, reaccionan como se indica en la figura 13.7:

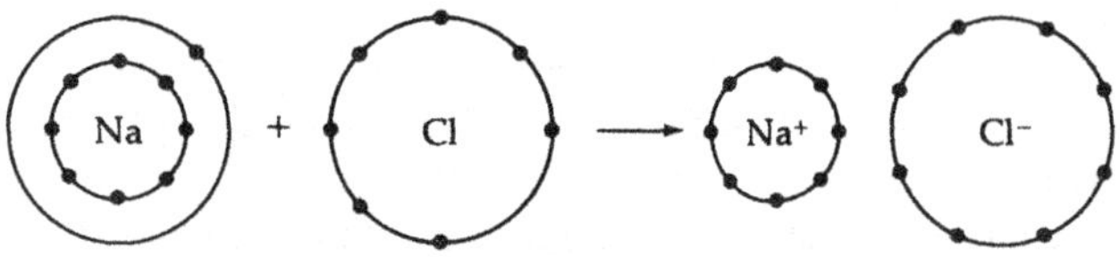

FIG. 13.6. — El átomo de cloro roba el electrón exterior del átomo de sodio. Los iones resultantes se mantienen luego unidos debido a la fuerza atractiva entre los iones. Este enlace es iónico.

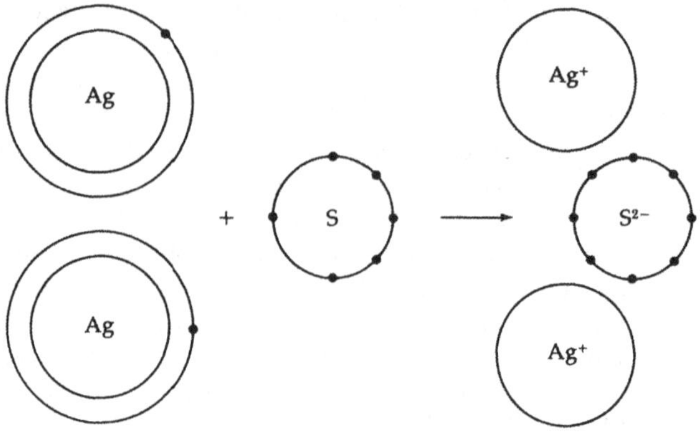

FIG. 13.7. — Los dos átomos de plata ceden sus electrones exteriores al átomo de azufre, formando por lo tanto dos iones de plata y un ion de sulfuro doblemente cargado. Estas cargas hacen luego que los iones se unan en una molécula mediante enlaces iónicos.

$$2Ag + S \rightarrow Ag_2S$$

Obsérvese que se necesitan dos átomos de plata para proporcionar los electrones necesarios para completar la capa de cada átomo de azufre. El producto es un compuesto pardo tirando a negro, Ag_2S, sulfuro de plata, que oscurece la plata.

Obsérvese que el Ag_2S no es una molécula puramente iónica. En el NaCl el átomo de sodio y su electrón externo están casi completamente separados. Sin embargo, la situación es diferente en el caso de los dos átomos de plata del Ag_2S. Mientras que sus electrones externos se ven empujados hacia la vecindad del átomo de azufre, la fuerza de atracción no es suficientemente intensa para hacer que queden totalmente libres de los átomos de plata. Debido a que esta situación es frecuente, los químicos, a menudo, atribuyen ciertos grados de carácter iónico o covalente a los diversos enlaces químicos. Será suficiente para nosotros comprender lo que se entiende por estas designaciones.

Podemos señalar de paso que los compuestos del azufre son responsables de una parte considerable de la polución del aire de las zonas industrializadas. Se origina azufre en la combustión de carbón de baja calidad y gas natural. Ambos combustibles contienen compuestos azufrados; la cantidad de los mismos depende del área de la tierra de la que procede el combustible. Cuando éste se quema, el azufre se convierte en un compuesto gaseoso volátil que pasa a la atmósfera (principalmente en forma de dióxido de azufre, SO_2, y de sulfuro de hidrógeno, H_2S). Puesto que ambos son corrosivos, estos agentes de polución son dañinos para las personas que los respiran. También reaccionan destructivamente con las pinturas, metales y algunos elementos de construcción. En el momento actual se está haciendo una considerable investigación para hallar medios económicos de eliminar estos gases nocivos de la atmósfera.

Como hemos visto, tanto la energía de ionización como la energía de afinidad electrónica determinan cómo dos átomos comparten entre sí sus electrones. Lo más probable es que un átomo determinado recoja un electrón de otro átomo en lugar de perderlo si la energía de ionización y su afinidad electrónica son mayores que las del otro átomo. De aquí que una medida razonable de la tendencia de un átomo para tomar un electrón adicional es la suma de estas dos energías. Con estos números, se puede construir una *escala de electronegatividades** de los átomos de

* Linus Pauling (1901) ideó la escala que estamos utilizando. En la actualidad es profesor de la Universidad de Stanford y recibió el Premio Nobel de Química en 1954 y el Premio Nobel de la Paz en 1962.

la tabla periódica; una electronegatividad elevada indicaría aquellos átomos que tienen valores grandes correspondientes a la suma de sus energías de ionización y de afinidad electrónica. Desgraciadamente, las energías de afinidad electrónica son muy difíciles de medir y con frecuencia no se dispone de las mismas. Por lo tanto, no podemos calcular estas sumas prácticamente en muchos casos. En lugar de ello, se construye una escala de electronegatividades arbitrarias del modo siguiente. Se asigna al flúor, el átomo más electronegativo, un valor de 4,0 en nuestra escala. En el otro extremo, al átomo de helio no reactivo se le asigna valor 0. Todos los demás átomos se incluyen dentro de este margen y sus electronegatividades se dan en la figura 12.7.

Para ver el modo de empleo de la escala de electronegatividades, consideremos, por ejemplo, lo que nos dice acerca del enlace de una molécula de bromuro de potasio (KBr). Como el potasio tiene una electronegatividad de 0,8 y el valor correspondiente al bromo es de 2,8, es evidente que el potasio perderá su electrón más exterior cediéndolo al bromo más electronegativo. De aquí que deba estar presente un enlace iónico en esta molécula. Un caso totalmente diferente se presenta en la molécula del BrCl. Como ambos átomos tienen electronegatividades muy parecidas (2,8 y 3,0), se distribuyen sus dos electrones casi igualmente y entonces están enlazados por un enlace covalente. En general, átomos con electronegatividades muy diferentes formarán enlaces iónicos y cuando la diferencia es pequeña se formarán enlaces covalentes.

La fuerza de enlace en los sólidos y líquidos

Las fuerzas que ligan a los átomos en las moléculas son suficientemente intensas para que los enlaces entre los átomos no se rompan por la energía térmica ordinaria. Igual que los átomos de que están compuestas, las moléculas tienen energía térmica que les hace vibrar de un modo parecido a bolas unidas por muelles. Además, si forman parte de una sustancia gaseosa, se mueven rápidamente de un lugar a otro y suelen chocar entre sí. Sin embargo, los enlaces que estamos estudiando son estables y no se rompen fácilmente a temperaturas normales.

Esto no es cierto, sin embargo, para un sistema tan sencillo como el formado por dos átomos de helio. Ambos átomos tienen llenas sus capas externas. No tienen ninguna razón para formar iones o para compartir electrones con otros átomos. Como resultado, sólo en condiciones extraordinariamente poco frecuentes se verá el helio forzado a reaccionar químicamente entre sí y formar moléculas. Esto es cierto para todos los átomos con capas externas llenas que constituyen el grupo O de la tabla periódica. El helio, neón, argón, criptón, xenón y radón (llamados gases *nobles* o *raros*) no suelen formar moléculas entre sí ni con ningún otro átomo. Sin embago, estos gases condensarán formando un líquido si se enfrían a una temperatura suficientemente baja: 4,2 K en el caso del helio. Evidentemente, incluso en este caso extremo, debe existir una pequeña fuerza atractiva entre los átomos. Esta fuerza se denomina de *van der Waals* en honor del científico que la investigó por primera vez ampliamente.

La fuerza de van der Waals se presenta entre todos los átomos y moléculas. Generalmente es una fuerza muy débil y sólo a temperaturas bajas puede hacer que las moléculas condensen a líquidos y sólidos. La fuerza se debe al modo en que los propios electrones de los dos átomos se ajustan para conseguir que la atracción sea máxima y la repulsión mínima entre las cargas de distintos signos que existen ente los átomos. En el caso de dos átomos de helio adyacentes, el efecto de afinidad electrónica es esencialmente nulo. Puesto que las capas externas de los átomos de helio están llenas, no existe ninguna tendencia para que ambos átomos compartan sus electrones. Sin embargo, si utilizamos la descripción aproximada de Bohr de los electrones que rodean el núcleo, como muestra la figura 13.8, entonces veremos que es posible que los electrones se combinen de un modo especialmente ventajoso. Obsérvese que ambos conjuntos de electrones en movimiento de giro se han combinado de modo que no existen nunca dos electrones muy próximos. Y lo que es más importante, uno o más electrones están siempre en la región próxima al punto intermedio entre los dos núcleos, que es el punto *A* de la figura. Puesto que los núcleos positivos se ven ambos atraídos por esta carga negativa centralmente localizada, los núcleos de ambos átomos experimentan una fuerza que tiende a mantener reunidos ambos átomos.

En resumen, los átomos se situarán por sí mismos en la configuración de energía menor, puesto que los

KAMERLINGH ONNES LABORATORY

JOHANNES D. VAN DER WAALS (1837-1923)

Van der Waals, que se ve a la derecha de la fotografía junto a H. Kamerlingh Onnes, en el laboratorio de este último, nació en Leiden, Holanda. Su teoría acerca de las fuerzas existentes entre las moléculas fue sólo una de sus muchas contribuciones a la mayor comprensión de los gases, líquidos y sólidos. Aunque había cumplido ya los 35 años cuando publicó su disertación doctoral, había empleado bien el tiempo. Cuando apareció, su disertación fue aceptada unánimemente y constituyó la base de la mayor parte de su trabajo posterior. Fue nombrado profesor en la Universidad de Amsterdam en 1877 y después enseñó física en Deventer y La Haya, mientras continuaba sus investigaciones. Recibió en 1910 el Premio Nobel por su teoría sobre la relación existente entre la presión y volumen de los gases y líquidos con su temperatura.

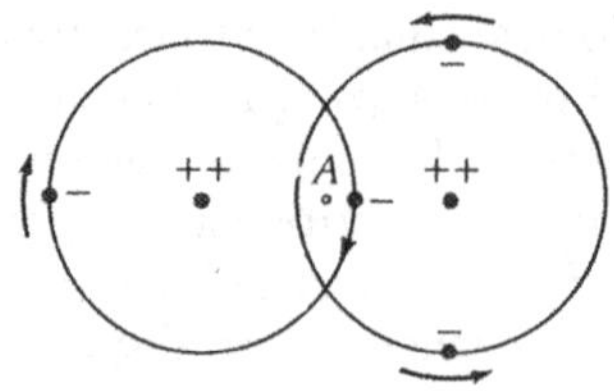

FIG. 13.8. — Obsérvese que el electrón situado entre los dos núcleos hace que ambos se vean atraídos hacia aquél. Esto tiende a mantener unidos los núcleos. Un instante después, un electrón procedente del otro átomo realizará la misma función. La débil fuerza resultante es la fuerza de van der Waals.

sistemas físicos que se dejan en libertad siempre tienden a descender «colina abajo». Aunque los electrones estén girando en sus órbitas, si giran del modo indicado, la repulsión entre los electrones es mínima. Además, la atracción entre el núcleo de un átomo y el electrón del otro será mayor en valor medio que las fuerzas de repulsión. Como resultado, el efecto neto es mantener reunidos ambos átomos.

La fuerza de van der Waals se presenta entre todos los átomos y moléculas. En la acción de mantener a los átomos reunidos formando moléculas, normalmente es casi despreciable. Sin embargo, es una fuerza importante para mantener reunidos muchos tipos de líquidos. Además del helio, hidrógeno y nitrógeno líquidos, las moléculas de la mayoría de los líquidos orgánicos (benceno, gasolina, etc.), están reunidas por este tipo de fuerza. Como era de esperar, estos líquidos tienen puntos de ebullición muy bajos, que es un hecho que refleja que las fuerzas que mantienen las moléculas no son grandes.

Además de la fuerza de van der Waals, de los enlaces iónicos y de los covalentes, existe otro tipo de enlace que todavía no hemos discutido —enlace metálico—, que también mantiene reunidas a ciertas sustancias. Daremos ahora algunos ejemplos de cada una de estas fuerzas de enlace básicas.

Tipos de sólidos cristalinos

Se recordará a partir de los capítulos anteriores que los cristales están compuestos por grupos ordenados de átomos o moléculas que se repiten a través de una región relativamente grande. Estos átomos o moléculas están retenidos en un esquema ordenado por los cuatro enlaces básicos que hemos visto. Cada tipo de enlace dará origen a un cristal con ciertas características especiales, como veremos a continuación.

1. *Cristales iónicos.* Uno de los cristales iónicos mejor conocidos es la sal común, NaCl, cloruro sódico. Como hemos visto, el átomo de cloro captura el electrón aislado de la capa exterior del átomo de sodio, quedando un ion de cloro negativo y un ion de sodio positivo. (Decimos que el átomo de sodio tiene una *valencia* de +1, puesto que pierde un electrón para transformarse en un ion Na^+. Análogamente, el átomo de cloro tiene una valencia de —1, puesto que adquiere un electrón para transformarse en un ion Cl^-.) Cuando se reúne un grupo de moléculas NaCl para formar un sólido, se distribuyen por sí mismas, como se ve en la figura 13.9. Debido a que esta estructura se compone de muchos cubos, se denomina *red cúbica simple.* Obsérvese que cada ion positivo está rodeado por seis iones negativos, mientras que cada ion negativo está rodeado por seis iones positivos. La atracción de estas cargas opuestas mantiene reunido y compacto el cristal. El hecho de que la sal sea dura y frágil y que no se pueda fundir fácilmente indica que el enlace iónico es relativamente fuerte.

A partir de estas consideraciones podemos obtener del modo siguiente ciertas generalizaciones. Entre los átomos del grupo I, conocidos como los *metales alcalinos,* se incluyen el litio (Li), el sodio (Na), el potasio (K), el rubidio (Rb) y el cesio (Cs). Los metales alcalinos se combinan con los átomos del gupo VII, los *halógenos* —flúor (F), cloro (Cl), bromo (Br) y yodo (I)— para formar moléculas iónicas y cristales iónicos del tipo NaCl. Ejemplos típicos son el yoduro de sodio (NaI), bromuro de litio (LiBr), fluoruro de potasio (KF) y cloruro de cesio (CsCl). Los átomos de los metales alcalinos del grupo I son todos monovalentes (es decir, tienen una valencia de +1), mientras que los átomos del grupo VII tienen todos una valencia de —1, debido a que los elementos del grupo I tienen un solo electrón en su capa exterior, mientras que los elementos del grupo VII tienen un solo hueco o vacante.

Los metales alcalinos del grupo I reaccionan también con los elementos del grupo VI (que carecen de dos electrones en su capa externa) para formar compuestos iónicos como el Na_2S y sus cristales. Sin embargo, las reacciones de los elementos del grupo I con los elementos del grupo VI son más comunes. Por ejemplo, para formar Ag_2S, los dos átomos de plata (cada uno de ellos con una valencia de + 1) contribuyen con los dos electrones necesarios para rellenar la capa exterior del átomo de azufre que tiene una valencia de —2. La reacción es

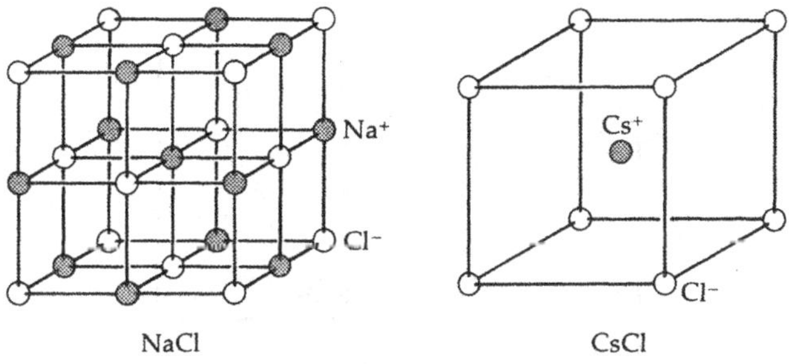

FIG. 13.9. — El cristal de cloruro sódico se compone de 10^{18} veces más átomos que los indicados, empaquetados en esta estructura en red cúbica. Realmente los iones de Na^+ son considerablemente menores que los de Cl^-. Otro cristal de haluro alcalino, el cloruro de cesio (CsCl) se denomina estructura cúbica centrada en el cuerpo porque el átomo de cesio está en el centro del cubo.

$$2Ag + S \rightarrow 2Ag^+ + S^{2-}$$

en donde los signos $^+$ y $^{2-}$ indican la valencia de los iones. Las estructuras cristalinas de los compuestos formados entre los elementos del grupo I y los del grupo VI, no son normalmente cúbicas, sino que tienen formas más complicadas.

Los átomos del grupo II son normalmente divalentes (tiene valencia de +2) y reaccionan con los elementos del grupo VII en una reacción del tipo

$$Ca + 2Cl \rightarrow Ca^{2+} + 2Cl^-$$

en la cual se forma el cloruro cálcico, $CaCl_2$. El átomo de calcio tiene dos electrones en su capa exterior y cede uno a cada uno de los dos átomos de cloro (que exigen solamente un electrón para llenar sus capas exteriores) formando el cloruro cálcico. Este compuesto iónico es una sal que se utiliza ampliamente para fundir el hielo de las carreteras en invierno y

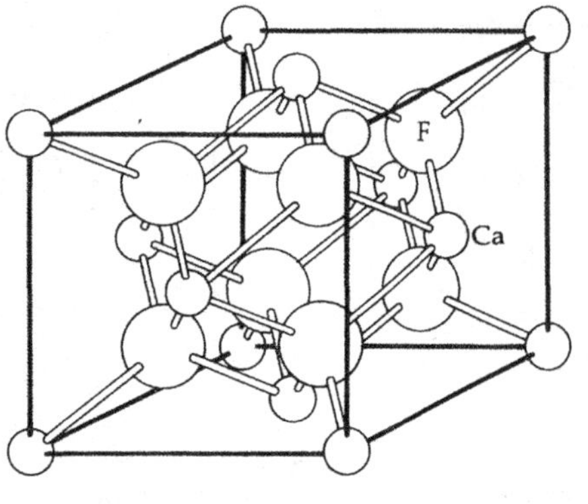

Fig. 13.10. — La estructura de la red del fluoruro de calcio, CaF_2, se complica por el hecho de que los iones se presentan en números diferentes.

para hacer que el vapor de agua del aire pase a líquido que asiente el polvo de las carreteras muy polvorientas en verano. La estructura cristalina de un compuesto iónico semejante, fluoruro cálcico, CaF_2, está indicado en la figura 13.10. Debido a que sus iones forman grupos autónomos, el CaF_2 no existe en forma de molécula, sino más bien como iones separados en un cristal iónico.

Puesto que los iones en un cristal iónico mantienen fuertemente a sus electrones, no existe ningún electrón libre para moverse por el interior del cristal. Como resultado, los cristales iónicos no son conductores (o sea, son aislantes). Incluso en un campo eléctrico intenso, los electrones no pueden liberarse por sí mismos, de modo que sirvan para transportar corriente. Cuando se funden los cristales calentándolos a temperaturas elevadas, los iones siguen manteniendo su identidad y retienen los electrones. Sin embargo en este caso, los propios iones libres de la red, pueden moverse como cargas móviles cuando están en el interior de un campo eléctrico. Como resultado, las sustancias iónicas *fundidas* poseen cargas móviles que pueden transportar la corriente, aunque son conductores mucho más pobres que los metales.

2. *Cristales covalentes.* Quizás los dos cristales covalentes mejor conocidos son el diamante y el grafito. Ambos tienen composición idéntica: son carbono puro. La diferencia entre ambas formas cristalinas es el resultado de la red en que están dispuestos los átomos de carbono. Como se recordará, el carbono tiene cuatro electrones y cuatro huecos vacantes en su capa externa. Por lo tanto, tiende a formar enlaces covalentes. En el grafito (el material de las minas de los lápices), los átomos de carbono se distribuyen por sí mismos en láminas como la indicada (en parte) en la figura 13.11. Si se cuentan los enlaces de cada átomo de carbono se verá que cada uno de ellos forma tres enlaces covalentes. Sin embargo, el carbono necesita cuatro enlaces covalentes para llenar su capa exterior, de modo que uno de los enlaces indicados para cada átomo de carbono deberá ser un doble enlace. No los hemos dibujado debido a que los dobles enlaces en la estructura en capa de grafito son movibles. Suelen denominarse dobles enlaces *deslocalizados.* Otro ejemplo de este mismo caso es el benceno, que estudiaremos en el capítulo 14. Por ahora señalaremos que los electrones de la capa pueden moverse cuando los dobles enlaces se desplazan de un sitio a otro. Como resultado, el grafito puede conducir, aunque débilmente, una corriente a lo largo de los planos de las capas. Las fuerzas de van der Waals indicadas por las rayas a trazos verticales de la figura 13.11, mantienen reunidas las láminas de grafito. Como era de esperar, estas láminas o capas se deslizan una sobre otra con cierta facilidad relativa. Debido a esta propiedad el grafito es una sustancia resbaladiza que puede utilizarse como lubricante.

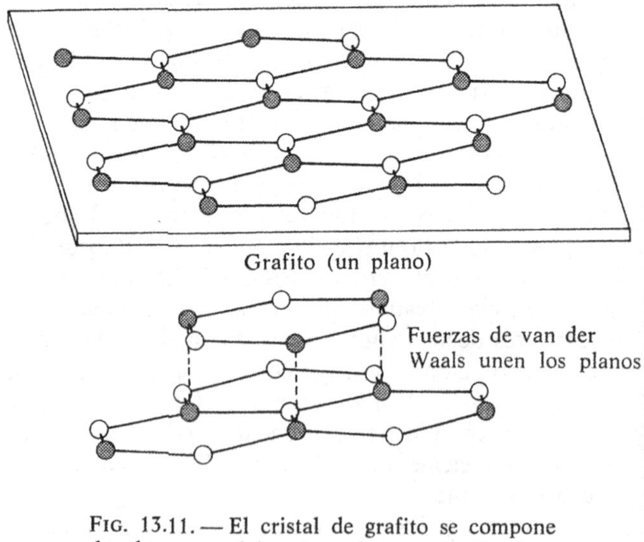

Fig. 13.11. — El cristal de grafito se compone de planos paralelos. Los planos están ligados por fuerzas de van der Waals, pero sólo débilmente.

Como es natural, el diamante tiene unas propiedades físicas completamente diferentes de las del grafito, aunque ambos sean carbono puro. Esta diferencia se debe a su estructura de red diferente que se indica en la figura 13.12. En la parte (*a*) vemos cómo un átomo de carbono se enlaza a otros átomos con enlaces covalentes simples. Para obtener los cuatro electrones que necesita su capa exterior, el átomo de carbono comparte cuatro pares de electrones con otros cuatro átomos de carbono. Las líneas a trazos indican que los cuatro átomos de carbono exteriores forman un tetraedro, figura geométrica con cuatro caras triangulares. Los enlaces tetraédricos son característicos de los compuestos de carbono.

La red del diamante se construye a partir de tetraedros como el de la figura 13.12*a*; en (*b*) se indica una pequeña parte de la red del diamante. A diferencia de la red del grafito, los átomos del carbono en el diamante están retenidos firmemente en una red tridimensional por enlaces covalentes muy fuertes. También se retienen firmemente en su lugar los electrones. Como resultado, el diamante no conduce la electricidad.

Para formar esta red del diamante, se somete carbono fundido a unas presiones extraordinariamente elevadas

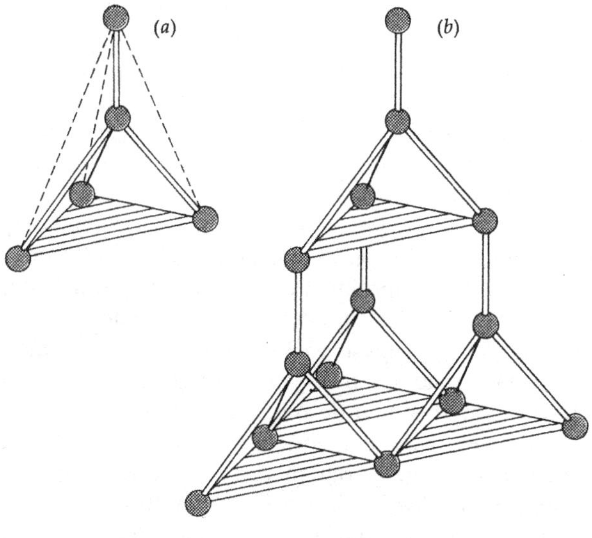

FIG. 13.12. — La estructura del diamante tiene una serie repetitiva de tetraedros con átomos de carbono en las puntas de los tetraedros. Cada doble línea representa un enlace covalente.

y luego se enfría. Aparentemente, los diamantes naturales se formaron bajo las condiciones extremas presentes en el momento en que la Tierra se estaba solidificando. Recientemente ha sido posible repetir estas condiciones en el laboratorio y puede ahora disponerse de pequeños diamantes sintéticos. Se utilizan principalmente para el corte, lijado y rectificado industrial (el diamante es una de las sustancias más duras conocidas). También han sido sintetizados diamantes grandes y perfectos, pero todavía no se producen comercialmente.

Además del carbono, otros dos elementos del grupo IV, el silicio y germanio, forman también cristales covalentes. Aunque los átomos del silicio y germanio puros también se enlazan covalentemente como el diamante, no comparten sus electrones tan estrechamente como este último. Como resultado, tanto el silicio como el germanio conducen ligeramente la electricidad a temperaturas elevadas, siendo en este sentido el germanio más efectivo que el silicio. Cuando la energía térmica de los átomos del germanio es alta, algunos de los electrones quedan en libertad y se mueven a través del cristal. Aunque el germanio tiene una conductividad baja, el estaño, que es el elemento siguiente del grupo IV, tiene una conductividad comparativamente elevada, aunque también cristaliza en la forma de red del diamante. Obsérvese que cuando los átomos se hacen mayores, la fuerza con que retienen a los electrones en el cristal es menos pronunciada.

Cuando se añade al germanio o al silicio una pequeña cantidad de un elemento del grupo III o del grupo V, la sustancia resultante muestra un gran aumento de conductividad eléctrica. Se denominan *semiconductores.* Como los átomos del grupo V tienen cinco electrones en su capa externa, tienen un electrón más de lo que es necesario para formar la estructura covalente semejante a la del diamante. De aquí que un átomo de este grupo contribuirá con un electrón extra si se coloca como impureza en el germanio. El electrón extra queda en libertad con facilidad y se mueve libremente por toda la red. Como resultado, el cristal con impurezas ligeras se convierte en un semiconductor. Un caso semejante se presenta con una impureza del grupo III, pero ahora falta un electrón. Aunque el proceso no es tan fácil de describir, este hecho conduce también a un movimiento de cargas a través de la red y el material es también un semiconductor. Ambos tipos de semiconductores se emplean mucho en los transistores y otros dispositivos electrónicos de estado sólido.

3. *Cristales metálicos.* Casi todos los metales familiares se presentan en forma cristalina. El mercurio, líquido a la temperatura ordinaria, es la única excepción común; pero incluso cristaliza a —39 °C. Los átomos metálicos tienen uno, dos o tres electrones en su capa externa. Cuando los átomos están empaquetados en un sólido, no tienen suficientes electrones externos para llenar sus capas exteriores compartiendo electrones, y por tanto no pueden experimentar enlaces covalentes. Ni pueden formar enlaces iónicos debido a que no existe ningún átomo presente que acepte sus electrones extra. En consecuencia, no actúan fuerzas particularmente intensas sobre los electrones exteriores a no ser la atracción de sus propios núcleos y de las capas electrónicas más internas. Veamos lo que ocurre a estos electrones exteriores.

Cuando se agrupa una serie de átomos de sodio, como se ve en la figura 13.13, los átomos se aproximan hasta que las capas llenas $n = 2$ de los átomos empiezan a repelerse entre sí. El electrón aislado $n = 3$ no impide que los átomos se acerquen más incluso que la tercera órbita de Bohr. El electrón de valencia (es decir, el electrón externo) del sodio está esencialmente perdido entre los átomos vecinos. Se mueve con toda libertad y se coloca en las posiciones de energía más baja del campo eléctrico de los átomos. Pierde energía en el proceso y esta energía perdida constituye la energía de enlace básica del cristal metálico. En la mayor parte de los metales esta energía de enlace es pequeña y así los cristales metálicos son menos estables que los cristales iónicos o covalentes. Por ejemplo, el metal sodio funde a 97 °C, mientras que el cristal iónico NaCl funde a 801 °C.

Como los electrones externos de los átomos metálicos están esencialmente libres, pueden emigrar fácilmente a través del metal cristalino. Como resultado, se mueven bajo la acción de cualquier campo eléctrico impuesto y generan una corriente. Esta es la razón por la cual los metales son buenos conductores de la electricidad.

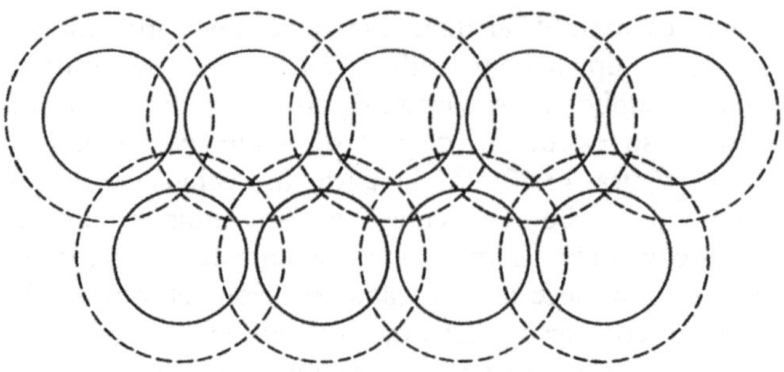

FIG. 13.13. — En los metales, los electrones exteriores solapan a otros átomos lo bastante para que queden liberados esencialmente de su átomo.

4. *Cristales moleculares.* Muchas sustancias son agregados cristalinos de moléculas. En estos cristales denominados *moleculares,* las moléculas mantienen su identidad incluso dentro del cristal. Las fuerzas que retienen las moléculas juntas son fuerzas de van der Waals o alguna otra fuerza eléctrica no iónica semejante. Los cristales moleculares típicos son el hielo, el dióxido de carbono sólido (hielo seco), muchas ceras sólidas y los cristales de yodo. Muchos gases comunes están comprendidos también dentro de esta categoría. Por ejemplo, el nitrógeno líquido, N_2, cristaliza a —210 °C, mientras que el oxígeno líquido cristaliza a —183 °C. Como indican sus bajos puntos de fusión, estos cristales se mantienen reunidos por fuerzas de van der Waals muy débiles.

La molécula de agua es de un interés especial, puesto que el hielo es uno de los cristales moleculares con enlaces más intensos. Incluso en el agua líquida las moléculas están parcialmente ligadas. La molécula de agua es un ejemplo típico de aquellas moléculas que tienen un átomo de hidrógeno y de oxígeno ligados por un enlace covalente. Entre este grupo están los alcoholes, que veremos en el capítulo siguiente.

La interacción de dos moléculas de agua es compleja, puesto que la posición de los electrones resulta deformada cuando se aproximan las moléculas. Sin embargo, podemos ver las características esenciales de la interacción en la figura 13.14. Obsérvese que, puesto que cada átomo de hidrógeno comparte su electrón solitario con el átomo de oxígeno con objeto de llenar la capa exterior del oxígeno, el electrón está confinado principalmente en la región comprendida entre el hidrógeno y el oxígeno. El núcleo de hidrógeno está así descubierto, puesto que está esencialmente sólo en la parte externa de la molécula de H_2O. (El hidrógeno es el único átomo cuyo núcleo puede quedar desnudo de todas sus cargas negativas de este modo, puesto que es el único átomo con un solo electrón.)

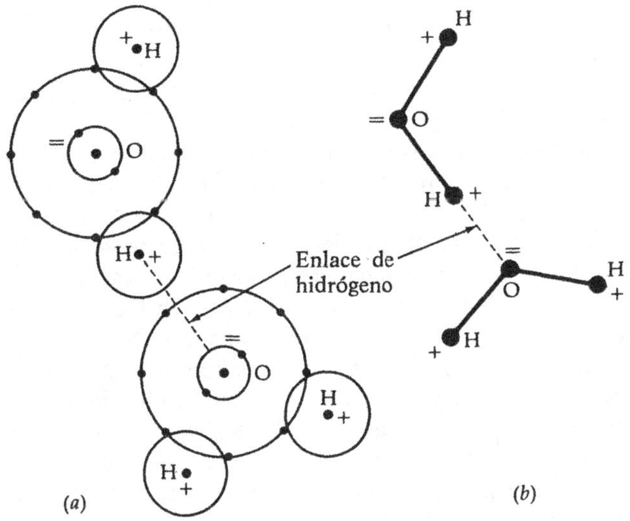

Fig. 13.14. — El enlace de hidrógeno entre dos moléculas de agua se ha representado de dos modos esquemáticos.

De hecho, la carga de la molécula de agua se separa en dos cargas positivas y una carga negativa doble, como se ve en la figura 13.14*b*. Las moléculas como ésta se denominan *moléculas dipolares* o simplemente *moléculas polares*. Muchas moléculas tienen cargas ligeramente separadas (que denominamos *dipolos*), pero la combinación oxígeno-hidrógeno es única en cuanto a la cantidad y separación de carga y a la exposición del protón, que es el núcleo de hidrógeno.

Evidentemente, las moléculas de agua adyacentes se atraerán entre sí; el protón atrae a la parte del oxígeno negativo de una molécula vecina. Esta atracción entre moléculas se denomina *enlace de hidrógeno* y se indica por líneas a trazos en la figura 13.14. Debido a que el protón desnudo puede acercarse bastante al átomo de oxígeno, el enlace es bastante intenso. Como resultado, los enlaces de hidrógeno mantienen las moléculas de agua reunidas en un cristal de hielo de modo que éste es más estable que la mayoría de los cristales de van der Waals, pero no tan estable como un cristal covalente o iónico. Incluso después de la fusión del hielo, los enlaces de hidrógeno siguen manteniendo pequeños grupos de moléculas de agua reunidos en el líquido.

Debido al enlace de hidrógeno, las moléculas de un cristal de hielo no están empaquetadas del modo más adecuado, de modo que el cristal de hielo tiene un volumen mayor del que podría tener. Cuando el hielo se funde y el agua se calienta de 0 a 4 °C, el volumen se contrae, debido a que se rompe este agregado molecular altamente ordenado pero con un empaquetamiento poco compacto. El agua es una de las pocas sustancias que se contraen cuando se calienta y esto sucede sólo entre 0 y 4 °C, cuando la energía térmica dada a las moléculas rompe los enlaces de hidrógeno.

Disoluciones iónicas en agua

Debido a su naturaleza altamente polar, el agua tiene la capacidad de disolver compuestos iónicos. Por ejemplo, nosotros saboreamos la sal, sólo debido a que se disuelve en agua. En una disolución de sal en agua, el agua es el *solvente,* o agente disolvente y la sal es el *soluto* o sustancia disuelta. Las partes cargadas de las moléculas de agua equilibran las fuerzas atractivas entre los iones de sodio y los iones de cloro, como se ve en la figura 13.15. (Por sencillez mostramos las moléculas de agua en forma de elipsoides con cargas opuestas en ambos extremos.)

Como vemos en la figura 13.15, los iones Na^+ y Cl^- quedan libres del cristal debido a las partes opuestas de las moléculas de agua. Una vez en disolución, los campos eléctricos debidos a la carga $+e$ sobre el ion Na^+ y la carga $-e$ sobre el ion Cl^-, hacen que más moléculas de agua se coloquen alrededor de los iones. Las moléculas de agua tienden a anular la carga sobre los iones agrupándose alrededor de los mismos, reduciéndose de un modo efectivo el campo eléctrico alrededor de cada ion en un factor de 80. Este factor, que hace que el solvente reduzca el campo eléctrico del ion, se denomina *constante dieléctrica* del disolvente. Debido a la elevada constante dieléctrica del agua, los iones de Na^+ y de Cl^- en disolución no se atraen con energía suficiente para volverse a unir.

En el caso de todas las sustancias iónicas que se disuelven en el agua, las moléculas de este líquido se orientan de modo que reduzcan al mínimo la atracción de los iones. Como resultado, unos iones escapan de la atracción de los otros y la sustancia se disuelve. Otras sustancias elevadamente polares son también capaces de disolver materiales iónicos, pero en una extensión mucho menor que el agua. El agua, debido a su gran capacidad de formación de enlaces de hidrógeno, tiene la constante dieléctrica más elevada de todos los líquidos comunes. Como veremos en el ca-

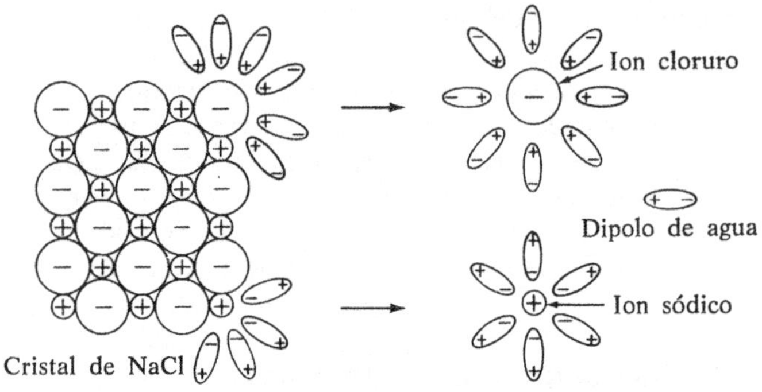

FIG. 13.15. — Las moléculas polares de agua contrarrestan la atracción entre los iones Na^+ y Cl^- y permiten su separación. Luego, neutralizando de modo efectivo los campos eléctricos alrededor de los iones Na^+ y Cl^-, las moléculas de agua impiden que los iones vuelvan a unirse.

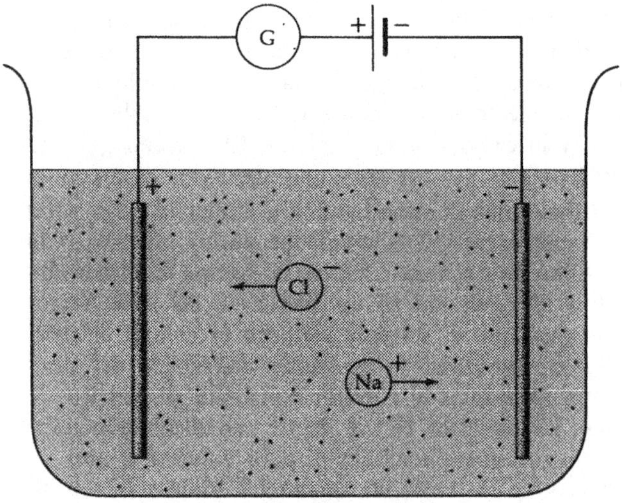

FIG. 13.16. — Los iones disueltos en el agua hacen que la disolución sea conductora.

pítulo siguiente, los alcoholes tienen constantes dieléctricas bastante altas (comprendidas entre 20 y 30, en comparación con el agua que es 80) y actúan también de un modo semejante al agua.

Cuando en una disolución hay iones presentes, la disolución conducirá la corriente. Esto es razonable, puesto que los iones actúan de un modo semejante a esferas cargadas dentro del líquido. Bajo la acción de una diferencia de potencial se moverán a través de la disolución. Un caso típico se ilustra en la figura 13.16 en donde los iones que intervienen son Na^+ y Cl^-. Aunque los iones tenderán a empujar consigo varias moléculas de agua debido al efecto indicado en la figura 13.15, las moléculas sólo influyen frenando el movimiento de los iones hacia los electrodos. El lector puede que se sorprenda cuando sepa que el agua pura es un conductor muy débil de la electricidad. Sólo cuando se disuelven sustancias iónicas en ella se transforma en un conductor. El hecho de que el agua pura no sea conductora es una prueba adicional de que la molécula de agua es estable y no se rompe en forma de iones. Evidentemente, la conductividad eléctrica de las disoluciones y de los líquidos es un modo sencillo de comprobar la presencia de iones.

Ácidos

Los ácidos juegan un papel importante en nuestra vida diaria, lo mismo que en las ciencias y en la industria. La mayor parte de las personas saben que el ácido cítrico de los limones explica su sabor agrio. De hecho, este sabor agrio es característico de todos los ácidos. Puede que también se sepa que un ácido muy débil, el ácido oxálico, es suficientemente intenso como para eliminar diversos óxidos. Y las madres con frecuencia (y con acierto) previenen a sus hijos de que el ácido carbónico de las bebidas gaseosas puede ser malo para sus dientes.

Estos ácidos que hemos mencionado se denominan *ácidos débiles,* en oposición a los *ácidos fuertes* corrosivos, como el ácido nítrico, ácido clorhídrico y ácido sulfúrico. Ninguno de los ácidos que acabamos de mencionar son buenos conductores de la electricidad cuando son perfectamente puros. Por lo tanto, podemos llegar a la conclusión de que sus moléculas son estables si no se mezcla el agua con ellas. Sin embargo, cuando se les adiciona agua, los ácidos débiles se ionizan ligeramente (se disuelven en forma de

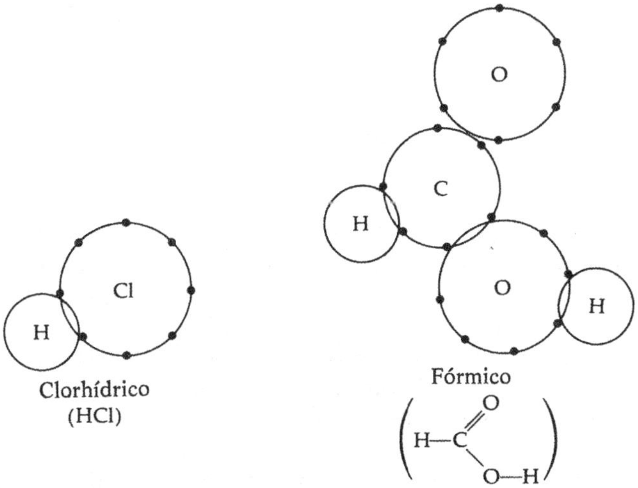

FIG. 13.17. — Acidos típicos. El ácido fórmico es el primero de una serie de varios ácidos orgánicos entre los que debemos incluir el acético y el cítrico.

iones), mientras que los ácidos fuertes se ionizan casi por completo.

En la figura 13.17 se indica la composición del ácido clorhídrico. Obsérvese que el enlace existente dentro de esta molécula es parcialmente covalente. Cuando se adicionan al agua ácidos como el clorhídrico, se ionizan del modo siguiente:

$$HCl \rightarrow H^+ + Cl^- \qquad \text{Clorhídrico}$$
$$HNO_3 \rightarrow H^+ + NO_3^- \qquad \text{Nítrico}$$
$$H_2SO_4 \rightarrow H^+ + HSO_4^- \rightarrow 2H^+ + SO_4^{2-} \qquad \text{Sulfúrico}$$

Estas tres sustancias son ácidos fuertes y por ello se ionizan casi completamente. Sin embargo, estas reacciones muestran sólo una parte de la historia. Realmente, las moléculas de agua se agrupan alrededor de los iones. El ion hidrógeno, H^+, se liga fuertemente a una molécula de agua y debería escribirse de modo más adecuado como H_3O^+, que se denomina ion hidronio. Por otra parte, el ion sulfato, SO_4^{2-}, y el ion nitrato NO_3^-, son estables frente a la disolución por el agua.

El ácido fórmico, el segundo ácido de la figura 13.17, es un ácido orgánico. Estos ácidos contienen sólo carbono, hidrógeno y oxígeno y son productos de los organismos vivos de la naturaleza. (También pueden prepararse sintéticamente, como es natural.) El ácido fórmico se encuentra en la naturaleza en algunas plantas y en las hormigas; cuando se colocan en agua se ionizan de acuerdo con la reacción

$$HCOOH \leftrightharpoons H^+ + HCOO^- \qquad \text{Fórmico}$$

que puede escribirse de un modo más claro como

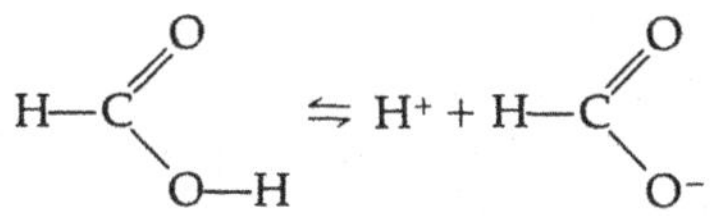

El ácido acético, que se encuentra en el vinagre, reacciona como

$$CH_3COOH \leftrightharpoons H^+ + CH_3COO^- \qquad \text{Acético}$$

El ácido cítrico y otros ácidos débiles sufren esta misma ionización parcial.

Es costumbre en el caso de los ácidos débiles poner unas flechas señalando en ambos sentidos como acabamos de hacer, para resaltar el hecho de que sólo se ioniza una parte de las moléculas de ácido. Los iones frecuentemente se combinan para formar el ácido, incluso después de la ionización. Finalmente se obtiene un equilibrio con un número igual de moléculas disociándose en iones y los iones combinándose para formar moléculas. Puesto que así se dispone de menos iones, los ácidos débiles no son tan reactivos como los ácidos ionizados fuertemente; éste es el origen de su designación como «débiles».

Bases e hidróxidos

Cuando cualquiera de los metales alcalinos (litio, sodio, potasio, rubidio y cesio) se adiciona al agua, tiene lugar una violenta reacción. Con el sodio, por ejemplo, tenemos

$$2Na + 2H_2O \rightarrow 2NaOH + H_2\uparrow$$

en donde $H_2\uparrow$ significa que el producto H_2 es un gas y que escapa. Instantáneamente, el agua ioniza al hidróxido sódico, NaOH y así la disolución contiene iones Na^+ y OH^-.

Esto es precisamente uno de los procedimientos de

preparar hidróxidos, que también se denominan *bases*. El grupo OH^- tiene una valencia de —1 y así otros hidróxidos típicos son

KOH	Hidróxido potásico
$Ca(OH)_2$	Hidróxido cálcico
NH_4OH	Hidróxido amónico

Los hidróxidos de los metales alcalinos y el hidróxido amónico son reactivos cáusticos que pueden producir daños y quemaduras cuando están en disolución concentrada. El amoníaco ordinario para la limpieza es una disolución diluida de hidróxido amónico en agua.
Las disoluciones acuosas de los hidróxidos reaccionan fácilmente con las disoluciones de ácidos. Por ejemplo, si se adiciona al agua un número igual de moléculas NaOH (hidróxido sódico) y de HCl (ácido clorhídrico), ambos tipos de moléculas se ionizan:

$$Na^+ + OH^- + H^+ + Cl^- \rightarrow H_2O + Na^+ + Cl^-$$

En otras palabras, los iones H^+ y OH^- se combinan para formar moléculas de agua. Los únicos iones que quedan en el agua son los de Na^+ y Cl^-, y así el producto resultante es sal común disuelta en agua. Si se evapora el agua, quedará sal común blanca en polvo, NaCl. Decimos que el HCl ha sido *neutralizado* por el NaOH.
Existen muchas reacciones ácido-base en las que un ácido neutralizado por una base da una sal. Algunos ejemplos típicos son

$$KOH + HNO_3 \rightarrow H_2O + KNO_3$$
Nitrato potásico

$$Ca(OH)_2 + H_2SO_4 \rightarrow 2H_2O + CaSO_4$$
Sulfato cálcico o yeso

$$NaOH + H_2SO_4 \rightarrow H_2O + NaHSO_4$$
Sulfato sódico

$$2NaOH + H_2CO_3 \rightarrow 2H_2O + Na_2CO_3$$
Carbonato sódico o sosa

Se pueden idear algunas reacciones semejantes. Por ejemplo, puede utilizarse el NaOH para neutralizar cualquier ácido.
Para ensayar la acidez se puede humedecer un trocito de un papel especial llamado *papel de tornasol* con la disolución. Si la disolución es ácida, el papel se volverá rojo. Si la disolución tiene una base disuelta en ella, el papel se volverá azul.

Minerales en el agua

Es muy difícil obtener agua perfectamente pura de fuentes naturales. El agua de lluvia, cuando se recoge con cuidado, es normalmente muy pura. El agua que forma las gotas de lluvia se purificó cuando se evaporó el agua y la mayoría de sales, ácidos y bases disueltos quedaron detrás sin evaporarse. Sin embargo, incluso el agua de lluvia es ligeramente ácida debido a que parte del gas dióxido de carbono (CO_2) siempre presente en el aire se disuelve en las gotitas de humedad y forma ácido carbónico, un ácido débil, en la reacción siguiente:

$$H_2O + CO_2 \rightarrow H_2CO_3 \quad \text{Ácido carbónico}$$

El agua de los lagos y la existente en lugares expuestos al aire contiene normalmente una cantidad aún mayor de ácido carbónico. Aunque las aguas en la tierra son sólo ligeramente ácidas, durante períodos muy largos de tiempo pueden disolver prácticamente cualquier mineral. Por ejemplo, el ácido carbónico reacciona con el carbonato cálcico (caliza) del modo siguiente:

$$H_2CO_3 + CaCO_3 \rightarrow Ca(HCO_3)_2 \rightarrow Ca^{2+} + 2HCO_3^-$$
Bicarbonato cálcico

Puesto que el bicarbonato cálcico es muy soluble en el agua, simplemente queda disuelto en ella. Muchas cavernas subterráneas tienen su origen porque la caliza se disolvió de este modo.
Se producen reacciones semejantes cuando el agua fluye por encima y por dentro de la tierra. Como resultado, la mayor parte de las aguas naturales tienen una disolución compleja de muchas sales iónicas. Los residuos que quedan en las teteras y cazuelas por el agua del grifo lógicamente limpia son sales que quedan al evaporarse el agua. En su mayor parte el proceso de disolución de la tierra por el agua en las corrientes de los ríos y lagos y en los océanos es un proceso muy lento y ha sido llevado a cabo durante centenares de millones de años. Ha disuelto muchas de las cavidades o cuevas profundas en la tierra y

ha ayudado a suavizar las montañas y colinas al tener lugar la erosión (aunque el trabajo fundamental de erosión ha sido realizado por el rozamiento del aire y del agua).
Existen otros muchos ejemplos de reacciones entre metales, no metales, ácidos y bases. La mayor parte de las reacciones que hemos estudiado están com prendidas en el campo de la *química inorgánica.* La química inorgánica es la química de todos los compuestos, excepto de aquellos que contienen carbono. Los compuestos de carbono son tan numerosos que se estudian separadamente en la *química orgánica,* que es el tema de nuestro capítulo siguiente.

Resumen de nombres y símbolos químicos

Los símbolos químicos de los elementos se componen de una o dos letras; la primera es siempre mayúscula. La mayoría de los símbolos se deducen del nombre correspondiente al elemento: calcio, Ca; bario, Ba; Oxígeno, O; nitrógeno, N. Algunos símbolos proceden de sus nombres latinos: sodio, *natrium,* Na; potasio, *kalium,* K; mercurio, *hidrargirum,* Hg;. plata, *argentum,* Ag. El tungsteno recibe su símbolo W de su nombre alemán wolframio.
Consideremos los compuestos que tienen solamente dos elementos (denominados compuestos binarios). Para escribir las fórmulas y los nombres de un compuesto binario, necesitamos conocer el símbolo de cada elemento (a partir de la tabla periódica, figura 12.7). Debemos conocer también cuántos electrones puede aceptar o ceder cada átomo; en otras palabras, la valencia de cada átomo. Los elementos con valencia positiva se combinan siempre con elementos de valencia negativa, de modo que las valencias totales positivas y negativas se contrarresten. Por ejemplo, el cloruro sódico es NaCl debido a que un Na (+1) se ajusta a un Cl (—1). El cloruro cálcico es $CaCl_2$ debido a que un Ca (+2) se asocia con dos Cl. El óxido férrico es Fe_2O_3, debido a que dos hierros férricos (2 × 3 = + 6) se asocian con tres óxidos (3 × —2 = —6).
Algunos elementos pueden ceder números diferentes de electrones dependiendo de la reacción a la que están sometidos. Así pues, pueden poseer valencias diferentes. Por ejemplo, el cobre puede tener valencias +1 y +2. Los nombres correspondientes al elemento en combinación vienen dados por los sufijos: *-ico* para la valencia superior, *-oso* para la valencia inferior. El cobre reacciona con el cloro de modos diferentes para formar cloruro cuproso CuCl y cloruro cúprico $CuCl_2$.

Cloruro cuproso	CuCl
Cloruro cúprico	$CuCl_2$

Un modo moderno de mostrar estas valencias es mediante números romanos; por ejemplo:

Cloruro de cobre(I)	CuCl
Cloruro de cobre(II)	$CuCl_2$

Algunos otros ejemplos son:

KBr	Bromuro potásico	K_2O	Óxido potásico
Fe_2S_3	Sulfuro de hierro(III) o sulfuro férrico	FeS	Sulfuro de hierro(II) o sulfuro ferroso
$CoCl_3$	Cloruro de cobalto(III) o cloruro cobáltico	$CoCl_2$	Cloruro de cobalto(II) o cloruro cobaltoso
$SnBr_4$	Bromuro de estaño(IV) o bromuro estánnico	$SnBr_2$	Bromuro de estaño(II) o bromuro estannoso

La tabla de la página siguiente muestra el símbolo, valencia y nombre en combinación para algunos elementos comunes. Para escribir correctamente las fórmulas químicas es necesario aprender de memoria las valencias.
Algunos iones se componen de dos o más elementos que actúan como una unidad en las reacciones. Por ejemplo, nos hemos encontrado con el ion sulfato, SO_4^{2-} y el ion carbonato, CO_3^{2-} en este capítulo. La mayor parte de los iones indicados en la tabla siguiente tienen valencias negativas y contienen oxígeno. La única excepción es el ion amonio NH_4^+, que tiene una valencia positiva.

Ion	Símbolo	Valencia
Hidróxido	OH^-	−1
Nitrato	NO_3^-	−1

Elemento	Símbolo	Valencia	Nombre de combinación
Hidrógeno	H	+1	Hidrógeno
Litio	Li	+1	Litio
Sodio	Na	+1	Sódico
Potasio	K	+1	Potásico
Plata	Ag	+1	Plata
Cobre	Cu	+1	Cobre(I) o cuproso
		+2	Cobre(II) o cúprico
Mercurio	Hg	+1	Mercurio(I) o mercurioso
		+2	Mercurio(II) o mercúrico
Magnesio	Mg	+2	Magnesio
Calcio	Ca	+2	Cálcico
Estroncio	Sr	+2	Estroncio
Bario	Ba	+2	Bárico
Zinc	Zn	+2	Zinc
Cadmio	Cd	+2	Cadmio
Cromo	Cr	+2	Cromo(II) o cromoso
		+3	Cromo(III) o crómico
Manganeso	Mn	+2	Manganeso(II) o manganoso
		+3	Manganeso(III) o mangánico
		+4	Manganeso(IV) o manganeso*
Hierro	Fe	+2	Hierro(II) o ferroso
		+3	Hierro(III) o férrico
Cobalto	Co	+2	Cobalto(II) o cobaltoso
		+3	Cobalto(III) o cobáltico
Níquel	Ni	+2	Níquel(II) o niqueloso
		+3	Níquel(III) o niquélico
Estaño	Sn	+2	Estaño(II) o estannoso
		+4	Estaño(III) o estánnico
Plomo	Pb	+2	Plomo(II) o plumboso
		+4	Plomo(IV) o plúmbico*
Aluminio	Al	+3	Aluminio
Carbono	C	†	Carbono*
Silicio	Si	†	Silicio*
Nitrógeno	N	†	Nitrógeno*
Fósforo	P	†	Fósforo*
Flúor	F	−1	Fluoruro
Cloro	Cl	−1	Cloruro
Bromo	Br	−1	Bromuro
Yodo	I	−1	Yoduro
Oxígeno	O	−2	Óxido
Azufre	S	−2	Sulfuro

* Los compuestos de elementos con valencias elevadas se denominan a veces añadiendo un prefijo a la primera palabra en lugar del sufijo *-ico* u *-oso* a la segunda. Por ejemplo,

$MnCl_2$	Cloruro mangan*oso*	CO_2	*Di*óxido de carbono
$MnCl_3$	Cloruro mangán*ico*	CCl_4	*Tetra*cloruro de carbono
$MnCl_4$	*Tetra*cloruro de manganeso	PbO_2	Óxido plúmbico o *di*óxido de plomo

† Muchas valencias diferentes, todas con nombres diferentes.

Nitrito	NO_2^-	−1
Acetato	CH_3COO^-	−1
Sulfato	SO_4^{2-}	−2
Sulfito	SO_3^{2-}	−2
Carbonato	CO_3^{2-}	−2
Fosfato	PO_4^{3-}	−3
Amonio	NH_4^+	+1

Algunos compuestos con estos iones son:

$CaCO_3$	Carbonato cálcico
$Ca(OH)_2$	Hidróxido cálcico
NH_4Cl	Cloruro amónico
$FeSO_4$	Sulfato de hierro(II) o sulfato ferroso
$Fe_2(SO_4)_3$	Sulfato de hierro(III) o sulfato férrico
KNO_3	Nitrato potásico
NH_4OH	Hidróxido amónico
H_2SO_4	Sulfato de hidrógeno o ácido sulfúrico

El hidrógeno puede combinarse con cualquier otro elemento o ion negativo como los anteriores con objeto de formar un ácido. Cuando se combina con un elemento, el nombre del ácido se contrae con el sufijo *hídrico.*

HCl	ácido clor*hídrico*
HF	ácido fluor*hídrico*

En el último caso, el nombre del ácido depende del ion con el que se combina el hidrógeno:

NO_3^-	Nitrato	HNO_3	Nítrico
NO_2^-	Nitrito	HNO_2	Nitroso
CH_3COO^-	Acetato	CH_3COOH*	Acético
SO_4^{2-}	Sulfato	H_2SO_4	Sulfúrico
SO_3^{2-}	Sulfito	H_2SO_3	Sulfuroso
CO_3^{2-}	Carbonato	H_2CO_3	Carbónico
PO_4^{3-}	Fosfato	H_3PO_4	Fosfórico

* Los ácidos orgánicos (estudiados en el capítulo 14) suelen escribirse con el «hidrógeno ácido» al final de la fórmula, mientras que en los ácidos inorgánicos lo normal es ponerlo en primer lugar.

Las *bases* son combinaciones del ion OH^- con un elemento que tiene una valencia positiva; se denominan hidróxidos. Por ejemplo:

NaOH	Hidróxido sódico
$Ca(OH)_2$	Hidróxido cálcico

Cuando los elementos y compuestos se combinan en las reacciones químicas, los materiales de partida se denominan *reactivos* y los materiales finales *productos.* Podemos resumir una reacción química por una ecuación. Por ejemplo,

$$6HCl + 2Al \rightarrow 3H_2 + 2AlCl_3$$

El número delante de cada compuesto o elemento es el número de moléculas de dicha sustancia. Obsérvese que el número total de átomos de cada elemento a la izquierda debe ser igual al número de átomos del mismo elemento a la derecha. En esta ecuación, aparecen en cada miembro seis átomos de hidrógeno, seis átomos de cloro y dos átomos de aluminio.

BIBLIOGRAFÍA

1. ASIMOV, I.: *A Short History of Chemistry* (rústica), Anchor Science, Doubleday, Garden City, N.Y., 1965. Una descripción interesante escrita por un famoso divulgador de la ciencia.

2. MCANALLY, J.: *Chemistry* (rústica), Merrill, Columbus, Ohio, 1966. Este texto da más detalles que hemos dado nosotros, pero es suficientemente breve y poco complicado.

3. WEEKS, M. E.: *Discovery of the Elements,* Journal of Chemical Education, 1956. Una historia autorizada pero fácilmente legible de los científicos primitivos y cómo descubrieron los elementos de la tabla periódica.

4. LEICESTER, H., y H. KLICKSTEIN: *Source Book in Chemistry,* McGraw-Hill, New York, 1952. Contiene los escritos originales de muchos químicos famosos antiguos. Están seleccionados para el público en general y no sólo para los químicos.

5. BAXTER, J., y L. STEINER: *Modern Chemistry* (rústica), vols. 1 y 2, Prentice-Hall, Englewood Cliffs, N.J., 1960. Buen libro para estudiar si se desea explorar el campo

de la química con más detalle. (Escrito para la clase de TV Continental).

6. Holden, R., y P. Singer, *Crystals and Crystal Growing* (rústica), Anchor Science, Doubleday, Garden City, N.Y., 1960. Es un libro elemental y ofrece un estudio muy ameno de los cristales en general. Da incluso instrucciones para hacer crecer cristales en casa.

RESUMEN

Los átomos se enlazan por causa de varios tipos de fuerzas o enlaces. En el enlace covalente se comparten electrones entre dos o más átomos, de tal modo que ambos átomos llenan sus capas externas de modo efectivo; un ejemplo lo constituye la molécula de H_2. Las dos formas del carbono cristalino diamante y grafito tienen también enlaces covalentes. Representamos el hecho de compartir dos electrones en un enlace covalente por el simbolismo H—H, en donde la barra representa los dos electrones compartidos. Una molécula de oxígeno O_2, tiene cuatro electrones compartidos y lo representamos como O=O. Este enlace se denomina doble enlace covalente.

Tanto la energía de ionización del átomo (energía necesaria para liberar el electrón) como su energía de electroafinidad (la energía perdida cuando se captura un electrón) son importantes para determinar su comportamiento químico. Aquellos átomos que les falta sólo un electrón para tener llena su capa externa (F, Cl, Br, I) tienen afinidades electrónicas mayores y energías de ionización más altas. En el otro extremo de la tabla periódica, aquellos átomos (Li, Na, K) que tienen un solo electrón en su capa externa, tienen afinidades electrónicas pequeñas y energías de ionización reducidas. En consecuencia, el sodio pierde fácilmente un electrón cediéndolo a un átomo de cloro. El resultado es dos átomos cargados denominados iones. Se representan como Na^+ y Cl^- En los cristales iónicos tales como la sal común, NaCl, los átomos están retenidos por la atracción existente entre los iones con carga opuesta. Dicho enlace se denomina enlace iónico y es normalmente muy fuerte. Existen casos intermedios en los que el enlace combina características iónicas y covalentes.

La fuerza de van der Waals es más bien débil, pero es todavía suficientemente intensa como para ligar muchas moléculas formando líquidos. Esta fuerza es importante cuando los electrones en átomos o moléculas adyacentes conforman o distorsionan sus esquemas de movimientos normales ligeramente para reducir al mínimo las fuerzas de repulsión de Coulomb y aumentar al máximo las fuerzas de atracción. Debido a las fuerzas de van der Waals, incluso los átomos de elementos gaseosos no reactivos (o nobles como el He, Ne, etc.), pueden obtenerse en forma líquida a temperaturas bajas. Las moléculas de líquidos tales como la gasolina, aceites y muchos plásticos se mantienen reunidas por este tipo de fuerza.

Los metales son sólidos o líquidos en los que están empaquetados átomos con electrones de sus capas externas muy poco ligados a la parte central. Los electrones externos resultan despegados del átomo del que proceden y quedan entonces libres para transportar cargas a través del sólido o líquido. Además, los electrones sueltos tienen energías menores que cuando forman parte de su átomo original. Esta energía, perdida cuando los átomos se reúnen para constituir un líquido o un sólido, contribuye en gran parte a la energía de enlace de la sustancia metálica.

Algunas moléculas, como el agua, tienen un protón positivamente cargado y prácticamente desnudo debido al modo en que el átomo de hidrógeno está ligado a la molécula. Además, la misma molécula puede tener un átomo cargado negativamente —el átomo de oxígeno en el caso del agua. Como resultado, se forma un enlace de hidrógeno entre el protón desnudo y el átomo de oxígeno cargado. Este enlace es intermedio en intensidad entre el enlace de van der Waals y los enlaces iónico y covalente verdaderos. Es responsable de ciertas propiedades notables del agua, por ejemplo, el modo en que el agua se contrae entre 0 y 4 °C.

Las moléculas de agua se congregan alrededor de los iones de tal modo que la carga sobre el ion se ve parcialmente compensada. Como resultado, los iones de las moléculas que normalmente están unidos por fuerzas iónicas pueden escapar unos de otros. Esto permite que las sustancias se disuelvan, dando origen a iones libres en la disolución acuosa. Estos iones pueden entonces reaccionar con otros iones presentes en la misma disolución.

Los ácidos son sustancias que, cuando se disuelven en agua, dan origen a iones hidrógeno. El ion negativo compensador depende del ácido que interviene. En el caso del HCl, es el Cl^-, mientras que en el HNO_3 es el NO_3^-. Aquellos ácidos que se ionizan casi por completo en agua se denominan ácidos fuertes, mientras que los que no lo hacen así se denominan débiles. Por otra parte, las bases liberan iones OH^- cuando se disuelven en agua. Un ejemplo típico es el hidróxido sódico NaOH. Cuando se neutraliza una disolución de una base añadiéndole ácido, los iones H^+ y OH^- se unen para formar agua, mientras que los iones remanentes se unen para formar compuestos conocidos como sales.

LISTA DE COMPROBACIONES

1. Dibujar el diagrama de energía potencial para dos átomos de hidrógeno en función de su distancia de separación *r*. ¿Cuál es el significado de su mínimo?
2. ¿Cómo influye el spin de un electrón para que dos átomos de hidrógeno se enlacen juntos? Describir el comportamiento de los electrones en la molécula de hidrógeno.
3. ¿Qué es un enlace covalente? Dar ejemplos del mismo.
4. ¿Qué nos dice la fórmula P_2S_5 sobre el número de átomos de fósforo y de azufre en la molécula?
5. Explicar el tipo de enlace en una molécula como el Cl_2 o Br_2.
6. Dar dos modos alternativos de representar simbólicamente (*a*) un enlace covalente simple; (*b*) un enlace covalente doble; ¿cuál es el caso físico correspondiente a cada tipo de enlace?
7. ¿Qué es un ion? ¿En que difiere un enlace iónico de un enlace covalente? Dar ejemplos de moléculas iónicas.
8. ¿Cuáles son los orígenes de las sustancias contaminantes del aire que contienen azufre?
9. ¿Qué es un enlace van der Waals? Dar ejemplos del mismo.
10. Relacionar los cuatro tipos de enlaces existentes entre las moléculas en una serie que vaya del más fuerte al más débil.
11. Describir un cristal iónico común como el NaCl, señalando cómo están retenidas las distintas partes del cristal. ¿Qué se entiende por afinidad electrónica?
12. Explicar el significado de valencia. ¿Cuáles son las valencias normales de los átomos siguientes: Li, Cl, K, S, Ca, F, Na, He, H, Br?
13. Las sustancias cristalinas iónicas, ¿son conductoras o aislantes? Explicarlo.
14. Estudiar los cristales covalentes en función de la estructura del diamante.
15. El grafito es al mismo tiempo un cristal covalente y de van der Waals. Explicarlo.
16. Aunque el grafito y el diamante son ambos carbono puro, uno es conductor, mientras que el otro no lo es; explicarlo.
17. Cuando una impureza del grupo V se añade a un cristal de germanio, el cristal muestra una conductividad eléctrica mucho más elevada. Explicar la razón.
18. Analizar el origen de la fuerza de enlace dentro de los metales. ¿Por qué los átomos del grupo I forman cristales que conducen la electricidad?
19. ¿Qué es un cristal molecular y por qué se le da este nombre? ¿Cuáles son las fuerzas que mantienen el cristal?
20. ¿Qué es el enlace de hidrógeno? ¿Por qué se presenta sólo con el hidrógeno y no con el litio y el sodio?
21. Analizar cómo consiguen las moléculas de agua que se disuelvan los cristales iónicos. ¿Por qué son los líquidos de constante dieléctrica baja incapaces de disolver sustancias iónicas?
22. ¿Qué es un ácido? Distinguir entre ácidos débiles y fuertes. ¿Qué es el ion hidronio?
23. ¿Qué se entiende por el término hidróxido y base? ¿Cómo reaccionan con los ácidos? ¿Qué es una sal?
24. Estudiar la composición del agua que se encuentra en la naturaleza. ¿Cómo reacciona con la caliza?

CUESTIONES

1. Dibujar una curva semejante a la figura 13.1 que muestre la energía de un átomo de helio cuando se acerca a otro átomo de helio. Al hacer el dibujo recuérdese que existe el helio líquido.
2. Cuando se añade sodio al agua, se emite un gas con una violenta reacción. Este gas puede arder con una cerilla de modo que se combina con el oxígeno del aire, es decir, se quema. ¿Cuál es la reacción mediante la cual arde?
3. ¿Por qué muchas bebidas burbujean? Todas las bebidas carbónicas pierden parte de su acidez cuando se dejan en un vaso. ¿Por qué?
4. Cuando se adiciona una disolución en agua de nitrato de plata, $AgNO_3$, al ácido clorhídrico diluido, HCl, se deposita un precipitado sólido de la solución. ¿Cuál es la reacción y cuál es el

precipitado?

5. Un ensayo para comprobar la pureza del agua consiste en medir la resistencia de la misma entre dos electrodos sumergidos en ella. Explicar el principio en que se basa este ensayo.
6. El dióxido de azufre es incoloro, siendo un gas sofocante que se encuentra en las nieblas contaminantes y como residuo de muchos procesos industriales. Mostrar la estructura de sus enlaces.
7. El cobre y el hierro están entre los átomos de la parte central de la tabla periódica que pueden ceder diferente número de electrones, dependiendo de la reacción a la que se sometan. Como resultado tienen dos posibles valencias +1 y +2 para el cobre y +2 y +3 para el hierro. Los compuestos +1 y +2 del cobre se denominan cuproso y cúprico, mientras que los +2 y +3 del hierro se denominan ferroso y férrico. Escribir las fórmulas de los siguientes compuestos: (*a*) cloruro ferroso; (*b*) cloruro cúprico; (*c*) nitrato cúprico; (*d*) sulfato ferroso; (*e*) nitrato férrico. Otra terminología frecuentemente utilizada es cloruro de hierro(II) y cloruro de hierro(III) para ferroso y férrico respectivamente.
8. Al estudiar la Luna y los planetas, los científicos buscan pruebas de erosión. Si pudiese encontrarse en la superficie de Marte una estructura semejante a la del Gran Cañón del Colorado, ¿qué implicaría esto? ¿Qué tipo de procesos sobre la Luna puede borrar una huella de un pie humano?
9. La sustancia carborundo se utiliza como un material de corte industrial, puesto que tiene propiedades muy semejantes a la del diamante. Su fórmula es la del carburo de silicio SiC y cristaliza en la red del diamante estando cada átomo de un tipo rodeado por cuatro átomos del otro. Dibujar una pequeña porción de su red y explicar por qué el átomo del Si forma una red semejante a ésta con el carbono.
10. Gran parte de la corteza terrestre está formada por compuestos de silicio. ¿Qué propiedades químicas se deben predecir para este elemento?
11. Un ingrediente común de los antiácidos es la leche de magnesia, $Mg(OH)_2$. ¿Por qué es eficaz para reducir la acidez estomacal? ¿Por qué sería suicida utilizar en su lugar NaOH? ¿Qué se puede decir del bicarbonato sódico $NaHCO_3$? Nota: La estructura del $Mg(OH)_2$ es la siguiente: H—O—Mg—O—H.)
12. Antes de que una persona se haga una radiografía de su tubo digestivo, con rayos X, se le da a beber una suspensión lechosa de un compuesto bárico tal como $BaSO_4$ en agua, ¿cuál es el objetivo de esto? ¿Por qué no sería útil para este hecho utilizar el $Mg(OH)_2$?
13. La mayoría de los servicios de primeros auxilios tienen ciertas instrucciones con este objeto. Invariablemente prescriben beber bicarbonato sódico $NaHCO_3$ disuelto en agua para el que haya ingerido un ácido o una base (álcali). ¿Cómo puede la misma sustancia química contrarrestar estos dos tipos opuestos de envenenamiento químico?

PROBLEMAS

1. La energía de ionización del sodio es 5,1 eV, mientras que la afinidad electrónica de un átomo de cloro es 3,6 eV. Se necesita una energía de 6,0 eV para separar en partes una molécula de cloruro sódico. Utilizando estos números, explicar por qué se desprende una energía de 4,5 eV cuando se combina un átomo de Na con otro de Cl para formar el NaCl.
2. Si el peso atómico (o peso molecular, que es la suma de los pesos atómicos de todos los átomos de la molécula) de una sustancia es M, entonces en M gramos de la sustancia existirán $6{,}0 \times 10^{23}$ átomos (o moléculas). Encontrar la masa de un átomo de hidrógeno. El peso atómico del hidrógeno es 1,00 unidades de masa atómica. (El número $6{,}0 \times 10^{23}$ se denomina número de Avogadro en honor del científico que propuso la realidad de esta constante. Sin embargo, en su época, su valor era desconocido.)
3. Hallar la masa de una molécula de nitrógeno gaseoso (ver problema 2).
4. Supóngase que un átomo de carbono puede aproximarse por un cubo de 2 Å. ¿Cuántos átomos de carbono deberán existir en un centímetro cúbico de diamante? (Un centímetro cúbico es un cubo cuya arista vale 1 cm.)
5. Si se considera que la respuesta de la cuestión 4 es 1×10^{23}, ¿cuál sería la masa en gramos de un cubo de 1 cm compuesto de carbono, admi-

tiendo que el carbono es C^{12}? Comparar este valor con las densidades (masa por unidad de volumen) del diamante y el grafito que son 2,25 y 2,0 gramos por cm^3, respectivamente.

6. Al llevar a cabo la siguiente reacción

$$H + Cl \rightarrow HCl$$

¿cuántos gramos de cloro se requerirán para combinarse con dos gramos de hidrógeno? Las masas atómicas del hidrógeno y del cloro son 1,0 y 35,5 respectivamente. ¿Cuántos gramos de HCl se formarán?

7. Cuando se quema el gas hidrógeno en oxígeno para formar agua, la reacción es

$$2H_2 + O_2 \rightarrow 2H_2O$$

¿Cuántos gramos de agua se formarán cuando se quemen 3 g de hidrógeno? (Peso atómico: hidrógeno = 1,0, oxígeno = 16,0.)

8. ¿Cuántos gramos de hidróxido sódico son necesarios para neutralizar un g de HCl?
9. La energía necesaria para romper una molécula de H_2 «energía de enlace», es 4,7 eV. ¿Qué longitudes de ondas luminosas iluminando un tubo de gas hidrógeno serían capaces de romper la molécula?

Capítulo 14

Las moléculas de los seres vivos: Química orgánica

Todo lo que sobre la Tierra es parte, o lo fue alguna vez, de un organismo vivo, está compuesto básicamente por hidrógeno, carbono y oxígeno. Estos átomos se combinan para formar moléculas orgánicas en los seres vivos y sus productos de descomposición. Las moléculas orgánicas son moléculas que contienen carbono. Entre ellas comprendemos desde las moléculas sencillas encontradas en el alcohol y en el gas natural a las moléculas complejas de las proteínas y vitaminas y a las intrincadas moléculas de los polímeros que se puede encontrar en los músculos y en la carne. Empezaremos nuestro estudio con las moléculas orgánicas más sencillas, los hidrocarburos alifáticos.

Moléculas formadas por cadenas de hidrocarburos

Los compuestos formados sólo por hidrógeno y carbono se denominan *hidrocarburos*. Consideraremos primeramente la gran diversidad de compuestos que pueden formarse simplemente conectando entre sí átomos de carbono en cadenas poco complicadas. Se recordará que el carbono forma enlaces covalentes obteniendo así los cuatro electrones extras necesarios para llenar su capa externa. Los cuatro enlaces covalentes se disponen siempre alrededor del átomo de carbono formando un tetraedro; la molécula de metano que se indica en la figura 14.1*a* es un ejemplo. Obsérvese que el átomo de carbono está en el centro del tetraedro y que los cuatro átomos de hidrógeno están en los vértices.
El metano, CH_4, es el primero de una serie de moléculas denominadas moléculas *parifínicas*. En la figura 14.1*b*, los enlaces covalentes del metano están indicados por barras. Otros miembros de esta serie pueden verse en la figura 14.2 en diagramas semejantes. Naturalmente, estos diagramas son solamente esquemáticos. Los átomos realmente no están contenidos en un plano ni están dirigidos sobre una línea recta. Los modelos moleculares de la figura 14.3 dan una descripción más real.
La tabla 14.1 relaciona los puntos de ebullición y de fusión de las moléculas de parafina. En el orden en que están relacionados en la tabla, estas moléculas se encuentran en la naturaleza en las formas siguientes:

1. El *gas natural* está compuesto principalmente por metano, con parte de etano y de propano. Tanto el propano como el butano se utiliza en forma de gas en botellas para las cocinas y para los mecheros para encender cigarrillos.

2. La *gasolina* se compone fundamentalmente de los líquidos pentano, hexano, heptano, octano y nonano. El pentano tiene un punto de ebullición sólo de unos 10 °C por encima de la temperatura ambiente, y ello hace que la gasolina sea extremadamente volátil (fácilmente vaporizable). La composición exacta de la gasolina se ajusta para adaptarse a la estación y a la región en que se vende, de modo que proporcione una mayor volatilidad y un arranque más rápido del vehículo.

3. La *cera de parafina*, un cristal blanco, es una mezcla de hidrocarburos de cadena más larga, estando estas cadenas de átomos de carbono alargadas y puestas una al lado de otra en el cristal. Obsérvese que a partir del hexadecano, las parafinas son sólidas a temperatura ambiente (aproximadamente 20 °C).

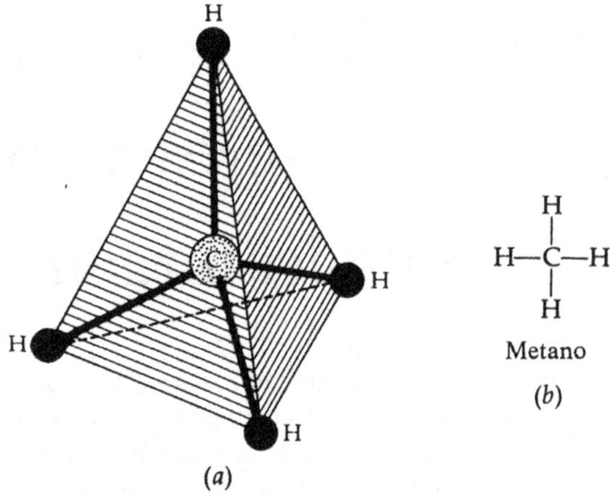

FIG. 14.1. — El átomo de carbono está en el centro de un tetraedro formado por los átomos de hidrógeno, a los que se une mediante cuatro enlaces covalentes.

Sabemos que los miembros más bajos y más volátiles de esta serie se queman o arden con facilidad. Cuando una parafina (o cualquier hidrocarburo) arde en oxígeno, se forma dióxido de carbono y agua; un caso típico es el pentano:

$$\underset{\text{Pentano}}{C_5H_{12}} + 8O_2 \rightarrow \underset{\text{Dióxido de carbono}}{5CO_2} + 6H_2O$$

Si los automóviles quemasen perfectamente su gasolina y ésta estuviese compuesta de hidrocarburos puros, los productos finales serían agua y un gas relativamente inofensivo. Sin embargo, los automóviles no queman la gasolina de modo completo; en su lugar se produce la siguiente reacción:

$$2C_5H_{12} + 11O_2 \rightarrow 10CO + 12H_2O$$

Uno de estos productos, CO, es el venenoso monóxido de carbono; también se producen reacciones colaterales. Además, la gasolina contiene ciertos aditivos (plomo tetraetilo, por ejemplo) que hace que algunos de sus productos de combustión sean corrosivos y dañinos para la salud. Estos productos de combustión y el monóxido de carbono son las principales fuentes de la polución peligrosa del aire en las áreas urbanas. Los hidrocarburos reaccionan también con otros ele-

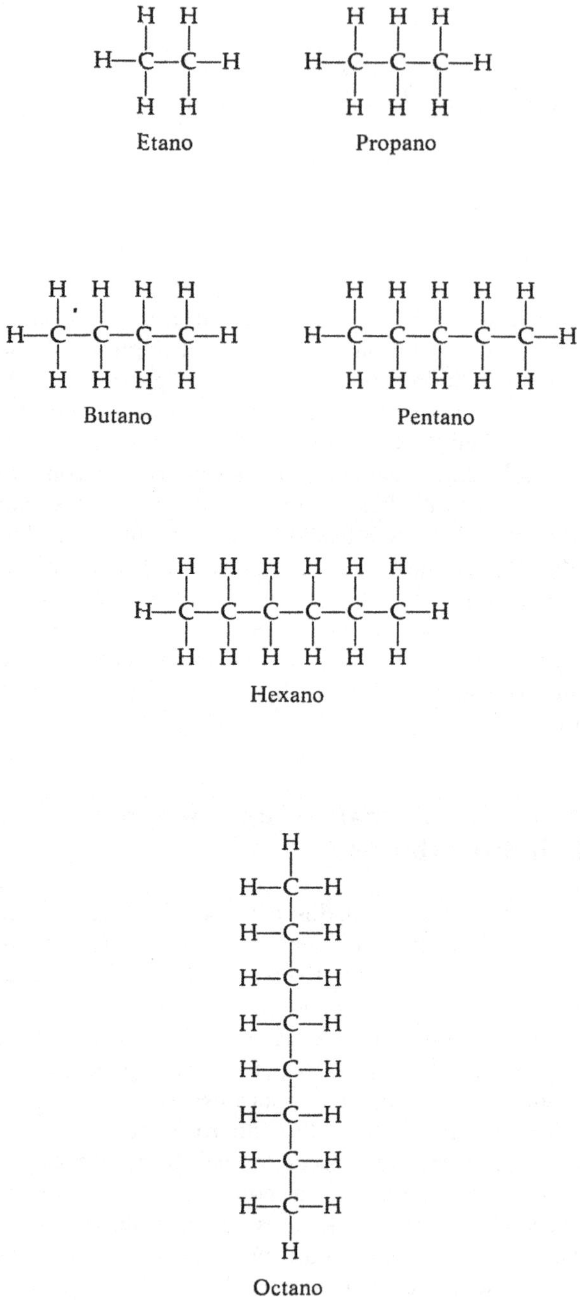

FIG. 14.2. — Varios miembros de la familia de cadena recta o parafinas normales.

FIG. 14.3. — Modelos moleculares mostrando algunas de las configuraciones que puede tomar una molécula de *n*-butano. Los átomos interiores oscuros son los carbonos; los claros exteriores son de hidrógeno.

TABLA 14.1. *Algunas parafinas normales*

Fórmula	Nombre	Punto de fusión, °C	Punto de ebullición, °C
CH_4	Metano	−161	−184
C_2H_6	Etano	− 88	−172
C_3H_8	Propano	− 43	−188
C_4H_{10}	Butano	+ 0,6	−135
C_5H_{12}	Pentano	36	−148
C_6H_{14}	Hexano	69	− 94
C_7H_{16}	Heptano	98	− 90
C_8H_{18}	Octano	126	− 98
C_9H_{20}	Nonano	150	− 51
$C_{10}H_{22}$	Decano	174	− 32
$C_{13}H_{28}$	Tridecano	234	− 6
$C_{16}H_{34}$	Hexadecano	288	18
$C_{19}H_{40}$	Nondecano	330	32
C_NH_{2N+2}	Polimetileno*	—	~130

mentos diferentes del oxígeno. Por ejemplo, las parafinas reaccionan con el cloro como indican estas reacciones con el metano:

$$CH_4 + 3Cl_2 \rightarrow 3HCl + HCCl_3 \quad \text{Cloroformo}$$
$$CH_4 + 4Cl_2 \rightarrow 4HCl + CCl_4 \quad \text{Tetracloruro de carbono}$$

Como el átomo de Cl tiene una gran afinidad electrónica, roba el átomo de H del carbono.

Nomenclatura

Existen literalmente centenares de millares de compuestos de carbono con diferentes estructuras o disposición de los átomos. Por esta razón, es necesario un sistema de denominación de estos compuestos. Aquí mencionaremos algunas reglas de esta nomenclatura o sistema de nombres.

* *N* es un número entero del orden de mil o más. También se denomina polietileno.

El número de átomos de carbono en un grupo o moléculas viene dado comúnmente por un prefijo. Por ejemplo, como puede verse en la tabla 14.1, es evidente que los prefijos siguientes están asociados con los números indicados:

Prefijo	*Número de átomos de carbono*
met-	1
et-	2
prop-	3
but-	4
pent-	5
hex-	6
hept-	7
oct-	8
non-	9
dec-	10

Cuando se unen con el sufijo *-ano,* estos prefijos designan un hidrocarburo parafínico. De aquí que el etano sea el C_2H_6.

Algunas moléculas, tales como el butano, pueden existir en dos formas moleculares diferentes. Por lo tanto, es necesario otro prefijo que designe este hecho. Todas las moléculas indicadas en la figura 14.2 están en cadenas rectas. Se denominan *parafinas normales,* debido a que en la nomenclatura química la palabra «normal» siempre significa una cadena recta. Sin embargo, consideremos las dos formas siguientes del butano indicadas abajo, las cuales tienen la fórmula C_4H_{10}:

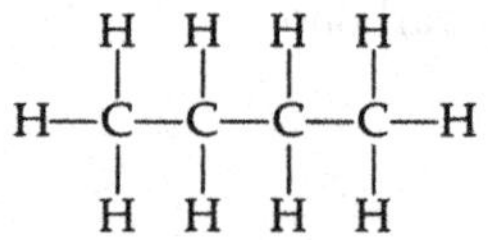

n-Butano

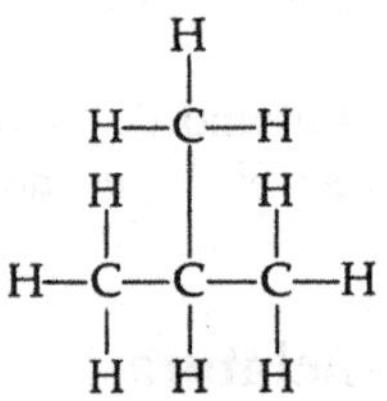

Isobutano

En donde *n* significa normal y el prefijo *iso-* significa que la cadena no es una cadena recta. Estructuras varias como éstas se denominan *isómeros* (del griego *isos,* igual, y *meros* parte). Ambas formas tienen la misma composición; difieren en sus propiedades químicas debido a que la distribución de sus átomos en las moléculas es diferente.

Otra regla importante de la nomenclatura se aclarará mejor mediante un ejemplo. Cuando el propano reacciona con el cloro para obtener el monocloropropano, el prefijo *mono-* nos dice que sólo ha sido adicionado un átomo de cloro. Sin embargo, el compuesto resultante puede ser cualquiera de los dos siguientes:

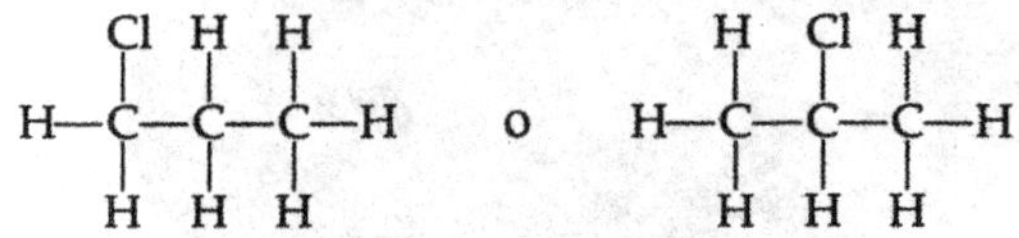

Todas las demás posiciones del cloro son equivalentes a una de estas dos. Para distinguir estos dos compuestos, al de la izquierda se le denomina 1-cloropropano y al de la derecha 2-cloropropano.

La posición de un átomo viene dada contando a partir de un extremo de la molécula o desde algún punto singular de la molécula. Otro ejemplo sería

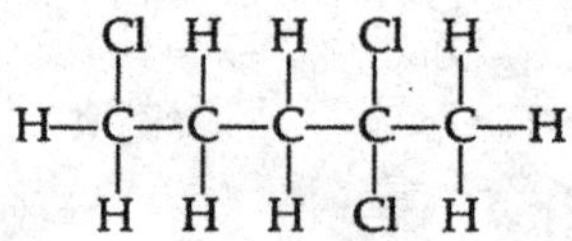

que puede denominarse el 1,4,4-tricloro-*n*-pentano, o bien 2,2,5-tricloro-*n*-pentano.

A lo largo de este texto señalaremos algunas otras características de la nomenclatura. Las reglas anteriormente dadas son valiosas para denominar compuestos complejos. Desgraciadamente, la mayoría de los compuestos simples recibieron nombre antes de que se aceptase generalmente una nomenclatura universal. Como resultado, muchas moléculas orgánicas tienen dos nombres, el tradicional y el correspondiente al sistema de nomenclatura universal.

Alcoholes

Los alcoholes más importantes difieren de los hidrocarburos parafínicos sólo en que uno de los átomos H ha sido sustituido por un grupo OH. El grupo OH es típico de todos los alcoholes. Por ejemplo, tenemos

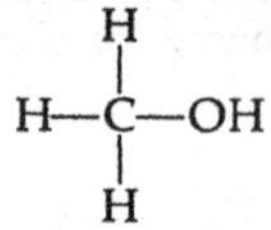

Metanol
(alcohol metílico)

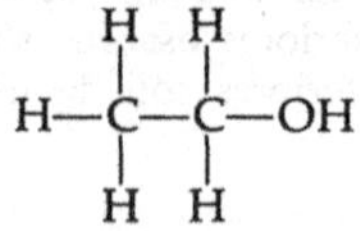

Etanol
(alcohol etílico)

El alcohol metílico se denomina comúnmente alcohol de madera y se utiliza como alcohol de quemar; es muy venenoso. El etanol, también denominado alcohol de vino, es el alcohol contenido en las bebidas alcohólicas.

Los nombres científico y tradicional de los alcoholes son bastante claros. Por ejemplo, el alcohol propílico puede ser de dos tipos: 1-propanol o 2-propanol. Análogamente el hexanol normal puede también designarse como 1-hexanol. Los alcoholes están caracterizados por la terminación *-ol*.

Los alcoholes como el metanol y el etanol son perfectamente miscibles con el agua; es decir forman disoluciones con el agua en todas las proporciones. Esto no es sorprendente, puesto que el agua también tiene el típico grupo alcohólico —OH. Los alcoholes forman enlaces de hidrógeno entre sí y con el agua. Por ejemplo, dos moléculas de metanol pueden estar con enlace de hidrógeno:

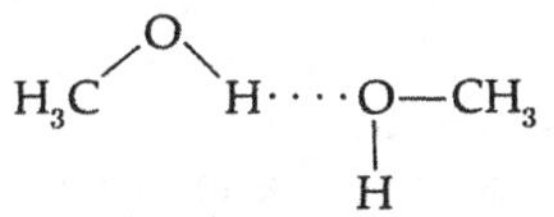

Como el agua, tienen constantes dieléctricas elevadas. Se recordará que la constante dieléctrica del agua es 80; para el metanol es 30 y para el etanol 24. A pesar de estas constantes dieléctricas más bien elevadas, los alcoholes no pueden disolver sustancias iónicas como el cloruro sódico. No son suficientemente polares como para liberar los iones.

En los alcoholes de cadena larga, la parte hidrocarbonada de la molécula hace que la sustancia sea menos afín al agua y más afín a un aceite o cera. Por ejemplo, el 1-decanol (para el cual el lector deberá poder escribir su estructura) es un líquido aceitoso que no es soluble en agua en absoluto. Sin embargo, se mezcla en todas las proporciones con el metanol.

Naturalmente, una molécula simple puede tener más de un grupo OH. Estas moléculas son también alcoholes, pero los más comunes tienen nombres diferentes. Por ejemplo, el compuesto

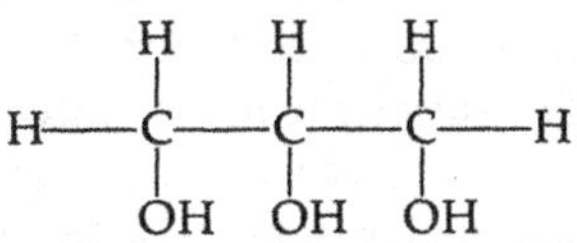

se denomina glicerol. Disoluciones de este líquido en agua se denominan comúnmente glicerina. El glicerol puro es un líquido extremadamente viscoso debido a que sus moléculas están retenidas fuertemente por enlaces de hidrógeno. Se utiliza ampliamente en la pasta de dientes, en las lociones y en las cremas como agente humectante puesto que se evapora muy lentamente.

Ácidos orgánicos y ésteres

Una transformación interesante en química orgánica es la reacción de un ácido orgánico de olor pestilente con un alcohol para formar un *éster* de olor agradable. Esta reacción es la contrapartida orgánica de la reacción entre un ácido y una base para formar una sal. Mencionábamos los ácidos orgánicos en el último capítulo; relacionaremos algunos de ellos de nuevo en la tabla 14.2. Obsérvese que están caracterizados por el grupo

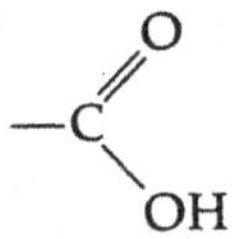

, grupo *carboxilo.*

Una reacción típica entre un ácido y un alcohol para formar un éster es la siguiente:

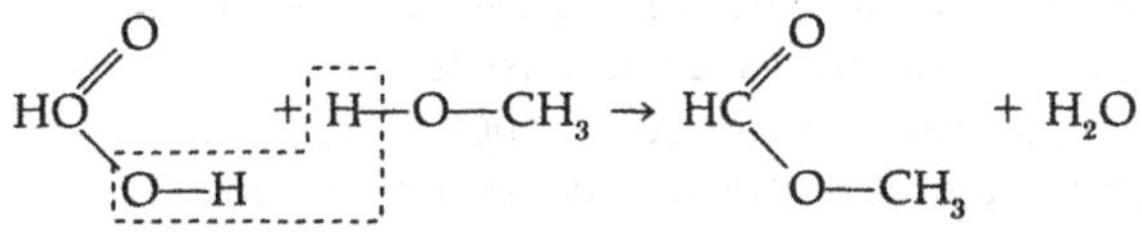

Ácido fórmico metanol Formato de metilo

Como se indica, los grupos OH^- y H^+ se dividen separándose de las dos moléculas para formar agua.* De un modo semejante, el ácido butírico (que produ-

* Podría pensarse que la esterificación debería proceder tomando sólo el hidrógeno del ácido:

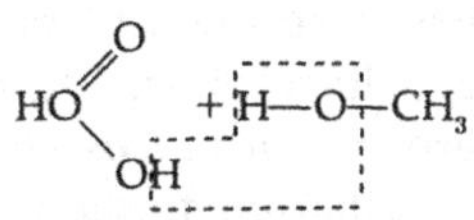

El resultado final es el mismo en ambos casos, pero un trazador radiactivo mostraría finalmente cuál es el proceso correcto. Si en el alcohol se utiliza un isótopo radiactivo del oxígeno, O^{18}, entonces la molécula de agua formada en la reacción será radiactiva si es correcta esta alternativa. Puesto que esto no ocurre, el oxígeno de la molécula de agua debe proceder del ácido. Así pues, la reacción que realmente se produce es la dada en el texto.

TABLA 14.2. *Ácidos orgánicos*

Nombre	Estructura	Origen en la naturaleza
Fórmico	$HC(=O)OH$	Hormigas y ortigas
Acético	$CH_3C(=O)OH$	Vinagre
Butírico	$C_3H_7C(=O)OH$	Mantequilla rancia
Esteárico	$C_{17}H_{35}C(=O)OH$	Sebo o grasa

ce el olor a rancio de la manteca en mal estado) más el etanol da el butirato de etilo de olor agradable. El lector estará familiarizado con algunos ésteres del ácido acético, puesto que el acetato de etilo da a las manzanas su fragancia y el acetato de amilo (más adecuadamente, el acetato de 1-pentanol) es el «aceite de plátano», de aroma característico y olor del plátano. Aunque estos ésteres son comestibles en las pequeñas cantidades encontradas en las frutas, otros como el material oloroso que existe en los adhesivos para modelos de aviones son muy dañinos, incluso sólo inhalándolos.

El benceno y otros compuestos derivados

Hasta ahora hemos estado considerando moléculas de átomos de carbono lineales que se denominan generalmente hidrocarburos *alifáticos*. Existen otras moléculas que se presentan en forma de anillos. El benceno es el más conocido de estas moléculas, pero antes de que examinemos su estructura estudiaremos un compuesto en forma de anillo más sencillo denominado ciclohexano.

Como su nombre implica, el ciclohexano es una molécula de hexano con sus extremos unidos. Para formar el punto de unión, cada extremo de la molécula de hexano ha perdido un átomo de hidrógeno y así la fórmula del ciclohexano es C_6H_{12}. Su estructura se indica en la figura 14.4. Obsérvese que la molécula no es plana y que es algo flexible; puede evolucionar desde la forma (*a*) a la forma (*b*) y viceversa. El ciclohexano es un líquido que tiene propiedades intermedias entre el hexano y el benceno.

La molécula del benceno tiene seis átomos de hidrógeno menos que el ciclohexano. Al rellenar las exigencias de sus capas externas, los átomos de carbono están unidos por enlaces covalentes alternativamente simples y dobles como se ve en la figura 14.5. Como los ángulos de enlace de los enlaces simples y dobles son diferentes, la molécula del benceno no tiene la misma configuración que el ciclohexano; de hecho es una molécula plana. El benceno es un líquido volátil que hierve a 80 °C. Se utiliza mucho como disolvente de materiales orgánicos.

Debido a la naturaleza compartida de los electrones en los compuestos en forma de anillos como el benceno, no puede decidirse a priori a qué enlace pertenecen los electrones del simple y el doble enlace. Como resultado, la molécula mostrada en la fig. 14.5 realmente toma las dos configuraciones alternando rápidamente entre ellas. La segunda configuración es la misma molécula con los enlaces simples y dobles cambiados. Esta modificación se denomina *resonancia molecular.*

La resonancia molecular de los compuestos en forma de anillos no saturados (un compuesto *no saturado* es aquel que tiene enlaces dobles o triples) hace que los electrones se muevan libremente alrededor del anillo. Esto no lleva aneja la propiedad de conductividad, pues el electrón no está todavía libre para escapar de la molécula. Sin embargo, podemos encontrar los niveles energéticos del electrón «libre» considerando la resonancia de la onda de de Broglie del electrón cuando se mueve a lo largo de la molécula, de un modo semejante a lo que hicimos para las órbitas de Bohr del hidrógeno. La diferencia de energía entre los niveles de resonancia hace que el benceno absorba luz en el ultravioleta. En moléculas cuya forma de anillo sea más compleja compuesta de varios anillos de benceno, como el indicado en la figura 14.6, estos niveles energéticos están suficientemente cerca para que la absorción de luz se produzca en el espectro visible. Estos compuestos suelen tener colores brillantes y se utilizan como tintes.

Se conocen y se utilizan muchos productos químicos

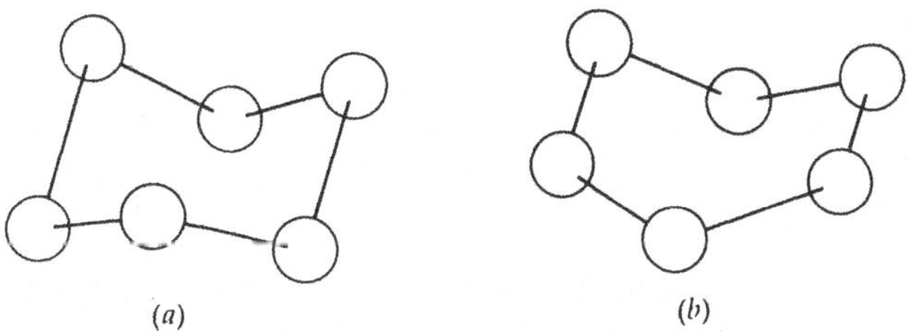

FIG. 14.4. — Ciclohexano. Todos los átomos de carbono tienen ligados otros dos de hidrógeno, pero no están indicados. Las moléculas son un poco flexibles y el movimiento térmico puede alterar la forma *(a)* a la *(b)* y viceversa.

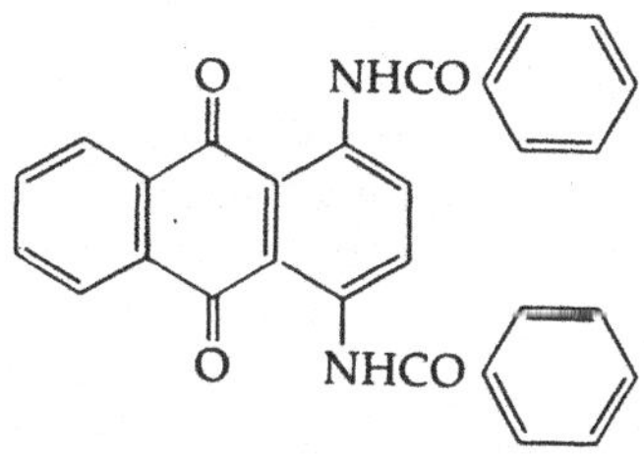

FIG. 14.6. — El tinte rojo de algol. No se han puesto nombre a los átomos de hidrógeno y carbono del anillo de benceno.

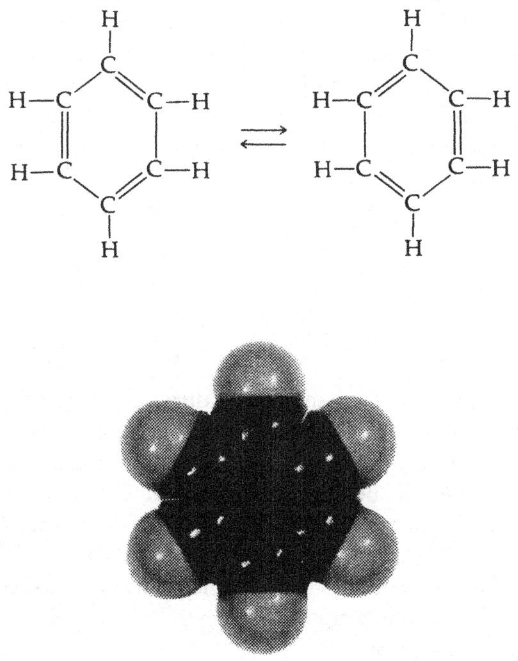

FIG. 14.5. — En la molécula de benceno, los dobles enlaces se mueven por toda la molécula de modo que dichos enlaces pueden invertirse en cualquier momento como se indica en los diagramas.

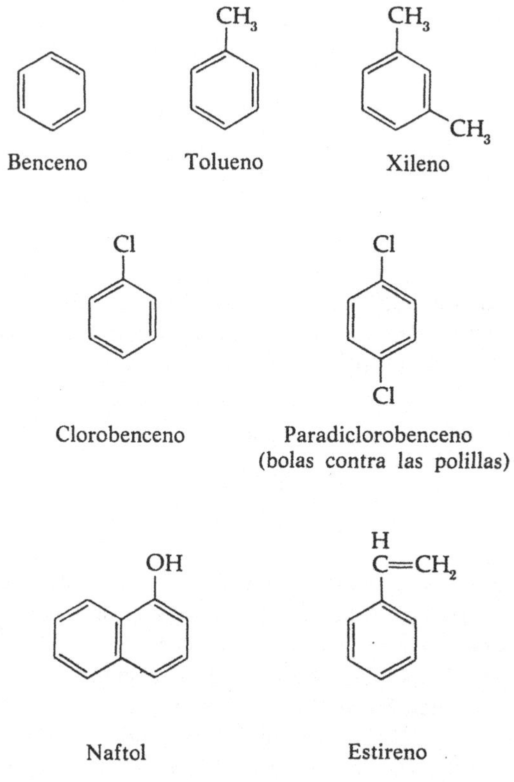

FIG. 14.7. — Varios componentes en anillo comunes. No se han indicado los átomos del anillo.

basados en el benceno. Algunos de éstos se indican en la figura 14.7. Aunque son importantes por sí mismos, estos compuestos se utilizan también como punto de partida en la síntesis de drogas y otros compuestos químicos. La mayor parte de los compuestos de anillos no saturados proceden directamente o indirectamente del alquitrán, del petróleo y del carbón. Sin embargo, la química orgánica ha progresado hasta una etapa en donde estos compuestos que originalmente se encontraban en la naturaleza, pueden con frecuencia sintetizarse más económicamente en el laboratorio.

Aminas y amidas

Aunque el grupo amida de las moléculas no es un grupo hidrocarburo puro, juega un papel importante en los polímeros (como el nylon) y las proteínas. Como sugiere su nombre, está relacionado con la molécula de amoníaco, NH_3, del modo indicado,

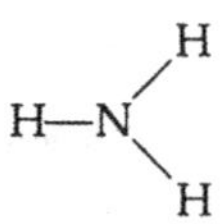
Amoníaco

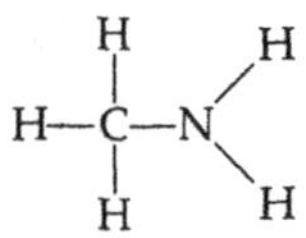
Metilamina

Si uno de los hidrógenos se sustituye por un grupo metilo, CH_3, tenemos la *amina* más sencilla, la metilamina. Las aminas están caracterizadas por la combinación

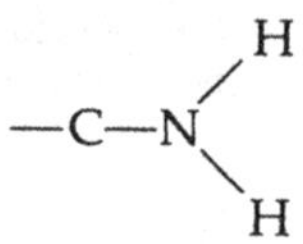

Las aminas son compuestos de olor desagradable, responsables del olor del pescado en descomposición. Sin embargo, son de una importancia extrema, puesto que reaccionan con los ácidos orgánicos para formar productos químicos que son vitales para la preparación y fabricación de fibras y otros muchos procesos industriales. Una reacción típica es la existente entre la metilamina y el ácido acético:

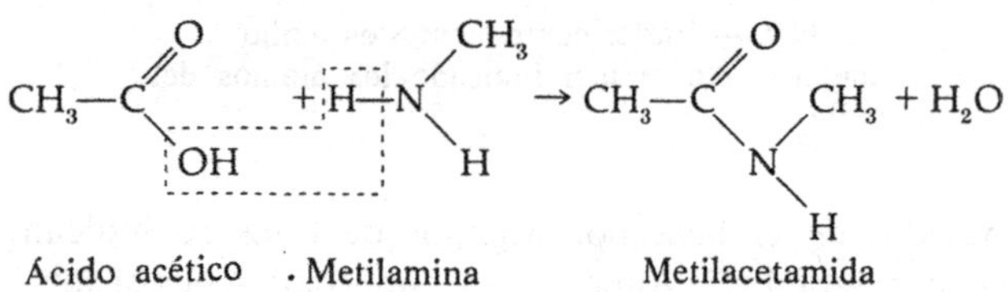
Ácido acético . Metilamina Metilacetamida

La sal de un ácido orgánico y una amina se llama *amida.* Está caracterizada por el grupo (grupo amida)

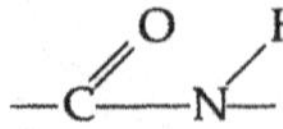

El protón aislado del grupo amida puede formar enlaces de hidrógeno fuertes.

Polímeros

Un *polímero* es una molécula gigante formada a partir de moléculas pequeñas denominadas *monómeros* (del griego *monos,* simple, y *meros,* parte) que se repiten a sí mismas millares de veces. La goma, las proteínas y otros polímeros se encuentran en la naturaleza. Recientemente los científicos han aprendido cómo sintetizar polímeros en el laboratorio y así han creado materiales nuevos como el polietileno y el nylon a partir de materias primas como el gas natural, el carbón y el petróleo.

El polietileno es un compuesto de la clase de polímeros denominados *vinilos.* Los vinilos están basados todos en la molécula siguiente:

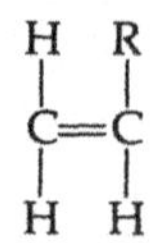

que se repite a sí misma una y otra vez. R puede simbolizar cualquier átomo o molécula. En el caso del polietileno, representa el átomo de hidrógeno. Si R es un anillo de benceno, este monómero es el estireno y su polímero es el poliestireno. Si R es un átomo de cloro, entonces el monómero formará el cloruro de polivinilo (que es uno de los vinilos más comunes). Si R es un grupo acetato, el polímero es el acetato de polivinilo.

Para que un monómero vinilo forme un polímero, debe romperse su doble enlace por el calor, por colisión con fotones o electrones de elevada energía o mediante el empleo de compuestos iniciadores especiales. Cuando se rompe el doble enlace, la molécula se transforma en un *radical*: sus dos átomos de carbono necesitan otro electrón. El radical reacciona con las moléculas del mismo tipo en una reacción en cadena hasta que la molécula llega a tener una longitud equivalente a millares de átomos de carbono:

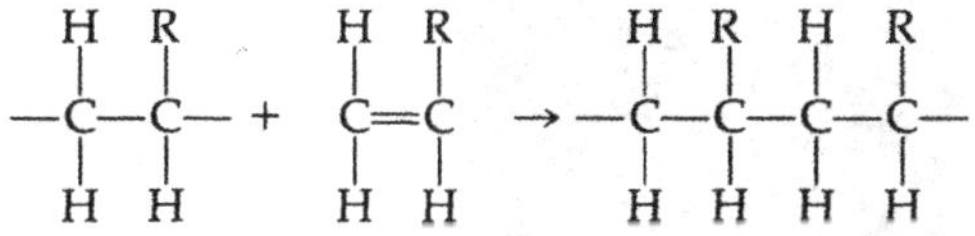

Radical + Monómero → Radical polímero

La cadena termina sólo cuando aparece una impureza. Generalmente ignoraremos la impureza al escribir la estructura de la molécula del polímero final:

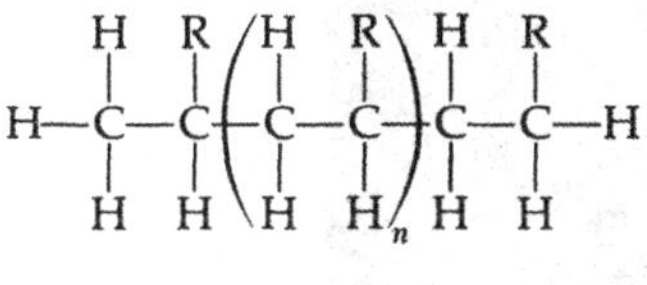

La sección central se repite a sí misma *n* veces, siendo *n* normalmente mil o más.

Cuando R es un átomo de hidrógeno, la molécula es solamente una cadena de parafina muy larga, el polietileno. Por ejemplo, si *n* es 2, la molécula es el octano, si *n* es 3, el decano. En el polietileno comercial *n* no es el mismo para todas las moléculas, puesto que la longitud de la molécula está determinada por la presencia de una impureza que termina su crecimiento.

Como los vinilos, otras muchas moléculas polimerizan en cadenas largas. En la goma sintética, las fuerzas existentes entre moléculas adyacentes son tan pequeñas que las cadenas moleculares constantemente cambian de forma y de orientación cuando sufren vibraciones y rotaciones térmicas. Si las moléculas de goma no estuviesen aglomeradas por un proceso denominado vulcanización, fluirían como un líquido viscoso.

En contraste, el plexiglás (o la lucita) y el poliestireno son duros y de aspecto cristalino. Debido a que estas moléculas son más voluminosas y están ligadas por fuerzas más intensas que las gomas, tienen menos movimiento térmico. Aunque técnicamente son líquidos muy viscosos, tienen aspecto de sólidos.

Los polímeros que hemos visto hasta ahora son polímeros de *adición*: se preparan adicionando un monómero a un radical. La mayoría de ellos son poco adecuados para hacer elementos de construcción y otros materiales fibrosos. Las fuerzas de van der Waals entre sus cadenas son demasiado pequeñas para que el material no funda a temperaturas elevadas y las cadenas puedan estirarse de modo que se mantengan paralelas entre sí formando filamentos fuertes y delgados. Para hacer materiales de este tipo necesitamos cadenas que estén ligadas por enlaces de hidrógeno entre sí. Se intentó utilizar como fibra el alcohol de polivinilo, cuyos grupos R son OH, pero tienen un fallo fatal: se disuelven en agua.

Los primeros polímeros sintéticos satisfactorios formadores de fibras fueron el rayón y el nylon (realmente, el rayón es pulpa de madera, un polímero natural, que luego ha sido modificado químicamente). El nylon se sintetizó por primera vez en el laboratorio en 1929, pero se necesitaron años de refinamiento para producir fibras de nylon que fuesen un material aceptable para su tejido.

El nylon se produce en una *reacción de condensación*. Uno de los tipos más comunes de nylon, el nylon 66, se prepara en la reacción siguiente:

Exametilén-diamina Ácido adípico

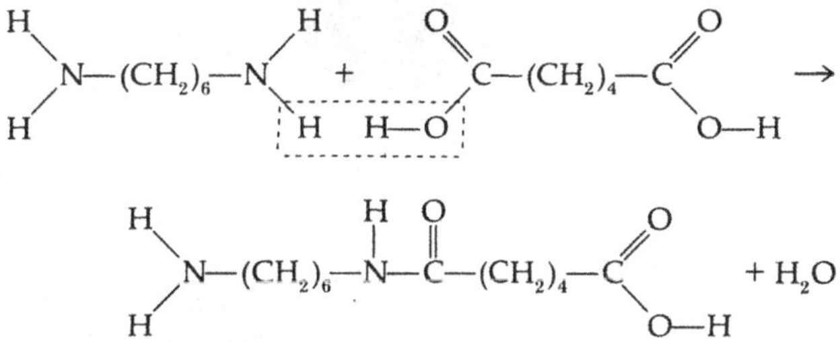

Obsérvese que el agua se separa de modo que pueden combinarse dos moléculas para duplicar su tamaño. Como los nuevos extremos tienen un grupo ácido y otro amina, esta nueva molécula puede reaccionar con ácido adípico y diamina una y otra vez hasta agotar todos los reactivos. El polímero final, el nylon 66, es

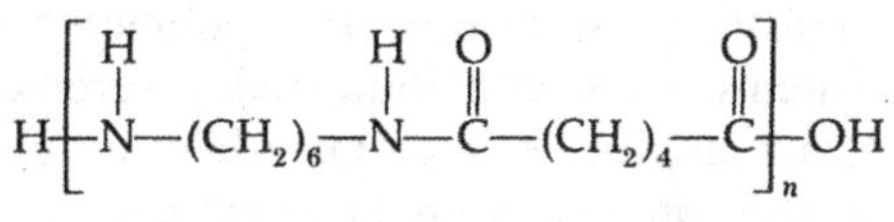

donde *n*, en un polímero de condensación típico, puede ser de algunos centenares.

En el polímero nylon, muchos átomos de hidrógeno comparten sus electrones con los átomos de nitrógeno, dejando un protón colgando de la cadena. Como en el agua, el protón forma enlaces de hidrógeno fuertes con el nitrógeno y el oxígeno, de modo que las cadenas de nylon forman cristales con punto de fusión elevado y, por tanto, materiales fibrosos excelentes.

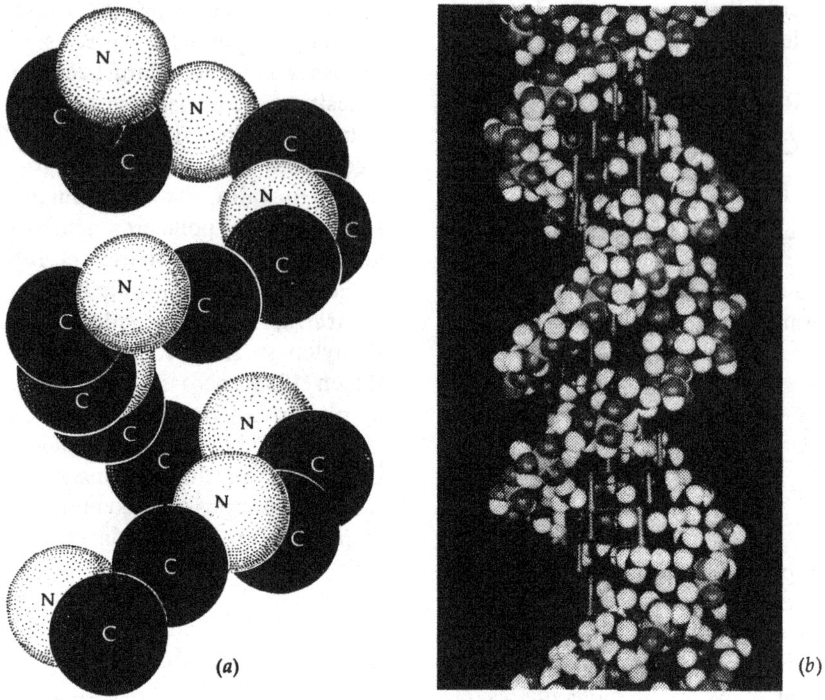

FIG. 14.8. — El dibujo de una hélice de proteína alfa *(a)* se ha simplificado incluyendo sólo átomos del esqueleto de carbono-nitrógeno de la hélice. La fotografía *(b)* muestra una hélice doble, dos hélices alfa unidas (ver fig. 14.11). Se indica sólo una parte muy pequeña de las cadenas. [*Foto (b), cortesía de Klinger Scientific Apparatus Corp. y E. Leybold's Nachfolger.*]

El nylon 66 es uno de los muchos polímeros de condensación. Diariamente nos encontramos con otros muchos en forma de fibras sintéticas, películas y objetos de plásticos moldeados. Los polímeros son un tema de intenso desarrollo industrial y veremos todavía un mayor empleo de estos materiales en el futuro. El tema puede ampliarse en la referencia 6.

Proteínas

Existen dos moléculas gigantes que se presentan en todos los sistemas vivos y sólo en los sistemas vivos. Son las *proteínas* y los *ácidos nucleicos.* Estos polímeros son tan característicos de los seres vivos que su detección en Marte o en algún planeta distante probaría virtualmente la existencia de la vida allí. Las proteínas son los constituyentes principales de las enzimas, de los músculos, tendones, hemoglobina y otras muchas partes de los seres vivos. Llevan a cabo funciones de rutina en las diversas partes del cuerpo vivo. Los ácidos nucleicos dicen a las células cómo han de formarse y llevan la información necesaria para duplicar los organismos vivos. Es esencial una comprensión de ambos tipos de moléculas para entender algo de biología.

Las moléculas de proteínas son polímeros biológicos increíblemente complejos, compuestos por moléculas de aminoácidos. Los *aminoácidos* son compuestos que tienen la siguiente estructura general:

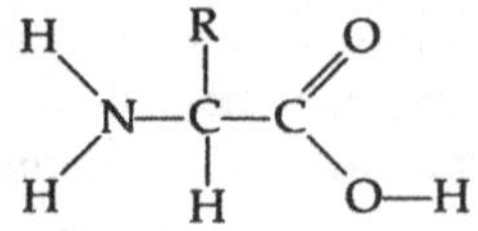

Los grupos R varían grandemente; muchos tienen anillos y átomos de oxígeno y nitrógeno. De aquí que cada aminoácido pueda ser también una molécula complicada por sí misma. Alrededor de 20 aminoácidos diferentes son importantes en las proteínas.

Una proteína es una cadena de aminoácidos unida extremo a extremo por la siguiente reacción de condensación:

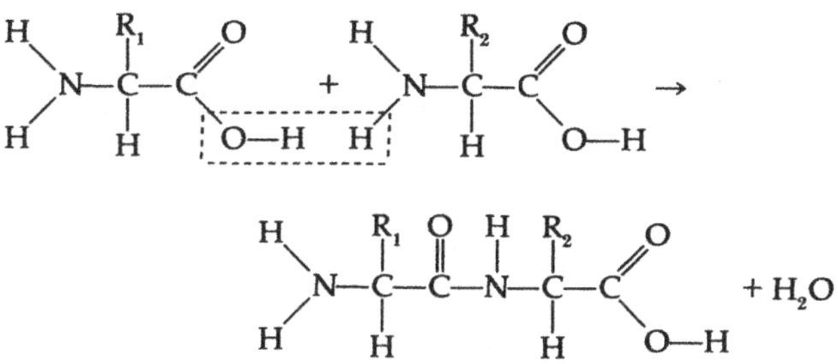

Por adiciones sucesivas se construyen cadenas de millares de unidades de longitud formando la molécula de proteína que también se describe como una cadena *polipéptida.* Lo chocante de estas cadenas de proteínas es que *cada una de ellas tiene una secuencia muy precisa de aminoácidos.* Puesto que los 20 aminoácidos principales se abrevian normalmente por sus tres primeras letras, una cadena de proteína típica se escribe como

Val-His-Leu-Thr-Pro-Glu-Glu-Lys- · · ·

Todas las proteínas que tienen la misma función en un cuerpo u organismo vivo tienen exactamente la misma secuencia. Una proteína teniendo otra función tendrá una secuencia diferente, pero igualmente precisa. Estos descubrimientos sobre la estructura secuencial de las proteínas y las síntesis de algunas proteínas en el laboratorio constituyen uno de los grandes triunfos de la bioquímica.

Una vez encontrada la estructura química de la molécula hay que buscar la orientación de estas moléculas en su medio biológico. Esta tarea difícil ha sido llevada a cabo mediante el análisis de estructuras cristalinas por rayos X que revela que las cadenas se presentan fundamentalmente en forma de una hélice, o estructura helicoidal alfa. En la figura 14.8 vemos dos representaciones de esta hélice. La parte (*a*) es únicamente esquemática; una representación más realista se indica en (*b*).

La cadena se estabiliza en la forma helicoidal por los enlaces de hidrógeno. Estos enlaces de hidrógeno pueden romperse calentando o por adición de disoluciones iónicas en agua. Cuando se rompen los enlaces de hidrógeno, la hélice se destruye y la cadena se contrae. No es difícil comprender entonces cómo una cadena de proteínas en un músculo o tendón puede conducir a la estructura de la parte móvil. No conocemos todavía las reacciones químicas exactas por las cuales las proteínas llevan a cabo las funciones que tienen asignadas. Sin embargo, los problemas en los que interviene el comportamiento de las proteínas son tema de investigación intensa, pues este comportamiento, junto con la acción de los ácidos nucleicos, son fundamentales para la comprensión de todos los fenómenos biológicos.

Ácidos nucleicos

Las proteínas, el caballo de batalla del organismo vivo, tienen estructuras predeterminadas para ajustarse a una función particular. Sin embargo, no pueden reproducirse a sí mismas. Esta es la función de los ácidos nucleicos ADN (ácido desoxirribonucleico) y ARN (ácido ribonucleico). Además de producir proteínas (o más correctamente, dirigir el curso de su producción) los ácidos nucleicos deben también reproducirse a sí mismos con objeto de proporcionar una continuidad a los organismos vivos. Como las proteínas, los ácidos nucleicos son moléculas de cadena larga compuestos por una secuencia ordenada de unidades. Esta secuencia lleva toda la información genética necesaria para la reproducción de todas las características de un ser vivo. Si en su secuencia se presenta alguna falta, pueden producirse mutaciones y nacimientos defectuosos.

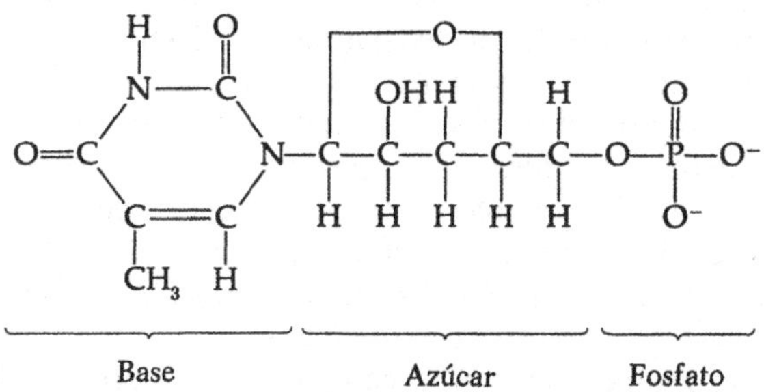

FIG. 14.9. — Una de las cuatro unidades de la que está compuesto el ADN.

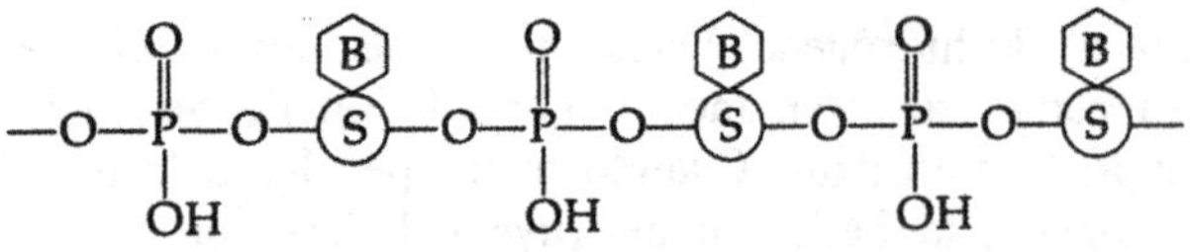

FIG. 14.10. — Una sección pequeña de una cadena de ácido nucleico. Las *S* significan azúcar y la *B* equivale a uno de los cuatro grupos base.

A diferencia de las proteínas, el ácido nucleico ADN está compuesto de sólo cuatro unidades básicas. Una unidad típica se indica en la figura 14.9. El ARN es idéntico al ADN excepto en que aparecen grupos —OH sobre los dos átomos de carbono interno de la sección de azúcar de la molécula. Los tipos de unidades en el ADN difieren sólo en la estructura de su grupo base, indicado a la izquierda de la figura 14.9. En la parte de azúcar de la molécula, los cuatro carbonos y el oxígeno realmente forman un anillo. Los largos enlaces del oxígeno no existen literalmente de ese modo en la molécula, pero es costumbre mostrar la naturaleza en forma de anillo para dibujar la estructura con más facilidad.

Para formar la molécula de ADN a partir de unidades como las indicadas en la figura 14.9, tiene lugar una reacción entre el grupo fosfato situado sobre una unidad y el OH del azúcar situado en otra unidad. La estructura resultante se indica esquemáticamente en la figura 14.10. Obsérvese que las unidades base cuelgan de la cadena principal. Estos grupos básicos forman enlaces de hidrógeno con los grupos básicos de otra cadena. En 1953, James Watson y Francis Crick encontraron que estas cadenas existen en hélices dobles y así propusieron un mecanismo para la duplicación del ADN. (Para una descripción muy humana e informativa sobre este descubrimiento léase el pequeño libro, *La hélice doble,* referencia 1.) La disposición de dos moléculas de ADN en una hélice doble se indica en la figura 14.11.

Cada unidad base de una cadena está apareada con un enlace de hidrógeno a una unidad base diferente pero complementaria de la otra cadena. Sólo si los grupos base están ordenados en secuencias perfectamente complementarias se emparejarán completamente dos cadenas. Esto se ilustra esquemáticamente en la figura 14.12. Este emparejamiento proporciona la clave para distinguir una secuencia estructural de ADN de otra. Sin embargo, este proceso de ajuste no

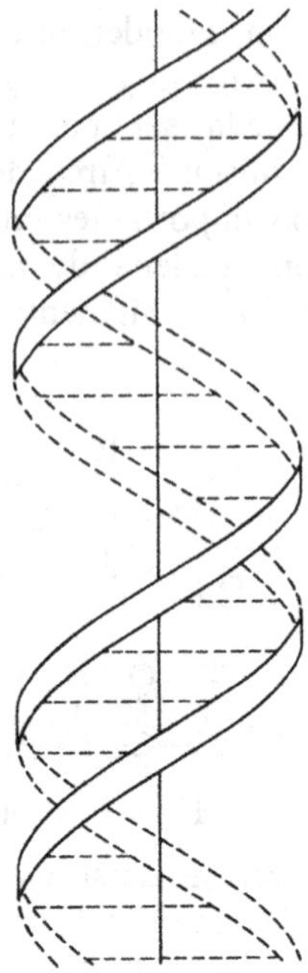

FIG. 14.11. — La hélice doble. Colgando de las partes interiores de las dos moléculas de ADN helicoidales están los grupos base. Ambas moléculas se emparejan en un esquema definido, unidas por enlaces de hidrógeno, como se indica por las líneas a trazos horizontales.

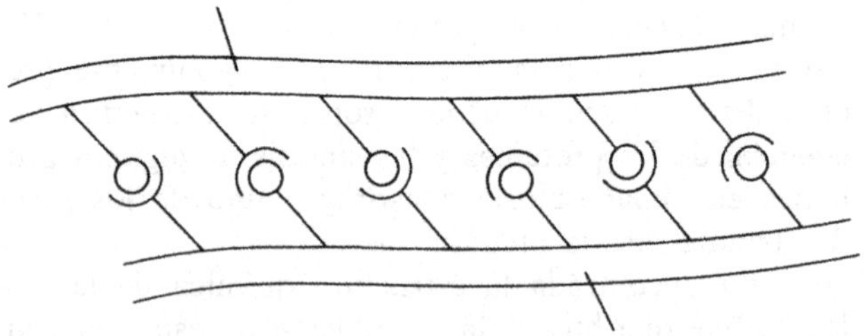

FIG. 14.12. — Diagrama esquemático mostrando que con objeto de que dos cadenas de ADN formen una hélice de cadenas gemelas, sus grupos funcionales deben estar en una secuencia precisa y complementaria de modo que puedan emparejarse entre sí.

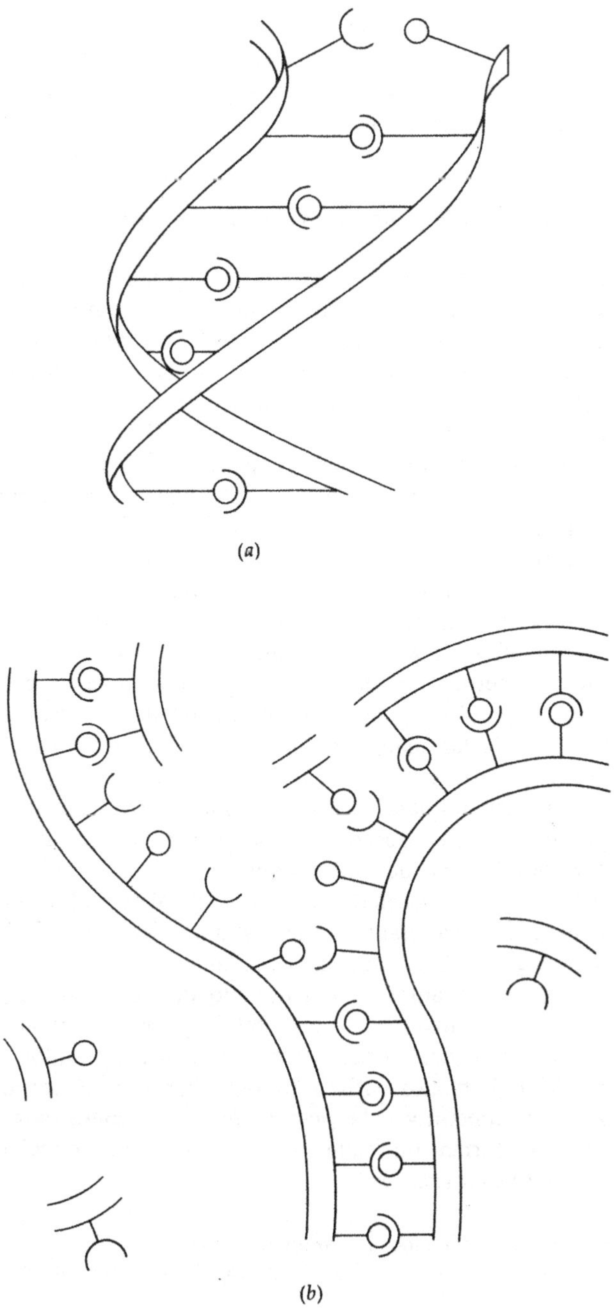

(*a*)

(*b*)

Fig. 14.13. — Cuando se divide la pareja de ADN que forman la hélice doble original, se forman dos cadenas idénticas por adición de unidades procedentes de la disolución inmediata a su alrededor.

es suficiente; las moléculas de ADN deben también poder formar nuevas moléculas de ADN con su imagen exacta, del mismo modo que las células pueden reproducirse y crecer.

Actualmente se admite que se crean las nuevas moléculas de ADN cuando se desenrrolla la hélice doble. Partiendo de un extremo, una de las cadenas tiene uno o dos de sus enlaces de hidrógeno rotos, presumiblemente por movimientos térmicos, como se indica en la figura 14.13*a*. Si en el líquido inmediato está flotando libremente una unidad semejante, es probable que forme un enlace de hidrógeno con el trozo de cadena despegado antes de que la cadena original pueda volver a formar el enlace. Si las dos cadenas primeras se desenrrollan un poco más, la porción siguiente de cada cadena será reemplazada también por una unidad libre de la disolución inmediata. Estos grupos adyacentes y nuevamente adheridos pueden reaccionar ahora juntos para empezar una larga cadena. Después de varias de estas etapas, la situación será como en la figura 14.13*b*. Cuando las cadenas originales continúan desenrollándose, las unidades previamente despolimerizadas se unen entre sí y estas nuevas parejas reaccionan con otras para formar una réplica exacta de la cadena original. De este modo la hélice doble se desenrolla y simultáneamente duplica las dos moléculas de ADN que la componían. Al final existen dos hélices dobles cada una de ellas idéntica a la original.

Mediante esta duplicación de las unidades de la cadena ADN, se propaga la información que controla el proceso vital. Las moléculas de ADN dirigen las síntesis adecuadas de otras moléculas en el organismo vivo. Las moléculas que han de producir dependen de la estructura secuencial dentro de la molécula de ADN. Las moléculas de ARN aparentemente actúan como mensajeros para los detalles de la construcción, pero no se conoce todavía con seguridad cómo se lleva a cabo el proceso de reproducción. Puede que el lector esté interesado en seguir este tema fascinante en las referencias 2 y 3.

Mutaciones debidas a daños sufridos por las células

La reproducción de todas las células vivas está determinada por la información almacenada de las secuencias precisas de las cadenas de ADN. Cualquier rotura en la estructura secuencial puede conducir a células orgánicas inadecuadamente formadas dentro de un organismo vivo. Afortunadamente, una sola cadena dañada de ADN no es suficiente para romper el proceso de crecimiento, puesto que para duplicarse, las cadenas deben cooperar en parejas. A pesar de esto, suceden alguna vez accidentes genéticos.

Cualquier influencia exterior que produzca las roturas de varias moléculas de ADN puede conducir a una estructura con una secuencia de faltas. La cadena rota puede volverse a formar con un fragmento de cadena que sea diferente de su pareja original. Esta nueva estructura de secuencia de ADN puede no funcionar normalmente; puede ser capaz de dirigir el crecimiento de las células, pero éstas serán anormales. Un organismo con moléculas de ADN defectuosas y sus células resultantes, puede mostrar unas anormalidades visibles. Muchos defectos de nacimiento probablemente tienen este origen.

Una molécula de ADN puede dañarse de varias maneras. Si choca contra una cadena un fotón de la región de los rayos X, éste tiene suficiente energía para romper los enlaces de la cadena. Por esta razón, la exposición a los rayos X debe mantenerse lo más baja posible para aquellas personas que estén en edad de tener hijos. Sin embargo, el examen por rayos X de un brazo es bastante menos peligroso que un haz de rayos X dirigido cerca del sistema reproductor del cuerpo.

Aunque podemos controlar muchas de las fuentes de radiación dañina, este peligro no puede eliminarse por completo. Constantemente están atravesando nuestros cuerpos partículas (especialmente partículas beta y rayos X). Éstas proceden de materiales ligeramente radiactivos existentes en nuestros edificios y en el suelo debajo de nuestros pies, lo mismo que en el espacio exterior en forma de rayos cósmicos. Así pues, los daños genéticos nunca pueden evitarse por completo. Afortunadamente, las denominadas fuentes de fondo de la radiación no son suficientemente intensas como para dañar a los seres vivos seriamente.

En el momento actual, existe una gran cantidad de comentarios y controversias sobre los daños semejantes asociados con las centrales de energía nuclear. Aunque la radiación procedente de una planta de este tipo será siempre bastante menor que la del fondo, cualquier radiación puede ser dañina. Tenemos dos alternativas frente a la anarquía nuclear: Restringir nuestro consumo de potencia o construir plantas que consuman carbón y gas, lo cual contribuirá más a la polución del aire y al agotamiento de las fuentes naturales. Evidentemente no existe ninguna solución perfecta del problema.

Fotosíntesis y la energía de la vida

Todos los organismos vivos consumen energía con objeto de mantener la vida lo mismo que para hacer trabajo útil. Consideremos la fuente de esta energía y su modo de llegar a nosotros. Como veremos, el Sol nos proporciona la energía con la cual existimos. Todas las formas de energía sobre la Tierra, excepto la energía nuclear, pueden reducirse en último término al Sol. El calor de éste evapora el agua de la Tierra; esta agua vuelve a la Tierra en forma de lluvia y, en su flujo hacia el mar, nos proporciona la energía necesaria para hacer funcionar las centrales generadoras hidroeléctricas. Sin embargo, la mayoría de nuestra energía procede de los alimentos que comemos y del carbón, petróleo y gas que quemamos. Puesto que carbón, petróleo y gas son productos de la descomposición de las plantas y puesto que incluso la carne de los animales que comemos se origina en las plantas que los animales consumen, nuestra fuente principal de energía procede de las plantas de la tierra. ¿De dónde procede esta energía?

Aunque no conocemos todos los detalles del crecimiento de una planta, tenemos una idea general de la reacción básica que conduce al crecimiento de la misma. Las plantas toman dióxido de carbono (CO_2) del aire y utilizan la energía del Sol para combinarlo con el agua. Este proceso forma el azúcar, almidón y celulosa (llamados carbohidratos o hidratos de carbono) que constituyen la planta; también genera oxígeno. En forma de ecuación este proceso, conocido como *fotosíntesis,* es

$$\text{Luz del sol} + \text{dióxido de carbono} + \text{agua} \rightarrow \text{hidratos de carbono} + \text{oxígeno}$$

La fotosíntesis empieza cuando el dióxido de carbono del aire se difunde dentro de las hojas de la planta. El agua necesaria para la reacción se transporta normalmente desde el suelo, a través de las raíces y el tallo, hasta las hojas. La luz del Sol por sí misma no puede producir la reacción de estos dos ingredientes.

Sin embargo, en presencia de una sustancia denominada clorofila (que da a las hojas su color verde), las hojas absorben la luz del Sol que entonces suministra energía para la reacción del CO_2 y del agua en la formación de los hidratos de carbono.

Los hidratos de carbono son compuestos de carbono, oxígeno e hidrógeno. Derivan su nombre de su fórmula $C_n(H_2O)_x$, siendo n y x números enteros. A pesar de esto, su estructura no es una combinación sencilla de agua y de átomos de carbono.

Cuando nosotros (y los animales) consumimos plantas, nuestros cuerpos queman de modo efectivo las plantas combinando sus sustancias con el oxígeno que respiramos. Así pues, nuestros cuerpos utilizan la energía dada a las plantas por el Sol y generan O_2 y agua que luego se expelen fundamentalmente por nuestros pulmones. Por tanto, nuestros cuerpos invierten la reacción de fotosíntesis. El dióxido de carbono y el agua se volverán a usar luego para el crecimiento de nuevas plantas con el concurso de la luz solar que suministra la energía necesaria.

La bioquímica es un tema tan excitante hoy como lo era el estudio de los átomos y de las moléculas en la época de los descubrimientos de de Broglie. Los rápidos avances en este campo tan complejo puede permitirnos alterar rápidamente los bloques constructores biológicos de la propia vida. Enfrentados con esta posibilidad, pronto tendremos que tomar decisiones difíciles y serias sobre la moralidad y legalidad de influir sobre el desarrollo de la vida.

BIBLIOGRAFÍA

1. WATSON, J.: *The Double Helix,* Signet Books, New York, 1969. Una historia humana del descubrimiento de la doble hélice escrita por su codescubridor. Watson recibió el premio Nobel por su trabajo en este tema.

2. STEINER, R. y EDELHOCH, H.: *Molecules and Life,* Van Nostrand, Princeton, N.J., 1965. Este pequeño libro está escrito para el profano inteligente.

3. COHEN, D.: *Biological Role of the Nucleic Acids,* American Elsevier, New York, 1965. Una exposición concisa y lúcida de los ácidos nucleicos y de sus funciones en los seres vivos.

4. MELVILLE, Sir H.: *Big Molecules,* Macmillan, New York, 1958. Escrita por un famoso químico inglés para los no científicos que se sientan científicamente inclinados.

5. ASIMOV, I.: *The World of Carbon,* Abelard-Schuman, New York, 1958. Un examen amplio de las reacciones y empleo de este elemento tan importante. Escrito para el profano por un famoso divulgador de ciencia.

6. TRELOAR, L.: *Introduction to Polymer Science* (rústica), Springer Verlag, New York, 1970. Uno de una serie de textos escritos para los alumnos de las escuelas inglesas sobre ciencias.

RESUMEN

La serie parafínica de las moléculas de hidrocarburo son cadenas lineales de átomos de carbono saturadas con hidrógeno. Su forma general es C_nH_{2n+2}. Están caracterizados por el sufijo -ano, como en el metano, etano y propano. Estas moléculas se presentan en el gas natural, gasolina, ceras; las moléculas más pesadas se encuentran en los materiales más sólidos.

Al denominar estos compuestos, las cadenas rectas reciben el prefijo *n*-, que quiere decir normal. Las cadenas ramificadas pueden designarse por el prefijo iso-. Las moléculas que tienen la misma composición pero estructuras diferentes se denominan *isómeros*. La posición de un átomo sustituido sobre una molécula se designa numerando las posiciones a lo largo de la molécula empezando por uno de sus extremos o por algún otro punto distintivo.

Los alcoholes están caracterizados por el grupo —OH y el sufijo -ol. Ejemplos típicos son el metanol y el etanol. Debido a que tienen un protón prácticamente descubierto, los alcoholes forman enlaces de hidrógeno. Los alcoholes inferiores tienen constantes dieléctricas altas. Sin embargo, los alcoholes de cadena muy larga se comportan de un modo muy parecido a sus moléculas parafínicas análogas.

Los ácidos orgánicos están caracterizados por el grupo

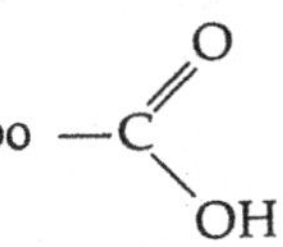

, o grupo carbonilo. Reacciona con los alcoholes separando una molécula de agua en la reacción. El compuesto resultante se denomina éster. Por ejemplo, cuando se hace reaccionar el butanol con ácido acético, se forma un éster de olor agradable denominado acetato de butilo. La mayoría de los ésteres tienen olores muy agradables.

El benceno es típico de una serie completa de moléculas en forma de anillos no saturados que contienen enlaces covalentes dobles deslocalizados. Debido al desplazamiento rápido de estos enlaces, algunos de los electrones de la molécula se mueven más o menos libremente alrededor de cada anillo.

Las moléculas de amina están caracterizadas por el grupo 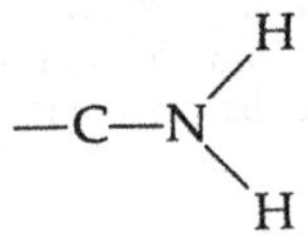

Reaccionan con los ácidos orgánicos para formar amidas. Las amidas están caracterizadas por el grupo amida 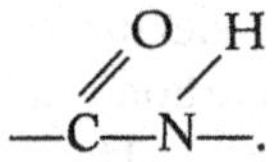. Este grupo, como el —OH, forma enlaces de hidrógeno, puesto que también tiene un protón descubierto. El enlace de hidrógeno mantiene a las moléculas de proteínas en sus configuraciones definitivas.

Cuando se polimeriza un monómero se forma una molécula de cadena larga. Los polímeros van desde los aceites y las gomas, hasta los plásticos vítreos y las fibras sintéticas. Las moléculas de proteínas son también polímeros.

Las proteínas y los ácidos nucleicos se encuentran en los seres vivos. Tienen una estructura con una secuencia precisa y complicada a lo largo de la cadena. La función de la molécula dentro de los organismos vivos está determinada por la estructura de secuencia de la cadena y su forma tridimensional. Las moléculas de proteínas son los elementos fundamentales del organismo. Los ácidos nucleicos dirigen la síntesis de las proteínas y se duplican asimismo de un modo preciso cuando las parejas de cadenas (hélice doble) se desenrollan.

Cuando una cadena de ácido nucleico resulta dañada por la radiación o por otro medio, puede conducir a la producción de moléculas defectuosas dentro del organismo. Estas moléculas defectuosas pueden originar defectos de nacimiento y cáncer.

La vida sobre la Tierra recibe virtualmente toda su energía del Sol. Esta energía nos llega a nosotros como energía en forma de fotones de la radiación solar. Las plantas absorben esta energía en la clorofila de sus hojas. Con la energía del Sol, las plantas combinan el agua y el CO_2 del aire para formar hidratos de carbono en el proceso de fotosíntesis. Cuando las plantas (o el petróleo, gas y carbón formados a partir de ellas), se consumen o se queman, los productos son CO_2 y agua. Así pues, el Sol proporciona la energía necesaria para generar el ciclo vital.

LISTA DE COMPROBACIONES

1. ¿Qué es una molécula de parafina? Dar algunos ejemplos.
2. Describir las características de los enlaces de los átomos de carbono en las moléculas orgánicas.
3. Escribir la reacción química que describe lo que ocurre cuando el metano sufre una combustión completa en el oxígeno.
4. ¿Cómo se denominan las parafinas normales? Dar la fórmula estructural del octano.
5. ¿Cuál es la diferencia existente entre el butano y el isobutano? Escribir la fórmula estructural para el 1,3-dicloropentano normal.
6. ¿Qué es un alcohol? Distinguir entre las propiedades del alcohol metílico y etílico.
7. ¿En qué aspectos se comportan los alcoholes de modo semejante al agua?
8. ¿Cuál es la estructura típica de un ácido orgánico? Estudiar la reacción de un ácido orgánico con un alcohol.
9. ¿Cómo puede formarse un éster a partir de un alcohol?
10. Dar la fórmula estructural del benceno. ¿Cómo se aplica la palabra «resonancia» a esta molécula?
11. Dar la fórmula del amoníaco. ¿Qué es una amina? ¿Una amida?
12. Estudiar la capacidad de formar enlaces de hidrógeno de los grupos amidas.
13. ¿Cuál es la estructura de un monómero de vinilo? ¿Cómo reacciona para formar un polímero?
14. Estudiar la naturaleza de la molécula en un polímero tal como el polietileno. ¿Qué determina que un polímero sea un líquido, una goma o un vidrio?
15. ¿Cómo se forman los polímeros de condensación? ¿Qué tipo de reactivos se utilizan?
16. ¿Qué es una molécula de proteína? Estudiar la disposición de los aminoácidos en su interior.
17. Estudiar la función de los ácidos nucleicos para la determinación de la estructura y crecimiento de las moléculas de proteínas.
18. ¿Cuál es la importancia de la doble hélice?
19. Distinguir entre las moléculas de ADN y ARN. ¿Cuál parece ser la función de cada una de ellas?
20. ¿Cuál es la fuente de energía principal para la vida sobre la Tierra? ¿Qué es la fotosíntesis?

CUESTIONES

1. Cuando se quema gas natural en el quemador de una cocina o en un mechero bunsen, la llama tiene forma de cono con la punta de éste bastante alejada del quemador metálico. La llama es rojo-amarillenta alrededor de los bordes y en la punta de la llama, pero azul en su centro. Con sólo estos datos, ¿qué parte de la llama se supone más caliente? ¿Por qué?
2. Si las plantas absorben dióxido de carbono (CO_2) del aire y desprenden oxígeno en la fotosíntesis, ¿por qué finalmente no se agota el CO_2 de la atmósfera quedando sustituido por el oxígeno?
3. Describir los cambios que desde 1900 hasta nuestros días han tenido lugar sobre la capacidad de sintetizar compuestos orgánicos.
4. El hidróxido sódico es un sólido blanco. Cuando se disuelve en agua, ésta se calienta mucho (decimos que la reacción es *exotérmica*). ¿Cómo puede interpretarse este efecto de calentamiento en función de la intensidad de los diversos enlaces que intervienen en el proceso.
5. Cuando se añade alcohol metílico a un volumen igual de agua, se emite calor. ¿Qué conclusión puede obtenerse de este fenómeno?
6. El punto de ebullición del etano es —88 °C y el del metanol es 65 °C. Inténtese justificar esta diferencia.
7. El benceno tiene un punto de ebullición de 80 °C y los puntos de ebullición del tolueno y xileno son 111 °C y 140 °C respectivamente. ¿Por qué son razonables estas diferencias?
8. Algunas cadenas de polímeros tienen grupos especiales a lo largo de ellas que se disuelven en agua para formar iones. Algunas de estas mismas cadenas pueden disolverse en un disolvente que no permita ionizar estos grupos. En uno de los disolventes, las cadenas se estiran grandemente, mientras que en el otro no se comportan así. Explicarlo.
9. Estudiar el problema de la polución del aire urbano, prestando una atención particular a las fuentes de agentes contaminantes dañinos y los modos factibles de disminuir la polución.
10. Algunos antitranspirantes avisan en sus etiquetas que la ropa en contacto con el producto químico deberá limpiarse en seco o lavarse antes de plancharse. Si uno ignora este aviso, la ropa adquiere un olor a pescado. ¿Cuál se piensa que es la causa de este olor?
11. Explicar por qué la exposición a radiación de alta energía puede producir deformidades en la progenie de la persona.
12. Muchas células del cuerpo están siendo sustituidas continuamente. Algunas de estas células empiezan a crecer anormalmente y si su velocidad de reproducción es grande, se desarrolla un cáncer. Estudiar los orígenes posibles de esta enfermedad.
13. El cuerpo humano es un poco parecido a un «hogar» en el que se «quema energía». Estudiar la naturaleza del «hogar» en función del combustible utilizado, su fuente de energía original y los productos de la combustión.
14. Muchos de los tintes que se utilizaban inicialmente en los tejidos se debilitaban cuando se exponían a la luz del sol fuerte durante períodos largos. ¿Qué es lo que originaba esto? ¿Cómo debería esperarse que variase este efecto con la concentración media de nubes contaminantes y con la altura sobre el nivel del mar?

Capítulo 15

La atmósfera terrestre y la meteorología

Historia primitiva de la Tierra

Creemos que el planeta Tierra se formó a partir de la agregación de polvo galáctico, como se describió brevemente en el capítulo 1. Las partículas estaban contenidas en una nube que se había desprendido de las corrientes que estaban formando el Sol y, empujadas por las fuerzas gravitatorias, formaron la Tierra. Cuando las partículas cayeron en el agregado embriónico, adquirieron grandes energías cinéticas. Esto dio como resultado energías térmicas elevadas para los átomos que formaban la Tierra, pero no sabemos con certeza cuál sería la temperatura exacta de ésta en su juventud. Es posible que fuese una esfera fundida en su etapa de formación, aunque muchos geólogos creen que era sólida incluso entonces.

Aunque el polvo galáctico que formó la Tierra estaba compuesto principalmente de átomos de hidrógeno y de helio, estos elementos constituyen sólo una pequeña fracción de la Tierra actual. Puesto que son los átomos de masa más pequeña, las fuerzas gravitatorias que los atraen hacia la Tierra fueron insuficientes para su captura en el campo gravitatorio terrestre. Casi todo el hidrógeno encontrado en la Tierra se combinó con otros átomos formando moléculas. Estas moléculas de mayor masa son fuertemente atraídas por la fuerza gravitatoria terrestre y así, ellas y sus átomos de hidrógeno constituyentes quedaron ligados en nuestro planeta. Sin embargo, los átomos de helio, al no ser reactivos, no formaron moléculas grandes y en su mayor parte se perdieron de la Tierra. Incluso así, encontramos helio en ella debido a que se forma continuamente durante el proceso de desintegración radiactiva de los elementos muy pesados; es decir, cada vez que una partícula alfa es emitida por un átomo radiactivo, se forma un átomo de helio. Aunque este proceso es extraordinariamente lento, ha creado cantidades apreciables de helio en los cuatro mil quinientos millones de años de existencia de nuestro planeta.

Puesto que la atmósfera de la Tierra está compuesta fundamentalmente por nitrógeno (78 por ciento) y oxígeno (21 por ciento) en forma molecular diatómica, es evidente que las moléculas de peso molecular 28 y 32 no pueden escapar del campo gravitatorio terrestre. Por ello, admitimos que los átomos estables con peso atómico mayor de 28 existen sobre la Tierra en concentraciones aproximadamente iguales a las que existían en la nube que formó a ésta. De hecho, se encuentran en la Tierra concentraciones sustanciales de átomos incluso más ligeros, pero esto se debe parcialmente a su capacidad de reaccionar con otros átomos para formar moléculas de mayor masa. Los principales constituyentes de la Tierra son el silicio, hierro, oxígeno, magnesio y aluminio, pero no están distribuidos uniformemente en ella.

La mayor parte de los átomos que constituyeron la Tierra hace cuatro mil millones de años están todavía aquí hoy. Sin embargo, existieron también algunos átomos radiactivos que ya no se encuentran. Todos aquéllos con períodos de semidesintegración cortos se han ido desintegrando y desapareciendo. Hoy, solamente aquellos elementos radiactivos creados en una serie de desintegración de los elementos con períodos muy largos, el uranio, el torio y el actinio, se encuentra en cantidades medibles sobre la Tierra. Aunque están presentes sólo en pequeñas cantidades, contribuyen en una parte sustancial a la energía térmica del planeta. Quizás hasta el 80 por ciento de la energía térmica que escapa al espacio desde el núcleo central caliente de la Tierra se sustituye por la energía producida en los procesos de interacción radiactiva dentro de la misma.

Ciertamente, aquellos que apoyan la teoría de una Tierra sólida originalmente atribuyen sus temperaturas interiores realmente altas, al calor generado por gran cantidad de especies radiactivas presentes en los tiempos iniciales. Pero bien fuese la fuente de energía gravitatoria o nuclear, la verdad es que una gran fracción del interior de la Tierra estaba fundida hace unos cuatro mil millones de años atrás y lo sigue estando hoy. Si partimos de una descripción de la Tierra fundida, podemos explicar su estratificación actual del modo siguiente.

Debido a la radiación térmica, la parte fundida empezó a enfriarse; la capa más externa de la esfera terrestre se enfrió más rápidamente. Puesto que el material de que está compuesto la Tierra no puede conducir el calor desde el núcleo hacia la superficie con la misma rapidez con que la superficie lo está perdiendo, se estableció una diferencia de temperatura en todo el globo terrestre. La superficie quedó bastante más fría que el interior y empezaron a formarse cristales en la masa fundida. Entre las primeras formas cristalinas debemos citar los compuestos de silicio-oxígeno denominados silicatos. Estos cristales son más ligeros que el silicio y el hierro fundidos, de modo que subieron hacia la superficie terrestre y finalmente formaron una capa sólida sobre ella. Esta capa, de unos 5 a 30 km de espesor constituye la *corteza* terrestre. Contienen las rocas y otros materiales que pensamos normalmente que son los constituyentes de la Tierra. Sin embargo, esta corteza delgada cubre una porción del planeta muy diferente de la que conocemos. Ciertamente, una parte importante que se halla debajo de la corteza está todavía fundida.

El calor no fluye fácilmente a través de la corteza terrestre y así ésta actúa como una manta aislante sobre el núcleo fundido. Esta es la razón por la cual el calor procedente del Sol tiene poca influencia sobre la temperatura en las cavernas y minas profundas. Las temperaturas en dichas cavidades son casi constantes en todo el año; incluso a estas distancias relativamente cortas respecto a la superficie, el verano y el invierno tienen poca influencia.

Debido al efecto aislante de la corteza, la superficie terrestre y la atmósfera situada sobre ella se enfriaron a temperaturas por debajo del punto de ebullición del agua. El vapor de agua de la atmósfera se condensó y cayeron lluvias torrenciales sobre la Tierra, de tal modo que el agua que vemos en los océanos pasó de gas a líquido. Estas nubes inmensas de agua-vapor y las lluvias torrenciales produjeron casi con toda seguridad tormentas violentas sobre el planeta. Los relámpagos y rayos que se produjeron pueden haber sido también un factor primario en cuanto a originar células de vida propia en aquella época.

En el momento actual no existe ninguna teoría generalmente aceptada respecto al origen de las formas más sencillas de seres vivos sobre la Tierra. Sin embargo, estamos en lo cierto de que la vida tal como la conocemos no pudo empezar hasta que se desarrolló una atmósfera en la que los elementos pudiesen formar compuestos con oxígeno en lugar del hidrógeno. Una vez que se creó esta atmósfera, empezaron a aparecer organismos vivos en algunos lugares sobre la Tierra y se formaron las diversas características de la superficie terrestre que asociamos con la vida y con sus procesos de descomposición.

Capas atmosféricas

La atmósfera que rodea la Tierra está fundamentalmente compuesta por nitrógeno y oxígeno, aunque están también presentes trazas de algunas otras moléculas. La composición media del aire se indica en la tabla 15.1. El contenido en vapor de agua no se indica, puesto que varía ampliamente con las condiciones climáticas. Sabemos que el oxígeno del aire es necesario para vivir sobre la Tierra. La importancia del nitrógeno fue dramáticamente ilustrado por el trágico accidente ocurrido hace unos años en un pro-

TABLA 15.1. *Atmósfera terrestre*

Gas	Símbolo	Concentración (por ciento)
Nitrógeno	N_2	78
Oxígeno	O_2	21
Argón	A	0,9
Dióxido de carbono	CO_2	0,03
Neón	Ne	0,002
Helio	He	0,0005
Metano	CH_4	0,0002

grama espacial. En aquel tiempo se utilizaba oxígeno puro como atmósfera en las cápsulas espaciales. Durante un ensayo previo al vuelo, una chispa hizo arder el oxígeno y mató a los astronautas que estaban dentro de la cápsula. Sin nitrógeno en el aire para diluir el oxígeno, la vida, tal y como la conocemos, no podría existir.

Los porcentajes de la tabla 15.1 no se aplican a todas las partes de la atmósfera. Cerca de las ciudades grandes, el aire está lleno de contaminantes. Además, según vamos ascendiendo por encima de la Tierra varían las proporciones relativas de las diversas moléculas. Como vimos en el ejemplo 5.4, la molécula de nitrógeno media en la superficie de la Tierra tiene una energía cinética suficiente para ascender hasta una altura de unos 15 kilómetros. Moléculas más ligeras como las de helio y metano pueden incluso elevarse más aún. Las moléculas más pesadas, tales como las del dióxido de carbono son menos capaces de elevarse a la parte superior de la atmósfera. De aquí que a altitudes elevadas la atmósfera resulte relativamente rica en moléculas ligeras.

Puesto que siempre existe una distribución amplia de energías entre las moléculas aisladas de un gas (muchas tienen energías menores que la media, mientras que otras muchas tienen energías bastante superiores) la atmósfera no tiene un límite superior definido. Va disminuyendo de densidad gradualmente. En Laramie, Wyoming, que está aproximadamente a 2 km por encima del nivel del mar, el aire ya es menos denso, de modo que viene a tener el valor 0,8 del valor a nivel del mar. Esta disminución de *densidad* del aire con la altitud se indica en la figura 15.1. Obsérvese que la escala de densidad se ha expresado en potencias de 10, de modo que la variación es mucho mayor de lo que puede parecer a primera vista. Así pues, la densidad del aire a una altitud de unos 100 km desciende hasta una millonésima de su valor a nivel del mar. A unos 150 km por encima de la superficie terrestre, el aire tiene una densidad tan pequeña como la del vacío existente en un buen tubo de vacío. Ésta es la razón por la cual los satélites que rodean la Tierra a velocidades tremendas no se ven frenados apreciablemente por rozamiento con el aire si su órbita está por lo menos a esta altura.

La atracción de la gravedad tiene otra influencia importante sobre las moléculas de la atmósfera. Se recordará que la temperatura absoluta de un gas es una medida de la energía cinética media de una de sus

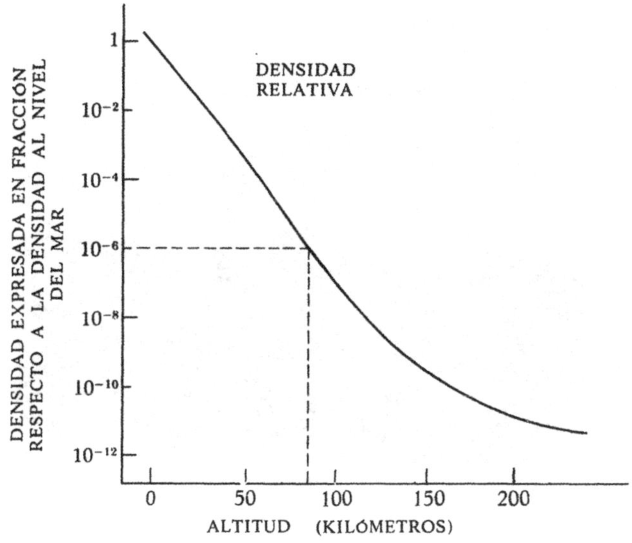

FIG. 15.1. — Variación de la densidad del aire con la altitud. Obsérvese que la densidad ha disminuido hasta una millonésima de su valor cuando se ha alcanzado una altura de 90 km aproximadamente.

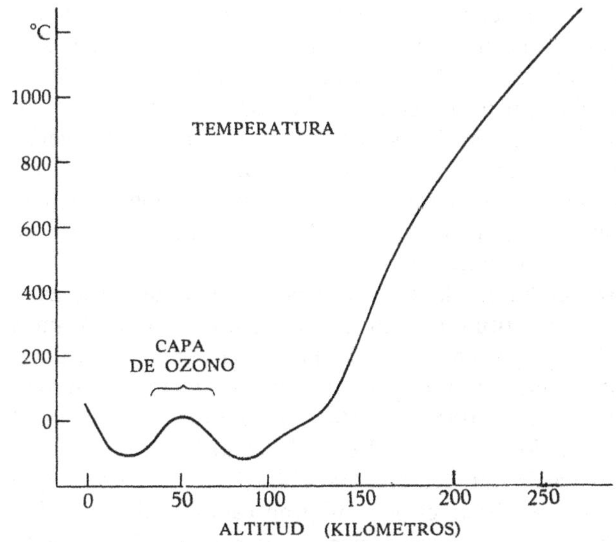

FIG. 15.2. — Variación de la temperatura del aire sobre la tierra. Obsérvese que la temperatura disminuye rápidamente cuando ascendemos durante los 15 primeros kilómetros.

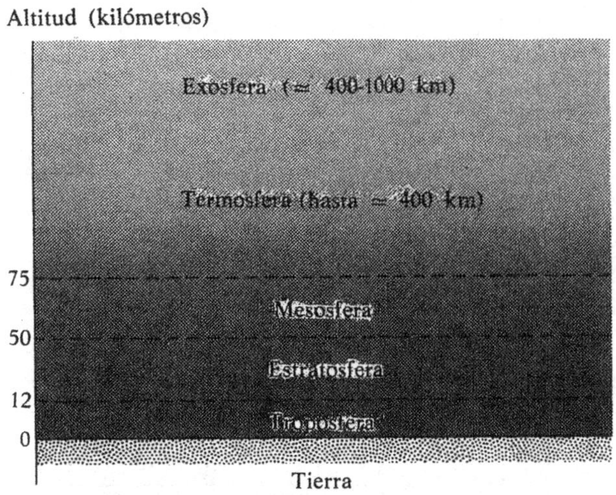

FIG. 15.3. — Capas de la atmósfera. La ionosfera se extiende desde las regiones superiores de la mesosfera hasta casi la parte superior de la termosfera.

moléculas. Pero sabemos que las moléculas a elevadas alturas tienen menor energía cinética que cuando están a nivel del mar debido a que han sufrido variaciones de energía potencial cuando ascienden. Podemos predecir, por tanto, que la temperatura del aire disminuirá con la altura por encima de la Tierra. Esta predicción puede confirmarla cualquiera que haya volado en un avión no aislado térmicamente. La variación medida de la temperatura del aire con la altura se indica en la figura 15.2. Obsérvese que la temperatura desciende hasta —40 °C aproximadamente en los 15 primeros kilómetros.

Sin embargo, la temperatura aumenta drásticamente con la altitud por encima de unos 75 km. A unos 225 km por encima de la Tierra, la temperatura de la atmósfera (de una densidad muy pequeña) es aproximadamente 1000 °C. Esta temperatura tan alta es el resultado del bombardeo de la atmósfera superior por los rayos del Sol directos y sin filtrar. Sabemos que nos llega desde el Sol una gran cantidad de radiación luminosa de elevada energía. Esta radiación viene en forma de rayos X y ultravioletas, puesto que la energía del fotón aumenta cuando disminuye su longitud de onda. Estas energías de los fotones son suficientemente grandes para descomponer las moléculas que los absorben. Cuando se absorbe un fotón, imparte su energía a la molécula absorbente. Así pues, las moléculas en el borde superior de la atmósfera tienen energías extraordinariamente elevadas; esto significa, a partir de nuestra definición de temperatura, que la atmósfera superior es muy caliente.

La temperatura elevada que asignamos al borde superior de la atmósfera es un poco decepcionante. Puesto que la densidad del aire es tan baja a estas altitudes, las propiedades térmicas del aire son las del vacío y los métodos ordinarios para detectar la temperatura del aire no funcionan. Por ejemplo, un termómetro ordinario exige horas para alcanzar la temperatura de su medio ambiente en las condiciones indicadas. Los viajeros espaciales se preocupan así más de la radiación que incide sobre ellos procedente del Sol, que de la temperatura de las pocas moléculas que existen a estas altitudes tan elevadas.

Los experimentos han demostrado que podemos dividir la atmósfera en cinco capas; éstas se indican en la figura 15.3. Examinemos cada una de ellas con detalle.

LA EXOSFERA

Como puede esperarse del prefijo «exo-», la exosfera es la región más exterior de la atmósfera, empezando a unos 450 km por encima de la Tierra. A alturas aún mayores, se mezcla gradualmente con el espacio interplanetario. A unos 250 km de altura en la exosfera, o sea, aproximadamente a unos 650 km por encima de la Tierra, existen todavía 10^6 moléculas en cada cm^3. Pero este número es 10^{-13} veces menor que el existente en un volumen semejante al nivel del mar. De hecho, la mayor parte de los vacíos que el hombre obtiene, poseen miles de veces más moléculas por centímetro cúbico que esta región en el borde del espacio. Más cerca de la Tierra, la densidad de la atmósfera resulta ser cada vez mayor. Las capas inferiores de la exosfera no pueden distinguirse claramente; la exosfera se mezcla con la termosfera.

La termosfera

Esta capa que se amplía desde 75 hasta 450 km por encima de la Tierra es extremadamente caliente (de aquí el prefijo «termo-», que procede de la palabra griega *thermos,* caliente). Como vimos en la fig. 15.2, los rayos del Sol calientan esta región de la atmósfera fuertemente. Además, los fotones de alta energía procedentes de aquél, rompen muchas de las moléculas de la termosfera en iones. Esto, como veremos, es extremadamente importante para la transmisión de ondas de radio.

MESOSFERA Y ESTRATOSFERA

Estas capas adyacentes cubren el margen desde unos 12 hasta unos 75 km de altura. Como vemos en las figuras 15.1 y 15.2, el aire allí es muy poco denso y las temperaturas están por debajo del cero en la mayor parte de los casos. El aire está muy ionizado cerca de la capa límite superior, pero sólo ligeramente ionizado en su parte inferior. A estas altitudes no existe cantidad apreciable de vapor de agua y, por lo tanto, no hay nubes, vientos ni tormentas. Ocasionalmente un avión que vuela a alta velocidad deja una traza blanca de agua y de gotitas de hielo, *estela de condensación,* en la parte inferior de la estratosfera y debajo de ella. Estas gotitas proceden de los productos de combustión del combustible en los motores. Se puede estimar la quietud del aire en esta región por la mayor o menor persistencia de las trazas.

En la región de 30 a 60 km por encima de la Tierra, se encuentra ozono, O_3. Esta molécula se forma cuando un átomo de oxígeno aislado se combina con una molécula de oxígeno. El oxígeno libre se forma cuando un fotón de energía alta choca con una molécula de oxígeno. De aquí que sólo exista ozono en cantidades apreciables a alturas en donde los rayos del Sol son bastante intensos. Además, la formación de la molécula de ozono es una reacción complicada en la que interviene una tercera molécula, un óxido de nitrógeno. Así pues, la producción de ozono depende de un equilibrio muy delicado entre las moléculas en esta zona.

La capa de ozono es vital para la vida en la Tierra, debido a que absorbe de un modo muy efectivo la luz ultravioleta procedente del Sol y hace disminuir mucho la radiación de alta energía que incide sobre nosotros en la superficie terrestre. Puesto que incluso las pequeñas cantidades de luz ultravioleta que nos alcanzan pueden quemar o tostar nuestra piel, podemos apreciar cómo influiría en nuestras vidas la ausencia del ozono. La capacidad del ozono para absorber la radiación ultravioleta está indicada por la elevación repentina de temperatura que es característica de la mesosfera (ver figura 15.2).

Algunos científicos creen que la vida actual peligrará seriamente si los aviones siguen volando a su capricho por la estratosfera. Temen que los productos de combustión dejados en las estelas de estos aviones supersónicos alteren el delicado equilibrio de la capa del ozono y así debilitarla e incluso destruirla. En el momento actual no tenemos suficientes pruebas científicas sólidas para probar o rechazar esta teoría.

LA TROPOSFERA

Esta región de la atmósfera es la más familiar para nosotros, puesto que vivimos en ella. Su espesor varía de 8 km en los polos a unos 15 km en el Ecuador. De todas las capas atmosféricas, la troposfera es la que se distingue más fácilmente, ya que su límite superior está marcado por la altura máxima de nubes que cubren la Tierra. Más de la mitad de la atmósfera terrestre se encuentra en los 5 km inferiores de la troposfera. Contiene gran cantidad de vapor de agua y así es aquí donde encontramos las nubes junto con las tormentas en que éstas intervienen.

La ionosfera

Como hemos visto, la radiación procedente del Sol rompe las moléculas y produce muchos iones en la atmósfera. Esta capa de iones, denominada *ionosfera,* empieza a unos 60 a 80 km por encima de la Tierra y alcanza casi hasta la cima de la termosfera. Su estructura y altura varían de acuerdo con la hora del día o de la noche; por la noche, los iones de la parte inferior y más densa de la capa se recombinan con los electrones libres y así desaparece la parte ionizada inferior de esta capa. La recombinación se produce con menos frecuencia en las regiones mucho menos densas superiores y así esta parte superior de la ionosfera permanece casi sin variar durante el curso de una sola noche. De hecho, la parte inferior de la capa ionizada se eleva cuando la noche va pasando.

La capa ionizada influye sobre la transmisión de ondas de radio como se ve en la figura 15.4. La mayor parte de las ondas electromagnéticas emitidas por una estación de radio se reflejan en la ionosfera volviendo a la Tierra de modo que las ondas rodean a ésta en lugar de escapar hacia el espacio. En consecuencia, podemos detectar las ondas procedentes de estaciones de radio que están en la otra parte del mundo. Sin embargo, la capacidad de reflexión de la ionosfera depende de la longitud de onda de las ondas electromagnéticas; la capa actúa como un espejo sólo si los iones son mucho menores que una longitud de onda. Los iones están suficientemente próximos como

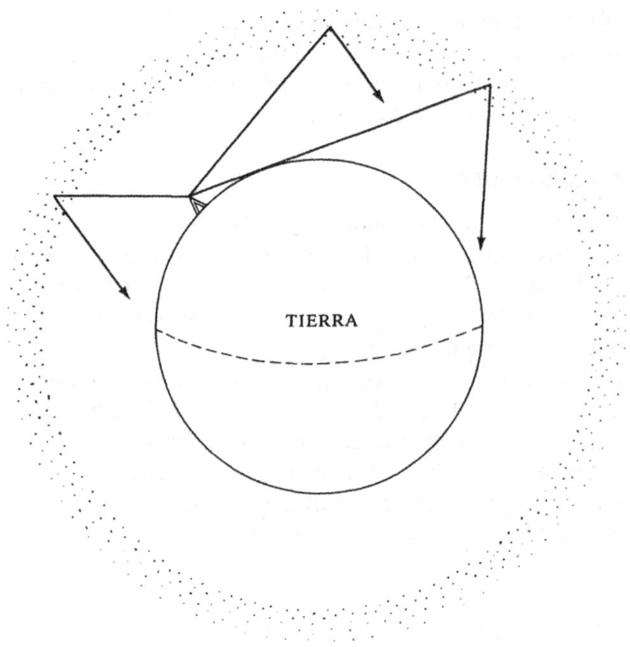

FIG. 15.4. — La capa de la ionosfera confina las ondas electromagnéticas largas sin dejarlas escapar de la Tierra. Esto hace posible detectar las ondas de radio procedentes de estaciones lejanas.

para reflejar de modo eficaz cualquier onda de radio con una longitud de onda λ mayor de 100 metros. Sin embargo, las ondas de TV y FM que tienen una longitud de onda λ más corta que ésta, se reflejan muy pobremente en la capa ionizada. Como resultado, la recepción de TV y FM está limitada por la curvatura de la Tierra hasta un alcance de aproximadamente 80 km.

Hasta hace poco, la recepción de radio en el mundo entero y las comunicaciones intercontinentales dependían de la ionosfera. En el pasado, las comunicaciones de radio se había interrumpido con frecuencia en momentos críticos, por las grandes erupciones de la superficie del Sol. Estos sucesos que son fácilmente visibles en la Tierra se denominan fulguraciones solares; en estos procesos se emiten grandes cantidades de partículas cargadas que alcanzan la Tierra un día después. Cuando inciden en la atmósfera terrestre, alteran las propiedades especulares de la ionosfera y, por lo tanto, la transmisión de las ondas de radio. Con la puesta en funcionamiento de satélites síncronos (satélites que giran a la misma velocidad que la Tierra, de modo que su posición sobre ella permanece fija), no se necesita de la ionosfera para el enlace intercontinental de las ondas de radio. En lugar de ello, las transmisiones se reflejan en estos satélites de comunicaciones que están fijos sobre la Tierra. Estos satélites reflejan también las ondas de TV y así ahora tenemos contacto directo de TV entre dos continentes.

Movimiento del aire a gran escala

El movimiento de aire sobre la Tierra es el resultado principal del hecho familiar de que el «aire caliente se eleva». Puesto que un gas se dilata cuando se calienta, el aire caliente es menos denso que el aire frío del que procede. Como resultado, se ve elevado hacia arriba por la acción del aire frío más denso que lo rodea, del mismo modo que un trozo de madera se ve empujado hacia arriba por el agua más densa en que está sumergido. Así pues, el aire caliente del Ecuador se eleva, mientras que el aire frío de las regiones árticas desciende. A partir de esto, sería de esperar que el aire por encima de la Tierra circulase según el esquema indicado en la figura 15.5*a*. Sin embargo, otros factores demasiado complicados para que los analicemos ahora, hacen que la circulación sea de un modo más semejante la indicado en la figura 15.3*b*. Además de la circulación del aire caliente, el movimiento del aire, depende de la rotación de la Tierra, a través del llamado *efecto Coriolis*. Para ver cómo procede este efecto, supongamos que se dispara un satélite fotográfico paralelamente a la superficie de la Tierra desde un punto bastante alto encima del Polo Norte, como se ve en la figura 15.6. Durante su vuelo la Tierra gira debajo de él. Así pues, si el satélite se apuntó originalmente hacia Londres, durante el tiempo que recorre la distancia desde el Polo hasta Londes, la rotación de la Tierra ha trasladado Londres hacia el este respecto a la trayectoria del satélite. En lugar de fotografiar Londres, el satélite fotografía un punto intermedio del océano Atlántico. A cualquiera que estuviese examinando el proceso desde la Tierra, le parecería que el satélite se movía hacia el oeste.

Del mismo modo que el satélite, las masas de aire que se mueven hacia el sur procedentes del Polo Norte parecen moverse hacia el oeste debido a la rotación de la Tierra debajo de dichas masas. Un razonamiento semejante nos mostraría que las masas de aire

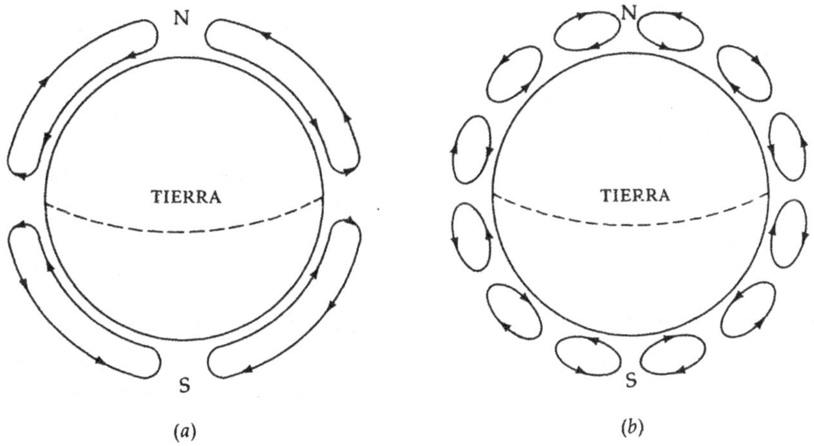

FIG. 15.5. — El enfriamiento polar y el calentamiento ecuatorial solos deberían producir el esquema de circulación de aire indicado en *(a)*. En la práctica resulta ser *(b)* un esquema más real.

moviéndose hacia el norte procedente del Polo Sur también parecen desviarse hacia el oeste. Sin embargo, una masa de aire (o un satélite) partiendo hacia el norte desde un punto del Ecuador, participa de la velocidad de la Tierra en dicho punto hacia el este. Cuando el aire se mueve hacia el norte, la velocidad de la Tierra que gira bajo él disminuye y finalmente llega a ser cero en el Polo. Pero la masa de aire mantiene su velocidad inicial hacia el este y, por lo tanto, se desplaza hacia el este cuando se mueve hacia el norte.

Podemos resumir el efecto Coriolis del modo siguiente. Si una masa de aire se está moviendo alejándose del Ecuador o acercándose a él y estamos mirando en la dirección de la masa de aire que se está moviendo, entonces el efecto Coriolis desviará dicha masa hacia nuestra derecha si estamos en el Hemisferio Norte y la desviación será hacia la izquierda si estamos en el Hemisferio Sur.

Como resultado de la rotación terrestre, el esquema de vientos predominantes en la Tierra es el indicado en la figura 15.7. La mayor parte de los Estados Unidos está en la región de vientos que proceden del oeste. El norte de Florida está en la latitud 30°, mientras que el sur de Alaska se encuentra a 60° de latitud. Así pues, los vientos predominantes de los Estados Unidos van de oeste a este; las tormentas y otros

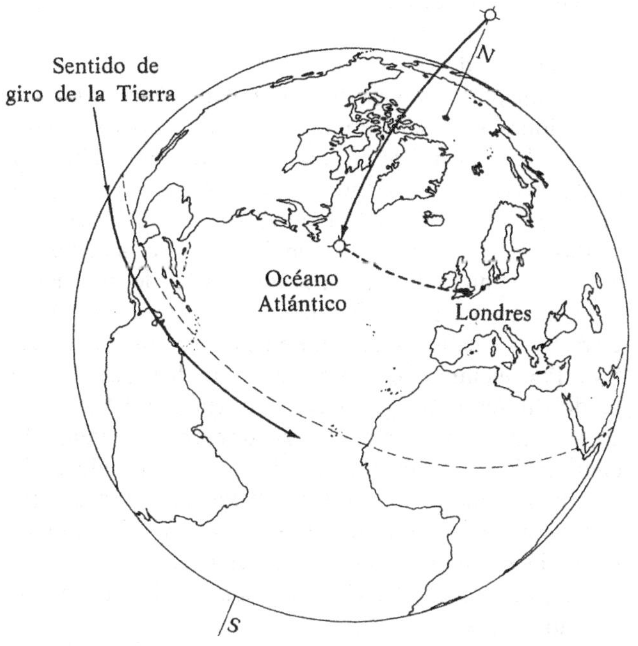

FIG. 15.6. — Ilustración del efecto Coriolis.

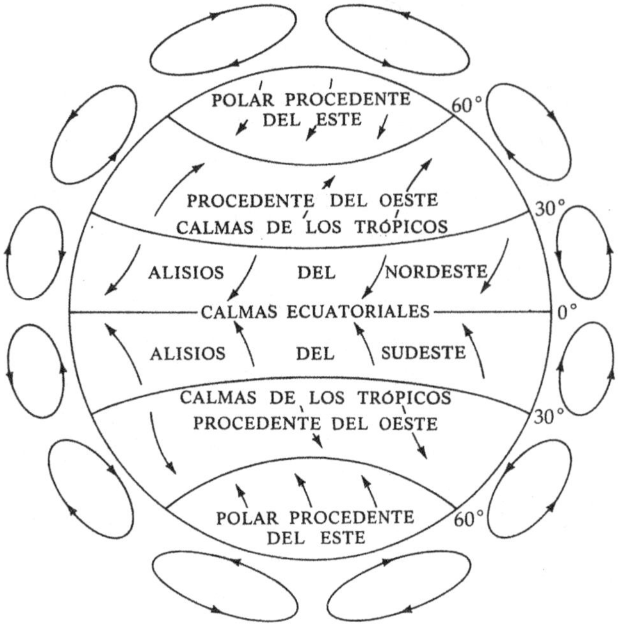

FIG. 15.7. — Direcciones predominantes del viento en la Tierra.

fenómenos meteorológicos normalmente cruzan el continente en este sentido. En la figura 15.7 se indican los nombres de otros vientos predominantes.

Naturalmente, los vientos no soplan siempre en las direcciones indicadas en la figura 15.7. Otros factores pueden hacer que esquemas de vientos localizados dominen sobre los vientos predominantes. Por ejemplo, ciertos movimientos frontales y sus regiones asociadas de alta y baja presión influyen seriamente en el movimiento del aire. La topografía de la Tierra también tiene cierto efecto, puesto que la superficie terrestre se calienta desigualmente por los rayos del Sol. Por ejemplo, el agua refleja la luz del Sol de modo diferente que la Tierra cubierta con árboles, estableciéndose así temperaturas diferentes, aunque la energía del Sol incidente sea la misma en cada caso. La diferencia de altura (cordilleras montañosas) influye también en el flujo de la masa de aire a lo largo de la Tierra. Sin embargo, a pesar de estas complicaciones, el esquema de vientos global es el indicado en la figura 15.7.

Capa límite entre el aire y la Tierra

Sólo una capa delgada de la superficie de la Tierra está ocupada y utilizada ampliamente por la humanidad. Nuestra existencia diaria tiene lugar dentro de una región estrecha que se extiende sólo en una fracción de kilómetro por encima y por debajo de la superficie terrestre. La atmósfera por encima de esta capa fina impide que la mayor parte de la radiación solar penetre en la región en la que vivimos. La radiación ultravioleta de alta energía está principalmente absorbida en la mesosfera, mientras que las nubes y polvos disminuyen grandemente la radiación térmica procedente del Sol. En consecuencia, incluso en un día claro la mayor parte de la energía de radiación que alcanza la superficie terrestre desde el espacio exterior está en el intervalo de ondas próximo a la luz visible, intervalo que la atmósfera no absorbe fuertemente.

La radiación que alcanza la Tierra es principalmente absorbida por su superficie. Gran parte de ella se transforma en energía térmica que luego se vuelve a radiar con longitud de onda más larga. Pero estas longitudes de onda más largas están en el infrarrojo y son fuertemente absorbidas por el vapor de agua y el dióxido de carbono de la atmósfera. De aquí que gran parte de esta energía permanezca cercana a la Tierra y la mantenga templada. En cierto sentido, la atmósfera actúa como una manta alrededor de la Tierra reteniendo su calor. Esto se denomina *efecto invernadero,* debido a que el mismo fenómeno se produce en un invernadero. Cuando los rayos visibles del Sol atraviesan el vidrio, son absorbidos y parcialmente vueltos a radiar en forma de ondas térmicas. Sin embargo, el vidrio no transmite la radiación infrarroja, de modo que la energía radiante queda atrapada en el invernadero. En el caso de la Tierra, la manta de CO_2 y de vapor de H_2O hace la misma función que el vidrio. El efecto invernadero hace que las noches sin nubes sean más frías que cuando el cielo está encapotado. ¿Puede explicarse la razón?

Cuando la superficie terrestre y la atmósfera inferior se ven calentadas por el efecto invernadero, parte del calor se radia a la parte más fría de la atmósfera y finalmente vuelve al espacio. En una media anual se devuelve tanto calor al espacio como procede del Sol; sin este equilibrio, la superficie de la Tierra se estaría calentando continuamente. En los últimos años hemos empezado a darnos cuenta de que el efecto invernadero y otros efectos semejantes podrían originar un desastre en el mundo. Debido a que quemamos cantidades tan ingentes de combustibles que contienen

carbono, estamos produciendo casi tanto CO_2 por año como el que existía en toda la atmósfera. Existe la posibilidad de que, al espesarse la manta de CO_2, se destruya el balance térmico y la superficie de la Tierra llegue a ser apreciablemente más caliente.
Dependiendo de la amplitud del cambio, la influencia sobre el hombre y otras formas de vida podrían ser serias e incluso fatales. Desgraciadamente es difícil comprobar esta tremenda hipótesis, puesto que el comportamiento del CO_2 —que se ve consumido por la vegetación del mismo modo que se produce— es demasiado complejo para analizarlo fácilmente. No sabemos todavía cuán serio es el peligro, pero seguramente no es tan grande como los más pesimistas estiman.
El polvo, el humo y otras partículas pueden producir perturbaciones semejantes en la atmósfera. Estos materiales son, como es natural, indeseables desde el punto de vista de la salud. Además, tienen un significado universal. Por ejemplo, el polvo volcánico arrojado a la atmósfera por el volcán Krakatoa que entró en erupción al oeste de Java en agosto de 1883, absorbió tan gran cantidad de luz, que el crecimiento del trigo fue gravemente alterado en los Estados Unidos en 1884. Igualmente potente a escala regional es el humo arrojado por las chimeneas de cualquier gran ciudad industrial. En las ciudades sin un control estricto de humos, el clima local cambia apreciablemente.

El tiempo y la troposfera

Los fenómenos meteorológicos vienen casi siempre acompañados por estados característicos del vapor del agua en el aire. Estos estados están relacionados con el hecho de que el aire puede contener sólo una cierta cantidad de agua. Esta concentración límite de vapor de agua depende grandemente de la temperatura; el aire caliente puede alojar mucha más agua por unidad de volumen que el aire frío. Mostramos esta variación en la figura 15.8 en donde el número máximo de gramos de agua que puede contener un metro cúbico (1 m^3) está representado en función de la temperatura del aire. Por ejemplo, a 20 °C, 1 m^3 de aire puede contener casi 18 g de vapor de agua. Cuando el aire contiene su máxima cantidad posible de vapor de agua decimos que el aire está *saturado.*
El aire saturado es incapaz de retener su agua si se

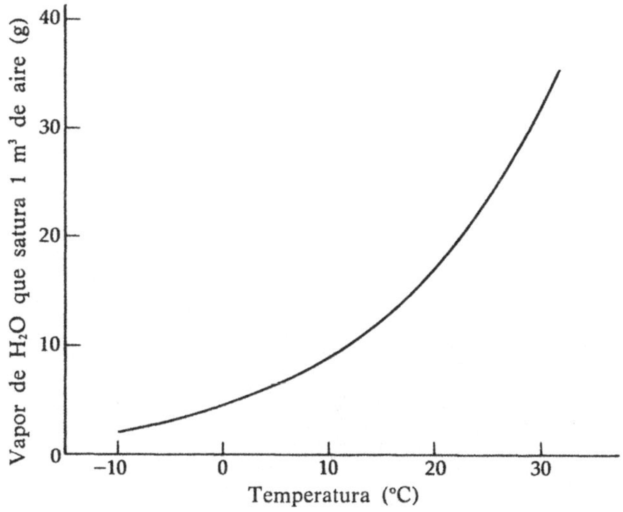

FIG. 15.8. — La capacidad del aire de almacenar vapor de agua aumenta al elevarse la temperatura.

enfría. Por ejemplo, en la figura 15.8 vemos que el aire saturado a 10 °C puede retener sólo la mitad aproximadamente del agua que el aire tiene a 20 °C. Por lo tanto, si el aire saturado a 20 °C se enfría a 10 °C, aproximadamente la mitad del vapor de agua contenido en él deberá eliminarse formando o bien rocío, o nieblas, o gotitas de lluvia o nieve. Esto explica la razón por la cual se forma niebla de noche después de un día cálido y extremadamente húmedo. La temperatura a la cual empieza la humedad a depositarse se denomina *punto de rocío* del aire.
La humedad relativa es un modo cuantitativo de expresar cuál es la humedad del aire (o cuánta cantidad de agua contiene). La humedad relativa es el cociente entre la cantidad de agua en el aire y la cantidad máxima de agua que el aire podría tener a la misma temperatura. Por ejemplo, a 20° C el aire puede contener alrededor de 18 g de agua por metro cúbico de aire. Si el aire en un día particular tiene una temperatura de 20 °C y contiene solamente 6 g de agua por metro cúbico, entonces tiene sólo 6/18, o sea, un tercio de la cantidad de vapor de agua que podría contener. Por lo tanto decimos que la humedad relativa es el 0,33 o el 33 por ciento. Igualmente, si la humedad relativa es del 70 por ciento, esto significa que el aire contiene solamente el 70 por ciento del agua que podría almacenar a esa temperatura.

(a) Frente cálido

(b) Frente frío

FIG. 15.9. — Obsérvese las diferentes maneras de progresar los frentes cálido y frío. ¿Puede explicarse esta diferencia? ¿Por qué llueve a lo largo de estos frentes?

La comodidad física de nuestro cuerpo depende mucho de la humedad. El aire seco (aire de baja humedad) puede absorber cantidades considerables de agua, de modo que la evaporación tiene lugar con rapidez cuando la humedad es baja. Puesto que la evaporación produce un enfriamiento (como vimos en el capítulo 5), nuestros cuerpos se enfrían por evaporación cuando la humedad es baja. Sin embargo, cuando la humedad es alta, la evaporación de más agua al aire ya no es posible; nuestros cuerpos no pueden enfriarse por evaporación del sudor y así «sentimos» mucho más calor.

El tiempo es fundamentalmente el resultado del movimiento de las masas de aire sobre la superficie de la Tierra. Estos movimientos de largo alcance producen con cierta frecuencia choques entre masas de aire inmensas que tienen temperaturas diferentes. En la figura 15.9 se indican dos casos típicos. En (*a*), una masa de aire caliente está invadiendo una región de aire frío. Puesto que el aire caliente está espansionado y, por lo tanto, es menos denso que el frío, tiende a elevarse por encima de la masa de aire frío cuando ésta lo va desplazando. En la superficie en la que las dos masas están en contacto, el aire caliente con su mayor contenido en agua se enfría frecuentemente por debajo de su punto de rocío. Así pues, el *frente cálido* (la región de contacto de ambas masas) va acompañado frecuentemente de nubes densas y lluvias.

El caso opuesto, la invasión de una masa de aire frío sobre una masa de aire caliente se denomina *frente frío* y se indica en la figura 15.9*b*. En este caso, el aire frío tiende a elevar al aire caliente menos denso cuando le impulsa hacia adelante. El aire caliente en elevación se enfría cuando asciende a altitudes más elevadas. Esto, junto con la presencia de las masas de aire frío, hace enfriar el aire por debajo de su punto de rocío y también con mucha frecuencia un frente frío viene acompañado de precipitaciones y nubes. Un frente móvil frecuentemente lleva una línea delantera de nubes y tormentas. Los tejanos están acostumbrados a ver un «viento del norte azul» aproximándose desde el norte. Es una pared bien diferenciada de nubes que se mueve lentamente por encima de las praderas y lleva lluvia y viento frío detrás. Un ejemplo menos llamativo es la *línea de borrasca* de la figura 15.10*a* y *b*.

Los frentes fríos y cálidos y ciertas características del tiempo están representados en los mapas meteorológicos, como se ve en la figura 15.11. Un frente cálido

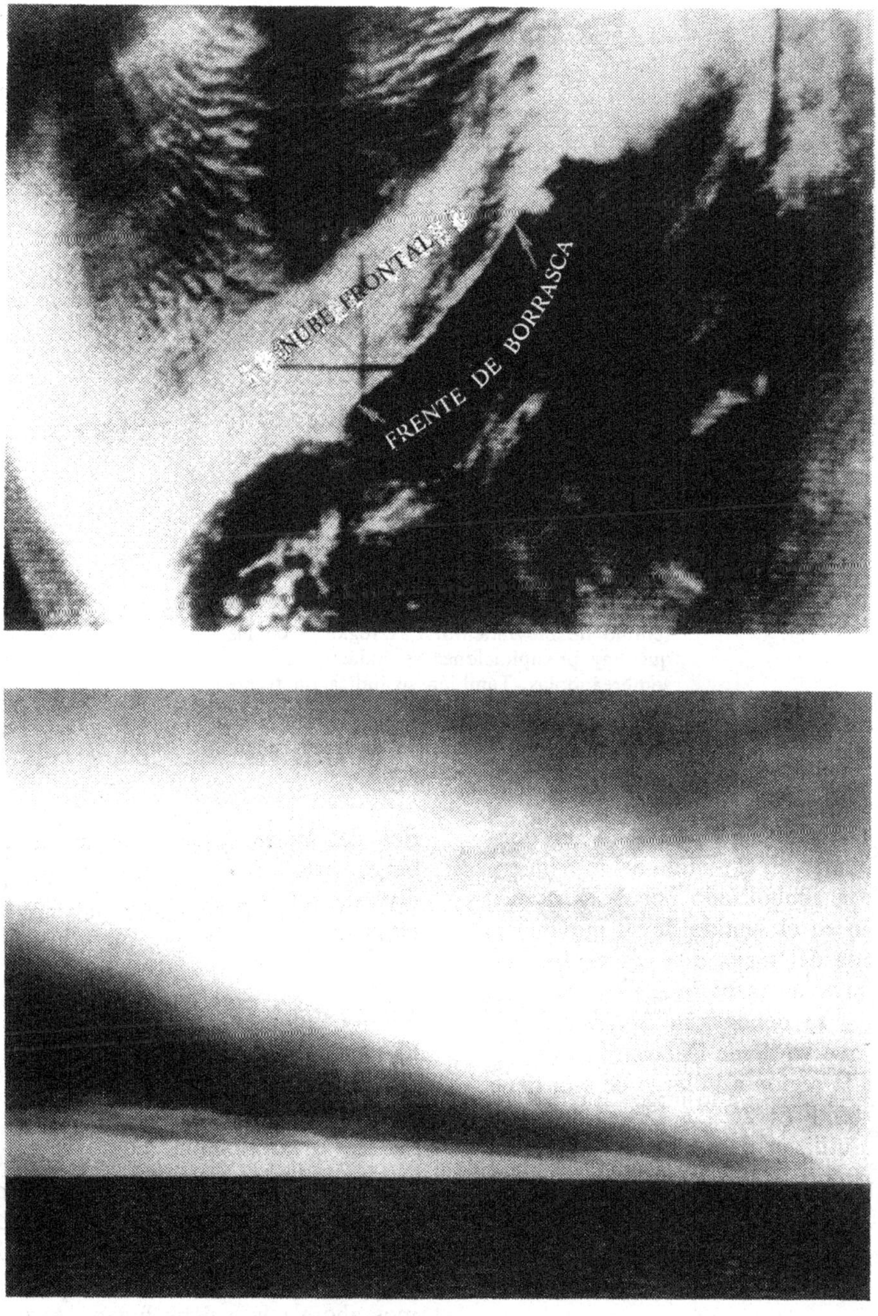

FIG. 15.10. — En *(a)* se ve el frente de una borrasca desde un satélite que mira hacia abajo. En *(b)* se indica el aspecto que tiene el mismo frente visto desde la superficie de la Tierra. *(Cortesía de NOAA.)*

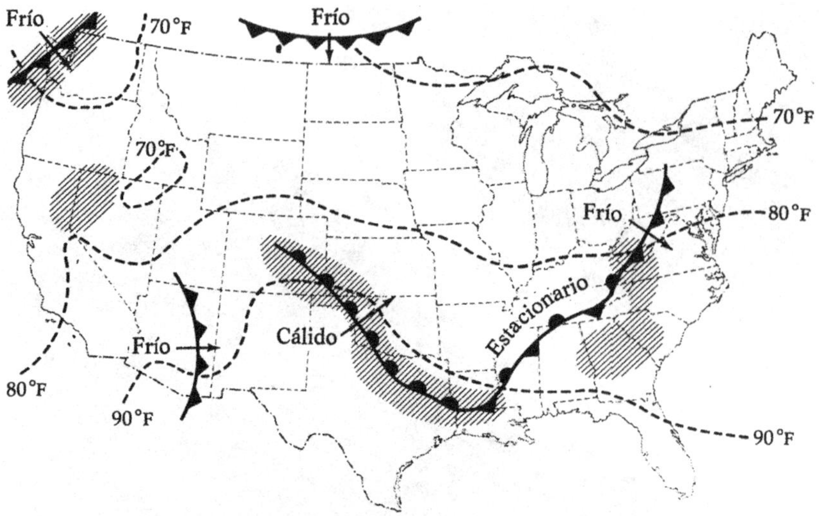

FIG. 15.11. — Mapa simplificado del tiempo meteorológico en USA. Obsérvese cómo se simbolizan los frentes fríos y cálidos y su sentido de movimiento. Las regiones en las que hay precipitaciones se indican sombreándolas. También se indica un frente estacionario. Como su movimiento es nulo, sólo puede indicarse la posición de sus masas frías y calientes. Las líneas de trazos unen puntos de igual temperatura.

está representado por el símbolo ◢◣◢◣, en donde los semicírculos apuntan en el sentido del movimiento. Un frente frío está simbolizado por ▲▲▲▲; los triángulos apuntan en el sentido de su movimiento. La zona sombreada del mapa muestra el área de precipitación. Las líneas a trazos indican puntos de temperaturas iguales y se denominan *isotermas.* Por ejemplo, la isoterma que va desde Delaware al sur de California indica que la región a lo largo de ella tiene una temperatura de 80 °F ($\simeq$26 °C). Líneas semejantes (no indicadas) se utilizan para mostrar puntos en los que la presión barométrica es la misma y las posiciones de centros de elevada presión y de baja presión que examinaremos en la sección siguiente.

Movimientos del aire localizados

El movimiento de los frentes generalmente sigue las trayectorias de circulación descritas anteriormente en la figura 15.7. Como la mayoría de los fenómenos meteorológicos los frentes normalmente cruzan América del Norte desde el oeste hasta el este. Sin embargo, esto no es correcto en los detalles, debido a diversas influencias meteorológicas localizadas que alteran este esquema general.

CIRCULACIÓN CICLÓNICA

El meteorólogo utiliza la palabra *ciclón* de un modo diferente que el profano. Para el especialista, un ciclón es cualquier corriente de aire en forma de espiral, sea o no violenta. Como veremos, la mayoría de los movimientos ciclónicos son grandes efectos de circulación que se extienden sobre centenares de kilómetros; rara vez vienen acompañados por los tornados que los profanos mencionan como ciclones. Veamos ahora cómo tiene lugar este efecto de una circulación espiral a gran escala.

El movimiento de tipo ciclónico suele originarse a lo largo de la frontera entre una masa de aire caliente y otra fría con el mecanismo indicado en la figura 15.12. En (*a*) vemos una masa de aire frío que se mueve hacia la izquierda adyacente a una masa cáli-

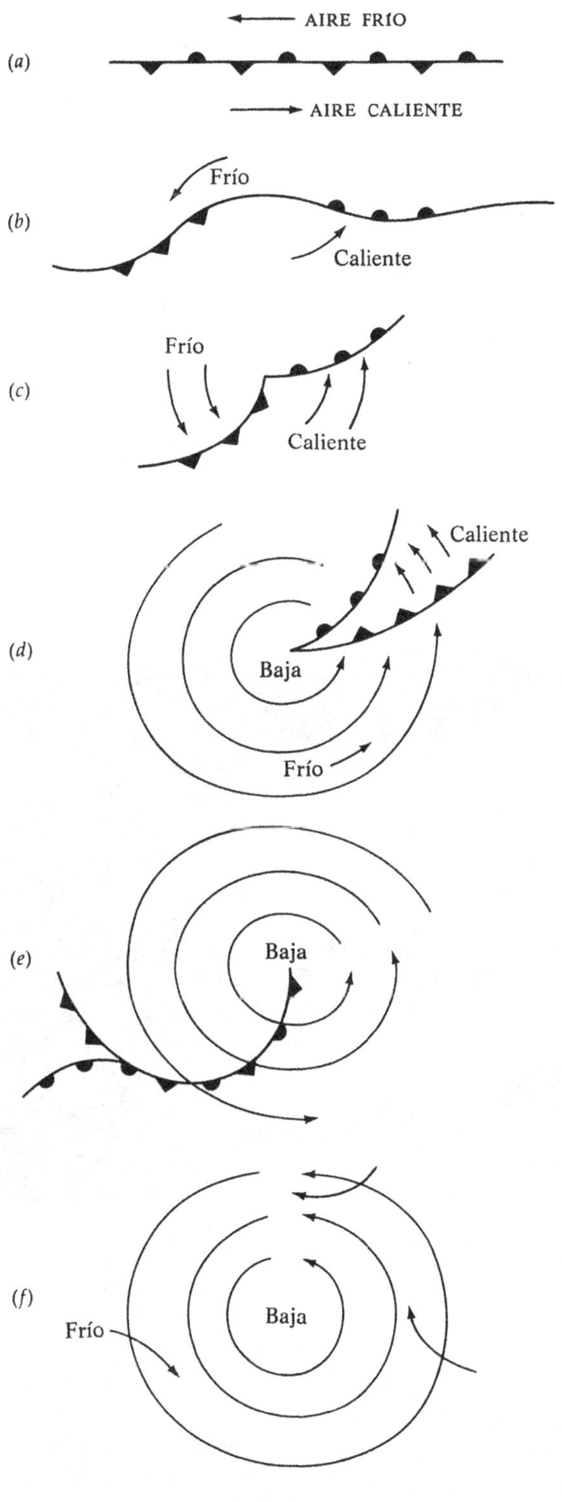

FIG. 15.12. — Proceso de desarrollo de un movimiento ciclónico en el Hemisferio Norte visto por un observador que mira hacia abajo a la Tierra. En *(f)* el aire frío que se mueve hacia la parte de bajas presiones se desvía hacia la derecha por efecto Coriolis.

da moviéndose hacia la derecha. El rozamiento entre ambas masas hace que la interfase se deforme como se indica en (*b*) y (*c*). Decimos que se ha desarrollado una ola en dicho límite. Finalmente, la deformación hace que esta frontera se rompa y entonces empieza una circulación localizada, como indica (*d*).

En el caso particular indicado, el frente frío se mueve más rápidamente que el caliente. Finalmente llega a adelantar al frente cálido, como se ve en (*d*), (*e*) y (*f*). Durante este proceso, el aire frío empuja al aire cálido. Esto proporciona más espacio para el aire frío y entra más aire dentro de la espiral procedente de regiones externas. Las fuerzas combinadas dan origen al esquema de flujo indicado en (*f*). Como vimos en nuestro estudio del movimiento del aire en la Tierra en rotación, el aire moviéndose de una región a otra en un sistema en rotación está sometido al efecto Coriolis. Además, cualquier masa en rotación tiene una tendencia a oponerse a cualquier alteración de su trayectoria circular.

En el caso indicado, las diversas fuerzas que intervienen crearán un movimiento de sentido contrario al de las agujas del reloj, en espiral, sobre el Hemisferio Norte. Otro resultado del conjunto de estas fuerzas es hacer que el centro de la espiral sea un área de *bajas presiones*. En un área de bajas presiones, resulta que el aire caliente se está elevando y el aire frío está abalanzándose en el espacio que éste deja libre para sustituirlo. Tanto el aire cálido que se eleva como el aire frío que entra detrás de él, dejan unas condiciones tormentosas en el centro. Por esta razón, normalmente está asociado un tiempo tormentoso a los centros de baja presión.

También puede desarrollarse una rotación semejante pero en el sentido de las agujas del reloj (denominada *anticiclón*). En su centro existe una zona de *alta presión*. Esta zona de alta presión está caracterizada por un tiempo bueno, puesto que se han invertido los papeles de los aires cálido y frío respectivamente. El aire frío seco fluye hacia la Tierra desde un centro de alta presión y se esparce desde este punto alejándose de la región central. Puesto que se calienta durante el proceso, no existe ninguna tenden-

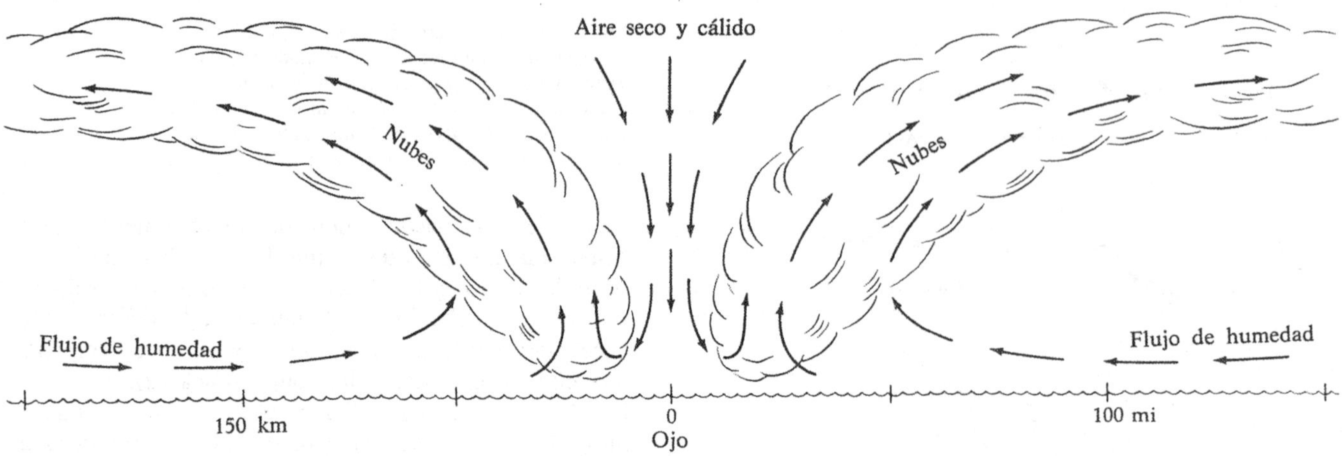

FIG. 15.13. — El «ojo» del huracán es una región de aire relativamente tranquilo y sin nubes.

cia para que se formen nubes y lluvia. Los ciclones y anticiclones también se presentan en el Hemisferio Sur, como es natural, pero allí los sentidos de rotación para los centros de alta y de baja presión se invierten, debido a que el efecto Coriolis desvía las masas de aire móvil en sentido opuesto.

HURACANES (O CICLONES TROPICALES)

Cada verano se presentan huracanes que se mueven hacia el norte desde los trópicos pasando por los Estados Unidos. Son ejemplos típicos de las violentas tormentas que se mueven tanto al norte como al sur de la zona ecuatorial a través de todo el mundo. En el Pacífico, normalmente se denominan *tifones,* mientras que en el océano Indico se denominan ciclones. Son movimientos ciclónicos de vientos de gran velocidad que con frecuencia se extienden hasta centenares de kilómetros. Cerca del centro del huracán se han registrado velocidades de los vientos próximas a 300 km/h. Invariablemente, el huracán se origina sobre los océanos ecuatoriales cuando el Sol calienta masas de aire llenas de humedad. Estas masas se elevan cuando se calientan y el aire que las rodea inicia un movimiento ciclónico cuando se abalanza desde las parte laterales para llenar el espacio que ha dejado vacío el anterior. Sin embargo, cuando la velocidad de rotación de una masa de aire aumenta, la falta de fuerza centrípeta suficiente para mantener el aire en este movimiento circular produce un vacío parcial en el centro de rotación. De aquí que el centro u *ojo* del huracán sea una región de presiones anormalmente bajas

FIG. 15.14. — Formación en nube espiral característica de un huracán vista por un tripulante de una nave espacial. *(Cortesía de NOAA.)*

—quizás el 10 % más baja de lo normal. Esta presión baja hace que el aire cálido fluya desde la atmósfera superior hacia abajo introduciéndose en el ojo del huracán, como se ve en la figura 15.13. Obsérvese que a unos 15 kilómetros alrededor del centro del ojo, el cielo está claro y los vientos son flojos. Pero justo en el exterior del ojo, la velocidad del viento puede superar los 250 km/h. La figura 15.14 muestra una vista de un huracán desde un satélite.

El centro del huracán se mueve lentamente. Lo transportan las corrientes de aire de largo alcance predominantes con una velocidad típica de un frente o de cualquier otra característica meteorológica. Afortunadamente ocurre así, ya que ello permite a todos los que están en su trayectoria prepararse con varios días de anticipación a su llegada. Sin embrgo, el movimiento del huracán es tan impredecible como cualquier otro fenómeno meteorológico y son comunes cambios inesperados de su trayectoria.

EL TORNADO

Como el huracán, un tornado se compone de un movimiento ciclónico de alta velocidad alrededor de un ojo central. Sin embargo, tiene un tamaño mucho más pequeño; como puede verse en la figura 15.15, el embudo central del tornado tiene una diámetro de una fracción de kilómetro. El modo como se forma exactamente un tornado es todavía tema de conjeturas. La presencia de masas de aire frío y caliente que se cortan y una corriente de aire en movimiento a altitudes elevadas (una *corriente en chorro*) parecen ser necesarias. Aunque no podamos explicar su mecanismo exacto, sabemos las condiciones bajo las cuales es probable que se forme un tornado. Las estaciones meteorológicas suelen poner sobre aviso cuando existen estas condiciones.

Cerca del embudo del tornado, las velocidades del viento con frecuencia superan los 300 km/h. Además, el área en el embudo tiene una presión del orden del 10 % más baja de lo normal. Aunque esto no parece muy grande a primera vista, significa que la fuerza no equilibrada desde el interior de una ventana de una casa cerrada será del orden de una tonelada. Como resultado, durante los pocos segundos que el embudo tarda en pasar sobre una casa, la presión en exceso del interior de la casa con frecuencia rompe todas las ventanas y normalmente las paredes y el techo también. Afortunadamente, la trayectoria del

FIG. 15.15. — Tromba típica. *(Cortesía de NOAA.)*

tornado es estrecha y normalmente toca el suelo sólo momentáneamente, pero la destrucción dentro de su trayecto es normalmente total.

Un tornado que pasa sobre una masa de agua eleva una torre o *tromba de agua* dentro del embudo. Es frecuente ver en muchas zonas *remolinos de polvo*; tornados en miniatura y sin peligro que son una especie de columna de polvo que se mueve erráticamente sobre el suelo.

Cambios estacionales en el tiempo

Algunos cambios meteorológicos son el resultado del movimiento anual de la Tierra alrededor del Sol y de la orientación del eje de rotación de la misma. Para refrescar nuestra memoria se reproduce la figura 2.6 como figura 15.16.

Como vemos en la figura 15.16, el Polo Norte de la Tierra está en una sombra continua cuando la Tierra alcanza el solsticio de invierno (21 de diciembre) en su órbita alrededor del Sol. En esta época del año, el Hemisferio Norte recibe sólo una pequeña parte de los rayos solares y así prevalece el invierno allí, mientras que el Sol de verano calienta el Hemisferio Sur.

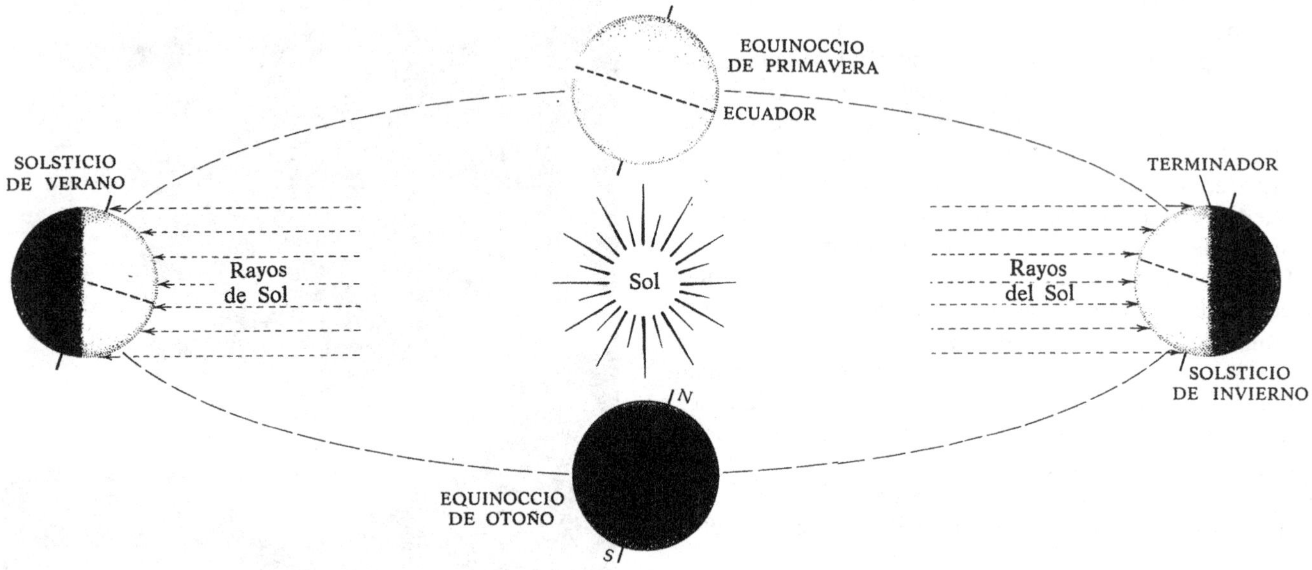

FIG. 15.16. — Debido a la inclinación del eje terrestre respecto al plano de la eclíptica, los rayos del Sol caen de lleno principalmente en el Hemisferio Norte en julio y en el Hemisferio Sur en enero.

Seis meses después se invierte la situación.

Otro cambio metereológico estacional es el *monzón,* flujo de aire muy pronunciado en Asia. Durante el verano, el aire por encima de los océanos en el sudeste de Asia está más frío que el aire encima de la Tierra. Como resultado, el aire cálido menos denso sobre la Tierra se desplaza hacia arriba por acción del aire frío que lo impulsa desde el océano. El aire de mar húmedo se eleva cuando penetra tierra adentro y asciende por los terrenos montañosos. Pero el aire que se eleva se hace cada vez más frío cuando su energía cinética se transforma en energía potencial. Como resultado, su temperatura desciende por debajo del punto de rocío y empiezan a presentarse precipitaciones en forma de lluvia. Durante el verano, cuando se produce estos flujos, la región está sometida a una estación lluviosa denominada *monzón del sudoeste.* Con menos frecuencia se menciona el *monzón del nordeste,* estación seca del invierno caracterizada por un flujo de aire frío y seco que sopla desde las montañas hacia el mar.

Influencia de los océanos sobre el clima

Todos sabemos que una gran masa de agua modera la temperatura de la Tierra que la rodea. En los climas donde las temperaturas descienden por debajo del punto de congelación en invierno, los océanos y los grandes lagos moderan las temperaturas de un modo particularmente efectivo, puesto que su temperatura no cae por debajo del punto de congelación hasta que toda el agua se ha transformado en hielo. A temperaturas más elevadas la circulación convectiva hace que el agua que esté debajo de la superficie ascienda hacia la parte superior. En consecuencia, la temperatura superficial está por debajo de la temperatura del aire, ya que aquélla tiende a permanecer a la temperatura del lago o del océano. Así pues, la presencia de una gran masa de agua tiende a mantener una temperatura constante y moderada en las regiones próximas, bien sea el aire frío o cálido.

Existe otro modo importante por el cual una masa de

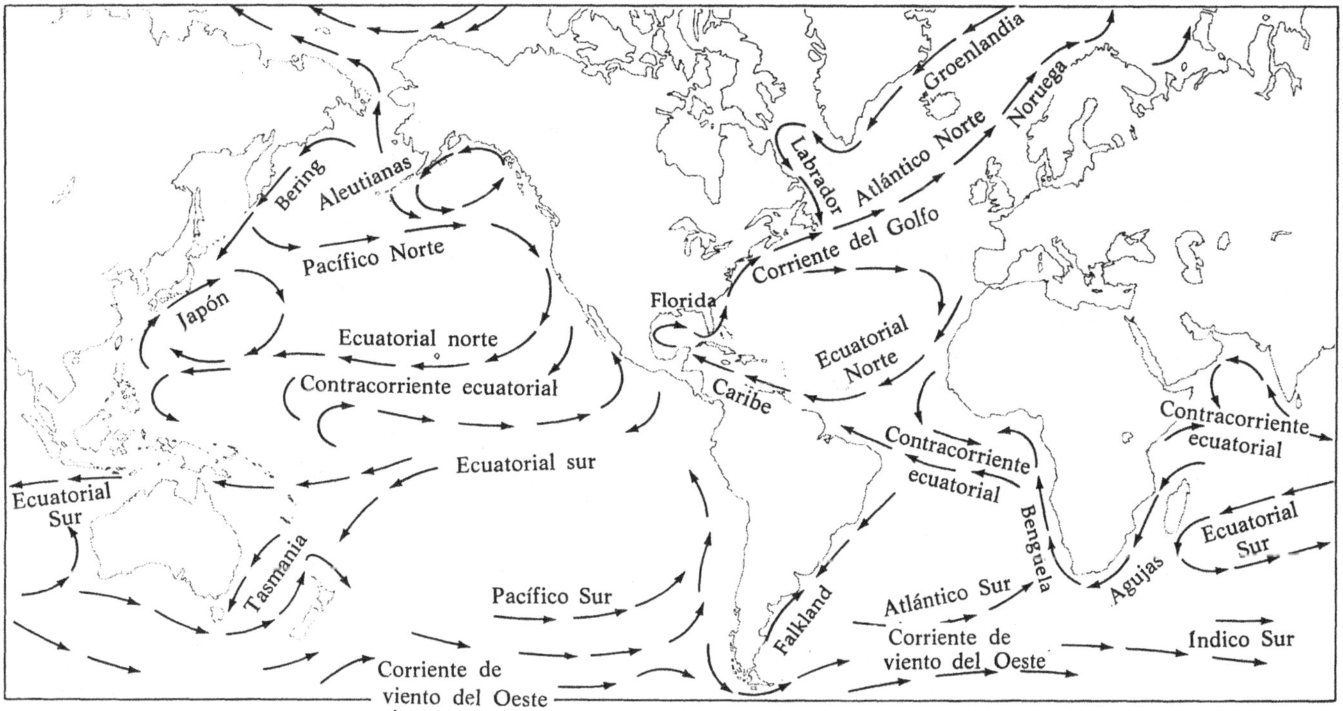

FIG. 15.17. — Corrientes oceánicas constantes.

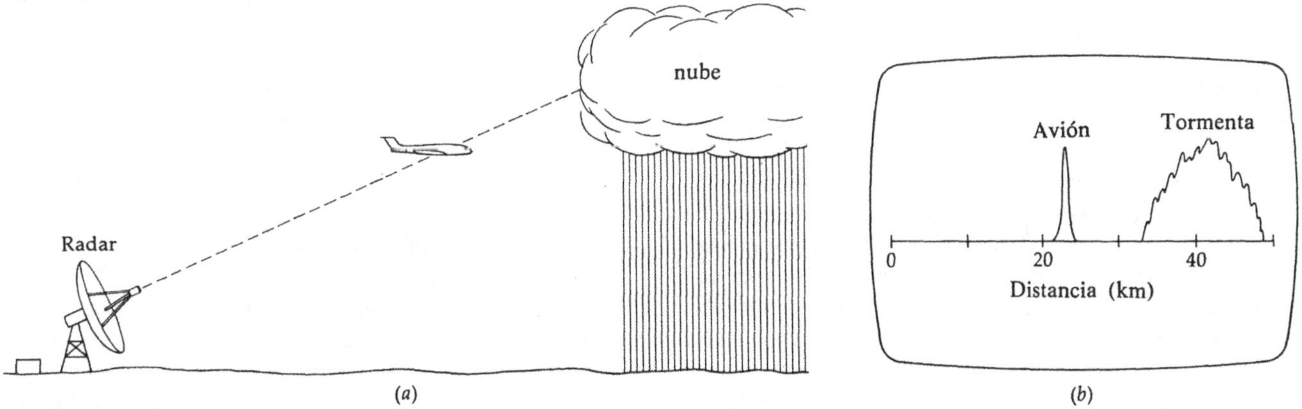

FIG. 15.18. — Los pulsos del radar se reflejan en el avión y en la tormenta produciendo ecos que se recogen en la antena parabólica y se muestran en la pantalla del radar. Todo objeto tiene su propio eco característico como se ve en (b).

agua influye en la temperatura y humedad del aire que pasa por encima de su superficie. Puesto que se necesita energía térmica para evaporar el agua, el viento que sopla sobre un lago u océano se enfría cuando participa en el proceso de evaporación. Al mismo tiempo, resulta cargado de humedad; ésta es la razón por la cual las brisas oceánicas son frías y húmedas. Pero como la tierra se enfría más rápidamente que el océano, se forman con frecuencia bancos de niebla por la noche cuando el aire del océano más templado se enfría en la costa. Procesos semejantes crean las capas de niebla que con frecuencia se ven sobre los lagos y ríos y en los mares. Sin embargo, en estos casos, el aire frío denso se deposita y desplaza gran parte del aire más templado que procede de estas áreas inferiores, razón por la cual normalmente la niebla se forma primeramente en los valles.

Quizás la influencia oceánica más importante sobre el clima es el resultado del flujo del agua del océano en corrientes que se mueven a lo largo de miles de kilómetros. Estas corrientes son semejantes a las corrientes de aire del globo. Si los continentes no presentasen barreras al movimiento, el flujo del océano sería probablemente muy parecido al flujo de aire sobre la Tierra. De hecho, gran parte de la energía necesaria para el flujo de las corrientes oceánicas procede de las fuerzas de fricción aplicadas a la superficie del océano por los vientos. En la figura 15.17 se ven estas corrientes oceánicas de largo alcance.

Una de las corrientes más importantes es la del *Gulf Stream* (corriente del golfo), que lleva agua templada del mar Caribe ascendiendo por la costa Atlántica de los Estados Unidos. A partir de allí cruza el Atlántico, su flujo se aproxima a Inglaterra y Escandinavia y luego vuelve a América por Groenlandia. Este flujo hacia el norte de agua caliente modera grandemente el clima a lo largo de las costas de los lugares por donde pasa, que en otro caso sería mucho más frío. No obstante enfría a Nueva Inglaterra cuando vuelve del Ártico. En otros grandes océanos se encuentran corrientes semejantes; sus esquemas de circulación dependen grandemente de la región general en la que se presentan.

Predicción del tiempo

¿Con cuánta frecuencia hemos oído la predicción del tiempo y luego hemos visto que el tiempo era exactamente contrario a lo predicho? Todavía no sabemos suficiente sobre el tiempo como para predecirlo con toda precisión. Los meteorólogos pueden, a veces, hacer predicciones bastante exactas para un día o dos más tarde, pero no para períodos más largos.

Para hacer predicciones de corto alcance, los meteorólogos se basan en las experiencias pasadas. Sabiendo que una combinación particular de frentes, nubes, vientos y otras condiciones han conducido anteriormente a un cierto esquema de tiempo, predicen el esquema de nuevo cuando observan las mismas condiciones. Seleccionan y almacenan datos del pasado en calculadoras. Hoy, los satélites meteorológicos proporcionan una cantidad tremenda de información acerca de las nubes que hay sobre la Tierra, e incluso con la ayuda de grandes calculadoras, los meteorólogos pueden analizar y usar solamente una fracción de esta información. Existe simplemente demasiada información que correlacionar en el tiempo limitado disponible.

Una técnica limitada pero útil para localizar la lluvia, las nubes y las tormentas es el radar. Como se ve en la figura 15.18*a* se envía un pulso de ondas de radar (ondas de radio de longitud de onda muy corta con $\lambda \approx 10$ cm) por la estación de éste. Este pulso se refleja fuertemente en los objetos metálicos grandes tales como un aeroplano y por las nubes densas llenas de gotitas de agua. Observando el tiempo t necesario para que el pulso reflejado vuelva a la estación y empleando la fórmula $e = vt$, siendo $v = c$, velocidad de la luz, podemos encontrar la distancia de $e/2$ desde la estación al objeto que refleja la onda. En las estaciones de radar, el cálculo se hace electrónicamente y una pantalla semejante a la de TV muestra la posición del objeto que refleja. En la figura 15.18*b* se muestra un ejemplo altamente simplificado.

Las pantallas de radar modernas pueden mostrar objetos reflectores en todas direcciones respecto a la estación de radar simultáneamente. Pueden ir registrando los progresos de las líneas de borrasca de las nubes tormentosas, y fenómenos semejantes. En la figura 15.19 se muestra la imagen de un huracán vista en un radar; el ojo del huracán está aproximadamente a 65 km de la estación de radar. La capacidad de éste para proporcionar una información del tiempo instantánea y continua tiene un valor muy grande y no puede obtenerse fácilmente por otros medios.

Contaminación de la atmósfera

En un sentido muy real, la humanidad e incluso la propia naturaleza utiliza la atmósfera como un cubo de basura. Gran parte del material de desperdicio generado por los organismos vivos, así como por las máquinas, se dispersa de un modo tan fino que flota en la atmósfera. Estos productos de desecho van desde el CO_2 que exhalamos de nuestros pulmones, al hollín, cenizas y polvo generados por las plantas industriales. Aunque el hollín, las cenizas y el polvo son molestos, sus partículas relativamente pesadas pronto se depositan en el suelo y así el aire se limpia rápidamente de ellas. Pero cerca de su fuente de origen constituyen con frecuencia un serio peligro, tanto para la vida como para los bienes próximos.

Respirar estas partículas contaminantes grandes puede producir enfermedades respiratorias, tales como el enfisema y el cáncer. Este peligro es particularmente serio para los que trabajan en ciertas ocupaciones. Por ejemplo, determinadas enfermedades pulmonares son un peligro latente para los mineros del carbón, y un estudio reciente ha mostrado que el polvo de amianto es extraordinariamente dañino cuando se inhala. Es probable que existan otros muchos peligros que todavía no han sido identificados mediante estudios sistemáticos.

Como es natural, las partículas contaminantes grandes son molestas para todos aquellos que viven en las áreas industriales. El polvo y el hollín continuamente cubren sus coches, sus casas y sus cuerpos. Aunque este problema es molesto para aquellos que lo sufren, es un problema menor comparado con otros efectos producidos por la contaminación por partículas.

Otro efecto de estas partículas grandes transportadas por el aire es alterar el clima y la intensidad del Sol en las áreas en donde abundan. Por ejemplo, hasta 1940 aproximadamente, la mayor parte de los hogares se calentaban por calefacciones de carbón. Como resultado, todas las casas en una ciudad grande arrojaban humo negro en invierno y las ciudades que estaban en valles y que no tenían vientos fuertes se cubrían con una capa de hollín. En las regiones del mundo donde todavía se utiliza el carbón, una ciudad entera en un valle puede quedar invisible a un observador situado en una colina próxima. En tal caso existen mayores peligros para la vida y la ausencia de la luz solar aumenta los peligros contra la salud. Como sabemos, dicha luz proporciona vitamina D. Sin una

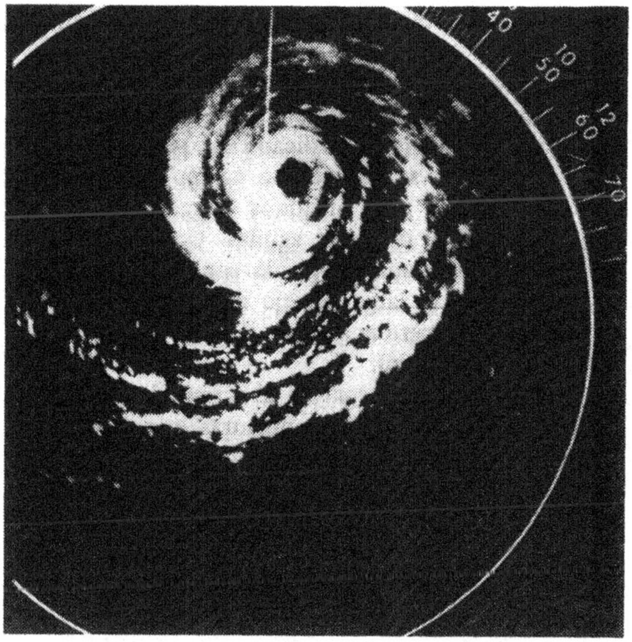

FIG. 15.19. — Imagen en el radar de un huracán a unos 80 km de la estación. *(Cortesía de NOAA.)*

cantidad de sol suficiente o de vitamina D en la dieta, los niños con frecuencia sufren enfermedades carenciales y raquitismo en estas ciudades oscurecidas por el humo.

Aunque este ejemplo es ahora cada vez menos común, las grandes ciudades sufren en cierta extensión la presencia de materia en forma de partículas contaminantes. Esta polución se reconoce fácilmente y puede eliminarse de los productos emitidos por las fábricas. Se utilizan ampliamente tres métodos de eliminación. Las partículas grandes pueden ser eliminadas del aire haciendo pasar los gases de escape a través de una lluvia de agua fina o niebla que limpia del mismo modo que la lluvia limpia el aire a través del cual cae. Un segundo método de depositar las partículas del aire se ilustra en la figura 15.20. Los gases de escape se soplan a alta velocidad a lo largo de una trayectoria circular. El gas es empujado fuera del movimiento normal en línea recta tan rápidamente que la fricción del aire impide que las partículas sigan la trayectoria curva y, en lugar de ello, las partículas continúan en línea recta y se ven arrojadas por el gas a las partes laterales del tubo en donde son capturadas y eliminadas.

Un método de elevada eficiencia que elimina incluso partículas mucho más pequeñas es el sistema de precipitación electrostática indicado en la figura 15.21. En este aparato, se produce un campo eléctrico muy fuerte próximo a unos alambres delgados y cargados o a unas puntas de aguja agudas. Una versión simplificada de este aparato puede construirse colgando un hilo fino a lo largo del eje de un tubo de metal (o un tubo de cartón con su interior recubierto de láminas de aluminio).

El hilo del centro se conecta al terminal negativo de una fuente de alta tensión, mientras que el tubo exterior se conecta al terminal positivo (para este objetivo es ideal una bobina de inducción (o de chispas) de un sistema de alto voltaje). Cuando el gas lleno de humo sube por el tubo, las cargas procedentes del alambre central pasan a las partículas de humo y les proporciona una carga negativa. Entonces son atraídas por el tubo exterior positivo y después de chocar con él se depositan como polvo a lo largo de la pared. En los precipitadores comerciales se utilizan muchos tubos paralelos que limpian el gas de los materiales en forma de partículas.

Aunque los contaminantes en forma de partículas son serios, probablemente son más peligrosos los contaminantes gaseosos. Estos humos, la mayoría de ellos nocivos, emanan principalmente de los procesos industriales y del escape de los automóviles. Contaminantes gaseosos típicos son el dióxido de carbono procedente de la combustión de los combustibles orgánicos; el monóxido de carbono procedente de la combustión incompleta de los combustibles, fundamentalmente en los automóviles; óxido de azufre y otros compuestos azufrados procedentes del carbón y del petróleo que contienen azufre como impureza; óxido de nitrógeno formado en los procesos de combustión de los motores de automóviles; y ozono, aldehídos, mercaptanos y compuestos de plomo procedentes de procesos industriales y del escape de automóviles. Aunque algunos de estos gases pueden detectarse por su olor, la mayor parte de ellos se hacen notar en primer lugar cuando producen somnolencia (monóxido de carbono) o irritación de los ojos y de la garganta. A diferencia de los contaminantes en forma de partículas, no pueden verse y son, por tanto, difíciles de detectar y controlar.

El dióxido de carbono es inocuo para los seres vivos.

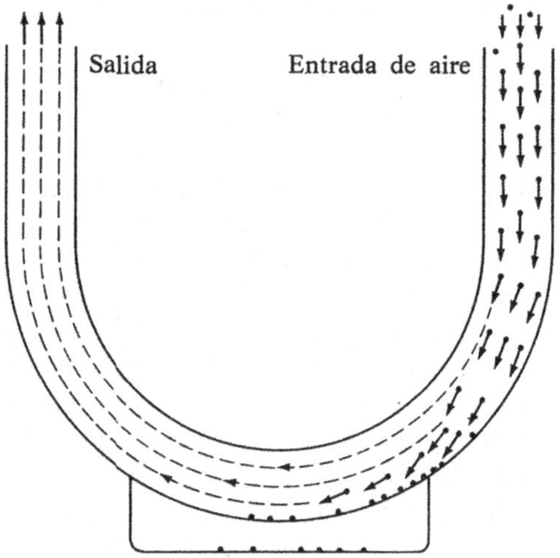

Fig. 15.20. — Principio básico de un separador de polvo tipo ciclónico. Como la inercia de las partículas de polvo es elevada, no pueden seguir el movimiento más ágil del gas alrededor de la curva y quedan atrapadas en una lluvia de agua o en una bandeja recolectora.

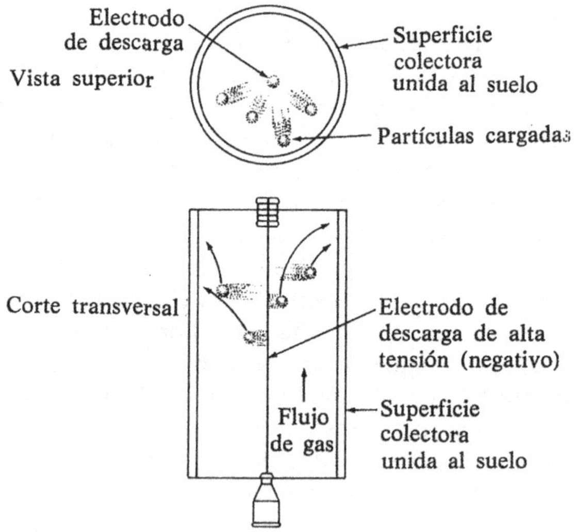

Fig. 15.21. — Versión simplificada (pero eficaz) de un precipitador o separador electrostático para la eliminación de partículas de humo.

Esto es afortunado debido a que se genera en grandes cantidades siempre que se consumen los productos de fotosíntseis. Sin embargo, el CO_2 del aire es responsable del efecto invernadero que se vio en la sección «Capa límite entre el aire y la Tierra».

Como sabemos, el monóxido de carbono, CO, es letal, particularmente en el escape de un motor de un coche que funciona en un garage cerrado. Tenemos incluso datos para demostrar que los niveles de CO en las calles de las ciudades con gran cantidad de población a las horas punta son más elevados de lo que es seguro o conveniente para la salud. Los motores de combustión interna de los automóviles modernos son la fuente principal de CO.

El carbón y el petróleo de baja calidad contienen una cantidad apreciable de azufre que se libera en forma de óxido cuando se quema el combustible. De aquí que los óxidos de azufre sean un subproducto de casi todos los procesos industriales y de producción de calor. Estos óxidos no se pueden eliminar fácilmente de los gases de escape ni se depositan del aire. Por lo tanto, persisten durante grandes períodos de tiempo. En el aire, el dióxido de azufre (SO_2) se combina con el vapor de agua para producir ácido sulfúrico (H_2SO_4). Ambos corroen los tejidos vivos y son responsables de muchas irritaciones de los ojos, garganta y pulmones asociadas con el humo. Los óxidos de azufre son los culpables principales de muchos fallecimientos originados por las nieblas contaminantes.

Los contaminantes gaseosos son más peligrosos cuando las condiciones del viento hacen que queden atrapados en el aire estancado sobre una ciudad. Muchas ciudades sufren severamente cuando la atmósfera sobre el casco urbano contiene una *capa de inversión.* Para comprender el significado de este término, debemos darnos cuenta de que como el aire caliente se eleva, se alejará de una ciudad si la temperatura más elevada está a nivel del suelo y disminuye con la altitud. Cuando el aire caliente que está sobre la ciudad se eleva, transporta los contaminantes alejándolos con él. Sin embargo, a veces la temperatura *aumenta* con la altura durante los primeros centenares de metros y sólo entonces empieza a disminuir. Cuando la temperatura en la superficie de la Tierra se invierte de este modo, con el aire más frío próximo al suelo, la capa de aire inferior no se eleva. En lugar de ello esta capa de inversión fría permanece estacionaria sobre la ciudad y evita la eliminación de los contaminantes transportados por el aire. Las capas de inversión son particularmente malas en el caso de una ciudad situada en un valle o depresión. La niebla contaminante que se obtiene es una masa de aire normalmente húmedo con una gran cantidad de contaminación. La figura 15.22 muestra una capa de inversión y de humo contaminante en Los Ángeles.

Muchas ciudades han tenido que restringir la producción de contaminantes cuando se produce una capa de inversión por medidas tales como cerrar los sistemas de incineración y las fábricas que producen humos. Si no sucediera así, la polución causaría una elevación drástica de muertes. (Algunas ciudades que no han instituido controles, pronto han experimentado catástrofes de este tipo.) La otra solución posible, todavía un sueño sin comprobar para el futuro, es forzar a que el aire se eleve por encima de la ciudad y romper la capa de inversión. Se han sugerido para realizar esto grandiosos esquemas; aunque demuestren ser factibles serán muy caros.

Como vemos a partir de esta breve revisión de la polución o contaminación del aire, no podemos continuar arrojando nuestros desperdicios a la atmósfera en cantidades cada vez más crecientes. La atmósfera es grande, pero no infinita. Si no tenemos cuidado podemos perecer en un mar de aire lleno de nuestros propios desperdicios y de sustancias de eliminación.

BIBLIOGRAFÍA

1. MILLER, A.: *Meteorology* (rústica), Merrill, Columbus, Ohio, 1966. Una introducción fácilmente legible y no matemática del tema. Muy recomendada para una lectura adicional.

2. BATTAN, L.: *The Nature of Violent Storms* (rústica), Anchor Science, Doubleday, New York, 1961.
BATTAN, L.: *Radar Observes the Weather* (rústica), Anchor Science, Doubleday, New York, 1962.
BATTAN, L.: *Cloud Physics and Cloud Seeding* (rústica), Anchor Science, Doubleday, New York, 1962. Esta serie de libros está dirigida al profano y debe interesar incluso al lector más ocasional.

3. MCINTOSH, D. H., THOM, A., and SAUNDERS, V.: *Essentials of Meteorology* (rústica), Wykeham Science, Springer-Verlag, New York, 1969. Un estudio más cuantitativo que el indicado en la referencia 1; escrito para utilizar en centros superiores ingleses.

4. MEETHAM, A.: *Atmospheric Pollution,* 3.ª ed., Macmillan, New York, 1964. Un libro que cubre completamente aunque de modo no matemático el tema; una fuente de referencias si el lector está realmente interesado.

(a)

(b)

'IG. 15.22. — Estas fotografías de los Ángeles e tomaron en 1956. Obsérvese en *(b)* la ›arte superior de la capa de inversión. ›proximadamente durante 230 días del año xiste allí una capa muy semejante a ésta, unque no necesariamente tan llena de niebla contaminación. *(Cortesía de Los Angeles Country Air Pollution Control District.)*

5. ESPOSITO, J.: *Vanishing Air* (rústica), Grossman, New York, 1970. Este es el informe del grupo de estudios Nader sobre la polución del aire.

RESUMEN

La atracción gravitatoria de la Tierra es insuficiente para retener gran cantidad de hidrógeno y de helio en su atmósfera. Nuestra atmósfera se compone de N_2 (78 por ciento), O_2 (21 por ciento) y vapor de agua, con cantidades muy pequeñas de otros gases. Solamente las moléculas más energéticas pueden elevarse a alturas elevadas; de aquí que el aire disminuya de densidad con la altura creciente llegando a descender a 10^{-6} de su valor original a una altura de unos 90 km. La temperatura de la atmósfera disminuye con la altura creciente durante los primeros kilómetros por encima de la Tierra. La atmósfera menos densa de altitudes elevadas se calienta a temperaturas altas por la acción de los rayos directos del Sol. Dividimos la atmósfera en capas. La exosfera se extiende hacia el exterior desde una altura de unos 450 km. De 75 a 450 km existe la termosfera, denominada así por su temperatura elevada. El aire en esta región es suficientemente poco denso como para ser considerado un vacío a todos los efectos prácticos. Por debajo de la termosfera existe la mesosfera (45 a 75 km) y la estratosfera (10 a 45 km). El aire en estas regiones es transparente y esencialmente libre de humedad. En el límite inferior el aire es muy frío y su densidad ha aumentado hasta un valor apreciable. Más cerca de la Tierra existe la troposfera, en la que se producen la mayoría de los fenómenos meteorológicos. Las radiaciones ultravioleta y de rayos X procedentes del Sol se ven absorbidas fundamentalmente en la atmósfera superior particularmente debido a la acción del ozono. Cuando se absorbe esta radiación de alta energía, rompe las moléculas y átomos en iones y así produce una región llena de ellos denominada ionosfera. La ionosfera refleja las ondas de radio, permitiendo así que puedan rodear la Tierra.

El aire fluye en unos esquemas a gran escala definidos por encima de la Tierra. El aire caliente del Ecuador se eleva, mientras que el aire frío de los polos desciende. Cuando el aire se mueve a través de la Tierra para compensar estos flujos verticales, se ve desviado debido a la rotación de la misma. Este efecto, denominado efecto Coriolis, origina el esquema de vientos predominantes observados en todo el mundo. En los Estados Unidos continentales, los vientos predominantes fluyen del oeste hacia el este.

Aunque la mayor parte de la radiación de longitud de onda corta y muy larga procedente del Sol es absorbida por la parte superior de la atmósfera, la parte visible del espectro alcanza la superficie de la Tierra. Allí es absorbida y vuelta a radiar en forma de radiación infrarroja o térmica. Debido principalmente al CO_2 de la atmósfera, este calor es atrapado cerca de la Tierra por el efecto invernadero.

La humedad relativa es el cociente entre la cantidad de vapor de agua contenido en el aire y la cantidad que el aire podría contener en él a esta temperatura. Puesto que el aire frío no puede contener tanto vapor de agua como el aire caliente, el aire templado resulta saturado cuando se enfría lo suficiente. A esta temperatura, o punto de rocío, el aire contiene todo el agua que puede. Si se enfría aún más, el agua precipita en forma de lluvia, niebla o nieve.

Un frente frío es el límite entre una masa de aire frío y una masa de aire caliente a la que está desplazando. Un frente cálido es el límite donde una masa de aire templada desplaza a otra de aire frío. Ambos frentes normalmente vienen acompañados de un tiempo tormentoso.

El movimiento ciclónico no debe confundirse con el profano de ciclón. Un movimiento ciclónico es cualquier movimiento de aire en forma de espiral; se puede extender fácilmente a centenares de kilómetros. Con frecuencia se origina cuando una ola existente en el límite entre masas calientes y frías en movimientos opuestos se rompe y forma un frente frío y un frente caliente que se mueve en círculo alrededor de un punto común. El centro del círculo puede ser un punto de baja presión (con mal tiempo) o de alta presión (con buen tiempo), dependiendo del sentido de rotación. La rotación en el sentido contrario a las agujas del reloj significa una baja presión en el Hemisferio Norte y una alta presión en el Hemisferio Sur.

Los huracanes son tormentas tropicales que resultan de la elevación rápida de aire cálido y húmedo. Tienen un movimiento ciclónico y un centro de baja presión denominado *ojo* situado en el centro. Su movimiento es guiado por los esquemas de vientos predominantes. Los tornados son huracanes en miniatura aunque no se originan a veces del mismo modo. Su centro, correspondiente al ojo, es una región de presión reducida. Gran parte del daño que realizan se debe al descenso repentino de presión cuando el embudo del tornado pasa por encima del lugar.

Las estaciones y el tiempo asociado a ellas son el resultado del movimiento anual de la Tierra alrededor del Sol y de la orientación del eje de aquélla respecto al plano de la eclíptica. Las corrientes oceánicas y la inercia térmica de las grandes masas de agua moderan las variaciones temporales de temperatura en ciertas áreas terrestres.

Debido al gran número de variables que intervienen en el problema, la predicción del tiempo es un problema científico difícil. A partir de los mapas meteorológicos y de la experiencia previa, pueden describirse y registrarse el progreso de los frentes y otros detalles meteorológicos y predecir entonces con cierta exactitud. El radar es un instrumento valioso para localizar y seguir la trayectoria de las tormentas. Se utilizan satélites meteorológicos para registrar sobre la superficie del terreno los esquemas globales de nubes de la Tierra.

La polución de la atmósfera es el resultado de los productos de eliminación y desperdicios gaseosos y en forma de partículas de la combustión y procesos industriales. Los automóviles son responsables de una gran parte de esta contaminación. Entre los contaminantes más serios y peligrosos están el monóxido de carbono y los óxidos de azufre.

LISTA DE COMPROBACIONES

1. ¿Qué es lo que pudo haber proporcionado el calor necesario para fundir la Tierra parcialmente en las primeras épocas de su desarrollo?
2. ¿Por qué existe muy poca cantidad de helio en la Tierra? ¿Cuál es la fuente del helio que se encuentra actualmente?
3. Estudiar la variación de presión y temperatura de la atmósfera en función de la altitud. Explicar las razones por las que se producen las variaciones principales.
4. ¿Cuáles son las diversas capas de la atmósfera? ¿Cuáles son sus propiedades diferenciadoras?
5 ¿Cómo se origina la ionosfera? ¿Cuál es su función?
6. ¿De qué está compuesta la atmósfera?
7. Definir los términos humedad relativa, saturación y punto de rocío.
8. ¿Qué es el efecto invernadero? ¿Por qué es importante?
9. Estudiar los esquemas de vientos predominantes principales y a qué se deben.
10. Describir un frente frío; un frente caliente. ¿Cómo se representan en los mapas meteorológicos? ¿Por qué suelen acompañar a un frente las tormentas?
11. Estudiar el origen del movimiento ciclónico. ¿Cómo se originan los centros de baja y de alta presión? ¿Qué propiedades meteorológicas tiene cada uno de ellos?
12. ¿Qué es un huracán? Describir sus características principales e interpretarlas.
13. ¿Qué es un tornado? Describir e interpretar sus características principales.
14. ¿Por qué el tiempo experimenta cambios estacionales? ¿Cómo se ven moderados por las corrientes oceánicas y por las grandes masas de agua?
15. ¿Por qué es difícil predecir el tiempo? ¿Qué factores deben considerarse al formular una predicción del tiempo? ¿Qué características meteorológicas pueden leerse en un mapa del tiempo?
16. Describir cómo funciona un radar. ¿Por qué es interesante?
17. Comentar los efectos de los contaminantes en forma de partículas de la atmósfera. ¿Cómo pueden eliminarse de los gases industriales el humo y el polvo?
18. ¿Cuáles son los contaminantes gaseosos más importantes? Estudiar las fuentes y efectos deletéreos del CO_2, CO y óxidos de azufre.
19. ¿Qué es una capa de inversión? ¿Cómo da origen a problemas de nieblas contaminantes?

CUESTIONES

1. ¿Cuál es la altura mínima a la que puede orbitar un satélite durante largo tiempo?
2. Las ciudades modernas generan grandes cantidades de humo, polvo y contaminantes gaseosos del aire. Describir la historia de una partícula contaminante típica.
3. Comparar el aspecto de una puesta de Sol (o de salida de Sol) sobre la Tierra y sobre la Luna.
4. ¿Por qué las noches sin nubes son normalmente más frías que las noches nubosas, siendo todas

las demás cosas iguales?

5. Los árboles frutales en las zonas bajas suelen dañarse con más frecuencia por las heladas que los que están situados en terrenos elevados, ¿por qué? Con frecuencia se queman botes de humo en lugares bajos para evitar las heladas. ¿Por qué son eficaces?
6. ¿Dónde hiela en primer lugar en la zona que es familiar al lector? ¿Cuándo se forma escarcha normalmente? Explicarlo.
7. Si los primeros hombres se hubiesen movido de un continente a otro desplazándose con ayuda de pequeñas barcas a través de los mares, ¿cuáles habrían sido sus trayectorias más probables?
8. En un período medio de 24 horas ¿por qué la temperatura varía mucho más ampliamente en el desierto del Sahara que en Puerto Rico, aunque ambos estén aproximadamente a la misma distancia del Ecuador?
9. Estudiar los problemas que podríamos encontrarnos con las comunicaciones por radio entre dos puntos situados en la Luna.
10. Algunas personas afirman que no se tuestan por el Sol en la ciudad, aunque lo hacen fácilmente cuando están a la orilla de un lago. ¿Puede ser esto cierto?
11. Estudiar algunos métodos prácticos y sus inconvenientes para eliminar los siguientes problemas de contaminación: humos de escape de los automóviles, humos procedentes de las plantas generadoras de energía eléctrica que queman carbón, humo de cigarrillos, humos de disolventes de una fábrica química, los olores procedentes de una planta de tratamiento de las basuras de una ciudad.

AMERICAN MUSEUM OF NATURAL HISTORY

Capítulo 16 La Tierra

Hemos estudiado muchas características de la Tierra y de los océanos en los capítulos anteriores; en este capítulo se estudiarán estos temas de un modo más sistemático. La Geología, estudio de la historia y estructura de la Tierra, ha inspirado su investigación durante muchos años. A pesar de esto, nuestra comprensión de la Tierra está lejos de ser completa. La Oceanografía, estudio de los océanos, es una ciencia aún más joven y menos desarrollada. Las áreas de la Tierra cubiertas por el agua son vastas reservas de alimentos, minerales y energía que serán muy importantes para las divilizaciones del futuro.

Materiales de la superficie terrestre

La parte terrestre sólida conocida por nosotros en nuestra vida diaria está lejos de ser un ejemplo típico de la Tierra globalmente. La mayoría de las personas está sólo familiarizada con una capa extremadamente delgada que cubre la esfera terrestre. Esta capa está caracterizada por la presencia de materia viva y por sus productos de descomposición acumulados por los seres vivos a lo largo de los siglos pasados. En su mayor parte, la vida vegetal y animal existe sólo allí donde la Tierra y el aire se encuentran, debido a que las plantas necesitan la luz solar y el dióxido de carbono para el crecimiento de sus células y los animales dependen del aire para el oxígeno necesario a su respiración. Aunque los seres vivos pueden existir en otras muchas partes, solamente se desarrollan ampliamente próximos a la superficie de la Tierra. Esta capa, que es de extraordinaria importancia para nosotros como seres vivos, es tan delgada que no podemos ni siquiera dibujarla a escala en un plano de la Tierra.

Esta capa superficial es la única porción de la Tierra que es fácilmente accesible para su estudio; se compone de rocas cubiertas por unas capas finas de tierra o de otros materiales sueltos tales como arena o materia orgánica. La inspección próxima de las rocas más comunes que se encuentran en la superficie revela que son un agrupamiento de objetos muy diversos. Muchos tienen claramente una composición no uniforme, puesto que están constituidos por un número de rocas o fragmentos orgánicos más pequeños o de granos grandes y pequeños cementados juntos por algún procedimiento. Otros parecen uniformes a simple vista, pero estudiándolos a través de un microscopio se revela que son un agregado de granos semejantes a los de las muestras más gruesas, difiriendo solamente en su tamaño más pequeño. Solamente un pequeño porcentaje de rocas, que son estructuralmente semejantes a los vidrios, no contienen granos en absoluto. Los granos, unidades fundamentales de las que están compuestas las rocas, se denominan *minerales.*

Un mineral es cualquier material cristalino inorgánico que se presenta naturalmente y con una composición química definida. Por lo tanto, todo mineral tiene una fórmula química. Por ejemplo, la calcita es el $CaCO_3$ y el feldespato potásico es el silicato alumínico potásico, $KAlSi_3O_8$. Esta definición es suficientemente amplia, de modo que pueden considerarse con frecuencia que pertenecen al mismo mineral materiales de composición ligeramente diferente. Podemos examinar la clasificación de los materiales de la corteza terrestre en función de los minerales como un esquema de clasificación química.

Como otros compuestos químicos, todo mineral tiene una disposición característica de los átomos, que le proporciona una estructura cristalina única. Muchas propiedades físicas de los minerales reflejan esta estructura única y, por lo tanto, nos ayudan a distinguir un mineral de otro. Por ejemplo, cada cristal desarrolla una forma cristalina característica si se le permite que crezca libremente. En la figura 16.1 se dan varias fotografías y descripciones de cristales grandes de minerales. La dureza, la exfoliación (el modo en que los minerales se rompen a lo largo de ciertos planos del cristal), la densidad (masa por unidad de volumen) ,el color y otras características diferenciadoras, están todas relacionadas con la estructura cristalina. Utilizando rayos X, podemos dar muchos detalles de la distribución de los átomos en la estructura cristalina.

Mientras que los minerales se clasifican por su estructura atómica y composición química, las rocas que componen se agrupan de acuerdo con su origen e historia pasada. Como hemos visto, el interior de la Tierra está mucho más caliente que su superficie. Aunque la superficie se haya enfriado lo suficiente para mantener la vida, una serie de agujeros taladrados a gran profundidad indican que la temperatura se incrementa aproximadamente en 1 °C por cada 30 metros de profundidad. Aunque es arriesgado extrapolar estos datos, esta elevación de temperatura observada implica una temperatura de aproximadamente 1500 °C a una profundidad de 50 km. Creemos que la radiactividad dentro de la Tierra libera suficiente energía como para hacerla responsable de estas enormes temperaturas. Por debajo de la corteza, las temperaturas son suficientemente elevadas para fundir las rocas, pero debido a las elevadas presiones existentes allí, la capa debajo de la corteza es todavía sólida. Sin embargo, cuando un defecto de la misma permite la eliminación de esta presión, el material muy caliente se funde. Esta roca fundida se denomina *magma.* Cuando el magma se enfría y solidifica forma las rocas y constituye el primero de los tres tipos básicos de ésta. Las rocas formadas directamente por solidificación del magma se denominan rocas *ígneas.*

La materia inmediatamente debajo de la corteza que produce el magma, contiene una cantidad de agua considerable. Aunque la temperatura del agua está muy por encima de su punto de ebullición se evita que escape el agua debido a las presiones elevadas a las que está sometida. La situación es semejante a la que existe en una botella de gaseosa. El dióxido de carbono está disuelto en la bebida, lo que se consigue sometiendo a presión el líquido; cuando la botella se destapa, el gas disuelto empieza a escapar y se forman burbujas en el líquido.

FIG. 16.1. — Los minerales formadores de rocas más importantes son los feldespatos (a), el cuarzo (b), la calcita (c) y la familia de los compuestos ferromagnésicos (d). Los feldespatos son silicatos de aluminio con potasio, sodio o calcio. Normalmente son blancos, gris claro o rosa y lustrosos. Se exfolian en dos direcciones casi perpendiculares.
El cuarzo es dióxido de silicio y tiene el aspecto de un cristal o vidrio blanco, gris, transparente o teñido. Se rompe en trozos irregulares de bordes agudos, puesto que no tiene ninguna dirección de exfoliación preferente. Con frecuencia forma prismas hexagonales esbeltos (cristales en forma de varillas o agujas) que terminan en puntas piramidales agudas. El cuarzo es considerablemente más duro que el feldespato y corta profundamente el vidrio. Como no reacciona con la atmósfera es muy duradero. Cuando el feldespato de las rocas graníticas reacciona con la atmósfera y se desmenuza en arcilla blanda, los granos de cuarzo presentes caen y forman el depósito que solemos llamar arena común.
El mineral calcita ($CaCO_3$) varía de color de blanco a oscuro y puede ser coloreado o transparente. La piedra caliza y el mármol están formados por calcita e impurezas.
Los minerales oscuros comunes en el granito y otras rocas semejantes son normalmente de la familia ferromagnésica, que contienen hierro y magnesio en forma de silicatos. Son normalmente de color negro, verde oscuro o marrón oscuro y de aspecto vítreo. La acción de los elementos atmosféricos hace que la mayor parte de estos minerales formen una capa de orín igual que el hierro. Los óxidos rojos, amarillos y pardos de la formación rocosa del Gran Cañón del Colorado y otros lugares se deben a la oxidación de los minerales ferromagnéticos. [*Fotos cortesía de U. S. Geological Survey;* (*a*), (*b*) *y* (*c*) *por W. T. Schaller,* (*d*) *por W. G. Overstreet.*]

El agua atrapada en el magma se comporta de un modo semejante cuando un volcán o una fisura en la corteza terrestre permiten que escape el magma a la superficie; el agua se vaporiza y hace burbujear el magma. Esta roca líquida burbujeante que fluye hacia afuera a través de los volcanes activos y de las fisuras se denomina *lava.* La lava solidificada toma formas diferentes, dependiendo de la rapidez con que se enfría. Una forma es la pumita o piedra pómez, que puede que el lector conozca ya. Las diminutas burbujas son claramente visibles.

Las rocas ígneas como éstas que se formaron cuando el magma salió a presión desde el interior de la superficie de la Tierra hacia afuera, se denominan rocas ígneas *extrusivas.* Puesto que se enfriaron muy rápidamente, los minerales no tuvieron tiempo de formar cristales de tamaño apreciable. Las rocas extrusivas están normalmente compuestas de cristales tan dimi-

(a) Feldespato

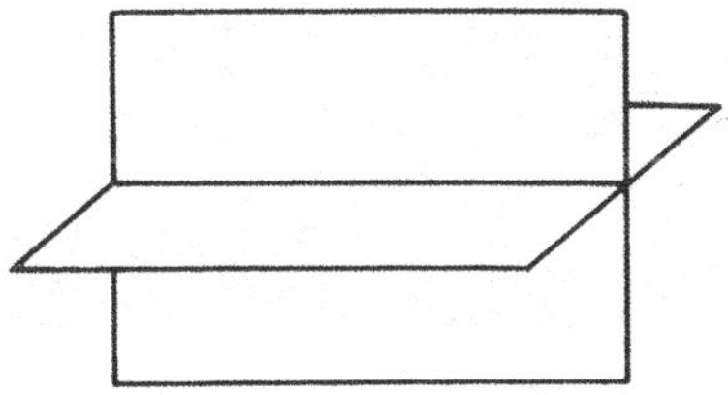

Macla del feldespato

(b) Cuarzo

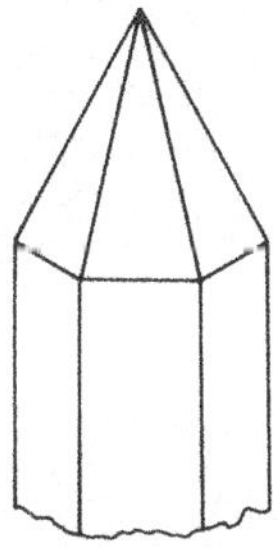

Forma de un cristal de cuarzo

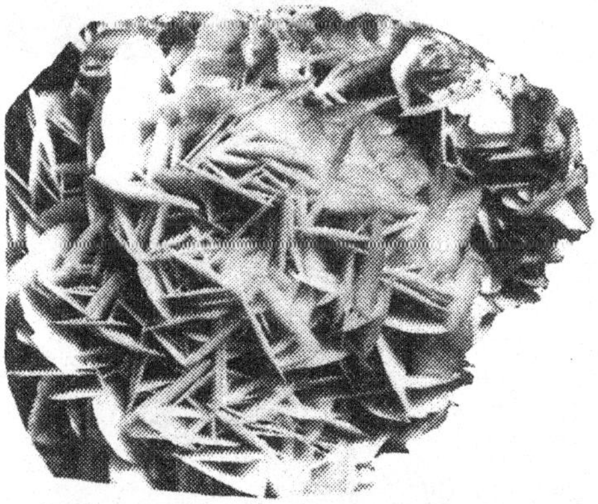

(c) Calcita

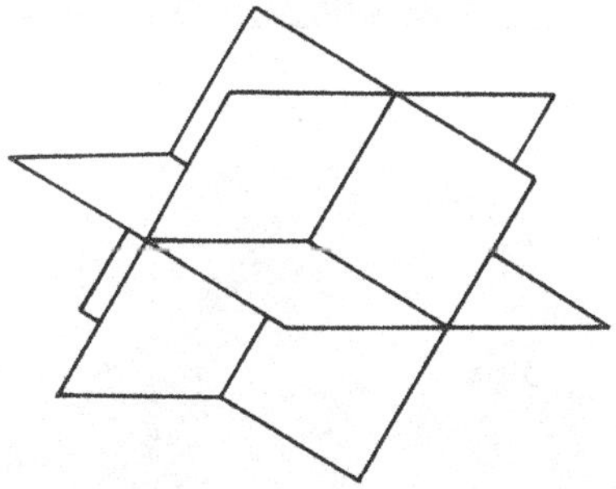

Macla de la calcita

(d) Muestra ferromagnésica (Biotita)

Los cristales ferromagnésicos no tienen ningún esquema propio de exfoliación

IGNEO

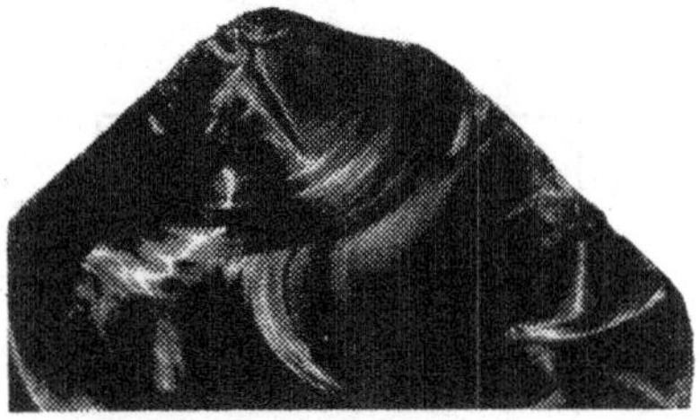

(a) Obsidiana

(b) Riolita

(c) Basalto

(d) Granito

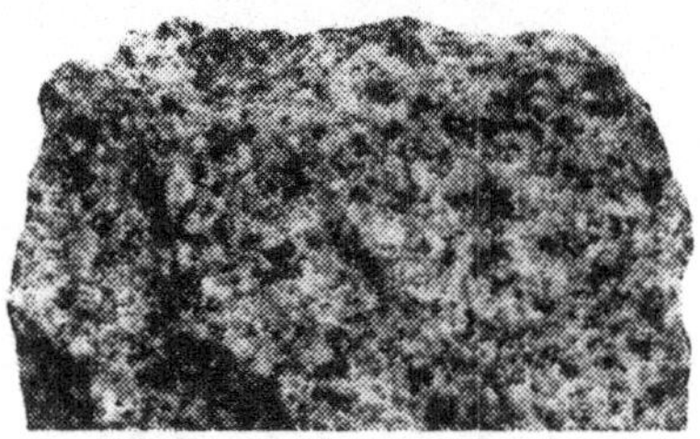

(e) Gabro

SEDIMENTARIO

(f) Conglomerado

(g) Arenisca

(h) Pizarra arcillosa

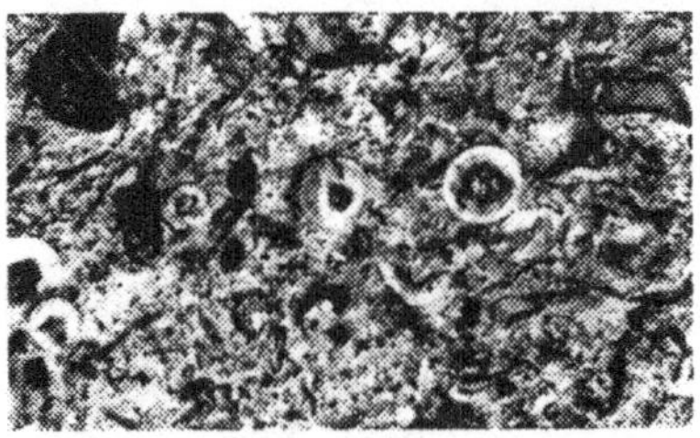

(i) Caliza lumaquela

METAMÓRFICO

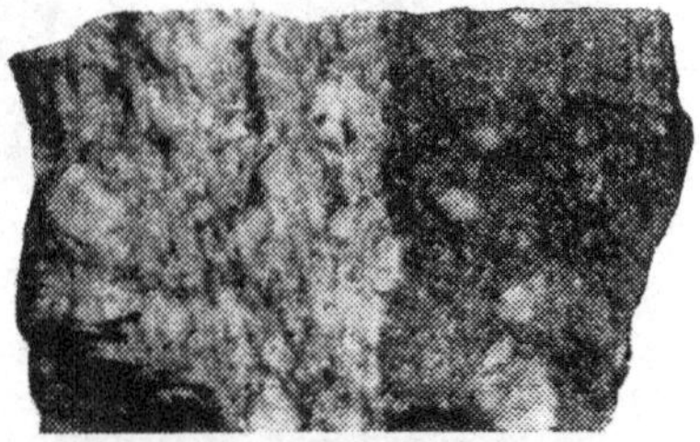

(j) Gneis

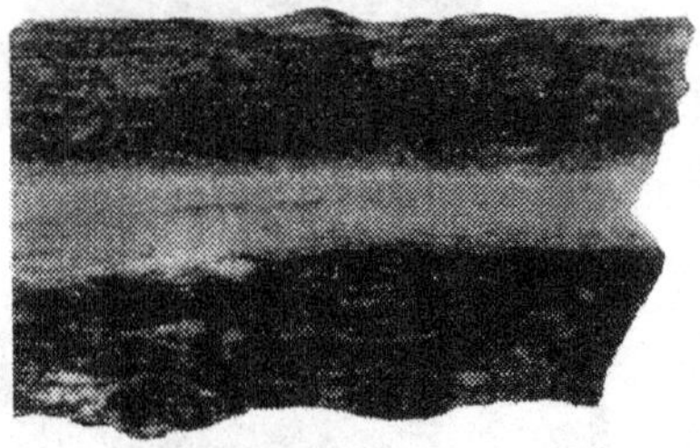

(k) Esquisto

(l) Pizarra

(m) Cuarcita

(n) Mármol

FIG. 16.2. — Las rocas de la columna de la izquierda son todas ígneas, lo cual significa que se formaron directamente por solidificación del magma. Las rocas extrusivas indicadas en (a), (b) y (c) se forman cuando el magma fundido es expulsado hacia la superficie de la Tierra. La obsidiana es un vidrio volcánico negro; la riolita (roca de lava amarillenta) se forma a partir de rocas fundidas de colores claros como el granito, mientras que el basalto se forma a partir de rocas fundidas de colores oscuros. El basalto es la roca ígnea extrusiva más común.
Las rocas intrusivas se forman cuando el magma solidifica debajo de la superficie terrestre: (d) y (e) muestran dos rocas intrusivas comunes : granito y gabro. El granito está compuesto en más del 75 por ciento de fesdespatos y cuarzo de colores claros mientras que el resto lo constituyen minerales ferromagnésicos oscuros.
La columna central muestra rocas sedimentarias que se forman cuando lechos de arcilla, arena, gravilla o caparazones se comprimen y cementan uniéndose para formar rocas nuevas. Pueden verse los guijarros redondeados cementados en la roca de conglomerados indicada en (f). Como indica su nombre, la arenisca de (g) se compone de granos de arena cementados juntos. Capas de arcilla cementadas forman las pizarras arcillosas de (h). Se forma la caliza a partir de calcita precipitada; cuando en ella se han cementado conchas y caparazones, el resultado es la caliza lumaquela (i). Del mismo modo se forma la tiza o creta con conchas y caparazones muy pequeños.
En la columna de la derecha se muestra el tercer tipo principal de rocas, las rocas metamórficas, que se han formado por la acción de temperaturas elevadas y presiones intensas bastante en el interior de la Tierra. El gneis (j) una roca con cristales gruesos, muestra las bandas dejadas por diversos minerales coloreados cuando fluyeron. Las rocas en capas que muestran láminas o agujas de cristal comprimidas se denominan esquistos (k). La pizarra (l) se formó por la acción de presiones elevadas sobre arcillas pizarrosas.
Los granos de arena de las areniscas se soldaron dando origen a la cuarcita (m). La caliza, en el interior de la Tierra por la acción del magma se ve calentada y recristalizada formando el mármol (n). *(Cortesía de U. S. Geological Survey.)*

nutos que pueden verse únicamente con el microscopio. Con frecuencia, el magma solidifica tan rápidamente que el sólido no contiene en absoluto cristales, sino solamente una materia vítrea. Un ejemplo es la obsidiana, vidrio volcánico indicado en la fig. 16.2*a*. Otras rocas extrusivas se indican en (*b*) y (*c*). Con mayor frecuencia, el magma no alcanza la superficie terrestre. En lugar de ello se esparce a través de la fisura o entre las capas y las imperfeccionse que hay muy por debajo de la superficie. En la figura 16.3, el magma ha ascendido hasta un depósito subterráneo conocido como cámara del magma. Estas cámaras o depósitos se presenta a profundidades de 50 a 75 km.
A partir del depósito, el magma asciende y ocasionalmente alcanza la superficie como en el volcán indicado en la parte superior. Al cabo de los años, el flujo de lava ha producido un cono volcánico y construido una capa de lava en la superficie terrestre próxima a dicho volcán.

Con mucha más frecuencia, el magma que asciende es incapaz de alcanzar la superficie y forma una región intrusiva entre otras capas o dentro de una fisura. Cuando una fisura vertical plana y delgada se ha llenado con el magma solidificado, se denomina *dique.* Una inclusión delgada entre dos capas horizontales se denomina *base.* Una capa en forma de lente gruesa y de poca extensión se denomina *lacolito.* Una masa grande de roca ígnea bastante profunda por debajo de la superficie y normalmente ocupando más de 100 km² es un *batolito.* A diferencia de los diques y de las bases, los batolitos están raramente asociados con los volcanes. Aparentemente, el magma que se enfría formando batolitos no llega a aproximarse a la superficie terrestre antes de endurecerse.

El magma atrapado bajo la superficie se enfría lentamente a lo largo de los años. Esto permite que haya suficiente tiempo para que los diversos minerales formen cristales grandes cuando se alcanza su temperatura de solidificación. Como resultado, las rocas que se forman a partir del magma en estas denominadas «intrusiones», muestran en todo su interior cristales bastante bien desarrollados. Éstas son rocas ígneas denominadas *intrusivas,* y en la figura 16.2*d* y *e* se indican dos formas típicas. El lector probablemente estará familiarizado con el granito, puesto que es una piedra grisácea con puntos más claros que se utiliza mucho en los monumentos.

Como los cuerpos intrusivos, los diques, por ejemplo, se forman separadamente de las rocas que los rodean, difieren normalmente de composición y, por tanto, se comportan de modo diferente a las rocas en las zonas próximas bajo las fuerzas de erosión. Esto se refleja en el aspecto del terreno expuesto durante muchos siglos a la acción de la intemperie. Con frecuencia, las intrusiones son más resistentes a la lluvia y al viento que el terreno que las rodea, y así, finalmente, permanecen como pilares que se elevan bastante por encima de la tierra próxima. Ejemplos típicos se indican en las figuras 16.4 y 16.5.

Durante la larga historia de la Tierra, las rocas ígneas han sufrido la *acción de la intemperie* y la *erosión.*

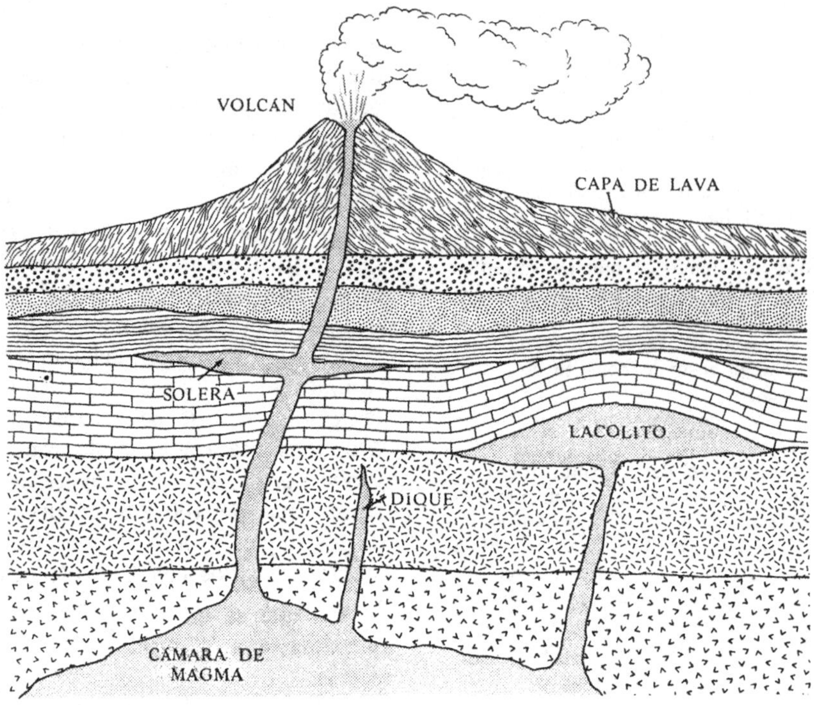

FIG. 16.3. — La lava que ha fluido del volcán ha hecho crecer la corteza como se indica en el dibujo. El magma al intentar salir ha formado un dique, una solera, un lacolito y una cámara de magma.

Siempre que las rocas están expuestas en la superficie, el viento, el agua y el hielo hacen que muchas de ellas se pulvericen y se disgreguen o se disuelvan químicamente. Con el tiempo, muchos de estos fragmentos y sustancias disueltas son transportados por los ríos, glaciares y el viento bastante lejos de su lugar de origen y se depositan en un nuevo medio ambiente. Al principio forman depósitos sueltos de arcilla, arena, grava y así sucesivamente. Finalmente, un material cementante tal como la calcita ($CaCO_3$) o la sílice (SiO_2), ayudados con frecuencia por el peso del material que está situado encima de los fragmentos, hace que éstos compacten y cementen entre sí. De tal modo se forman nuevas rocas que se denominan *sedimentarias*. Como indica su nombre, son rocas secundarias formadas a partir de materiales que han sido depositados mediante un medio de transporte. En la figura 16.2 se muestran diversos ejemplos. A través de este proceso, la arena se transforma en arenisca, la arcilla se convierte en la variedad esquistosa y la grava forma los conglomerados. Los fragmentos orgánicos también sufren este proceso produciendo carbón a partir de restos de plantas y de caliza de trocitos de caparazones. El material disuelto puede separarse del agua y formar rocas tales como la caliza.

La tercera clase de rocas son las *metamórficas*. Estas rocas se forman por la acción de elevadas presiones y temperaturas sobre rocas ya existentes. Debajo de la corteza terrestre, las presiones y temperaturas son suficientemente grandes como para hacer que las rocas fluyan prácticamente. Bajo estas condiciones se forman nuevos minerales y se producen nuevas formas rocosas. Ejemplos son los esquistos, las pizarras, el gneiss, el mármol y la cuarcita, indicados en la figura 16.2*j* a *n*. Puesto que sólo se dispone de las presiones y temperaturas necesarias para esta metamorfosis a grandes profundidades debajo de la superficie terrestre, las rocas metamórficas no aparecen

FIG. 16.4. — La erosión del terreno que lo rodeaba ha expuesto al exterior este dique en Arizona. *(Cortesía de Tad Nichols.)*

FIG. 16.5. — La Torre del Diablo en Wyoming, lacolito que ha sido expuesto al exterior por la erosión del material que lo rodeaba. *(Cortesía de John S. Shelton.)*

sobre ésta a no ser que se produzca una erosión profunda o un ascenso de la corteza.
Para resumir, las tres categorías de rocas básicas son las ígneas, sedimentarias y metamórficas. Puesto que cada clase de roca tiene su propia historia diferenciadora, el geólogo puede utilizar las rocas encontradas en una región para establecer la historia de la misma. Además, puesto que la radiactividad dentro de la roca ayuda con frecuencia a determinar el tiempo de su formación, la geología moderna puede proporcionar una historia cuantitativa de la Tierra.

Ondas sísmicas y estructura de la Tierra

Un estudio de las rocas expuestas en la superficie o incluso de aquellas encontradas en minas profundas, nos da información sólo sobre la capa superficial muy delgada de nuestro planeta. Para ampliar estos conocimientos, se inició en 1961 un programa para hacer taladros a través de la corteza terrestre. Desgraciadamente, dificultades técnicas y financieras impidieron que los experimentadores obtuvieran rocas muy por debajo de la corteza.
La mayoría de nuestros conocimientos sobre la estructura interna de la Tierra se ha adquirido de un modo más indirecto a través de observaciones de las *ondas sísmicas.* Estas ondas son las perturbaciones que radian desde el lugar de un terremoto o explosión subterránea. Un terremoto es el temblor debido a la rotura repentina y al movimiento de rocas a profundidades que van desde inmediatamente debajo de la superficie hasta unos 600 km en el interior de la Tierra. Del mismo modo que una onda de choque o sonora intensa se transmite a través del aire debido a una explosión, un movimiento repentino debajo de la superficie de la Tierra transmite a través de la misma pulsos de perturbación. Las trayectorias típicas de las ondas de choque procedentes de un terremoto (o una explosión artificial) se indican en la figura 16.6.
Por una perturbación de este tipo se envían a través de la Tierra dos tipos de ondas totalmente diferentes, Una de ellas es una onda de compresión (onda sonora), denominada onda P. La P quiere decir «primaria». (A veces conviene asociar la P a presión puesto que las ondas de compresión «presionan» hacia adelante y hacia atrás en el sentido de su propagación.) Como las ondas sonoras se transmiten a través del

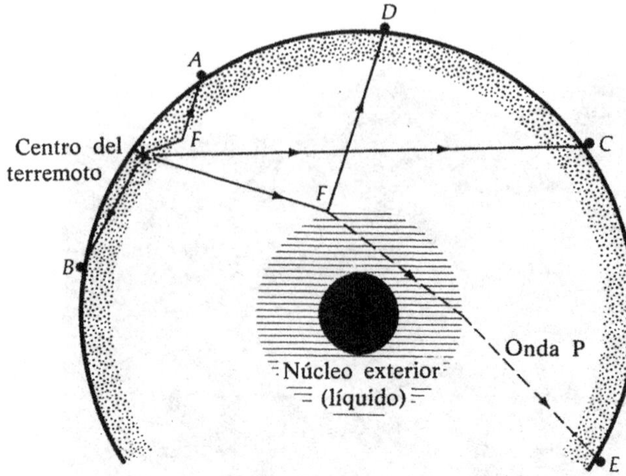

FIG. 16.6. — Trayectorias típicas de las ondas sonoras emitidas desde el centro de un terremoto. A través del núcleo líquido exterior sólo puede llegar a *E* la onda *P*, pero tanto la onda *P* como la *S* llegan a *A*, *B*, *C* y *D*.

agua, las ondas P se mueven tanto a través de los sólidos como de los líquidos.
El segundo tipo de onda se denomina S, que quiere decir «secundaria». Esta onda es trasversal, semejante a la onda que se forma sobre una cuerda. En una onda S, el material de la Tierra vibra perpendicularmente a la línea de propagación de la onda. Este tipo de onda no puede propagarse a través de un líquido y así puede distinguirse un sólido de un líquido observando si pasan o no ondas S a su través.
Las trayectorias de las ondas P y S se refractan cuando pasan de un material a otro, debido a que se mueven con velocidades diferentes en materiales de densidades distintas. Esto es semejante a la refracción de las ondas luminosas que pasan del aire al agua. Además, en el límite entre dos materiales de dureza diferente, se reflejan las ondas como se indica en el punto *F* de la figura 16.6. Esto es comparable al modo en que las ondas luminosas se ven parcialmente reflejadas en el plano entre aire-agua.
Las ondas de choque que alcanzan diversos puntos de la Tierra, tales como *A*, *B*, *C*, *D* y *E*, recorren trayectorias diferentes y por lo tanto se alcanzan los puntos de observación después de pasar tiempos diferentes desde la producción del terremoto o la explosión artificial. A partir de estos tiempos de llegada, podemos deducir el camino seguido por la onda y dibujar un

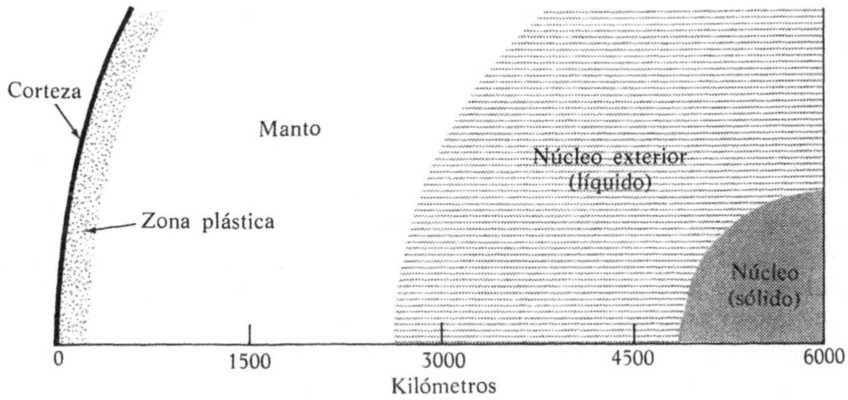

FIG. 16.7. — Corte de la Tierra a escala.

diagrama tal como el de la figura 16.6. Además, puesto que sólo la onda P alcanza el punto E, parte de su trayectoria debe haber sido a través de un líquido. A partir de estas pruebas, podemos llegar a la conclusión de que la parte interna de la Tierra a través de la que ha pasado dicha onda está en estado de fusión.

Las ondas sísmicas se utilizan ampliamente para la exploración geológica. Puesto que las diversas capas rocosas reflejan y refractan de modo diferente las ondas, es posible estudiar la disposición de las rocas debajo de la superficie y localizar los sitios en donde puede acumularse el petróleo. Sin embargo, la interpretación de los esquemas de ondas sísmicas no es fácil y así las suposiciones relativas a los depósitos de petróleo y minerales no son de completa confianza.

Estudiando las trayectorias y los tiempos de recorrido de las ondas sísmicas, podemos deducir la existencia de las áreas indicadas en la figura 16.7. La capa más externa, la corteza, varía en espesor desde unos 5 km por debajo de los océanos hasta un máximo de 80 km en las áreas cubiertas por los continentes. El límite inferior de la corteza es bastante nítido y se denomina discontinuidad de Mohorovicic o Moho.

A partir de los minerales y rocas de la superficie, conocemos los constituyentes de la corteza terrestre razonablemente bien; en la tabla 16.1 se da su composición química. La corteza está compuesta fundamentalmente de silicio y oxígeno con cantidades apreciables de aluminio, hierro, calcio, sodio, potasio y magnesio.

TABLA 16.1. *Composición de la corteza terrestre*

Elemento	Porcentaje
Oxígeno	49
Silicio	26
Aluminio	7,6
Hierro	4,6
Calcio	3,4
Sodio	2,7
Potasio	2,4
Magnesio	1,9
Otros	4

La abundancia de silicio y de oxígeno refleja el hecho de que la mayoría de los minerales comunes tienen un compuesto de silicio-oxígeno como unidad estructural básico. Estas unidades se denominan *silicatos.* Con pequeñas variaciones en el contenido de otros átomos metálicos, los silicatos son los principales constituyentes de la mayoría de las rocas.

Debajo de la corteza (véase figura 16.7) existe una región denominada zona plástica, que normalmente se considera parte del manto. Aunque no está fundida, tiene algunas de las propiedades de un líquido muy viscoso o vítreo. A lo largo de los siglos, puede fluir recorriendo grandes distancias, de modo que la corteza actúa como si estuviese flotando sobre un líquido muy viscoso.

Puesto que no son posibles las medidas directas, podemos sólo adivinar la composición del manto. Creemos que está compuesto también principalmente de silicatos. Sin embargo, los silicatos de esta capa deben contener cantidades mucho mayores de hierro, magnesio y otros átomos metálicos que los de la corteza. A partir de las ondas sísmicas sabemos que esta capa es sólida; la presión a estas profundidades debe elevar el punto de fusión de las rocas por encima de las temperaturas altas que predominan allí.

La siguiente capa, núcleo externo, se ha demostrado que es un líquido. Creemos que el campo magnético terrestre es el resultado de un movimiento líquido a gran escala dentro del núcleo exterior. Suponemos que tanto el núcleo interno como el externo están compuestos principalmente de hierro y níquel. Esto se basa en el contenido metálico de los meteoritos.

El núcleo interno parece ser sólido. La presión ha aumentado aparentemente lo suficiente como para anular allí los efectos de las temperaturas elevadas. Creemos que estas presiones elevadas han comprimido el núcleo de modo que es aproximadamente 15 veces más denso que el agua. Como comparación, pensemos que la corteza terrestre es unas 3 veces más densa que el agua, la Tierra globalmente es aproximadamente 5,5 veces más densa y el hierro es 7,9 veces más. Solamente podemos imaginar las propiedades de la materia bajo estas tremendas presiones y densidades, puesto que todavía no pueden reproducirse con facilidad en el laboratorio las presiones necesarias. Ciertamente, los materiales bajo estas presiones tan elevadas mostrarán unas propiedades marcadamente diferentes de las que poseen en las condiciones que conocemos.

Isostasia

Ahora que tenemos una idea de la estructura interna de la Tierra podemos examinar con más detalle la conformación de la capa de la corteza. La corteza flota sobre una base muy viscosa que puede cambiar de volumen, forma o posición lentamente y de modo continuo sin romperse. Este flujo continuo se describe como *plástico.* Cuando un cuerpo rocoso varía de volumen, forma o posición en la corteza terrestre, ésta sufre una *deformación.* Aunque la zona plástica indicada en la figura 16.7 no es líquida, todavía puede sufrir un flujo plástico considerable a lo largo de los siglos. Este modelo ayuda a explicar muchas características de la corteza terrestre.

La corteza puede dividirse en dos partes principales, los continentes y los recipientes que contienen los océanos, que están separadas entre sí por los márgenes continentales. Como se ve en la figura 16.8, bajo los continentes y los océanos existe una corteza inferior compuesta de basalto, designada como *sima.* (Esta palabra procede de las dos primeras letras de sus elementos distintivos, silicio y magnesio.) Por encima de ésta y bajo los continentes existe una capa de rocas más ligeras y más semejantes al granito que

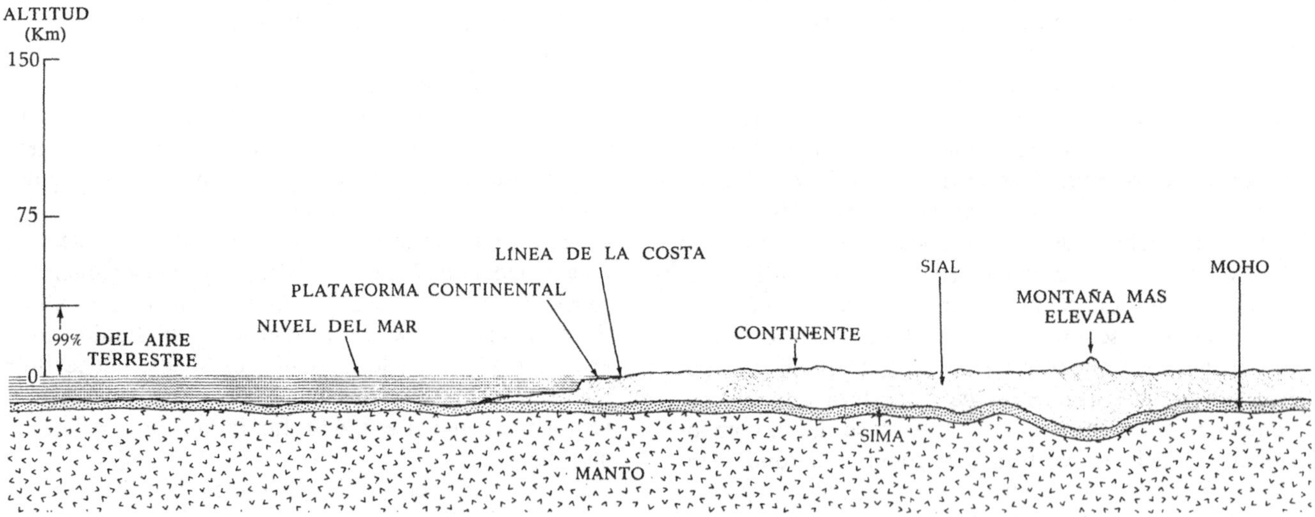

FIG. 16.8. — Corte de la parte exterior de la Tierra.

se denomina *sial* (que procede de silicio y aluminio). Una tercera capa de rocas sedimentarias cubre gran parte de la corteza continental y oceánica y forma unas cuñas gruesas a lo largo de muchos de los márgenes continentales.

Como vemos en la figura 16.8, el continente hace descender al Moho, capa límite entre la corteza y el manto. La densidad del granito es menor que la del basalto y éste a su vez es menos denso que el material del manto. Como resultado, el basalto flota como una espuma sobre el manto más denso, mientras que el continente (denominado bloque continental) flota sobre ambos. En cierto sentido, un bloque continental es semejante a un iceberg que flota sobre un océano. La parte sumergida de la masa continental granítica es más ligera que el material del manto que desplaza. Como resultado se produce una fuerza de flotación haciendo que la parte superior del continente flote sobre la superficie que la rodea, del mismo modo que una pequeña parte de un iceberg flota sobre el agua. Además, como consecuencia de la erosión en el continente, las diversas partes flotan a niveles diferentes. La teoría de que el continente flota de este modo sobre el manto se denomina *isostasia.*

Aunque el manto no es un líquido, sus propiedades de flujo plástico le dan muchas de las características de un líquido cuando el flujo perdura a lo largo de millares de años. Ciertamente, hay muchas pruebas que demuestran que el continente norteamericano está todavía reajustando su posición de flotación desde la última glaciación, hace unos 10 000 años. Como los glaciares retrocedieron hacia las regiones árticas, las partes del continente que cubrían han perdido masa. Estas regiones empezaron luego a elevarse debido al efecto de flotación del manto que tienen debajo. De hecho, la región del Lago Superior está todavía elevándose lentamente (aproximadamente 5 m cada 1000 años).

Los continentes

En los continentes pueden apreciarse dos subdivisiones principales; unas regiones interiores relativamente estables, conocidas como escudos, y unas regiones más móviles denominadas *cinturones,* que han sido sometidas a gran cantidad de roturas a través del tiempo. En donde estas roturas han ocurrido recientemente, los cinturones son regiones montañosas. Muchas montañas son el resultado de la formación de volcanes. Ejemplos típicos son el monte Rainier en Washington, el monte Shasta en California y el volcán indicado en la figura 16.9. Sin embargo, la mayoría de las cordilleras montañosas se han construido a lo

FIG. 16.9. — El volcán mejicano Paricutín en 1944, un año después de su aparición en lo que era un campo de trigo; creció hasta una altura de 600 m antes que cesara su actividad nueve años después. *(Cortesía de Tad Nichols.)*

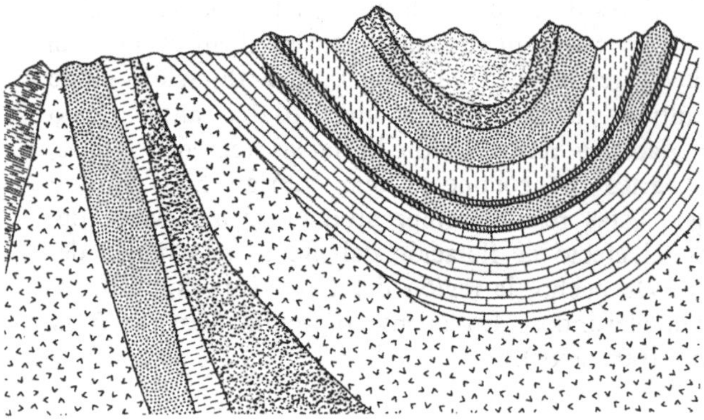

(*a*)

FIG. 16.10. — *(a)* La erosión de la corteza plegada conduce a una cordillera montañosa *(d)*. Esta montaña en el Glacier National Park de Montana muestra el plegado de los estratos que originalmente fueron horizontales. *(Cortesía de Tad Nichols.)* (*b*)

FIG. 16.11. — Esta vista de las Montañas Rocosas da cierta idea del plegado masivo que las creó. *(Cortesía de John S. Shelton.)*

largo de muchos milenios por el movimiento a gran escala de la corteza terrestre. Dicho mivimiento, que pliega y deforma grandes regiones de la corteza terrestre, se denomina *diastrofismo.*

Si examinamos la corteza terrestre cerca de una cordillera montañosa como los Alpes, los Andes, los Apalaches o las Montañas Rocosas, encontramos unas pruebas indudables de que la corteza terrestre ha sido plegada. Un tipo de estructura que se encuentra con frecuencia se indica en la figura 16.10*a*. El modo en que las capas de la corteza han sido plegadas está marcado claramente por los estratos sedimentarios que originalmente eran horizontales. Los bordes de estas capas plegadas han sido expuestos a la acción de los agentes meteorológicos y son ahora claramente visibles, como se indica en la figura 16.10*b*. Además, los agujeros taladrados a través y hacia el interior de la cordillera montañosa muestran la situación en capas indicada. Puesto que los diversos estratos se erosionan a velocidades diferentes, se formaron cordilleras y valles a lo largo de los bordes así elevados de las capas. Al continuar la erosión, la isostasia hace que el material restante sea levantado de modo que flote cerca del nivel que existía antes de la erosión. En la figura 16.11 se muestra el aspecto majestuoso de estas cordilleras montañosas. Sin embargo, la erosión acaba incluso nivelando las montañas. Con el tiempo estas montañas serán redondeadas y allanadas hasta que finalmente no sean más que unas colinas suaves. A partir de las estructuras indicadas en la figura 16.11 resulta claro que deben haber existido unas fuerzas tremendas para comprimir la corteza terrestre de este modo. Incluso hoy en día este proceso todavía se está verificando en algunas cordilleras.

Sin embargo, no todas las cordilleras montañosas son el resultado de los plegamientos. Las cordilleras montañosas de Sierra Nevada en California y las montañas Tetons en Wyoming, son el resultado de un mecanismo ligeramente diferente. Si la corteza de la Tierra demasiado frágil se deforma bruscamente, se romperá en lugar de plegarse. Una superficie de rotura nítida se denomina *falla.* La estructura básica de una falla normal se indica en la figura 16.12*a*. Obsérvese que la corteza se ha deslizado a lo largo de la superficie de la falla de modo que existe una discontinuidad brusca en la superficie de la Tierra, como se ve en (*b*). En la práctica el deslizamiento se verifica a saltos cuando las fuerzas que producen dicho deslizamiento aumentan hasta que llegan a vencer las fuerzas de rozamiento existentes en la falla.

Se entenderá fácilmente este proceso si alguna vez se ha intentado hacer deslizar una caja pesada a lo largo de un suelo rugoso. Se empuja cada vez con más fuerza hasta que la caja repentinamente cede y se mueve dando un salto. El movimiento repentino hace que la fuerza de empuje disminuya y la caja se detiene inmediatamente. De modo semejante, cuando la tierra se desplaza repentinamente a lo largo de la línea de la falla, se elimina la tensión y el movimiento cesa. Aunque las causas de la tensión varían de una

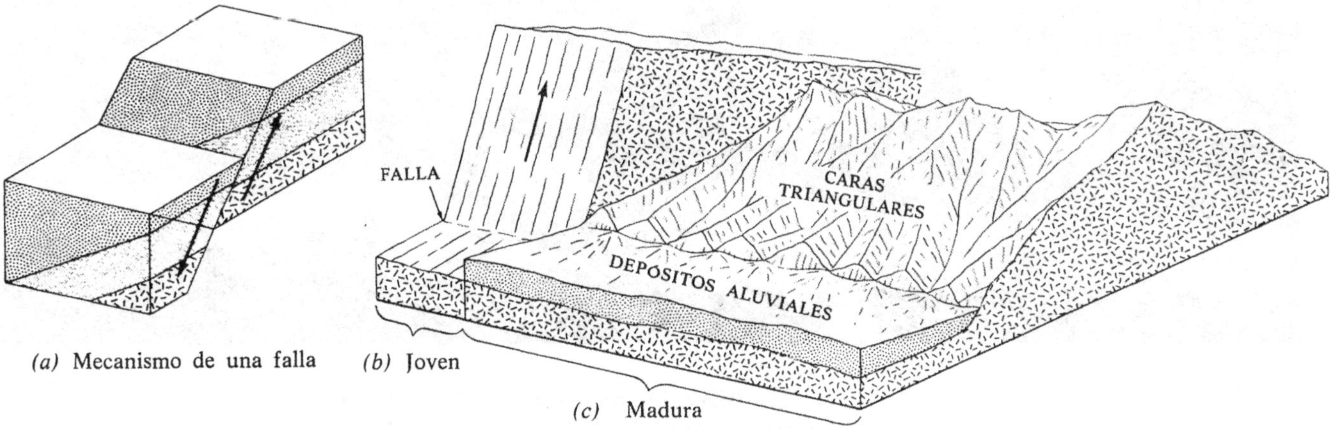

(*a*) Mecanismo de una falla (*b*) Joven (*c*) Madura

FIG. 16.12. — Etapas en el desarrollo de una cordillera a partir de una falla; el mecanismo de la falla se indica en (*a*).

falla a otra, suelen estar asociadas a efectos de isostasia o desplazamientos continentales, temas que ya hemos estudiado brevemente. Sin embargo, no importa cuál sea la causa, el movimiento repentino en la falla produce un terremoto en la región próxima; su severidad depende del valor que tenga la tensión antes de que se produzca el deslizamiento. Al cabo de los años, tienen lugar muchos desplazamientos a lo largo de las fallas y la discontinuidad crece en altura (ver figura 16.12*b*).

Simultáneamente, la erosión varía la faz de la falla. En regiones extremadamente áridas, la faz o escarpadura se erosiona lentamente. Pero finalmente la escarpadura brusca de la falla se deteriora, como se ve en la figura 16.12*c*. Ejemplo típico de estas y otras etapas del desarrollo es el frente este de la cordillera de Sierra Nevada indicada en la figura 16.13.

También es posible en una falla el deslizamiento lateral. Un ejemplo famoso de este hecho está teniendo lugar a lo largo de la costa de California, en donde el lado del Pacífico de la corteza se mueve hacia el norte sobrepasando al interior del continente. Esta es la falla de San Andreas; corre hacia el este de Los Ángeles a través de San Francisco, siendo paralela a la costa durante unos 600 km. Esta línea de falla se muestra claramente en la figura 16.14. Aquí también el rozamiento retarda el movimiento a lo largo del perfil de la rotura y así dicho movimiento se produce a saltos cuando la fuerza crece y excede a la de rozamiento.

El terremoto de San Francisco de 1906 fue producido por un deslizamiento repentino a lo largo de la falla de San Andreas. Los movimientos que intervinieron fueron tanto horizontales como verticales y la parte de la costa de la falla se movió hacia el norte. En un punto aproximadamente a 45 km de San Francisco, el desplazamiento relativo llegó a valer 6,3 m. Se estima que el movimiento medio a lo largo de la línea de las fallas es aproximadamente de 5 cm por año. La figura 16.14 muestra el efecto acumulativo de este movimiento, puesto que el terreno no encaja a lo largo de la falla.

Los terremotos se producen frecuentemente, pero la mayoría son demasiado ligeros para observarse excepto con un equipo delicado. Afortunadamente, la mayoría de los deslizamientos se producen mucho antes de que las fuerzas hayan crecido hasta un valor destructivo. Se espera que en la falla de San Andreas se continuarán liberando periódicamente tensiones sin aumentarlas a un valor tan grande como las que produjeron el terremoto de 1906. Sin embargo, sólo ahora se está adquiriendo la capacidad tecnológica necesaria para poder medir las tensiones y deformaciones en la corteza terrestre con una exactitud suficiente como para poder prever los terremotos.

Cuando se produce en el suelo del océano un terremoto o cualquier otra perturbación, se puede provocar un *tsunami,* que es una onda quizás de un metro de alta y centenares de kilómetros de larga. (Suele denominarse indebidamente a los tsunami olas de

FIG. 16.13. — Frente este de la cordillera Sierra Nevada visto desde el Valle Owens, California, mostrando una parte típica de la zona escarpada que tiene casi 3 km de altura. *(Cortesía de W. G. Mendenhall, U.S. Geological Survey.)*

FIG. 16.14. — Falla de San Andreas en la llanura de Carrizo en California. Obsérvese que el terreno de la izquierda no encaja con el de la derecha. *(Cortesía de John S. Shelton.)*

marea.) Cuando se genera un tsunami en el mar, se mueve a lo largo del mismo con una velocidad próxima a los 750 km/h. Mientras está lejos en el mar, es demasiado bajo para verse con facilidad, pero cuando entra en aguas menos profundas cerca de la costa asciende a alturas mucho mayores al ir disminuyendo su velocidad. Un instante antes de llegar, el agua sobre la costa retrocede dejando peces y barcos embarrancados en la playa. Entonces el tsunami rompe violentamente expulsando todo objeto que le obstruya su trayectoria. Las tsunamis ocasionalmente inciden sobre las islas del Pacífico central, como las islas Hawaii, con una fuerza destructora.

Las áreas interiores de los continentes, como las zonas de los escudos, son más estables. Están caracterizadas por unos esquemas complejos de rocas ígneas y metamórficas de edad considerable. Los estudios de las regiones más jóveens y más deformadas (o cordilleras montañosas) sugieren que las áreas en estudio son los remanentes de unos cinturones montañosos semejantes, pero mucho más antiguos, que han sido gastados por la erosión. Estas áreas parecen componer los núcleos de los continentes con una franja que forman las regiones deformadas.

Las cuencas oceánicas

Hasta recientemente se conocía muy poco sobre las cuencas oceánicas. La obtención de mapas detallados de la topografía del fondo oceánico ha tenido que esperar al desarrollo de instrumentos exactos, como el *sonar,* para poder medir profundidades del agua. Desde un barco en la superficie, un equipo de sonar emite un pulso sonoro hacia el fondo del océano y lo registra cuando se refleja de nuevo hacia la superficie. A partir de la velocidad del sonido en el agua y del tiempo empleado por el pulso para ir hasta el fondo y volver es posible calcular la profundidad del océano en dicho punto. Además del sonar, se necesitan ayudas complicadas para la navegación para dar las situaciones precisas en las que se han hecho las observaciones de profundidad. En esta tarea han ayu-

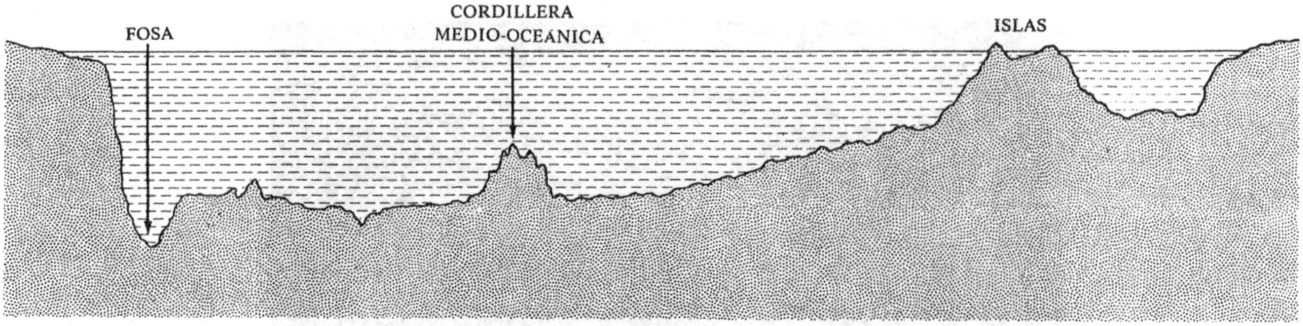

Fig. 16.15. — Las alturas en este corte esquemático de un océano entre dos continentes se han exagerado mucho. Incluso así sólo pueden sugerirse los intrincados cañones y montañas. El océano puede tener una profundidad media de 4 a 5 kilómetros, mientras que su anchura puede ser superior a los 1000 kilómetros.

dado considerablemente los satélites artificiales. Con ayuda de la formación de mapas por sonar, sabemos ahora que el fondo del océano es un terreno muy variado. La mayor parte del mismo es plano y profundo y se conoce con el nombre de llanura abisal. Del mismo modo que las masas terrestres, tiene montañas elevadas, valles profundos y cañones complicados; pero todos ellos están distribuidos de modo muy diferente en comparación con lo que ocurre en los continentes. Una sección recta del océano entre dos continentes (por ejemplo la costa de Africa y Sudamérica) puede tener el aspecto indicado en la figura 16.15. Muchas islas, particularmente las del océano Pacífico, son realmente la cima de los volcanes que se elevan desde el suelo oceánico; las Islas Hawaii son ejemplos familiares. Existen muchas más montañas volcánicas que puntean el océano a cierta profundidad por debajo de su superficie. Mucho más impresionante que las montañas volcánicas, sin embargo, es la cordillera medio-oceánica. Es un sistema montañoso continuo que se encamina a través de los centros de los océanos principales. La cordillera medio-oceánica está caracterizado por muchos terremotos y una actividad volcánica considerable.

Cuando los océanos se encuentran con los continentes, la superficie de la corteza tiene las características generales de la figura 16.15. Como vemos, la línea costera no marca el borde de los continentes. Existe agua en exceso para rellenar las regiones entre los

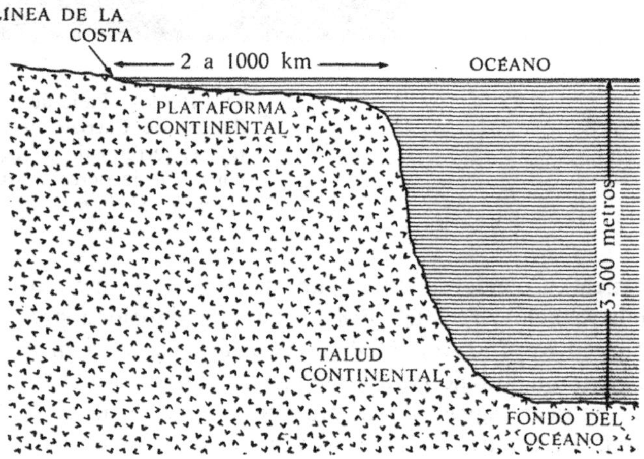

Fig. 16.16. — Borde de un océano (no a escala).

bloques continentales y este exceso cubre las porciones bajas de los continentes que bordean los océanos. Estas *plataformas continentales* varían de anchura, desde 1200 km en la zona de Alaska a 2 a 5 km en las costas de Chile en Sudamérica. La anchura media es aproximadamente 60 km, distancia que se propuso como el límite territorial para las naciones que limitan con los océanos. La cuestión de los derechos de pesca en océanos profundos dentro las aguas jurisdiccionales ha causado muchos conflictos entre pescadores y gobiernos.

Alrededor del océano Pacífico, entre el suelo del océano y los bordes de los continentes existen cadenas de islas en forma de arcos y fosas que reemplazan a la plataforma continental estable. Por ejemplo la fosa de las Filipinas, de unos nueve kilómetros de profundidad, se curva al este de la cadena de las islas Filipinas. Estos arcos pueden ser los lugares de nuevos cinturones montañosos que se están formando en los bordes exteriores de los continentes. Finalmente se transforman en parte del continente, del mismo modo que los antiguos cinturones montañosos se adicionaron a los márgenes de los bloques continentales.

Puesto que las ciudades costeras utilizan frecuentemente el océano como lugar para arrojar sus aguas residuales y otros productos inútiles, las profundidades de las aguas en las plataformas continentales son importantes. Nueva York, por ejemplo, se ve perturbada por la contaminación de esta área poco profunda, puesto que las mareas tienden a arrojar dentro de tierra los detritus del océano. En un próximo futuro, es casi seguro que se marcarán límites estrictos a los vertederos dentro de las plataformas continentales de los Estados Unidos.

Recientemente se ha demostrado que la plataforma continental es rica en petróleo y minerales. Los pozos petrolíferos y los campos de gas alejados de la costa son ahora comunes en muchas zonas y han empezado en todos estos sitios algunas operaciones de minería. Es todavía demasiado temprano para predecir la utilidad económica de los minerales que están debajo del suelo en las partes más profundas de los océanos. Puesto que más de la mitad de la superficie terráquea es océano, son de esperar esfuerzos crecientes para explotar estas posibilidades.

Quizás la característica más chocante de las regiones de la plataforma y del talud continental es la existencia de cañones profundos, algunos de los cuales son tan grandes como el Gran Cañón. Son evidentemente el resultado de la erosión y algunos son simplemente extensiones, debajo del agua, de los ríos continentales. Sin embargo, muchos de ellos parecen no tener ninguna relación con los ríos terrestres y la causa de su erosión todavía no se conoce. Aunque los límites de los océanos han cambiado marcadamente a lo largo de los siglos, no parece posible que la parte del fondo de estos cañones, que tienen algunos centenares o millares de metros de profundidad, estuviesen por encima del nivel del agua. Estos cañones submarinos probablemente se vieron erosionados por flujos ocasionales de agua de mar muy cargada de barro que pudieron haberse originado por terremotos. La suspensión de barro en agua forma una mezcla muy densa que se comporta como una corriente en el océano y fluye rápidamente hacia abajo por la pendiente continental. Cuando fluye a lo largo del suelo del océano puede erosionar un cañón en los sedimentos relativamente blandos que constituyen el fondo del océano.

Además del reciente levantamiento de mapas de la topografía del suelo oceánico, se ha acumulado otra información sobre esta parte relativamente misteriosa de la corteza. Medidas magnéticas del suelo del océano han demostrado un esquema sorprendente de bandas que difieren en sus características magnéticas. Aparentemente, el campo magnético de la Tierra ha invertido su polaridad numerosas veces en el pasado. Cuando esto ocurre, los polos magnéticos norte y sur cambian sus posiciones, sin que conozcamos las razones. Cuando se forma una roca conteniendo minerales magnéticos (magnetita, Fe_3O_4, es el más común), los minerales magnéticos se alinearán como las agujas de una brújula en el campo magnético terrestre. Al medir la alineación de los minerales magnéticos en los basaltos del suelo del océano revelan la existencia de bandas en las cuales las brújulas minerales muestran alternativamente una imantación normal (señalando al norte) y luego invertida (señalando al sur). Estas bandas magnéticas son paralelas al sistema de cordilleras medio-oceánicas y son simétricas en cada lado de dicha cordillera.

El programa de perforaciones en las profundidades marinas ha revelado recientemente otros esquemas sorprendentes. En las cuencas oceánicas, las rocas más jóvenes están a lo largo de la cordillera medio-oceánicas. Cuando nos alejamos de dichas cordilleras hacia los continentes, aumenta la edad de la roca del fondo. Esto contrasta con los continentes, en donde las rocas más antiguas forman un núcleo rodeado por cinturones más jóvenes de rocas deformadas.

Desplazamientos continentales

En los últimos años, se ha desarrollado una teoría que explica las características de los continentes y los océanos de un modo que no ha sido posible explicar por ninguna otra. De acuerdo con esta teoría, hasta hace unos 200 millones de años los bloques continen-

FIG. 16.17. — Conformación probable del supercontinente Pangaea.

tales que conocemos hoy estaban combinados formando una masa de tierra inmensa. Los científicos que han desarrollado esta teoría se refieren a esta simple masa como *Pangaea*; su idea de cómo estaban reunidos en su momento nuestros continentes se ilustra en la figura 16.17.

No conocemos con certidumbre por qué empezó a romperse el Pangaea. Posiblemente, ciertas diferencias de temperatura produjeron un movimiento circulatorio de tipo fluido dentro de las regiones de la subcorteza y este movimiento hizo que los continentes actuales se viesen impulsados a separarse. Sabemos que este proceso prosigue aún hoy; por ejemplo, el Atlántico se está ampliando lentamente a una velocidad de algunos centímetros por año. Esto puede parecer un movimiento extraordinariamente pequeño, pero en 100 millones de años se incrementaría la distancia en unos miles de kilómetros. De aquí que incluso un movimiento tan lento podría originar las distancias que ahora observamos entre los continentes. No sabemos aún cuáles fueron las fuerzas impulsoras responsables del movimiento de separación, aunque se han sugerido diversas teorías. Sin embargo, todo el mundo está de acuerdo en que la separación exige el crecimiento de nuevos suelos oceánicos; en la mayoría de los océanos este crecimiento tiene lugar a lo largo de la cordillera medio-oceánica. Para comprender lo que parece estar ocurriendo, consideremos la idea que se tiene sobre el comportamiento de la corteza que causa el receso de un continente respecto a otro, Sudamérica y África, por ejemplo.

La figura 16.18 muestra los dos bloques continentales y una parte del suelo oceánico, todo ello flotando sobre la zona plástica del manto. Cada bloque continental flota sobre una región separada de la corteza. Estos trozos de la corteza a modo de balsas, se denominan *placas de la corteza*. En la línea de contacto inicial de ambas placas, tuvo que aparecer una región débil de la corteza cuando ambas placas se separa-

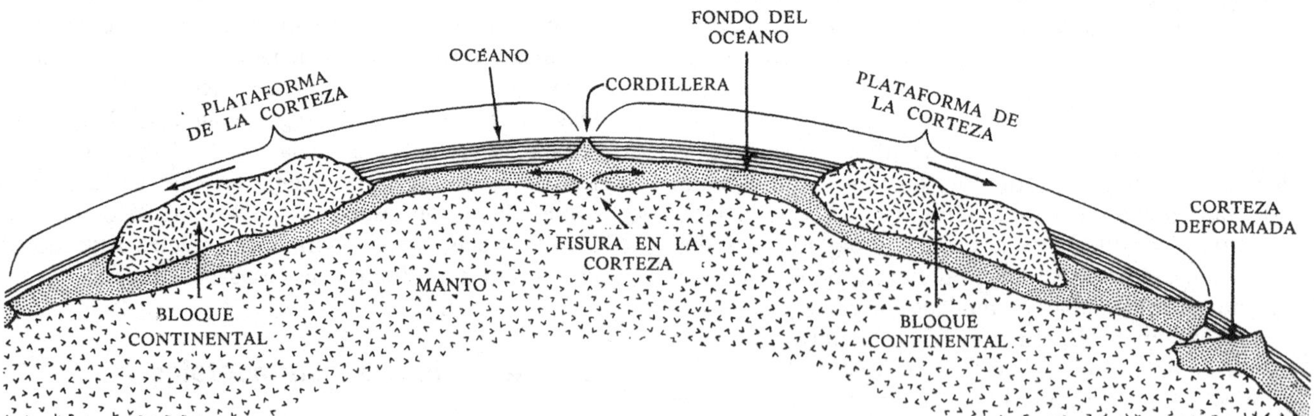

FIG. 16.18. — Cuando se separan los continentes, fluye roca fundida desde el manto para rellenar las grietas producidas en el fondo del océano (no a escala).

FIG. 16.19. — Las cárcavas o arroyadas que se ven aquí fueron cortadas en un terreno arenoso y con pendiente en sólo algunos años. *(Cortesía de John S. Shelton.)*

FIG. 16.20. — El agua que se derrama por los cañones deposita sus sedimentos en los llanos en abanicos aluviales. *(Cortesía de Tad Nichols)*.

ron. Aunque se desconoce el mecanismo de dicha separación, digamos para mayor sencillez que una fuerza deformadora empuja la corteza de la Tierra alejando las placas una de otra. La línea de rotura entre las placas deberá poseer una presión inferior a la normal, puesto que deberán liberarse las tensiones por dicha separación. Como resultado, desaparecerá la presión en la parte del manto que está directamente debajo. Puesto que las rocas del manto funden a una temperatura inferior cuando se hace disminuir la presión, el manto de esta región se transforma en magma, fluye dentro de la fisura de la corteza y forma un nuevo material del fondo del océano en forma de basalto.

Cuando se separan las placas de la corteza, la fisura de esta última se llena desde abajo. Si es cierta esta teoría, las rocas del fondo del océano serán más jóvenes a lo largo de la línea divisoria entre las placas de la corteza. Esto se ha demostrado que es así. Además, la naturaleza basáltica del fondo del océano tiende a apoyar esta descripción de su formación.

Puesto que este proceso ha ocurrido a lo largo de millones de años, el suelo del océano en crecimiento gradual conservará un registro de los sucesos pasados tales como las inversiones magnéticas estudiadas anteriormente.

La nueva corteza que se está formando en la cordillera medio-oceánica resulta magnetizada paralelamente al campo magnético de la Tierra en el instante de su formación. Cuando se invierte el campo, la corteza solidificada tiene su polaridad congelada. Pero está siendo producida de un modo continuo nueva corteza que se extiende alejándose de la cordillera. La nueva corteza mostrará magnetización inversa, de modo que cada vez que el campo magnético se invierte queda registrado en la nueva corteza y se forma una nueva banda magnética. Puesto que la corteza se extiende alejándose de la cordillera a ambos lados, estas bandas deben ser simétricas a cada lado de la misma.

Por otra parte, los bordes de las placas de la corteza deben de estarse empujando como se ve en el extremo derecho de la figura 16.18. A lo largo de estas líneas la corteza terrestre se ve comprimida y plegada. El borde de una placa puede verse empujado por debajo por el borde de la otra o ambos pueden plegarse y apilar el material de la corteza. En estas regiones, debido a las fuerzas de compresión, se formarán fosas profundas, arcos de islas volcánicas y montañas plegadas. Esto es lo que parece estar teniendo lugar en el océano Pacífico occidental.

A pesar de que es aceptable, este modo de separación está lejos de ser demostrado. Sólo sabemos con certeza que ha ocurrido un cierto proceso de desplazamiento.

Erosión

Una razón por la cual la topografía de los continentes es más compleja y variada que la del suelo del océano es que las características de las tierras se conforman de modo drástico por la *erosión*. La erosión es la rotura física y química y el transporte de las rocas sobre la Tierra de un lugar a otro. Existen cuatro fuentes principales de erosión: el agua, el viento, el hielo y la acción de la congelación. Examinemos cada una de ellas sucesivamente.

Excepto en las partes extremadamente áridas o frías de la Tierra, la fuente principal de erosión es el agua. Puede empezar de un modo inocuo, como el esquema de erosión menor indicado en la figura 16.19. Por sí mismas, esas cárcavas pueden desarrollarse en una torrentera profunda dependiendo de variables tales como la pendiente de sus laderas y la naturaleza de los estratos terrestres. La erosión en este caso particular resulta seria sólo después de que ha disminuido la vegetación local hasta que ya no retiene el agua en su lugar cuando las lluvias son intensas.

La erosión por una corriente o río depende de muchas variables, puesto que cualquier cosa que influya sobre el volumen o velocidad del flujo del agua influirá en el modo en que una corriente corta la superficie de la Tierra. Además, también es importante la naturaleza del propio terreno, debido a que las rocas que pueden disolverse o pulverizarse fácilmente se erosionarán primero. Aunque el agua transportará gran parte del material erosionado, este material, incluso si está disuelto en el agua, deberá finalmente recogerse en algún lugar. La mayor parte de los minerales disueltos llegan, por último, al mar o a los lagos dentro de los cuales los ríos depositan sus aguas. Sin embargo, la materia en forma de partículas más o menos grandes se deposita del agua allí donde la velocidad del flujo resulta suficientemente baja. Las regiones de los grandes deltas en la desembocadura de los ríos Mississipi y Nilo son ejemplos de esta acción. En las bocas y desembocaduras de las torren-

FIG. 16.21. — El Gran Cañón en Arizona, ha sido cortado por el río Colorado. Obsérvese que las paredes abruptas han sido erosionadas por corrientes tributarias. *(Cortesía de John S. Shelton.)*

teras se forman depósitos semejantes, pero menores, denominados *abanicos aluviales* y masas de sedimentos en forma de abanicos, como se ve en la figura 16.20.

Los ríos siguen un esquema general de desarrollo. Hemos visto en la figura 16.19 cómo se forma una coriente en sus inicios en un plano casi horizontal. Las cárcavas como éstas tienden a cortarse profunda y rápidamente al principio. En ciertas condiciones, los cauces de los ríos mantendrán durante muchos años unos valles abrupos y estrechos. El Gran Cañón, indicado en la figura 16.21, es un ejemplo magnífico de la acción de corte de una corriente en una región árida acompañada por la elevación característica de la isostasia. Sin embargo, normalmente, las paredes de los cauces son más frágiles que su fondo. Por ejemplo, las cárcavas de la figura 16.19 prácticamente se ensancharán cuando sus paredes se derrumben. Es típico que el lecho de la corriente se amplíe cuando continúa la erosión. Además, los sedimentos removidos por los deslizamientos de tierras y otras formas de la erosión hacen que las paredes de los valles tengan unas pendientes más suaves.

Las corrientes maduras pierden entonces sus bordes abruptos. Ya no circulan tan rápidamente (porque han sido erosionadas las pendientes más grandes y los rápidos) y ahora circulan a lo largo del suelo de un valle plano o una llanura. Un ejemplo de corriente madura en esta etapa se ve en la figura 16.22. Aún más tarde, el valle del río puede continuar ensanchándose cuando los afluentes tributarios erosionen las áreas que lo rodean a altura superior. En esta etapa posterior, un río suele fluir con mucha lentitud formando meandros hacia un lado y otro a través de su nuevo valle muy ancho ahora y de pendiente suave. Este ciclo de edad es raramente cierto en todos sus detalles. Influyen muchos factores en el proceso, tales como la topografía, vegetación, clima y estructura de las capas de rocas originales, de modo que no hay dos corrientes que se comporten de modo idéntico. Por ejemplo, la figura 16.23 muestra una corriente que ha vuelto a su edad más joven debido a la elevación del terreno, que está cortando una garganta estrecha a través de su lecho antiguo. Pero a pesar de estas excepciones el esquema general de desarrollo es una guía interesante con tal de que se observen las precauciones debidas.

En climas muy áridos el viento también produce erosión aunque el agua sigue siendo todavía el agente más importante. El viento erosiona soplando a través

Fig. 16.22. — Una corriente madura discurre por un suelo llano. *(Cortesía de Allan Forsyth.)*

Fig. 16.23. — Este río en el Hungry Valley de California ha cortado un nuevo cañón en su lecho antiguo. *(Cortesía de John S. Shelton.)*

FIG. 16.24. — Las dunas de arena son el resultado de la erosión por el viento. *(Cortesía de Tad Nichols.)*

FIG. 16.25. — Las Montañas Teton de Wyoming; el efecto de cuña del hielo hace que los picos sean agudos y escarpados. *(Cortesía de L. L. Huff, U. S. Geological Survey.)*

Fig. 16.26. — Un valle de glaciación de Fjordland, Nueva Zelanda. *(Cortesía de Tad Nichols.)*

del terreno que contiene partículas sueltas pequeñas y transportándolas de un lugar a otro. Un ejemplo típico es una tormenta de arena. Las dunas de arena indicadas en la figura 16.24 son pruebas de este tipo de erosión. Con frecuencia, la propia arena movida por el viento produce la erosión por abrasión de los objetos contra los que choca. Esta forma de abrasión puede verse en las rocas que han sido esculpidas por el viento y en los postes eléctricos o telefónicos de madera desgastados por él. Durante las tormentas de polvo que fueron muy dañinas en los años 1930, la erosión producida por el viento despojó gran parte del humus en los Estados Unidos centrales, convirtiendo además fértiles planas en barrizales.

Un tercer tipo de erosión se presenta en los climas húmedos y fríos; es el efecto perjudicial de la congelación y deshielo alternados. Ya se sabe que el agua se dilata cuando se congela formando hielo. Esto es visible en aquellos sitios donde las carreteras de asfalto y de hormigón se deterioran rápidamente cuando el agua que está debajo de la superficie alternativamente se dilata y contrae al helarse y deshelarse. Un proceso semejante se produce en las fisuras y otras zonas que retienen el agua de los estratos rocosos. La formación de hielo en una grieta llena de agua ejerce unas fuerzas de dilatación tremendas sobre las rocas. Más pronto o más tarde las capas de roca se separan y se van fragmentando. Los fragmentos son, con frecuencia, lo suficientemente pequeños para que la lluvia y el viento actúen rápidamente por erosión. En la base de los picos de las Montañas Rocosas están siempre como prueba los fragmentos de este proceso de rotura por acuñamiento del hielo. Las cuñas de hielo son las responsables de los picos agudos de las montañas Teton indicadas en la figura 16.25. Más importante que las cuñas de hielo es el poder erosivo del agua helada en forma de glaciares. Durante la última época glaciar que terminó sólo hace 10 000 años, inmensas láminas de hielo cubrieron y aplanaron la mayor parte del Canadá central y del este y la parte norte de los Estados Unidos. La capa de hielo existente en Groenlandia es un pequeño remanente de esta inmensa masa de hielo. En zonas montañosas elevadas en donde la nieve no se funde en el verano, la nieve se apila y se convierte en hielo del glaciar. Los glaciares se deslizan lentamente por las montañas frotando contra las partes laterales y el fondo de los valles y produciendo así los valles característicos en forma de U de las Tetons, la parte norte de las Montañas Rocosas y la Sierra Nevada.

La figura 16.26 muestra un valle de glaciación en Nueva Zelanda.

Determinación de la época geológica

En las secciones anteriores nos hemos referido a sucesos del pasado. Veamos cómo los geólogos trazan el curso de la historia terrestre utilizando dos métodos básicos para determinar la edad de los objetos encontrados sobre y dentro de la Tierra. Ya conocemos uno de éstos, la determinación de la edad por isótopos radiactivos. Se recordará que está basado en la medida de la radiactividad en rocas y en la madera. La edad del objeto se obtiene en función del período de semidesintegración del isótopo radiactivo. Cuando un objeto tiene una antigüedad de un período, la radiactividad disminuye a la mitad; cuando tiene una duración de dos períodos, la radiactividad es solamente la cuarta parte de la original y así sucesivamente. Conociendo el período de semidesintegración del isótopo en cuestión, un geólogo puede determinar la edad de los objetos directamente en años. Utilizando este método, hemos determinado que la propia Tierra tiene aproximadamente una edad de 4500 millones de años.

Sin embargo, bastante antes de que se descubriese la radiactividad, los geólogos estuvieron anotando la historia de la Tierra. Sus técnicas se basaban en la estructura en capas de la corteza terrestre. Cada capa se formó de los detritus de los objetos que existían en la superficie terrestre en un tiempo particular en el pasado. Las capas sucesivas contienen un registro continuo de la historia de la Tierra. En el pasado era difícil asignar una escala de años a esta historia así registrada y los geólogos tenían que estimar aproximadamente cuándo se depositó cada estrato de rocas. Hoy las técnicas de fijación de fechas por métodos radiactivos dan las fechas de estas capas con buena exactitud. En la tabla 16.2 se dan las divisiones principales del tiempo geológico. Obsérvese que la historia de los organismos vivos empieza en el límite de la era precámbrica. No se han encontrado pruebas de que existiesen formas de vida complejas antes de este tiempo. Más del 80 por ciento de la historia de la Tierra había pasado antes de que apareciesen formas de vida complejas. En muchos lugares de ésta, la historia completa de millones de años está escrita en las abrupas laderas cercanas a las zonas áridas. Capas y capas de documentación histórica pueden verse en las paredes del Gran Cañón, por ejemplo. Los fósiles y otros materiales presentes en estas capas nos proporcionan una descripción real de la vida en aquella zona a través de su historia.

Desarrollo de la vida sobre la Tierra

Cuando examinamos las capas sucesivas de los detritus históricos encontramos pruebas de una progresión en las formas vitales. Gran parte de estas pruebas se presenta en forma de *fósiles,* que son restos de antiguos organismos —esqueletos, huellas, hojas, etcétera— que fueron embebidos y preservados en las capas geológicas. Aunque las condiciones para la conservación de los fósiles solamente fueron buenas en ciertos lugares, podemos todavía construir una historia clara de la vida sobre la Tierra. Los restos fosilizados de formas de vida complejas se han encontrado en capas que se remontan hasta el final de la era precámbrica hace unos 600 millones de años. Pero la vida, durante los cuatro mil millones de años anteriores de existencia de la Tierra, sigue siendo fundamentalmente un misterio.

1. *Era precámbrica* (anterior a los 600 millones de años). En el período anterior, correspondiente a unos tres mil millones de años, no se ha encontrado ninguna forma fósil. Los fósiles más antiguos conocidos son las huellas de microorganismos diminutos de una sola célula encontrados en ciertas formas del cuarzo. Las rocas precámbricas que se ven en la figura 16.27 contienen algas fosilizadas, una forma primitiva monocelular de vida vegetal relacionada con las algas que forman hoy el limo verde de los estanques. También se han encontrado en algunas pocas localidades pruebas de orificios producidos por gusanos y otras formas de vida simples. Dos factores explican la escasez de fósiles en las rocas del precámbrico más antiguo, incluso después de que probablemente apareciese la vida. Primero, muchas formas simples de vida no tenían partes duras que se conservasen. En segundo lugar, las fuerzas destructivas diversas han trabajado sobre un período de tiempo tan largo que de un modo eficaz han eliminado la mayor parte de las pruebas de las formas de vida iniciales.

TABLA 16.2. *Divisiones principales de los tiempos geológicos*

Millones de años atrás	Era	Período	Explicación del nombre
0	Era cenozoica (edad de la vida reciente)	Cuaternario	Las diversas eras geológicas se denominaron inicialmente Primaria, Secundaria, Terciaria, Cuaternaria. Los dos primeros nombres apenas se usan; se conservan Terciario y Cuaternario pero como nombres de períodos.
		Terciario	
65			
		Cretácico	Derivado del nombre latino de tiza (*creta*) y aplicado primeramente a los grandes depósitos que forman los blancos acantilados del Canal de la Mancha.
135			
	Era mesozoica (edad de la vida media)	Jurásico	Nombre que proviene del Jura, situado entre Francia y Suiza, en donde se estudiaron por primera vez rocas de esta edad.
190			
		Triásico	Del latín *trias*, tres, por el carácter triple de estas rocas en Europa.
225			
		Pérmico	De la provincia de Perm (Rusia) donde se estudiaron en primer lugar rocas de este período.
280			
		de Pensilvania	Del Estado de Pensilvania, en donde estas rocas produjeron mucho carbón.
320			
	Era paleozoica (edad de la vida antigua)	de Mississippi	Del valle del río Mississippi, donde estas rocas han sido expuestas a la intemperie.
345			
		Devónico	Del Condado de Devonshire, Inglaterra, donde se estudiaron primeramente estas rocas.
395			
		Silúrico	De nombres de tribus célticas, los Silures y Ordovices, que vivieron antiguamente en Gales, donde descubrieron las rocas de estos períodos.
440			
		Ordovícico	
500			
		Cámbrico	Del nombre romano de Gales (Cambria) en donde se estudiaron por primera vez rocas que contenían las pruebas más antiguas de formas complejas de vida.
600			
	Era precámbrica	----------	Tiempo transcurrido entre el nacimiento del planeta y la aparición de formas complejas de vida. Más del 80 por ciento de duración de la Tierra, estimada en 4500 millones de años, está comprendido en esta era.

FUENTE: "Geologic Time," U.S. Geological Survey, Washington, D.C., 1970.

FIG. 16.27. — Lechos de algas encontrados en rocas precámbicas del Glacier National Park, Montana. *(Cortesía de R. Rehzak, U. S. Geological Survey.)*

FIG. 16.28. — Formas típicas de la vida marina en la era Paleozoica (hace 225 a 600 millones de años). *(Cortesía del Museo Americano de Historia Natural.)*

Fig. 16.29. — Escena típica del Oeste americano hace 180 millones de años. *(Cortesía del Museo Americano de Historia Natural.)*

2. *Era paleozoica* (hace 225 a 600 millones de años). Hace unos 600 millones de años, las formas de vida empezaron a dejar detrás de sí un registro abundante de datos. Esta fecha marca el principio de la era paleozoica. Al principio, las formas principales de vida eran invertebrados marinos; muchos de éstos son los parientes de los cangrejos, langostas y otros moluscos actuales. La figura 16.28 muestra las formas de vida típicas de este período. Entonces aparecieron los primeros peces, criaturas con fuertes caparazones muy diferentes de los peces modernos. Los anfibios llegaron después, señalando los primeros intentos de los animales para vivir sobre tierra, al menos durante una parte de su ciclo vital. Algunos de los primeros anfibios recordaban a las salamandras actuales, aunque mayores. Aproximadamente en la misma época, aparecieron las plantas características de los pantanos. Al final de la era paleozoica, estas plantas empezaron a ser tan abundantes que proporcionaron el material necesario para la formación del carbón en muchas zonas de la Tierra, incluyendo los montes Apalaches. El de Pensilvania de esta era fue denominado así debido a los inmensos depósitos de carbón formados entonces en lo que ahora es el estado de Pensilvania.

3. *Era mesozoica* (hace 65 a 225 millones de años). Al final de la era paleozoica, aparecieron los primeros pequeños reptiles y las primeras plantas coníferas. Fue también una época de actividad glaciar. Al principio de la era mesozoica, los reptiles reinaban sobre la Tierra, en el mar e incluso en el aire. La figura 16.29 muestra una panorámica típica de hace 180 millones de años aproximadamente, cuando los dinosauros y una amplia diversidad de otros extraños animales vivían sobre la Tierra. Algunos de los más grandes tenían una longitud de 40 m desde el hocico a la cola y pesaban más de 20 toneladas. Estos inmensos animales desaparecieron hacia el final de la era mesozoica. La razón de su extinción no es segura. Algunas de las posibilidades son la selección de las especies, los climas más fríos, la carencia de alimentos, epidemias o quizás la existencia de algunos animales pequeños que destruían sus huevos.

También vivían en esta era los grandes reptiles voladores (ver fig. 16.30) con unas envergaduras de alas que llegaban a los 8 m. Además, en las zonas cubiertas por el agua había gran diversidad de reptiles marinos. Pero al final de la era mesozoica, la mayor parte de estos reptiles extraños habían desaparecido.

FIG. 16.30. — Dos criaturas voladoras que se desarrollan durante la era Mesozoica media. La forma reptil (derecha) se extinguió, mientras que la forma pájaro (izquierda) se desarrolló en las especies que conocemos hoy. *(Cortesía del Museo Americano de Historia Natural.)*

Solamente los más sencillos, como las serpientes, los lagartos y la tortuga marina, sobrevivían.

Bien mediada ya la era mesozoica aparecieron los primeros pájaros. El Arqueornis de la figura 16.30 difiere del pájaro moderno en tres características distintas; tenía una cabeza reptiliana con dientes (en lugar de pico), garras en los puntos medios de sus alas y una cola bastante larga y carnosa que era un soporte para las plumas de la cola (en lugar de la cola corta de carne que se presenta hoy en los pájaros). En todos los demás aspectos se parecía a un pájaro moderno. También empezaron a aparecer al final de esta era los pequeños mamíferos y las plantas con flores.

4. *Era cenozoica* (empezó hace 65 millones de años). Al comienzo de esta era empezaron a existir los antecesores de las formas de vida más modernas. Las novedades más significativas fueron el aumento y diversificación de los mamíferos y de las plantas con flores, los cuales son hoy de una importancia primordial. Relativamente tarde en esta era empezaron a encontrarse trazas del hombre. Hace unos 20 millones de años existían criaturas que tenían algunas características semejantes a la del hombre moderno. Por ejemplo, los fósiles de aspecto de simio con mandíbulas y diferencias en los dientes semejantes a los del hombre actual proporcionan pruebas de que en esta época existían criaturas de este tipo en Kenia, África. Sin embargo, la primera criatura que realmente se semeja al hombre parece haberse desarrollado mucho después.

El hombre

No existe ninguna fecha clara que nos indique el principio del hombre sobre la Tierra. Mucho antes de que apareciese el hombre, ya vivían en los continentes criaturas semejantes a los monos actuales. Puesto que tienen muchas características en común con el hombre es difícil trazar una línea divisoria entre las formas humanas primitivas y las variantes de los monos. Incluso en el mejor de los casos, sólo queda para su estudio una parte del esqueleto. Además, el comportamiento del hombre primitivo eran evidentemente semejante al de los monos y así es prácticamente imposible una distinción clara. Lo mejor que podemos hacer es clasificar estas antiguas criaturas de acuerdo con las semejanzas y diferencias de su esqueleto en comparación con los seres humanos actuales.

Ya al principio del período cuaternario, hace unos 3 millones de años aproximadamente, vivieron en África central animales con características humanas. Era la época de la Gran Glaciación, un período de casi dos millones de años durante el cual los glaciares cubrieron los Estados Unidos hasta el sur del valle del río Ohio. Cuatro veces los glaciares se movieron hacia el sur y luego volvieron a retroceder. El último de estos avances empezó hace 30 000 años aproximadamente y retrocedió sólo hace 10 000 años.

A pesar de estas difíciles condiciones, floreció la vida animal. Esta fue la era de los grandes mastodontes, de los rinocerontes cubiertos de pelo y de los mamuts. En las tundras de Alaska y de Siberia se han encontrado algunos ejemplares completos congelados y perfectamente conservados.

Pero los precursores del hombre fueron demasiado inteligentes y móviles para ser atrapados fácilmente en el hielo o en las zonas pantanosas que podían congelar o fosilizar sus cuerpos. Uno de los raros hallazgos de esta época es el *Australopitecus* (mono del sur), que vivió en Kenia hace unos 5,5 millones de años. Este inmediato precursor del hombre andaba erecto, vivía en el suelo y hacia herramientas muy groseras Y lo que es más importante, sus dientes fueron semejantes al hombre y su cuerpo de 1,2 m tenía un cráneo y un cerebro de tamaño aproximado al de los seres humanos modernos.

Aproximadamente en la misma época apareció una criatura más avanzada. Se le ha denominado *Homo habilis* (hombre capaz), debido a que las herramientas encontradas con él indican que tenía más inteligencia que sus predecesores y contemporáneos. A diferencia del *Australopitecus,* que se desarrolló rápidamente al principio, pero que luego se extinguió, el *Homo habilis* progresó a una forma aún más parecida al hombre actual denominada *Homo erectus,* debido a su posición erguida. Este ser, conocido también como *hombre de Java* y *hombre de Pekín,* debido a los lugares en que se descubrieron sus restos, existió hace unos 500 000 años. Tenía un rostro semejante al del mono, su cerebro más bien pequeño tenía unos contornos y una disposición claramente humana, lo mismo que sus dientes. Creemos que era un hombre, no un mono; era un constructor de herramientas y había aprendido a utilizar el fuego. Parece ser que era también caníbal.

No está completamente claro cómo progresó el desarrollo del hombre. Parece lógico que la progresión realizada desde el hombre de Pekín y hombre de Java fue directa, culminando en el hombre moderno. Sin embargo, hace unos 150 000 años, el hombre de Neandertal ocupaba Francia, Alemania, Italia, el Medio Este y el Norte de África, lo mismo que otras partes del mundo. Era un ser de aspecto bastante brutal, como se ve en la figura 16.31, pero los descubrimientos recientes indican que tenía cualidades más amables de lo que parece. Hace unos 35 000 años continuaba su desarrollo. Pero de modo extraño, parece haberse ido convirtiendo cada vez más en simio y menos en hombre moderno según pasaba el tiempo. Esta regresión puede haber sido una adaptación obligada al hombre de Neandertal por las dificultades de su medio ambiente o de su incapacidad para competir con otras criaturas semejantes al hombre y más agresivas.

Hace alrededor de 25 000 años el hombre de Neandertal empezó a desaparecr y le sucedió en Europa el *hombre de Cromañón,* de la especie *Homo sapiens* (hombre pensador). El *Homo sapiens* es el predecesor humano de las razas europeas modernas. (Se conoce poco acerca de los predecesores de las demás razas.) Su aspecto no difería apenas del hombre actual. Progresó rápidamente desde su modo primitivo original de vida y sabemos muchas cosas sobre él a partir de las magníficas pinturas con que decoró las paredes de sus cavernas. Aproximadamente 5000 años antes de Jesucristo (hace unos 7000 años) y probablemente incluso antes, había empezado a vivir en aldeas bien establecidas y a cultivar el suelo. En la estabilidad y continuidad de la vida en común empezó la civilización. Aunque algunas partes del mundo se adelantaron a otras, la civilización progresó a un paso cada vez más acelerado.

Examinando la historia de la humanidad desde nues-

FIG. 16.31. — El hombre de Neanderthal ocupaba gran parte de Europa, el Medio Este y el Norte de África hace 150 000 años aproximadamente. *(Cortesía del Museo Americano de Historia Natural.)*

tro ventajoso punto de vista, nos debemos sentir impresionados por el modo en que el *Homo sapiens* ha sometido las cosas inanimadas y animadas de la Tierra. Puede manipular desde los átomos y la vida celular hasta grandes aviones e incluso las nubes sobre las cuales éstos vuelan. A pesar de su poder tremendo falla en la tarea más importante con que se enfrenta, la capacidad de vivir en paz y con la debida consideración para su prójimo. Su inteligencia superior le ha hecho posible construir máquinas maravillosas y ha utilizado los grandes recursos de la Tierra. Pero al hacer esto, con frecuencia ha seguido etapas que pueden finalmente destruirle. El poder fantástico que ahora posee puede borrar todos los seres vivos de la Tierra en una explosión casi instantánea de luz y radiación. O puede conducirle a proyectar una muerte lenta y dolorosa ahogado literalmente en sus propios productos de desecho. Pero no creemos que el *Homo sapiens* se destruirá a sí mismo. Aunque sea tarde, finalmente se dará cuenta de que la destrucción propia puede y debe evitarse. Esta es otra tarea que requiere autosacrificio, un análisis inteligente de la situación y, por encima de todo, más amor y consideración entre sí.

BIBLIOGRAFÍA

1. SHELTON, J.: *Geology Illustrated,* Freeman, San Francisco, 1966. Como sugiere el título, es fundamentalmente un libro de fotografías con un texto ilustrador. Unas 400 páginas de preciosas fotografías hacen que sea de una lectura deliciosa para el profano.

2. VIORST, J.: *The Changing Earth* (rústica), Bantam, New York, 1967. Explicaciones claras y concisas de los temas geológicos escritos tal y como los trataría una enciclopedia.

3. FOSTER, R.: *Geology* (rústica), Merrill, Columbus, Ohio, 1966. Resumen de 130 páginas de los temas más importantes de geología escritos para el principiante.

4. DIETZ, R., y HOLDEN, J.: «The Breakup of Pangaea», *Scientific American,* octubre 1970. Estudio de la teoría de los desplazamientos continentales escritas por sus expositores mejor conocidos. No matemático.

5. *National Geographic Magazine,* vol. 138, núm. 3, agosto 1970. Un estudio bellamente ilustrado del suelo oceánico.

6. *Scientific American,* septiembre 1969. Ejemplar completo dedicado a los océanos.

7. *Scientific American*, septiembre 1970. Ejemplar completo dedicado a la biosfera.

8. HURLEY, P.: *How old is the Eearth?* (rústica), Anchor Science, Doubleday, 1959. Estudio interesante de los métodos para obtener las edades de la Tierra y de las capas que forman su corteza.

9. STRAHLER, A.: *Physical Geography*, 3.ª ed., Wiley, New York, 1965. Texto de geología estándar bien escrito que deberá consultarse para un estudio más profundo del material contenido en este capítulo.

10. LONGWELL, C., y FLINT, R.: *Introduction to Physical Geology*, 2.ª ed., Wiley, New York, 1964. Texto de geología elemental escrito claramente y bien ilustrado.

11. ANDERSON, D.: «The San Andreas Fault», *Scientific American*, noviembre 1971 (pág. 53). Estudio fácilmente legible del sistema de fallas a lo largo de las costas de California.

RESUMEN

Un mineral es cualquier material cristalino que se presenta en la naturaleza espontáneamente, de composición química definida. La mayor parte tienen planos de exfoliación bien definidos. Las rocas son agregados de diversos materiales. Existen tres clases de rocas básicas; rocas ígneas, formadas directamente por enfriamiento y solidificación del magma; rocas sedimentarias, que son sedimentos compactados; y rocas metamórficas, que se forman cuando actúan presiones y temperaturas muy elevadas sobre rocas ígneas y sedimentarias y sobre sedimentos.

Las rocas ígneas pueden dividirse en dos grupos. Se formaron las rocas extrusivas cuando el magma emergió sobre la superficie de la Tierra y se enfrió rápidamente; las rocas intrusivas se encuentran en diques, lacolitos y batolitos en donde el magma solidificó lentamente mientras estaba todavía bajo la superficie de la Tierra.

La mayor parte del conocimiento que poseemos sobre la estructura interna de la Tierra nos ha llegado a través de la observación de las ondas sísmicas que recorren el interior de la misma. La onda P es una onda de compresión o longitudinal y la onda S es una onda transversal. La onda S no puede moverse a través de los líquidos y así ayuda a distinguir entre el sólido y el líquido.

La corteza terrestre está fundamentalmente compuesta de silicatos. Su composición atómica es 49 % de oxígeno, 26 % de silicio y 8 % de aluminio, con cantidades pequeñas de otros átomos, especialmente hierro, calcio, sodio, potasio y magnesio.

La Tierra tiene varias capas. La corteza tiene un espesor de 5 a 15 km; tiene un límite inferior bastante nítido denominado el Moho. La zona plástica es una parte muy viscosa del manto. Debajo del manto existe el núcleo externo líquido y luego el núcleo interno sólido. Las temperaturas y presiones se elevan rápidamente según vamos profundizando dentro de la Tierra. Las presiones elevadas evitan que la zona plástica y el manto resulten fundidos.

La corteza terrestre flota sobre el manto y se ve hundida debajo de los continentes, puesto que las partes menos densas de éstos flotan como un iceberg. Ésta es la teoría de la isostasia.

Las montañas se formaron de tres maneras diferentes. Las que llamamos volcánicas, se forman cuando el magma emerge sobre la superficie de la Tierra a través de fisuras profundas. Las cordilleras montañosas como los Alpes se han formado por plegamientos terrestres, seguidos de erosión de los estratos más blandos. Las montañas originadas por fallas, por ejemplo, la cordillera de Sierra Nevada en Estados Unidos, son el resultado de un deslizamiento vertical a lo largo de una línea de falla. También puede producirse a lo largo de una falla un deslizamiento lateral como sucede con la falla de San Andreas. El deslizamiento a lo largo de una falla produce terremotos. Cuando se originan éstos en el suelo del océano (que tiene también sus cordilleras montañosas), puede producirse una ola gigantesca denominada tsunami.

Nuestro conocimiento del suelo oceánico procede fundamentalmente del sonar, que utiliza las reflexiones del sonido. El fondo oceánico tiene un suelo variado, formado por montañas, fosas y cañones. Los volcanes que se elevan desde el fondo del océano asoman a veces por encima de la superficie del mismo en forma de islas. A lo largo de la línea de la costa esta la plataforma continental, que es una parte del continente debajo del agua en donde ésta es poco profunda aún. Más allá, el talud continental desciende rápidamente hasta llegar al fondo mismo del océano. Las plataformas continentales están ya suministrando petróleo y gas; finalmente, el mar también proporcionará otras fuentes de minerales y alimentos. Las medidas magnéticas del suelo del océano han demostrado que la Tierra ha invertido su campo magnético periódicamente. Esto nos da un procedimiento para construir la historia del suelo oceánico.

Creemos que hace 200 millones de años los continentes estaban combinados en una masa de tierra gigantesca denominada Pangaea, y que se separaron debido a fuerzas que todavía no comprendemos bien. Los continentes están desplazándose todavía de acuerdo con esta teoría y el suelo oceánico está creciendo debido al magma producido en el lugar donde están las cordilleras medio-oceánicas.

Las características de los continentes son mucho más complejas que las del suelo oceánico debido a la erosión. La erosión del agua es la responsable de la formación de nuestros ríos. El viento erosiona la superficie debido a la arena y al polvo y por la acción abrasiva de los materiales que lleva. El efecto de cuña del hielo rompe grandes rocas durante las épocas en que se presentan congelamientos y descongelamientos. También los glaciares son responsables de la erosión.

Los geólogos describen la historia de la Tierra mediante la radiactividad y estudiando las formaciones en capas de la corteza terrestre. Dividen el desarrollo de la Tierra en grandes secuencias de tiempo denominadas eras, que están subdivididas en períodos.

La era precámbrica terminó hace unos 600 millones de años; parece que existían entonces sólo las formas de vida más elementales. La era paleozoica se amplía desde 225 a 600 millones de años atrás; en esta era se desarrollaron las plantas de los pantanos; las formas animales de vida eran invertebrados marinos, peces y luego anfibios. Posteriormente, en la era Paleozoica aparecieron los primeros reptiles pequeños y las coníferas. La era mesozoica (65 a 225 millones atrás) fue la edad de los reptiles gigantescos que se movían sobre la tierra, en el agua y en el aire. Posteriormente aparecieron en esta era los pájaros y luego los pequeños mamíferos y las plantas con flores. La era cenozoica, que se inició hace unos 65 millones de años, vio el desarrollo de las formas de vida comunes ahora en la Tierra.

El hombre ha aparecido sólo recientemente. Aunque el *Australopitecus,* un «hombre mono», vivió hace 5,5 millones de años, el *Homo erectus,* tipificado por el hombre de Pekín y el de Java, parece ser que no apareció hasta hace unos 500 000 años. El hombre de Neandertal existió en Europa, en el Medio Este y en el Norte de África hace unos 150 000 años. Le sucedió el hombre de Cromañón, predecesor directo de las razas europeas modernas. Aproximadamente en el año 5000 a. C. el hombre empezó a formar comunidades y a cultivar el suelo.

LISTA DE COMPROBACIONES

1. Distinguir entre las series siguientes de términos: (*a*) mineral y roca; (*b*) granito y basalto; (*c*) rocas ígneas, metamórficas y sedimentarias; (*d*) rocas extrusivas e intrusivas.
2. Distinguir entre actividad extrusiva e intrusiva. Aplicar los términos al describir el origen de los volcanes, diques, bases, lacolitos y batolitos.
3. (*a*) Estudiar el origen y movimiento del magma observado en los volcanes. (*b*) ¿Cómo nos dicen las ondas sísmicas que la región exterior del núcleo está fundido? ¿Cuál se cree que es su composición? ¿Qué son ondas P? ¿Ondas S?
4. ¿Cuántos años hace que se formó la Tierra?
5. ¿Por qué difiere la corteza terrestre en cuanto a su composición química de su interior? Estudiar la composición de las diversas capas de la Tierra.
6. ¿Qué grosor tiene aproximadamente la capa de la corteza? ¿Qué es el Moho? ¿Cuáles son los elementos principales de los compuestos moleculares de la corteza?
7. ¿Cuál es la temperatura estimada a unos 50 km por debajo de la superficie terrestre?
8. ¿Cuál es el mecanismo mediante el cual se está produciendo continuamente energía térmica dentro de la Tierra?
9. Estudiar la composición del manto terrestre. ¿Qué es la zona plástica?
10. ¿Por qué es sólido el manto aunque las rocas ordinarias se funden a su temperatura?
11. ¿Cómo se compara la densidad del núcleo interno con las densidades normales del mismo material?
12. Definir el principio de la isostasia; del bloque continental; plataforma continental.
13. Definir el diastrofismo. Dar ejemplos que aclaren esta definición.
14. Describir cómo los plegamientos pueden producir cordilleras montañosas. ¿Qué parte juega la erosión en este proceso?
15. ¿Qué es una falla? Discutir cómo una falla da origen a una actividad sísmica.
16. ¿Qué es la falla de San Andreas y cuál es su importancia para los habitantes de California?

FIG. 16.32. — Fósil encontrado en una cantera en Wyoming. *(Cortesía de W. T. Lee, U. S. Geological Survey.)*

17. ¿Qué son los tsunamis y cómo se originan?
18. Estudiar el mecanismo de formación de los tres tipos montañosos básicos.
19. ¿Qué es la cordillera medio-oceánica? ¿Qué mecanismo puede haberla originado?
20. Estudiar el origen de las Islas Hawaii.
21. Definir los conceptos siguientes: plataforma continental, fosas oceánicas.
22. Estudiar la teoría del desplazamiento continental. ¿Qué se entiende por Pangaea?
23. Describir las etapas del desarrollo de un río y relacionarlo con la erosión del agua.
24. Describir los efectos de la erosión del viento y de las cuñas de hielo.
25. ¿Cómo establece el geólogo una escala de tiempos para la historia de la Tierra?
26. ¿Cuáles son las eras geológicas y cuáles son sus límites de tiempo?
27. Estudiar las formas de vida básicas existentes durante cada era.
28. Trazar el desarrollo histórico del hombre. Al hacer esto referirse al *Australopitecus, Homo habilis, Homo erectus,* hombre de Pekín, hombre de Neandertal, *Homo sapiens,* y hombre de Cromañón.

CUESTIONES

1. La Tierra tiene una temperatura cada vez mayor cuando profundizamos por debajo de su superficie. Si la fuente de calor es la radiactividad, ¿significa esto que la Tierra es más radiactiva a estas profundidades que en la superficie?
2. Se han hecho intentos para obtener muestras del interior de la Tierra taladrando agujeros profundos. Estudiar el peligro posible de iniciar un nuevo volcán accidentalmente en este proceso.
3. Se producen frecuentemente pequeños temblores de tierra a lo largo de las falla de San Andreas.

Supóngase que estos temblores se detuvieran durante un período de algunos años. ¿Sería esto probablemente una buena o mala señal? ¿Puede predecirse cómo podrían los hombres controlar los terremotos a lo largo de dicha falla?

4. A veces se encuentra una concha marina embebida en una capa de roca montañosa. ¿Significa esto que la montaña fue cubierta por el mar en alguna etapa previa de la historia?
5. A veces la erosión tiende a nivelar el terreno y en otros casos hace que sea más irregular. ¿Por qué no conduce siempre la erosión a un terreno cada vez más llano? A lo largo de millones de años, ¿por qué no han sido erosionados los continentes hasta producir llanuras?
6. El fósil indicado en la figura 16.32 se encontró en una cantera en Wyoming. Intentar estimar el tiempo en que pudo haber vivido dicho pez. ¿Qué datos se necesitarían para determinar su verdadera edad?
7. Supóngase que construimos un pantano gigantesco elevando unos muros de 7,5 km de alto que encerrasen el estado de Iowa y que luego llenásemos el recipiente con agua del mar. ¿Qué cambios probablemente se producirían sobre la faz de la Tierra?
8. Los polos magnéticos de la Tierra han invertido su posición varias veces durante la existencia de la misma. Se encuentra a lo largo del suelo del océano que la orientación de las rocas magnéticas se invierte en bandas paralelas a la cordillera medio-oceánica. ¿Pueden conectarse estos dos hechos?
9. Supóngase que la fuerza gravitatoria constante se hiciese repentinamente 10 veces mayor de lo que es ahora. Estudiar los cambios en la evolución que lógicamente se producirían. Al hacer esto, considerar la erosión, la selección de la evolución de las plantas y animales, los climas y la polución.
10. La Tierra ha experimentado grandes períodos de hielo cuando los glaciares crecieron y se extendieron hasta la mitad de los Estados Unidos. Estudiar las razones posibles de este fenómeno. No sabemos con seguridad qué motivos originaron la Edad de Hielo. ¿Cómo podría iniciarse de nuevo otra era de hielo sobre la Tierra?

Apéndices

Apéndice I

MATEMÁTICAS

Revisamos en este apéndice las operaciones matemáticas necesarias para resolver los problemas del texto. Aunque quizás no sea necesario conocer la mayoría de estas operaciones si el profesor no hace hincapié en los aspectos matemáticos del texto, nada de lo que se dice aquí supera la capacidad del alumno.

Adición

El orden en que se sumen las cantidades carece de importancia. Es decir, $2 + 4 = 6$ y $4 + 2 = 6$. Análogamente $a + b = b + a$, siendo a y b números reales.

Sustracción

Sabemos que $10 - 3 = 7$. También es cierto que $-10 + 3 = -7$. Además, para sustarer un número negativo, basta cambiar su signo y sumarlo. Así pues, $10 - (-3) = 10 + 3 - 13$ y $a - (-b) = a + b$.

Multiplicación

Las reglas siguientes se aplican a los signos:

$(6) \times (3) = (3) \times (6) = 18$	o	$a \times b$	$= ab = ba$
$(-3) \times (6) = -18$	o	$(-a) \times b$	$= -ab$
$(-3) \times (-6) = +18$	o	$(-a) \times (-b)$	$= +ab$

División

Aquí también son válidas las reglas siguientes:

$$3 \div 6 = \frac{3}{6} = 0{,}50 \quad \text{o} \quad a \div b = \frac{a}{b}$$

$$-3 \div 6 = -\frac{3}{6} = -0{,}50 \quad \text{o} \quad -a \div b = -\frac{a}{b}$$

$$-3 \div (-6) = \frac{-3}{-6} = +0{,}50 \quad \text{o} \quad -a \div -b = \frac{-a}{-b} = +\frac{a}{b}$$

Fracciones

En una fracción como a/b, a es el numerador y b el denominador. En la mayor parte de los casos sustituiremos en los cálculos las fracciones por su número decimal equivalente. Así pues, $\frac{1}{2} = 0{,}50$; $\frac{1}{3} = 0{,}33$; $\frac{3}{10} = 0{,}30$ y $\frac{5}{20} = 5:20 = 0{,}25$.

Cuando el denominador de una fracción es, a su vez, otra fracción $2/\frac{3}{4}$ por ejemplo, la fracción del denominador puede invertirse y multiplicarse del modo siguiente:

$$2/\tfrac{3}{4} = 2 \times \tfrac{4}{3} = 2 \times 1{,}33 = 2{,}66$$

Otro método, utilizado frecuentemente, es:

$$2/\tfrac{3}{4} = \frac{2}{0{,}75} = 2 \div 0{,}75 = 2{,}66$$

Podemos también multiplicar el numerador y denominador de una fracción por el mismo número. Por ejemplo,

$$\frac{a}{b} = \frac{3 \cdot a}{3 \cdot b} = \frac{3a}{3b}$$

Análogamente, podemos dividir numerador y denominador por un mismo número. Por ejemplo:

$$\frac{8a + 4b}{2a + 8b} \text{ se transforma en } \frac{(8a + 4b) \div 2}{(2a + 8b) \div 2}$$

que resulta ser $\frac{4a + 2b}{a + 4b}$, que es equivalente a la fracción inicial. Utilizaremos frecuentemente esta regla cuando reduzcamos una misma cantidad del numerador y denominador. Por ejemplo, $\frac{8a}{8b}$ es simplemente a/b, puesto que tanto el numerador como el denominador pueden dividirse por 8. Decimos que *reducimos* o *simplificamos* el 8 en el numerador y denominador.

Ecuaciones

Normalmente deseamos *resolver una ecuación*. Es decir, dada una ecuación como

$$2x + 16 = 32x - 4$$

queremos hallar el valor que tiene x. Las siguientes operaciones en que intervienen ecuaciones, nos ayudarán a encontrar x.

a) Dos cantidades iguales a una tercera son iguales entre sí. Así pues, dadas

$$a + b = c \qquad \text{y} \qquad x + y + z = c$$

sabemos que, al ser ambas iguales a c, son iguales entre sí; de modo que,

$$a + b = x + y + z$$

b) Ambos miembros de una ecuación pueden multiplicarse por la misma cantidad sin que varíe la ecuación. Por lo tanto, si

$$\tfrac{1}{7}c = a + b$$

entonces,

$$7 \times \tfrac{1}{7}c = 7 \times (a + b)$$

o sea,

$$c = 7a + 7b$$

c) Ambos miembros de una ecuación pueden dividirse por la misma cantidad. Por ejemplo, si

$$16c = 3a + 2b$$

entonces,

$$\frac{16c}{16} = \frac{3a + 2b}{16}$$

o sea,

$$c = \frac{3a}{16} + \frac{2b}{16}$$

que puede escribirse como

$$c = \tfrac{3}{16}a + \tfrac{1}{8}b$$

(¿Cómo hicimos el cambio de 2/16 a 1/8?)

d) Una ecuación de la forma general

$$\frac{a}{b} = \frac{c}{d}$$

puede multiplicarse en cruz. Es decir,

$$\frac{a}{b} \times \frac{c}{d} \qquad \text{da} \qquad ad = bc$$

Se obtiene el mismo resultado multiplicando los numeradores de ambos miembros de la ecuación por bd, resultando así

$$\frac{abd}{b} = \frac{cbd}{d}$$

que da, después de simplificar

$$ad = cb$$

como vimos multiplicando en cruz.

e) Podemos elevar al cuadrado ambos miembros de una ecuación. De aquí que

$$3x = 4 \quad \text{es equivalente a} \quad 9x^2 = 16$$

Es decir, podemos utilizar (*b*) para multiplicar un miembro de la ecuación por $3x$ y el otro por 4, puesto que $3x = 4$.

f) También está permitida la operación inversa de (*e*); es decir, podemos sacar la raíz cuadrada de ambos miembros de una ecuación. Entonces,

$$9x^2 = 16 \text{ se transforma en } 3x = 4$$

(Ver más adelante una explicación de la raíz cuadrada.)

g) Una cantidad aislada puede pasarse de un miembro de la ecuación al otro, o *transponerse,* con tal que cambiemos su signo. Así pues,

$$3 + x = 16$$

puede escribirse

$$x = 16 - 3 \quad \text{o} \quad x = 13$$

En esta regla interviene sólo la resta de la misma cantidad (3 en este caso) de ambos miembros de la ecuación

Raíces cuadradas

Recordemos que la raíz cuadrada de 9 es 3. Con esto queremos decir que, cuando elevamos 3 al cuadrado (multiplicando por sí mismo una vez) el resultado es 9. Con símbolos se escribe $\sqrt{9} = 3$. Análogamente,

$$\sqrt{16} = 4 \quad \text{y} \quad \sqrt{169} = 13$$

El último resultado es correcto, pues

$$13 \times 13 = 13^2 = 169$$

Un caso que nos encontraremos a veces es $\sqrt{1—(0,6)^2}$ que no presenta ningún problema si lo hacemos paso a paso. Primero se eleva al cuadrado 0,6. Luego, como $(0,6)^2 = 0,36$, se tiene

$$\sqrt{1 - (0,6)^2} = \sqrt{1 - 0,36}$$

Pero 1 — 0,36 es simplemente 0,64, y así tenemos

$$\sqrt{1 - (0,6)^2} = \sqrt{0,64}$$

En otras palabras, estamos buscando el número que al elevarlo al cuadrado dé 0,64. Como $0,8 \times 0,8 = 0,64$ vemos que

$$\sqrt{1 - (0,6)^2} = 0,8$$

Exponentes

Sabemos que «3^2» significa «3 al cuadrado», es decir, «3 multiplicado por sí mismo». De aquí que $3^2 = 3 \times 3 = 9$. Decimos que 3 está elevado al exponente 2 o a la segunda potencia. Análogamente, cuando escribimos $(16)^5$ queremos decir $16 \times 16 \times 16 \times 16 \times 16$. Otro ejemplo:

$$10^5 = 10 \times 10 \times 10 \times 10 \times 10 = 100.000$$

Utilizando letras en lugar de números, se tiene

$$a^3 = a \times a \times a$$

En el caso de exponentes negativos se utiliza una notación semejante. El simbolismo 3^{-2} es equivalente a 1 dividido por 3^2, o sea, $\frac{1}{3 \times 3}$. Por ejemplo,

$$18 \times 3^{-2} = \frac{18}{1} \times \frac{1}{3^2} = \frac{18}{3^2} = \frac{18}{3 \times 3} = \frac{18}{9} = 2$$

De modo análogo

$$10^{-3} = \frac{1}{10^3} = \frac{1}{1\,000} = 0,001$$

Un procedimiento de empleo del simbolismo se indica en el ejemplo siguiente.

$$\frac{3^1}{3^2} = \frac{3}{3^2} = \frac{3}{9} = \frac{1}{3}$$

Pero $\frac{1}{3^2}$ puede representarse también por 3^{-2}, en donde el signo — nos dice que el 3 debe estar en el denominador, y de aquí se tiene también

$$\frac{3^1}{3^2} = 3^1 \times 3^{-2} = 3^{-1} = \frac{1}{3}$$

Obsérvese que hemos sumado los exponentes para obtener nuestro resultado. La regla que hemos empleado para hacer esto se enuncia así. Cuando se multiplica una cantidad elevada a un exponente por la *misma cantidad* elevada a otro exponente, se suman los exponentes. Por ejemplo,

$$10^5 \times 10^3 = 10^8 \quad \text{o} \quad 10^6 \times 10^{-4} = 10^2$$

Recordemos que $a^{-3} = \frac{1}{a^3}$. De modo semejante

$$a^3 = \frac{1}{a^{-3}}$$

Por tanto,

$$\frac{a^7}{a^{-2}} = a^7 \times a^2 = a^9$$

Por ejemplo, utilizando las reglas anteriores, se tiene

$$\frac{2 \times 10^{-6} \times 10^2 \times 3}{4 \times 10^9 \times 9 \times 10^{-6}} = \frac{6 \times 10^{-4}}{36 \times 10^3}$$

$$= \frac{6 \times 10^{-4} \times 10^{-3}}{36}$$

$$= \frac{6 \times 10^{-7}}{36}$$

$$= \frac{6}{36} \times 10^{-7}$$

$$= 0{,}167 \times 10^{-7}$$

$$= 0{,}0000000167$$

puesto que 10^{-7} significa que hay que dividir por 10 siete veces.

Podemos resumir estas reglas de los exponentes del modo siguiente:

$$a^n \cdot a^m = a^{n+m}$$

$$a^n a^{-m} = a^{n-m}$$

$$\frac{a^n}{a^m} = a^n \cdot a^{-m} = a^{n-m}$$

$$\frac{a^n}{a^{-m}} = a^n \cdot a^m = a^{n+m}$$

Debe señalarse un caso especial. Se tiene

$$\frac{a^2}{a^2} = a^{2-2} = a^0$$

Ahora bien, como el numerador de la fracción inicial es el mismo que el denominador, la fracción debe ser la unidad; $a^0 = 1$. En otras palabras, *cualquier cantidad elevada a la potencia cero es igual a 1.*

Apéndice II

ESCALAS DE TEMPERATURAS

Se recordará que el punto de congelación del agua es 32 °F o 0 °C y el de ebullición es 212 °F o 100 °C. Evidentemente, se requiere un número mayor de grados Fahrenheit que de grados Celsius para cubrir el mismo margen de temperaturas. Los números «mágicos» a este respecto son 5/9 y 9/5. Por ejemplo, 90 °F cubren el mismo margen que $90 \times \frac{5}{9}$, o sea 50 °C. Dicho de modo inverso, 50 °C cubren el mismo margen que $50 \times \frac{9}{5}$, o sea 90 °F. Para convertir una temperatura de una escala a la equivalente en la otra escala, recuérdese simplemente estos números: 9/5 o 5/9, y pregúntese cuánto se aleja el valor de la temperatura de 0 °C o 32 °F. Aclararemos esto con algunos ejemplos.

Cuando la temperatura ambiente es 30 °C, ¿qué se leerá en un termómetro Fahrenheit? Obsérvse que 30 °C cubren el mismo margen que $30 \times \frac{9}{5} = 54$ °F. Pero a 0 °C se tienen 32 °F. Así pues, debemos añadir 32 a la cantidad obtenida multiplicando la temperatura centígrada por 9/5.

De aquí que,

$$\text{Temperatura Fahrenheit} = \tfrac{9}{5}(30) + 32 = 54 + 32 = 86$$

Si la temperatura de un plato de sopa es 162 °F, ¿qué se leerá en un termómetro centígrado introducido en ella? Obsérvese que 32 °F equivalen a 0 °C. De aquí que antes de que podamos multiplicar la temperatura Fahrenheit, 162, por 5/9 para obtener la temperatura centígrada, debemos restar 32. Así se tiene

$$\text{Temperatura centígrada} = (162 - 32)\tfrac{5}{9} = 130(\tfrac{5}{9}) = 72{,}2$$

Y la temperatura de la sopa es de 72 °C aproximadamente.

Simbólicamcntc se tiene

$$°F = \tfrac{9}{5}°C + 32$$

y

$$°C = \tfrac{5}{9}(°F - 32)$$

El mercurio solidifica a una temperatura de —39 °C. ¿A qué temperatura corresponde en la escala Fahrenheit? La temperatura es de 39 °C por debajo del punto de congelación del agua. O sea corresponde a $\frac{9}{5} \times 39 = 70$ °F por debajo de este punto. De aquí que la temperatura sea de $32 - 70 = -38$ °F. Obsérvese que los números en ambos termómetros concuerdan aproximadamente cerca de esta temperatura.

Si una temperatura en invierno llega hasta —18 °F, ¿qué se leerá en un termómetro centígrado? Como —18 °F equivalen a $32 - (-18) = 50$ grados Fahrenheit por debajo de la temperatura de congelación, la temperatura es de $50 \times \frac{5}{9} = 27{,}8$ °C por debajo de este punto. Por tanto, la temperatura es $0 - 27{,}8 = -27{,}8$ °.

Apéndice III

LEYES Y FÓRMULAS

Pág. 5. Ley de conservación del momento cinético; parte I.
Un sistema en rotación libre girará más rápidamente si se acerca la masa del sistema al eje de rotación.

Pág. 23. Ley de conservación del momento cinético; parte II.
En ausencia de fuerzas de torsión aplicadas externamente, el eje de un objeto que gira sobre sí mismo mantiene su orientación respecto a las estrellas lejanas, siempre.

Pág. 38. Leyes de Kepler.
1. Todos los planetas se mueven en órbitas elípticas alrededor del Sol. El Sol está en un foco de la elipse. Esta ley se conoce como *ley de las órbitas elípticas*.
2. La línea que une el Sol con los planetas barre áreas iguales en tiempos iguales. *Ley de las áreas iguales*.
3. El cuadrado del tiempo empleado en dar una vuelta completa a la órbita (es decir, el cuadrado del período del movimiento) es directamente proporcional al cubo del radio medio de la órbita. *Ley armónica.*

Pág. 46. $$\bar{v} = \frac{e}{t} \quad (3.1)$$

Pág. 47. Aceleración.
La aceleración de un objeto es igual a la variación de su velocidad en la unidad de tiempo, normalmente el segundo. El sentido de la aceleración es el mismo que el del cambio de velocidad.

Pág. 47. $$a = \frac{v - v_0}{t} \quad (3.2)$$

Pág. 49. En ausencia de toda fuerza excepto la gravedad, todo objeto se acelera hacia la Tierra con una aceleración $g = 9{,}80\ \text{m/s}^2$.

Pág. 51. Primera ley del movimiento de Newton.
1. Un cuerpo en reposo permanecerá en reposo.
2. Un cuerpo en movimiento seguirá en movimiento en la misma dirección y sentido *a no ser* que se aplique una fuerza no equilibrada al objeto, de modo que produzca un cambio de su estado de reposo o de movimiento.

Pág. 52. Tercera ley del movimiento de Newton.
Siempre que se ejerce una fuerza sobre un objeto (fuerza de *acción*) existe una fuerza igual, pero de sentido opuesto, sobre algún otro objeto (fuerza de *reacción*).

Pág. 54. $$F = ma \quad (3.4)$$

Pág. 54. Segunda ley del movimiento de Newton.
1. Cuando se acelera una masa dada, la aceleración es proporcional a la fuerza aplicada.
2. La fuerza que se necesita para proporcionar una aceleración dada es proporcional a la masa del objeto que ha de ser acelerado.

Pág. 55. Peso.
El peso de un objeto es la fuerza de la gravitación que tira de él.

Pág. 55 $$W = mg \quad (3.5)$$

Pág. 60 $$mv - mv_0 = Ft$$

Pág. 60 cantidad de movimiento $= mv$
La variación de la cantidad de movimiento de un objeto, producida por una fuerza F que actúa sobre

él durante un tiempo t, es simplemente Ft.

Pág. 61. Ley de conservación de la cantidad de movimiento.
En ausencia de fuerzas externas no equilibradas, la cantidad de movimiento de un sistema permanecerá constante.

Pág. 70 $$\text{Trabajo} = Fe \tag{4.1}$$

Pág. 72

$$\text{Trabajo realizado durante la aceleración} = \tfrac{1}{2}mv^2 - \tfrac{1}{2}mv_0^2 \tag{4.2}$$

Pág. 73. Energía cinética = $\frac{1}{2}mv^2$.
El trabajo necesario para acelerar un objeto de masa m desde la velocidad v_0 hasta v es igual a la variación de energía cinética del mismo.

Pág. 73. Energía potencial gravitatoria.
Un objeto de peso $W = mg$ situado a una altura h tiene una energía potencial gravitatoria igual a Wh, o sea mgh.
Pág. 75. Ley de conservación de la energía y relación trabajo-energía.

1. La energía total de un objeto, cinética más potencial, es constante con tal de que no actúe sobre el objeto ninguna fuerza no equilibrada excepto la gravedad.
2. La energía original de un objeto, más el trabajo realizado por las fuerzas aceleradas, menos el trabajo realizado por las fuerzas de frenado o resistentes es igual a la energía final del objeto.

Pág. 83 $$F = G\frac{m_1 m_2}{r^2} \tag{4.3}$$

Pág. 95 $$PV = NkT \tag{5.1}$$

Pág. 98 $$PV = \tfrac{1}{3}Nmv^2 \tag{5.2}$$

Pág. 98 $$T = \tfrac{2}{3}k(\tfrac{1}{2})(mv^2) \tag{5.3}$$

Pág. 98
La temperatura Kelvin o absoluta es una medida directa de la energía cinética molecular.

Pág. 114.
Cargas del mismo signo se repelen entre sí, mientras que cargas de distinto signo se atraen entre sí.

Pág. 115. $$F = 9 \times 10^9 \frac{q_1 q_2}{r^2} \tag{6.1}$$

Pág. 121. $$I = \frac{q}{t} \tag{6.2}$$

Pág. 124. Diferencia de potencial.
La diferencia de potencial entre dos puntos (o placas) es el trabajo realizado para transportar una carga de +1 C desde uno de los puntos al otro. La unidad de diferencia de potencial es el volt.

Pág. 124.
El trabajo realizado para transportar una carga q a través de una diferencia de potencial V es qV. Cuando una carga q se mueve a través de una diferencia de potencial V adquiere una energía qV.

Pág. 127. Ley de Ohm.

$$I = \frac{V}{R} \quad \text{o bien} \quad V = IR \qquad \text{ley de Ohm} \tag{6.3}$$

Pág. 128. $$\text{Potencia} = VI \tag{6.4}$$

Pág. 128. Potencia.
La potencia perdida cuando una corriente I fluye cuesta abajo a través de una diferencia de potencial V es VI. Se mide en vatios.

Pág. 141. $B \approx \dfrac{2 \times 10^{-7}\, I}{r}$ para un alambre largo (7.1)

Pág. 142. B en el interior de un solenoide =

$$= 4\pi \times 10^{-7}\frac{NI}{L} \tag{7.2}$$

Pág. 144. Regla de la mano derecha.
Si se mantiene la mano derecha abierta con los dedos señalando en la dirección del campo y el pulgar señalando a lo largo del alambre en el sentido del flujo de corriente, la palma de la mano empujará en el sentido de la fuerza.

Pág. 148. $$r = \frac{mv}{Bq} \tag{7.3}$$

Pág. 150. Ley de Faraday.
La fem inducida en una bobina es proporcional, tanto a la *velocidad de variación* del flujo que atraviesa la bobina, como al número de espiras conductoras con que está construida la bobina.

Pág. 151. Ley de Lenz.
La fem inducida tiene siempre un sentido tal que intenta contrarrestar la variación del flujo que atraviesa la bobina.

Pág. 161. $$\tau = \frac{1}{f} = \frac{1}{\nu} \qquad (8.1)$$

Pág. 162. $$\lambda = v\tau = \frac{v}{\nu} \qquad (8.2)$$

Pág. 196. Principio de Huygens.
Cada punto sobre la cresta de una onda actúa como una nueva fuente de crestas de onda.

Pág. 209. Velocidad de la luz en el vacío.
La velocidad de la luz (y de toda la radiación electromagnética) a través del vacío es siempre la misma, c, y es independiente del estado de movimiento de la fuente de radiación o del observador.

Pág. 210.
Sólo pueden medirse velocidades relativas.

Pág. 213. Conclusiones de Einstein.
Cuando un objeto o mecanismo medidor del tiempo se mueve con celeridad v y pasa sobre un observador, el observador estacionario observa lo siguiente siendo c la velocidad de la luz, 2,988 × 10^8 m/s:

1. El mecanismo móvil de medida del tiempo se retrasa en un factor $\sqrt{1 - (v/c)^2}$.
2. Todos los objetos móviles parecen encogerse a lo largo de su línea del movimiento; las longitudes en la dirección del movimiento se reducen en un factor de $\sqrt{1 - (v/c)^2}$.
3. Ningún objeto material puede acelerarse a velocidades mayores que c, velocidad de la luz en el vacío.

Pág. 214. Interconversión masa-energía.
Un objeto que tiene una masa m_0 cuando está en reposo (su masa en reposo) parecerá tener una masa

$$m = \frac{m_0}{\sqrt{1 - (v/c)^2}}$$

cuando se mueve con velocidad v.

Pág. 215.
Cuando la energía de un objeto varía en una cantidad ΔE, su masa se modifica en una cantidad Δm, tal que

$$\Delta E = \Delta mc^2$$

siendo c la velocidad de la luz.

Pág. 220. Fotones y luz.
Un haz de luz con longitud de onda λ (o frecuencia $\nu = c/\lambda$) se compone de un chorro de cuantos de energía (denominados fotones), siendo la energía de cada fotón $h\nu$ (es decir, hc/λ).

Pág. 226. Primera hipótesis de Bohr.
Bohr supuso que el átomo tiene ciertas órbitas especiales en las que el electrón puede girar sin radiar energía y que se denominan órbitas de Bohr.
Pág. 228. Segunda hipótesis de Bohr.
Cuando un electrón cae de una órbita p a otra órbita menor n, el átomo emite energía en forma de un fotón y la energía del fotón viene dada por $h\nu = E_p - E_n$.

Pág. 228. Tercera hipótesis de Bohr.
Las órbitas electrónicas estables son aquellas para las cuales el momento cinético del electrón es un número entero de $h/2\pi$.

Pág. 229. Longitud de onda de de Broglie.

$$\lambda = \frac{h}{mv} \qquad (10.1)$$

Pág. 266.

$$E_n = -\frac{13{,}6}{n^2} \text{ electronvolts} = \text{energías de las órbitas de Bohr} \qquad (12.1)$$

Pág. 273. Principio de exclusión de Pauli.
Solamente puede existir un electrón en cada estado del átomo o molécula. Dos electrones no pueden ocupar el mismo estado.

Apéndice IV

TABLA DE LOS ELEMENTOS

Los valores relacionados están basados en $_6C^{12} = 12\,u$. Cuando un valor está entre paréntesis quiere decir que es el número másico del más estable (vida más larga) de los isótopos conocidos.

ELEMENTO	SÍMBOLO	NÚMERO ATÓMICO	PESO ATÓMICO MEDIO	ELEMENTO	SÍMBOLO	NÚMERO ATÓMICO	PESO ATÓMICO MEDIO
Actinio	Ac	89	(227)	Einsteinio	E	99	(254)
Aluminio	Al	13	26,98	Erbio	Er	68	167,26
Americio	Am	95	(243)	Escandio	Sc	21	44,96
Antimonio	Sb	51	121,75	Estaño	Sn	50	118,69
Argón	A	18	39,948	Estroncio	Sr	38	87,62
Arsénico	As	33	74,92	Europio	Eu	63	152,0
Astato	At	85	(210)	Fermio	Fm	100	(253)
Azufre	S	16	32,064	Flúor	F	9	19,00
Bario	Ba	56	137,34	Fósforo	P	15	30,974
Berilio	Be	4	9,012	Francio	Fr	87	(223)
Berquelio	Bk	97	(247)	Gadolinio	Gd	64	157,25
Bismuto	Bi	83	208,98	Galio	Ga	31	69,72
Boro	B	5	10,81	Germanio	Ge	32	72,59
Bromo	Br	35	79,909	Hafnio	Hf	72	178,49
Cadmio	Cd	48	112,40	Helio	He	2	4,003
Calcio	Ca	20	40,08	Hidrógeno	H	1	1.00797
Californio	Cf	98	(251)	Holmio	Ho	67	164,93
Carbono	C	6	12,011	Indio	In	49	114,82
Cerio	Ce	58	140,12	Iodo	I	53	126,90
Cesio	Cs	55	132,905	Iridio	Ir	77	192,2
Cloro	Cl	17	35,453	Hierro	Fe	26	55,85
Cromo	Cr	24	52,00	Criptón	Kr	36	83,80
Cobalto	Co	27	58,93	Lantano	La	57	138,91
Cobre	Cu	29	63,54	Lawrencio	Lw	103	(257)
Curio	Cm	96	(247)	Litio	Li	3	6,939
Disprosio	Dy	66	162,50	Lutecio	Lu	71	174,97

Magnesio	Mg	12	24,31	Radón	Rn	86	222
Manganeso	Mn	25	54,94	Renio	Re	75	186,2
Mendelevio	Mv	101	(256)	Rodio	Rh	45	102,905
Mercurio	Hg	80	200,59	Rubidio	Rb	37	85,47
Molibdeno	Mo	42	95,94	Rutenio	Ru	44	101,1
Neodimio	Nd	60	144,24	Samario	Sm	62	150,35
Neón	Ne	10	20,183	Selenio	Se	34	78 96
Neptunio	Np	93	(237)	Silicio	Si	14	28,09
Niobio	Nb	41	92,91	Sodio	Na	11	22,990
Níquel	Ni	28	58,71	Talio	Tl	81	204,37
Nitrógeno	N	7	14,007	Tántalo	Ta	73	180.95
Nobelio	No	102	(253)	Tecnecio	Tc	43	(97)
Oro	Au	79	196,97	Telurio	Te	52	127,60
Osmio	Os	76	190,2	Terbio	Tb	65	158,92
Oxígeno	O	8	15,9994	Titanio	Ti	22	47,90
Paladio	Pd	46	106,4	Torio	Th	90	232,04
Plata	Ag	47	107,870	Tulio	Tm	69	168,93
Platino	Pt	78	195,09	Tungsteno	W	74	183,85
Plomo	Pb	82	207,19	Uranio	U	92	238,03
Plutonio	Pu	94	(242)	Vanadio	V	23	50,94
Polonio	Po	84	(210)	Xenón	Xe	54	131,30
Potasio	K	19	39,102	Yterbio	Yb	70	173,04
Praseodimio	Pr	59	140,91	Ytrio	Y	39	88,905
Prometeo	Pm	61	(147)	Zinc	Zn	30	65,37
Protactinio	Pa	91	(231)	Zirconio	Zr	40	91,22
Radio	Ra	88	(226)				

Apéndice V

SOLUCIONES DE LOS PROBLEMAS IMPARES

CAPíTULO 3

1. Utilizando $e = vt$ con $e = 2700$ km y $t = 4h$ se tiene $v = e/t = 675$ km/h.
3. Como $a = (v - v_0)/t$, siendo $v_0 = 0$, $v = 100$ cm/seg y $t = 3$ seg, se tiene $a = (100$ cm/seg)/(3 seg), que da $a = 33{,}3$ cm/seg^2. Podemos calcular v ya que es igual a $(v_0 + v)/2$, de modo que $v = 50$ cm/seg. Entonces $e = vt$ nos da $e = 150$ cm. Para hallar su velocidad 2 seg después de quedar libre se utiliza $a = (v - v_0)/t$, que equivale a $v = v_0 + at$. Sustituyendo valores, tendremos $v = 0 + (33{,}3$ cm/seg^2)(2 seg) = 66,6 cm/seg.
5. La aceleración de un objeto en caída libre es g, de modo que en este caso $a = 9{,}8$ m/seg^2. Como $v_0 = 0$ y $t = 2{,}5$ seg se tiene a partir de $v = v_0 + at$ que $v = 0 + (9{,}8$ m/seg^2)(2,5 seg) = 24,8 m/seg. Su velocidad media es $\frac{1}{2}(v_0 + v) =$ 12,25 m/seg, de modo que $e = vt$ da $e =$ (12,25 m/seg)(2,5 seg) = 30,6 m.
7. El modo más sencillo de resolverlo consiste en observar que una bola que se deja caer desde una altura de 20 m tendrá al llegar abajo la misma velocidad que debería tener si se lanzase hacia arriba hasta la misma altura. Resolvamos, por tanto, el problema del cuerpo que cae. Para ello, $v_0 = 0$, $e = 20$ m y $a = 9{,}8$ m/seg^2. Entonces, puesto que $e = v_0t + \frac{1}{2}\,at^2$, tenemos $20 = 0 + 4{,}9t^2$, de donde $t = \sqrt{4{,}08}$ seg. Pero $\sqrt{4} = 2$ y por ello t vale 2 seg aproximadamente. Utilizando $v = v_0 + at$ se encuentra $v = 0 + 9{,}8(2) \simeq 20$ m/seg.
9. Para hallar $a = (v - v_0)/t$ tenemos que $a =$ (400 m/seg — 0)/(0,002 seg), o sea $a = 200\,000$ m/seg^2. Luego, haciendo uso de $F = ma$ con $m = 0{,}010$ kg, vemos que $F = 2000$ N.
11. Se tiene que $v = \frac{1}{2}(v + v_0) = \frac{1}{2}(0 + 400$ m/seg) = 200 m/seg. Haciendo uso de $e = vt$, tendremos $t = e/v =$ (0,02 m)/(200 m/seg), o sea $t = 0{,}00010$ seg. La desaceleración es $-a = -(v - v_0)/t = 4\,000\,000$ m/seg^2. Luego $F = ma$ da $F = 40\,000$ N, ya que $m = 0{,}010$ kg.
13. Antes del choque, una de las bolas tiene una cantidad de movimiento de m(3 m/seg), mientras que la cantidad de movimiento de la otra es de $-m$(3 m/seg). El signo menos se debe a que las cantidades de movimiento tienen sentido, y como los movimientos tienen sentido opuesto, una de las bolas debe tener una cantidad de movimiento negativa. La ley de conservación de la cantidad de movimiento nos dice que:

   Cantidad de movimiento antes del choque = cantidad de movimiento después del choque

   $$m(3\text{ m/seg}) - m(3\text{ m/seg}) = mv + mv$$

   Utilizamos la misma v para ambas bolas después del choque, porque quedan pegadas. Dividiendo cada miembro de la ecuación por m, se tiene $10 - 10 = 2v$, luego $v = 0$.

CAPíTULO 4

1. Puesto que la fuerza necesaria para mantener de pie al muchacho está dirigida *hacia arriba* y el movimiento es *lateral,* no existe movimiento en la dirección de F. En el segundo caso, tanto $F = 12$ kg como $s = 5$ m están dirigidos hacia arriba, de modo que $W = Fs = 60$ m-kg.
3. El trabajo realizado es igual a la ganancia de energía cinética. Así pues,

   $$W = \tfrac{1}{2}mv^2 - \tfrac{1}{2}mv_0^2$$

o sea,

$$W = \tfrac{1}{2}(\frac{1200}{9,8})(15)^2 - 0 = 13.800 \text{ m-kg}$$

5. ....
7. El trabajo realizado por las fuerzas de empuje sobre las ruedas es igual a la ganancia de energía cinética del choque.

$$Fe = \tfrac{1}{2}mv^2 - \tfrac{1}{2}mv_0^2$$

o sea,

$$(250 \text{ kg})(e) = \tfrac{1}{2}(\frac{1600}{9,8})(20 \text{ m/s})^2 - 0$$

de donde $e = 131$ m.

9. La piedra se elevará hasta que su energía cinética se transforme en potencial. Entonces E_c pérdida por la piedra = E_p ganada por la piedra

$$\tfrac{1}{2}mv_0^2 - \tfrac{1}{2}mv^2 = mgh$$

Eliminando m de ambos miembros y recordando que en la cima de la trayectoria $v = 0$, se encuentra que $\tfrac{1}{2}v_0^2 = gh$, o sea, $\tfrac{1}{2}(15 \text{ m/seg})^2 = (9,8 \text{ m/seg}^2)h$. Despejando el valor de h se encuentra $h = 11,5$ m.

11. Cuando la bola desciende los 15 cm hasta su posición inferior, su energía potencial se transforma en cinética.
E_p perdida por la bola = E_c ganada por ella

$$mgh = \tfrac{1}{2}mv^2 - \tfrac{1}{2}mv_0^2$$

Eliminando m y sustituyendo valores, se tiene:

$$(9,8 \text{ m/s}^2)(0,15 \text{ m}) = \tfrac{1}{2}v^2 - 0$$

De donde

$$v = \sqrt{2,94} \simeq 1,71 \text{ m/seg}$$

13. Ahora, parte de la energía potencial perdida, lo mismo que la energía cinética, se transforma en trabajo de rozamiento:
E_p pérdida = E_c ganada + trabajo de rozamiento realizado.

$$mgh = \tfrac{1}{2}mv^2 - \tfrac{1}{2}mv_0^2 + Fs$$

Obsérvese que en este caso no se elimina m. Vale (1200 kg)/(9,8 m/seg^2), mientras que $h = 6$ m, $v = 3$ m/seg, $v_0 = 0$ y $s = 100$ m. Sustituyendo estos valores y despejando F se tiene: 66,5 kg.

15. La fuerza de atracción de la Tierra sobre el objeto es 10 kg. Como el Sol es 3×10^5 veces mayor que la tierra, atrae 3×10^5 veces más intensamente al objeto. Sin embargo, está 20.000 veces más lejos del centro del Sol y la fuerza gravitatoria varía inversamente con el cuadrado de la distancia, la atracción es $(1/20.000)^2$ menor. Combinando ambos efectos, el objeto de 10 kg siente una fuerza de atracción por el Sol de $(10 \text{ kg}) \times (3 \times 10^5) \times (1/20.000)^2 = 0,0075$ kg. De noche, el objeto está en la cara opuesta de la Tierra respecto al Sol y así esta fuerza se añade al peso. Durante el día se resta. De aquí que la variación del peso sea aproximadamente 0,015 kg.

17. ....

CAPITULO 5

1. 72 °F es 40 grados Fahrenheit por encima del punto de congelación del agua. Puesto que dicha temperatura está a 40 (5/9) = 22,2 grados centígrados por encima de este punto, la temperatura centígrada es 0 + 22,2, o sea, 22,2 °C. Se sigue el mismo procedimiento para (*b*), (*c*) y (*d*). Sin embargo, (*c*) es 22 grados F por debajo del punto de congelación, mientras que —13 °F está a 45 grados F por debajo del mismo. Los resultados son: (*b*) 35 °C, (*c*) —12,2 °C y (*d*) —25 °C.
3. Puesto que $P_1V_1 = NkT_1$ y $P_2V_2 = NkT_2$, siendo $V_1 = V_2$, el cociente de estas dos expresiones da

$$\frac{P_2}{P_1} = \frac{T_2}{T_1}$$

con $T_1 = 273$ K y $T_2 = 373$ K. Por tanto,

$$\frac{P_2}{P_1} = \frac{373}{273} = 1,37$$

5. Como $P_1V_1 = NkT_1$ y $P_2V_2 = NkT_2$, siendo $T_1 = T_2$, el cociente de ambas expresiones da:

$$\frac{P_1V_1}{P_2V_2} = 1 \qquad \text{o} \qquad P_1V_1 = P_2V_2$$

En nuestro caso, $P_1 = 200\ \text{N/cm}^2$, $P_2 = 10\ \text{N/cm}^2$ y $V_1 = 1$ litro. Sustituyendo estos valores en la ecuación se tiene $V_2 = 20$ litros.

7. Vimos en este capítulo que $T = (2/3\ k)(\frac{1}{2}mv^2)$. En este caso

$$v = 3 \times 10^8\ \text{m/s}$$

$$m = 20 \times 10^{-27}\ \text{kg}$$

$$k = 1{,}38 \times 10^{-23}\ \text{joule/K}$$

Luego,

$$T = \frac{2}{4{,}14 \times 10^{-23}} \frac{20 \times 10^{-27} \times 3 \times 10^8 \times 3 \times 10^8}{2}$$

$$= \frac{180 \times 10^{-27} \times 10^{16}}{4{,}14 \times 10^{-23}}$$

$$= 43{,}5 \times 10^{-27} \times 10^{16} \times 10^{23}$$

$$= 43{,}5 \times 10^{-27} \times 10^{39}$$

$$= 43{,}5 \times 10^{12}\ \text{K}$$

9. El trabajo realizado por una persona de 50 kg subiendo una escalera de 3 m de alta es mgh, o sea, $50(9{,}8)(3) = 1470$ joules. Ahora bien, 2 000 000 de calorías son iguales a 8 400 000 joules (multiplíquese 2×10^6 por 4,2). Por lo tanto, el número de veces N que la mujer podría subir la escalera es

$$N = \frac{8\,400\,000}{1\,470} = 5\,714$$

CAPÍTULO 6

1. De acuerdo con la ley de Coulomb, $F = 9 \times 10^9\ q_1q_2/r^2$. En este caso, $F = 0{,}010 \times 9{,}8$ newtons, $r = 2$ m y $q_1 = q_2 = q$. Sustituyendo se tiene:

$$9{,}8 \times 10^{-2} = \frac{9 \times 10^9\ q^2}{4}$$

Despejando q^2, se tiene:

$$q^2 = \frac{39{,}2 \times 10^{-2}}{9 \times 10^9} = \frac{39{,}2}{9} \times 10^{-2} \times 10^{-9}$$

$$= 4{,}4 \times 10^{-11} = 44 \times 10^{-12}\ \text{c}^2$$

Pero $10^{-6} \times 10^{-6} = 10^{-12}$ y $\sqrt{44} \approx 6{,}6$, de modo que $q = 6{,}6 \times 10^{-6}$ C.

3. Según la ley de Coulomb

$$F = 9 \times 10^9 \frac{160(160)}{(2)^2} = 576 \times 10^{11}\ \text{newtons}$$

Según el capítulo 3, un newton $= 0{,}225$ lb, que es equivalente a una fuerza de 130×10^{11} lb. Esta es una fuerza extraordinariamente grande, de modo que obtenemos la conclusión de que una moneda no puede recibir fácilmente dicha carga tan alta.

5. Cuando una partícula alfa atraviesa una diferencia de potencial V, adquiere una energía cinética Vq, siendo $q = 3{,}2 \times 10^{-19}$ C. De aquí que $Vq = \frac{1}{2}mv^2$ dé

$$V(3{,}2 \times 10^{-19}) = \tfrac{1}{2}(6{,}68 \times 10^{-27})(4 \times 10^{14})$$

de donde,

$$V = \frac{13{,}36 \times 10^{-27} \times 10^{14}}{3{,}2 \times 10^{-19}}$$

$$= 4{,}2 \times 10^{-27} \times 10^{14} \times 10^{19}$$

$$= 4{,}2 \times 10^{-27} \times 10^{33}$$

$$= 4{,}2 \times 10^6$$

$$= 4\,200\,000\ \text{volts}$$

Si se partiese inicialmente con esta velocidad, tendría que ascender a través de la misma diferencia de potencial para quedar en reposo.

7. Como V es el trabajo realizado para transportar la unidad de carga a través de un potencial V, el trabajo realizado para transportar una carga q a través de una diferencia de potencial V es qV. En el caso presente $q = 2 \times 10^{-6}$ C, siendo $V = 500$ volts, de modo que

$$\text{Trabajo} = (2 \times 10^{-6})(500) = 1\,000 \times 10^{-6} = 0{,}0010\ \text{joules}$$

9. (*a*) La pila está conectada de modo que el alambre inferior de la figura está en el extremo de potencial elevado de la pila. Como la corriente fluye desde el potencial alto al bajo, circula de

$B \rightarrow A$ en la resistencia de 6 ohms. (*b*) La resistencia de 2 ohms ofrece una resistencia que es sólo ⅓ de la que presenta la resistencia de 6 ohms. Por lo tanto, por ella circula una corriente 3 veces mayor que la resistencia de 6 ohms, puesto que ambas están conectadas a la misma diferencia de potencial. Así pues, la corriente es 9 A. (*c*) Como desde el conductor inferior al superior fluyen $9 + 3 = 12$ A, la pila debe proporcionar esta corriente. (*d*) La ley de Ohm da la diferencia de potencial aplicada a la resistencia de 6 ohms, que resulta ser $V = \text{IR} = 3(6) = 18$ volts. Este es el potencial que hay entre B y A y, por tanto, es la diferencia de potencial en bornes de la pila.

11. Como la corriente es la carga que por segundo circula a través de un conductor o aparato, una corriente de ½ A significa que está circulando una carga de 0,50 C por segundo. La carga de un electrón es $1{,}6 \times 10^{-19}$ C, de modo que el número de electrones que circula por ella cada segundo es $(0{,}50\ \text{C/s})/(1{,}6 \times 10^{-19}\ \text{C}) = 0{,}50/1{,}6 \times 10^{19} = 0{,}31 \times 10^{19}$ electrones cada segundo.
13. (*a*) Puesto que $V = 120$ volts y la potencia es VI, en este caso $60 = 120\, I$, y así $I = 0{,}50$ A. (*b*) Como $V = 120$ volts y $V = IR$, tenemos $I = V/R = 120/20 = 6$ A. (*c*) La corriente que pasa por A es la que circula por ambos aparatos, de modo que es $I_b + I_t$. Por B pasa sólo la corriente que circula por el tostador, de modo que la corriente es I_b.
15. . . . .

CAPÍTULO 7

1. Utilizando la regla de la mano derecha, puede verse que los campos debidos a los dos conductores estarán en sentidos opuestos en el punto medio entre ambos si la corriente está en el mismo sentido. Como el campo debido a cada uno de ellos tendrá el mismo valor, los dos campos se anularán en dicho punto, $B = 0$. Si las corrientes van en sentido opuesto, los dos campos serán del mismo sentido en el punto medio. A partir de la ecuación (7.1) el campo debido a un conductor es

$$B_{\text{uno}} = \frac{2 \times 10^{-7} I}{r} = \frac{(2 \times 10^{-7})(30)}{0{,}05}$$

$$= (2 \times 10^{-7})(30)(20)$$

$$= 1\,200 \times 10^{-7} \text{ tesla}$$

En el caso de dos conductores, $B = 24 \times 10^{-5}$ tesla.

3. De acuerdo con la ecuación (7.2) el valor de B dentro de un solenoide es $4\pi \times 10^{-7}\, NI/L$. Sustituyendo valores se tiene

$$B = 4(3{,}14) \times 10^{-7} \times \frac{1\,000(0{,}5)}{0.40}$$

$$= 15{,}7(10^{3})(10^{-7})$$

$$= 15{,}7 \times 10^{-4} \text{ tesla}$$

Obsérvese que deben utilizarse metros y no centímetros porque nuestras fórmulas están en el sistema *mks*.

5. Cuando el protón recorre una diferencia de potencial V adquiere una energía cinética Vq. De aquí que $Vq = \frac{1}{2}mv^2$, o sea,

$$2\,000(1{,}6 \times 10^{-19}) = \tfrac{1}{2}(1{,}67 \times 10^{-27})v^2$$

lo que da

$$v^2 = 3\,800 \times 10^{8}$$

a partir del cual

$$v \cong 62 \times 10^{4} \text{ m/s}$$

De la ecuación (7.3) tenemos que $r = mv/Bq$, debiendo estar B en teslas. Como 10 000 gauss es igual a 1 tesla, se tiene

$$r = \frac{(1{,}67 \times 10^{-27})(62 \times 10^{4})}{0{,}20(1{,}6 \times 10^{-19})}$$

$$= 320 \times 10^{-4}$$

$$= 0{,}032 \text{ m}$$

CAPÍTULO 8

1. A partir de la ecuación (8.2) tenemos que $\lambda = v\tau$ o $\lambda = v/\nu$. Despejando v y dando valores se tiene

$$v = \lambda\nu = (0{,}5 \text{ m})(40 \text{ Hz}) = 20 \text{ m/s}$$

3. La frecuencia del tímpano es la misma que la del sonido, 264 Hz. Utilizando la ecuación (8.1) tenemos $\tau = 1\nu = 0{,}0038$ seg.
5. La longitud de onda a la que resonará ahora la cuerda es sólo la mitad que antes. Pero como $\lambda \sim 1/\nu$, para que disminuya λ en un factor de 2 debe aumentar ν en el mismo factor. De aquí que la frecuencia de resonancia sea $2 \times 198 = 396$ Hz.
7. Una botella pequeña de Coca-Cola tiene una longitud de 0,20 m aproximadamente. Consideremos que la botella es un tubo cerrado por un extremo, el extremo abierto será un vientre y el cerrado un nodo. De aquí que la longitud de la botella será equivalente a $\lambda/4$ y así, $\lambda = 0{,}80$ m. Utilizando la ecuación (8.2), $\lambda = v/\nu$ y despejando ν se tiene $\nu = v/\lambda = (330 \text{ m/s})/(0{,}80 \text{ m}) = 410$ Hz.
9. Para que el tubo resuene, la longitud de onda debe tener suficiente longitud para que se ajuste bien al tubo. Como la ecuación (8.2) nos dice que $\lambda = v/\nu$, vemos que cualquier cambio en v debe ir acompañado por un cambio semejante en ν si ha de mantenerse la longitud de onda (y la resonancia). En nuestro caso, la velocidad v varía en un factor de $1270/330 = 3{,}85$ cuando sustituimos el aire por el hidrógeno. Para mantener la resonancia, la frecuencia del sonido debe incrementarse también por este mismo factor. Por lo tanto, la nueva frecuencia de resonancia será $3{,}85 \times 200 = 770$ Hz. Esto significa que si una persona hablase cuando sus pulmones estuviesen llenos de hidrógeno tendría una voz muy aguda.
11. Como los extremos están libres, la varilla vibrará con vientres en ellos y un nodo en el centro. De aquí que $L = \lambda/2 = 0{,}60$ metros. Por lo tanto, $\lambda = 1{,}20$ m. Utilizando $\lambda = v/\nu$ para hallar v tenemos $v = \lambda\nu = 1{,}20\ (4000) = 4800$ m/s.

CAPÍTULO 9

1. Como $\lambda = v\tau = v/\nu$, tenemos $\nu = v/\lambda$, o sea,

$$\nu = (3 \times 10^8 \text{ m/s})/(0{,}03 \text{ m}) = 100 \times 10^8 \text{ Hz}$$

3. La placa plana desplaza ligeramente el haz, pero no altera su dirección.
5. Calculemos el tiempo empleado por el pulso de luz en recorrer 1000 m. Sabemos que $s = vt$, lo que da

$$t = (1\,000 \text{ m})/(3 \times 10^8 \text{ m/s}) = 333 \times 10^{-8} \text{ s}$$

Este tiempo es demasiado pequeño para poderse medir.
7. Utilizando la ecuación (9.1) tenemos

$$\frac{x}{D} = \frac{\lambda}{d}$$

con $D = 100$ cm, $x = 5{,}0$ cm y $\lambda = 3 \times 10^{-8}$ cm. Multiplicando en cruz se tiene $(5)\,d = 100\ (3 \times 10^{-8})$, lo que da $d = 60 \times 10^{-8}$ cm. Esto significa $d = 60$ Å y por ello las rendijas deberían estar separadas sólo algunos átomos, es decir, demasiado poco para ser práctico.

CAPÍTULO 10

1. En la tabla 10.1 vemos que cuando $v/c = 0{,}9$, el factor relativista es 0,44. Por lo tanto, el hombre en la nave espacial envejecerá sólo a un ritmo de 0,44 por año, de modo que al cabo de 1 año de la Tierra sólo habrá envejecido 0,44 años.
3. Como el astronauta está en un sistema de referencia inercial, obtendrá el mismo resultado que si estuviese en reposo en la Tierra, o sea m_0. Para el hombre en la Tierra será $m_0/\sqrt{1-(v/c)^2}$. En la tabla 10.1 para $v/c = 0{,}90$ el factor relativista es 0,44. El observador terrestre considerará que la masa es $m_0/0{,}44 = 2{,}27\ m_0$.
5. Como $\Delta E = \Delta mc^2$ y puesto que modificamos la energía del objeto en mgh, tenemos $mgh = \Delta mc^2$, o sea, dividiendo por mc^2, $\Delta m/m = gh/c^2$. Pero $g = 9{,}8$ m/s^2, $h = 2000$ m y $c^2 = 9 \times 10^{16}$, de donde $\Delta m/m = 2 \times 10^{-13}$, variación totalmente despreciable.
7. La masa transformada en energía es $\Delta m = 2\ (9 \times 10^{-31})$ kg que debe ser equivalente a una energía $\Delta E = \Delta mc^2$. De aquí que $\Delta E = (18 \times 10^{-31} \times (9 \times 10^{16}) = 162 \times 10^{-15}$ joules.
9. La energía de un fotón es $h\nu = hc/\lambda$. Pero debe ser igual a mc^2, siendo m la masa relativista del fotón. Igualando $mc^2 = hc/\lambda$ y despejando m se tiene

$$m = \frac{h}{c\lambda} = \frac{6{,}6 \times 10^{-34}}{(3 \times 10^8)(6{,}6 \times 10^{-7})} = 0{,}33 \times 10^{-35} \text{ kg}$$

11. El fotón de esta longitud de onda se emite cuando el electrón cae de la tercera a la segunda órbita. Como la energía del fotón es hc/λ, tenemos

$$E_3 - E_2 = \frac{hc}{\lambda} = \frac{(6{,}6 \times 10^{-34})(3 \times 10^{8})}{6{,}6 \times 10^{-7}} = 3 \times 10^{-19} \text{ joules}$$

13. . . . .

15. Una pelota de ping-pong tiene un radio aproximado de 0,01 m. Como se indicó en la sección 10.8 el radio del átomo es del orden de 10^{-10} cm, mientras que el radio del núcleo (correspondiente a la pelota) vale 10^{-15} m aproximadamente. De aquí que el átomo sea 10^5, o sea, 100 000 veces mayor que el núcleo. Por tanto, el electrón deberá estar a una distancia de unos 0,01(100 000) m del centro de la pelota de ping-pong, es decir, a 1 km.

CAPÍTULO 11

1. El aumento de masa es 18,01263 — 18,01142 = 0,00121 u. Como 1 u es equivalente a una energía de 931 MeV (ver sección 11.4), la proporción

$$\frac{0\ 00121}{1} = \frac{x}{931}$$

da $x = 1{,}13$ MeV para la energía mínima necesaria.

3. En la figura 11.4 vemos que el defecto de masa por nucleón en el Fe^{56} es 0,0093 u. Como existen 56 nucleones en este núcleo, la masa total que necesitaríamos crear para su descomposición completa sería 56(0,0093) = 0,52 u.

5. La energía adquirida por una carga q cuando recorre una diferencia de potencial V es qV joules o qV/e electronvolts (eV). En el caso de un protón y un electrón $q = e$, y ambos tendrán energías de 2×10^6 eV, o sea, 2 MeV. La partícula alfa tiene una carga $2e$ y así su energía es doble, 4 MeV.

7. Según el gráfico, el tiempo empleado hasta que sólo quede ¼ será 2,3 períodos. Por lo tanto, el tiempo necesario será 2,3(1620) = 3700 años.

9. Como 1 MeV es $(1 \times 10^6)/\frac{1}{40} = 40 \times 10^6$ veces mayor que 1/40 eV, la temperatura absoluta habrá aumentado en este factor. Pero la temperatura ambiente es del orden de 27 °C = 300 K y así la temperatura exigida es $300(40 \times 10^6) = 12\ 000$ millones de grados absolutos.

CAPÍTULO 12

1. Como $E_n = -13{,}6/n^2$ eV, la energía del fotón será 13,6/36 —13,6/49 = 0,10 eV. Una longitud de onda de 12 400 Å corresponde a 1 eV y así este fotón tendrá una longitud de onda diez veces mayor, es decir, 124 000 Å.

3. Los electrones tendrán energías de 100 eV. En el mejor de los casos, pueden originar fotones de esta energía. Como 1 eV coresponde a una longitud de onda de 12 400 Å, estos fotones tendrán unas longitudes de onda no menores que 124 Å.

5. Como 5798 Å corresponden a una energía de 12 400/5798 = 2,14 eV, el átomo debe tener un nivel vacante en 2,14 eV por encima de uno de sus niveles llenos.

CAPÍTULO 13

1. Consideremos el caso de un átomo de sodio aislado de otro de cloro. Representemos el proceso realizado por etapas:
   (*a*) Liberar un electrón del Na (se utilizan 5,1 eV).
   (*b*) Dar el electrón al Cl para formar Cl^- (se emiten 3,6 eV).
   (*c*) Reunir el Na^+ y Cl^- (se emiten 6,0 eV).
   Hemos tenido que utilizar 5,1 eV, pero las otras etapas nos han devuelto 9,6 eV. De aquí que se ganen 9,6 — 5,1 = 4,5 eV de energía al formar NaCl a partir de Na y Cl.

3. Una molécula de gas nitrógeno tiene la fórmula N_2. Se compone de dos átomos. A partir de la tabla periódica vemos que el peso atómico del nitrógeno es 14. Según se indica en el enunciado del problema 2, 28 g de *moléculas* de nitrógeno contienen 6×10^{23} moléculas. Así pues, la masa de una molécula de nitrógeno es

$$\frac{28 \text{ g}}{6 \times 10^{23} \text{ moléculas}} = 4{,}7 \times 10^{-23} \text{ g/molécula}$$

5. Como en los problemas 2 y 3, la masa de un átomo de carbono es $12/(6 \times 10^{23}) = 2 \times 10^{-23}$ g.

Si existen 1×10^{23} átomos en un cubo de 1 cm de arista, entonces la masa de este cubo (masa/cm^3) será

$$(1 \times 10^{23} \text{ átomos/cm}^3)(2 \times 10^{-23} \text{ g/atom}) = 2 \text{ g/cm}^3$$

7. De acuerdo con la reacción, cuatro átomos de H se combinan con dos átomos de O para formar dos moléculas de H_2O. Como el peso molecular del H_2O es 18, sabemos que 18 g de H_2O contienen 6×10^{23} moléculas. Deseamos formar 3 g de H_2O, de modo que sólo necesitaremos formar $1/6\ (6 \times 10^{23})$, o sea 1×10^{23} moléculas. Esto exigirá el mismo número de átomos de O, puesto que el número de moléculas de H_2O formadas es igual al número de átomos de O utilizados. La masa de 1×10^{23} átomos de oxígeno es $16\ (1 \times 10^{23}/6 \times 10^{23})$, o sea 2,67 g, puesto que 16 g de oxígeno contienen 6×10^{23} átomos. Análogamente, como se necesita el doble de átomos de hidrógeno para formar este número de moléculas de agua, necesitaremos 2×10^{23} átomos de hidrógeno. Como cada átomo tiene una masa $1/(6 \times 10^{23})$ g, necesitamos ⅓ g de hidrógeno. Por lo tanto, se necesitan 0,33 g de H y 2,67 g de O.
9. Con objeto de romper el enlace, el fotón debe tener una energía por lo menos de 4,7 eV. Recuérdese que 1 eV corresponde a 12 400 Å y que la relación es una proporción inversa. Por lo tanto, la longitud de onda del fotón debrá ser 12 400 Å $\div$ 4,7 = 2640 Å. De aquí que cualquier longitud de onda inferior a 2640 Å será capaz de romper el enlace.

Apéndice VI

Respuestas a los problemas

CAPÍTULO 3

1. 675 km/h
2. 10 m/seg
3. $a = 33{,}3$ m/seg^2; 150 cm; 66,6 m/seg
4. 12 m/seg; 72 m; 4 m/seg^2
5. 24,5 m/seg; 30,6 m
6. 1,56 seg; 11,5 m
7. 20 m/seg
8. —2 m/seg; 3200 N
9. 2000 N
10. 1,5 m/seg; 6,67 seg; 0,45 m/seg^2; 13,5 N
11. 200 m/seg; 0,00010 seg; 4 000 000 m/seg^2; 40 000 N
12. ....
13. $v = 0$
14. Rebotan a 1,2 m/seg

CAPÍTULO 4

1. Ninguno; 60 m-kg
2. $19{,}6 \times 10^5$ J
3. 13.800 m-kg
4. 300 000 J
5. ....
6. 65,3 m
7. $s = 131$ m
8. $1{,}05 \times 10^8$ J/seg; $1{,}05 \times 10^8$ W
9. 11,5 m
10. 1,71 m/seg
11. 10,85 m/seg
12. 6,650 m-kg; 66,5 kg
13. ....
14. 0,015 kg
15. ....
16. ....
17. 2000; 0,002; 0,016; 5,00

CAPÍTULO 5

1. 22,2 °C; 35 °C; —25 °C
2. 86 °F; 194 °F; —40 °F
3. 1,37
4. 225 °K
5. 6,7 litros
6. 76×10^{-6} cm Hg
7. $43{,}5 \times 10^{12}$ K.
8. 157 m/seg
9. 5710
10. 19,5 °C

CAPÍTULO 6

1. $6{,}6 \times 10^{-6}$ C
2. $r = 1{,}52 \times 10^5$ m
3. 576×10^{11} N
4. 2500 V
5. 4 200 000 V
6. $-1{,}5 \times 10^6$ N/C
7. 0,0010 J
8. 6 A; 5 Ω; 40 W
9. $B \rightarrow A$; 9 A; 12 A; 18 V
10. 0,50 A
11. 0,50 C; $0{,}31 \times 10^{19}$ electrones/seg
12. 40 Ω; 96 W; 5,8 A; en el punto 1
13. 0,50 A; 6 A; $I_b + I_t$; I_b
14. 0,77 A
15. ....

CAPÍTULO 7

1. $B = 0$; 24×10^{-5} tesla
2. $B = 5 \times 10^{-5}$ tesla; $B = 1 \times 10^{-5}$ tesla
3. $15{,}7 \times 10^{-4}$ tesla
4. $v = 1{,}9 \times 10^4$ m/seg; $v = 3{,}5 \times 10^7$ m/seg

5. 62×10^4 m/s; 0,032 m
6. $2,65 \times 10^7$ m/s; 0,00076 m

CAPíTULO 8

1. 20 m/seg
2. 0,50 m
3. 264 Hz; 0,0038 seg
4. 198 Hz, 2×198, 3×198, etc.
5. 396 Hz
6. 550 Hz
7. 400 Hz
8. 25 cm, 75 cm, 125 cm, etc.
9. 770 Hz
10. 3,65 m; 27,5 Hz
11. 4800 m/s
12. ....

CAPíTULO 9

1. 100×10^8 Hz
2. 1200 kHz; 250 m
3. La lámina plana desplaza ligeramente el haz, pero no altera su dirección.
4. 2,53 seg
5. 333×10^{-8} seg
6. ....
7. 60 Å
8. 12 m

CAPíTULO 10

1. 0,44 años
2. 0,995
3. m_0; 2,27 m_0
4. $v/c = 0,995$
5. 2×10^{-13}
6. $n = 9 \times 10^{14}$
7. 162×10^{-15} J
8. El péndulo podría oscilar a alturas de 5 cm, 10 cm, etc., pero no a valores intermedios.
9. $0,33 \times 10^{-35}$ kg
10. ....
11. 3×10^{-19} J
12. $16,3 \times 10^{-19}$ J
13. ....
14. 0,0173 Å
15. 1000 m

CAPíTULO 11

1. 1,34 MeV
2. 93,1 MeV
3. 0,52 *u*
4. 480 MeV
5. 2 MeV; 2 MeV; 4 MeV
6. 2×10^7 m/s
7. 3700 años
8. ½; ¼; $^1/_{32}$
9. 12 000 millones de grados absolutos
10. ....

CAPíTULO 12

1. 124 000 Å
2. 0,0095 Å
3. 124 Å
4. La energía de ionización de estos átomos es 21,7 eV
5. El átomo debe tener un nivel vacante a 2,14 eV por encima de uno de sus niveles llenos

CAPíTULO 13

1. 4,5 eV
2. $1,67 \times 10^{-24}$ g/átomo
3. $4,7 \times 10^{-23}$ g/molécula
4. $1,25 \times 10^{23}$ átomos
5. 2 g/cm^3
6. 71 g; 73 g
7. 0,33 g H y 2,67 g O
8. 1,13 g
9. Cualquier longitud de onda inferior a 2640 Å

Glosario

A

Aceleración: Variación de la velocidad en la unidad de tiempo. Es un vector cuya dirección y sentido coincide con el correspondiente a la variación de la velocidad.

Aceleración gravitatoria: Aceleración de un objeto en caída libre: 9,8 m/seg^2 en la Tierra.

Ácido: Normalmente, una molécula que contiene hidrógeno y que produce iones hidronio (protones) cuando se disuelve en agua. Los ácidos débiles se ionizan poco, mientras que los ácidos fuertes se ionizan fácilmente.

Ácidos nucleicos: Moléculas orgánicas en forma de cadenas gigantes que se encuentran en todas las células vivas y que dirigen el curso del crecimiento de la célula y su funcionamiento. Los ácidos nucleicos más importantes son el ARN y el ADN.

Agujero negro: Estrella tan densa que la luz no puede escapar de ella.

Aire saturado: Aire que contiene todo el vapor de agua que puede alojar (su humedad relativa es el cien por ciento).

Aislante: Material que contiene cantidades despreciables de cargas libres para moverse. No conduce la electricidad.

Alcohol: Moléculas caracterizadas por el grupo: CH_2OH. Por ejemplo, el alcohol etílico o etanol:

$$CH_3CH_2OH$$

Aminoácido: Molécula que tiene en uno de sus extremos un ácido orgánico y en el otro un grupo amino. Los aminoácidos son los «ladrillos» o unidades con los que se construyen las moléculas de proteínas.

Ampere : Unidad de corriente eléctrica equivalente a un coulomb por segundo.

Antinodos (o vientres): Puntos de vibración máxima en una onda estacionaria.

Año luz: Distancia que la luz recorre en un año, $9{,}45 \times 10^{12}$ kilómetros.

Apogeo: Punto más alejado de la Tierra de un satélite situado en órbita alrededor de la Tierra; también se utiliza en otras situaciones semejantes (opuesto a perigeo).

Asteroide: Cuerpo celeste semejante a un planeta en órbita alrededor del Sol. Los asteroides tienen a lo sumo algunos cientos de kilómetros de diámetro y sus órbitas están comprendidas preferentemente entre las de Marte y Jupiter. Un planetoide.

Átomo radiactivo: Un átomo cuyo núcleo es inestable y que varía de naturaleza emitiendo una partícula de alta energía.

B

Barómetro: Aparato utilizado para medir la presión atmosférica.

Basalto: Roca ígnea pesada, gris oscura y de grano fino.

Base: Normalmente una molécula que produce iones OH^- cuando se disuelve en agua. Las bases fuertes producen muchos de estos iones, mientras que las bases débiles producen sólo algunos.

Batolito: Región debajo de la superficie, de muchos kilómetros de roca sólida que se forma cuando solidifica una gran bolsada de magma (roca fundida).

Bobina primaria: Bobina de un transformador que está conectada a la fuente de energía.

Bola de fuego primitiva: De acuerdo con la teoría del «big bang» la bola caliente y extremadamente densa que fue nuestro universo inicial.

C

Calor: Energía residente en el movimiento al azar de las moléculas.

Campo eléctrico: Región en la que una carga de prueba estacionaria experimenta una fuerza eléctrica.

Campo magnético: Región del espacio en donde un imán experimenta la acción de una fuerza orientadora. Una aguja de una brújula se alínea con las líneas de campo.

Cantidad de movimiento: Medida del movimiento rectilíneo representado por el producto de la masa de un objeto por su velocidad. Es un vector que tiene la misma dirección y sentido que la velocidad.

Capa de inversión: Condición que se obtiene cuando el aire próximo a la superficie de la tierra es más frío que el aire a unos cientos de metros por encima. El aire superficial permanece estancado conduciendo a una polución creciente del aire.

Capas electrónicas: En la descripción de Bohr del átomo, las series de capas concéntricas alrededor del núcleo en las que pueden existir los electrones. Cada capa está caracterizada por un número cuántico y por su energía; capas completas contienen números definidos de electrones.

Carga inducida: Carga en exceso sobre cierta porción de un conductor que ha sido forzada a situarse allí por un exceso de carga situada sobre otro objeto cercano.

Celeridad: Distancia recorrida dividida por el tiempo empleado. Esto es la celeridad media.

Cero absoluto: Temperatura a la que tiende a cero la presión de un gas ideal; 0 °K = —273 °C.

Clorofila: Pigmento verde encontrado en las plantas que absorben la luz del Sol y que inicia el proceso de fotosíntesis.

Cometa: Cuerpo celeste compuesto por un gran agregado de meteoros, hielo, polvo y gas. Algunos cometas giran alrededor del Sol en órbitas bien definidas de gran excentricidad.

Condensación de un gas: Coalescencia o reunión de las moléculas de un gas en gotitas; por ej.: el vapor de agua condensada formando niebla y lluvia.

Conductor de la electricidad: Material que contiene muchas cargas que pueden moverse libremente. Los metales son los mejores conductores.

Constante de Boltzmann: Una constante de la naturaleza, de valor $k = 1{,}38 \times 10^{-23}$ J/°K.

Constante de Planck: Constante de la naturaleza que aparece en muchas relaciones relativas a la naturaleza cuantizada de la energía y a la naturaleza ondulatoria de las partículas.

Constelaciones: Agrupamientos de estrellas visibles que se observan en el firmamento nocturno en diversas épocas del año. Las constelaciones reciben nombres de diferentes seres mitológicos, animales y objetos inanimados.

Cordillera medio-oceánica: Sistemas de montañas bajo la superficie del agua que se extiende a través del centro de los océanos de la Tierra. Es allí donde se está formando el nuevo suelo oceánico.

Corriente eléctrica: Cantidad de carga que pasa por un punto dado cualquiera de un conductor cada segundo. Se mide en amperes.

Corteza terrestre: Capa exterior de la esfera terrestre; su grueso varía de 5 a 80 km.

Coulomb: Unidad mks de carga eléctrica igual a la carga transportada por una corriente constante de un ampere.

Cristal: Sólido en el que los átomos se disponen en un esquema ordenado.

Cristales covalentes: Sólidos cuyos átomos están mantenidos en una estructura reticular bien definida por enlaces covalentes.

Cristales de van der Waals: Sólidos en los cuales los átomos y moléculas están retenidos en una red bien definida por enlaces de van der Waals.

Cristales metálicos: Sólidos en los que los electrones de valencia están sólo ligeramente ligados a los átomos y después de escapar de ellos se mueven a través de la red de tal modo que proporcionan la energía de enlace de cristal.

Cristales moleculares: Sólidos que tienen una red formada por moléculas intactas, estando situada una molécula en cada nudo de la red. Normalmente se mantienen en forma fija por fuerzas de van der Waals.

Cuanto de carga: La carga más pequeña que se encuentra en la naturaleza, $\pm 1{,}60 \times 10^{-19}$ C. Igual en magnitud a la carga del electrón y del protón.

Cuanto de luz: Un fotón. Pequeño paquete de energía luminosa con energía $h\nu$ o hc/λ.

D

Defecto de masa: Diferencia de masa existente entre la masa de un núcleo y la masa de sus partículas constituyentes aisladas. Cuando se multiplica por c^2 es igual a la energía de enlace del núcleo.

Desplazamiento hacia el rojo: Variación de color desde el extremo azul hacia el rojo del espectro que experimenta la luz que nos alcanza de una fuente que se aleja rápidamente de nosotros.

Deuterio: Isótopo del hidrógeno cuyo núcleo está compuesto por un protón y un neutrón; hidrógeno pesado.

Diastrofismo: Formación de las características terrestres (continentes, montañas, etc.) por deformaciones en gran escala, plegamientos y a veces roturas de la corteza terrestre.

Diferencia de potencial eléctrico: Energía necesaria para llevar la unidad de carga positiva desde uno de los puntos considerados al otro. Se mide en volts.

Difracción: Desviación de la luz u otras ondas en la región de sombra detrás de una barrera.

Dique: Magma solidificado que rellena una fisura vertical de la corteza terrestre.

Disolución iónica: Disolución en la que al menos algunas de las moléculas disueltas se han dividido formando iones.

E

Eclipse: Oscurecimiento parcial o total respecto al observador, de un cuerpo celeste por otro. En un eclipse de Sol, la Luna pasa entre la Tierra y el Sol, impidiendo la visión de éste último por el observador.

Efecto Coriolis (meteorología): Efecto debido a la rotación de la Tierra que hace que las corrientes de aire se desvíen hacia la derecha en el hemisferio Norte y hacia la izquierda en el hemisferio Sur.

Efecto invernadero: Consecuencia de la existencia de la atmósfera sobre la Tierra (particularmente del CO_2 en ella) en virtud de la cual queda atrapada la energía de radiación térmica de la Tierra, tendiendo a elevar la temperatura de la atmósfera.

Efecto Doppler: Fenómeno en virtud del cual el sonido que se oye procedente de un foco que se aproxima tiene un tono más elevado mientras que si el foco se aleja el tono percibido es más bajo.

Efecto fotoeléctrico: Expulsión de los electrones de una sustancia por la luz que incide sobre la misma. Fue explicado por primera vez por Einstein en función de los fotones.

Electroimán: Imán formado por una barra de hierro dulce rodeada por una bobina cilíndrica de conductor aislado por la que circula corriente.

Electrón: Partícula negativa fundamental que se encuentra en la parte exterior de todos los átomos: $q = 1{,}6 \times 10^{-19}$ C; $m = 9{,}1 \times 10^{-31}$ kg.

Electrón de valencia: Electrones más exteriores de un átomo; es decir, los electrones en la capa incompleta exterior del átomo.

Electronvolt (eV) : Unidad de energía equivalente a la energía adquirida por una carga $+e$ cuando recorre una diferencia de potencial de un volt; 1 eV = $1{,}6 \times 10^{-19}$ C.

Elemento: Sustancia que no puede prepararse por unión de otras sustancias químicas o separarse en sustancias más sencillas mediante procesos químicos.

Enana blanca: Una estrella caliente muy densa formada por el colapso de una gigante roja. Menor que nuestro sol.

Energía cinética: Capacidad de un objeto para realizar trabajo debido a su movimiento. En el caso de velocidades mucho menores que la luz, viene dada por $1/mv^2$ y se mide en joules.

Energía de enlace: Energía necesaria para retirar una partícula atómica de su posición en el átomo; energía necesaria para descomponer un núcleo en sus nucleones constituyentes.

Energía (o potencial) *de ionización:* Energía necesaria para separar un electrón de un átomo.

Energía potencial de un muelle: Capacidad para realizar trabajo que reside en un muelle deformado.

Energía potencial gravitatoria: Capacidad de un objeto para realizar trabajo en virtud de su posición. Viene dada por *mgh* y se mide en joules.

Enlace covalente: Electrones compartidos entre dos átomos hasta completar de modo efectivo sus capas externas. Cuando se comparte un solo par de electrones, se tiene un enlace covalente simple. Un enlace covalente doble está constituido por dos pares de electrones compartidos.

Enlace de hidrógeno: Enlace caracterizado por la unión entre moléculas de agua adyacentes en donde una molécula es retenida por otra inmediata mediante la fuerza atractiva electrostática entre el protón desnudo de una molécula de agua y el oxígeno de la otra.

Enlace iónico: Fuerzas atractivas electrostáticas que retienen unidos dos o más iones.

Equinoccio: Las dos épocas durante el año en que los días y las noches tienen la misma duración debido a que el eje de la Tierra es perpendicular al plano de la eclíptica; alrededor del 21 de marzo y del 21 de septiembre.

Erosión: Pulverización, desgaste y transporte de rocas y polvo por el viento, agua, acción de los glaciares y efectos de cuñas de hielo.

Escala absoluta (Escala Kelvin): Escala de temperaturas cuyo cero se escoge coincidente con el cero absoluto. En ella, el agua congela a 273 K y hierve a 373 K

Escala Celsius: Escala de temperaturas en la que los puntos de congelación y ebullición del agua son 0 y 100 °C respectivamente; suele llamarse también centígrada.

Escala centígrada: Escala Celsius (ver definición anterior).

Escala Fahrenheit: Escala de temperaturas en la cual son 32 y 212 °F respectivamente, los puntos de congelación y ebullición del agua.

Escala Kelvin: Escala absoluta de temperatura cuyo cero se hace coincidir con el cero absoluto. En la escala Kelvin, el agua congela a 273 K y hierve a 373 K.

Escalar: Magnitud, tal como la masa o la longitud, que tiene valor pero no dirección. Comparar una magnitud escalar como la celeridad, con una magnitud vectorial como la velocidad.

Espectro de absorción: Longitudes de onda de la luz que es absorbida cuando la luz pasa a través de los átomos de un gas, líquido o sólido.

Espectro de emisión: Longitudes de onda luminosas radiadas por un átomo o molécula cuando sus electrones caen a niveles de energía inferior.

Espectro electromagnético: Las diversas ondas electromagnéticas que se extienden desde las longitudes de onda largas a las cortas del modo siguiente: radio, radar y microondas, infrarrojos y calor, luz, ultravioleta, rayos X y rayos gamma.

Espectógrafo de masas: Aparato para medir las masas de partículas cargadas de tamaño atómico. Utiliza la desviación dentro de un campo magnético.

Espectrómetro: Aparato para observar y medir las longitudes de ondas presentes en un haz de luz. Puede utilizarse como elemento dispersante bien un prisma o una red de difracción.

Estado metastable: Configuración excitada de un átomo que pierde energía sólo después de un cierto período largo de tiempo.

Estratosfera: La parte de la atmósfera que se extiende entre alturas de 12 a 50 km.

Estrella: Un cuerpo celeste grande y luminoso por sí mismo, compuesto de un gas con la temperatura suficientemente elevada para mantener reacciones termonucleares.

Estrella de neutrones: Una estrella muy caliente, densa y de tamaño pequeño cuya masa es esencialmente de neutrones y energía.

Estrellas binarias: Dos estrellas próximas que giran alrededor de un punto fijo común.

Estrella Polar: Ver Polaris.

Evaporación: Escape de moléculas de la superficie de un líquido formando vapor.

Exosfera: Parte de la atmósfera más allá de 450 km por encima de la Tierra.

Explosión sónica: El estampido de sonido y su energía destructiva cuando pasa encima de un observador una cresta de ondas sonoras grande formada por el movimiento de un avión supersónico.

F

Fem: Energía eléctrica impartida a la unidad de carga por una fuente de energía. En el caso de una pila, el «voltaje» de la pila.

Fem alterna: Fuerza electromotriz obtenida haciendo girar una bobina en un campo magnético fijo, como en un generador ordinario de una central eléctrica. Invierte su sentido de un modo cíclico. Normalmente, su frecuencia es de 50 ciclos/seg (o Hz).

Flujo magnético: Número de líneas de fuerza que atraviesan un área dada, normalmente una bobina.

Fotón: Un pequeño paquete de energía luminosa (un cuanto de luz) con una energía de $h\nu$ o hc/λ.

Fotosíntesis: Proceso en virtud del cual las plantas convierten la energía luminosa en energía química utilizando la energía del Sol para sintetizar el CO_2 y H_2O en material celular de la planta y O_2.

Frecuencia de vibración: Número de ciclos de vibración (es decir, movimientos adelante y atrás) completados en la unidad de tiempo; frecuencia = inversa del período.

Frecuencia natural: Frecuencia con la que vibran los sistemas después de que se ponen en vibración y se les deja que vibren libremente.

Frente caliente: Región de contacto entre una masa de aire cálido que se aproxima y empuja a una masa de aire más frío.

Frente frío: Región de contacto entre una masa de aire frío que avanza y una masa más templada que retrocede.

Fuerza de van der Waals: Una fuerza atractiva muy débil que está siempre presente entre moléculas próximas; la fuerza de enlace principal en la mayoría de los líquidos de bajo punto de ebullición.

Fuerza radial: Una fuerza dirigida hacia el centro de la circunferencia o alejándose de la misma.

G

Galaxia: Un gran agrupamiento de estrellas con diámetro normalmente de centenares de millares de años luz.

Galaxia espiral: Un gran agrupamiento de estrellas que tienen forma espiral plana probablemente como resultado de su rotación.

Gases nobles: Aquellos átomos no reactivos que han completado sus capas más extensas: helio, neón, argón, criptón, xenón y radón.

Gauss: Unidad de intensidad del campo magnético que no pertenece al sistema mks ; 10 000 gauss = tesla.

Generador eléctrico: Fuente de fem compuesta de una o más bobinas girando en el interior de un campo magnético. Utiliza la ley de Faraday de la inducción.

Gigante roja: Una estrella fría y grande de alta luminosidad, que es una de las etapas últimas de la vida de una estrella.

Granito: Roca ígnea de granos gruesos que contiene cristales claramente visibles que van de un rosa claro a gris.

H

Hidratos de carbono: Las moléculas de hidratos de carbono

están compuestas de carbono, hidrógeno y oxígeno. Tiene la fórmula general $C_n(H_2O)_x$ y son ejemplos típicos los azúcares, el almidón y la celulosa.

Hidrocarburos: Moléculas compuestas predominantemente de átomos de carbono e hidrógeno.

Hidrógeno pesado: Isótopo del hidrógeno cuyo núcleo se compone de un protón y un neutrón. Deuterio.

Hidróxido: Molécula que contiene un grupo OH que se ioniza formando iones —OH en agua.

Humedad relativa: Cociente entre la cantidad real de vapor de agua en el aire y la capacidad máxima que el aire podría contener a esta temperatura (suele multiplicarse por cien y entonces se denomina porcentaje de humedad).

Huracán: Perturbación ciclónica violenta de baja presión extendiéndose en muchos kilómetros y con velocidades de viento superiores a los 150 km/h.

I

Indice de refracción: Cociente entre la velocidad de la luz en el vacío y la velocidad de la luz en la sustancia en cuestión.

Inercia: Tendencia de un objeto en reposo para permanecer en reposo y de un objeto en movimiento para permanecer en movimiento. El valor de la inercia de un objeto viene dado por su masa.

Interferencia constructiva: Interferencia que se produce cuando dos ondas actuando en el mismo lugar se refuerzan entre sí.

Interferencia destructiva completa: Interferencia que se produce cuando dos ondas actuando en el mismo lugar se anulan exactamente entre sí.

Ion: Átomo que ha perdido o ganado uno o más electrones y, por tanto, lleva una carga neta.

Ionosfera: Aquella parte de la atmósfera que está altamente ionizada por los rayos del Sol. Su altitud varía pero suele estar en el margen de 60 a 250 km.

Isostasia: Teoría según la cual las diversas partes de la corteza terrestre se elevan y descienden cuando la erosión y el depósito de materiales influye sobre el modo en que flota sobre la capa plástica.

Isótopos: Dos átomos cuyos núcleos contienen el mismo número de protones pero números diferentes de neutrones se denominan isótopos del mismo elemento.

J

Joule: Unidad del sistema internacional de trabajo y energía.

L

Láser (amplificación de la luz mediante emisión estimulada de radiación): Fuente luminosa en la que unos átomos son estimulados a emitir al unísono sus ondas; fuente luminosa de elevada coherencia.

Lava: Magma solidificado que se ha esparcido sobre la superficie de la Tierra procedente de un volcán.

Límite de Roche: La distancia más corta a la que puede orbitar una luna alrededor de un planeta sin ser destruida por la acción de las mareas.

Línea de falla: Línea de fractura de la corteza terrestre. Los terremotos se producen a lo largo de las líneas de fallas cuando una superficie de la rotura se desliza periódicamente sobre la otra.

Línea de fuerza: Línea utilizada para representar la dirección de un campo eléctrico o magnético.

Líneas espectrales: Longitudes de ondas aisladas que aparecen en un espectrómetro cuando se está utilizando una luz espectral rectilínea.

Líquidos supercalentados: Un líquido calentado por encima de su punto de ebullición y cuya ebullición aún no ha empezado.

Longitud de onda: Distancia entre dos crestas adyacentes de una onda. Está relacionada con la velocidad de la onda v y su frecuencia ν por la expresión $\lambda = v/\nu$.

Lucero vespertino: El planeta Venus visto en los rayos reflejados del Sol.

M

Magma: Roca fundida.

Manto: Zona de la Tierra bajo la corteza que se extiende hasta el núcleo externo fundido.

Mareas: Elevación y descenso del nivel oceánico que tiene lugar dos veces al día en un punto dado de la Tierra. Es el resultado de la atracción de la Luna principalmente.

Masa: Magnitud intrínseca de un objeto que es una medida de su inercia en función de su peso W, $m = W/g$.

Masa crítica: Masa de material fisionable en cantidad precisa para que pueda mantenerse a un ritmo constante una reacción en cadena.

Masa en reposo: La masa de una partícula (u objeto) medida por un observador en reposo respecto a la partícula.

Mesosfera: Región atmosférica que se extiende entre alturas de 50 y 75 km.

Meteoritos: Restos de los objetos que han entrado en la atmósfera terrestre y han chocado contra el suelo.

Meteoro: Cualquier objeto pequeño que entra en la atmósfera del espacio exterior.

Meteorología: Estudio del tiempo y del clima.

Mineral: Cualquier material cristalino inorgánico que se presenta en la naturaleza con composición química definida.

Moho o discontinuidad de Mohorovicic: Capa interior de la corteza terrestre.

Molécula: La unidad estructural más sencilla que retiene las propiedades físicas y químicas características de un compuesto.

Molécula no saturada: Molécula que contiene enlaces covalentes dobles o triples.

Movimiento armónico simple: El movimiento cíclico de vaivén característico de los sistemas vibrantes. Movimiento sinusoidal.

Movimiento browniano: Movimiento en zigzag observado en partículas muy pequeñas contenidas en un gas o líquido resultante de choques entre las partículas y las moléculas que las rodean.

Movimiento ciclónico: Movimiento de rotación de la atmósfera que a veces se extiende a centenares de kilómetros. Los ciclones giran en sentido horario en el hemisferio sur y en sentido antihorario en el hemisferio norte.

Movimiento sinusoidal: Ver movimiento armónico simple.

Muon (meson mu): Partícula que tiene una masa en reposo que es unas 210 veces mayor que la masa del electrón.

Mutación: Una alteración hereditaria de los genes o cromosomas de un organismo.

N

Nebulosa del cangrejo: Remanente de la supernova de 1054.

Neutrino: Partícula que no tiene ninguna carga y una masa en reposo cero. No debe confundirse con el neutrón.

Neutrón: Partícula neutra fundamental que tiene aproximadamente la misma masa que el protón ($1{,}67 \times 10^{-27}$ kg). Es un constituyente fundamental de la mayoría de los núcleos atómicos.

Newton: Unidad de fuerza en el sistema mks. Un newton da a un objeto de 1 kg una aceleración de 1 m/s^2 en la dirección de la fuerza.

Nivel energético: Uno de los valores de energía permitidos que puede poseer un átomo o molécula.

Nodos: Lugares en una onda estacionaria en donde no se produce el movimiento.

Nova: Estrella que ha aumentado su brillo por un factor de millares en un período de aproximadamente un día o incluso menos.

Núcleo de un átomo: La región muy pequeña del centro del átomo que contiene toda su carga positiva y la mayor parte de su masa.

Nucleón: Un constituyente de un núcleo atómico; un protón o un neutrón.

Número atómico: Número de protones en el núcleo de un átomo; es igual al número de electrones del átomo neutro.

Números cuánticos: Serie de números enteros (y enteros + 1/2) que se utiliza para caracterizar una estructura dada de un átomo.

O

Onda estacionaria: Esquemas estacionarios de nodos y antinodos formados por la interferencia de dos o más ondas. Se presenta cuando el sistema está resonando.

Onda P: Onda sísmica de compresión (semejante al sonido). Puede moverse a través de un líquido.

Onda plana: Onda cuyas crestas se mueven a lo largo de líneas rectas o planos. Característica de todas las ondas muy alejadas de su fuente de origen.

Onda S: Una onda sísmica trasversal, incapaz de pasar a través de un fluido.

Onda transversal: Una onda en la que la vibración y el movimiento de vaivén es perpendicular a la dirección en que se está moviendo la onda (una cuerda, el agua, ondas electromagnéticas).

Ondas coherentes: Ondas cuya forma y frecuencia son idénticas.

Ondas de radar: Ondas de radio de longitud de onda muy corta (de longitud de onda de algunos centímetros).

Ondas electromagnéticas: Campos oscilantes eléctrico y magnético combinados emitidos por cargas en una antena, molécula o átomo acelerados.

Ondas infrarrojas: Ondas electromagnéticas con longitudes de onda más largas que la luz roja visible (7000 Å) y más cortas de un milímetro.

Ondas sísmicas: Perturbación que recorre la tierra procedente de los lugares de terremotos o explosiones.

Ondas ultravioletas: Ondas electromagnéticas con longitud de onda más corta que la luz (4000 Å) y mayores de algunos centenares de ångströms.

P

Pangaea: Nombre dado por los proponentes de una teoría de desplazamientos continentales a la inmensa masa de tierra en la que estaban reunidos presumiblemente todos los continentes hace unos 200 millones de años.

Paradoja de los gemelos: Resultado de la teoría de la relatividad que señala que si un gemelo permaneciese en la Tierra mientras que el otro se moviese a través del espacio a velocidad muy alta, el gemelo que permaneció en la Tierra se haría más viejo que su hermano moviéndose en el espacio una vez transcurrido un período especificado de tiempo «terrestre».

Partícula alfa: Un núcleo de átomo de helio compuesto por dos protones y dos neutrones. Es emitida por muchos núcleos radiactivos pesados.

Partículas beta: Electrones rápidos (normalmente los emitidos en procesos de desintegración radiactiva).

Perigeo: Punto más próximo a la Tierra en la órbita de un satélite; también se utiliza en otros casos de movimiento orbital semejante (opuesto al apogeo).

Período de semidesintegración: Tiempo que tarda la mitad de una muestra original de átomos radiactivos en desintegrarse.

Período de vibración: El tiempo empleado para que se realice un ciclo completo de vibración.

Pion (mesón pi): Partícula asociada con el campo de fuerzas nucleares.

Peso: Fuerza con la que un objeto es atraído por la Tierra (o cuando está en la Luna, fuerza con que es atraído por la Luna).

Peso aparente: Fuerza que un objeto ejerce sobre su soporte. No es igual al peso del objeto si éste se está acelerando.

Pila: Dispositivo para suministrar energía eléctrica. La mayor parte de las pilas comunes transforman energía química en eléctrica.

Planeta: Un cuerpo celeste grande que no es una estrella y gira alrededor del Sol.

Plataforma continental: Porciones de los continentes próximas a sus bordes, bajo la superficie del océano, extendiéndose hasta un corte que desciende abruptamente hacia el fondo del océano.

Polaris: Estrella Polar que se ve directamente encima de una persona situada en el Polo Norte.

Polímero: Una molécula muy larga formada adicionando muchas moléculas pequeñas que dan lugar a una cadena larga de átomos.

Polo norte magnético: En un imán en forma de barra colgado de modo que pueda girar libremente, es el extremo que señala el norte de la Tierra.

Potencia: Velocidad a la que se ha realizado el trabajo; dada por la fórmula: potencia = trabajo/tiempo empleado. Se mide en joules o en watts.

Presión: Fuerza por unidad de área.

Presión de vapor: La presión de las moléculas que se han evaporado de un líquido cuando están confinadas dentro de un recipiente.

Prisma: Aparato utilizado para dispersar los colores de la luz. Normalmente consiste en un simple prisma de vidrio.

Proceso triple alfa: Reacción de fusión en la que tres núcleos de helio se funden para formar carbono. Es el origen de gran parte de la energía solar.

Proteínas: Las gigantescas moléculas en forma de cadena que constituyen la parte principal de la mayoría de las células animales. Están compuestas de aminoácidos unidos extremo a extremo.

Protón: Una partícula positiva fundamental que se encuentra en los núcleos de todos los átomos. Es el núcleo del átomo de hidrógeno. $q = 1{,}6 \times 10^{-19}$ C; $m = 1{,}67 \times 10^{-27}$ kg.

Pulsar: Fuente de señal de radar astronómica que emite un pulso de energía con una frecuencia de algunos segundos o incluso menos.

Punto de ebullición: Temperatura a la cual la presión de vapor de un líquido iguala a la presión atmosférica que actúa sobre él.

Punto de rocío: Temperatura por debajo de la cual, si se enfría el aire, empieza a condensar el vapor de agua.

Q

Quasar: Fuentes de radio cuasi estelares. Una fuente intensa de ondas de radio que muestra desplazamientos hacia el rojo muy grandes.

Química orgánica: Química de los compuestos del carbono.

R

Rayos gamma: Ondas electromagnéticas con longitud de onda más corta que un ångström que se originan por transiciones dentro de los núcleos de los átomos (idénticos a los rayos X excepto en el modo de originarse).

Rayos X: Ondas electromagnéticas con longitudes de onda más cortas de algunos centenares de ångströms. Se originan en los choques de los electrones y en las transiciones dentro de los átomos.

Reacción de fisión: División de un núcleo pesado en dos o más núcleos pequeños con la consecuente liberación de energía. Utilizada como fuente de energía en los reactores nucleares.

Reacción de fusión: Unión de núcleos de elementos ligeros con la consiguiente liberación de energía.

Reacción de neutralización: Reacción química entre cantidades equivalentes de un ácido y una base; los iones OH^- de las bases y los iones H^+ de los ácidos se combinan para formar moléculas de agua.

Reactor nuclear: Un dispositivo generador de potencia que utiliza la reacción de fisión como fuente de energía.

Red (de un cristal): Disposición geométrica formada por los puntos centrales de los átomos de un sólido cristalino.

Red de difracción: Un número muy grande de rendijas paralelas estrechas y muy próximas utilizadas para dispersar la luz en sus diversos colores.

Refracción: Desviación de un haz de luz cuando pasa de un material a otro como resultado de las diferentes velocidades de la luz en ambos materiales.

Región escudo: La parte más antigua de un continente; caracterizada por sus rocas, normalmente son las bases de un sistema montañoso antiguo.

Regla de la mano derecha: Una regla conveniente para recordar la dirección de las fuerzas que actúan sobre las corrientes dentro de un campo magnético, así como para hallar la dirección del campo en el caso de conductores por los que circulan corrientes eléctricas.

Resistencia eléctrica: Definida por la ley de Ohm, $R = V/I$, como diferencia de potencial que se necesita para producir una corriente de un ampere a través del elemento en cuestión. Se mide en ohms.

Resonancia: Situación que se presenta cuando la fuente de una onda refuerza exactamente la vibración o las ondas reflejadas emitidas anteriormente. Se presenta una vibración máxima puesto que la fuente de energía continuamente refuerza a la misma.

Roca: Cualquier agregado sólido de materia inorgánica que se encuentra en la naturaleza y en cantidad en la corteza terrestre.

Roca intrusiva: Roca ígnea formada cuando se solidificó el magma bajo la corteza terrestre.

Roca metamórfica: Roca que ha sufrido un flujo plástico como resultado de presiones y temperaturas elevadas.

Roca sedimentaria: Roca formada a partir de los productos de erosión y otros sedimentos semejantes por efecto de la presión y por acciones aglutinantes.

Rocas extrusivas: Rocas ígneas formadas a partir de magma que fluye sobre la superficie de la Tierra.

Rocas ígneas: Rocas formadas cuando se solidifica el magma sobre o cerca de la superficie terrestre.

S

Semiconductores: Cualquiera de las diversas sustancias tales como el germanio o el silicio, que tienen conductividades eléctricas intermedias entre los aislantes y los conductores.

Sistema inercial de referencia: Sistema coordenado sin acelerar. Las leyes de Newton del movimiento se aplican en este tipo de sistemas.

Sistema métrico: Sistema de medidas en el que la unidad de longitud es el metro y la unidad de masa el kilogramo.

Sistema de referencia: Sistema de coordenadas u otros sistemas de referencia respecto al cual medimos la posición de los objetos.

Sistema solar: El Sol junto con los nueve planetas y otros cuerpos celestes capturados por la atracción gravitatoria del Sol.

Smog: Palabra inglesa con la que se designa el aire que contiene cantidades apreciables de humo y otros contaminantes y niebla que suele presentarse cuando existe una capa de inversión.

Solenoide: Bobina de alambre arrollada en forma cilíndrica.

Solsticio: El día de junio en que el Sol está más elevado en el cielo y el día de diciembre en el que está más bajo; son los días más largo y más corto del año respectivamente. (Estos días están invertidos en el Hemisferio Sur.)

Supernova: Una estrella cuyo brillo repentinamente aumenta por decenas de millones.

Spin: Característica de las partículas fundamentales que mide sus propiedades de rotación y magnéticas.

T

Teoría cinética: Teoría del movimiento molecular de gases, líquidos y sólidos desarrollada en primer lugar por Boltzmann y Maxwell.

Teoría de los desplazamientos continentales: Teoría según la cual los continentes se han desplazado, flotando como bloques sobre la zona plástica, estando aún hoy en día en movimiento.

Terminador: Línea de división entre la parte oscura y la iluminada producida por el borde de una sombra.

Termosfera: Región de la atmósfera comprendida entre las alturas de 75 a 450 kilómetros aproximadamente.

Tesla: Unidad de intensidad de campo magnético. El campo magnético de la Tierra es aproximadamente 10^{-4} tesla.

Tornado: Una región restringida de baja presión de un radio de un par de kilómetros o incluso menos con vientos cíclicos de alta velocidad cerca de su centro.

Trabajo: Producto de la fuerza que actúa sobre un objeto y de la distancia que el objeto se mueve en la dirección de la fuerza. Se mide en joules.

Trazador radiactivo: Empleo de un material radiactivo para trazar la trayectoria que ha seguido una sustancia.

Troposfera: La región más baja de la atmósfera que se eleva hasta una altura de unos 8 km en los polos y 15 en el ecuador.

Tsunami: Un sistema de ondas oceánicas destructivas generadas por un terremoto debajo del océano.

U

Unidad Ångström: Unidad de longitud equivalente a 10^{-10} m. Es interesante, pues el radio de los átomos es de este orden. Abreviatura: Å.

Unidades MKS: Sistema métrico de unidades; basado en el metro, kilogramo y segundo.

Valencia: Medida que indica el número de otros átomos con los que un átomo puede enlazarse; igual a la carga (en unidades de *e*) que los iones de este átomo intercambian en las reacciones químicas.

Vector: Ente físico que tiene magnitud y dirección.

Velocidad: Magnitud vectorial cuyo valor es la celeridad del cuerpo y cuya dirección y sentido se corresponden con los del movimiento del cuerpo.

Velocidad de escape: Velocidad mínima a que debe lanzarse un objeto desde la Tierra para que escape al espacio exterior.

Velocidad límite: Velocidad constante con la que cae un objeto cuando está cayendo con rapidez suficiente de modo que las fuerzas de rozamiento igualan a la atracción gravitatoria.

Vía Láctea: Galaxia en la que está situado nuestro sistema solar.

Viscosidad: Medida de la resistencia de un líquido a fluir. Los líquidos de alta viscosidad no fluyen con facilidad.

Volt: Unidad de diferencia de potencial equivalente a un joule por coulomb.

W

Watt: Unidad de potencia en el sistema mks; un joule por segundo.

Z

Zona plástica: Capa de la Tierra directamente debajo de la corteza. Es sólida pero sufre la acción de un flujo en períodos de muchos siglos.

Índice alfabético

A
Abanicos aluviales, 373, 374
Abell, G., 14, 40
Absorción de la luz, 268
  escala de, 417
Acción de la intemperie, 359
  fuerza, 399
  -reacción, ley de, 53
Aceleración, 48, 399, 415
  debida a la gravedad, 51
  gravitatoria, 415
  negativa, desaceleración, 58
  y velocidad, 46
Acelerador de Stanford, 255
  Serpukhov, 256
Ácido (s), 298, 415
  acético, 299
  carbónico, 300
  clorhídrico, 299
  débiles, 298
  fórmico, 299
  fuertes, 298
  nítrico, 299
  nucleicos, 318-321, 415
  orgánicos, 313, 314
  sulfúrico, 299
  típicos, 299
Afinidad electrónica, 289
Agujeros negros, 16, 415
Aire caliente, 336
  frío, 336
  saturado, 335, 415
Aislante (s), 415
  y conductores, 115-116
Alcohol (es), 312, 415
Alfa Centauro, 14, 16
  proceso triple, 9
Alta tensión, 340
Amidas, 316
Aminas, 316
Aminoácidos, 318, 415
Ampere, André Marie, 141
ampere, 120, 415
Amplitud, 160
Anderson, D. L., 131, 386
Andrade, E. N., 86, 203, 234
Andrómeda, galaxia de, 7
ångtröm, unidad, 105, 422
Angulo de incidencia, 191
  de reflexión, 191
Anillos de Saturno, 34
Anticiclón, 340
Antimateria, 118
Antinodo o vientre, 163, 415
Año luz, 4, 415
Apéndices, 391-414
Apogeo, 23, 415
Áreas iguales, ley de, 399
Arenisca, 358, 359
Aristóteles, 45
Asimov, I., 280, 303, 323
Asteroides, 36, 415
Astrología, 20
Astronautas en órbita, 86
Astronomía y sistema solar, 19
Atmósfera, contaminación de la, 346-348
  terrestre, 101, 327, 328
Átomo(s) complejos, espectros de los, 278
  compuestos, 285
Átomo de hidrógeno, 223-226, 265, 2691271
    modelo de Bohr, 226
  estados del, 273
  nuclear, 221-223
  núcleo de un, 420
  radiactivo, 415
  y tabla periódica, 265
Atracción nuclear, fuerza de, 3
Australopitecus, 384
Avogadro, número de, 306

B

Bajas presiones, 340
Balanza o báscula, 55
Ballard, S. S., 203
Balmer, fórmula de, 225
  serie de, 225

Barómetro, 101, 415
Barringer, meteorito, 26
Basalto, 358, 359, 415
Bases, 299, 303, 415
Batido, 181
Batolito, 359, 415
Batten, L., 203
Baxter, J., 303
Benahe, A. H., 177
Benceno, 110, 314, 315, 340
Bevatrón, 254
Bibliografía, 14, 40, 64, 86, 107, 131, 153, 177, 202, 234, 260, 280, 303, 323, 348, 385
Bicarbonato sódico, 300
Big-bang, teoría del, 1, 216
Binarias, estrellas, 10
Biosfera, 386
Bitter, F., 154
Bobina primaria, 152, 415
  secundaria, 151
Bohr, hipótesis de, 401
  modelo para el átomo de hidrógeno, 226
  Niels, 226
  órbitas de, 229, 401
Bola de fuego primitiva, 1, 415
Boltzmann, constante de, 95, 416
  Ludwig, 100
Bombardeo nuclear, 253
«Boom», explosión sónica, 176-177
Booth, V., 280
Borrasca, línea de, 336
Broglie, de, 209
  ondas de, 228
Brown, Robert, 99
Brown, S. G., 107
Brújula, 137
Bueche, F., 107, 153, 202, 234
Butano, 309, 310, 311, 312

C

c.a., corriente alterna, 150
caballo de vapor, 78
Cadena(s), 317
  gemelas, 320
  polipéptida, 319
  reacción en, 249
Caída libre, cuerpos en, 50
Calcita, 106, 356, 357
Caliza lumaquela, 358, 359
Calor, 415
Caloría, 111
Calórico, 91
Cambios estacionales en el tiempo, 342
Campo(s) eléctrico(s), 116, 186, 187, 415
    intensidad del, 119
    sentido del, 118
  gravitatorio, terrestre, 117
  magnético(s), 137, 186, 187, 415
Campo(s) magnético(s) fuentes de, 139
    fuerzas sobre corrientes en el interior, 142
«Canales» de Marte, 32
Cangrejo, nebulosa del, 11, 420
Cantidad de movimiento, 60, 416
    ley de su conservación, 60
Capa(s) atmosférica(s), 328
  de inversión, 348, 416
  electrónicas, 416
  límite, 334, 348
Carbohidratos, 323, 418
Carbonato, sódico, 300
Carbono, átomo de, 310
  hidratos de, 418
Cárcavas o arroyada, 373
Carga(s), cuanto de, 113, 416
Carga(s) eléctrica(s), 113
  inducidas, 116, 416
  móviles, fuerzas magnéticas sobre, 145
  negativa, 113
  positiva, 113
  testigo o de prueba, 118
Catástrofe del ultravioleta, 217
Cavendish, Henry, 82
Celeridad - velocidad, 47, 416
Celsius, escala, 417
Cenozoica, era, 380, 382
Cera de parafina, 309
Ceres, 36
Cero absoluto, 94, 416
Ciclohexano, 315
Ciclones tropicales, 341
Ciencia cuantitativa, 38
  frente a superstición, 45
Cinturones, 365
  de seguridad, 67
Circuito(s) de iluminación doméstica, 128
  resonante, 187
Circulación ciclónica, 338
Clima, influencia de los océanos, 343
Clorofila, 323, 416
Cloruro cálcico, 293
  de cesio, 106, 293
  sódico, 106, 293
    red cúbica del, 105
Cohen, D., 323
Cohen, I. B., 64
Cohete, 2
Colores, desplazamiento hacia el rojo, 1
Coma, 37
Cometa(s), 36, 416
  Halley, restos, 37
Componentes, 63
Comprobaciones, lista de, 15, 41, 66, 87, 108, 132, 155, 178, 204, 235, 260, 281, 305, 324, 351, 387
Compuestos ferromagnéticos, 356, 357
Condensación, 103
  de un gas, 416

Condensación, estela de, 331
reacción de, 317
Conducción térmica, 103
Conductor de la electricidad, 416
Conductores y aislantes, 115-116
Conglomerado, 358, 359
Conservación de la energía, 75
Constante de Boltzmann, 95, 416
de Planck, 217, 416
dieléctrica, 297
Constelaciones y estaciones, 20-23, 416
Contaminación de la atmósfera, 346-348
Continentes, 365
Conversión mutua masa-energía, 214
Copérnico, 38, 40
Cordillera medio-oceánica, 416
Coriolis, efecto, 332, 333, 340, 417
Corriente(s) de Foucault, 156
del Golfo, 344, 345
eléctricas, 113, 120, 130, 416
en chorro, 342
Corteza terrestre, 328, 416
composición, 363
Cosmotrón, 254
Coulomb, Agustín, 114, 115
ley de la fuerza de, 115
coulomb, 416
Cráter lunar Copérnico, 25
Crestas, 160
Crick, Francis, 320
Cristal(es), 416
covalentes, 294-296, 416
de grafito, 294
de van der Waals, 416
iónicos, 293
metálicos, 296, 416
Cristalización, 105
Cuantización, 217
Cuanto(s) de carga, 113, 114, 416
de luz, 220, 416
Cuarcita, 358, 359
Cuarzo, 356, 357
Cuencas oceánicas, 369
Cuerpos en caída libre, 50
Cuestiones, 16, 42, 66, 87, 109, 133, 155, 179, 205, 236, 261, 282, 305, 325, 351, 388
Curie, E., 260

Ch

Chorro, corriente en, 342

D

Dart, F. E., 131, 153
Davy, Sir Humphrey, 149
De Broglie, Louis, 229
ondas, 228
Debye, Peter, 232
Defecto de masa, 245, 416
y energía de enlace, 245
Deimos, 32
Densidad del aire, 329
Desaceleración, 58, 59
Descubrimientos de Maxwell, 183
de Planck, 216-219
de Rumford, 91
Desplazamientos continentales, 371, 422
de colores hacia el rojo, 1, 416
Detección de ondas de radio, 186-188
Deuterio, 416
Deuterón, 246-247
Diagrama de niveles energéticos, 266
Diamante, 295
Diámetro del Sol, 12
de la Luna, 12
Diastrofismo, 367, 416
Dieléctrica, constante, 297
Dietz, R., 385
Diferencia de potencial, 123, 400
eléctrico, 416
-tensión, 122
Difracción, 200, 416
debida a una abertura, 200
de electrones, 231
red de, 199, 421
Dilatación del tiempo y paradoja de los gemelos, 215
térmica, 103
Dipolos, 297
Dique, 359, 360, 417
Discontinuidad de Mohorovicic o de «Moho», 363, 420
Disoluciones iónicas en agua, 297, 417
Doppler, efecto, 173-176, 417

E

Ebonita, varilla de, 116-117
Ebullición y evaporación, 103
Eclipse, 417
de Luna, 26
Eclíptica, plano de la, 22
Ecuacion(es), 394
de Maxwell, 183
de Schrödinger, 231
Edelhoch, H., 323
Efecto Coriolis, 332, 333, 340, 417
Doppler, 173-176, 417
fotoeléctrico, 219-221, 417
invernadero, 334, 417
túnel, 252, 253
Einstein, Albert, 16, 209, 211, 234
conclusiones de, 401
y la relatividad, 210-214
Ejemplos, 56, 58, 59, 61, 70, 75-77, 95, 98, 102, 115, 147, 166, 175, 186, 199
Electricidad conductor de la, 416
Electroimán, 142, 417

Electromagnetismo, 137
Electron(es), 3, 417
  difracción de, 231
Electronegatividades, escala de, 290
Electronvolt, 245, 417
Elemento(s), 417
  sistema periódico de los, 273-278
  tabla periódica, 274, 276, 277
Emisión de la luz, 268
  espectro de, 418
Enana blanca, estrella, 10, 417
Energía(s) cinética, 72, 73, 400, 417
    y trabajo, 70
  de enlace, 244, 417
    del núcleo, 243-245
    y defecto de masa, 245
  de ionización, 268, 417
  en sistemas vibrantes, 78
  ley de conservación, 400
  media, 104
  negativas, 266
  niveles atómicos de, 266
  potencial del muelle, 81, 417
    gravitatoria, 73, 74, 400
  térmica de los líquidos y sólidos, 102
    y movimiento molecular, 91
  trabajo y movimiento orbital, 69
Enlace(s) covalentes, 287, 417
  de hidrógeno, 297, 417
Enlace(s) deslocalizados, 294
  doble, 288
  energía de, 417
  iónico, 288-291, 417
Epoca geológica, 379
Equinoccios, 22, 417
Era cenozoica, 380, 382
  mesozoica, 380
  paleozoica, 380, 381
  precámbrica, 379, 380, 381
Eros, 37
Erosión, 359, 374, 417
Escala absoluta, 417
  Celsius o centígrada, 92, 95, 417
  de electronegatividades, 290
  de temperaturas, 397
  Fahrenheit, 92, 417
  Kelvin, 95, 417
Escalar, magnitud, 417
Escalares, 47
Escape, velocidad de, 2, 423
Escudo, 365
Espaciado de la red cristalina, 230
Espectro continuo, 194
  de absorción, 417
  de emisión, 278, 418
  de los átomos complejos, 278
  de rayas, 194
  electromagnético, 190, 418
  magnético, 188-190
Espectrógrafo de masas, 152, 153, 240, 418
Espectrómetro, 418
Espectrómetro, de prisma, 194
Espósito, J., 350
Esquisto, 358, 359
Estación espacial, 88
Estaciones y constelaciones, 20-23
Estado(s) del átomo, 273
  metastable, 279, 418
Estela de condensación, 331
Esteres, 313
Estratosfera, 330, 331, 418
Estrella(s), 418
  binarias, 418
  de neutrones, 12, 418
  distantes, 19
  enana blanca, 10
  errantes, 29-36
  formación de las, 8
  gigante roja, 10
  Polar, 19-20, 418
Estructura helicoidal alfa, 319
  nuclear e isótopos, 240-243
Evaporación, 418
 y ebullición, 103, 104
Evolución de las galaxias, 4-8
Exosfera, 330-418
Expansión, universo en, 1
Experimentos de interferencias con partículas, 230
Explosión sónica, 418
Exponentes, 395

F

Factor relativista, 213
Fahrenheit, escala, 92, 417
Falla, 367
  línea de, 419
Faraday, ley de, 147
  Michael, 147, 149
Fases de la Luna, 26
Fechas, fijación por el radiocarbono, 259
Feldespato, 356, 357
Fem, 418
  alterna, 150, 418
  inducida, 147
Fermi, Enrico, 248, 249
Fibrilación ventricular, 130
Fijación de fechas por el radiocarbono, 259
Finck, D. G., 131, 203
Fisión, 247
  reacción de, 247-251, 421
Fisura, 372
Fletcher, H., 177
Flint, R., 386
Flujo, 147
  magnético, 418
  «plástico», 364
Fluoruro de calcio, 294
Fobos, 32
Formación de las estrellas, 8

Fórmula de Balmer, 225
Fosa, 370
de Filipinas, 371
Fósiles, 379, 388
Foster, R., 385
Foton(es), 220, 418
y luz, 401
Fotosíntesis, 322, 418
Foucault, corrientes de, 156
Franjas, 198
Frecuencia, 160
de operación, 187
de resonancia, 165
de vibración, 418
natural, 418
Frente caliente, 336, 418
frío, 336, 418
Fuego, bola primitiva de, 1
Fuentes de campos magnéticos, 139
de fuerza electromotriz, 120
Fuerza(s) a distancia, 117
atractiva, 2
de atracción nuclear, 3
de enlace en sólidos y líquidos, 291
de van der Waals, 291, 418
electromotrices inducidas, 147
gravitatoria, 2
Fuerza(s), línea de, 419
magnéticas sobre cargas móviles, 145
nuclear, 243
radial, 81, 418
sobre campos magnéticos, 142
y movimiento, 45
Fusión, reacción de, 246, 421

G

Gabro, 358, 359
Galaxia(s), 3-8, 418
de Andrómeda, 7
de Virgo, 7
espiral, 6, 418
evolución de las, 4-8
formación de las, 3
Galileo Galilei, 46, 64
Gamow, George, 86, 213, 233, 234, 253
Garfinkel, 260
Gas(es), condensación de los, 416
ideales, ley de, 95
natural, 309
nobles, 291, 418
raros, 291
Gas(es), teoría cinética de los, 98-100
Gasolina, 309
Gauss, 139, 418
Geiger y Marsden, 222, 223
Gemelos, paradoja de los, 215
Generador de van der Graaf, 133, 254
eléctrico, 149, 418
Geógrafos, 37
Gigante roja, estrella, 10, 418
Glacier National Park, 366
Glosario, 415-423
Gneis, 358, 359
Grados Kelvin, 95
Grafito, 106, 294
Gran Cañón del Colorado, 356, 371, 375
Granito, 358, 359, 418
Gravitación, ley de, 81-82
Grupo carbonilo, 323
carboxilo, 313
Gulliver, Viajes de, 32

H

Hahn, Otto, 247
Halógenos, 293
Heisenberg, Werner, 233
Hélice de las proteínas, 318, 139
doble, 320
Helio, 3
átomo de, 269-271
ion de, 269
Hertz, Henry, 183
Hesse, M., 154
Hidratos de carbono, 323, 418
Hidrocarburos, 309, 419
alifáticos, 314
Hidrógeno, átomo de, 223-226, 265
enlace de, 297, 417
molécula de, 285
pesado, 244, 419
Hidróxido(s), 299, 419
amónico, 300
cálcico, 300
potásico, 300
sódico, 325
Hielo seco, 296
Hipótesis de Bohr, 400
Holden, J., 385
Holden, R., 304
Holton, G., 40, 64, 86, 107, 202, 280
Hombre, 383-385
de Cromañón, 384
de Java, 384
de Neandertal, 384, 384, 385
de Pekín, 384
Homo erectus, 384
habilis, 384
sapiens, 384, 385
Hoyle, F., 14
Hughes, D., 260
Hungry Valley, 376
Huracanes, 341, 419
Hurley, P., 386
Huygens, Christian, 195
principio de 195, 401

I

Icarus, 37

Iluminación doméstica, circuitos de, 128
Imanes, 137
Imanes, interpretación atómica de los, 141
Incertidumbre, principio de Heisenberg 231, 233
Incidencia, ángulo de, 191
Índice de refracción, 192, 419
Inercia, 53, 419
Ingravidez, naves espaciales, 83
Intemperie, acción de la, 359
Intensidad del campo eléctrico, 119
Interconversión masa-energía, 401
Interferencia(s), 162
  con partículas, experimentos de, 230
  constructiva, 419
  de las ondas sonoras, 172-173
  destructiva completa, 162, 419
  en rendijas, 195
Interpretación atómica de los imanes, 141
  molecular de la presión del gas, 96
Invernadero, efecto, 334, 417
Inversión, capa de, 348, 416
Ion(es), 419
  en hielo, 269
  negativo, 289
  positivo, 289
Ionización, energía de, 268, 417
  potencial de, 268, 417
Ionosfera, 331, 419
Isómeros, 312
Isostasia, 364, 365, 419
Isótopos, 419
  y estructura molecular, 240-243

J

Jarree, B., 203
Jastrow, R., 14
Joule, James Prescott, 99
Joule, unidad, 419
Júpiter, 13, 32

K

Kamerlingh, Onnes, H., 292
Kelvin, escala, 417
  grados, 95
  temperatura, 400
Kepler, Johannes, 38, 40
  leyes de, 38, 399
Klickstein, H., 303
Koch, W. E., 177
Krakatoa, efecto sobre el tiempo, 335

L

Lacolito, 359, 360
Láser, 278, 419
Látigo, jugar al, 8
Lava, 356, 419
Leicester, H., 303
Lente convergente, 193
  divergente, 193
Lenz, ley de, 148, 400
Ley(es) armónica, 399
  de conservación de la energía, 75, 400
    del momento cinético, 5, 60
  de Dalton, 109
  de Faraday, 147, 400
  de gravitación de Newton, 81-82
  de Kepler, 38, 399
  de Lenz, 148, 400
  de Newton, 399
  de Ohm, 125-127, 400
  del movimiento de Newton, 51
  de la fuerza de Coulomb, 115
  de las áreas iguales, 399
  de las órbitas elípticas, 399
  de las proporciones definidas, 239
Ley(es) de los gases ideales, 95
  y fórmulas, 399-401
Límite de la serie, 225
  de Roche, 36, 419
Línea(s) de borrasca, 336
  de falla, 419
  de fuerza, 419
  espectrales, 194, 419
  terminador, 419
Líquidos, energía térmica de los, 102
Lista de comprobaciones, 15, 41, 66, 87, 108, 132, 155, 178, 204, 235, 260, 281, 305, 324, 351, 387
Litio, 3, 271
Littauer, R., 260
Lochak, G., 234
Longitud de onda, 161, 163, 419
    de Broglie de una partícula, 228
Longwell, C., 386
Lucero de la tarde, 31
  vespertino, 419
Luna, 13, 23
  eclipses, 26
  fases de la, 26
Lutyens, D.M., 131
Luz, absorción de la, 268
  año , 4, 415
  blanca, 194
  cuanto de, 220, 416
  emisión de, 268
  reflexión de la, 190-192
  refracción de la, 192-193
  velocidad de la, 401
  y fotones, 401
Lyman, serie de, 225

M

Mach, Ernst, 100
MacDonald, D. K. C., 107, 154
Magie, W. F., 64, 107, 131, 153

Magma, 356, 359, 419
  cámara de, 360
Mann, 260
Mano derecha, regla de la, 140, 145, 146, 400, 422
Manómetro, 102
Manto, 364, 419
Mareas, 29, 419
Mármol, 358, 359
Marsden, B., 40
Marsden y Geiger, 222, 223
Marte, 32
  canales de, 32
Masa(s), 419
  atómicas, medidas de, 152
    unidad de, 223
  crítica, 250, 419
  defecto de, 245, 416
  -energía, conversión mutua, 214
    interconversión, 401
  en reposo, 153, 154, 419
  espectrógrafo de, 152, 153, 240, 418
  nucleares, medidas de las, 239
  y peso, 55
Matemáticas, 393
Materiales de la superficie terrestre, 355-362
Maxwell, descubrimientos de, 183
  James Clerk, 100, 183, 184
Mcanally, J., 303
McIntosh, D. H., 348
Medidas de masas atómicas, 152
    nucleares, 239
Meetham, A., 348
Meitner, Lise, 247
Melville, Sir H., 323
Mendeleiev, Dimitri, 274, 275
Mercurio, 31
Mesón mu, 215, 420
  pi, 256, 421
Mesosfera, 330, 331, 419
Mesozoica, era, 380, 382, 383
Metales alcalinos, 293
Metano, 288
Metastable, estado, 279
Meteoritos, 37, 419
  Barringer, 26
Meteorología, 327, 420
Meteoros, 36, 419
Método de la paralaje, 16
Miller, A., 348
Minerales, 345, 420
MKS, unidades, 423
Modelo atómico de Thomson, 222
  de Bohr para el átomo de hidrógeno, 226
  nuclear de Rutherford, 223
Moderador, 262
Moho, 363, 364, 365, 420
Mohorovicic, 420
  discontinuidad de, 363
Molécula(s), 285, 309, 420
Molécula(s) de hidrógeno, 285-287
  diatómicas, 287
  dipolares, 297
  no saturada, 420
  parafínicas, 309
  polares, 297
Momento angular, 227
  cinético, 227
    ley de conservación del, 5, 60
Monómeros, 316
Monóxido de carbono, 348
Montañas Rocosas, 366
Monzón, 343
  del sudoeste, 343
  del nordeste, 343
More, A. D., 131
Movimiento(s) armónico simple, 159, 420
  browniano, 99, 108, 420
  cantidad de, 60, 416
  ciclónico, 420
Movimiento(s) del aire, 332
    localizados, 338
  leyes de Newton, 51, 54
  molecular y energía térmica, 91
  orbital, trabajo y energía, 69
  relativo, 209
  sinusoidal, 159, 420
  y fuerzas, 45
Muelle, energía potencial del, 81, 417
Muon, 215, 420
  región, 422
Mutaciones, 420
  por daños en las células, 321

N

National Geographic Magazine, 40, 385
Naves espaciales e ingravidez, 83
Nebulosa del Cangrejo, 11, 420
Neptuno, 36
Neutralización, reacción de, 421
Neutrino, 420
Neutron(es), 3, 241, 420
  estrella de, 418
Newton, Isaac, 2, 30, 52, 64, 86
  leyes de, 51, 52, 53, 54, 81-82, 399
  óptica de, 193
  Principia, 53
  unidad de fuerza, 57, 420
Nitrato potásico, 300
Nivel(es) de energía atómicos, 266
  eléctricos, 121
  energéticos, 420
    diagrama de, 266
Nodos, 163, 420
Nomenclatura de los compuestos del carbono, 311-312
  de los elementos y compuestos químicos, 301-303

Novas, estrellas, 10, 420
  Herculis, 11
Núcleo atómico, 239, 240, 420
  energía de enlace del, 243-245
  líquido, 362
  sólido, 363
Nucleones, 243, 420
Número atómico, 221, 420
  cuántico, 420

O

Obsidiana, 358, 359
Oersted, Hans Christian, 139
Ohm, George Simon, 126
  ley de, 125-127, 400
Ohring, G., 40
Oído, aparato de medida logarítmico, 177
«Ojo» del huracán, 341
Oldenberg, O., 234, 260, 280
Onda(s), 159
  coherentes, 195, 420
  cortas de radio, 190
  de compresión o longitudinales, 169
  de choque, 177, 362
  de de Broglie, 228
  de radar, 188, 420
  de radio, 184-186
    detección de, 186-188
  electromagnéticas, 183, 186, 420
  en una cuerda, 159
  estacionarias, 162, 420
  infrarrojas, 420
  largas de radio, 190
  longitud de, 161, 163, 416
  longitudinales o de compresión, 169
  magnética, 186
  normales de radio, 190
  P o primaria, 362, 420
  plana, 191, 420
  reflexión en una, 161
  resonancia de, 163-164
  S o secundaria, 362, 420
  sinusoidal, 159
  sísmicas, 362, 420
  sonoras; de compresión, 169-170, 362
    interferencias de las, 172-173
    resonancia de las, 170-172
  transversales, 169, 420
  ultravioletas, 420
Onnes, H. Kamerlingh, 292
Órbitas de Bohr, 229, 401
  elípticas, ley de, 399
Origen del sistema solar, 13
Oro, núcleo del, 3
Osa Mayor, galaxia espiral, 6
Otros sistemas solares, 14
Ovenden, M. W., 14
Ozono, 331

P

Page, R. M., 203
Paleozoica, era, 380, 381
Pangaea, 372, 420
Papel de tornasol, 300
Paradoja de los gemelos, 215, 420
Parafina, cera de, 309
Parafinas normales, 311, 312
Paralaje, método de la, 16
Paricutín, volcán mejicano, 365
Partículas, 256-258
  alfa, 222, 421
  beta, 421
  clasificación y propiedades, 258
Paschen, serie de, 225
Pauli, principio de exclusión, 271-273, 401
Pauli, Wolfgang, 257, 271
Pauling, Linus, 290
«Pegamento», 257
Péndulo oscilante, 78-79
Perigeo, 23, 421
Período cámbrico, 380
  cretáceo, 380
  cuaternario, 380
  de Mississipi, 380
  de Pensilvania, 380
  de vibración, 159, 421
  devónico, 380
Períodos de semidesintegración, 251, 422
  jurásico, 380
  ordovícico, 380
  pérmico, 380
  silúrico, 380
  terciario, 380
  triásico, 380
Perrin, Jean, 100
Perseidas, 37
Peso, 421
  aparente, 421
  y fuerza, 55
  y masa, 55
Pierce, J. R., 203
Pilas, 120, 421
Pion, 256, 421
Pizarra, 358, 359
  arcillosa, 356, 357
Placas de la corteza, 372
Planck, constante de, 217, 416
  descubrimiento de, 216-219
  Max, 209, 218
Planetas, 29-36, 421
Plano de la eclíptica, 22
Plasma, 247
Plataforma continental, 370, 371, 421
Plutón, 30, 36
Polaris, 421
Polímeros, 316, 421
Polo magnético, 137, 138

sur, 139
Polo norte magnético, 421
Polución debida al ruido, 176
Positrón, 246-247
diferencia de, 400
eléctrico, 121
Potencial eléctrico y diferencia de, 416
Precámbrica, era, 379, 380, 381
Predicción del tiempo, 345
Presion(es), 421
bajas, 340
de los gases, 93
interpretación molecular, 96
de vapor, 104, 421
Principio de exclusión de Pauli, 217-273, 401
de Huygens, 195, 401
de incertidumbre de Heisenberg, 231, 233
de Newton, 84
de superposición, 161
Prisma, 421
espectrómetro de, 194
Problemas, 67, 88, 110, 134, 157, 180, 206, 237, 262, 283, 306
soluciones de los, 405-411
de los impares, 405-411
Proceso triple alfa, 9, 421
Productos, 303
Proporciones definidas, ley de las, 239
Proteínas, 318, 421
Protón, 3, 421
Ptolomeo, 38
Puente de Tacoma-Narrows, 180
Pulsación, 181
Pulsares, 12, 421
Pulso esférico, 190
Punto de ebullición, 421
de rocío, 335, 421
focal, 191

Q

Quasares o quasi estelares, 10, 421
Química de las sustancias inorgánicas, 285
orgánica, 309, 421

R

Radar, ondas de, 188, 420
Radiación infrarroja, 189
térmica, 189
ultravioleta, 189
Radiactividad, 251
empleo de la, 258-260
Radical, 316, 317
Radiocarbono, fijación de fechas, 259
Radio, ondas de, 184-186
Radón, 258
Raíces cuadradas, 395
Rayas espectrales, 194
Rayos gamma, 189, 421
infrarrojos, 190
X, 3, 12, 189, 421
Reacción de condensación, 317
de fisión, 247-251, 421
de fusión, 246, 421
de neutralización, 421
en cadena, 249
exotérmica, 325
fuerza, 399
química, 287
Reactivos, 303
Reactor nuclear, 249, 421
Redes cristalinas típicas, 106
cúbica del cloruro de sodio, 105
simple, 293
de difracción, 199, 421
de un cristal, 421
Referencia inercial, sistema de, 210
Reflexión, ángulo de, 191
de la luz, 190-192
de ondas en una cuerda, 161
interna total, 206
Refracción, 421
de la luz, 192-193
índice de, 192, 419
Región escudo, 420
Registro radiactivo, 37
Regla de la mano derecha, 140, 145, 146, 400, 422
Relatividad, teoría de la, 210-214
Rendija doble de Young, 198
interferencias en, 195
Reposo, 257
Resistencia, 121, 122, 131
eléctrica, 422
Resonancia, 422
de ondas, 163
sonoras, 170-172
frecuencia de, 165
molecular, 314
y vibración, 164
Resúmenes, 14, 41, 65, 86, 107, 131, 154, 177, 203, 234, 260, 280, 303, 304, 323, 350, 386
Retroceso, 61
Riolita, 358, 359
Roca(s), 422
extrusivas, 356, 359, 422
ígneas, 356, 422
intrusivas, 359, 422
metamórficas, 360, 422
sedimentarias, 360, 422
Roche, E., 36
Roche, límite de, 36, 419
Rojo, desplazamiento de colores hacia el, 1, 416
Roller, D., 40, 64, 86, 107, 202, 280
Romer, A., 260
Ruido, polución debida al, 176

Rumford, conde, 92
descubrimiento de, 9
Rutherford, Ernest, Lord, 221, 222
modelo nuclear, 223

S

San Andreas, falla, 368, 369
Sanchs, M., 216
Saturno, 34
anillos de, 34
Gran Mancha Roja, 35
Schrödinger, ecuación de, 231
Erwin, 231, 232
Scientific American, 385, 386
Segunda ley de Newton, 77
Seguridad eléctrica, 130
Semat, H., 280
Semiconductores, 116, 295, 422
Semidesintegración, períodos de 251, 422
Sentido eléctrico del campo eléctrico, 118
Serie de Balmer, 225
de Lyman, 225
de Paschen, 225
Serpukhov, 256
Shelton, J., 385
Shurcliff, W. A., 203
Sial, 364, 365
Sierra Nevada, 367
Silicatos, 328, 363, 364
Silva, J., 234
Sima, 364
Símbolos químicos, 302
Sincrociclotrón, 254
Singer, P., 304
Sistema(s) complejos, vibraciones de, 166-169
de referencia, 422
inercial, 210
inercial de referencia, 422
métrico, 57, 422
periódico de los elementos, 273-278
solar, 422
edad, 13
origen del, 13
y astronomía, 19
vibrantes, energía en, 78
Smog, 422
Sobrecalentado, 105
Sobretonos, 167
Sodio, 293
Sol, 13
Sol de medianoche, 22
diámetro, de, 12
masa del, 8-9
Solenoide, 140, 400, 422
Solera o base, 360
Sólidos cristalinos, 105
tipos de, 292-297
energía térmica de los, 102
Solsticios, 22, 422
Soluciones de problemas impares, 405-411
de los problemas, 413-414
Soluto, 297
Solvente, 297
Sonar, 369
Sosa, 300
Spin, 258, 422
electrónico, 269-271
Stanford, acelerador lineal de, 255
Steiner, L., 303
Steiner, R., 323
Stern, Otto, 100
Stonehenge, 19
Strahler, A., 386
Strassmann, Fritz, 247
Sulfato cálcico, 300
sódico, 300
Supernovas, estrellas, 10, 422
Superposición, principio de, 161
Sustancias inorgánicas, química de las, 285
Swift, Jonathan, 32

T

Tabla de elementos, 402-403
periódica de los elementos, 274, 276, 277
y átomos, 265
Tacoma-Narrows, puente de, 180
Talud continental, 370, 371
Temperatura absoluta, 93
del aire, 329
escalas de, 397
Kelvin, 94-95, 97, 400
y su medida, 92
Tensión continua, 128
Teorema del trabajo y la energía, 75
Teoría cinética de los gases, 98-100, 422
del «big-bang», 216
de la relatividad, 210-214
de los desplazamientos continentales, 422
Termómetros de gas, 94
Termosfera, 330, 422
Terremoto, centro del, 362
Tesla, 139, 422
Tetons, montañas, 367, 377, 378
Thompson, Benjamín, 92
Thomson, G. P., 221
Thomson, Sir J. J., 221
modelo atómico de, 222
Tiempos geológicos, 380
predicción del, 345
y troposfera, 335
Tierra, 353
diámetro de la, 12
estructura de la, 362
historia primitiva de la, 327
Tierras raras, 277
Tifones, 341
Tipos de sólidos cristalinos, 292-297
Titán, luna de Saturno, 36

Tonos, 167
Tornado, 342, 422
Tornasol, papel de, 300
Torre del Diablo, 361
Trabajo, 422
  definición científica, 69
  energía y movimiento orbital, 69
  y energía cinética, 70
    (teorema), 75
Transformador, 151
  elevador, 151
  reductor, 151
Trazador radiactivo, 422
Treloar, L., 323
Tromba de agua, 342
  típica, 342
Troposfera, 330, 331, 442
Tsunami, 368, 369, 422
Túnel, efecto, 252, 253
Tycho Brahe, 38, 40

U

Ultravioleta, catástrofe del, 217
Unidad de masa atómica, 223
Unidades MKS, 423
Universo en expansión, 1
  historia inicial, 1
Urano, 36

V

Valencia(s), 293, 301, 423
  electrón de, 417
Valle Owens, 368
Valles, 160
Van Begerjk, W. A., 177
Van der Graaf, generador, 133, 254
    máquina de, 253
  Waals, cristales de, 416
    fuerzas de, 291, 418
Van Heel, A.C.S., 203
Vapor, presión de, 421
Variación, velocidad de, 147, 150, 400
Varilla de ebonita, 116-117
Vectores, 47, 423
  componentes, 63
Velocidad, 212, 423
  -celeridad, 47
  de la luz, 400
  de variación, 147, 150, 400
  instantánea, 47
  límite, 76, 77, 214
  y aceleración, 46
  terminal, 423
Velzel, C.H.F., 203
Venus, 31
Viajes de Gulliver, 32
Vía Láctea, 4, 423
    diámetro, 15
Vibración(es), frecuencia de, 418
  período de, 159, 421
  sistemas complejos, 166-169
  y resonancia, 164
«Viento del norte azul», 336
Vinilos, 316
Viorst, J., 385
Virgo, galaxia de, 7
Viscosidad, 103, 423
Volcán, 360
Volt, 123, 423
Voltaje, 122
Voltímetro, 122

W

Watson, James, 320, 323
Watt, 78, 127, 423
Weeks, M. E., 303
Went, F. W., 86
White, H., 280
Wilson, R., 260
Wood, E., 203

Y

Yeso, 300
Young, doble rendija de, 198
  rendija de, 230
Yukawa, Hideki, 256, 257

Z

Zona plástica, 363, 423

Made in the USA
Monee, IL
18 October 2026

66048470R00249